Tanja van Hoorn
Naturgeschichte in der ästhetischen Moderne

Tanja van Hoorn

Naturgeschichte in der ästhetischen Moderne

Max Ernst, Ernst Jünger, Ror Wolf, W. G. Sebald

WALLSTEIN VERLAG

Gedruckt mit freundlicher Unterstützung
der Geschwister Boehringer Ingelheim Stiftung für Geisteswissenschaften
in Ingelheim am Rhein

Bibliografische Information der Deutschen Nationalbibliothek
Die Deutsche Nationalbibliothek verzeichnet diese Publikation in der
Deutschen Nationalbibliografie; detaillierte bibliografische Daten
sind im Internet über http://dnb.d-nb.de abrufbar.

www.wallstein-verlag.de
Vom Verlag gesetzt aus der Adobe Garamond
Umschlaggestaltung: Susanne Gerhards, Düsseldorf,
unter Verwendung von:
Max Ernst: Les éclairs au-dessous de quatorze ans;

Druck: Hubert & Co, Göttingen
gedruckt auf säure- und chlorfreiem, alterungsbeständigem Papier

ISBN 978-3-8353-1801-4

Inhalt

1. Einleitung

Die Geschichte des Wissens seit der Renaissance ist als Folge epistemischer Umbrüche (Foucault) und epochaler Paradigmenwechsel (Kuhn) beschrieben und für den Bereich des Naturwissens als Wechsel von einer statischen, ahistorischen *historia naturalis* zu einer dynamischen Geschichte der Natur (Lepenies) bestimmt worden.[1] In der Folge dieses epistemischen Bruchs seien nicht nur die neuen Lebenswissenschaften Biologie und Anthropologie entstanden, sondern es habe sich auch unwiderruflich die Naturwissenschaft von der schönen Literatur getrennt. Umgekehrt gelte Georges Buffons *Histoire naturelle*, die bedeutendste Naturgeschichte des 18. Jahrhunderts, im 19. Jahrhundert nicht mehr als Wissenschaft, sondern nur noch als Literatur.[2]

Die Neuordnung des Wissenschaftsfeldes ›Natur‹, die Herausbildung der Spezialdisziplinen und die Trennung von schöner Literatur und ›harter‹ Wissenschaft ist jedoch nicht nur – darauf weist bereits Lepenies hin – durch Paradigmenwechsel und epistemische Brüche gekennzeichnet. Vielmehr scheinen die grundlegenden konzeptionellen Veränderungen immer zugleich auch von Kontinuitäten und Ungleichzeitigkeiten unterlaufen worden zu sein.[3] In diesem Sinne geht die folgende Darstellung von vier Beobachtungen aus:

1. Biologiegeschichtlich ist Naturgeschichte ein durch die Evolutionstheorie zwar bedrängtes, keineswegs jedoch ad acta gelegtes ›Paradigma‹. Vielmehr stellt die Naturgeschichte das methodische Gerüst für die neue Lebenswissenschaft Biologie,[4] bleibt zugleich als Spezialdisziplin bis

1 Vgl. Michel Foucault: Die Ordnung der Dinge. Eine Archäologie der Humanwissenschaften. 12. Aufl. Frankfurt a. M. 1993; Thomas S. Kuhn: Die Struktur wissenschaftlicher Revolutionen. 10. Aufl. Frankfurt a. M. 1989; Wolf Lepenies: Das Ende der Naturgeschichte. Wandel kultureller Selbstverständlichkeiten in den Wissenschaften des 18. und 19. Jahrhunderts. München u. Wien 1976.

2 Lepenies: Das Ende der Naturgeschichte, S. 150.

3 So stellt auch Lepenies die »spekulative Vermutung« an, dass »die Epoche der Moderne, die an ihrem Beginn durch Verzeitlichungstendendenzen in den Wissenschaften beschrieben werden kann, in eine Phase der Enthistorisierung mündet« (Lepenies: Das Ende der Naturgeschichte, S. 20).

4 Vgl. Volker Hess: Das Ende der »Historia naturalis«? Die naturhistorische Methode und Klassifikation bei Kielmeyer. In: Philosophie des Organischen in der Goethezeit. Studien zu Werk und Wirkung des Naturforschers Carl Friedrich Kielmeyer (1765-1844). Hg. v. Kai Torsten Kanz. Stuttgart 1994, S. 153-173.

heute erhalten,[5] mutiert in der Ethologie und Sozio- bzw. Psychobiologie zu einem zentralen Begriff[6] und erfährt in den aktuellen Debatten um Biodiversität eine Renaissance.[7]

2. Der epistemische Umbruch von räumlichen Darstellungsverfahren zu temporalisierten Ordnungsmustern[8] darf den Blick nicht darauf ver-

5 Die Beschreibung einzelner Arten erfolgt bis heute als Naturgeschichte. Vgl. z. B. Titel wie Uwe Römer: Cichliden Atlas. Bd. 1: Naturgeschichte der Zwergbuntbarsche Südamerikas. Melle 1998. – Zum Verhältnis von tradierter Naturgeschichte und neuen Lebenswissenschaften vgl. Lynn K. Nyhart: Natural history and the ›new‹ biology. In: Cultures of Natural History. Hg. v. N. Jardine, J. A. Secord u. E. C. Spary. Cambridge 2000, S. 426-443.

6 Eine Betrachtung menschlichen Verhaltens aus der Perspektive der Biologie und Evolutionstheorie rekurriert häufig auf den Terminus der Naturgeschichte, vgl. Irenäus Eibl-Eibesfeld: Liebe und Haß. Zur Naturgeschichte elementarer Verhaltensweisen. München 1970; Konrad Lorenz: Die Rückseite des Spiegels. Versuch einer Naturgeschichte des menschlichen Erkennens. München u. Zürich 1975; zu den neueren Debatten vgl. Bernhard Kleeberg u. Tilmann Walter: Der mehrdimensionale Mensch. Zum Verhältnis von Biologie und kultureller Entwicklung. In: Die List der Gene. Strategeme eines neuen Menschen. Hg. v. Bernhard Kleeberg u. a. Tübingen 2001, S. 21-72.

7 Vgl. Thomas Potthast: Inventing Biodiversity. Genetics, Evolution and Environmental Ethics. In: Biologisches Zentralblatt 115 (1996), S. 177-188; vgl. auch Thomas Potthast: Die Evolution und der Naturschutz. Zum Verhältnis von Evolutionsbiologie, Ökologie und Naturethik. Frankfurt a. M. u. New York 1999 (Kapitel: Ideengeschichtliche These: Biodiversität enthält Denkstile der Naturgeschichte, S. 146-150), online abrufbar unter: http://www.researchgate.net/publication/27275593_Die_Evolution_und_der_Naturschutz._Zum_Verhltnis_von_Evolutionsbiologie_kologie_und_Naturethik.

8 Zum Wechsel von Verräumlichung zu Verzeitlichung vgl. Lepenies: Das Ende der Naturgeschichte, S. 18 f. Die sich um 1800 durchsetzende »Verzeitlichung« werde allerdings »schon bald von einer neuen Etappe der Verräumlichung abgelöst« (ebd., S. 115 f.). – Den Begriff der ›Verzeitlichung‹ entleiht Lepenies bekanntlich von Reinhart Koselleck: Historia magistra vitae. Über die Auflösung des Topos im Horizont neuzeitlich bewegter Geschichte. In: Natur und Geschichte. Karl Löwith zum 70. Geburtstag. Red. Manfred Braun u. Manfred Riedel. Stuttgart 1967, S. 196-219. Zur Verwendung dieser Kategorie vgl. kritisch Arno Seifert: »Verzeitlichung«. Zur Kritik einer neueren Frühneuzeitkategorie. In: Zeitschrift für Historische Forschung 10 (1983), S. 447-477. Seifert vertritt die These, dass Naturgeschichte geistesgeschichtlich in drei Phasen unterteilt werden müsse: Das Degenerationsmodell, das Modell des Stillstands und das Fortschrittsmodell ließen sich als historische Phasen begreifen: Der »Dekadenzpessimismus« (S. 473) der Antike und die biblische Schöpfungsgeschichte als eine »Korruptionsgeschichte der Natur« (S. 477) seien im 17. Jahrhundert »zugunsten des Fortschrittsgedankens, das heißt aber zugleich, zugunsten des Naturkonstanzprinzips entschieden« (S. 473)

stellen, dass auch die Naturgeschichte eine temporale Semantik hat. Schon in die räumlich-reihende, sammelsuriumhafte Ordnung der barocken Wunderkammer tragen antike Plastiken Geschichte hinein,[9] und auch das Tableau, das die Vielfalt (sei es in rasterhaften Taxonomien wie bei Linné, sei es in erzählender Wissenschaftsprosa wie bei Buffon) nebeneinanderstellt, erweist sich mit seinen zweidimensionalen Klassifikationsmodellen als eine flächige Wissensordnung mit Durchlässigkeit für historische Dynamik.[10] Allerdings ist hier der Raum in fundamentaler Weise der Zeit vorgeordnet.

3. Vielleicht gerade deshalb ist die beschreibende Naturgeschichte methodisch besonders nach ihrem vermeintlichen Ende in unterschiedlichsten Disziplinen fruchtbar angewandt worden. Eine ›naturgeschichtliche Schule‹ gibt es ebenso innerhalb der Medizin[11] wie in der Soziologie.[12] Insbesondere aber wird die Naturgeschichte gerade im Bereich der Geschichte fruchtbar: Für Herder, einen der Begründer des modernen historischen Denkens, ist ein intensiver Rekurs auf Naturgeschichte als

worden, das dann in der Aufklärung eine »Rückverzeitlichung« (S. 477) erfahren habe, die, wie etwa bei Herder sichtbar werde, freilich nicht gleichbedeutend mit Evolution sei.

9 Zum Verhältnis von Wunderkammer und historia vgl. Paula Findlen: Possessing Nature. Museums, Collecting and Scientific Culture in Early Modern Italy. Berkeley, Los Angeles u. London 1994; vgl. auch Lorraine Daston u. Katharine Park: Wunder und die Ordnung der Natur 1150-1750. Berlin 2002 [engl. zuerst 1998]; zu den antiken Plastiken in den Wunderkammern, mit denen visuell einer Historisierung vorgearbeitet wurde vgl. Horst Bredekamp: Antikensehnsucht und Maschinenglauben. Die Geschichte der Kunstkammer und die Zukunft der Kunstgeschichte. Überarb. Neuausgabe Berlin 2000. [zuerst 1993].

10 Zu den Temporalisierungstendenzen bei Linné vgl. in Abgrenzung zu den Thesen Foucaults und Lepenies' Staffan Müller-Wille: History Redoubled. The Synthesis of Facts in Linnaean Natural History. In: Lorraine Daston, Staffan Müller-Wille u. H. Otto Sibum: A History of Facts. Berlin 2001 (= Max-Planck-Institut für Wissenschaftsgeschichte Reprint 174), S. 23-36; zu Buffons Einbezug der Zeit in sein Konzept der Naturgeschichte vgl. Hans-Jörg Rheinberger: Buffon. Zeit, Veränderung und Geschichte. In: History and Philosophy of Life Sciences 12 (1990), S. 203-223; zum Tableau vgl. Annette Graczyk: Das literarische Tableau zwischen Kunst und Wissenschaft. München 2004.

11 Vgl. Johanna Bleker: Die Naturhistorische Schule 1825-1845. Ein Beitrag zur Geschichte der klinischen Medizin in Deutschland. Stuttgart 1981.

12 Doris Bühler-Niederberger: Naturgeschichte und Soziologie – Parks »natural history« als qualitative Methodologie. In: Zeitschrift für Soziologie 18 (1989), H. 6, S. 457-469.

Grundlage seiner Geschichtsschreibung belegt.[13] Während dies in Frankreich im 19. Jahrhundert etwa von Jules Michelet durchaus fortgeführt wird, grenzen die berühmtesten deutschen Historiker des Positivismus, Leopold Ranke und Johann Gustav Droysen, Naturgeschichte aus dem Bereich ihrer modernen Historiographie explizit aus.[14]

4. Künstlerisch schließlich taucht Naturgeschichte im Sinne einer »konservierende[n] Funktion« von Literatur nicht nur in der *Comédie Humaine* Balzacs auf,[15] sondern wird bis in die Gegenwart gerade in avancierten und avantgardistischen Projekten anzitiert oder gar explizit zugrunde gelegt. Maurice Ravels fünf Lieder der *Histoires naturelles* etwa lösten ebenso wie Max Ernsts Frottagen-Zyklus *Histoire naturelle* und Benjamin Pérets literarisches Werk gleichen Titels einen Skandal aus – und das, obwohl sie sich gerade nicht auf das vermeintlich aktuellere ›Paradigma‹ der Evolutionstheorie, sondern auf die tradierte Naturgeschichte bezogen.[16] In jüngerer Zeit hat W. G. Sebald angesichts der Flächenbombardements im Zweiten Weltkrieg von einer ›Naturge-

13 Vgl. Peter Hanns Reill: Die Historisierung von Natur und Mensch. Der Zusammenhang von Naturwissenschaften und historischem Denken im Entstehungsprozess der modernen Naturwissenschaften. In: Geschichtsdiskurs. Bd. 2: Anfänge modernen historischen Denkens. Hg. v. Wolfgang Küttler, Jörn Rüsen u. Ernst Schulin. Frankfurt a. M. 1994, S. 48-61. Vgl. dazu auch Johannes Rohbeck: Naturgeschichte und Geschichte der Menschheit. Georg Forsters Geschichtsphilosophie im Kontext der europäischen Aufklärung. In: Natur – Mensch – Kultur. Georg Forster im Wissenschaftsfeld seiner Zeit. Hg. v. Jörn Garber u. Tanja van Hoorn. Hannover 2006, S. 13-28; zu Annäherungsbewegungen zwischen Naturgeschichte und Geschichte vgl. aber auch Lepenies: Das Ende der Naturgeschichte, S. 118-122. – Arno Seifert vertritt in diesem Sinne die These, dass »das 18. Jahrhundert tatsächlich die Geschichtlichkeit und a fortiori die Zeitlichkeit der Natur nicht erst zu entdecken, geschweige denn zu ›erfinden‹ brauchte, weil es in seinem Traditionserbe eine diachronisch verfahrende Natur-Geschichte bereits vorfand« (Seifert: »Verzeitlichung«, S. 457).

14 Zur in diesem Sinne erfolgenden Abwertung Plinius' vgl. die Hinweise von Arno Borst: Das Buch der Naturgeschichte. Plinius und seine Leser im Zeitalter des Pergaments. Heidelberg 1994, S. 2.

15 Wolf Lepenies: Der Wissenschaftler als Autor. Über konservierende Funktionen der Literatur. In: Akzente 25 (1978), S. 129-147; zu Balzac vgl. auch Lepenies: Das Ende der Naturgeschichte, S. 124 f.

16 Maurice Ravel: Histoires naturelles [Text: Jules Renard]. Paris 1907; Max Ernst: Histoire naturelle. Paris 1926 [vgl. hierzu Kap. 3]; Benjamin Péret: Histoire naturelle. Paris 1958.

schichte der Zerstörung‹ gesprochen und damit in vergleichbarer Weise für Diskussionen gesorgt.[17]

Einem gewissen ›Ende‹ der Naturgeschichte im Zeichen der darwinistischen Revolution ist also ihr Fortgang unbedingt zuzugesellen. Sie erweist sich als ein äußerst produktives Denkmuster mit biowissenschaftlichem, historiographischem und ästhetischem Potential. Was aber meint Naturgeschichte genau und welches sind ihre wichtigsten Vertreter (Kap. 2.1)? Wie wird die historia naturalis in geschichtsphilosophischen Konzeptionen (Kap. 2.2) und kulturgeschichtlichen Entwürfen (Kap. 2.3) aufgenommen? Wo und wie berührt Naturgeschichte die Felder Kunst und Literatur? Wo könnte eine bislang verschüttete naturgeschichtliche Linie der ästhetischen Moderne verlaufen (Kap. 2.4)? Nach einer etwas ausführlicheren, gleichwohl nur überblickshaften Beantwortung dieser Fragen sollte das Feld vorbereitet sein für den Hauptteil (Kap. 3-6). Dieser präsentiert mikrologische Analysen herausragender Werke von vier namhaften deutschen Künstlern und Schriftstellern. Mit Max Ernst, Ernst Jünger, Ror Wolf und W. G. Sebald wurden bewusst Vertreter ganz unterschiedlicher Strömungen der Moderne vom Surrealismus, der klassischen Moderne über die experimentelle Prosa bis zu Konzepten postmodernen Schreibens ausgewählt. Auf diese Weise soll exemplarisch die Wirkmächtigkeit von Naturgeschichte in der ästhetischen Moderne aufgezeigt und als Feld sichtbar gemacht werden. Die vorgestellten Zugriffe markieren dabei einen je eigenständigen künstlerischen Bezug auf Naturgeschichte, der durch eine individuelle Auseinandersetzung mit dem Material charakterisiert ist.

17 W. G. Sebald: Zwischen Geschichte und Naturgeschichte. Über die literarische Beschreibung totaler Zerstörung. In: ders.: Campo Santo. Hg. v. Sven Meyer. München u. Wien 2003, S. 69-100; sowie ders.: Luftkrieg und Literatur. München u. Wien 1999. [vgl. hierzu Kap. 6].

2. Vermessung des Feldes

2.1 Eine kurze Geschichte der Naturgeschichte

Der Begriff ›Geschichte‹ meint heute den erklärenden Nachvollzug vergangener Ereignisse in ihrem Verhältnis zu zeitlich nachfolgenden. Die klassische historia naturalis oder Naturgeschichte hingegen zielt auf eine reine Beschreibung der im Wesentlichen als unveränderlich gedachten Natur.[1] Sie ist damit Teil der vielleicht bedeutendsten antiken und frühneuzeitlichen Wissens- und Textform, der historia, die ebenfalls auf eine »description with little, if any, reference to temporality« zielt.[2] Unter dem großen Dach der historia präsentiert etwa Herodot sowohl atemporale Beschreibungen (von Gegenständen) als auch diachrone Narrationen (von herausragenden Ereignissen).[3] Ähnliches gilt für die historia naturalis: Sie verfährt weitgehend deskriptiv, integriert aber mit Fabeln und

1 Die folgende Skizze erhebt keinen Vollständigkeitsanspruch, sondern will lediglich einen orientierenden Rahmen bieten. Einen differenzierten Überblick aus naturwissenschaftsgeschichtlicher Perspektive bieten die Darstellungen in: Geschichte der Biologie. Theorien, Methoden, Institutionen, Kurzbiographien. Hg. v. Ilse Jahn. 3. neubearb. Aufl. Jena 1998. Zur traditionellen statischen Naturgeschichte im Gegensatz zu einer dynamischen entwicklungsgeschichtlichen tatsächlichen Geschichte der Natur vgl. Lepenies: Das Ende der Naturgeschichte. – Einen kurzen Abriss zur Geschichte der Naturgeschichte gibt auch Petra Feuerstein-Herz: »Die große Kette der Wesen«. Ordnungen in der Naturgeschichte der Frühen Neuzeit. Wolfenbüttel 2007, S. 33-68; vgl. zuletzt insbes. auch Staffan Müller-Wille: Naturgeschichte. In: Enzyklopädie der Neuzeit. Hg. v. Friedrich Jaeger. Bd. 8. Stuttgart u. Weimar 2008, Sp. 1175-1196.

2 Zum Begriff der historia und zur Geschichte der Funktion dieser Wissens- und Textform vgl. insbes. den Sammelband: Historia. Empiricism and Erudition in Early Modern Europe. Hg. v. Gianna Pomata u. Nancy G. Siraisi. Massachusetts 2005, das Zitat in Gianna Pomata u. Nancy G. Siraisi: Introduction. In: ebd., S. 1-38, hier S. 6; sowie Joachim Knape: ›Historie‹ in Mittelalter und früher Neuzeit. Begriffs- und gattungsgeschichtliche Untersuchungen im interdisziplinären Kontext. Baden-Baden 1984; zur historia im Mittelalter: Laetitia Boehm: Der wissenschaftstheoretische Ort der historia im früheren Mittelalter. Die Geschichte auf dem Weg zur »Geschichtswissenschaft«. In: Speculum Historiale. Geschichte im Spiegel von Geschichtsschreibung und Geschichtsdeutung. Hg. v. Clemens Bauer, Laetitia Boehm u. Max Müller. Freiburg i. Br. 1965, S. 663-693.

3 Im antiken Griechenland gab es sein sehr umfassendes Verständnis des Terminus ›historia‹ im Sinne alles gelehrten Wissens, d. h. nicht nur »Herodotus's investigations on people and their histories but also […] knowledge in general, including the knowledge of nature« (Gianna Pomata u. Nancy G. Siraisi: Introduction, S. 8).

Anekdoten bis in die Frühe Neuzeit durchaus auch erzählerische und historiographische Elemente.[4] Entscheidend ist, dass sich hinter einer klassischen historia naturalis im Kern gerade keine Darstellung der Entwicklungsgeschichte der Natur verbirgt[5] und insbesondere keine Darstellung der evolutionären Genese biologischer Arten, die bekanntlich erst seit Darwin wirklich eine Geschichte haben.[6] Die historia naturalis alten Schlags bietet vielmehr eine deskriptive Bestandsaufnahme vorhandener Naturdinge: Naturgeschichte meint Naturkunde ohne phylogenetische Zeitachse; Naturgeschichte meint Naturbeschreibung, nicht Evolution.

4 Zur zentralen Bedeutung der historia für die Entwicklung der modernen empirischen Wissenschaften vgl. Arno Seifert: Cognitio historica. Die Geschichte als Namensgeberin der frühneuzeitlichen Empirie. Berlin 1976. Vgl. auch Seifert: »Verzeitlichung«.

5 In der historia naturalis wurden insbesondere die Arten als weitgehend unveränderlich gedacht. Dass die Erde durchaus eine Geschichte hat, reflektieren hingegen bereits eine ganze Reihe von naturgeschichtlichen Beiträgen des ausgehenden 17. Jahrhunderts, vgl. John Woodward: An Essay towards a Natural History of the Earth and Terrestrial Bodyes, especialy Minerals: As also of the Sea, Rivers, and Springs. With an Account of the Universal Deluge: and of the Effects that it had upon the Earth. 3. Aufl. London 1723 [zuerst 1695]; John Ray: Three Physical-Theological Discourses. Concerning I: The Primitive Chaos, and the Creation of the World. II: The General Deluge, its Causes and Effects. III: The Dissolution of the World, and Future Conflagration; Wherein are largely Discussed the Production and Use of Mountains; the Original of Fountains, of Formed Stones, and Sea-Fishes Bones and Shells found in the Earth […]. With an Historical Account of those two late Remarkable Ones in Jamaica and England. London 1693; William Whiston: Nova telluris theoria. Das ist: Neue Betrachtung der Erde, nach ihren [sic] Ursprung und Fortgang bis zur Hervorbringung aller Dinge, oder eine gründliche, deutliche und nach beygefügten Abrissen eingerichtete Vorstellung, daß so wohl die sechstägige Schöpffung und darauf erfolgte Sündfluth als auch die annoch zukünfftige Conflagration der Welt wie solche in Heil. Schrift beschrieben werden, mit der gesunden Vernunfft und wahren Philosophie keineswegs streite, sondern von beyden gar wohl begriffen und folglich um so viel mehr als untrügliche Wahrheiten angenommen werden können; nebst einer Vorrede von der eigentlichen Beschaffenheit der Mosaischen Geschichte von der Schöpffung. Frankfurt 1713. [engl. zuerst 1696].

6 Aber spätestens Linné und Buffon lassen sich durch Kreuzungsexperimente in der bibeltreuen Annahme einer Konstanz der Arten erschüttern und propagieren schließlich einen »begrenzten Transformismus«, vgl. Herbert Dieckmann: Naturgeschichte von Bacon bis Diderot. Einige Wegweiser. In: Geschichte – Ereignis und Erzählung. Hg. v. Reinhart Koselleck u. Wolf-Dietrich Stempel. München 1973, S. 95-114, hier S. 105.

In der Antike ist Naturgeschichte weniger eine Disziplin als vielmehr »a form of writing«, d.h. eine der historia-Tradition verpflichtete, descriptio und narratio verbindende Darstellungsweise.[7] Es existieren drei Modelle von Naturgeschichte, die auf einer unterschiedlichen Bewertung von historia beruhen: Aristoteles (erstens) »narrowed the term down« und konzipiert seine Naturgeschichte als propädeutische Hilfswissenschaft für die Philosophie.[8] Die historia naturalis als eine Beschreibung von Naturdingen – von Aristoteles praktiziert etwa in *De natura animalium*, einer naturkundlichen Abhandlung insbesondere über die Anatomie und Fortpflanzung der Tiere[9] – stellt für ihn lediglich das Material für die wahre scientia, die Philosophie, bereit, aus der er die historia naturalis also ausgrenzt. Mehr noch als die Gegenstände der Natur interessieren Aristoteles nämlich die sich daran anschließenden theoretischen Fragen, d.h. er sammelt in der historia naturalis Naturdinge, um anschließend auf dieser Grundlage in der Naturphilosophie präzise nach den causis, den Gründen, fragen zu können.[10] Ähnlich verfährt Theophrast, der seiner *Historia plantarum* eine Abhandlung *De causis plantarum* zur Seite stellt.[11]

7 Paula Findlen: Courting Nature. In: Cultures of Natural History. Hg. v. N. Jardine, J.A. Secord u. E.C. Spary. Cambridge 1996, S. 57-74, hier S. 57.

8 Pomata, Siraisi: Introduction, S. 2.

9 Die erste lateinische Übersetzung von Aristoteles' Tierlehre ordnet die Schrift mit dem Titel also nicht in die historia-Tradition ein; die aristotelische historia-Definition bringt Gianna Pomata auf die prägnante Formulierung »description of the thing as it is« (Gianna Pomata: Praxis Historialis: The Uses of Historia in Early Modern Medicine. In: Historia. Empiricism and Erudition, S. 105-146, hier S. 113).

10 »Später muß man versuchen auch die Gründe hierfür aufzufinden; denn das ist der natürliche Untersuchungsgang, daß zunächst einmal die Kunde von jeder Art vorliegt, weil so Gegenstand und Ausgangspunkt der Beweise sich hieraus ergibt.« (Aristoteles: Tierkunde. Hg., übertragen u. erläutert v. Paul Gohlke. Paderborn 1949 (= Die Lehrschriften, Bd. VIII, 1), S. 59); zur Naturgeschichte des Aristoteles vgl. Allan Gotthelf: Aristotle on Nature and Living Things: Philosophical and Historical Studies Presented to David M. Balme on his Seventieth Birthday. Pittsburgh 1985.

11 Die Naturgeschichte der Pflanzen soll laut Theophrast ganz parallel zur Tierkunde des Aristoteles »entweder die äussern Theile und die ganze Gestalt [behandeln], oder das Innere, wie wir das bey den Thieren durch Zergliederung erkennen.« (Theophrast: Naturgeschichte der Gewächse. Übers. u. erläutert v.K. Sprengel. Reprint der Ausgabe Altona 1822. Darmstadt 1971, S. 5). Theophrasts Pflanzenkunde beruht auf einer Auswertung antiker Quellen, wobei zwischen poetischen, historischen, naturkundlichen und medizinischen Texten nicht unterschieden wird. Autoritäten sind Homer, Vergil und Xenophon ebenso wie

Plinius (zweitens) sucht nicht nach Gründen, sondern sammelt Fakten. Details und Geschichten aus den drei Reichen der Natur, der Tier-, Pflanzen und Mineralienwelt werden von ihm, gemäß seines umfassenden Programms durch Nachrichten aus dem Bereich der Kosmologie, Geographie und Anthropologie sowie – im Kontext einer historia naturalis aus heutiger Sicht überraschend – Kunstgeschichte ergänzt. Die Darstellung ist nicht nur radikal anthropozentrisch, sondern speziell auf Rom und die Römer ausgerichtet.[12] Plinius ist der große Kompilator mit ungebändigter Lust an der Erzählung kurioser Begebenheiten und an der Beschreibung von Sonderfällen (so widmet er ein ganzes Buch den Fabelwesen, was seiner Glaubwürdigkeit nachfolgend sehr geschadet hat). Ein »hierarchical ranking« der Philosophie über die historia, wie sie Aristoteles erhebt, ist Plinius fremd.[13] Seine 37bändige *Naturalis historia* versteht sich ganz ausdrücklich und selbstbewusst als enzyklopädisches Kompendium; sie will nicht mehr, aber auch nicht weniger sein als eine allumfassende »Materialsammlung«.[14]

Für die Entwicklung der Naturgeschichte ist schließlich neben Aristoteles und Plinius (drittens) der berühmteste Pharmakologe des Altertums, Dioscorides, von zentraler Bedeutung. Dioscorides, ein zur Zeit Neros lebender Arzt, liefert – freilich ohne sein Werk als historia zu bezeichnen – ein Musterbuch für die pharmakologische Pflanzenkunde.[15]

Strabo, Plutarch und Herodot, aber auch Plinius und Dioscorides, Galen und die Hippokratiker (vgl. z. B. die Darstellung zum Lotus, ebd., S. 138 f.). Der Herausgeber Sprengel erörtert in seiner einleitenden Bemerkung Theophrasts Leistung vor dem Hintergrund seines Vorbildes Aristoteles kritisch (vgl. ebd., S. 3-5) und liefert etwa bei der Wiedergabe des Erstes Buches weniger eine Übersetzung als vielmehr eine abgrenzende Erörterung und ein freies Referat der grundsätzlichen Überlegungen Theophrasts vor dem Hintergrund der aristotelischen Naturkunde (vgl. ebd., S. 12-16). Zur sich von Aristoteles abgrenzenden Konzeption Theophrasts vgl. Ilse Jahn: Grundzüge der Biologiegeschichte. Jena 1990, S. 74-76.

12 Vgl. z. B. die Abhandlung über die Purpurschnecke, der in der Färberei in Rom schon »immer« eine Bedeutung zugekommen sei seit »Tullus Histilius als erster unter den Königen nach dem Sieg über die Etrusker die verbrämte Toga und die breiten Purpurstreifen verwendete« (C. Plinius Secundus d. Ä.: Naturkunde. Band III: Anthropologie. Zoologie. Hg. u. übers. v. Roderich König in Zusammenarbeit mit Gerhard Winkler und Joachim Hopp. Textauswahl Gerhard Winkler. Düsseldorf 2008, S. 137).

13 Pomata: Praxis Historialis, S. 110.

14 Roderich König u. Gerhard Winkler: Plinius der Ältere. Leben und Werk eines antiken Naturforschers. München 1979, S. 52. Zu Plinius und seiner Rezeption vgl. insbes. auch die Studie von Borst: Das Buch der Naturgeschichte.

15 [Pedanius] Dioscurides aus Anazarba: Fünf Bücher über die Heilkunde. Aus dem Griechischen übers. v. Max Aufmesser. Hildesheim u. a. 2002.

Im europäischen Mittelalter erfolgt die wissenschaftliche Naturbetrachtung weitgehend innerhalb des christlichen Orientierungsrahmens. So fragen beliebte allegorische Tierbücher wie der *Physiologus* nach dem moralphilosophisch-belehrenden Gehalt, weniger nach der äußeren Gestalt von Naturobjekten.[16] Andererseits wird auch die naturgeschichtliche enzyklopädische Tradition des Plinius etwa von Konrad von Megenberg in seinem berühmten ›Buch der Natur‹ fortgeführt.[17]

Einen Boom erlebt die Naturgeschichte in der Frühen Neuzeit, die nach der ›Wiederentdeckung‹ des Aristoteles auch wieder stärker auf die Kenntnisse und Modelle der Antike zurückgreift.[18] Ein gleichzeitiger Rekurs auf verschiedene Traditionslinien ist dabei durchaus üblich.[19]

16 Der Physiologus. Übers. u. erläutert v. Otto Seel. Zürich u. München 1983.

17 Vgl. dazu den Ausstellungskatalog: Löwen, Liebstöckel und Lügensteine. Illustrierte Naturbücher seit Konrad von Megenberg. Hg. v. Maria Effinger u. Karin Zimmermann unter Mitarbeit v. Margit Krenn. Heidelberg 2009.

18 Zur humanistischen Aneignung antiker Texte vgl. Brigitte Hoppe: Die biologischen Wissenschaften im Einflussbereich der sich entwickelnden neuzeitlichen Naturwissenschaften. In: Geschichte der Biologie, S. 161-195, hier insbes. S. 171-173. – Jüngst ist die Auffassung, dass, während die Naturgeschichte der Renaissance um 1500 weitgehend aus einer Kompilierung und Kommentierung antiker Autoritäten besteht, sich um 1600 mehr und mehr die Empirisierung durchsetzt, zwar grosso modo bestätigt, jedoch in vier Zwischenphasen differenziert worden, vgl. Brian W. Ogilvie: The Science of Describing. Natural History in Renaissance Europe. Chicago 2006, S. 28-49. – Inhalt und Stellenwert der historia wird in der Frühen Neuzeit wie schon in der Antike selbst unterschiedlich bewertet: Während in der Scholastik weitgehend das abwertende Verständnis von historia im aristotelischen Sinne (Beschreibung ohne Erklärung) vorherrscht, setzt sich in der humanistischen Tradition das »Plinian model«, also eine umfassendere Konzeption von historia (als Wissen überhaupt) durch. Zur Aristoteles-Rezeption der Frühen Neuzeit vgl. Ian Maclean: White Cows, Graying Hair, and Eyelashes: Problems of Natural Historians in the Reception of Aristotelian Logic and Biology from Pomponazzi to Bacon. In: Historia. Empiricism and Erudition, S. 147-179. Auf die Umwertung des aristotelischen Modells »from *historia* as knowledge without causes to *historia* as knowledge preparatory to the investigation of causes« weist hin Pomata: Praxis Historialis, S. 111.

19 Dies gilt nicht nur für den nachfolgend skizzierten Conrad Gessner, der bereits im Titel einige seiner Gewährsmänner nennt: Conrad Gessner: Historia plantarum et vires ex Dioscoride, Paulo Aegineta, Theophrasto, Plinio, & recentioribus Graecis, iuxta elementorum ordinem. Paris 1541. Brian W. Ogilvie zeigt, wie sehr Gessner vor allem in der Tradition Dioscorides' steht (Brian W. Ogilvie: Natural History, Ethics, and Physico-Theology. In: Historia. Empiricism and Erudition, S. 75-103, hier S. 80). Ähnliches lässt sich auch für Gessners Zeitgenossen konstatieren; vgl. etwa Leonhart Fuchs: De historia stirpium commentarii insignes, maximis impensis et vigiliis elaborati, adjectis earundem vivis plusquam quingentis imaginibus. Basel 1542.

Conrad Gessner etwa ist wie Dioscorides praktisch heilkundlich orientiert,[20] hat darüber hinaus aber auch den Anspruch, »a complete discourse« in der enzyklopädischen Tradition eines Plinius zu liefern.[21] Er sieht sich als Verwalter des kaum noch zu überschauenden gelehrten Naturwissens und wählt die Form eines alphabetisch geordneten Lexikons, um eine gezielte, selektive Nutzung zu ermöglichen. Die Binnenstruktur der einzelnen Artikel folgt konsequent einem einheitlichen Darstellungsmuster.[22] Inhaltlich nimmt das Referat philologischer Aspekte häufig ebenso viel Raum ein wie die eigentliche Naturbeschreibung.[23] Ja, mehr

20 Zur praktischen Orientierung Gessners vgl. Pomata, Siraisi: Introduction, S. 18, und Ogilvie: The Science of Describing, S. 138; zu Gessners Leben und Werk vgl. Lucien Braun: Conrad Gessner. Genf 1990.

21 Laurent Pinon: Conrad Gessner and the Historical Depth of Renaissance Natural History. In: Historia. Empiricism and Erudition, S. 241-267, hier S. 244. – Der umfassende Anspruch Gessners bildet sich wiederum in einem Titel ab: Conrad Gessner: Historiae animalium liber I, de quadrupedibus viviparis. Opus philosophis, medicis, grammaticis, philologis, poetis, et omnibus rerum linguarumque variarum studiosis, utilissimum simul iucundissimumque futurum. Zürich 1551.

22 So wird »[j]edes einzelne Tier [...] einem alphabetisch nummerierten achtgliedrigen Fragenkatalog unterworfen, der in zwei Hauptabteilungen, eine sachbezogene (B-G) und eine philologische (A/H) eingeteilt ist.« (Udo Friedrich: Naturgeschichte zwischen artes liberales und frühneuzeitlicher Wissenschaft. Conrad Gessners »Historia animalium« und ihre volkssprachliche Rezeption. Tübingen 1995, hier S. 40).

23 Allerdings gibt es weit reichende Unterschiede zwischen der lateinischen Urfassung und den verschiedenen deutschsprachigen überarbeiteten Fassungen der Werke Gessners. Letztere machen aus dem »Handbuch für Gelehrte ein[en] Lesetext für Laien« (Friedrich: Naturgeschichte, S. 165), streichen weniger die Tierbeschreibungen selbst und schon gar nicht die narrativen Fabelpassagen, als vielmehr die gelehrten Verweise, so dass zwar nicht die Lehre selbst, aber »ihr umfassender Niederschlag in der literarischen Überlieferung« (ebd., S. 171) verloren geht. Während der Text selber in den volkssprachlichen Ausgaben stark gekürzt wird, ist der illustrative Anteil deutlich erhöht. Vgl. etwa die späte Übersetzung der Tiergeschichte: Conrad Gessner: Redivivus auctus & emendatus. Oder: Allgemeines Thier-Buch/. Das ist: Eigentliche und lebendige Abbildung aller vierfüssigen/So wohl zahmer als wilder Thieren/welche in allen vier Theilen der Welt/auff dem Erdboden/und in etlichen Wassern/zu finden; sampt einer außführlichen Beschreibung ihrer äusserlichen Gestalt/innerlichen Natur und Eigenschafft/angebohrnen Tugend oder Untugend/zufälligen Kranckheiten und deren Hülffs-Mittel/wie auch ihrer Pfleg- und Wartung/und sonderbaren vielfältigen Nutzbarkeit/Was nämlich davon beydes in der Küche zum Essen/und dann auch in der Apotheck zur Artzney/wider allerhand unversehene Fälle/alte und frische Schäden und sonst vielfältige menschliche Schwachheiten und schmertzliche Gebrechen/zu gebrauchen. Allen Leibs- und Wund-Aerzten/Bar-

noch: »While Gessner's zoology could exist in a world without animals, it is not conceivable in a world without books.«[24] Im Kern ist Gessners Naturgeschichte also weniger eine empirische Wissenschaft, als vielmehr eine sich im Archiv des gelehrten Wissens verortende Textwissenschaft.[25]

Der auch bei Gessner erkennbare universelle Anspruch drückt sich bei den Renaissancegelehrten Ulisse Aldrovandi und Athanasius Kircher in der Gestaltung ihrer Wunderkammern aus.[26] An ihren Werken ist zudem ablesbar, dass der zeitgenössische Blick auf die Natur häufig metaphysische, mystische oder naturmagische Elemente beinhaltet: Immer geht es auch darum, aus der Oberfläche der Erscheinungen zur Sprache der Natur, zur Ordnung der Welt durchzudringen. In diesem Sinne entwickelt Aldrovandi komplexe Tableaus von Analogien,[27] Kircher verfällt einer regelrechten Emblem-Manie.[28]

Parallel zu diesen Tendenzen zeichnet sich seit dem Ende des 16. Jahrhunderts immer stärker der Wandel der Naturgeschichte zu einer empirischen Disziplin ab.[29] So sind bereits für Gessner, seiner textwissenschaftlichen Grundkonzeption ungeachtet, Exkursionen belegt.[30] Derartige naturkundliche Feldforschungen dokumentieren sich zuneh-

birern und Feldscherern / auch Waydleuthen / Köchen / Mahlern und Reissern sehr dienst- und zuträglich. Neu übers. u. erweitert durch Georg Horst. Frankfurt a. M. 1669. Reprint Hannover 1983.

24 Pinon: Conrad Gessner, S. 251.

25 Gessner ist daher als »the most ›historian‹ of all natural historians« bezeichnet worden (Pinon: Conrad Gessner, S. 263).

26 Paula Findlen: Possessing Nature. Museums, Collecting, and Scientific Culture in Early Modern Italy. Berkeley, Los Angeles u. London 1994, hier S. 4. Vgl. auch: Christa Riedl-Dorn: Wissenschaft und Fabelwesen. Ein kritischer Versuch über Conrad Gessner und Ulisse Aldrovandi. Wien u. Köln 1989; Athanasius Kircher. The Last Man Who Knew Everything. Hg. v. Paula Findlen. New York u. London 2004.

27 Vgl. William B. Ashworth, Jr.: Natural history and the emblematic world view. In: Reappraisals of the Scientific Revolution. Hg. v. David C. Lindberg u. Robert S. Westman. Cambridge u. a. 1990, S. 303-332, hier S. 306 u. S. 316.

28 Vgl. Findlen: Possessing Nature, S. 379.

29 Zum Aufstieg der Naturgeschichte als Fach vgl. Findlen: Courting Nature; dies.: The Formation of a Scientific Community: Natural History in Sixteenth-Century Italy. In: Natural Particulars. Nature and the Disziplines in Renaissance Europe. Hg. v. Anthony Grafton u. Nancy Siraisi. Massachusetts 1999, S. 369-400; Ogilvie: Natural History, S. 79.

30 Ogilvie (The Science of Describing, S. 70 u. S. 113) weist auf die ausgedehnte Exkursionspraxis Gessners hin; Findlen (Possessing Nature, S. 158-163) auf die ›Pilgrimschaften‹ der Naturforscher hinaus in die Natur, um Objekte für die Wunderkammern zu suchen.

mend in Naturgeschichten, die geographische, natur- und landeskundliche Aspekte verbinden. Neben dem Fremden (Georg Markgrafs *Natural History of Brazil* [1648]) wird auch die Heimat (Johann Jacob Wagners *Historia naturalis Helvetiae curiosa* [1680]; Johann Jacob Scheuchzers *Helvetiae Historia Naturalis oder Natur-Historie des Schweitzerlandes* [1716]) zum Gegenstand derartiger lokaler Naturgeschichten.[31]

Die Besinnung auf die Empirie wird im Zeitalter der scientific revolution und dem Entstehen der new sciences[32] theoretisch von Francis Bacon zu einer Neubegründung der Naturgeschichte weitergeführt.[33] Was im Lichte der aristotelischen Definition ein Zeichen der Unterlegenheit war, nämlich das rein Beschreibende der Naturgeschichte, erfährt im Zuge der Empirisierung des Wissens eine radikale Aufwertung: In seinem *Novum Organon* erhebt Bacon die Naturgeschichte zu einer empirischen Fundamentalwissenschaft.[34] Die erneuerte Naturgeschichte ist ein auf umfassende Naturerkenntnis gerichtetes induktives Wissensprogramm, das eine neue experimentelle Methode[35] propagiert und zu ver-

31 Johann Jacob Scheuchzer (Helvetiae Historia Naturalis oder Natur-Historie des Schweitzerlandes. Zürich 1716. Reprint Zürich 1978, S. 4) beginnt sein Werk mit einem Bekenntnis zur induktiven Methode Bacons, denn nur die genaue Beschreibung der empirischen Wirklichkeit sei der Schlüssel zu einem theoretischen Verständnis der Natur: »Disere Materi [nämlich die Schweizer Luft] mit nutzen zu verhandlen / werde ich die gemein übliche Weise zu schreiben umkehren; und mich nicht darüber zermarteren / aus was für Theilen dises allen lebenden Geschöpften höchst nuzliche Element bestehe / wie dieselben gestaltet / woher deroselben Schwere / Elasticitet oder Treibkraft / und andere Eigenschafften mehr kommen? sondern vornemlich zeigen / wie dieses Element in ansehung unserer Landen beschaffen / anderen hiermit ihre Metaphysicalische oder Transcendental-Physic überlassen / und vielmehr mich bey einer Historischen Relation deren Begebenheiten aufhalten / in betrachtung / daß dises der einige Weg zu jener.«

32 Vgl. Ernan McMullin: Conceptions of science in the Scientific Revolution. In: Reappraisals of the Scientific Revolution, S. 27-92.

33 Die Neubegründung ist theoretisch, weil Bacon zwar methodische und wissenssystematische Reflexionen anstellte, selbst aber nie eine Naturgeschichte verfasste; auch seine *Sylva sylvarum*, die häufig als Bacons Beitrag zur Naturgeschichte bezeichnet werden, sind »in reality a heterogeneous collection of random observations and suggestions for further inquiry« (Ashworth: Natural history and the emblematic world view, S. 322); zum Selbstverständnis der Vertreter der new science vgl. Steven Shapin: Woher stammte das Wissen in der wissenschaftlichen Revolution? In: Ansichten der Wissenschaftsgeschichte. Hg. v. Michael Hagner. Frankfurt a. M. 2001, S. 43-103.

34 Vgl. dazu Daston, Park: Wunder und die Ordnung der Natur, S. 260-273.

35 Bacon plädiert für »lucifera experimenta«, vgl. Francis Bacon: Neues Organon. Lateinisch-deutsch. Hg. v. Wolfgang Krohn. Hamburg 1990, S. 216. – Zur Expe-

allgemeinernden Schlüssen in fortgesetzter Auseinandersetzung mit der Empirie kommt.[36] Die Mitteilung von Absonderlichkeiten zur Unterhaltung des Lesers,[37] ein bewunderndes reines Schwelgen in der Vielfalt der Natur[38] erscheinen Bacon als unergiebig und werden von ihm ausgegrenzt.[39] Inwiefern die Reformüberlegungen Bacons tatsächlich unmittelbar die Praxis und die Schriften der Naturforscher des 17. Jahrhunderts beeinflussten, ist umstritten: An einem Werk wie demjenigen Thomas Brownes wird jedenfalls nicht zuletzt das gleichzeitige Nebeneinander von empirischer Weltzugewandtheit und Glauben an das Wunderbare, von Aufklärungsbestreben und Begeisterung für eine eher mystizistische Signaturenlehre deutlich.[40]

Die Naturforscher des 18. Jahrhunderts, allen voran Carl von Linné und Georges Buffon, setzen sich sowohl von den barocken Wunderkammern, als auch von den vermeintlich ungeordneten, theoriefernen, ins Phantastische ausschweifenden Naturgeschichten der Frühen Neuzeit ab und streben ganz ausdrücklich nach einem Neubeginn.[41] Sie planen an-

rimentalkultur des 17. Jahrhunderts vgl. Steven Shapin u. Simon Schaffer: Leviathan and the Air-Pump. Hobbes, Boyle and the experimental life. Princeton 1985; Spektakuläre Experimente. Praktiken der Evidenzproduktion im 17. Jahrhundert. Hg. v. Helmar Schramm, Ludger Schwarte u. Jan Lazardzig. Berlin u. New York 2006 (= Theatrum Scientiarum Bd. 3).

36 Vgl. Pomata: Praxis Historialis, S. 113.

37 Dieckmann: Naturgeschichte von Bacon bis Diderot, S. 97.

38 Vgl. Daston, Park: Wunder und die Ordnung der Natur, S. 270.

39 Zu Bacons Stellung in der Geschichte des Wunderbaren vgl. ebd., insbes. S. 266-270.

40 Vgl. die Einschätzungen von Ashworth (Natural history and the emblematic world view, S. 324) einerseits und Gisela Hack-Molitor andererseits (On Tiptoe in Heaven. Mystik und Reform im Werk von Sir Thomas Browne [1605-1682]. Heidelberg 2001, insbes. S. 107-144). Browne scheint seine unterschiedlichen Interessen aufzuspalten und in verschiedenen Schriften zu bearbeiten: Während seine *Pseudodoxia epidemica* (1646) sich der Aufklärung allerlei seit der Antike tradierter Irrtümer über die Natur verschrieben hat, findet er in *The Garden of Cyrus* (1658) in an Athanasius Kircher erinnernder Weise ein universelles Pattern, den Quincunx, dessen Struktur sich in allen Erscheinungen der Welt wiederfände, vgl. dazu Tanja van Hoorn: Ordnung in der Wunderkammer. Thomas Browne und die Signatur des Quincunx. In: Cardanus 6 (2006), S. 45-56. Zu der vielleicht bekanntesten Schrift Brownes, dem *Religio Medici*, vgl. neuerdings die Analyse von Verena Olejniczak Lobsien: Thomas Brownes »uncertain knowledge«: Skeptischer Neuplatonismus in *Religio Medici*. In: Unsicheres Wissen. Skeptizismus und Wahrscheinlichkeit 1550-1850. Hg. v. Carlos Spoerhase, Dirk Werle u. Markus Wild. Berlin u. New York 2009, S. 135-157.

41 Vgl. Findlen: Possessing Nature, S. 393 f.

ders angelegte, anders geordnete Naturalienkabinette, die nicht mehr scheinbar wilde Sammlungen einer immer auch Monstrositäten gebärenden spielerischen Schöpfung, sondern geordnetes Anschauungsmaterial einer klassifizierten, gesetzmäßig funktionierenden, begreifbaren Natur sein sollen.[42] Vor allem aber verändern sie die Inhalte der Naturgeschichten, drängen die kulturgeschichtlichen Abrisse zurück und verbannen die Fabeln aus der Tierkunde in die Poesie.[43]

In der polemischen Auseinandersetzung Buffons mit Aldrovandi wird die abgrenzende Selbstprofilierung der Aufklärer deutlich: Zwar habe Aldrovandi für eine angemessene naturhistorische Beschreibungskunst durchaus einige gute Entwürfe geliefert, allerdings folge er überhaupt nicht dem vom Buffon in seinen einleitenden Grundsatzüberlegungen als wichtig erachteten Ideal der »Ordnung und Kürze«.[44] Bei Aldrovandi könne man, so Buffon herablassend, wenn man unter dem Stichwort ›Hahn‹ oder ›Ochse‹ nachschlage,

> darauf rechnen, daß er uns alles erzählen werde, was jemals von einem Hahn oder einem Ochsen geschrieben worden. Er wird alles anführen, was die Alten davon gedacht; was man sich von ihren Eigenschaften und Charakter, von ihrer Herzhaftigkeit, von allen Fällen, in welchen man sie gebraucht, für Vorstellungen gemacht. Die Erzählungen alter Weiber von diesen Tieren, alle Wunderwerke, die man ihnen in gewissen Religionen beigemessen, alle Arten des Aberglaubens, die sie je veranlasst; alle Vergleichungen, welche die Dichter mit ihnen angestellt, alle Eigenschaften, die ihnen von gewissen Völkern zugestanden worden, alle Vorstellungen, die man in Hieroglyphen oder in der Waffenkunst von ihnen antrifft. Dies alles wird er treulich erzählen, und nicht

42 Vgl. dazu den Band: Sammeln als Wissen. Das Sammeln und seine wissenschaftliche Bedeutung. Hg. v. Anke te Heesen u. E. C. Spray. Göttingen 1999.

43 In diesem Sinne weist auch Müller-Wille (History redoubled, S. 29) darauf hin, dass sich, während »in Aldrovandi, e. g., 9 out of 39 headings refer to cultural tradition (including *mystica, moralia, hieroglyphyca, historica, praesagia, proverbia, numismata, epigrammata, epitheta*), the main bulk of Linnaeus's Methodus concerns taxonomic matters«. Auch Buffon zeigt sich über Aldrovandis gelehrte Sammelwut, »den großen Schwall unnützer Gelehrsamkeit« erstaunt, vgl. Georges-Louis Leclerc de Buffon: Allgemeine Naturgeschichte. Übers. v. Heinrich Wilhelm Martini u. a. Frankfurt a. M. 2008 [Neuauflage der Ausgabe Berlin 1771-1774], S. 28.

44 Buffon: Allgemeine Naturgeschichte, S. 29. – Vor allem das Ideal der Kürze ist dem enzyklopädischen Anspruch der Frühen Neuzeit in der Tat völlig fremd. Allerdings fühlt sich aber auch Buffon diesem praktisch ganz offensichtlich nicht wirklich verpflichtet.

leicht ein Wort von allen den Geschichten und Märchen, die jemals vom Hahn oder Ochsen erdichtet worden, mit Vorsatz verloren gehen lassen.[45]

»Geschichten und Märchen« aber haben, darin weiß sich Buffon mit Linné einig,[46] in der Naturgeschichte nichts verloren. Wie soll sie also aussehen, die neue, andere, aufgeklärte Naturgeschichte?

Linné widmet sich im Anschluss an John Ray, der seinerseits das Renaissancemodell der spiegelnden und vergleichenden Textverweise zugunsten einer Beglaubigung allein durch Augenzeugenschaft aufgibt und die Weichen für ein einheitliches Ordnungssystem stellt,[47] zeit seines Lebens der Klassifikation der Pflanzen- und Tierwelt. Das gesamte Œuvre des Schweden zielt auf die Taxonomie: Linné will nicht erzählen, sondern systematisieren.[48] Dies schlägt sich auch in der äußeren Gestalt seiner Werke nieder, die keine linear zu lesenden Naturgeschichten sind, sondern sich tabellarisch, katalog- und stichwortartig präsentieren und eher Aphorismensammlungen gleichen. In Kurzformeln fixiert Linné gemäß seinem essentialistischen Ansatz die wesentlichen Merkmale einer Art in Abgrenzung zu ähnlichen. In diesen ›Losungen‹, die sich durch luzide Klarheit auszeichnen, verbirgt Linné sein Wissen über die Natur beinahe mehr, als dass er es ausstellt. Ihre Bedeutung jedenfalls erschließt sich erst vor dem Hintergrund der Gesamtkonzeption seiner Werke, die aufgrund der eigentümlichen Präsentationsweise treffend mit großen ›Wortlandkarten‹ verglichen worden sind.[49]

45 Buffon: Allgemeine Naturgeschichte, S. 28.

46 Für Linné vgl. den Hinweis von Lepenies (Das Ende der Naturgeschichte, S. 115), jener habe »die ältere Zoologie ›einen mit Fabeln und Torheiten angefüllten Augiasstall‹« genannt, zu dessen »Reinigung« er antrete.

47 Vgl. Ogilvie: The Science of Describing, S. 263; vgl. Jahn: Grundzüge der Biologiegeschichte, S. 205.

48 Linnés Konzeption des enkaptischen Systems, das die belebte Natur in Varietäten, Arten, Gattungen, Ordnungen und Klassen gliedert und den Arten gemäß der binominalen Nomenklatur einen zweigliedrigen Namen gibt, in dem der erste Teil die Gattung (etwa: homo), der zweite die Art (etwa: sapiens) bezeichnet, ist bis heute das wichtigste klassifikatorische Basiswerkzeug der Biologie, um Ordnungsbeziehungen von Organismen zu repräsentieren. Dass Linné entgegen dem Vorwurf Buffons keineswegs nach einem künstlichen, sondern nach einem natürlichen System strebt, hat in seiner grundlegenden Arbeit herausgestellt Staffan Müller-Wille: Botanik und weltweiter Handel. Zur Begründung eines Natürlichen Systems der Pflanzen durch Carl von Linné. Berlin 1999.

49 Ziel Linnés ist eine Erfassung der Ordnung der Natur, die er sich als ein Nebeneinander von mehr oder weniger ähnlichen Arten vorstellt. Er strebt eine Karto-

Auch Buffon will nicht nur auf die empirischen einzelnen Individuen, sondern auf die Arten sehen.[50] Dieser grundsätzlichen Übereinstimmung ungeachtet, gibt es zwischen der Konzeption und Durchführung der Naturgeschichte Buffons und Linnés jedoch bekanntlich weit reichende inhaltliche und formale Differenzen. Buffon ist weniger klassifikatorisch interessiert und praktiziert eine umfassend ausgerichtete, anthropozentische, beschreibende Naturgeschichte, die auch Geographie und Erdgeschichte mit einbezieht.[51] Programmatisch setzt er sich im Vorwort seiner vielbändigen *Histoire naturelle* von den vermeintlich künstlichen Systematisierungsversuchen Linnés ab. Er stellt der Linnéschen Taxonomie seine ausführliche Beschreibungskunst entgegen, die die unmerklichen Übergänge in der Natur ertaste, sich an der Lebenswirklichkeit der Tiere orientiere und Differenzen nicht künstlich wegsystematisiere.[52] Seine Einträge zu den einzelnen Tierarten organisiert Buffon als eine Beschreibung des äußeren Erscheinungsbildes und der (zumeist getrennt davon abgehandelten und von Daubenton verfassten) Anatomie der Tiere, die dann durch ihre ›Geschichte‹ ergänzt wird (wobei ›Geschichte‹ die Individualgeschichte, also die Fortpflanzung und Lebensweise eines Tieres, sowie seinen Nutzen für den Menschen meint).[53]

graphie der Arten an: Sein epistemologisches Modell ist die Landkarte, denn er geht in seiner *Philosophia botanica* (1751) davon aus, dass »alle Pflanzen untereinander wechselseitige Verwandtschaften [aufweisen], wie ein Gebiet in einer geographischen Karte«; zum natürlichen System als Karte vgl. Müller-Wille: Botanik und weltweiter Handel, S. 89-97, hier auch das von Müller-Wille übersetzte Linné-Zitat (ebd., S. 90); vgl. zu diesem Themenkomplex zudem Gian Franco Frigo: »Der stete und feste Gang der Natur zur Organisation«. Von der Naturgeschichte zur Naturphilosophie um 1800. In: Naturwissenschaften um 1800. Wissenschaftskultur in Jena-Weimar. Hg. v. Olaf Breidbach u. Paul Ziche. Weimar 2001, S. 27-45, hier S. 31 f.

50 Hans-Jörg Rheinberger u. Staffan Müller-Wille: Vererbung. Geschichte und Kultur eines biologischen Konzepts. Frankfurt a. M. 2009, S. 56 f.

51 Zur Leistung Buffons vgl. auch die Darstellung von Feuerstein-Herz: »Die große Kette der Wesen«, S. 113-127. – Zum Wechselverhältnis zwischen Buffons *Histoire naturelle* und dem von ihm geleiteten Jardin du Roi vgl. E. C. Spary: Utopia's Garden. French Natural History from Old Regime to Revolution. Chicago u. London 2000.

52 Zum antagonistischen Verhältnis von Linné und Buffon vgl. Staffan Müller-Wille: Genealogie, Naturgeschichte und Naturgesetz bei Linné und Buffon. In: Genealogie als Denkform in Mittelalter und Früher Neuzeit. Hg. v. Kilian Heck u. Bernhard Jahn. Tübingen 2000, S. 109-119.

53 Buffon: Allgemeine Naturgeschichte, S. 31.

Nicht nur in der inhaltlichen Ausrichtung, auch im Darstellungsideal unterscheidet sich Buffon fundamental von Linné: Gegen die stichwortartig verdichtete Darstellung des Schweden, gegen dessen aufs Äußerste verknappte merkspruchartige Paragraphen, setzt Buffon in seiner milieuorientierten Beschreibung auf Ausführlichkeit, Gewandtheit, Narration.[54]

Fragt man nun nach dem Verhältnis der aufklärerischen Naturgeschichten zur historia-Tradition und zur Geschichte, so kann man festhalten: Linné wie Buffon präsentieren verschriftlichtes Wissen, teilweise durch Abbildungen begleitet,[55] das die empirisch beobachtbare Natur deskriptiv erfasst. Ihre wechselvolle Interpretation und intellektuelle Aneignung, ihre Kulturgeschichte aber wird ausgeblendet: In diesem Sinne trennen sich historia und historia naturalis.[56] Die Aufklärer verzichten damit auf die »historical depth« (Pinon) der älteren textwissenschaftlichen, historisches Wissen über die Natur dokumentierenden Naturgeschichten. Zugleich aber rückt, gerade bei Buffon – ablesbar schon an einem Titel wie *Époques de la nature* (1778) – die Geschichtlichkeit der Natur selbst mehr und mehr in den Blick.[57]

54 Zur wechselvollen Geschichte der zeitgenössischen Bewertung von Linné und Buffons Stil vgl. Lepenies: Das Ende der Naturgeschichte, S. 151-160.

55 Gegen Lepenies' These, dass die Naturgeschichte des 18. Jahrhunderts durch eine klare »Vorherrschaft des Textes über die Abbildung« (Lepenies: Das Ende de Naturgeschichte, S. 31 f.) gekennzeichnet sei, ist in jüngerer Zeit Einspruch erhoben worden. So wurde gezeigt, dass sich zwar Linné in der Tat grundsätzlich gegenüber Abbildungen skeptisch zeige, weil deren Wert mit der (etwa: botanischen) Kompetenz des Zeichners stehe und falle. Selbst mit seiner Textstruktur, die visuelle Elemente aus Gründen der Übersichtlichkeit stärke, distanziere er sich von dieser ablehnenden Haltung gegenüber Abbildungen letztlich nicht. Buffon hingegen kehre angesichts der bunten Vielfalt der Vögel, die ihn an die Grenzen seiner sprachlichen Darstellungsfähigkeit führe, zur Abbildung zurück: Er bewege sich »von beschreibbaren Vierfüßern zu unbeschreiblichen Vögeln, von Schwarz-Weiß zu Farbe, vom Text zum Bild«; vgl. Michael Bies: Vom Wettstreit der Medien am ›Ende der Naturgeschichte‹: Linné, Buffon, Goethe. In: Vom Wettstreit der Künste zum Kampf der Medien? Medialitätsdiskurs im Wandel der Zeiten. Hg. v. Mario Baumann u. Yvonne Nowak. Marburg 2008, S. 93-112, hier S. 104.

56 So formuliert Buffon die Einschätzung, dass eine zweigliedrige »Einteilung […] der Wissenschaften« sinnvoll wäre: »Die bürgerliche Historie würde die erste, die Naturgeschichte die zweite ausmachen.« (Buffon: Allgemeine Naturgeschichte, S. 30).

57 In diesem Sinne ist festgehalten worden, dass Buffons »programme emphasised historical process, the study of distribution, migration of forms, geological change, and even study of the degenerative change of species in time.« Vgl. Phillip R. Sloan: Natural History, 1670-1802. In: Companion to the History of Modern

Es ist dieses verstärkte Interesse an vergangenen Naturereignissen, d. h. insbesondere an der Erdgeschichte, das Immanuel Kant dazu führt, die gängige Verwendung des Terminus ›Naturgeschichte‹ zu kritisieren.[58] Er fordert eine klarere begriffliche Unterscheidung zwischen einer rein deskriptiven Naturbeschreibung und einer tatsächlichen Naturgeschichte als temporalisierter Erzählung von den Veränderungen in der Natur:

> Wir nehmen die Benennungen: Naturbeschreibung und Naturgeschichte gemeiniglich in einerlei Sinne. Allein es ist klar, daß die Kenntnis der Naturdinge, wie sie jetzt sind, immer noch die Erkenntnis von demjenigen wünschen lasse, was sie ehedem gewesen sind, und durch welche Reihe von Veränderungen sie durchgegangen, um an jedem Orte in ihren gegenwärtigen Zustand zu gelangen. Die Naturgeschichte, woran es uns fast noch gänzlich fehlt, würde uns die Veränderung der Erdgestalt, ingleichen die der Erdgeschöpfe (Pflanzen und Tiere), die sie durch natürliche Wandrungen erlitten haben, und ihre daraus entsprungene Abartungen von dem Urbilde der Stammgattung lehren. Sie würde vermutlich eine große Menge scheinbar verschiedene Arten zu Rassen eben derselben Gattung zurückführen, und das jetzt so weitläuftige Schulsystem der Naturbeschreibung in ein physisches System für den Verstand verwandeln.[59]

Zwar konnte sich dieser Vorschlag zur begrifflichen Distinktion in der Praxis so nicht durchsetzen, dennoch war die Kantsche Unterscheidung

Science. Hg. v. R. C. Olby, G. N. Cantor, J. R. R. Christie u. M. J. S. Hodge. London u. New York 1990, S. 295-313, hier S. 305; vgl. auch: Phillip R. Sloan: The Gaze of Natural History. In: Inventing Human Science. Eighteenth-Century Domains. Hg. v. Christopher Fox, Roy Porter u. Robert Wokler. Berkeley, Los Angeles u. London 1995, S. 112-151. Die tradierte Sicht auf das gleichzeitige Nebeneinander der Naturdinge im Raum wird im 18. Jahrhundert also durch ein neues Interesse an der zeitlichen Dimension der Natur, und damit an Naturobjekten wie etwa Fossilien, ergänzt. Dass dieses Interesse an der Geschichte der Natur an die Theorien der Erde und damit an ein altes diachronisches Muster der Naturgeschichte anknüpft, zeigt Seifert: »Verzeitlichung«, insbes. S. 457-464.

58 Zu Kants terminologischer Neuerung und der Kritik Georg Forsters daran vgl. Tanja van Hoorn: Was heißt und zu welchem Ende studiert man Naturgeschichte? In: Klopffechtereien – Missverständnisse – Widersprüche? Methodische und methodologische Perspektiven auf die Kant-Forster-Kontroverse. Hg. v. Rainer Godel u. Gideon Stiening. München 2012, S. 163-177.

59 Immanuel Kant: Von den verschiedenen Rassen der Menschen. In: Schriften zur Anthropologie, Geschichtsphilosophie, Politik und Pädagogik 1. Frankfurt a. M. 1977 (= Werke. Hg. v. Wilhelm Weischedel. Bd. XI), S. 11-30, hier S. 18.

»symptomatic of a fundamental shift in consciousness«:[60] Die Naturgeschichte wendet sich immer eindeutiger der der Zeit unterworfenen Natur zu.

So geht Johann Friedrich Blumenbach in seinen *Beyträgen zur Naturgeschichte* (1790) davon aus, dass geologische und paläontologische Funde von Entwicklungsprozessen in der Natur künden.[61] In diesem Zusammenhang hält er auch das Neuentstehen und Aussterben einzelner Arten ausdrücklich für möglich.[62] Mit der berühmten Konzeption des Bildungstriebs und mit seinen systematisch betriebenen vergleichenden anatomischen Forschungen steht Blumenbach für eine Konzentration der Naturgeschichte nicht mehr auf die äußeren Merkmale, sondern auf die innere Organisation der Lebewesen und auf Entwicklungsprozesse in der Natur.

Auch Carl Friedrich Kielmeyers Konzept der organischen Kräfte zeigt, dass die Naturgeschichte auf dem Weg ist zur Wissenschaft vom Lebendigen, zur Biologie.[63] Kielmeyer propagiert eine neue vergleichende na-

60 John Lyon u. Phillip R. Sloan: Introduction. In: From Natural History to the History of Nature. Readings from Buffon and His Critics. Hg., übers. und mit Einleitungen versehen v. John Lyon u. Phillip R. Sloan. London 1981, S. 1-32, hier S. 2.

61 Johann Friedrich Blumenbach: Beyträge zur Naturgeschichte. Mit einer Einleitung hg. v. Mario Marino. Hildesheim, Zürich u. New York 2014 [Nachdruck der Ausgabe Göttingen 1790-1811].

62 Eine These, die nicht zu verwechseln ist mit der evolutionstheoretischen Auffassung, dass *alle* Arten in einem historischen Prozess entstanden und fortlaufend einer geschichtlichen Entwicklung unterworfen sind. Zu Blumenbach vgl. Frank William Peter Dougherty: Der Begriff der Naturgeschichte nach Johann Friedrich Blumenbach anhand seiner Korrespondenz mit Jean-André DeLuc. Ein Beitrag zur Wissenschaftsgeschichte bei der Entdeckung der Geschichtlichkeit ihres Gegenstandes. In: ders.: Gesammelte Aufsätze zu Themen der klassischen Periode der Naturgeschichte. Collected Essays on Themes from the Classical Period of Natural History. Göttingen 1996, S. 148-159, Anmerkungen S. 399-402; vgl. auch Timothy Lenoir: Kant, Blumenbach, and Vital Materialism in German Biology. In: Isis 71 (1980), S. 77-108; sowie zuletzt Mario Marino: Einleitung. In: Blumenbach: Beyträge, S. V-CXX.

63 Vgl. Carl Friedrich Kielmeyer: Ueber die Verhältniße der organischen Kräfte unter einander in der Reihe der verschiedenen Organisationen, die Geseze und Folgen dieser Verhältniße. Faksimile der Ausgabe Stuttgart 1793. Mit einer Einführung hg. v. Kai Torsten Kanz. Marburg 1993. – Staffan Müller-Wille hat die These vertreten, dass um 1800 die neue Biologie auf der Basis der Institutionen und Praktiken der alten Naturgeschichte entsteht und zwar insbesondere aus den botanischen Gärten, die man als Schauplatz eines weltweiten Austauschs von aus ihrem natürlichen Lebensraum losgelösten Pflanzen betrachten müsse,

turhistorische Methode, die den alten Gegensatz zwischen Naturgeschichte und Naturphilosophie, zwischen Klassifikation und Erklärung überwinden soll.[64] Halten wir also fest: Nach 1800 wird das Konzept der Naturgeschichte keineswegs verabschiedet, sondern es wird, prominent von Kielmeyer, über eine Neuformulierung auf dem Boden des Alten und unter fortsetzender Einbeziehung desselben nachgedacht (1. Weiterentwicklung des Konzepts Naturgeschichte).[65]

Gleichzeitig erlebt die Naturgeschichte in der ganz traditionellen Form einer rein beschreibenden Naturkunde in den ersten Jahrzehnten des 19. Jahrhunderts noch einmal eine Blütezeit (2. Tradierung des Konzepts Naturgeschichte): So sinniert Friedrich Justin Bertuch *Ueber die Mittel Naturgeschichte gemeinnütziger zu machen*,[66] so werden neue naturgeschichtliche Zeitschriften gegründet,[67] so schreitet die Institutionalisierung des Fachs fort.[68] Auch die traditionellen naturgeschichtlichen

vgl. Staffan Müller-Wille: Ein Anfang ohne Ende. Das Archiv der Naturgeschichte und die Geburt der Biologie. In: Macht des Wissens. Die Entstehung der modernen Wissensgesellschaft. Hg. v. Richard van Dülmen u. Sina Rauschenbach unter Mitwirkung von Meinrad von Engelberg. Köln 2004, S. 587-605; vgl. hierzu und generell grundlegend Georg Toepfer: Historisches Wörterbuch der Biologie. Geschichte und Theorie der biologischen Grundbegriffe. Stuttgart u. Weimar 2011, Kap. »Biologie«, Bd. 1, S. 254-295.

64 Zu Kielmeyers erkenntnistheoretischer Annäherungsbewegung von Naturgeschichte und Naturphilosophie, von Beschreibung und Erklärung vgl. die Darstellung von: Hess: Das Ende der »Historia naturalis«? Diese erneuerte, beschreibende und erklärende Elemente unter dem Aspekt einer Entwicklungsgeschichte verbindende Naturgeschichte ist es, die in der sogenannten naturhistorischen Schule der Medizin des 19. Jahrhunderts aufgegriffen wird.

65 Ein derartiges ›Ringen‹ um die Naturgeschichte im frühen 19. Jahrhundert wird auch deutlich in der Darstellung zur Fossilien-Debatte von Lena Kugler: Die Tiefenzeit von Dingen und Menschen. (Falsche) Fossilien und die »Bergwerke zu Falun«. In: Weimarer Beiträge 59 (2013), S. 397-415.

66 Vgl. dazu Jutta Heinz: *Ueber die Mittel Naturgeschichte gemeinnütziger zu machen* (1799) – Bertuchs Entwurf eines populärwissenschaftlichen Forschungs- und Verlagsprogramms. In: Friedrich Justin Bertuch (1747-1822) – Verleger, Schriftsteller und Unternehmer im klassischen Weimar. Tübingen 2000, S. 659-671. Zur popularisierenden, auf Anschaulichkeit ausgerichteten Naturgeschichte Bertuchs vgl. zuletzt auch Silvy Chakkalakal: Die Welt in Bildern. Erfahrung und Evidenz in Friedrich J. Bertuchs *Bilderbuch für Kinder* (1790-1830). Göttingen 2014.

67 Vgl. z. B. *The Magazine of Natural History and journal of zoology, botany, mineralogy, geology and meterologie* (1829-1840).

68 Die Disziplinbildung der Naturgeschichte vollzieht sich erst zwischen 1760 und 1840 und erfolgt damit zumindest in der zweiten Hälfte parallel zum Aufstieg der neuen Biologie, vgl. Müller-Wille: Ein Anfang ohne Ende, S. 604.

Praktiken kommen wie gehabt (und bis in die Gegenwart) zum Einsatz: Naturkundler ziehen mit ihren Netzen aus, um Schmetterlinge zu fangen oder Käfer zu jagen, sie legen Sammlungen an, versuchen, neue Arten zu entdecken und diese dann gegebenenfalls für die naturgeschichtlich-taxonomische Ewigkeit mit ihrem Namen zu verbinden.

Dieser Kontinuitäten ungeachtet ist es aber ein unabweisbares Faktum, dass die historia naturalis im Zuge der Ausdifferenzierung und Spezialisierung der Naturwissenschaften an den Rand gedrängt wird (3. Marginalisierung des Konzepts Naturgeschichte). Es ist also nicht nur so, dass die neuen Laborwissenschaftler die Naturhistoriker als Amateure abwerten, um im Gegenzug ihre eigenen experimentellen Praktiken als Verfahren einer professionellen Wissenschaft zu profilieren.[69] Darüber hinaus stellt sich etwa die Embryologie Karl Ernst von Baers oder die Zellphysiologie Matthias Schleidens weder terminologisch noch methodisch oder inhaltlich in die Tradition der Naturgeschichte. Ihren zum Teil völlig neuen Forschungsgegenständen wenden sie sich mit neuen Fragestellungen zu und bedienen sich dabei neuer Untersuchungsmethoden: Diese Wissenschaften präsentieren sich nicht enzyklopädisch, sondern hochspezialisiert, sie basieren weder auf Textauslegungen, noch auf Exkursionen, sondern finden im Labor statt.

Diese Abwertung der tradierten Naturgeschichte wird schließlich durch Charles Darwin entscheidend befördert. Die auf seiner Reise um die Welt mit der *Beagle* gewonnenen empirischen Beobachtungen liefern ihm bekanntlich die Bausteine für die Formulierung seiner Evolutionstheorie.[70] In *The Origin of the Species* (1859) verabschiedet er auf der

69 Dies ist aber ein wichtiger Hinweis von David Elliston Allen: On parallel lines: natural history and biology from the late Victorian period. In: ders.: Naturalists and Society. The Culture of Natural History in Britain, 1700-1900. Aldershot u. Burlington 2001 [= Nachdruck des Erstdrucks in Archives of Natural History 25 (1998)], S. 361-371, hier insbes. S. 362 u. S. 366. Allen weist darauf hin, dass einige englische Naturhistoriker der viktorianischen Zeit die (irrige) Hoffnung hatten, dass es sich bei den neuen experimentellen Laborwissenschaften um eine vorübergehende »passing fashion« aus Deutschland handle (vgl. ebd., S. 366). Am Beispiel der mittlerweile hochprofessionellen, wenngleich nicht akademisch organisierten englischen ›bird watcher‹ verdeutlicht Allen, dass Professionalisierung und akademische Institutionalisierung zwei distinkte Prozesse sind, die nicht unbedingt Hand in Hand gehen müssen (ebd., S. 369).

70 Zu Darwins klassifikatorischer Verwirrung durch die auf der Weltreise gesammelten Naturalia vgl. Julia Voss: Die Entdeckung der Unordnung. Charles Darwin und naturkundliches Sammeln im 19. Jahrhundert. In: Nicht Fisch – nicht Fleisch. Ordnungssysteme und ihre Störfälle. Hg. v. Thomas Bäumler, Benjamin Bühler u. Stefan Rieger. Zürich 2011, S. 69-86.

Grundlage des Selektionsprinzips in epochaler Weise die Vorstellung einmal geschaffener, im Wesentlichen als unveränderlich gedachter Arten zugunsten der These von der Entwicklungsgeschichte allen Lebens aus einer Keimzelle (4. Radikale Historisierung der Naturgeschichte zu einer neuartigen Geschichte der Natur).[71] Ein historisierender Blick auf Natur scheint von nun an zwingend; die in einem bestimmten Moment beobachtbaren, nebeneinander stehenden Naturdinge müssen als Ergebnisse eines geschichtlichen Prozesses verstanden werden, eine reine Deskription des Ist-Zustandes wirkt vor diesem Hintergrund zumindest etwas naiv.

Dennoch ist die klassische Naturgeschichte damit nicht erledigt. Vielmehr bestehen auch in Zeiten ihrer Marginalisierung und ihrer Ablösung durch die evolutionstheoretische Historisierung die Tendenzen zu einer Weiterentwicklung und Tradierung fort. Faktisch wird beides häufig sogar miteinander verknüpft. Dies führt zu einer durchaus in sich widersprüchlichen Gemengelage des Nebeneinanders von Naturgeschichte und Geschichte der Natur – eine Verwirrung, die sich auch terminologisch niederschlägt, indem ›Naturgeschichte‹ nach Darwin häufig im evolutionstheoretischen Sinne verwandt wird.

Heuristisch können zwei Typen von Weiterentwicklung und Tradierung der historia naturalis unterschieden werden: die Naturgeschichte als Taxonomie (in der Tradition Linnés) und die Naturgeschichte als Lebensbeschreibung (in der Tradition Buffons).

Erstens also entstehen weiter deskriptive, taxonomische Arbeiten. Ein vermeintlicher Vordenker der Evolutionstheorie Darwins etwa wie Jean Baptiste Lamarck hat seine vielleicht bedeutendsten Leistungen auf diesem ganz klassisch naturgeschichtlichen Terrain vollbracht: Lamarcks *Histoire naturelle des animaux sans vertèbres* (1815-1822) bildet für ein halbes Jahrhundert die Grundlage für die Zoologie der Wirbellosen, auch wenn er einer breiteren Allgemeinheit heute allein aufgrund seiner in der *Philosophie zoologique* (1809) formulierten, freilich häufig missverstandenen und von den Zeitgenossen zudem beinahe vollständig ignorierten Transformationstheorie ein Begriff ist.[72]

71 Zu Darwin und der darwinistischen Revolution vgl. Thomas Junker: Charles Darwin und die Evolutionstheorien des 19. Jahrhunderts. In: Geschichte der Biologie, S. 356-385.

72 Vgl. Wolfgang Lefèvre: Jean Baptiste Lamarck. In: Darwin & Co. Eine Geschichte der Biologie in Portaits. 2 Bde. Hg. v. Ilse Jahn u. Michael Schmitt. München 2001, Bd. I, S. 176-201.

Ein wichtiger Bestandteil aller beschreibenden Naturwissenschaften wie der Mineralogie, der Botanik und der Zoologie ist auch im Zeitalter Darwins die Klassifikation.[73] Für dieses Feld legt der nachmalig mächtigste Darwin-Popularisierer Ernst Haeckel in jungen Jahren, 1862, einen *Grundriss einer allgemeinen Naturgeschichte der Radiolarien* vor. Seine klassische Darstellung über die im Meer lebenden Strahlentierchen gliedert er in sechs Abschnitte. Die tragenden Säulen dieses Werkes, die auch rein quantitativ überwiegen, sind die vergleichend anatomischen Beschreibungen der verschiedenen Spezies der Radiolarien im ersten Abschnitt (»Anatomische Resultate«) und ein vollständiges, katalogartiges Verzeichnis aller Genera und Spezies im sechsten Abschnitt (»Systematische Synopsis«).[74] Auf der Basis seiner morphologischen Studien stellt Haeckel im zweiten Abschnitt (»Biogenetische Resultate«) nach einer Beschreibung der Individualentwicklung auch einige Vermutungen über die Phylogenese der Radiolarien an. So sehr er die abstammungsgeschichtliche Perspektive in seiner Widmung an Paul von Ritter hervorhebt, so gering ist die Bedeutung derselben innerhalb seiner Naturgeschichte der Radiolarien tatsächlich. Vielmehr bietet Haeckel über weite Strecken eine klassische Naturgeschichte mit taxonomischer Orientierung, d.h. ein Werk, das eine Differenzierung und Bestimmung der unterschiedlichen Radiolarienarten ermöglichen will und das diesen Anspruch mit der neuen Entwicklungsgeschichte kombiniert.[75]

73 Für die Taxonomie bedeutet die ›darwinistische Revolution‹ freilich die Herausforderung, bestehende Arten als Ergebnis eines historischen Entwicklungsprozesses zu begreifen und daher nach einer Systematik zu suchen, die diese phylogenetische Dimension miteinbezieht: Linnés ›Landkarte‹ muss von einer zweidimensionalen Flächigkeit in eine Dreidimensionalität transformiert werden. Eine wegweisende phylogenetische Systematik legte erstmalig vor Willi Hennig: Grundzüge einer Theorie der phylogenetischen Systematik. Berlin 1950.

74 Ernst Haeckel: Die Radiolarien (Rhizipoda Radiavia). Eine Monographie. Zweiter Theil. Grundriss einer allgemeinen Naturgeschichte der Radiolarien. Berlin 1887 [zuerst 1862]; zu Haeckel vgl. Bernhard Kleeberg: Theophysis. Ernst Haeckels Philosophie des Naturganzen. Köln u.a. 2005; Kai Kauffmann: Naturwissenschaft und Weltanschauung um 1900. Essayistische Diskursformen in den populärwissenschaftlichen Schriften Ernst Haeckels. In: Zeitschrift für Germanistik Neue Folge XV (2005), H.1, S. 61-75, sowie zuletzt Robert J. Richards: The Tragic Sense of Life. Ernst Haeckel and the Struggle over Evolutionary Thought. Chicago u. London 2008. – Von Haeckels anhaltender Faszination für die Radiolarien legen auch die Abbildungen in seinem bekannten Werk *Kunstformen der Natur* (1904) ein anschauliches Zeugnis ab.

75 Dass man evolutionäre Naturgeschichte und Völkergeschichte monistisch zusammendenken müsse, propagiert Haeckel insbesondere in seinem Werk *Die Welträtsel* (1899).

Ähnlich verfährt in gewisser Weise noch – machen wir einen großen Zeitsprung in die Gegenwart – der *Cichliden Atlas* von Uwe Römer, der eine *Naturgeschichte der Zwergbuntbarsche Südamerikas* bietet.[76] Das Buch beginnt mit einem hundertseitigen Bestimmungsschlüssel zur speziesreichen Gattung der Apistogramma, der Buntbarsche, dem ein allgemeiner und ein spezieller Teil folgen. Während im allgemeinen Teil eine biologische Untersuchungsreihe zur Wirkung von Umweltbedingungen auf Buntbarsche der Gattung Apistogramma vorgestellt wird und drei ökologische Grundtypen differenziert werden, bietet der spezielle Artenteil eine genaue, nach systematischen Kriterien wie Erstbeschreibung, Etymologie, artspezifischen Merkmalen, Geschlechtsunterschieden, verwandtschaftlicher Zuordnung und Verbreitung gegliederte Beschreibung der einzelnen Spezies.

Aber nicht nur die mit dem Namen Linné verbundene Taxonomie, auch (zweitens) die Buffonsche naturgeschichtliche Lebensbeschreibung wird weitergeführt. So legt Alfred Brehm 1864-1869 die erste Fassung seines berühmten *Thierlebens* vor,[77] das der Herausgeber einer kleinen populären Ausgabe von 1924 als »die klassische Naturgeschichte« bezeichnet. Ähnlich wie Buffon im 18. Jahrhundert die Naturkunde einem breiten Publikum näherbrachte, bietet nun Brehm »Hunderttausenden von Lesern nicht nur reiche Belehrung«, sondern auch treffliche Unterhaltung und Erbauung durch die Kombination von »schöne[r] Sprache« und »lebendigen Tierschilderungen«.[78] ›Der Brehm‹ ist zugleich eines der

76 Römer: Cichliden Atlas.

77 Alfred E. Brehm: Illustriertes Thierleben. Eine allgemeine Kunde des Thierreichs. Mit Abb., ausgeführt unter der Leitung v. R. Kretschmer bzw. E. Schmidt. Hildburghausen 1864-1869. [Bd. 1: Die Säugethiere. Erste Hälfte: Affen und Halbaffen, Flatterthiere und Raubthiere 1864; Bd. 2: Die Säugethiere. Zweite Hälfte: Beutelthiere und Nager. Zahnarme, Hufthiere u. Seesäugethiere 1865; Bd. 3: Die Vögel. Erste Hälfte: Knacker u. Fänger 1866; Bd. 4: Die Vögel. Zweite Hälfte: Späher, Läufer und Spinner. Bd. 5: Kriechthiere. Die Lurche. Die Fische 1869; Bd. 6: Leben der Insekten, Tausendfüßler und Spinnenthiere v. E. L. Taschenberg. – Leben der Krebse, Würmer u. ungegliederten wirbellosen Thiere v. Oskar Schmidt 1869]. – Bereits 1876-1879 erschien eine zweite umgearbeitete und wesentlich vermehrte Ausgabe. Bis in die Gegenwart sind unzählige weitere Auflagen und gekürzte Populärausgaben erschienen; für einen ersten Überblick vgl. Ute Grottker: Auswahlbibliographie der deutschsprachigen Tierleben-Ausgaben 1864-1986. In: Brehm-Blätter 3 (1989), Sp. 58-74.

78 Carl W. Neumann: Einführung. In: Brehms Tierleben. In Auswahl hg. u. bearb. v. Carl W. Neumann. 6 Bde. Leipzig 1924. 1. Bd.: Säugetiere I, S. 5-16, hier S. 8. – Auffällig ist freilich, dass nicht die ausführlichen milieubezogenen Tierbeschreibungen Buffons, sondern die Klassifikationsversuche des »Altvater[s] der Tier-

prominentesten Beispiele für die frühe Verteidigung Darwins in einem breit rezipierten Werk.[79] In den gekürzten Volksausgaben sind viele Bezüge auf Darwin allerdings gestrichen, und Evolutionstheoretisches leuchtet nur noch flüchtig auf.[80]

Generell erfährt die Naturgeschichte in der zweiten Hälfte des 19. Jahrhunderts gegenläufig zu ihrem Bedeutungs- und Ansehensverlust im ›Wissenschaftsbetrieb‹ einen ungemeinen Popularisierungsschub.[81] Diese Popularisierung[82] der Naturgeschichte findet ihren Niederschlag in dem breiten Raum, den Journale wie die *Gartenlaube* naturkundlichen Beiträgen geben, in den vielen im 19. Jahrhundert neu gegründeten naturhistorischen Gesellschaften[83] und öffentlich zugänglichen Naturkunde-

kunde, Linné« von Brehm selbst als die wesentlichen Vorarbeiten aus »der Kindheit unserer Wissenschaft« zitiert werden, vgl. Brehms Tierleben [Ausgabe Neumann], 1. Bd., S. 19. Der Aufbau des Gesamtwerkes, d. h. die Abfolge, mit der das Tierreich beschrieben wird, folgt auch tatsächlich Linné; aufgrund der Integration der unzähligen Quellen, auf die rekurriert wird und die integriert werden, ist ›der Brehm‹ zu Recht als ein »gewaltiger kompositorischer und imaginativer Akt« bezeichnet worden; vgl. Sibylle Benninghoff-Lühl: Das Reich der Tiere und ihr Interpret. 12. April 1873: Alfred Brehm fordert die Anerkennung der Schimpansen als Menschen. In: Mit Deutschland um die Welt. Eine Kulturgeschichte des Fremden in der Kolonialzeit. Hg. v. Alexander Honold u. Klaus R. Scherpe. Stuttgart u. Weimar 2004, S. 36-40.

79 Brehm weist immer wieder auf die solide naturkundliche Grundlage der Thesen Darwins hin. Vgl. z. B. Brehms Thierleben. Allgemeine Kunde des Thierreichs. Große Ausgabe. 2. umgearb. u. verm. Auflage. Kolorirte Ausgabe. 10 Bde. Leipzig 1882-1884, hier 3. Bd.: Säugethiere, S. 363-365.

80 Etwa bei der Einschätzung, dass sich im Schimpansen »nicht aller Mensch, aber sehr viel Mensch« finde; Brehms Tierleben [Ausgabe Neumann], 1. Bd., S. 163.

81 Vgl. in diesem Sinne auch die Hinweise von Jean-Marc Drouin u. Bernadette Bensaude-Vincent: Nature for the people. In: Cultures of Natural History, S. 408-425, hier S. 408.

82 Vgl. dazu allgemein Andreas W. Daum: Wissenschaftspopularisierung im 19. Jahrhundert. Bürgerliche Kultur, naturwissenschaftliche Bildung und die deutsche Öffentlichkeit. München 1998; vgl. auch: Popularisierung in den Naturwissenschaften. Hg. v. Gudrun Wolfschmidt. Berlin 2002.

83 So konstatiert R. J. Berry: »The heyday of the local natural history society was at the end of the nineteenth century« (R. J. Berry: Natural history in the twenty-first century. In: Archives of natural history 15 [1988], S. 1-14, hier S. 3). An diese Tradition knüpft aus der Perspektive der Linnean Society etwas hilflos seinen Gegenstand aufwertend an Gavin Bridson: The History of Natural History. An Annotated Bibliography. New York u. London 1994; die von Bridson in der ersten Fußnote als Grundlagenwerk der neuen natural history gepriesene populärwissenschaftliche Darstellung von Marston Bates (The Nature of Natural History.

museen.[84] Im Übrigen erfreut sich die Naturgeschichte auch gegenwärtig erneut einer großen Beliebtheit – abzulesen etwa an der überaus erfolgreichen bibliophilen *Natukunden*-Reihe im Verlag *Matthes &Seitz*, die in der Folge Buffons und Brehms einzelne Tierarten porträtiert.[85]

Begriffsgeschichtlich fällt auf, dass der Terminus ›Naturgeschichte‹ nach Darwin teilweise ausdrücklich von der deskriptiven Methode abgezogen und erneuert auf die entwicklungsgeschichtliche Perspektive umdefiniert wird. So propagiert Ernst Haeckel 1908 bei der Eröffnung des neuen Phyletischen Museums in Jena eine »*Neue Naturgeschichte*«, die in Abgrenzung zur alten tatsächlich eine »Natur*geschichte*« [Hervorhebung im Original] sei.[86]

Ein Beispiel für diese »Neue Naturgeschichte« ist Wilhelm Bölsches Reihe *Tierbuch. Eine volkstümliche Naturgeschichte*, die den Buffonschen Typus der Tier-Lebensbeschreibungen fortführt, diese nun allerdings mit einer neuen, stammesgeschichtlichen Perspektive versieht.[87] Wie Brehm und Haeckel versteht sich Bölsche als Popularisator, ja, er wendet sich mit der Tierbuch-Reihe sogar ganz explizit nicht an Naturwissenschaftler, sondern an Laien.[88] Bölsche zielt zwar im Titel mit dem Terminus ›Naturgeschichte‹ auf sein Kernanliegen, die Entwicklungsgeschichte

2. Aufl. New York 1961) scheint jedenfalls wenig geeignet, eine klar umrissene eigenständige Naturgeschichte gegenüber der Molekularbiologie gleichberechtigt zu profilieren.

84 Vgl. dazu Nyhart: Natural history and the ›new‹ biology, S. 426-443; sowie Carsten Kretschmann: Räume öffnen sich. Naturhistorische Museen des 19. Jahrhunderts. Berlin 2006.

85 Vgl. etwa Cord Riechelmann: Krähen. Berlin 2013 (= Naturkunden 1).

86 Ernst Haeckel: Alte und neue Naturgeschichte. Festrede zur Übergabe des Phyletischen Museums an die Universität Jena bei Gelegenheit ihres 350jährigen Jubiläums am 30. Juli 1908. Jena 1908, S. 24.

87 Wilhelm Bölsche: Tierbuch. Eine volkstümliche Naturgeschichte. 3 Bde. Berlin 1908-1911.

88 Seine Bücher, so Bölsche, wollen eine »schlichte Volksrolle erfüllen« und tradierte Irrtümer der »Volksnaturgeschichte« entlarven. Vgl. Wilhelm Bölsche: Das Pferd und seine Geschichte. Berlin 1909 (= Tierbuch. Eine volkstümliche Naturgeschichte. 2. Bd.), S. IX u. S. 21. – Im Dienste seines popularisierenden Auftrags inszeniert sich Bölsche als Spielleiter einer in locker-flockigem Ton als Theaterstück präsentierten Erd- und Stammesgeschichte: »Nun abermals Vorhang herunter und einen Akt Weltgeschichte zurück. Der Miozänzeit voraus geht die Oligozänzeit, eine Art Übergangsstück oder Zwischenakt zwischen den beiden innerlich verschiedensten Abschnitten der großen Tertiärzeit. Der Prophet aber versammelt wiederum seine Knochen im Museum und läßt eine Tierwelt auferstehen.« (Bölsche: Das Pferd, S. 28).

(etwa die Stammesgeschichte des Pferdes), an anderer Stelle ist mit Naturgeschichte dann aber doch schlicht beschreibende Naturkunde gemeint.[89] Naturgeschichte kann nach Darwin also sowohl im Sinne der traditionellen historia naturalis als auch evolutionstheoretisch gemeint sein: In den Werken Brehms, Haeckels und Bölsches werden beide Perspektiven oft inhaltlich und terminologisch vermischt.

Die im 19. Jahrhundert sich abzeichnende missverständliche Doppelverwendung des Begriffs Naturgeschichte findet sich bis heute: Nicht nur werden in den Ausstellungskonzepten naturhistorischer Museen Naturkunde und Evolutionsgeschichte, Deskription und Stammesgeschichte miteinander kombiniert. Auch bezeichnet im Englischen ›natural history‹ sowohl beschreibende Naturkunde als auch Naturgeschichte »concerning evolution«.[90] Das Interesse vieler Laien an einer beschreibenden Darstellung des Lebens der Tiere, das schon Buffons und Brehms Erfolgsgeheimnis war, findet seinen Niederschlag ferner in der breiten Wirkung, die Werke der Verhaltensbiologie des 20. Jahrhunderts entfalten. So sind die Schriften von Konrad Lorenz weit über den engen Kreis der Fachwissenschaftler hinaus bekannt.[91] Wenn Lorenz sich freilich in einem seiner Werke der *Naturgeschichte menschlichen Erkennens* zuwendet, so bezeichnet der Begriff der Naturgeschichte die dem Menschen von der Natur für seine Entwicklung bereitgestellten Möglichkeiten im Sinne der Onto- und Phylogenese: Naturgeschichte meint hier Evolution.[92]

89 Bölsche: Das Pferd, S. 7.

90 Peter Terrell, Veronika Schnorr, Wendy V. A. Morris u. Roland Breitsprecher: Collins Deutsch – Englisch. Englisch – Deutsch. 2. neu bearb. Aufl. Stuttgart 1991, S. 441.

91 Am prominentesten: Konrad Lorenz: Das Jahr der Graugans. München u. Zürich 1979; ders.: Vergleichende Verhaltensforschung. Grundlagen der Ethologie. Wien u. New York 1978.

92 Ziel ist es, »eine auf biologischer und stammesgeschichtlicher Kenntnis des Menschen begründete Erkenntnistheorie zu formulieren« (Lorenz: Die Rückseite des Spiegels, S. 13); mit Naturgeschichte meint Lorenz Geschichte der Natur im Sinne von Evolution. Derartige ›Naturgeschichten‹ (vgl. auch Konrad Lorenz: Das sogenannte Böse. Zur Naturgeschichte der Aggression. Wien 1965) gibt es nicht nur im Feld der Verhaltensforschung, sondern auch in anderen Disziplinen, die nach biologischen und entwicklungsgeschichtlichen Grundlagen ihrer Gegenstände suchen; vgl. z. B. bezüglich der Sprache und Sprachentwicklung des Menschen Erich H. Lenneberg: The Natural History of Language. In: The Genesis of Language. A Psycholinguistic Approach. Hg. v. Frank Smith u. George A. Miller. Cambridge 1966, S. 219-252; John M. Anderson: The Natural History of Dative Sentences. In: English Historical Linguistics. Hg. v. N. F. Blake u. Charles Jones. Sheffield 1984, S. 241-278; Ruth Berger: Warum der Mensch spricht. Eine Naturgeschichte der Sprache. Frankfurt a. M. 2008.

Die Genese der Menschheit aus ihren naturgegebenen Anlagen ist aber auch bereits vor der vom Darwinismus inspirierten Geschichte der Natur ein Thema der Geschichtsphilosophie.

2.2 Naturgeschichte und Geschichtsphilosophie

Lange bezeichnete der Terminus Geschichte nichts anderes als eine Exempla-Sammlung, ein Reservoir von Historien für alle Fälle, mithin eine unerschöpfliche »Lehrmeisterin des Lebens« im Sinne der historia magistra vitae.[93] Im 18. Jahrhundert entsteht eine neuartige Geschichtsauffassung von Geschichte als Kollektivsingular, das auf die Vorstellung von einer kontinuierlichen, nach inneren Prinzipien voranschreitenden Geschichte zielt. Es scheint auf den ersten Blick folgerichtig, wenn sich im Zuge dieser Entwicklung in mehreren aufklärerischen Wörterbüchern die Forderung findet, die lange Zeit unter dem weiten Dach der historia vereinte Naturgeschichte und Geschichte disziplinär scharf zu trennen: So weist Voltaire in der *Encyclopédie* darauf hin, dass die »histoire naturelle, improprement dite histoire« eigentlich zur Physik, zur Lehre der Naturkörper gehöre.[94] In diesem Sinne hält auch Adelung fest, dass Naturgeschichte Geschichte nur in »sehr uneigentlichem Verstande« sei.[95]

Unterscheidet man somit in der Aufklärung einerseits klar zwischen der einen, fortschreitenden Menschheitsgeschichte und der Deskription von Naturgegenständen, so kommt es andererseits zu einer Annäherung, weil sowohl Natur als auch Mensch einer historisierenden Perspektive unterworfen werden.[96] Selbst wenn das Wissen über die Natur diszipli-

93 Vgl. dazu wegweisend Koselleck: Historia Magistra Vitae, insbes. S. 196.

94 Voltaire: [Art.] Histoire. In: Encyclopédie ou Dictionnaire raisonné des sciences, des arts et des métiers. Hg. v. Denis Diderot. Bd. 8. Stuttgart 1967 [= Reprint der Ausgabe Neufchastel 1765], S. 220-225, hier S. 220 f.; vgl. auch [Art.] Histoire naturelle. In: ebd., S. 225-230.

95 [Art.] Geschichte. In: Johann Christoph Adelung: Grammatisch-Kritisches Wörterbuch der Hochdeutschen Mundart. Elektronische Volltext- und Faksimile-Edition nach der Ausgabe letzter Hand. Leipzig 1793-1801. Berlin 2004 (= Digitale Bibliothek Nr. 40), Bd. 2, S. 606.

96 In Abgrenzung von Kosellecks These einer Denaturalisierung der Geschichte in der Aufklärung ist für die aufklärerischen Geschichtstheorien der »Übergang von einem bestimmten Naturbild zu einem anderen« festgehalten und der Wechsel von einer Orientierung am Modell des individuellen Lebens zur Fortpflanzung der menschlichen Gattung unterstrichen worden. Generell sei von einer »Parallele im historischen Denken der Naturwissenschaften und der Gesellschaftstheorie«

när also nicht zur Geschichte, sondern zur Physik gehört, finden beide für die Genese des Historismus doch wieder zusammen; denn es sind neben den Erdtheorien[97] insbesondere vitalistische Konzepte wie Blumenbachs Bildungstrieb und die sich etwa bei Buffon andeutenden entwicklungsgeschichtlichen Perspektiven der Naturgeschichte, die den Geschichtsschreibern Modelle für ihre neue Geschichtswissenschaft bieten.[98]

In diesem Sinne erhebt Johann Gottfried Herder die Naturgeschichte geradezu zur Grundlage seiner Geschichtsphilosophie und nivelliert den Unterschied zwischen Natur und Geschichte, wenn er etwa in der physischen Geographie die verbindliche Grundlage für die sich dann unter diesen konkreten Bedingungen entwickelnde Menschheitsgeschichte erblickt:

> So hat also die Natur mit den Bergreihen, die sie zog, wie mit den Strömen, die sie herunter rinnen ließ, gleichsam den rohen aber vesten Grundriß aller Menschengeschichte und ihrer Revolutionen entworfen. Wie Völker hie und da durchbrachen und weiteres Land entdeckten: wie sie längst den Strömen fortzogen und an fruchtbaren Örtern Hütten, Dörfer und Städte bauten [...] – Das Alles gehört so sehr zur natürlich-fortschreitenden Geschichte des Menschengeschlechts, als zur Naturgeschichte der Erde.[99]

Indem Herder in seinen *Ideen* die Frage zum Ausgangspunkt wählt, wie »der Mensch ›naturgemäß‹ zu dem geworden ist, was ihn als Kulturwesen ausmacht«,[100] geht er bei der Untersuchung der Geschichte von der Naturgeschichte des Menschen aus.[101] Die Genese des Kulturwesens Mensch aus seiner Natur, die Entwicklung der Geschichte aus der Natur-

auszugehen; vgl. Johannes Rohbeck: Die Fortschrittstheorie der Aufklärung. Französische und englische Geschichtsphilosophie in der zweiten Hälfte des 18. Jahrhunderts. Frankfurt u. New York 1987, S. 36 f. u. S. 48.

97 Vgl. Seifert: »Verzeitlichung«, S. 460-464; Rohbeck: Die Fortschrittstheorie der Aufklärung, S. 47.

98 Vgl. dazu Reill: Die Historisierung von Natur und Mensch.

99 Johann Gottfried Herder: Ideen zur Philosophie der Geschichte der Menschheit. Hg. v. Wolfgang Proß. 2 Bde. München u. Wien 2002, hier Bd. 1 (= Text), S. 39 f.

100 Annette Meyer: Das Projekt einer »Natural History of Man« in der schottischen Aufklärung. In: Storia della Storiografia 29 (2001), S. 93-102, hier S. 97 f.

101 Zur Naturgeschichte des Menschen im 18. Jahrhundert vgl. Bettina Dietz u. Thomas Nutz: Naturgeschichte des Menschen als Wissensformation des späten 18. Jahrhunderts. Orte, Objekte, Verfahren. In: Zeitschrift für Historische Forschung. 32 (2005), S. 45-70.

geschichte profiliert Herder in seinen treffend auch als »Begleittext« charakterisierten *Ideen* äußerst genau vor dem Hintergrund einer breiten Folie der Gelehrsamkeit, wobei naturgeschichtliche Arbeiten wie diejenigen Buffons, Bonnets u. a. im Zentrum stehen.[102] Herder betrachtet in seiner für die Entwicklung des Historismus so zentralen Geschichtsphilosophie im Anschluss an Vico[103] die »ganze Menschengeschichte [als] eine reine Naturgeschichte menschlicher Kräfte, Handlungen und Triebe nach Ort und Zeit«,[104] er versteht Menschheitsgeschichte und Naturgeschichte als *ein* Projekt.[105]

Immanuel Kant hält demgegenüber einerseits die Differenz von rein naturgesetzhafter Notwendigkeit und menschlicher Freiheit fest und verhöhnt Herders physiologische Begründung der Sonderstellung des Menschen aus seiner Natur.[106] Andererseits allerdings verortet Kant selbst

102 Herder: Ideen, hier Bd. 2 (= Kommentar), S. 11.

103 Vico formuliert in seiner Abhandlung über *Die neue Wissenschaft* (1744) einen neuen historischen Naturbegriff, den Herder in seiner Formel vermutlich vermittelt aufnimmt: »Die Natur der Dinge ist nichts anderes als ihr Entstehen in bestimmten Zeitläuften und unter bestimmten Umständen[.]« Er hält zudem fest, dass Geschichte im Unterschied zur Natur das ist, »was von den Menschen gemacht worden ist« (Giambattista Vico: Die neue Wissenschaft über die gemeinschaftliche Natur der Völker. Nach der Ausgabe von 1744 übers. u. eingeleitet v. Erich Auerbach. 2. Aufl. mit einem Nachwort v. Wilhelm Schmidt-Biggemann. Berlin u. New York 2000, S. 81 u. S. 139). – Vgl. dazu auch Ferdinand Fellmann: Natur als Grenzbegriff der Geschichte. In: Über Natur. Philosophische Beiträge zum Naturverständnis. Hg. v. Oswald Schlemmer. Frankfurt a. M. 1987, S. 75-94.

104 Herder: Ideen, Bd. 1, S. 522.

105 Die entgegengesetzte Einschätzung, dass ein »antinaturalistischer« Geschichtsbegriff die Geschichtsphilosophie von ihren Anfängen im 18. Jahrhundert an bestimmt habe vertritt, freilich ohne Bezug auf Herder und mit der dialektischen Einschränkung, dass auch diesen antinaturalistischen »geschichtsphilosophischen Geschichtsbegriffen Natur als Grenzbegriff immer schon immanent ist«: Fellmann: Natur als Grenzbegriff der Geschichte, S. 75 u. S. 76; von einer »Strukturidentität« zwischen Natur- und Menschgeschichte geht mit Bezugnahme auf die sogenannte Einheitswissenschafts-These aus Hermann Lübbe: Was heißt: Das kann man nur historisch erklären? In: Geschichte – Ereignis und Erzählung. Hg. v. Reinhart Koselleck u. Wolf-Dietrich Stempel. München 1973, S. 542-553, hier S. 552, vgl. ebenfalls ders.: Geschichtsbegriff und Geschichtsinteresse. Analytik und Pragmatik der Historie. Basel u. Stuttgart 1977, S. 100.

106 Vgl. Immanuel Kant: Rezension zu Johann Gottfried Herders Ideen. In: Schriften zur Anthropologie, Geschichtsphilosophie, Politik und Pädagogik 2. Frankfurt a. M. 1977 (= Werke. Hg. v. Wilhelm Weischedel. Bd. XII), S. 781-806, vgl. insbes. S. 793.

ebenfalls die Anlage zur Mündigkeit des Menschen in seinen Naturanlagen. Kant denkt Geschichte insofern durchaus paradox als letztlich blinde Entwicklung des Menschen vom Tierischen zur Vernunft: »Die Natur« selbst habe »gewollt« dass der Mensch sich seines Verstandes bediene und seinen freien Willen der Triebnatur entgegensetze.[107]

Während man eine »planmäßige Geschichte« rein instinktgesteuerter Wesen wie »den Bienen oder den Bibern« mühelos schreiben könne, sei dies beim Menschen aufgrund seiner Affektnatur nicht ohne weiteres möglich.[108] Bienen und Biber verhalten sich nicht individuell, sondern gemäß ihrer Gattungslogik und das heißt: voraussehbar und konstant. Dies aufzuzeichnen unternimmt die Naturgeschichte. Menschen hingegen lassen sich von ihren individuellen, momenthaften Neigungen beeinflussen, ihr Handeln besteht folglich »aus Torheit, kindischer Eitelkeit, oft auch aus kindischer Bosheit und Zerstörungssucht«.[109]

Die Geschichte des Menschen erscheine also aufgrund seiner Affektnatur weniger planmäßig und weniger vernünftig als diejenige der Tiere. Dennoch könne man die Menschengeschichte nachzeichnen als eine, die sich durch eine »Naturabsicht«, »nach einem bestimmten Plane der Natur« oder »Vorsehung« rational vollziehe.[110] Damit schreibt auch Kant Menschengeschichte nicht vom Menschen, sondern von einer übergeordneten, Natur genannten Instanz aus. Die Menschengeschichte ist dabei aufgrund der Vernunftbegabung des Menschen von der planmäßigen Geschichte der Bienen und Biber grundsätzlich unterschieden, denn sie hat ein Ziel. Dieses liegt in der stetig fortschreitenden Entwicklung der Menschheit zu sich selbst als sittlichem Vernunftwesen. Telos der Menschengeschichte ist nämlich »ein allgemeiner weltbürgerlicher Zustand«, in dem, so Kants bürgerliche Utopie, der Mensch als von Naturzwängen befreites und mündiges Wesen in Recht und Ordnung leben werde. Wird der Mensch bei Kant also letztlich durch einen Plan der Natur eines fernen Tages zum Subjekt der Geschichte, so bleibt die Frage, ob der Mensch und/oder die Natur die Geschichte mache, im Folgenden die Kernfrage geschichtsphilosophischer Überlegungen. Ergebnisse der beschreibenden Naturwissenschaften spielen bei der Erörterung dieses

107 Immanuel Kant: Idee zu einer allgemeinen Geschichte in weltbürgerlicher Absicht. In: Schriften zur Anthropologie, Geschichtsphilosophie, Politik und Pädagogik 1. Frankfurt a. M. 1977 (= Werke. Hg. v. Wilhelm Weischedel. Bd. XI), S. 33-50, hier S. 36.

108 Kant: Idee zu einer allgemeinen Geschichte, S. 34.

109 Kant: Idee zu einer allgemeinen Geschichte, S. 34.

110 Kant: Idee zu einer allgemeinen Geschichte, S. 34 u. S. 49.

Problems selten eine konkrete Rolle – dennoch suchen viele Geschichtsphilosophen einen Bezug zum Terminus ›Naturgeschichte‹, freilich in verschiedener Absicht und in unterschiedlicher Verwendung des Begriffs.

Dass in der Natur selbst die Grundlagen der Geschichte eingewurzelt seien, nimmt Friedrich Wilhelm Joseph Schelling in seinem Konzept einer schaffenden Natur als Subjekt unendlicher Progressivität an.[111] Im Anschluss an Kant[112] unterscheidet er von der alten Bedeutung des Terminus Naturgeschichte als reiner Beschreibung der natürlichen Objekte eine neue Naturgeschichte, die auf die natura naturans, d. h. die tätige Natur ziele und eine »Genesis der Natur«,[113] »wirklich eine Geschichte der Natur selbst« in den Blick nehme.[114] Schelling sieht sich in seiner spekulativen Naturphilosophie ermutigt durch Kielmeyers Konzeption der organischen Kräfte, welche »die Epoche einer ganz neuen Naturgeschichte« eröffne.[115] Er argumentiert ganz im Sinne der Grundüberzeugung der romantischen Naturphilosophie, dass Natur und Geschichte

111 Zu Schellings Konzeption vgl. den allerdings teleologisch auf ein dialektisches Geschichtsverständnis hin argumentierenden Beitrag von Manfred Buhr: Geschichtliche Vernunft und Naturgeschichte. »Neue« Anmerkungen zur Differenz des Fichteschen und Schellingschen Systems der Philosophie. In: Natur und geschichtlicher Prozeß. Studien zur Naturphilosophie F. W. J. Schellings. Hg. v. Hans Jörg Sandkühler. Frankfurt a. M. 1984, S. 227-240.

112 Vgl. den ausdrücklichen Bezug auf Kant bei der Entwicklung der These, dass eine Philosophie der Geschichte nicht möglich sei bei Friedrich Wilhelm Joseph Schelling: Allgemeine Übersicht der neuesten philosophischen Literatur (1797-1798). Hg. v. Wilhelm G. Jacobs u. Walter Schieche. Unter Mitw. v. Hartmut Buchner. Stuttgart 1988 (= Friedrich Wilhelm Joseph Schelling: Historisch-kritische Ausgabe. Hg. v. Hans-Michael Baumgartner u. a. Reihe 1: Werke, Bd. 4), S. 186. – Fellmann (Natur als Grenzbegriff der Geschichte, S. 80) weist darauf hin, dass die Entwicklung der geschichtlichen Vernunft auch bei Kant durchaus als naturhafter Prozess gedacht ist. Aufgrund des Anachronismus scheint es gewagt, »Kants teleologischen Naturbegriff im Rahmen der Geschichtsphilosophie darwinistisch zu lesen« (ebd., S. 81).

113 Buhr: Geschichtliche Vernunft, S. 239.

114 Friedrich Wilhelm Joseph Schelling: Erster Entwurf eines Systems der Naturphilosophie (1799). Hg. v. Wilhelm G. Jacobs u. Paul Ziche. Stuttgart 2001 (= Friedrich Wilhelm Joseph Schelling: Historisch-kritische Ausgabe. Hg. v. Hans-Michael Baumgartner u. a. Reihe 1: Werke, Bd. 7), S. 116.

115 Friedrich Wilhelm Joseph Schelling: Von der Weltseele. Eine Hypothese der höhern Physik zur Erklärung des allgemeinen Organismus (1798). Hg. v. Jörg Jantzen. Unter Mitw. v. Thomas Kisser. Stuttgart 2000 (= Friedrich Wilhelm Joseph Schelling: Historisch-kritische Ausgabe. Hg. v. Hans-Michael Baumgartner u. a. Reihe 1: Werke, Bd. 6), S. 253.

»wesensverwandt« seien.[116] In seinem Konzept verbindet Schelling eine sich in der Zeit realisierende organismische Natur und eine naturalisierte Geschichte.[117]

Georg Wilhelm Friedrich Hegel hingegen schließt die Natur als »das Andere des Geistes« aus der Geschichte aus.[118] Das Telos der Natur sei, »sich selbst zu töten und [...] sich als Phönix zu verbrennen, um aus dieser Äußerlichkeit verjüngt als Geist hervorzutreten.«[119] In seiner Geschichtsphilosophie begreift Hegel den Geschichtsprozess als ein notwendiges ›Zu-sich-selber-kommen‹ des Weltgeistes, als »fortschreitende Reinigung des Geistes von seiner Hülle«.[120] Im Unterschied zum Geist funktioniere die Natur nach dem Prinzip des Kreislaufs, in ihr »geschieht nichts Neues [...] und insofern führt das vielförmige Spiel ihrer Gestaltungen eine Langeweile mit sich. Nur in den Veränderungen, die auf dem geistigen Boden vorgehen, kommt Neues hervor.«[121] Hegel kon-

116 Dietrich von Engelhardt: Spiritualisierung der Natur und Naturalisierung des Menschen. Perspektiven der romantischen Naturforschung. In: Naturverständnis und Naturbeherrschung. Philosophiegeschichtliche Entwicklung und gegenwärtiger Kontext. Hg. v. Friedrich Rapp. München 1981, S. 96-110, hier S. 100; in diesem Sinne hält von Engelhardt auch fest: »Geschichte der Natur und Geschichte des Wissens von der Natur sind aufeinander bezogen: die immanente Verbindung von Natur und Mensch, von natürlicher und menschlicher Geschichte ist zentral für das romantische Denken. Der Gang der Natur ist der Gang der Geschichte[.]« (Ebd., S. 105) – Zum romantischen Konzept der Naturgeschichte vgl. auch Dietrich von Engelhardt: Naturgeschichte und Geschichte der Kultur in der Naturforschung der Romantik. In: Die Erfindung der Natur. Max Ernst, Paul Klee, Wols und das surreale Universum. Hg. v. Karin Orchard u. Jörg Zimmermann. Freiburg i. Br. 1994, S. 54-59.

117 Vgl. die einleitende Darstellung von Claudia Becker: »Naturgeschichte der Kunst«. August Wilhelm Schlegels ästhetischer Ansatz im Schnittpunkt zwischen Aufklärung, Klassik und Frühromantik. München 1998, S. 19-27.

118 Georg Wilhelm Friedrich Hegel: Wissenschaft der Logik I. (= Georg Wilhelm Friedrich Hegel: Werke. Auf der Grundlage der Werke von 1832-1845 neu ed. Ausg. Red. Eva Moldenhauer u. Karl Markus Michel. Frankfurt a. M. 1986, Bd. 5), S. 127.

119 Georg Wilhelm Friedrich Hegel: Enzyklopädie der philosophischen Wissenschaften im Grundrisse (1830). Zweiter Teil: Die Naturphilosophie (= Georg Wilhelm Friedrich Hegel: Werke. Auf der Grundlage der Werke von 1832-1845 neu ed. Ausg. Red. Eva Moldenhauer u. Karl Markus Michel. Frankfurt a. M. 1986, Bd. 9), S. 538.

120 Vgl. Gerhard Bolte: Staatsidee und Naturgeschichte. Zur Dialektik der Aufklärung im Hegelschen Staatsbegriff. Lüneburg 1991, S. 34.

121 Georg Wilhelm Friedrich Hegel: Vorlesungen über die Philosophie der Geschichte (= Georg Wilhelm Friedrich Hegel: Werke. Auf der Grundlage der Werke von 1832-1845 neu ed. Ausg. Red. Eva Moldenhauer u. Karl Markus Michel. Frankfurt a. M. 1986, Bd. 12), S. 74.

trastiert mit anderen Worten Geschichte als lineare Fortschrittsgeschichte im Sinne der Perfektibilität des Geistes mit einer zyklischen Naturgeschichte. Der Mensch ist der Teil der Natur, der qua Vernunft das Potential hat, sich dem Naturkreislauf gegenüberzustellen, der sich durch seinen Willen der Determination durch seine (Trieb-)Natur entziehen kann.

Theodor W. Adorno hat Hegels Absolutsetzung der sittlichen Vernunft gerade unter Rückgriff auf den Terminus der Naturgeschichte kritisiert: Hegels Vision des absoluten sittlichen Staates basiere auf autoritärer Gewalt und zeige so den Geist beim Umschlag in ›zweite Natur‹. Die angebliche Geschichte des Weltgeistes als Geschichte des Menschen zur Freiheit desavouiere sich letztlich als blinde, d. h. unvernünftige und naturgesetzhaft sich vollziehende Naturgeschichte:

> Geist als zweite Natur jedoch ist die Negation des Geistes, und zwar desto gründlicher, je mehr sein Selbstbewußtsein gegen seine Naturwüchsigkeit sich abblendet. Das vollstreckt sich an Hegel. Sein Weltgeist ist die Ideologie der Naturgeschichte.[122]

Aber nicht erst Adorno, sondern schon Karl Marx hinterfragt Hegels polare Gegenüberstellung von Natur und Geschichte. Zentral ist die These, dass die Geschichte selbst ein »*wirklicher* Theil der *Naturgeschichte*, des Werdens der Natur zum Menschen« sei.[123] Offenbar spricht der frühe Marx der Natur hier ähnlich wie Schelling ein Wesen zu, das sich im Menschen und seiner Geschichte auf bestimmte Weise verwirkliche. Dabei begreift Marx den Menschen zugleich als den herausgehobenen, aktiven Teil der Natur, der durch Arbeit auf sie formend rückwirke und insofern selbst mehr sei als Natur.[124] Gerade durch seine Veränderungen in der Natur, d. h. in der Arbeit realisiere sich das Gattungswesen des Menschen,[125] weshalb man die »Geschichte [als] die wahre Naturgeschichte des Menschen« begreifen müsse – eine These, auf die »zurück-

122 Theodor W. Adorno: Negative Dialektik. Frankfurt a. M. 1982, S. 350.

123 Karl Marx: Ökonomisch-philosophische Manuskripte. MEGA. 1. Abt., Bd. 2: Werke. Artikel. Entwürfe. März 1843 bis August 1844. Berlin 1982, S. 272.

124 Vgl. in diesem Sinne auch die Darstellung von Reinhard Mocek: [Art.] Naturgeschichte. In: Europäische Enzyklopädie zu Philosophie und Wissenschaften. Hg. v. Hans Jörg Sandkühler. Bd. 3. Hamburg 1990, S. 521-524, hier S. 522.

125 Diese Realisierung des Gattungswesens in der Arbeit ist nach Marx bekanntlich wirklich möglich erst in der kommunistischen Gesellschaft, in der die Arbeit nicht länger den Einzelnen von sich selbst entfremdet.

zukommen« sei, was freilich unter dem Terminus der Naturgeschichte bei Marx nicht geschieht.[126]

Auch wenn der Begriff der Naturgeschichte bei Marx nur angedeutet ist, zeigt sich, dass er als ein dialektischer, kritischer Terminus die gleichzeitige Teilhabe des Menschen an der Natur und seinen Eingriff in sie meint. Mit dem Terminus der Naturgeschichte zielt Marx auf die Menschengeschichte als die Geschichte der produktiven Aneignung materieller Bedingungen, denn nichts anderes meint bei Marx Natur – eine tatsächliche Beschreibung konkreter Natur, eine »planmäßige Geschichte« etwa der Bienen und Biber, wie sie als Kontrastfolie noch bei Kant mitgedacht war, liegt völlig außerhalb seines Interesses.[127]

Mit Vico greift Marx noch einmal knapp im *Kapital* auf den Begriff der Naturgeschichte zurück; Vico habe richtig festgehalten, dass »die Menschengeschichte sich dadurch von der Naturgeschichte unterscheidet, dass wir die eine gemacht und die andre nicht gemacht haben«.[128] Dieser scheinbar deutliche Dualismus, der die Menschengeschichte als die Geschichte bestimmt, in der die Menschen selbst Subjekt sind, muss jedoch, das macht die zusammen mit Friedrich Engels verfasste *Deutsche Ideologie* deutlich, im Sinne einer nicht auflösbaren Dialektik begriffen werden:

> Wir kennen nur eine einzige Wissenschaft, die Wissenschaft der Geschichte. Die Geschichte kann von beiden Seiten aus betrachtet, in die Geschichte der Natur und die Geschichte der Menschheit abgeteilet werden. Beide Seiten sind indes nicht zu trennen; solange Menschen existieren, bedingen sich Geschichte der Natur und Geschichte der Menschen gegenseitig.[129]

126 Marx: Ökonomisch-philosophische Manuskripte, S. 297.

127 Vgl. in diesem Kontext den Hinweis von Karl Löwith: »Was Marx z. B. an einem Apfel interessiert, ist nicht, daß es von Natur aus fruchttragende Bäume gibt, sondern daß dieses scheinbare Naturprodukt zu einer bestimmten Zeit infolge bestimmter ökonomisch-sozialer Verhältnisse nach Europa importiert wurde und als Ware für Geld verhandelt wird.« Löwith vertritt die Auffassung, dass es sich bei Marx' Geschichtsphilosophie um ein »total geschichtliches Denken« handle, das sich für die Natur im eigentlichen Sinne überhaupt nicht interessiere. Vgl. Karl Löwith: Vom Sinn der Geschichte. In: Der Sinn der Geschichte. Sieben Essays von Golo Mann, Karl Löwith, Rudolf Bultmann, Theodor Litt, Arnold J. Toynbee, Karl R. Popper, Hans Urs von Balthasar. Hg. v. Leonhard Reinisch. München 1961, S. 31-49, hier S. 44.

128 Karl Marx: Das Kapital. Kritik der politischen Ökonomie. Bd. 1. MEGA. 2. Abt., Bd. 10. Berlin 1991, S. 393, Anm. 89.

129 Karl Marx: Deutsche Ideologie. In: MEW 3. Berlin 1962, S. 18.

Das hier konstatierte gegenseitige Bedingungsverhältnis von Naturgeschichte und Menschengeschichte wird im Zeitalter Darwins geschichtsphilosophisch radikalisiert. Schon Marx hält Darwins *Die Entstehung der Arten durch natürliche Zuchtwahl* für das Buch, »das die naturhistorische Grundlage für unsere Ansicht enthält«;[130] es ist aber Friedrich Engels, der in seiner kurzen Reflexion über den *Anteil der Arbeit an der Menschwerdung des Affen* vorführt, wie eine evolutionär-materialistische Ableitung der Geschichte aus der Stammesgeschichte des Menschen aussehen könnte. Im Kern beruht dieser Text Engels' auf der Annahme einer Kontinuität zwischen Naturgeschichte und Kulturgeschichte, wie sie schon Herder in seinen *Ideen* unterstellte. Freilich zeigt sich, dass mit Hilfe des Evolutionsmodells dieses Kurzschließen von naturgegebenen Bedingungen und kulturellen Entwicklungsmöglichkeiten zu einer Natur-Kultur-Geschichte der Menschheit noch widerstandsloser möglich ist: Die Geschichte der biologischen Art Homo sapiens ist bei Engels die Geschichte ihres naturbedingten ›Herauswachsen‹ aus der reinen Naturnotwendigkeit zu immer schon keimhaft angelegter Kulturfähigkeit. Diese naturalisierte Lesart von Geschichtsprozessen steht bei Engels, deutlicher aber noch bei den sogenannten Vulgärmaterialisten Jacob Moleschott, Ludwig Büchner und Carl Vogt, letztlich entgegen der eigenen Intention in der Nähe zu einem deterministischen Geschichtsverständnis.[131]

Auf den bei Marx angelegten kritischen Begriff der Naturgeschichte greifen Walter Benjamin und Theodor W. Adorno zurück. Benjamin schließt schon in seiner von der Universität Frankfurt abgelehnten Habilitationsschrift über den *Ursprung des deutschen Trauerspiels* den Terminus der Naturgeschichte an seine Kunst- und Geschichtsphilosophie an und verfolgt diesen Weg – freilich eher verdeckt – bis in das späte *Passagen-Werk*.[132] Im Zentrum seiner Analyse des barocken Trauerspiels steht die

130 Karl Marx: Brief an Friedrich Engels, 19. Dez. 1860. In: MEGA. 3. Abt., Bd. 11. Berlin 2005, S. 271.

131 Engels konzipiert die Phase des Kapitalismus als ein notwendig endliches Kapitel innerhalb der naturgesetzhaft voranschreitenden Evolution der Gattung Homo sapiens, vgl. Friedrich Engels: Anteil der Arbeit an der Menschwerdung des Affen. In: Dialektik der Natur. In: MEGA. 1. Abt., Bd. 26. Berlin 1985, S. 540-553. – Vgl. auch die vulgärmaterialistischen, deterministischen Thesen von Jacob Moleschott, Ludwig Büchner und Carl Vogt. Letzterer vertrat die berühmte Auffassung, dass »die Gedanken etwa in demselben Verhältnisse zum Gehirne stehen, wie die Galle zu der Leber oder der Urin zu den Nieren« (Physiologische Briefe für Gebildete aller Stände. Stuttgart u. Tübingen 1847, S. 206).

132 Grundlegend Beatrice Hanssen: Walter Benjamin's Other History. Of Stones, Animals, Human Beeings, and Angels. Berkeley u. a. 1998.

Allegorie, die Benjamin als eine erkenntnistheoretische Kategorie begreift. In der Allegorie teilt sich für Benjamin nichts Abstraktes, Zeichenhaft-Allgemeines, sondern etwas Konkretes, Geschichtliches mit. So basiere das Trauerspiel des Barock auf einer Struktur des Bruchstückhaften; es sei im »Geiste der Allegorie« von Beginn an als Trümmer konzipiert und bringe in diesem Trümmerhaften die Vergänglichkeit selbst zur Darstellung.[133] Das Trauerspiel erzähle Geschichte also als »Leidensgeschichte der Welt«.[134] Es gestalte diese Verfallsgeschichte jedoch durch die Sprachform der Allegorie, die »die Bruchstücke der Dingwelt in der zerstörenden Verwandlung errettet«,[135] ästhetisch zu etwas Bleibendem um: »Was dauert, ist das seltsame Detail der allegorischen Verweisungen: ein Gegenstand des Wissens, der in den durchdachten Trümmerbauten nistet.«[136]

Die Art und Weise, wie Geschichte im barocken Trauerspiel zur Darstellung kommt, fasst Benjamin selbst mit dem Begriff der »Natur-Geschichte«: Es handele sich um eine »Verschränkung von Natur und Geschichte«,[137] die als »Vorgang unaufhaltsamen Verfalls« im Trauerspiel auf der Bühne sprachlich Gestalt annehme und dort »wirklich gegenwärtig [sei] als Ruine«.[138] Die Ruine wird bei Benjamin zum Insignum des Zusammenfindens von Natur und Geschichte im Zeichen der Vergänglichkeit. Sie ist zugleich das Gedächtnismaterial, von dem aus Benjamin seine neue Naturgeschichtsphilosophie im Geiste des Barock gegen »das Paradigma der Entwicklung« formuliert.[139] Mit der Idee der Naturgeschichte fasst Benjamin nämlich auch über den ästhetischen Rahmen des Trauerspiel-Buches hinaus seine Geschichtsphilosophie als diejenige eines in der Monade aufbewahrten Momenthaften, des zufälligen ge-

133 Walter Benjamin: Ursprung des deutschen Trauerspiels. In: Gesammelte Schriften I.1. Hg. v. Rolf Tiedemann u. Hermann Schweppenhäuser. Frankfurt a.M. 1974, S. 203-409, hier S. 409.

134 Benjamin: Ursprung des deutschen Trauerspiels, S. 343.

135 B. Stiegler: [Art.] Ursprung des deutschen Trauerspiels. In: Lexikon literaturtheoretischer Werke. Hg. v. Rolf Günter Renner u. Engelbert Habekost. Stuttgart 1995, S. 438-439, hier S. 439.

136 Benjamin: Ursprung des deutschen Trauerspiels, S. 357.

137 Benjamin: Ursprung des deutschen Trauerspiels, S. 344.

138 Benjamin: Ursprung des deutschen Trauerspiels, S. 353.

139 Ralf Konersmann: Kulturgeschichte als Naturgeschichte. Zum Darstellungsverfahren Walter Benjamins. In: Allgemeine Zeitschrift für Philosophie 20 (1995), S. 199-210, hier S. 207. So fordert Benjamin noch im *Passagen-Werk* eine die »Ideologie des Fortschritts [...] an allen Teilen überwindende Geschichtsphilosophie«. Walter Benjamin: Das Passagen-Werk. Hg. v. Rolf Tiedemann. 2 Bde. Frankfurt a.M. 1982, hier Bd. 2, S. 1026.

schichtlichen Augenblicks,[140] die sich gegen die stringente Entwicklungslogik des Historismus richtet.[141] Benjamin betont, dass das Material des Historikers Bruchstücke, Fragmente, Trümmer, seine wichtigste Tätigkeit wie diejenige von »Geologen« und »Botanikern« das Sehen und Beobachten, das Wahrnehmen von »Struktur und Detail« sei, die ja »letzten Endes stets historisch geladen« seien.[142] Nicht zufällig vergleicht Benjamin seine geschichtsphilosophischen Thesen mit den Fundstücken eines Botanikers, der »auf nachdenklichen Spaziergängen [...] einen Strauß flüsternder Gräser« zusammenträgt.[143] Sein Konzept der Naturgeschichte steht – und hier ist den sonst so einleuchtenden Darstellungen Ralf Konersmanns zu widersprechen – durchaus in der Tradition der klassischen historia naturalis: Genaue, das Individuelle im Bild einfangende Beschreibung ist das Darstellungsideal, mit dem Benjamins Konzept der Naturgeschichte der historia naturalis verpflichtet ist,[144] »Stillstellung« sein zentrales Verfahren.[145] Den nur angespielten naturgeschichtlichen Kontext im engeren Sinne öffnet Benjamin im Trauerspiel-Buch zu einem ästhetisch-geschichtsphilosophischen, in den geschichtsphilosophischen Thesen zu einem eschatologisch-theologischen.[146] Koners-

140 Aufgrund dieses Augenblickscharakters sei Vergangenheit nur »als Bild, das auf Nimmerwiedersehen im Augenblick seiner Erkennbarkeit eben aufblitzt« festzuhalten (Walter Benjamin: Über den Begriff der Geschichte. In: Gesammelte Schriften I.2. Hg. v. Rolf Tiedemann u. Hermann Schweppenhäuser. Frankfurt a. M. 1974, S. 691-704, hier These V, S. 695).

141 Kritisiert wird die Blindheit der historistischen Fortschrittsgläubigkeit etwa in Benjamins berühmter Deutung von Klees Zeichnung mit dem Titel *Angelus Novus*. Vgl. Benjamin: Über den Begriff der Geschichte, These IX, S. 697-698.

142 Benjamin: Ursprung des deutschen Trauerspiels, S. 358.

143 Walter Benjamin: [undatierter Brief vom April 1940 an Gretel Adorno]. In: Gesammelte Schriften I.3. Hg. v. Rolf Tiedemann u. Hermann Schweppenhäuser. Frankfurt a. M. 1974, S. 1226.

144 Konersmann geht davon aus, dass Voltaires im *Encyclopédie*-Artikel vorgenommene Trennung von historia und historia naturalis die allgemeine Entwicklung des 18. Jahrhunderts widerspiegele und unterstellt fälschlicherweise, dass Natur in der Naturgeschichte der Aufklärung »zeit- und veränderungsindifferent« sei (Konersmann: Kulturgeschichte als Naturgeschichte, S. 201). Wie gezeigt, ist die Unterscheidung von historia und historia naturalis aber nur die eine Seite der Medaille: Auf der anderen Seite steht Herders Fundierung der Geschichtsphilosophie auf Naturgeschichte.

145 Benjamin: Über den Begriff der Geschichte, These XVII, S. 702-703.

146 Inwiefern Benjamins Geschichtsphilosophie eine Geschichtstheologie ist, erörtert Gerhard Kaiser: Walter Benjamins »Geschichtsphilosophische Thesen«. In: Materialien zu Benjamins Thesen ›Über den Begriff der Geschichte‹. Beiträge und Interpretationen. Hg. v. Peter Bulthaup. Frankfurt a. M. 1975, S. 43-76.

manns Vorschlag, das *Passagen-Werk* als »eine in Naturgeschichte umgeformte und zugleich eine ›materiale‹ Kritik der Kulturgeschichte« zu lesen, verdiente in diesem Zusammenhang unbedingt eine eingehendere Untersuchung,[147] denn hier wird Benjamin selbst zum Sammler, der das »tête à tête mit den Dingen« sucht;[148] er verfährt »bildlich, indem [er] geschichtlich-gesellschaftliche Phänomene wie naturgeschichtliche zu ›lesen‹ trachtet«.[149]

Naturgeschichte verkündet und realisiert Benjamin also als eine Ruinenästhetik. Damit wird sie zu einer ästhetischen Praxis, die im Modus der sammelnden, das gleichzeitige Nebeneinander betonenden Naturhistorie gesellschaftliche Wirklichkeit in ihrer Momenthaftigkeit aufzeichnet.

An Benjamins Vorstellung einer in der Ruine allegorisch aufgehobenen Zerstörungsgeschichte schließt Adorno mit seiner *Idee der Naturgeschichte* an, wenngleich er den bei Benjamin erkennbaren Rückbezug auf die historia naturalis strikt ablehnt zugunsten einer rein philosophischen Erörterung des Verhältnisses von Natur und Geschichte. Adorno will »die übliche Antithesis von Natur und Geschichte« aufheben, indem er Geschichte als Natur und Natur im Zeichen von Geschichte dialektisch aufeinander bezieht.[150] Sein Verständnis von Naturgeschichte grenzt er von einem »herkömmlichen vorwissenschaftlichen Sinn« ab, worunter er nicht etwa nur die disziplinär noch nicht institutionalisierte und nach anderen als den modernen Regeln der Wissenschaftlichkeit arbeitende klassische historia naturalis versteht, sondern »die Geschichte der Natur, so wie die Natur Gegenstand der Naturwissenschaften ist«.[151] Seine Naturgeschichte habe mit dieser naturwissenschaftlichen Naturgeschichte, sein Naturbegriff mit demjenigen der »mathematischen Naturwissenschaften« »überhaupt nichts zu tun«.[152] Natur versteht Adorno (dem also

147 Konersmann: Kulturgeschichte als Naturgeschichte, S. 208.

148 Benjamin: Das Passagen-Werk, Bd. 2, S. 1036.

149 Rolf Tiedemann: Einleitung des Herausgebers. In: Benjamin: Das Passagen-Werk, S. 11-41, hier S. 35.

150 Theodor W. Adorno: Die Idee der Naturgeschichte. In: Philosophische Frühschriften. Hg. v. Rolf Tiedemann. Frankfurt a. M. 1997, S. 345-365, hier S. 345. – Vgl. hierzu Max Pensky: Natural History: the Life and Afterlife of a Concept of Adorno. In: Critical Horizons 5 (2004), S. 227-258.

151 Adorno: Die Idee der Naturgeschichte, S. 345.

152 Adorno: Die Idee der Naturgeschichte, S. 345. – Freilich bleibt etwas unklar, was Adorno meint, denn Mathematik ist im Gegensatz zu den hier nicht genannten Fächern Biologie, Physik und Chemie keine Naturwissenschaft im engeren Sinne.

ebenfalls nichts ferner liegt als ein Interesse für die »planmäßige Geschichte« der Bienen und Biber) vielmehr in einem ganz allgemeinen Sinne als das Gegebene, Substantielle, das in der üblichen philosophischen Begriffssprache auch als das Mythische bezeichnet werde und in der aktuellen Ontologie unter dem Begriff des Naturhaften diskutiert werde. Heuristisch stellt er diesem naturhaften Sein zunächst das Werden, also die Geschichte gegenüber als das, was über das Sein und die Reproduktion desselben hinausgeht: Geschichte in diesem Sinne meint die Hervorbringung von Neuem (am Ende erweist sich freilich wenig überraschend, dass schon das Mythisch-Archaische geschichtlich und das Geschichtliche mythisch ist).[153] Wie sich nun Sein und Werden zueinander verhalten, wird in den zwanziger und dreißiger Jahren des 20. Jahrhunderts kontrovers diskutiert. Gegen Heideggers Vereinigung von ontologischer und historischer Frage unter der Kategorie der Geschichtlichkeit stellt Adorno seine ›Idee der Naturgeschichte‹, mit der er seinerseits eine ontologische Umorientierung der Geschichtsphilosophie vollziehen will, indem er konkrete Geschichte in Natur rückverwandelt. Ausgangspunkt seiner Konzeption der Naturgeschichte ist folglich die programmatisch formulierte Dialektik von Natur und Geschichte:

> Wenn die Frage nach dem Verhältnis von Natur und Geschichte ernsthaft gestellt werden soll, bietet sie nur dann Aussicht auf Beantwortung, wenn es gelingt, *das geschichtliche Sein in seiner äußersten geschichtlichen Bestimmtheit, da wo sie am geschichtlichsten ist, selber als ein naturhaftes Sein zu begreifen, oder wenn es gelänge, die Natur da, wo sie scheinbar am tiefsten in sich verharrt, zu begreifen als ein geschichtliches Sein.*[154]

Es gehe also darum, »das geschichtliche Sein selber [...] als Natur-Sein zu verstehen«.[155] Was das konkret meinen könne, verdeutlicht Adorno unter Bezugnahme auf Georg Lukács, in dessen *Theorie des Romans* das Konzept der Naturgeschichte implizit aufleuchte als Geschichte der zur zweiten Natur gewordenen Welt der Konventionen. Diese beschreibe Lukács als eine »Schädelstätte vermoderter Innerlichkeiten«.[156] Benjamin wiederum betone den im Begriff der »Schädelstätte« angedeuteten Aspekt der Vergänglichkeit, in dem Natur und Geschichte zusammenfänden, zu Recht noch stärker. Über beide hinausgehend will Adorno durch

153 Vgl. Adorno: Die Idee der Naturgeschichte, S. 363-365.

154 Adorno: Die Idee der Naturgeschichte, S. 354 f. [Hervorheb. im Original].

155 Adorno: Die Idee der Naturgeschichte, S. 354 f.

156 Vgl. Adorno: Die Idee der Naturgeschichte, S. 356 f.

radikales naturgeschichtliches Denken »alles Seiende in Trümmer und Bruchstücke« zerlegen und so die Bedeutung, »in der sich Natur und Geschichte verschränken«, auffinden und geschichtsphilosophisch entziffern:[157] Naturgeschichte konzipiert Adorno also als ein neues geschichtsphilosophisches Verfahren, das die Dialektik von Natur und Geschichte, das Seiende und das Werdende, in ihrer gegenseitigen Durchdringung sichtbar macht.

Auch in jüngerer Zeit ist der Terminus der Naturgeschichte in Debatten zur Profilierung der Überlegungen über das Wesen der Geschichte und über das Verhältnis des Menschen zur Natur eingebracht worden. In seinen wissenschaftssoziologischen Thesen zur »menschlichen Geschichte der Natur« hat etwa Serge Moscovice die Auffassung vertreten, dass das 20. Jahrhundert, gesellschaftlich geprägt durch die rasante Entwicklung der Naturwissenschaften und eine umfassende Naturbeherrschung, auch philosophisch die Natur in den Mittelpunkt stelle (während das 18. Jahrhundert den Staat, das 19. Jahrhundert die Gesellschaft ins Zentrum gerückt habe). Der Mensch sei in der Moderne nicht nur Subjekt der Geschichte, sondern auch Subjekt der Natur: »Unser geomorpher Einfluß kennt keine Grenzen mehr.«[158] Der Mensch erzeuge seinen eigenen Naturzustand selbst,[159] die Natur sei das, was der Mensch aus ihr mache und habe daher eine menschliche Geschichte.[160]

Gegen diesen Ansatz Moscovices hat Gernot Böhme die Auffassung vertreten, dass die »Humangeschichte der Natur [...] zur Naturgeschichte des Menschen« werde, da angesichts ökologischer Katastrophen und drohender Horrorszenarien der Genetik immer mehr die vom Menschen produzierten Naturzustände vorgäben, was als menschliche Geschichte überhaupt noch möglich sei.[161] Moscovices »menschliche Geschichte der Natur« schlage also um in eine gegen den Menschen waltende Naturgeschichte: Der Mensch verliere durch seine anmaßende Ausbeutung der Natur seinen Subjektstatus in der Geschichte an die sich verselbständigende Natur.

Und selbst im poststrukturalistisch ausgerichteten Lager lässt sich nach dem proklamierten ›Ende der Geschichte‹ immerhin eine Rückbesin-

157 Adorno: Die Idee der Naturgeschichte, S. 360.

158 Vgl. Serge Moscovici: Versuch über die menschliche Geschichte der Natur. Frankfurt a. M. 1982, S. 15.

159 Moscovici: Versuch, S. 27.

160 Vgl. Moscovici: Versuch, S. 30.

161 Gernot Böhme: Die Natur vor uns. Naturphilosophie in pragmatischer Hinsicht. Zug 2002, S. 175.

nung auf Natur als Referenzpunkt ausmachen: Giorgio Agamben verortet unter Rekurs auf Linné[162] die Grenze zwischen Animalität und Humanität, zwischen Natur und Geschichte im Menschen selbst und interpretiert die Vernichtungslager in Auschwitz als Orte des »nackten Lebens«.[163]

Naturgeschichte erweist sich also, das zeigt dieser Überblick, durchaus auch als ein geschichtsphilosophisch einschlägiger Begriff, der freilich nur gelegentlich Bezüge zur beschreibenden historia naturalis aufweist (vor allem bei Herder, im Kielmeyerschen Sinne bei Schelling, in den propagierten Darstellungsverfahren bei Benjamin). Meist wird Naturgeschichte im Sinne einer naturgesetzhaften Entwicklung (Kant, Marx, Engels und die Vulgärmaterialisten) und einer dem Menschen entglittenen Geschichte verwendet (Benjamin und Adorno). Ungleich präsenter ist die klassische Naturgeschichte hingegen in nicht allgemein geschichtsphilosophischen, sondern konkret kulturgeschichtlichen Darstellungen.

2.3 Naturgeschichte und Kulturgeschichte

Herder legt mit seinen *Ideen zur Philosophie der Geschichte der Menschheit* nicht nur (im ersten Teil) einen auf Naturgeschichte basierenden allgemeinen geschichtsphilosophischen Entwurf vor, sondern er präsentiert auch (in den Teilen zwei bis vier) die konkrete anthropologische, historische und geographische Vielfalt menschlicher Natur und Kultur. Mit dieser auf Naturgeschichte rückbezogenen Kulturgeschichte gibt Herder eine Disposition vor, der bis heute verschiedene Autoren gefolgt sind.[164]

Unterschieden werden können mindestens drei Typen naturgeschichtlich basierter Kulturgeschichten: Sie beziehen sich entweder erstens auf bestimmte gesellschaftliche Gruppen oder zweitens auf bestimmte Lebensräume oder aber sie verfolgen drittens eine universalgeschichtliche Idee. Ohne Anspruch auf Vollständigkeit sei dies im Folgenden an ausgewählten Beispielen skizziert.

Naturgeschichten gesellschaftlicher Gruppen (erstens) haben etwa Carl Gustav Jochmann und Otto Gmelin vorgelegt. Jochmann bezieht

162 Giorgio Agamben: Das Offene. Der Mensch und das Tier. Frankfurt a. M. 2003, S. 33-38.

163 Vgl. Giorgio Agamben: Homo sacer. Die souveräne Macht und das nackte Leben. Frankfurt a. M. 2002.

164 In eigener Weise denkt Goethe Natur- und Kulturgeschichte als Einheit vgl. Olaf Breidbach: Goethes Metamorphosenlehre. München 2006, S. 13.

sich in seiner zuerst 1838 erschienenen Abhandlung *Zur Naturgeschichte des Adels* in der einleitenden Begründung seines Konzeptes ausdrücklich auf Buffon und nennt diesen in einem Atemzug mit Herder; beide Konzepte sind seiner Auffassung nach also offenbar eng verwandt.[165] Naturgeschichte definiert Jochmann als

> Schilderung von Beschaffenheit und Lebensgang irgendeiner *Klasse* der Geschöpfe; Beschreibung ihres Werdens, Wirkens und Aufhörens; Andeutung ihrer Eigenschaften, und anderer äußerlicher Merkmale, die dazu dienen mögen, um eine Gattung der Gewächse und Thiere von den übrigen Gottesgeschöpfen unterscheiden zu können.[166]

Gemeint ist mit anderen Worten das Beschreibung und ›Geschichte‹ kombinierende Darstellungsverfahren Buffons. Dieses überträgt Jochmann aus dem Bereich der Natur auf die Gesellschaft, von den biologischen Arten auf die »Klasse« des Adels. Zunächst scheinbar in der Rolle des Verteidigers, parodiert er das adelige Selbstverständnis unter Bezugnahme auf die neueste Naturgeschichte, Lorenz Okens *Naturgeschichte für Schulen*. Im Anschluss an diese müsse man die natürliche Differenz zwischen dem »bürgerliche[n] Pak« und den »ungemeinen Menschen«, den Adeligen, als ebenso augenscheinlich und naturbegründet ansehen, wie diejenige zwischen Mops und Dogge.[167] Innerhalb der ›Rasse‹ des Adels seien die Differenzen etwa zwischen einem »Edelmann der Süd-See«, der »einen Ring in der Nase« trägt, und den europäischen Adligen, die »ein ›Von‹ neben dem Namen, ein Kreuz vorn auf der Brust, einen Schlüssel am Hintern« tragen, dann »bloße Spielarten (Varietates)«.[168] Schnell freilich wechselt Jochmann den Ton und konstatiert unmissverständlich, dass der Adel keine Naturgegebenheit, sondern »durch menschliche Willkühr« geschaffen sei.[169] Dies habe die kulturgeschichtliche Funktion einer notwendigen und nützlichen »Entwickelungskrankheit«, einer Phase, die schließlich in eine vom Adel befreite Entwicklungsstufe münden werde.[170] Die ›Naturgeschichte‹ des Adels entpuppt sich mithin als eine finale Kulturgeschichte.

165 Vgl. Carl Gustav Jochmann: Zur Naturgeschichte des Adels. Faksimile der Erstveröffentlichung von 1838. Mit einem Nachwort hg. v. Ulrich Kronauer. Heidelberg 1982, S. 3.
166 Jochmann: Zur Naturgeschichte des Adels, S. 3.
167 Vgl. Jochmann: Zur Naturgeschichte des Adels, S. 4 f.
168 Jochmann: Zur Naturgeschichte des Adels, S. 6.
169 Jochmann: Zur Naturgeschichte des Adels, S. 7.
170 Jochmann: Zur Naturgeschichte des Adels, S. 49.

Die Referenz auf Buffon dient dazu, unzweifelhafte methodische Objektivität zu suggerieren: Versprochen wird eine reine Beschreibung, eine Bestandsaufnahme ohne parteiische Bewertung oder gesellschaftstheoretische Funktionalisierung. Buffon ist die Maske, hinter der Jochmann an seiner polemischen Skizze zur Funktionslosigkeit der denaturierten adligen Gesellschaftsschicht schnitzt.

In dieser Tradition der Beschreibung bestimmter gesellschaftlicher Konstellationen aus dem Geiste der Naturgeschichte steht auch Otto Gmelins beinahe hundert Jahre nach Jochmanns *Naturgeschichte des Adels* 1929 erschienene *Naturgeschichte des Bürgers*.[171] Gmelin beruft sich auf die Naturgeschichte als ein von moralischer Wertung freies, rein deskriptives Verfahren: »Der Bürger soll beschrieben werden, wie man eine Spezies beschreibt, das Pferd oder die Sonnenblume. Also eine Naturgeschichte des Bürgers. Daher die Bemühung um Objektivität.«[172] Innerhalb des Bürgertums gebe es – so Gmelin vor dem Hintergrund des »Linnéschen System« – »viele Nuancen, Spielarten«, alle aber gehörten »zu einer Spezies«.[173]

Den Bürger betrachtet Gmelin weniger als eine gesellschaftliche Klasse, sondern als eine Lebenshaltung, die vor allem charakterisiert sei durch die Wertschätzung der Arbeit, welche nämlich das »wichtigste vom Bürger geschaffene Symbol seiner Haltung« sei.[174] Allerdings habe die Technisierung der Arbeitswelt zu einer »Entindividualisierung«, die »Amerikanisierung« zu einer neuen Gleichförmigkeit unter den Menschen geführt, bei der »die bürgerlichen Tugenden ins Hintertreffen« geraten seien. Ihnen käme »im struggle of [sic] life« nur noch eine untergeordnete Funktion zu.[175] Insgesamt erhalte man, wenn man die »zum Sportplatz drängenden Massen, die dem Fußballmeister, dem Schwergewichtsmeister, dem Weltrekordmann phrenetisch zujubeln, die aus Fabrik und Kontor ins Kino stürzenden Scharen […] oder die in den Tanzbars und Kabaretts in unorganischen, stets nur die Oberfläche verzückenden Steigerungen ihr gefährliches, haltloses Leben Erkrampfenden« ansehe, den »Eindruck der Auflösung bürgerlicher Haltung«.[176]

171 Otto Gmelin: Naturgeschichte des Bürgers. Beobachtungen und Bemühungen. Jena 1929.

172 Gmelin: Naturgeschichte des Bürgers, S. 3.

173 Gmelin: Naturgeschichte des Bürgers, S. 3 u. 5.

174 Gmelin: Naturgeschichte des Bürgers, S. 43.

175 Gmelin: Naturgeschichte des Bürgers, S. 100 f.

176 Gmelin: Naturgeschichte des Bürgers, S. 103 f. Es stehe ein neues Zeitalter bevor, das gekennzeichnet sei durch »unbürgerliche Unsicherheit« und eine »›neue Sachlichkeit‹« (ebd., S. 105).

Gmelin wirft in seiner *Naturgeschichte des Bürgers* also einen kritischen Blick auf die Moderne als einer anti-bürgerlichen, degenerativen Phase der Geschichte. Neben dem ausdrücklichen methodischen Rekurs auf den systematisierenden Ansatz Linnés wird mit dem Hinweis auf den ›Kampf ums Dasein‹ inhaltlich zugleich auch das darwinistische Modell zitiert, um gesellschaftliche Entwicklungen zu beschreiben.

Die beiden vorgestellten Naturgeschichten gesellschaftlicher Gruppen rufen klassische Naturgeschichten auf, um ihren kritischen kulturgeschichtlichen Abrissen ein seriöses Rückgrat zu geben. Ihnen gilt Naturgeschichte offenbar als unanfechtbar, weil sie rein deskriptiv und das heißt: von moralischen und tendenziösen Betrachtungen ungetrübt vorgeht. Inwiefern die methodischen Vorgaben dann im Einzelnen tatsächlich umgesetzt oder doch nur eingangs und eher symbolisch als Schützenhilfe aufgerufen werden, kann hier nicht weiter verfolgt werden. Halten wir fest, dass Buffon und Linné Namen sind, die auch im gesellschaftlichen Denken und auch nach Darwin (Gmelin) Autorität ausstrahlen und deren deskriptive naturgeschichtliche Verfahren in Kulturgeschichten Eingang finden.

Die (Natur-)Geschichte eines bestimmten Lebensraums, nämlich des Meeres, schreibt (zweitens) prominent Jules Michelet, einer der produktivsten französischen Geschichtsschreiber des 19. Jahrhunderts.[177] Er hat nicht nur eine monumentale, neunzehn Bände umfassende *Histoire de France* (1833-1867) und eine ebenfalls mehrbändige *Histoire de la Revolution* (1847-1854) vorgelegt; mit kulturgeschichtlichen Werken wie *L'Amour* (1858) und *La Femme* (1860) erreichte er zudem ein breites Publikum. Dies gilt auch für seine naturgeschichtlichen Bücher über *L'Oiseau* (1856) und *L'Insecte* (1857), an die er mit *La Mer* (1861) anschließt.

In der Linie Vicos und Herders folgt Michelet einem universalhistorischen Anspruch und verweigert sich den Haupttendenzen der zeitgenössischen Historiographie, die von Ausdifferenzierung und Positivismus bestimmt sind.[178] Innerhalb dieser universalgeschichtlichen Geschichtskonzeption nehmen die naturgeschichtlichen Werke eine wichtige Rolle

177 Jules Michelet: Das Meer. Mit einem Vorwort v. Michael Krüger. Übers., hg. u. mit einem aktuellen Nachwort v. Rolf Wintermeyer. Frankfurt a. M. 2006. [frz. zuerst 1861].

178 1827 legte Michelet seine Übersetzung von Vicos *Scienza Nuova* vor, eine Leistung, auf die er zeitlebens stolz war und die maßgeblich zu einer Rezeption des bis dahin wenig bekannten bedeutenden Vordenker Herders beitrug; vgl. Jochen Köhler: Die Revolution ist überall – Zu Jules Michelets Leben, Ideen und Werk. In: Jules Michelet: Geschichte der Französischen Revolution. Aus dem Franz. v. Richard Kühn. 2 Bde. Neue, bearb. Ausgabe Frankfurt a. M. 2009, Bd. I, S. 9-47, hier S. 16.

ein, sind also keineswegs die feierabendlichen Fingerübungen eines nicht ausgelasteten oder in seiner Hauptprofession enttäuschten Historikers.[179] Im Gegenteil ist für sein Geschichtsverständnis die Überzeugung einer wechselseitigen Verflochtenheit von Natur und Geschichte essentiell; Natur steht einerseits groß über der Geschichte und stellt die Rahmenbedingungen und ist andererseits als Naturgeschichte bestimmter Teilphänomene Bestandteil seines umfassenden Welterfassungsprogramms.[180] Wie Herder geht Michelet von einer Analogie zwischen Natur- und Menschheitsgeschichte aus: »Wie das Nest, so der Vogel. Wie das Vaterland, so der Mensch.«[181] Ja, er begreift »Weltgeschichte als Teil der Naturgeschichte«.[182] In diesem Sinne ist Michelets Konzeption daher auch als ein Beleg dafür angeführt worden, wie sich im 19. Jahrhundert »Naturgeschichte und Geschichte [...] wieder näher kommen«.[183]

La Mer gliedert sich in vier Bücher. Dem im ersten Buch präsentierten »Anblick der Meere«, folgen Darstellungen zur »Entstehungsgeschichte« und zur »Eroberung« des Meeres, die mit einer Betrachtung über die »Wiedergeburt durch das Meer« abgeschlossen werden. Damit zeichnen sich vier große thematische Blöcke ab: ein impressionistischer, ein naturgeschichtlicher, ein kulturgeschichtlicher und ein spekulativer. Freilich suggeriert diese Gliederung eine konzeptionelle Klarheit, die das Buch gerade nicht auszeichnet. In seiner Mischung aus Sachinformationen und individuellen Erinnerungen wirkt *La Mer* vielmehr äußerst uneinheitlich und disparat,[184] ja unfertig und aus heutiger Sicht zumindest popular- wenn nicht unwissenschaftlich.

Inhaltlich fällt neben dem geradezu ökologisch wirkenden, verantwortungsbewussten Blick auf die Meeresfauna[185] vor allem die offensiv schwär-

179 Darauf weist auch hin Michael Krüger: Vorwort. In: Michelet: Das Meer, S. 7-13, hier S. 11.

180 Vgl. Wilhelm Alff: Michelets Ideen. Genf u. Paris 1966, insbes. S. 47-54.

181 Jules Michelet: [Vorwort zur] Histoire de France. In: Œuvres complètes. Bd. IV. Hg. v. Paul Viallaneix. Paris 1974, S. 11.

182 Krüger: Vorwort. In: Michelet: Das Meer, S. 11.

183 Lepenies: Das Ende der Naturgeschichte, S. 118.

184 So liebt Michelet das, was das 18. Jahrhundert eine Abschweifung nannte; vgl. etwa den Exkurs über die Melancholie in Michelet: Das Meer, S. 32.

185 Vgl. zum teilweise grausamen, teilweise bewusst um Schonung bemühten Umgang des Menschen mit Tieren Michelet: Das Meer, S. 233 u. S. 243, sowie seine Warnung vor den Folgen der Ausrottung einzelner Arten, ebd., S. 241. – Die quasi ökologische Perspektive Michelets betont auch Rolf Wintermeyer: Unter den Röcken der Natur. Jules Michelets Buch: Das Meer (1861). Nachwort d. Hg. zur Neuaufl. 2006. In: Michelet: Das Meer, S. 315-351, hier S. 317 f.

merische Haltung Michelets gegenüber seinem Gegenstand auf. Das Meer betrachtet er aus einer mythisierend-romantischen Perspektive: Es ist das Weibliche schlechthin,[186] seine Bewohner kommentiert Michelet anthropomorphisierend, parteiisch, moralisierend.[187] Für alle Werke Michelets gilt: eine systematische Trennung zwischen Faktenreferat und Bewertung ist die Sache des Verfassers nicht, er ist meinungsfreudig, strebt eine unparteiische Geschichtsschreibung ausdrücklich gar nicht an.[188] In seinen großen Werken zur französischen Geschichte etwa scheut er auch vor sinnentstellendem Zitieren[189] oder falschen Quellenangaben[190] nicht zurück. Oberstes Ziel Michelets ist die lebendige, vergegenwärtigende Anschaulichkeit der Geschichtsdarstellung, die vorbildlich erreicht zu haben ihm häufig attestiert wird.[191] Im Dienste dieser Lebendigkeit steht auch die erzählerische Gestaltung. In *La Mer* installiert er einen subjektiv engagierten, voller Emphase sprechenden Ich-Erzähler,[192] der einen objektivistischen Duktus zwar gelegentlich wählt, diesen aber immer wieder durchbricht. Der sprachliche Elan, mit dem Michelet Geschichte erzählt, rückt seine Geschichts- und Naturgeschichtsdarstellungen in ganz unmittelbare Nähe zur Poesie: Er fingiert Szenen, nimmt Rollen ein,[193] gibt sich mit geradezu halluzinatorischer Lust dem Erzählen hin.[194] Seine Natur- und

186 Vgl. Michelet: Das Meer, S. 90 u. S. 168.

187 Der Hai etwa wird als »schreckliche[r] Zerstörer« charakterisiert, der Krake als eine »fürchterliche Maschine«, vgl. Michelet: Das Meer, S. 88 u. S. 149.

188 Vgl. die Selbstcharakterisierung Michelets in Roland Barthes: Michelet. Übers. v. Peter Geble. Frankfurt a. M. 1984, Bucheinband Rückseite. Vgl. auch Bekenntnisse wie »Ich liebe das Volk und ich hasse die Menge.« (Michelet: Das Meer, S. 282).

189 In diesem Sinne hat die Forschung schon vor einem halben Jahrhundert festgehalten, dass Michelet Zitate so einsetzt, dass sie »in ganz andere Bereiche« umgedeutet werden »als die angeführten Zeugnisse es [eigentlich] zulassen würden«; vgl. Peter Stadler: Geschichtsschreibung und historisches Denken in Frankreich 1789-1871. Zürich 1958, Kap. Jules Michelet, S. 161-195, hier S. 173.

190 Vgl. den Hinweis von Stadler: Geschichtsschreibung, S. 176.

191 Köhler: Die Revolution ist überall, S. 9.

192 Vgl. z. B. »Aber ach! Wie reichlich ist doch der Schmerz ausgeteilet worden.« (Michelet: Das Meer, S. 138).

193 So flüchtet sich der Erzähler in *La Mer* nach seinem Bericht über allerlei Dramen in der Welt der Wale ans rettende Ufer und in Imaginationen: »Ich lege an und bin nun an Land, denn mir nehmen die Katastrophen überhand. Ich möchte dauerhafte Rassen.« (Michelet: Das Meer, S. 177).

194 Vgl. in diesem Sinne die Darstellung von Roland Barthes: Heute: Michelet. In: ders.: Michelet, S. 9-21, der Hinweis auf das halluzinatorische Schreiben in *La Mer* ebd., S. 14 f.

Kulturgeschichte des Meeres versammelt Mosaiksteine zu der »geheimnisvolle[n] Persönlichkeit des Meeres«, schwärmt von seinen Bewohnern (»Oh Rädertierchen, Rädertierchen!«), spricht das Meer als »Große Mutter« an, ruft zum »Frieden für den Blauwal« auf und inszeniert eine kleine literarische Geschichte in einem Seebad,[195] kurz: *Das Meer* ist eine Eloge auf dasselbe.

Sehr viel nüchterner kommt das beinahe 150 Jahre später erschienene Werk über *Die Nordsee* von Richard Pott daher, das sich im Untertitel als *Eine Natur- und Kulturgeschichte* bezeichnet.[196] Pott stellt den Naturraum Nordsee aus klimatheoretischer, geomorphologischer, ökologischer und kulturgeschichtlicher Perspektive vor. Die Entstehungs- und Wandlungsgeschichte des Ökosystems Wattenmeer, die Besiedlungsgeschichte der Nordseeinseln, vor allem aber die Bedrohung des Lebensraums Nordsee durch Dünnsäureverklappung, Überfischung und Windparks – das sind die Themen dieser modernen Naturgeschichte, die also die natürlichen und die durch den Menschen verursachten Veränderungen des Lebensraumes beschreibt. Die poetische Emphase Michelets findet sich in dieser äußerst belehrenden Landeskunde nicht. Bei allen offensichtlichen Differenzen erinnert der Anspruch Potts, eine systematische geologische, botanische und fauna-bezogene Erfassung eines Lebensraums vorzulegen, aber durchaus ebenfalls an das milieuorientierte Programm Buffons.

Neben den naturgeschichtlich basierten Geschichten einzelner Stände und den Natur- und Kulturgeschichten bestimmter Lebensräume gibt es (drittens) Universalgeschichten und Universalgeschichtslehren, die wie Herder Naturgeschichte und Geschichte miteinander kombinieren.

So spielt Hermann Lotze mit dem Untertitel *Ideen zur Naturgeschichte und Geschichte der Menschheit* seines 1856-1864 erschienenen dreibändigen *Mikrokosmus* [sic] unübersehbar auf Herder an.[197] Lotze ist Mediziner und Philosoph und will eine Anthropologie des modernen Menschen aus seiner Naturgeschichte und Geschichte entwickeln. Im Zeitalter einer rationalistischen und reduktionistischen Naturbetrachtung sei der Mensch mit seinen emotionalen und spekulativen Bedürfnissen (etwa nach Poesie und Religion) aus dem Blick gerückt, die Vorstellung vom

195 Michelet: Das Meer S. 55, 109, 168, 245, 265-284.

196 Richard Pott: Die Nordsee. Eine Natur- und Kulturgeschichte. München 2003.

197 Hermann Lotze: Mikrokosmus. Ideen zur Naturgeschichte und Geschichte der Menschheit. Versuch einer Anthropologie. 3 Bde. 5. Aufl. Leipzig 1896, 1905 u. 1909, hier Bd. 1 S. XVI [zuerst 1856-1864].

Menschen als leibseelischer Einheit bedroht.[198] Gegen den herrschenden Mechanismus setzt Lotze eine »Weltansicht des Gemüths«. Er untersucht den Menschen hinsichtlich der alten commercium-Frage (Band 1), seiner Stellung im Tierreich, den sinnlichen und geistigen Vermögen sowie den kulturellen Praktiken (Band 2), schließlich die Kulturgeschichte und die Frage nach einer Weiterentwicklung bzw. Erziehbarkeit der Menschheit (Band 3).[199]

In der Frage nach einer Entwicklung der Geschichte des Menschen aus seiner Naturgeschichte bleibt Lotze widersprüchlich. So behauptet er einerseits, dass es nicht seine Absicht sei, »die Betrachtung dessen, was dem Menschen wesentlich ist, auf dem weiten Umwege einer naturgeschichtlichen Übersicht der Tierreihe einzuleiten«.[200] Gleichwohl referiert er die vorzügliche anatomische und physiologische Ausstattung des Menschen, um so die Sonderstellung des Wirbeltieres Menschen auch vergleichend morphologisch zu begründen.[201] Dabei vermeidet er es aber ausdrücklich, wie »Herder fast alle Vorzüge der Humanität« aus dem aufrechten Gang des Menschen unmittelbar abzuleiten.[202]

Lotze verortet den Menschen, Herder folgend, zwischen Verwiesensein auf die Natur und kultureller Aneignung derselben, erörtert die Abstammung des Menschengeschlechts und die Differenz zwischen ›Wilden‹ und ›Zivilisierten‹. Als Besonderheit der in der Geschichte agierenden Menschheit stellt Lotze – und kein Geringerer als Walter Benjamin wird in diesem Sinne explizit an Lotze anschließen – die uneigennützige Aus-

198 Lotze: Mikrokosmus, Bd. 1, S. XIII.

199 Lotze: Mikrokosmus, Bd. 1, S. XIVf.

200 Vgl. auch Lotzes Plädoyer gegen eine naturgeschichtliche und für eine historische Betrachtung: »[N]ur eine Karikatur des Tiefsinns ist die oft wiederholte Behauptung, es sei unmöglich, den Menschen vollkommen zu kennen, ohne all die tieferen Glieder der Tierreihe durchschaut zu haben, an deren Gipfel zu stehen seine wesentliche Bedeutung sei. Welche Pedanterie, zu meinen, den Menschen verstehe nur, wer zuvor das Infusorium, das Insekt und den Frosch verstanden habe; welche Kühnheit, dies zu sagen im Angesicht von Jahrtausenden menschlicher Geschichte[.]« (Lotze: Mikrokosmus, Bd. 2, S. 71).

201 Vgl. etwa Lotzes Bemerkung: »Welch ein bewundernswürdiger Erdarbeiter die Ameise auch sein mag, so wird sie doch nie Ackerbau und Bergbau treiben können« (Lotze: Mikrokosmus, Bd. 2, S. 75). – Vgl. dazu auch Reinhardt Pester: Hermann Lotze. Wege seines Denkens und Forschens. Ein Kapitel deutscher Philosophie und Wissenschaftsgeschichte im 19. Jahrhundert. Würzburg 1997, hier insbes. S. 255-258.

202 Lotze: Mikrokosmus, Bd. 2, S. 87.

richtung menschlichen Handelns auf eine bessere Zukunft heraus, an der man selbst nicht teilhaben wird.[203]

Wie Lotze bewegt sich auch der Historiker Kurt Breysig in Herders Fußstapfen.[204] Seit 1900 arbeitet er an einer nie vollendeten *Geschichte der Menschheit*, die schon im Titel erkennbar an das Vorbild anschließt.[205] Breysigs Ziel ist eine »vergleichende[] Universalhistorie«.[206] Damit strebt er eine Geschichtskonzeption an, die im Zeitalter der Spezialisierung in den Geruch eines notwendigen dilettantischen Synkretismus geratenen ist und maßgeblichen Historikern der »Ranke-Nachfolge«[207] insbesondere wegen der Konzentration auf Kultur und Kulturgeschichte als »verdächtig[]« gilt.[208] Gleichwohl verfolgt Breysig sein Projekt konsequent und erweitert es 1933 um einen Blick auf das Verhältnis von *Naturgeschichte und Menschheitsgeschichte*.[209] Ausdrückliches Ziel ist ein neuer, aus der Naturlehre abgesicherter und daher wissenschaftlich haltbarer Monismus (in Abgrenzung etwa zu dem des als »[u]nglücklich-oberfläch-

203 Lotze: Mikrokosmus, Bd. 3, S. 49 f. Vgl. Walter Benjamin: Aus dem Passagen-Werk. Erkenntnistheoretisches, Theorie des Fortschritts. In: Gesammelte Schriften. Bd. V/1. Hg. v. Rolf Tiedemann Frankfurt a. M. 1977, S. 570-608, hier S. 599 f.; Benjamin: Über den Begriff der Geschichte. S. 693.

204 Den ersten Band seiner *Geschichte der Menschheit* versieht Breysig mit der Widmung »Im Namen Herders sei dies Werk begonnen«, vgl. Kurt Breysig: Geschichte der Menschheit. 5 Bde. 2. Aufl. Berlin 1955, Bd. 1, [S. V] [1. Aufl. ab 1907]. Herder ist auch der letzte und umfangreichste Abschnitt einer Überblickdarstellung gewidmet zu einer »entwicklungsgeschichtlichen Geschichtsforschung«, in der Breysig sich selbst und zwar in Abgrenzung zu einer rein beschreibenden Geschichtsschreibung verortet; vgl. Kurt Breysig: Die Meister der entwickelnden Geschichtsforschung. Berlin 1936, vgl. hier zu Herder S. 192-267 und zur Entwicklungsgeschichte S. 9.

205 Zu Breysig grundlegend Bernhard von Brocke: Kurt Breysig. Geschichtswissenschaft zwischen Historismus und Soziologie. Lübeck u. Hamburg 1971; vgl. zusammenfassend auch Bernhard von Brocke: Kurt Breysig. In: Deutsche Historiker. Hg. v. Hans-Ulrich Wehler. Göttingen 1973, S. 581-602.

206 Kurt Breysig: [Brief vom 24.2.1913 an Hans Driesch]. In: Kurt Breysig: Aus meinen Tagen und Träumen. Memoiren, Aufzeichnungen, Briefe, Gespräche. Aus dem Nachlaß hg. v. Gertrud Breysig u. Michael Landmann. Berlin 1962, S. 117-118, hier S. 117.

207 Gertrud Breysig: Kurt Breysig. Ein Bild des Menschen. Heidelberg 1967, S. 19.

208 Hartmut Böhme: »Der Dämon des Zwiewegs«. Kurt Breysigs Kampf um die Universalhistorie. In: Kurt Breysig: Die Geschichte der Menschheit. Bd. 1: Die Anfänge der Menschheit. Neuausgabe der 2. Aufl. Berlin 2001, S. V-XXVII, das Zitat S. VIII.

209 Kurt Breysig: Naturgeschichte und Menschheitsgeschichte. Berlin 1933.

lich[]« abgewerteten Ernst Haeckel).[210] Für Breysigs unübersichtliches und schwer zugängliches Werk ist die Überzeugung von einer »Einheit des Menschheitsgeschehens mit dem Weltgeschehen« grundlegend.[211] Alle Veränderungen in der Natur (Naturgeschichte) und in der Geschichte (Menschheitsgeschichte) lassen sich laut Breysig letztlich auf physikalische Gesetzmäßigkeiten zurückführen.[212] Sein universalgeschichtliches Modell legt somit Zeugnis davon ab, wie Herder tradiert und zugleich mit neu aufsteigenden Naturwissenschaft verbunden werden kann – Breysig widmet *Naturgeschichte und Menschheitsgeschichte* niemand Geringerem als »Herrn Niels Bohr dem Meister der bauenden Physik«.[213]

Wagen wir einen letzten Sprung: Ausdrücklich will der Evolutionsbiologe Josef H. Reichholf Geschichte von der Naturgeschichte aus lesen. Gegen eine moderne Biologie, die sich ausschließlich auf die »geschichtslose Gegenwart« beziehe, fordert er in seinen 2007 erschienenen Überlegungen über *Eine kurze Naturgeschichte des letzten Jahrtausends* eine Rückbesinnung auf die klassische Naturgeschichte: »Die alten Naturforscher vor ein bis zwei Jahrhunderten wussten es offenbar besser als die heutigen und nannten die Beschäftigung mit dem Leben ›Naturgeschichte‹. Mit den naiven Versuchen, aus der Naturkunde ›exakte Wissenschaft‹ zu machen, wurde aus der Biologie im deutschsprachigen Raum die Geschichte getilgt.«[214] Mit dieser Verwendung des Begriffs

210 Breysig: Naturgeschichte, S. 6. Drei seiner Auffassung nach fundamentale Dualismen des modernen Denkens – denjenigen von Leib und Seele, denjenigen von geistlosem Tier und mit Bewusstsein ausgestattetem Menschen und denjenigen von belebter und unbelebter Natur – begreift Breysig als historische Konstrukte und propagiert dagegen seine »monokosmische Sicht« (ebd., S. 9). Einheitslehren, die seiner Auffassung nach entweder den Geist oder die Materie verabsolutierten, kanzelt Breysig als »seelische« und »forscherliche Unmöglichkeit« (in Bezug auf Fichtes Geistphilosophie), bzw. als »im Denktechnischen ganz ungefüge, kindlich stammelnde« Versuche (in Bezug auf Haeckels Monismus) ab (ebd., S. 10).

211 So der Titel des ersten Teils; vgl. Breysig: Naturgeschichte, S. 1. Der Titel des zweiten Teils lautet »Die Einheit der Bewegung im Weltgeschehen und im Menschheitsgeschehen« (ebd., S. 246).

212 »Die Macht, die das Geschehen dieser untersten Schicht [d. h. des anorganischen Reichs] auf die biischen [sic] [also die zweite, organismische ›Schicht‹] und damit auch auf die seelisch-menschlichen [d. i. die dritte ›Schicht‹] Verhältnisse ausübt, ist elementar und stark bis zur brüsken und brutalen Überlegenheit.« (Breysig: Naturgeschichte, S. 26).

213 Breysig: Naturgeschichte, [S. III].

214 Josef H. Reichholf: Eine kurze Naturgeschichte des letzten Jahrtausends. Frankfurt a. M. 2007, S. 12.

›Geschichte‹ legt Reichholf freilich ein historisch undifferenziertes, letztlich inadäquates Verständnis des Terminus ›Naturgeschichte‹ zugrunde: Unberücksichtigt bleibt, dass ›Geschichte‹ in den älteren Naturgeschichten im Sinne der historia-Tradition Deskription meint, nicht Entwicklung.

Konkret hat Reichholf die Geschichte der klimatischen Veränderungen, den Wechsel von Warm- und Eiszeiten im Blick. Naturgeschichte zielt bei Reichholf also auf die Abfolge veränderter Umweltbedingungen, die, so seine These, die »Rahmenbedingungen historischer Prozesse« bildeten.[215] So folge etwa die »Entwicklung der Menschheit in den ersten 10000 Jahren nach der letzten Eiszeit [...] ganz klar dem von der Natur vorgegebenen Grundmuster aus Bodenfruchtbarkeit und Klima.«[216] Aber auch einzelne kulturelle Phänomene werden aus Reichholfs Perspektive naturgeschichtlich lesbar: Die romantische Hinwendung zur schönen Natur als gezähmter Wildnis ist in seinen Augen eine künstlerische Reaktion auf die beginnende Warmzeit, die dem Menschen eine freundlichere, weniger bedrohliche Natur beschert habe.[217]

Naturgeschichte zur Darstellung oder Erklärung kulturgeschichtlicher Phänomene? Das scheint bis in die Gegenwart offenbar eine verlockende Idee, auch wenn sie im Einzelnen Unterschiedliches bedeutet: Bald ist Naturgeschichte die vermeintlich unverdächtige methodische Maske, um Gesellschaftskritik zu äußern (Jochmann, Gmelin), bald wird sie integriert in den umfassenden natur- und kulturgeschichtlichen Beschreibungsversuch eines bestimmten Lebensraums (Michelet, Pott), bald ist sie gar zentraler Teil eines Gesamtblicks auf Geschichte (Lotze, Breysig, Reichholf). Schauen wir nun darauf, wie Kunst und Literatur sich auf das naturgeschichtliche Feld beziehen.

2.4 Naturgeschichte und Literatur

Dass die Bände von Buffons *Histoire naturelle* den nachfolgenden Generationen nur noch als »wenig wirklichkeitsgetreue[] Romane« gelten,[218] ist aus wissenschaftshistorischer Perspektive nicht weiter verwunderlich. Überholte wissenschaftliche Modelle vergangener Wissenschaftlergenerationen werden von den Nachgeborenen seit jeher gern als »Romane«,

215 Reichholf: Eine kurze Naturgeschichte, S. 13.
216 Reichholf: Eine kurze Naturgeschichte, S. 21.
217 Vgl. Reichholf: Eine kurze Naturgeschichte, S. 138-147.
218 Lepenies: Das Ende der Naturgeschichte, S. 138.

also Erdichtungen, diffamiert, um das eigene Vorhaben aufzuwerten: So polemisiert ja auch Buffon seinerseits – der Hinweis wurde bereits einleitend zitiert – gegen den italienischen Renaissance-Gelehrten Aldrovandi, weil dieser in seiner Naturgeschichte »Geschichten und Märchen« erzähle, mit anderen Worten nicht klar zwischen fiktiven Erzählungen und objektiver Wirklichkeitsbeschreibung unterscheide. Gegen dieses Modell profiliert Buffon seine eigene *Histoire naturelle* dann als wahre Wissenschaft, in der »Geschichten und Märchen« eben keinen Platz haben. Das Verhältnis von Wissen und Literatur[219] ist also nicht zuletzt eines der historischen Abfolge: Was heute als Wissen gilt, wird morgen möglicherweise als fiction gelesen; veraltete Wissensmodelle werden unter neuen Vorzeichen aus dem Geltungsbereich der Wissenschaftlichkeit ausgesondert und in den Raum der Einbildungskraft, d. h. z. B. in den Bereich der Literatur abgeschoben.

Allerdings öffnet sich im Zuge der Ausdifferenzierung der Wissenssysteme um 1800, die zuallererst eine autonomes System ›Literatur‹ ermöglicht, ein neuer, qualitativer Graben zwischen Wissen und Literatur,

219 Das Verhältnis von Wissen und Literatur ist in den vergangenen Jahren vielfältig und kontrovers diskutiert worden, vgl. Tilmann Köppe: Vom Wissen *in* Literatur. In: Zeitschrift für Germanistik NF 2 (2007), S. 398-410, und Roland Borgards: Wissen *und* Literatur. Eine Replik auf Tilmann Köppe. In: Zeitschrift für Germanistik NF 2 (2007), S. 425-428; vgl. zu diesem Forschungsfeld jetzt auch: Literatur und Wissen. Ein interdisziplinäres Handbuch. Hg. v. Roland Borgards, Harald Neumeyer, Nicolas Pethes u. Yvonne Wübben. Stuttgart u. Weimar 2013; vgl. auch Karl Richter, Jörg Schönert u. Michael Titzmann: Literatur – Wissen – Wissenschaft. Überlegungen zu einer komplexen Relation. In: Die Literatur und die Wissenschaften 1770-1930. Hg. v. Karl Richter, Jörg Schönert u. Michael Titzmann. Stuttgart 1997, S. 9-36; vgl. ferner die Sammelbände: Wissen in Literatur im 19. Jahrhundert. Hg. v. Lutz Danneberg u. Friedrich Vollhardt. Tübingen 2002; Literatur und Wissen(schaften) 1890-1935. Hg. v. Christine Maillard u. Michael Titzmann. Stuttgart u. Weimar 2002; vgl. auch überblickshaft Georg Braungart u. Dietmar Till: [Art.] Kontexte: Wissenschaft. In: Handbuch Literaturwissenschaft. Hg. v. Thomas Anz. Bd. 1: Gegenstände und Grundbegriffe. Stuttgart u. Weimar 2007, S. 407-419; vgl. auch die Dokumentation einer Debatte Philipp Sarasin: Was ist Wissensgeschichte? In: IASL 36 (2011), H. 1, S. 159-172; Achim Geisenhanslüke: Genealogie des Wissens – Archäologie der Literatur. In: IASL 36 (2011), H. 1, S. 173-175; Holger Dainat: Literatur. Wissen(schaft). Geschichte. In: IASL 36 (2011), H. 1, S. 177-182; Philipp Sarasin: Replik. In: IASL 36 (2011), H. 1, S. 183-185. Einen guten Überblick über den Stand der Debatten gibt Olav Krämer: Intention, Korrelation, Zirkulation. Zu verschiedenen Konzeptionen der Beziehung zwischen Literatur, Wissenschaft und Wissen. In: Literatur und Wissen. Theoretisch-methodische Zugänge. Hg. v. Tilmann Köppe. Berlin u. New York 2011, S. 77-115.

der so im 18. Jahrhundert gar nicht bestanden hatte.[220] Bis dahin konnte, ja sollte Literatur gemäß der ›prodesse et delectare‹-Formel immer auch ein bestimmtes, gesellschaftlich relevantes Wissen vermitteln. Barthold Heinrich Brockes' *Irdisches Vergnügen in Gott* etwa ist nicht nur, aber eben auch ein ›versifizierter Scheuchzer‹,[221] bei ihm findet sich – nie selbstzweckhaft, sondern ganz im Dienste der Physikotheologie – eine Einheit der beiden noch nicht ausdifferenzierten Subsysteme Wissenschaft und Literatur, die von Brockes in großer Selbstverständlichkeit gewissermaßen als zwei Mägde der Theologie zusammengeführt werden. Eine derartige Literarisierung zeitgenössischen Wissens bei gleichzeitiger Akzeptanz im Wissenschaftsbetrieb ist im 19. Jahrhundert so nicht mehr denkbar oder wird zumindest als popularwissenschaftlich abgewertet.

Selbstverständlich findet Wissen aber, sei es neues, sei es altes, weiterhin Eingang in die Literatur. Dabei ist die Um- bzw. Abwertung von Wissenschaft in Literatur nur eine Möglichkeit der Interaktion zwischen beiden Feldern. Auch können ältere Themenbereiche oder Darstellungsverfahren der Wissenschaften in der Literatur ›überwintern‹ und von dort aus später wieder in den Raum wissenschaftlicher Debatten und Verfahren zurückkehren.[222] Oder aber, und diesem Gedanken folgt die vorliegende Studie, Schriftsteller bzw. Künstler können in ihrer Literatur bzw. ihren Artefakten gerade alte, gewissermaßen ›aussortierte‹ Wissens-

220 Vgl. in diesem Sinne auch den Hinweis von Nicolas Pethes: Literatur- und Wissenschaftsgeschichte. Ein Forschungsbericht. In: IASL 28 (2003), H. 1, S. 181-231, hier S. 190.

221 Das hat in Abgrenzung zur alten Einschätzung Alois Brandls, der Brockes in Umkehrung der Chronologie als »versificierten Buffon« tituliert hatte, herausgearbeitet Harold P. Fry: Gleich einem versificierten Buffon. Zu Chronologie und Quelle von Brockes' *Betrachtungen über die drey Reiche der Natur*. In: Natura loquax. Naturkunde und allegorische Naturdeutung vom Mittelalter bis zur frühen Neuzeit. Hg. v. Wolfgang Harms u. Heimo Reinitzer. Frankfurt a. M. 1981, S. 257-276.

222 Unter der Formel einer ›konservierenden Funktion‹ von Literatur vgl. dazu Lepenies: Der Wissenschaftler als Autor. – Auch Deleuze und Guattari halten fest: »Ideen sterben nicht. Ebensowenig überleben sie einfach als Archaismen. Aber in einem bestimmten Moment konnten sie einen wissenschaftlichen Stellenwert bekommen und ihn dann wieder verlieren oder auch in andere Wissenschaften abwandern.« Das für die Naturgeschichte grundlegende Denken gelange etwa in die »Geisteswissenschaften, um der Untersuchung von Träumen, Mythen und Organisationen zu dienen«; vgl. Gilles Deleuze u. Félix Guattari: Tausend Plateaus. Kapitalismus und Schizophrenie. Übers. v. Gabriele Ricke u. Ronald Voullié. Berlin 1992, S. 320 f.

modelle aufgreifen, sie inhaltlich und/oder formal produktiv machen und als Grundlage für neue ästhetische Verfahren verwenden.

Für den Bereich der französischen Literatur hat Lepenies in diesem Sinne eine erste naturgeschichtliche Linie gezogen von Balzacs *Comédie humaine* zu Prousts *Recherche*. Während Balzac in explizitem Rekurs auf Buffons *Histoire naturelle* die Unterschiede zwischen gesellschaftlichen Gruppen mit zoologischen Spezies vergleiche und so eine literarische Soziologie nach dem Muster der Naturgeschichte vorlege,[223] betrachte Proust »die immobile ›menschliche Flora‹ und versteh[e] sich als einen ›Botaniker der psychischen Welt‹.«[224] Der vergleichende, beschreibende Blick auf soziale Gruppen einerseits, genaue Psychogramme einer dekadenten Adelswelt andererseits – das erzählerische Interesse mündet nach Lepenies sowohl bei Balzac als auch bei Proust »schließlich in die Soziologie«.[225] Diese literarische Soziologie verfahre insofern ›naturgeschichtlich‹, als sie eine sehr umfassende, enzyklopädische Beschreibung, ein Tableau nebeneinander präsentierter verschiedenartiger gesellschaftlicher Phänomene anstrebe.

Mit der angedeuteten Linie ist auf ein viel versprechendes Forschungsfeld hingewiesen, das in dieser Form bislang allerdings wenig bearbeitet wurde. Zwar ist gerade das Verhältnis von Zoologie und Literatur im Zuge einer Geschichte des Wissens und einer Wissenspoetologie in jüngerer Zeit verschiedentlich beleuchtet worden.[226] In diesem Sinne sind

223 Vgl. dazu Lepenies: Das Ende der Naturgeschichte, S. 122-125.

224 Lepenies: Das Ende der Naturgeschichte, S. 127.

225 Wolf Lepenies: Autoren und Wissenschaftler im 18. Jahrhundert. Linné – Buffon – Winckelmann. Georg Forster – Erasmus Darwin. München u. Wien 1988, S. 78-85, das Zitat S. 83. – Im Kern geht es Lepenies um die Entstehung der Soziologie, die er als eine aus dem neuen Spannungsverhältnis von Wissenschaft und Literatur hervorgehende ›dritte Kultur‹ begreift; vgl. Wolf Lepenies: Die drei Kulturen. Soziologie zwischen Literatur und Wissenschaft. 2. Aufl. Frankfurt a. M. 2006; zur Debatte um eine ›dritte Kultur‹ vgl. auch: The Third Culture. Literature and Science. Hg. v. Elinor S. Shaffer. Berlin u. New York 1998. Vgl. dazu auch Nicolas Pethes: Poetik/Wissen. Konzeptionen eines problematischen Transfers. In: Romantische Wissenspoetik. Die Künste und die Wissenschaften um 1800. Hg. v. Gabriele Brandstetter u. Gerhard Neumann. Würzburg 2004, S. 341-372.

226 Vgl. überblickshaft: Roland Borgards: Zoologie. In: Literatur und Wissen. Ein interdisziplinäres Handbuch, S. 161-167; vgl. auch ders.: Tiere in der Literatur. Eine methodische Standortbestimmung. In: Das Tier an sich. Disziplinenübergreifende Perspektiven für neue Wege im wissenschaftsbasierten Tierschutz. Göttingen 2012, S. 87-118; vgl. ferner: Politische Zoologie. Hg. v. Anne von der Heiden und Joseph Vogl. Zürich u. Berlin 2007, sowie Dietmar Schmidt: Die

etwa in einem neuen *Bestiarium* und in einem neuen *Florilegium* ausgewählte Tiere und Pflanzen als »Wissensfiguren« in ihrer epistemischen Funktion skizziert worden. In den faszinierenden Porträts mit einer Fülle von Verweisen auf die medialen Inszenierungen zoologischen oder botanischen Wissens spielen allerdings künstlerische Umschreibungen von Naturgeschichte kaum eine Rolle.[227]

Auch zum Thema Botanik und Literatur sind in den letzten Jahren einige Studien erschienen; sie erweisen sich bei näherem Hinsehen für die vorliegende Arbeit jedoch als wenig einschlägig, nicht zuletzt, weil sie die deutschsprachige Literatur höchstens am Rande in den Blick nehmen. Claudette Sartiliot etwa wendet sich in *Herbarium Verbarium. The Discourse of Flowers* vor dem Hintergrund des theoretischen Systems von Jacques Derrida so unterschiedlichen Autoren wie Marcel Proust, Rainer Maria Rilke, Francis Ponge und Hélène Cixous zu, zwischen denen auch von der Verfasserin letztlich kein Zusammenhang hergestellt wird.[228] Molly Maureen Mahoods Darstellung zum *Poet as Botanist* ist da überzeugender: Sie verfolgt u.a. einige der Spuren, die Linné in zentralen Werken der englischen Poesie und Prosa des 19. und frühen 20. Jahrhunderts hinterlassen hat.[229]

Insbesondere aber am Beispiel von Edgar Allan Poe ist skizziert worden, wie »das frühe Modell der Naturgeschichte übertragen, überführt und auf den Kopf gestellt« und damit »das Naturalienkabinett des Sammlers der Ästhetik der Moderne geöffnet« wurde.[230] Poe versammelt in seinem *The Conchologist's First Book* in aus heutiger Sicht fälschungs- und plagiatsverdächtiger Weise die mit den Namen anderer Künstler und neuen Bildunterschriften versehenen Illustrationen eines klassischen Werks der Muschelkunde. Damit präsentiere sich Poe, so Weissberg, als

Physiognomie der Tiere. Von der Poetik der Fauna zur Kenntnis des Menschen. München 2011, sowie Julia Bodenburg: Tier und Mensch. Zur Disposition des Humanen und Animalischen in Literatur, Philosophie und Kultur um 2000. Freiburg i. Br. 2012.

227 Benjamin Bühler u. Stefan Rieger: Vom Übertier. Ein Bestiarium des Wissens. Frankfurt a. M. 2006; dies.: Das Wuchern der Pflanzen. Ein Florilegium des Wissens. Frankfurt a. M. 2009.

228 Zudem ist die Darstellung, wie Harry Guest gezeigt hat, inhaltlich fehlerhaft und daher insgesamt wenig überzeugend; vgl. Claudette Sartiliot: Herbarium Verbarium. The Discourse of Flowers. Nebraska 1993; Harry Guest: [Rezension von:] Herbarium Verbarium. The Discourse of Flowers, by Claudette Sartiliot. In: Journal of European Studies 24 (1994), S. 165-167.

229 Molly Maureen Mahood: The Poet as Botanist. Cambridge 2008.

230 Liliane Weissberg: Vom Naturalienkabinett zur Ästhetik der Moderne: Zu den Marginalien Edgar Allan Poes. In: Die Erfindung der Natur, S. 89-97, hier S. 96.

ein Sammler, der in seinem Werk wie in einem naturgeschichtlichen Kabinett Objekte anderer zusammentrage. Diese Arbeitsweise übertrage er auch auf seine journalistischen *Marginalia*, die den inhaltlichen Bezugsrahmen der Naturgeschichte verließen, ihr jedoch mit der Praxis der kontingenten zitathaften Zusammenschau folgten. Naturgeschichte erweist sich somit bei Poe als ein ästhetisches Verfahren, mit dem ein Nebeneinander (hier: verschiedener Text- und Bildschichten) zur Darstellung gebracht wird. An diese Spuren einer direkten Bezugnahme auf und formalen Fortschreibung von Naturgeschichte gilt es anzuknüpfen. Der mögliche Gegenstandsbereich einer derartigen naturgeschichtlichen Linie der deutschsprachigen Moderne eröffnet sich vielleicht nicht ganz so spontan wie im angloamerikanischen[231] und den französischen[232]

231 Im angloamerikanischen Sprachraum sind gerade in jüngerer Zeit einige diesbezügliche Publikationen zu verzeichnen. So hat etwa Christopher Dewdney 2002 seine Gedichtsammlung *The Natural History* vorgelegt, in der er sich explizit auf Linné bezieht. Dieser wird nicht nur als »a certain key« angeführt, es wird in einem Gedicht auch offensichtlich der Duktus der Linnéschen Taxonomie imitiert; vgl. Christopher Dewdney: The Natural History. Toronto 2002, S. 35 u. S. 83-87. – Dan Chiassons im Original 2005 erschienene *Natural History* rekurriert mit den Porträts einzelner Tierarten ausdrücklich auf Plinius; vgl. Dan Chiasson: Naturgeschichte. Ausgewählte Gedichte. Übersetzt v. Jan Wagner. Wiesbaden 2009, S. 94-115.

232 In Frankreich gibt es einerseits offensichtlich in der Folge Buffons eine Tradition satirischer, literarischer Tierminiaturen wie die *Histoires naturelles* von Jules Renard: Naturgeschichten. Übertragung aus dem Französischen v. Kuno Weber. Nachwort v. Wilhelm Lehmann. Zürich 1960 [zuerst 1896]. Andererseits haben sich hier auch Vertreter eines experimentellen und surrealistischen Schreibens auf die Naturgeschichte bezogen: Raymond Queneau zitiert in seiner 1950 erschienenen *Petite cosmogonie portative* die alte Tradition der Weltentstehungslehre im Mantel des Epos – um ironisch vorzuführen, dass Inhalt und Form einer derartigen kosmogonischen Verserzählung unter den Bedingungen der Moderne nur noch gebrochen realisiert werden können. In vergleichbarer Weise zugleich ironisch und spielerisch kommt auch die 1958 erschienene surrealistische *Histoire naturelle* Benjamin Pérets daher. Péret eröffnet seine Naturgeschichte mit einer Kosmogonie, die sich allerdings gleich im ersten Satz offensiv über die Gesetze der Realität hinwegsetzt, indem Grundannahmen des modernen neuzeitlichen Weltverständnisses (Kopernikus) frech geleugnet und durch offensichtlich unangemessene Alternativwahrheiten kontrastiert werden. Divergierende Gegenstandbereiche werden vermischt, Größenverhältnisse ad absurdum geführt, kurz: es wird eine surreale Welt eröffnet: »Die Welt ist aus Wasser, Erde, Luft und Feuer gemacht, und die Erde ist nicht rund, sondern von der Form einer großen Kaffeetasse.« (Benjamin Péret: Naturgeschichte. Aus dem Französischen v. Gisela Steinwachs u. Simon Werle. München 1984 [frz. zuerst Paris 1958], S. 5).

Sprachraum, wo der Terminus ›natural history‹ bzw. ›histoire naturelle‹ im 20. Jahrhundert und bis in die aktuelle Gegenwart hinein sogar in den Titeln literarischer Werke präsent ist. Aber auch wenn in der deutschsprachigen Literatur nur selten derart ausdrücklich auf den Begriff der ›Naturgeschichte« rekurriert wird:[233] Eine naturgeschichtliche Linie der ästhetischen Moderne gibt es gleichwohl.

Wenn hier von ›Moderne‹ die Rede ist, wird der Konsens der neueren literatur-und kulturwissenschaftlichen Forschung vorausgesetzt, dass es sich, wie die Entwicklung von der »Querelle des Anciens et des Modernes« über Schillers Abgrenzung des Sentimentalischen vom Naiven bis zu den Postulaten der Selbstreflexivität und Desintegration zeige, um eine historisch relative und systematisch wenig randscharfe Kategorie handelt.[234] Im Folgenden wird unter »Moderne« ohne Verallgemeinerungs-

233 Lediglich theoretisch rekurriert auf den Terminus in seinen Poetik-Vorlesungen und mit Bezug auf die Naturgegebenheit der menschlichen Reimlust Peter Rühmkorf: agar agar – zaurzaurim. Zur Naturgeschichte des Reims und der menschlichen Anklangsnerven. Frankfurt a. M. 1985.

234 Vgl. etwa Dirk Kemper: Ästhetische Moderne als Makroepoche: In: Ästhetische Moderne in Europa. Grundzüge und Problemzusammenhänge seit der Romantik. Hg. v. Silvio Vietta u. Dirk Kemper. München 1998, S. 97-126. Vgl. auch die Befunde von Uwe Japp: Kontroverse Daten der Modernität. In: Kontroversen, alte und neue. Hg. v. Albrecht Schöne. Tübingen 1986, S. 125-134; Peter Bürger: Prosa der Moderne. Frankfurt a. M. 1988, S. 439, und Silvio Vietta: Die literarische Moderne. Eine problemgeschichtliche Darstellung der deutschsprachigen Literatur von Hölderlin bis Thomas Bernhard. Stuttgart 1992, insbes. S. 17-20, sowie die verschiedenen Positionen von Hans Robert Jauß: Der literarische Prozeß des Modernismus von Rousseau bis Adorno. In: Epochenschwelle und Epochenbewußtsein. Hg. v. Reinhart Herzog u. Reinhart Koselleck. München 1987, S. 243-268; Karl Riha: Wann und wo beginnt die Moderne? Oder sind wir mit der Postmoderne längst darüber hinaus? In: ders.: Prämoderne, Moderne, Postmoderne. Frankfurt a. M. 1995, S. 7-20; Carsten Zelle: Die doppelte Ästhetik der Moderne. Revisionen des Schönen von Boileau bis Nietzsche. Stuttgart 1995, S. 11-24, sowie ders.: »Nous qui sommes si modernes, serons anciens dans quelques siècles«. Zu den Zeitkonzeptionen in den Epochenwenden der Moderne. In: Konzepte der Moderne. Hg. v. Gerhart von Graevenitz. Stuttgart u. Weimar 1999, S. 497-520; Peter V. Zima: Moderne – Postmoderne. Gesellschaft, Philosophie, Literatur. 2. Aufl. Tübingen 2001, u. Thomas Anz: Literatur des Expressionismus. Stuttgart 2002. – Die verschiedenen Periodisierungen fasst noch einmal knapp zusammen Tom Kindt: Unzuverlässiges Erzählen und literarische Moderne. Eine Untersuchung der Romane von Ernst Weiß. Tübingen 2008, S. 1-6. – Gegen den verlustorientierten Moderne-Begriff ist in jüngerer Zeit Einspruch erhoben worden von Anke-Marie Lohmeier: Was ist eigentlich modern? Vorschläge zur Revision literaturwissenschaftlicher Modernebegriffe. In: IASL 32

anspruch konkret jene in sich vielfältige ästhetische Tradition verstanden, die mit den Avantgarde-Bewegungen um 1900 einsetzt und sich, am Ende postmodern gebrochen, bis in die Gegenwart fortsetzt. Das Verhältnis dieser Moderne, ihrer Artefakte und ihrer ästhetischen Theorie, zur Natur ist zwar gelegentlich untersucht,[235] dieses dabei jedoch zumeist negativ bestimmt,[236] gegenüber den Kategorien »Masse, Industrialisierung, Innovation« abgewertet und der Begriff der Naturgeschichte im Kontext der Moderne bislang gar nicht beleuchtet worden.[237] Sehr wohl jedoch haben neuere Forschungen eine Rezeption des Darwinismus in der Literatur nachgewiesen[238] und für die literarische Moderne geradezu

(2007), H. 1, S. 1-15. Vgl. dazu auch die Antwort von Thomas Anz: Über einige Missverständnisse und andere Fragwürdigkeiten in Anke-Marie Lohmeiers Aufsatz »Was ist eigentlich modern?«. In: IASL 33 (2008), H. 1, S. 227-232.

235 Vgl. zuletzt etwa: Natur und Moderne um 1900. Räume, Repräsentationen, Medien. Hg. v. Adam Paulsen u. Anna Sandberg. Bielefeld 2013.

236 So verortet Karl Heinz Bohrer die ästhetische Moderne *Nach der Natur* (Ansichten einer Moderne jenseits der Utopie. In: Merkur 41 [1987], S. 631-645), und auch Hans Robert Jauß konstatiert eine »Rückzugslinie des Naturschönen« in der Moderne (Ursprünge der Naturfeindschaft in der Ästhetik der Moderne. In: Vom Wandel des neuzeitlichen Naturbegriffs. Hg. v. Heinz-Dieter Weber. Konstanz 1989, S. 207-225, hier S. 215).

237 Rolf Grimminger: Aufstand der Dinge und der Schreibweisen. Über Literatur und Kultur der Moderne. In: Literarische Moderne. Europäische Literatur im 19. u. 20. Jahrhundert. Hg. v. Rolf Grimminger, Jurij Murasov u. Jörn Stückrath. Reinbek bei Hamburg 1995, S. 12-40, hier S. 18. Im Sachregister finden sich zwar die Schlagworte ›Naturalismus‹ und ›Naturwissenschaft‹, nicht jedoch ›Natur‹ oder gar ›Naturgeschichte‹.

238 Zur zeitgenössischen Rezeption des Darwinismus in der Literatur des bürgerlichen Realismus sind in jüngerer Zeit einige Arbeiten erschienen. So vertritt Philip Ajouri die These, dass mit Darwin teleologische Modelle in eine Krise gerieten, da im Lichte der Evolutionstheorie die Natur auf neue Weise kontingent erscheine. Dies schlage sich in den Werken Vischers und Kellers nieder; vgl. Philip Ajouri: Erzählen nach Darwin. Die Krise der Teleologie im literarischen Realismus: Friedrich Theodor Vischer und Gottfried Keller. Berlin u. New York 2007; zur Rezeption des Darwinismus bei Raabe vgl. Katharina Brundiek: Raabes Antworten auf Darwin. Beobachtungen an der Schnittstelle von Diskursen. Göttingen 2005. Vgl. ferner Christian Stadler: Vom Infusorium zum Menschen. Wilhelm Raabes Darwinismusrezeption in *Die Leute aus dem Walde*, *Zum wilden Mann* und *Stopfkuchen*. In: ›Natur‹, Naturrecht und Geschichte. Aspekte eines fundamentalen Begründungsdiskurses der Neuzeit (1600-1900). Hg. v. Simone de Angelis, Florian Gelzer u. Lucas Marco Gisi. Heidelberg 2010, S. 465-479; vgl. zudem Thomas Borgard: Kurd Laßwitz' *Tiermärchen aus der oberen Kreide* (1902). Literatur und Geschichte im Umkreis des Darwinismus. In: ›Natur‹, Naturrecht und Geschichte, S. 481-501. – Anders nähert sich der so-

von einer »darwinistisch-monistischen Genese« gesprochen.[239] Prominent ist zudem aus wissenschaftstheoretischer Perspektive für Texte der zweiten Hälfte des 19. Jahrhunderts ein »Evolutionary Narrative« ausgemacht worden, das sich in Darwins Wissenschaftsprosa abzeichne und in George Eliots und Thomas Hardys Fiktionen fortgeschrieben werde.[240] Ferner ist die Kunst einleuchtend im Schatten Darwins versammelt und sind die piktural-graphischen Elemente der Evolutionstheorie untersucht worden.[241] Darwinistische Ansätze sind, das zeigen auch Blicke auf kulturgeschichtliche Relektüren moderner Klassiker oder auf literarische Neuerscheinungen, bis in die Gegenwart von großem Interesse.[242]

genannte literarische Darwinismus dem Feld; vgl. Joseph Carroll: Reading Human Nature. Literary Darwinism in Theory und Practice. New York 2011.

239 So Ingo Stöckmann: Im Allsein der Texte. Zur darwinistisch-monistischen Genese der literarischen Moderne um 1900. In: Scientia poetica 9 (2005), S. 263-291; vgl. zu diesem Thema auch Peter Sprengel: Darwinismus und Literatur. Germanistische Desiderate. In: Scientia poetica 1 (1997), S. 140-182; ders.: Darwin in der Poesie. Spuren der Evolutionslehre in der deutschsprachigen Literatur des 19. und 20. Jahrhunderts. Würzburg 1998; Werner Michler: Darwinismus und Literatur. Naturwissenschaftliche und literarische Intelligenz in Österreich 1859-1914. Wien u.a. 1999; vgl. zudem die ältere Darstellung von Günter Schmidt: Die literarische Rezeption des Darwinismus. Das Problem der Vererbung bei Émile Zola und im Drama des Naturalismus. Berlin 1974; vgl. auch den kurzen Abriss von Gottfried Willems: Literaturwissenschaft und Evolutionstheorie. In: Evolutionstheorie und Geisteswissenschaften. Hg. v. Klaus Richter. Erfurt 2001, S. 191-213 (= Acta Academiae Scientiarum 1 [2001]).

240 Gillian Beer: Darwin's Plots. Evolutionary Narrative in Darwin, George Eliot and Nineteenth-Century Fiction. 3. Aufl. Cambridge 2009. Vgl. auch – mit einer Lektüre von Jane Austens *Mansfield Park* bis zu Joseph Conrads *Heart of Darkness* – George Levine: Darwin and the Novelists. Patterns of Science in Victorian Fiction. Cambridge 1988; sowie Virginia Richter: Literature After Darwin. Human Beasts in Western Fiction, 1859-1939. Basingstoke 2011.

241 Vgl. die Ausstellung und den Ausstellungskatalog: Darwin. Kunst und die Suche nach den Ursprüngen. Hg. v. Pamela Kort u. Max Hollein. Köln 2009; vgl. Horst Bredekamp: Darwins Korallen. Die frühen Evolutionsdiagramme und die Tradition der Naturgeschichte. Berlin 2005; Julia Voss: Darwins Bilder. Ansichten der Evolutionstheorie 1837-1874. Frankfurt a.M. 2007.

242 Gerade in der deutschsprachigen Literatur nach 1945 erweist sich der Darwinismus als überaus fruchtbar, vgl. hierzu etwa die anregende Studie von Julia Voss: Darwins Jim Knopf. Frankfurt a.M. 2009. – Eine genauere Untersuchung der unterschiedlichen Bezugnahmen auf das evolutionsbiologische Feld wäre auch für die deutschsprachige Gegenwartsliteratur lohnend. Hier ist u.a. an folgende Werke zu denken: Marcel Beyer: Kaltenburg. Frankfurt a.M. 2008 (Vorbild für die Titelfigur ist bekanntlich Konrad Lorenz); Dietmar Dath: Die Abschaffung der Arten. Frankfurt a.M. 2008 (vgl. hierzu Roland Borgards: Evolution als

Dass aber herausragende Autoren und Künstler unterschiedlicher Modernenströmungen in auffälliger Weise auch auf das vermeintlich veraltete ›Paradigma‹ der Naturgeschichte zurückgreifen, ist bislang nur gelegentlich angedeutet worden. Tatsächlich jedoch erweist sich die historia naturalis, so die These, nachgerade als ein ›Motor‹ der Moderne. Denn in Werken der Moderne wird Naturgeschichte in verblüffend vielfacher Weise direkt inhaltlich angespielt; zudem werden, in unmittelbarem Zusammenhang damit, naturhistorische Praktiken und Darstellungsverfahren für das Generieren moderner Ästhetiken fruchtbar gemacht. Die Künstler und Schriftsteller folgen dabei der von Foucault und Lepenies betonten Räumlichkeit der Naturgeschichte (und vernachlässigen die wissenschaftshistorisch und begriffsgeschichtlich diagnostizierbare partielle Verquickung mit entwicklungsgeschichtlichen Perspekiven); sie imitieren den Modus des scheinbar genügsamen reinen Klassifizierens (in der Schule Linnés) und / oder der milieuorientierten Deskription (in der Schule Buffons). Wie einleitend skizziert wurde, ist eine derartige beschreibende Naturgeschichte kulturgeschichtlich für eine Präsentation anthropologischer, historischer, geographischer Vielfalt mobilisiert (Herder, Michelet) und geschichtsphilosophisch im Denkmodell der Ruine gegen die stringente Entwicklungslogik des Historismus aufgerufen worden (Benjamin). In spezifischer Weise wird dabei aus der naturgeschichtlichen Stillstellung heraus ein Blick auf Geschichte geworfen – in diesem Sinne hat Horst Bredekamp für die Wunderkammern gezeigt, wie gerade durch die Zusammenstellung von Naturobjekten und Artefakten in einem gemeinsamen Raum dieser sich visuell der Historizität öffnet.[243] Eben dies wird in der Moderne in kritischer Wendung produktiv: Übernommen wird das naturgeschichtliche deskriptive Verfahren für die Eröffnung eines ästhetischen Raums der Synchronität, um dann aus dem Tableau heraus in einer gewissermaßen ›ex-negativo-Diachronität‹ gegen eine Ideologie des Fortschritts und der Linearität zu argumentieren. Naturgeschichte wird also für antirationalistische, antiteleologische Weiterungen der ästhetischen Formensprache genutzt. Dies geschieht in unter-

Experiment. Dietmar Daths *Die Abschaffung der Arten*. In: Tier – Experiment – Literatur. 1880-2010. Hg. v. Roland Borgards u. Nicolas Pethes. Würzburg 2013, S. 219-232); Judith Schalansky: Der Hals der Giraffe. Bildungsroman. Berlin 2011.

243 Bredekamp: Antikensehnsucht. – Zur künstlerischen Aufnahme der Wunderkammer in Installationen bis in die Gegenwart vgl. den wunderbaren Band von Silvia Spitta: Misplaced Objects. Migrating Collections and Recollections in Europe and the Americas. Texas 2009, insbes. Kap. 3: »Writing the Natural History of Our Destruction: From P.T. Barnum's National Histrionics to Contemporary, Post-Apocalyptic *Wunderkammern*«.

schiedlichen Kontexten und immer in ganz konkreter Auseinandersetzung mit unterschiedlichem naturgeschichtlichem Material. Sinnvoll erscheint daher nur eine exemplarische Untersuchung des Feldes, die in mikrologischen Einzelstudien naturgeschichtliche Ästhetiken aufzeigt. Dabei soll strikt von der Faktur der Gegenstände her argumentiert werden. Die Auseinandersetzung sowohl mit bildkünstlerischen als auch mit literarischen Werken folgt einerseits der Vorgabe der Werke, die eine mediale Pluralität teilweise selbst praktizieren und im Kontext eines ›pictorial turns‹ der Gegenwartskultur gedeutet werden können.[244] Sie kann sich andererseits aber auch auf Forschungsimpulse zu einer literaturzentrierten Intermedialität[245] und zum ›iconic turn‹ berufen, mit denen eine sich den Bildwissenschaften öffnende Literaturwissenschaft möglich geworden ist.[246] Zugleich öffnet gerade dies den Blick auf ganz neue Verwandtschaften und Nähen zwischen scheinbar unvereinbaren, heterogenen ästhetischen Konzepten.

244 So W. J. T. Mitchells (Picture Theory. Essays on Verbal and Visual Representation. Chicago 1994) These zur grundlegend visuellen Ordnung der Gegenwartskultur, die insbesondere auf W. G. Sebalds Technik des Einmontierens verschiedenartiger Bilder in seine Erzähltexte bezogen werden könnte. Max Ernsts *Histoire naturelle* wiederum wird von Beginn an von verschiedenen literarischen Texten anderer begleitet, denen der Künstler selbst später noch einen eigenen Text zugesellt. In gewisser Weise schließen diese Werke einer naturgeschichtlichen Linie der ästhetischen Moderne damit auch an eben die Ausweichbewegung »auf das scheinbar unmittelbarere naturgemäßere Medium des Bildes an«, die für die Naturforschung um 1800 herausgearbeitet wurde, vgl. Michael Bies: Im Grunde ein Bild. Die Darstellung der Naturforschung bei Kant, Goethe und Alexander von Humboldt. Göttingen 2012, S. 32.

245 Wegweisend hierzu der frühe Aufsatz von Werner Wolf: Intermedialiät als neues Paradigma der Literaturwissenschaft? Plädoyer für eine literaturzentrierte Erforschung von Grenzüberschreitungen zwischen Wortkunst und anderen Medien am Beispiel von Virginia Woolfs *The String Quartet*. In: Arbeiten aus Anglistik und Amerikanistik 21 (1996), S. 85-116; den aktuellen Forschungsstand referiert einlässig Jörg Robert: Einführung in die Intermedialität. Darmstadt 2014.

246 Vgl. Doris Bachmann-Medick: Cultural Turns. Neuorientierungen in den Kulturwissenschaften. Reinbek bei Hamburg 2006. Beispielhaft für eine vom ›iconic turn‹ inspirierte kulturwissenschaftliche Analyse pikturaler Elemente in literarischen Texten ist etwa Gabriele Rippl: Beschreibungs-Kunst. Zur intermedialen Poetik angloamerikanischer Ikonotexte (1880-2000). München 2005; vgl. von derselben Verfasserin auch: Intermedialität: Text/Bild-Verhältnisse. In: Handbuch Literatur & Visuelle Kultur. Hg. v. Claudia Benthien u. Brigitte Weingart. Berlin u. Boston 2014, S. 139-158; sowie hier auch die Einleitung der Herausgeberinnen (Benthien / Weingart: Einleitung. In: Handbuch Literatur & Visuelle Kultur, S. 1-28).

In einem ersten heuristischen Zugriff können in der Moderne vier künstlerische und literarische Bezugnahmen auf Naturgeschichte unterschieden werden:

1. Die surrealistische Naturgeschichte. Max Ernst versteht den Begriff Naturbeschreibung wörtlich, indem er für seine Frottagen schraffierend Abdrücke von der Natur nimmt. Seine *Histoire naturelle* zitiert damit zum einen ironisch das alte Paradigma der Naturnachahmung und führt zum anderen vor, wie man aus der scheinbar banalen Flächigkeit der Naturgeschichte neue, surreale Welten aufsteigen lassen kann.

2. Die magische Naturgeschichte. Ernst Jünger arbeitet in seinen *Marmorklippen* an der Beschreibung einer historischen Konstellation, in der autoritäre Kräfte Geschichte machen wollen und andere zu widerstehen versuchen. Naturgeschichte taucht hier auf der Handlungsebene auf als ein Modell, mit dem die Protagonisten der Geschichte ausweichen und die Zeit anhalten wollen. Diese gegen die brutale Menschengeschichte gerichtete magische, überzeitliche Naturgeschichte ist auch für die Autobiographie *Subtile Jagden* des Käferforschers Jünger inhaltlich und formal bestimmend.

3. Die experimentelle Naturgeschichte. Ror Wolf greift in seinem Roman *Fortsetzung des Berichts* auf Darstellungsverfahren und Inhalte der Naturgeschichte zurück, um sein Programm eines antilinearen und antipsychologischen Erzählens umzusetzen. Tradierte naturgeschichtliche Werke werden dabei zu Materialkisten für Sprachexperimente und Wissenschaftssatire.

4. Die fragmentierte Naturgeschichte. W. G. Sebald entwickelt in Anlehnung an Benjamin eine geschichtsphilosophische Perspektive auf Geschichte als Trümmergeschichte, die er Naturgeschichte der Zerstörung nennt. Dies setzt er in seinem Reisebericht *Die Ringe des Saturn* literarisch unter Rückgriff auf die alte historia naturalis um. Dabei bedient er sich eines fragmentierenden Zitierverfahrens, das dem theoretisch zugrundegelegten Ethos Benjamins freilich entgegenarbeitet.

Die vier Zugriffe stimmen darin überein, dass sie die künstlerisch zu bearbeitenden Dinge mit dem ästhetisch gewendeten Verfahren der Naturgeschichte aus den üblichen Zusammenhängen nehmen und still stellen. Die so hergestellte Flächigkeit verweigert sich einer rationalen Linearität und eröffnet den Blick auf Neues: Max Ernst dringt mit Hilfe der Naturbeschreibung ins Unbewusste als der entscheidenden Welt vor, Ernst Jünger blickt mit der Naturgeschichte auf die Ordnung des Ganzen jenseits der profanen Menschengeschichte, Ror Wolf lässt aus der historia naturalis experimentell ein neues Erzählen aufleuchten, W. G. Sebald führt die Naturgeschichte der Zerstörung als Kunstprojekt fort und damit zugleich ad absurdum.

3. Surrealistische Naturgeschichte: Max Ernsts Frottagenzyklus *Histoire naturelle*

In seinem *Ersten Manifest des Surrealismus* aus dem Jahr 1924 formuliert André Breton programmatisch die Eckpfeiler einer neuen, surrealistischen Literatur. Sein Konzept des Surrealismus wendet sich ausdrücklich gegen die »unausrottbare Manie, das Unbekannte aufs Bekannte, aufs Klassifizierbare zurückzuführen« und ersetzt die durch die etablierte »Herrschaft der Logik« und den »Positivismus« erzeugte, »an Dummheit grenzende Klarheit« mit einer an Freud geschulten Konzentration auf das Dunkle, auf den Traum und die Kräfte der Imagination.[1] Der literarische Surrealismus blickt aber nicht nur anders auf die Gegenstände, er setzt diesen verfremdenden Blick auch mit neuen künstlerischen Verfahren um: Bekanntlich plädiert Breton für die sogenannte écriture automatique, eine automatische Schreibtechnik, durch die sich der Schriftsteller der Kontrolle der Vernunft, des ästhetischen Kalküls und der Moral gleichermaßen zu entziehen versucht und die eine ungefilterte Aufzeichnung, ein reines »Denk-Diktat«, eines anderen, zweckfreien, imaginativen Denkens sein will.[2] Wie der Surrealismus inhaltlich durch den »Glauben an die höhere Wirklichkeit gewisser, bis dahin vernachlässigter Assoziationsformen, an die Allmacht des Traumes, an das zweckfreie Spiel des Denkens« bestimmt ist,[3] so entwirft Breton in Abgrenzung zum tradierten künstlerischen Selbstverständnis eines schöpferischen Originalgenies ein Bild des Künstlertums, in dem die surrealistischen Schriftsteller lediglich die Rolle von »tauben Empfängern so vielen Widerhalls« einnehmen und »zu bescheidenen Registriermaschinen« werden sollen.[4]

Wenn Breton in seinem wegweisenden *Manifest* auf die Malerei – abgesehen von einigen Verbeugungen vor Picasso – nur am Rande eingeht, ist dies der Tatsache geschuldet, dass der Surrealismus zunächst eine rein literarische Bewegung ist. Schon die frühen Collagen von Max Ernst jedoch hatten die Surrealisten, wie sich André Breton 1941 in seinem Auf-

1 André Breton: Erstes Manifest des Surrealismus (1924). In: Die Manifeste des Surrealismus. Übers. v. Ruth Henry. 11. Aufl. Reinbek bei Hamburg 2004, S. 11-43, hier S. 15 u. S. 13. Vgl. dazu Robert Koch: Wenn Bilder die Welt verändern könnten. In: Surrealismus in Paris. Hg. v. Beyeler Museum u. Philippe Büttner. Riehen/Basel 2011, S. 21-28.

2 Breton: Erstes Manifest, S. 26.

3 Breton: Erstes Manifest, S. 27.

4 Breton: Erstes Manifest, S. 28.

satz über *Die künstlerischen Perspektiven des Surrealismus* erinnert, aufgrund ihrer wirklichkeitssprengenden Kraft elektrisiert:

> Die Collagen von 1920 sind dem Surrealismus von vornherein zugute gekommen, da in ihnen ein absolut neuartiges visuelles Organisationsstreben zum Ausdruck kommt, das jedoch dem entspricht, was Lautréamont und Rimbaud in der Dichtung vorhatten. Ich erinnere mich an die Erschütterung – stärker als je in der Folge –, die Tzara, Aragon, Soupault und mich bei ihrer Entdeckung ergriff, in dem Augenblick, da sie von Köln kommend bei Picabia eintrafen, bei dem wir uns befanden. Der äußere Gegenstand war aus seiner gewohnten Umgebung ausgebrochen, seine Bestandteile hatten sich gewissermaßen von ihm selbst freigemacht, so dass sie mit anderen Elementen völlig neue, dem Realitätsprinzip sich entziehende Verbindungen eingehen konnten, die sich jedoch trotzdem auf die Ebene des Realen auswirkten.[5]

Max Ernsts frühe Collagen[6] entsprechen in der Tat in augenfälliger Weise dem von Breton skizzierten surrealistischen Blick auf die Welt: Max Ernst kombiniert, dem berühmten ästhetischen Credo Lautréamonts folgend, disparate Objekte (bei Lautréamont waren es Nähmaschine und Regenschirm) in einem heterogenen Raum (Lautréamonts Seziertisch),[7] stellt ursprünglich unverbundene Bildelemente zu einem neuen, paradoxen Bildgefüge zusammen. So präsentiert er in seiner Collage *das schlafzimmer des meisters es lohnt sich eine nacht darin zu verbringen* (um 1920) durch Übermalung einer Schautafel des Kölner Lehr-

5 André Breton: Genesis und künstlerische Perspektiven des Surrealismus, hier zitiert nach Gaetan Picon: Der Surrealismus in Wort und Bild. 1919-1939. Paris, Genf u. Brüssel 1979, S. 25; der gesamte Text ist abgedruckt in: Als die Surrealisten noch recht hatten. Texte und Dokumente. Hg. u. eingeleitet v. Günter Metken. Stuttgart 1976, S. 403-415; vgl. in ähnlichem Sinne auch André Breton: Der Surrealismus und die Malerei. In: ebd., S. 273-305, hier S. 292.

6 Die zentrale Bedeutung des Verfahrens der Collage für das Gesamtwerk von Max Ernst hat herausgearbeitet Werner Spies: Max Ernst. Collagen. Köln 1988.

7 Zur Rezeption Lautréamonts im Surrealismus und insbes. bei Max Ernst vgl. Spies: Max Ernst. Collagen, S. 85-88; Gabriele Wix: Max Ernst. Maler. Dichter. Schriftsteller. München 2009, S. 32-34; Max Ernst bezieht sich selbst ausdrücklich auf Lautréamont, vgl. Max Ernst: Au-delà de la peinture. In: Écritures. Paris 1970, S. 237-269, hier S. 253; vgl. ebenso Max Ernst: Was ist Surrealismus? In: Max Ernst: Schnabelmax und Nachtigall. Texte und Bilder. Mit einem Vorwort v. Heribert Becker. Hg. v. Pierre Gallissaires. 2., erw. Aufl. Hamburg 2006, S. 77-85, hier S. 80.

mittelkatalogs[8] ein bizarres Nebeneinander von Bär, Schaf, Wal und Fledermaus zu einigen Gegenständen bürgerlicher Wohnkultur inklusive einem Tannenbaum. Die übernommenen Bildelemente schweben fremdkörperartig in einem perspektivisch verzerrten, insgesamt sehr leeren, schachtelartigen, fenster- und türlosen Raum. Eine Nacht in diesem Raum verbringen zu müssen scheint nicht verlockend, und wie der »meister« hier Kraft für seine Werke findet, bleibt rätselhaft: Die Collage stellt aus einzelnen, für sich wenig bedeutsamen Wirklichkeitselementen einen visionären, grotesken Alptraum zusammen. Diese »Erfindung durch Kombination« hat das Ziel der »Enthüllung unbekannter, nichtgesehener Eigenschaften des Alltäglichen«, will also durch Rekombination vorhandenen, bekannten Materials einen neuen, fremden Blick auf die Wirklichkeit bieten.[9]

Als eigentlicher Durchbruch zum Surrealismus in der bildenden Kunst jedoch gilt Max Ernsts Frottagenzyklus *Histoire naturelle*.[10] Unter diesem Titel erscheint 1926 bei Jeanne Bucher in Paris eine Mappe mit 34 schwarzweißen, im Lichtdruckverfahren reproduzierten unsignierten Blättern, die, hergestellt durch Durchreibung verschiedener Oberflächenstrukturen, kosmologische, pflanzliche, tierische, anthropomorphe und menschliche Gegenstände zur Darstellung bringen.[11] Der ersten, mit einem Vorwort von Hans Arp versehenen Ausgabe der *Histoire natu-*

8 Vgl. dazu Dirk Teuber: Bibliotheca Paedagogica – eine Neuerwerbung im Kunstmuseum Bonn. Zur Quellenfunktion des Kölner Lehrmittelkatalogs für Max Ernst. In: Max Ernst. Illustrierte Bücher und druckgraphische Werke. Die Sammlung Hans Bolliger – eine Neuerwerbung. Hg. v. Katharina Schmidt. Köln 1989, S. 35-49.

9 Hans Holländer: Ars inveniendi et investigandi. Zur surrealistischen Methode. In: Surrealismus. Hg. v. Peter Bürger. Darmstadt 1982, S. 244-312, hier S. 277. Holländer ersetzt freilich den Begriff der Collage nicht ganz glücklich durch den der Montage.

10 Die Bedeutung der *Histoire naturelle* für die Genese des Surrealismus hat zuletzt unter Rekurs auf Marcel Jean noch einmal hervorgehoben Ralf Konersmann: Max Ernst und die Idee der Naturgeschichte. In: Die Erfindung der Natur, S. 159-167, hier S. 159, vgl. Marcel Jean: Geschichte des Surrealismus. Unter Mitarbeit v. Arped Mezei. Köln 1968, S. 126; auch André Breton sieht beginnend mit der *Histoire naturelle* eine entscheidende, für die weitere Kunstentwicklung wegweisende neue Phase in Max Ernsts Schaffen, vgl. Breton: Der Surrealismus und die Malerei, S. 294.

11 Max Ernst: Histoire naturelle. Paris 1926; vgl. grundlegend Werner Spies: Max Ernst. Frottagen. 2. veränd. u. erw. Aufl. Stuttgart 1986.

relle, folgen weitere, die zum Teil seinerzeit ausgeschiedene Frottagen mit aufnehmen[12] und um eigene Texte Max Ernsts ergänzt sind.[13]

Auf Bretons eingangs zitierte Bestimmung des Surrealismus antwortet Max Ernsts *Histoire naturelle* in zweifacher Hinsicht ganz unmittelbar: Erstens bedient er sich eines neuen künstlerischen Verfahrens, der Frottagetechnik, die wie Bretons écriture automatique den intellektuell steuerbaren Anteil des Künstlers an seinem Werk zugunsten eines Vordringens in imaginäre, visionäre Räume zurückzudrängen versucht. Zweitens ist Max Ernsts *Histoire naturelle* angelegt als Replik auf Bretons Polemik gegen die »unausrottbare Manie, das Unbekannte aufs Bekannte, aufs Klassifizierbare zurückzuführen«: Seine neue, sich von Realismus wie Impressionismus radikal lösende, surrealistische Kunst entwickelt Max Ernst gerade im unmittelbaren Dialog mit dem Muster positivistisch-klassifikatorischer Weltaneignung par excellence, der Naturgeschichte, die er zur Matrix seiner neuen ›Kunstnaturgeschichte‹ modelliert.

3.1 Das künstlerische Verfahren der Frottage: Halluzinatorisches Sehen

Die Technik der Frottage ist im Prinzip eine schlichte Kopiermethode, die vermutlich jedem Menschen aus seiner Kindheit bekannt ist: Man legt Geldstücke, Baumblätter oder andere Dinge mit plastischer Oberflächenstruktur einem Papier unter, reibt dann mit einem Bleistift über das Papier und nimmt so den Abdruck des Materials.

Max Ernst inszeniert[14] ganz in diesem Sinne in der zuerst 1936 erschienen theoretischen Schrift *Au-delà de la peinture* seine Entdeckung

12 Im Umfeld der *Histoire naturelle* sind 132 Frottagen nachgewiesen, vgl. Max Ernst: Œuvre-Katalog. Hg. v. Werner Spies. [Bd. 3:] Max Ernst: Werke 1925-1929. Bearb. v. Werner Spies, Sigrid u. Günter Metken. Köln 1976, Nr. 790-922; durch die Forschung geistern jedoch auch andere Zahlen, so spricht Elisabeth Legge irrtümlicherweise von »hundreds of frottages«, vgl. Elizabeth Legge: Zeuxis's Grapes, Novalis's Fossils, Freud's Flowers: Max Ernst's Natural History. In: Art History 16 (1993), No. 1, S. 147-172, hier S. 147.

13 Vgl. insbes. die von Max Ernst selbst besorgte Ausgabe Max Ernst: Histoire naturelle. Köln 1965. Enthalten sind neben den 34 Frottagen der ursprünglichen *Histoire naturelle* 52 weitere Frottagen. Die erläuternden Texte, die Max Ernst für diese Ausgabe unter den Titeln *Leitfaden* und *Anmerkungen* verfasst hat, sind von der Forschung bislang beinahe vollständig ignoriert worden. Vgl. dazu Kap. 3.4.3.

14 Die gezielte Selbstmystifikation, die Max Ernst in seinem ästhetischen Traktat betreibt, betont Spies: Max Ernst. Frottagen, S. 6; dass der Text dennoch »durchaus

der Frottagetechnik als ein plötzlich-zufälliges, visionsartiges, geradezu mystisches Durchbruchserlebnis zu einem ihm aus der Kindheit geläufigen und nun wieder erinnerten Verfahren: Es war, so die schöpfungsgeschichtliche Selbststilisierung, der »10. August 1925«, ein regnerischer Tag, und er befand sich »in einem Gasthaus an der Küste« auf seinem Zimmer.[15] Erinnerungen stiegen in ihm auf, wie er als Kind auf die Imitation eines Mahagonibretts vor seinem Bett gestarrt und dadurch allerlei Dämonenphantasien ausgelöst hatte.[16] Wie von selbst reaktiviert sich nun diese Versenkungs- und Visionsproduktionstechnik, und er wird »gepackt von dem visuellen Zwang und der Irritation, die vom An-

klare Hinweise zum näheren Verständnis seines Frottage-Anliegens« enthält, hebt zu Recht hervor Lichtenstern: Metamorphose, S. 156.

15 Max Ernst: Au-delà de la peinture. In: Cahiers d'Art 11 (1937), No. 6-7, [ohne Paginierung, 35 S.]; diese Erstausgabe des Aufsatzes enthält 40 zum Teil ganzseitige Abbildungen verschiedener Arbeiten Max Ernsts aus den Jahren 1919-1931, dabei jedoch auffälligerweise keine einzige aus der *Histoire naturelle*, der doch der erste Abschnitt des Aufsatzes ausdrücklich gewidmet ist (»Histoire d'une histoire naturelle«). Der von Max Ernst selbst veranlasste späte Wiederabdruck des Aufsatzes in der Werkausgabe bringt bedeutend weniger Abbildungen, jedoch fünf Blätter aus dem Frottagenzyklus, vgl. Max Ernst: Au-delà de la peinture. In: Écritures. Paris 1970, S. 237-269. Die von seiner Frau angefertigte englische Übersetzung präsentiert den Text ganz ohne Abbildungen, vgl. Max Ernst: Beyond Painting. Übers. v. Dorothea Tanning. In: Beyond Painting and other Writings by the Artists and his Friends. New York 1948, S. 3-19. In der hier zugrundegelegten vollständigsten, allerdings immer noch nur ausschnitthaften deutschen Übersetzung finden sich nur zwei Abbildungen; Max Ernst: Jenseits der Malerei. In: Als die Surrealisten noch recht hatten. Texte und Dokumente. Hg. u. eingeleitet v. Günter Metken. Stuttgart 1976, S. 326-333, hier das Zitat S. 327. – Ein Ausschnitt aus diesem Aufsatz findet sich als Selbstzitat in Max Ernst: Biographische Notizen. Wahrheitsgewebe und Lügengewebe. In: Max Ernst. Retrospektive zum 100. Geburtstag. Hg. u. mit einer Einführung v. Werner Spies. München 1991, S. 281-338, hier S. 283-285. Vgl. auch die Fassung in: Max Ernst: Halluzination oder Die Entstehung der Frottage. In: Schnabelmax und Nachtigall, S. 94-100.

16 Max Ernst erzählt vom Frottagenrausch einmal so: »Neue, noch abscheulichere Formen von schleimigem Getier und Gewürm entkriechen. Mich überkommt – wie Arp so schön sagt – die Wankelmutter. Das Männlein hält plötzlich inne, malt einen Topf ins Leere und rafft in ihm seine Schöpfungen zusammen. Es quirlt das Zeug mit seinem Stift, wie in einem Hexenkessel, zunächst langsam, dann schneller, schneller, schneller, bis endlich der Topf in rasendem Tempo rotiert. Nun wird der Stift zur Peitsche, der Topf zum Kreisel, der Kreisel, unter den Peitschenhieben, zur Weltkatastrophe. Wie besessen kreist die Weltkatastrophe um mein Bett.« (Max Ernst: Halluzination oder Die Entstehung der Frottage, S. 95).

blick Tausender von Kratzspuren auf den Fußbodendielen ausgingen«.[17] Um seine »meditativen und halluzinatorischen Fähigkeiten« weiter anzuregen, fertigt der Künstler eine Reihe von Zeichnungen an:

> Dabei legte ich willkürlich Zeichenblätter auf den Boden und rieb mit der Bleistiftmine darüber. Beim Betrachten der so gewonnenen Zeichnungen, ihrer dunklen Stellen und dann wieder in zartem Halbschatten gehaltenen Partien, überraschte mich die jähe Intensivierung meiner visionären Fähigkeiten und die halluzinierende Folge widersprüchlicher Bilder, die sich mit einer Geschwindigkeit und Eindringlichkeit überlagerten, wie man es von Liebeserinnerungen kennt.[18]

Hatte schon das Starren auf den Dielenboden die schöpferische Imaginationskraft beflügelt, so erfährt diese Anregung der Phantasietätigkeit durch die Frottagen selbst noch einmal eine Steigerung: Die von dem alten Dielenboden aufgenommenen Abdrücke erweisen sich als regelrechte Vexierbilder, in denen sich neue Welten auftun. Neugierig geworden, befragt Max Ernst nun »alle möglichen Materialien in meinem Gesichtskreis auf die gleiche Weise: Blätter und ihre Rippen, ausgefranstes Sackleinen, die Pinselstriche eines ›modernen‹ Gemäldes, einen von der Rolle abgespulten Faden usw., usw.«[19] Wie in einem Rausch sei so am 10. August 1925 in einer Folge wahlloser Abpausungen die ganze *Histoire naturelle* entstanden. Die einzelnen Blätter des Frottagezyklus stellt Max Ernst als die Abbildungen seiner Visionen vor:

> Meine Augen sahen jetzt menschliche Köpfe, verschiedene Tiere, eine Schlacht, die mit einem Kuß endete (*Die Windsbraut*), Klippen, *Das Meer und den Regen*, *Erdbeben*, die *Sphinx in ihrem Stall*, *Kleine Tische rings um die Erde*, *Des Cäsars Palette*, *Falsche Positionen*, ein *Schaal aus Eisblumen*, *Die Pampas. Peitschenhiebe und Lavafäden*, *Felder der Ehre*, *Überschwemmungen und Erdbebenpflanzen*, *Vogelscheuchen*, den *Start des Kastanienbaumes. Blitze unter vierzehn Jahren*, das *Geimpfte Brot*, die *Gepaarten Diamanten*, den *Kuckuck*, *Ursprung der Wanduhr*, *Mahl der Toten*, das *Rad des Lichts. Ein System von Sonnengeld.* Die *Blättersitten*, die *Faszinierende Zypresse. Eva, die einzige, die uns bleibt.*[20]

17 Max Ernst: Jenseits der Malerei, S. 327.

18 Max Ernst: Jenseits der Malerei, S. 327.

19 Max Ernst: Jenseits der Malerei, S. 327.

20 Die im Original kursiv gesetzten Begriffe und Wortkombinationen sind die Titel einzelner Blätter der *Histoire naturelle*, vgl. Max Ernst: Jenseits der Malerei, S. 328.

In der Folge bedient sich Max Ernst der Technik der Frottage als einer intentionalen »Imaginationsmaschine«,[21] nutzt sie als »ein technisches Mittel, die halluzinatorischen Fähigkeiten des Geistes zu steigern« und »sich seiner Blindheit zu entledigen«.[22] Damit betrachtet er sie zugleich als die bildkünstlerische Antwort auf die ins Unbewusste vordringende écriture automatique, ja, es scheint beinahe, als habe Max Ernst Bretons in einer Fußnote versteckte Losung, ein echter surrealistischer Maler habe nicht zu zeichnen, sondern »abzupausen«,[23] an diesem dahergelaufenen Regentag im August 1925 einer spontanen Eingebung folgend wörtlich genommen, mit der gebotenen Lust an imaginären Ausschweifungen exzessiv umgesetzt und dann nachträglich in seinem bildkünstlerischen ›Ergänzungsmanifest‹ unter dem Titel *Au-delà de la peinture* theoretisch fixiert.[24]

Entgegen den nachträglichen Selbststilisierungen Max Ernsts muss man freilich relativierend festhalten, dass, ebenso wie Bretons écriture automatique in dieser Radikalität mehr ein Programm als ein tatsächlich breit angewandtes produktives schriftstellerisches Verfahren ist, auch

21 Konersmann: Max Ernst und die Idee der Naturgeschichte, S. 162.

22 Max Ernst: Biographische Notizen, S. 300.

23 Breton: Erstes Manifest, S. 23.

24 Unter Bezugnahme auf Breton, Rimbaud, Aragon und andere hält Max Ernst in diesem Sinne zusammenfassend als die wichtigsten Merkmale seines surrealistischen Malprogramms fest, dass das Durchreibeverfahren nach einer visionären Erweiterung der Wahrnehmungsfähigkeit strebe und es »folglich auf nichts anderem als der Intensivierung der Reizbarkeit geistiger Fähigkeiten mit geeigneten technischen Mitteln« beruhe. Im Übrigen schließe es »jede bewußte mentale Steuerung (Vernunft, Geschmack, Moral)« aus und reduziere dadurch »den aktiven Anteil dessen, den man bisher den ›Autor‹ des Werks nannte« aufs äußerste: »Wie die Rolle des Dichters […] darin besteht, unter dem Diktat dessen zu schreiben, was in ihm denkt (sich artikuliert), so ist es die Rolle des Malers, das, ›was in ihm sieht‹, von seiner Hülle zu befreien und sichtbar zu machen.« (Max Ernst: Jenseits der Malerei, S. 329) Diese kritische Position Max Ernsts zur traditionellen Vergötterung des Schöpfertums des Künstlers schlägt sich auch in den frühen Gemeinschaftsprojekten insbesondere mit Hans Arp nieder, wo die Anteile der einzelnen Künstler am Werk verwischt werden. Auch Arp geht es in seiner von ihm selbst als ›konkret‹ charakterisierten Kunst und Literatur darum, die Angewiesenheit des Künstlers auf das Material, nicht die Individualität des Schaffenden zu betonen. So wird die Sprache nicht benutzt zur Inszenierung der eigenen Subjektivität, sondern Arp will sie in ihrer »offenen Prozessualität« sprachwitzig zur Darstellung bringen; vgl. Helmut Pillau: Das Ich als Ursprung und Fessel künstlerischer Produktion. Reflexionen zu André Breton, Max Ernst und Hans/Jean Arp. In: Literatur für Leser 27 (2004), H. 3, S. 142-152, das Zitat S. 149.

Max Ernsts Frottagen realiter nicht rein automatisch, zufällig oder gar völlig »willkürlich«[25] entstanden sind – dies verdeutlicht schon allein die genaue technische Ausführung und die klare Komposition der Blätter.[26] Gleichwohl stehen sie im Kontext des surrealistischen Automatismus, indem sie sich den eingeübten zeichnerischen Konventionen und dem kontrollierend-arrangierenden Auge bewusst entziehen und die Regie der Bildgestaltung ein Stück weit an das Material selbst abgeben.[27]

Diese Befragung vorgegebenen Materials hat, und darauf weist Max Ernst auch selbst hin, in der Kunstgeschichte eine lange Tradition, die weit vor Breton, nämlich mit Leonardo da Vinci beginnt. Dessen berühmte Aussage über die imaginationsfördernde Kraft von Mauerflecken zitiert Max Ernst ausführlich.[28] Sind beide Künstler von der Nützlichkeit derartiger Phantasieübungen überzeugt, so doch mit vollkommen unterschiedlicher Zielsetzung: Im Gegensatz zu dem Renaissancemaler strebt Max Ernst ausdrücklich gerade nicht nach einer möglichst genauen Darstellung der Erfahrungswelt, sondern nach einer Sichtbarmachung der sei es durch Mauerflecken, sei es durch Dielenböden ausgelösten Visio-

25 Max Ernst: Jenseits der Malerei, S. 327.

26 Vgl. dazu Spies: Max Ernst. Frottagen, S. 6.

27 In der Praxis des surrealistischen Automatismus verorten Max Ernsts Frottagen Ludger Derenthal u. Jürgen Pech: Frottages – L'écriture automatique de Max Ernst. In: dies.: Max Ernst. Aus dem Deutschen übers. v. Wolf Fruhtrunk. Paris 1992, S. 101-112. [Deutsche Fassung nicht erschienen]. Vgl. auch daran anschließend Ralph Ubl: Prähistorische Zukunft. Max Ernst und die Ungleichzeitigkeit des Bildes. München 2004, S. 64-86. – Es handelt sich aber, wie Ulrich Bischoff (Max Ernst 1891-1976. Jenseits der Malerei. Köln 1993, S. 36) treffend festhält, um eine »bewußte[] Steuerung des Zufalls«, oder, mit den Worten von Werner Spies: »Der Automatismus, der diese Kosmogonie zustande bringt, ist überwacht.« (Spies: Max Ernst. Frottagen, S. 9) – Zu dem semiautomatischen Verfahren vgl. zuletzt auch Tobias Percival zur Loye: History of a Natural History: Max Ernst's Histoire Naturelle, Frottage, and Surrealist Automatism. [Masterarbeit am Department of Art History, University of Oregon / USA]. In: https://scholarbank.uoregon.edu/xmlui/bistream/handle/1794/10700/ZurLoye_Tobias_Percival_ma2010sp.pdf [zuletzt besucht am 13.09.2011]. Zu Max Ernsts Weiterentwicklung dieser Zufallstechnik im Décalcomanie-Verfahren vgl. Annerose Kessler: Zufall als ›Methode des Lebendigen‹. Décalcomanie, Farbspur und Naturerfindung bei Max Ernst und Gerhard Richter. In: Ästhetik des Zufalls. Ordnungen des Unvorhersehbaren in Literatur und Theorie. Hg. v. Christoph Pflaumbaum, Carolin Rocks, Christian Schmitt u. Stefan Tetzlaff. Heidelberg 2015, S. 309-326.

28 Max Ernst: Geschichte eine Naturgeschichte. In: Max Ernst: Schnabelmax und Nachtigall, S. 101-105, hier S. 101-103. – Konersmann (Max Ernst und die Idee der Naturgeschichte) stellt Max Ernsts Bezugnahme auf Leonardo da Vinci ins Zentrum seiner Analyse.

nen.[29] Doch so sehr seine Kunst ins Halluzinatorische zielt, ihr Ausgangs- und Referenzpunkt bleibt dennoch die Natur.

3.2 Material, Inhalt, Ästhetik: Dreimal Natur

Auch wenn Max Ernst sich mit dem Frottageverfahren also klar in den surrealistischen Kontext einer sich vom Realismus radikal lösenden, imaginationsentfesselnden Kunst stellt, so verspricht der Titel des Zyklus, *Histoire naturelle*, dennoch einen Bezug zur Realität, genauer gesagt zur Natur – ein Versprechen, das, so die These der folgenden Interpretation, durchaus auch eingelöst wird. Max Ernsts *Histoire naturelle* erweist sich nämlich neben der surrealistischen Inszenierung eines visionären Blicks zugleich als eine differenzierte künstlerische Auseinandersetzung mit Natur und zwar in dreifachem Sinne: Erstens hinsichtlich der Bildsprache, d. h. des durchgeriebenen Materials, zweitens hinsichtlich des Inhalts, d. h. der auf den Blättern dargestellten Dinge, und drittens hinsichtlich der Ästhetik, d. h. der Positionierung zum tradierten ästhetischen Paradigma der Kunst als Mimesis von Natur.

Die Bildsprache der *Histoire naturelle* (erstens) ist bestimmt durch die Frottagetechnik. Max Ernst reibt u. a. Holz, Leder, Blätter, Textilien, Bindfäden oder vertrocknetes Brot durch und holt so die Oberflächenstruktur einfacher (Natur-)Materialien[30] in ihrer Taktilität beinahe greifbar, wenngleich nicht immer eindeutig identifizierbar ins Bild. Seine Anwendung des Durchreibeverfahrens unterscheidet sich damit von der Ausschneide- und Übermalungstechnik der frühen Collagen vor allem dadurch, dass nicht länger gesellschaftlich und historisch codierte Inhalte übernommen, sondern lediglich relativ ungeschichtliche, kontextlose, semantisch unbestimmte, gewissermaßen ›absolute‹ Strukturen zitiert werden.[31] Diese können im Unterschied zum ausgeschnittenen

29 Deshalb wurden Max Ernsts Frottagen auch zu Recht als »bildnerische Exemplifikation halluzinatorischen Sehens« bezeichnet (Lichtenstern: Metamorphose, S. 158).

30 Max Ernst bedient sich schon in seiner frühen dadaistischen Phase vereinzelt der Frottagetechnik, wo er freilich auch mit eindeutig identifizierbaren, konkreten, gesellschaftlich codierten und der menschlichen Produktion entstammenden Gegenständen arbeitet: So reibt er 1920 für das in der Zusammenarbeit mit Theodor Baargeld entstandene *Typoskript-Manifest* auch eine Münze durch, vgl. den Hinweis von Ubl: Prähistorische Zukunft, S. 69 f.

31 Vgl. in diesem Sinne auch schon Spies: Max Ernst. Collagen, S. 125. – Max Ernst selber »besteh[t]« sogar ausdrücklich darauf, »dass die so gewonnenen Zeichnun-

gegenständlichen Bild weitgehend variabel eingesetzt werden: Während der Bär aus dem Lehrmittelkatalog eben ein Bär ist, der mit bestimmten Verfahren für bestimmte Kontexte zur Darstellung gebracht wurde, kann die durchfrottierte Oberflächenstruktur etwa eines alten Dielenbodens einerseits wiederum Holzbretter darstellen, sie kann aber andererseits auch zu etwas ganz anderem, etwa zu den Bodenwellen einer weiten Landschaft umgedeutet werden.[32] In beiden Fällen jedoch wird die Struktur erst durch »die Zuweisung in einen bestimmten Bildzusammenhang [...] gegenständlich« endgültig fixiert.[33] Einige Strukturen bleiben in ihrer materialen Herkunft immer erkennbar; dies gilt etwa für die meist auf den ersten Blick als solche identifizierbare Holzmaserung, die jedoch in ganz unterschiedlichen Funktionen auftaucht.[34] Bei anderen Strukturen sind die zugrunde gelegten Materialien kaum rekonstruierbar, wodurch ein generalisierender, unmittelbar kurzschließender Rückbezug auf die Erfahrungswelt vermieden wird.[35]

Nicht nur auf der Ebene des Materials, sondern (zweitens) auch inhaltlich bezieht sich die *Histoire naturelle* unübersehbar auf die Natur. Auf den 34 schwarzweißen, durchnummerierten Frottagen der Erstausgabe sind unterschiedliche Bereiche der Natur visualisiert. Die Bil-

gen nach und nach den Charakter des befragten Materials (z.B. des Holzes) verloren haben« – was offensichtlich eine bewusste Zuspitzung ist; vgl. Max Ernst: Geschichte eine Naturgeschichte, S. 105.

32 Vgl. dazu die Beobachtungen von Konersmann: Max Ernst und die Idee der Naturgeschichte, insbes. S. 161 f.

33 Spies: Max Ernst. Frottagen, S. 19.

34 Die Holzmaserung ist das sich am häufigsten wiederholende Material, das sowohl umgedeutet werden kann als Himmel (Blatt 1), als auch als Meer (Blatt 2), jedoch auch als Boden (Blatt 3, 6, 8, 11, 28, 32); es kann einen Schatten darstellen (Blatt 11, 12) oder aber schlicht Bretter (Blatt 18, 21, 26, 27), vgl. zur Verwendung der Materialien auch die Hinweise von Ubl: Prähistorische Zukunft, S. 80 f. (Fußnote 45); die von Max Ernst konsequent beibehaltene Flexibilität der Bildsprache betont auch schon Spies: Max Ernst. Frottagen, S. 19.

35 Dieser Verlust der ursprünglichen Materialeigenschaften war Max Ernst, wie er nun gerade am nicht ganz einleuchtenden Beispiel des Holzes betont, ein Anliegen: »Ich möchte hervorheben, daß die so gewonnenen Zeichnungen durch eine Reihe spontaner, d.h. wie bei hypnagogischen Visionen sich einstellender Suggestionen und Transmutationen den Charakter des befragten Materials (Holz z.B.) nach und nach verlieren, um das Aussehen von unerwartet scharfen Bildern anzunehmen, Bildern, die wahrscheinlich die echte Ursache des Zwangs enthüllen oder doch eine Vorstellung von ihr geben.« (Max Ernst: Jenseits der Malerei, S. 328).

derfolge oder Serie[36] lässt sich in sechs Teile gliedern: Dargestellt werden zunächst verschiedene Naturkräfte (Blatt 1-5), zweitens vegetative Landschaften (Blatt 6-21), drittens menschliche Produkte des täglichen Gebrauchs (Blatt 22-23), viertens Tiere (Blatt 24-28, 32-33), fünftens visionäre Augen (Blatt 29-31) und abschließend eine »unsichtbare Frau« (Blatt 34).[37] Insofern orientiert sich Max Ernst in seiner Naturgeschichte am Muster der biblischen Schöpfungsgeschichte: Er beginnt wie die Genesis mit einer Schilderung der elementaren Urgewalten der Erde, widmet sich zweitens sehr ausführlich der Flora, schweift kurz ab in die Dingwelt menschlicher Produktion, zeigt dann ausschnitthaft einige Exemplare der Fauna und endet mit der Darstellung eines Menschen als der ›Krone der Schöpfung‹.[38] Allein die tote Dingwelt in der dritten und die Augenbilder der fünften Abteilung durchbrechen diese Entwicklungslogik.

36 Werner Spies weist darauf hin, dass Max Ernst von Anfang an mit Serien arbeitet, die die Funktion haben, »die Kontingenz, die einem Vorgehen anhaften könnte, das scheinbar der reinen Spontaneität und damit der Zerstörung ästhetischer Normen eines Stils verschrieben sein möchte« aufzufangen (Werner Spies: Loplop. Die Selbstdarstellung des Künstlers. München 1982, S. 14). – Umso mehr muss die Tatsache erstaunen, dass die meisten kunsthistorischen Analysen nur wenige ausgewählte Einzelblätter der *Histoire naturelle* deuten. Die gewissenhafteste Auseinandersetzung mit dem Aufbau des Frottagenzyklus und die besten Bildbeschreibungen liefert in einem allerdings entlegenen, schwer greifbaren Katalogbeiheft Jürgen Pech: Verzeichnis der ausgestellten Werke. In: Max Ernst: »Histoire Naturelle«. Frottagen. Brühl 1983, S. 366-400, insbes. S. 371-390; detailliert setzt sich ebenfalls mit dem Frottagenzyklus auseinander Ubl: Prähistorische Zukunft, S. 75-86. Hilfreiche Bemerkungen finden sich schließlich auch bei Spies (Max Ernst. Frottagen), der allerdings insgesamt dazu neigt, konkrete Bildbeschreibungen zugunsten umfassender Querverweise auf das Gesamtwerk zurückzustellen.

37 Diese Gliederung stammt im Wesentlichen von Pech: Verzeichnis, S. 378-390. Im Unterschied zu Pechs Unterteilung werden hier die Blätter 22 und 23 nicht mit den Pflanzendarstellungen zusammengefasst, da sie sich m. E. auffällig von denselben unterscheiden. Vgl. den demjenigen von Pech ähnlichen, jedoch nicht ganz so griffigen Unterteilungsvorschlag von Spies: Max Ernst. Frottagen, S. 16.

38 In diesem Sinne liest die Blattfolge Norbert Nobis: Histoire naturelle. In: Sprengel macht Ernst. Die Sammlung Max Ernst. Mit Beiträgen v. Ulrich Krempel, Norbert Nobis, Mirka Knauf, Gabriele Sand u. Julienne Franke. Hannover 2006, S. 78 [der Artikel besteht lediglich aus dieser einen Seite]; vgl. auch die Deutung von Spies (Max Ernst. Loplop, S. 40), Max Ernst entwerfe in seiner *Histoire naturelle* die »Genesis einer parallelen Welt«. – Kürzlich hingegen ist die Auffassung vertreten worden, Max Ernst orientiere sich mit seiner *Histoire naturelle* an der Darwinschen Evolutionslehre, ja, sie sei »a narrative diagramm of evolutionary development« und der Frottagenzyklus müsse als eine Antwort auf die »philo-

Auffällig ist, dass Max Ernst in seiner *Histoire naturelle* nicht, wie die Naturgeschichte von Plinius über Buffon zu Brehm, dem Menschen nach der einleitenden Kosmologie und Geographie den prominenten ersten Platz in der Kette der Lebewesen zuweist.[39] Vielmehr verweigert er sich der durch den Titel nahegelegten traditionellen naturgeschichtlichen Darstellungsreihenfolge und orientiert sich einmal mehr an dem biblischen, schöpfungsgeschichtlichen Prätext und dessen Erzählchronologie.

Auch seine Darstellungen von Flora und Fauna folgen nur in einigen Fällen der naturgeschichtlichen Abbildungstradition:[40] Während sich bei den Tierbildern durchaus Anleihen an Vor-Bilder aus der naturgeschichtlichen Illustrationskunst finden lassen,[41] schließen die pflanzlichen Blätter insofern nicht an die Abbildungstradition der Botanik an, als nur selten einzelne Elemente einer bestimmten Pflanzenart (etwa die Blätter eines Baumes) überhaupt erkennbar sind. Auf keinem einzigen Blatt jedoch werden, wie es für eine botanische Artbestimmung notwendig und in naturgeschichtlichen Bestimmungsbildern üblich ist, Gestalt, Blätter, Blüte und Fruchtstand einer Spezies genau und identifizierbar

sophical implications of Darwinian theory, critiquing Creationism through the semi-automatic procedure of rubbing« verstanden werden (zur Loye: History of a Natural History, S. 72 u. S. 79). Allerdings scheint dies wenig überzeugend, weil zur Loye zum einen Max Ernsts Bezugnahme auf Buffon ignoriert, sein eigener Abriss zur Naturgeschichte zudem eher disparat und etwas beliebig wirkt.

39 Sowohl anatomische Zeichnungen von Augen (im Kontext der Untersuchung der Sinnesorgane) als auch Studien zur Anatomie des Menschen oder Darstellungen der verschiedenen Menschenrassen finden sich in den tradierten Naturgeschichten, etwa bei Buffon, durchaus und zwar sogar ausführlich und an prominenter, erster Position. Vgl. diesbezüglich den sachlich falschen Hinweis von Konersmann (Max Ernst und die Idee der Naturgeschichte, S. 167, Fußnote 26), in »den Ansichten der ›historia naturalis‹« komme »die menschliche Gestalt nicht vor«. Äußerst ungewöhnlich an Max Ernsts *Histoire naturelle* ist die Beschränkung auf ein Sinnesorgan in immer wieder ähnlicher Darstellungsweise und die Abbildung nur einer einzigen Frau in Rückenansicht.

40 Einen Überblick über diese Tradition gibt, versehen mit einer Vielzahl wunderschöner und qualitativ hochwertig reproduzierter naturgeschichtlicher Abbildungen Brian J. Ford: Images of Science. A History of Scientific Illustration. London 1992.

41 Zu Tier-Illustrationen vgl. neben dem entsprechenden Kapitel im Band von Ford (Images of Science, Kap. 3, S. 47-80) Allan Ellenius: Notes on the Function of Early Zoological Imagery. In: The Power of Images in Early Modern Science. Hg. v. Wolfgang Lefèvre, Jürgen Renn u. Urs Schoepflin. Basel, Boston u. Berlin 2003, S. 167-180.

präsentiert oder gar durch Separierung verdeutlicht.[42] Ganz im Gegenteil zeigen viele Frottagen eindeutig reine Phantasiepflanzen.

Diese tentative Haltung zur Tradition der Naturgeschichte lässt sich schließlich auch bezüglich des Verfahrens feststellen: Max Ernst zitiert die sogenannte Naturselbstdrucktechnik, die in botanischen Lehrbüchern des 18. und 19. Jahrhunderts vereinzelt Verwendung fand,[43] folgt deren zentralem Darstellungsziel, einen realistischen Abdruck der Natur herzustellen, aber gerade nicht.

Zur klassifikatorischen Naturgeschichte nimmt Max Ernst, so viel kann man schon nach einer ersten flüchtigen Sichtung der Serie konstatieren, in seiner *Histoire naturelle* eine spielerische Halbdistanz ein.[44] Er entwickelt auf der inhaltlichen wie auf Verfahrensebene in unmittelbarer Kommunikation mit der naturgeschichtlichen Abbildungstradition seine neue, surrealistische Naturgeschichte. Falsch wäre es, Max Ernsts

42 Zur Abbildungstradition in der Botanik vgl. Kärin Nickelsen: Wissenschaftliche Pflanzenzeichnungen – Spiegelbilder der Natur? Botanische Abbildungen aus dem 18. und frühen 19. Jahrhundert. Bern 2000; zur Geschichte der naturhistorischen Illustration in Fauna und Flora vgl. Heidrun Ludwig: Nürnberger naturgeschichtliche Malerei im 17. und 18. Jahrhundert. Marburg 1998. – Es ist darauf hingewiesen worden, dass in den pflanzenkundlichen Werken seit dem 17. Jahrhundert der Stellenwert der Illustrationen gegenüber der klassifikatorisch-taxonomischen Sprachlichkeit generell zurückgedrängt wird; vgl. Brian W. Ogilvie: Image and Text in Natural History, 1500-1700. In: The Power of Images, S. 141-166; erinnert sei auch an die bereits erwähnte These, dass Buffon sich angesichts der Vielfalt der ornithologischen Fauna nach anfänglicher Abbildungsskepsis wieder zu den Tafeln flüchtet (Bies: Vom Wettstreit der Medien). – Im Übrigen gibt es selbstverständlich auch in der Aufklärung und auch bei Linné noch Abbildungen. Für eine typische, auf Artbestimmung zielende Pflanzenabbildung vgl. etwa die Reproduktion aus Linnés *Hortus cliffordianus* (1737) in Ford: Images of Science, S. 103.

43 Vgl. Günter Metken: Naturselbstdruck und fossile Spuren. Max Ernsts mögliche Naturgeschichte. In: Die Erfindung der Natur, S. 145-147. – Ein Naturselbstdruck ist ein von der Natur abgenommener Abdruck: Das Material (üblicherweise eine Pflanze, gelegentlich aber durchaus auch ein anderes Naturobjekt wie etwa ein Schmetterling oder Knochen) wird eingefärbt und auf ein Papier gepresst, so dass es einen Abdruck auf demselben hinterlässt. Zu diesem künstlerischen Verfahren vgl. Armin Geus: Natur im Druck – Geschichte und Technik des Naturselbstdrucks. In: Natur im Druck. Eine Ausstellung zur Geschichte und Technik des Naturselbstdrucks. Hg. v. Armin Geus. Marburg 1995, S. 9-27.

44 In diesem Sinne konstatiert auch Bischoff (Max Ernst, S. 38), dass Max Ernst ausgehend von der exakten Darstellungstradition der Naturgeschichte seine ›Kunst der Verrückung‹ entwickle, die folglich als eine Auseinandersetzung mit der naturhistorischen Abbildungsgeschichte gelesen werden muss.

Entscheidung für den Titel *Histoire naturelle* lediglich als »assoziativ« zu bewerten, denn erst vor der Folie der tradierten Naturgeschichte als der etablierten Form der Fixierung einer bestimmten Naturwahrnehmung gewinnt seine *Histoire naturelle* Kontur.[45] Von einer bewussten Bezugnahme und nicht von einer bloßen »Lust an der Provokation«[46] legt auch die Vorankündigung und Einladung zur Subskription für die Erstausgabe der *Histoire naturelle* Zeugnis ab: Sie zitiert aus Condorcets *Éloge de M. le Comte de Buffon* und bringt damit den Namen des berühmtesten Vorgängers einer französischen *Histoire naturelle* ganz ausdrücklich ins Spiel. Dass Condorcet in der ausgewählten Passage Buffon als einen schöpferischen Erzähler, als einen Tatsachenbeschreiber mit Erfindungskraft lobt, schlägt den Bogen vom Naturhistoriker zum Künstler.[47]

(Drittens) setzt sich die *Histoire naturelle* auch ästhetisch mit Natur auseinander, indem sie sich kritisch gegenüber dem Paradigma der Naturnachahmung positioniert. Insbesondere auf eine mimetisch-illusionistische Naturnachahmung verzichtet Max Ernst. Das auf einer Art Leinwand skizzenhaft dargestellte Meer des ersten Blattes etwa versucht gerade nicht die Illusion eines Meeres zu sein, sondern bietet die selbstreflexive Darstellung eines Meerbildes. Diese Ferne zur klassisch naturnachahmenden Malerei wird jedoch zugleich – und daraus gewinnt die *Histoire naturelle* ihre Spannung – unterlaufen durch die Frottagetechnik, die Natur auf eine andere und direktere Weise, nämlich durch den Herstellungsprozess selbst in das Bild transportiert. Max Ernst, der sich zu der Forderung bekannte, auf Naturbeobachtung zu verzichten,[48] praktiziert weder eine Naturbeschreibung im Sinne der tradierten Naturgeschichte, noch ein Kopieren der Natur im Sinne des alten Mimesisgebotes. Er ironisiert diesen illusionistischen Ansatz vielmehr (sehr deutlich etwa in dem neunzehnten Blatt des Zyklus mit dem Titel *Das Idol*). Naturbeschreibung praktiziert Max Ernst aber dennoch, wenngleich auf viel buchstäblichere Weise: nämlich in der Frottagetechnik selbst. Sie ist ein Verfahren, das nichts anderes ist als eine reine Be-Schreibung von

45 Als »assoziativ« hat den Titel bezeichnet Konersmann: Max Ernst und die Idee der Naturgeschichte, S. 164.

46 Ubl: Prähistorische Zukunft, S. 99.

47 »Ce sont aussi des espèces de fables, mais des fables produites par une imagination active qui a besoin de créer, et non par une imagination passive qui cède à des impressions étrangères.« (In: Die Erfindung der Natur, Abb. 151, S. 163); der komplette Text der Eloge Condorcets findet sich beispielsweise unter http://www.buffon.cnrs.fr/i-corpuspic/tab/extraits/condorcet/condorcet-eloge_buffon.pdf [zuletzt besucht am 14.09.2011].

48 Max Ernst: Anmerkungen. In: Histoire naturelle (1965), S. 163-167, hier S. 166.

Natur. Max Ernst nimmt also den Terminus ›Naturbeschreibung‹ schlicht wörtlich, legt ein Papier auf die Natur und schreibt sie darauf durch. Damit ist er in viel größerem Maße in der Natur, ihrer Materialität, angekommen, als die Verfechter des traditionellen Mimesiskonzeptes, denn seine Bilderfolge ist tatsächlich von der Textur der Natur bestimmt, durch die die einzelnen Blätter auf einer materialen Ebene miteinander verknüpft sind. Ist mithin durch den Herstellungsprozess Natur in den Bildern unmittelbar anwesend, so wird darstellerisch eine Mimesis von Natur konsequent verweigert. Die Blätter der *Histoire naturelle* sind daher charakterisiert durch eine Spannung zwischen materialhafter Konkretion und antimimetischer Darstellung, zwischen haptischem Realismus und visueller Illusionsverweigerung. Wie diese Spannung im einzelnen die Bilder prägt, soll in der nun folgenden Beschreibung aller 34 Blätter der Erstausgabe genauer gezeigt werden.

3.3 Die 34 Frottagen

Der Zyklus macht insgesamt einen homogenen, kompositorisch geschlossenen Eindruck. In der Lichtdruck-Reproduktion sind die 34 Schwarzweiß-Frottagen auf das einheitliche Format von 50 × 32,5 cm gebracht worden, davon 22 im Hochformat und 12 im Querformat.[49]

Ein Großteil der Blätter zeigt einen ähnlichen Aufbau. Häufig teilt eine in der unteren Bildhälfte verlaufende Querlinie das Blatt in zwei deutlich voneinander geschiedene Bereiche. Die teilweise als Horizont deutbare Querlinie markiert die Grenze zwischen einem unteren Feld, das zumeist mehr oder weniger eindeutig als Erdoberfläche gelesen werden kann, und einem oberen, oft weiß gelassenen Feld, das einen Himmel andeutet. In diesen eine Landschaft evozierenden Blättern fußt das zentrale dargestellte Objekt fast immer auf dem unteren (Erd-)Feld und ragt, die Vertikale betonend, über den Horizont hinaus in den ›Himmel‹. Gelegentlich ist jedoch (so etwa bei einigen der Tierbilder) das untere Feld nicht als natürliche Landschaft, sondern eher als ein künstliches Plateau, eine Art Bühne oder Podest konturiert,[50] auf dem das zentrale

49 Vgl. Spies: Max Ernst. Frottagen, S. 108, wo auch die Originalgrößen verzeichnet sind.

50 Vgl. zum Bildaufbau auch die Beobachtungen von Bischoff, der festhält, dass alle zweiundzwanzig hochformatigen Blätter »durch ihre strenge axiale Komposition« auffallen und bei den zwölf Querformaten »immer eine Landschaft oder Bühne als Standfläche durch bildparallele Horizontalen eindeutig markiert« ist (Bischoff: Max Ernst, S. 37).

Objekt offensichtlich nicht in der belebten Natur, sondern wie zur Ausstellung in einem Naturalienkabinett platziert ist.[51]

Abweichend von dieser Aufteilung der Bildfläche durch eine Horizontal-Achse sind in einigen, vor allem hochformatigen Blättern die Objekte zusätzlich oder ausschließlich durch zwei massive seitliche bretter- oder mauerähnliche Felder am linken und rechten Bildrand eingefasst. Der Bildaufbau ist hier also wesentlich von der Vertikalen bestimmt. Gelegentlich wird diese seitliche Einrahmung durch die Andeutung einer perspektivischen Raumtiefe erweitert, so dass die betreffenden Objekte (dies betrifft insbesondere Pflanzen) in kastenartigen Behältnissen in vertikaler oder schräger Draufsicht präsentiert werden. Insgesamt kann man festhalten, dass die Blätter durch einen schlichten, die horizontalen und vertikalen Bildachsen hervorhebenden Aufbau charakterisiert sind und dabei die Idee der Serie durch die stereotype Wiederholung bestimmter Bildstrukturen betonen.

Alle Blätter wurden von Max Ernst betitelt.[52] Diese Bildunterschriften verweigern sich jedoch offensiv der tradierten Funktion einer Bild-Erläuterung im Sinne einer verbalen Benennung des visuell Dargestellten. Absichtsvoll enttäuschen sie das Bedürfnis des Betrachters nach einer sinnhaften Erklärung der durchaus erläuterungsbedürftigen Frottagen, indem sie häufig zunächst in keinerlei erkennbarem Zusammenhang zu den Bildern zu stehen, vielmehr völlig überraschende, auf dem Bild gar nicht identifizierbare Gegenstände oder Sachverhalte zu benennen scheinen. Steigern die Bildunterschriften mithin die Rätselhaftigkeit der Frottagen, so regen sie zugleich umso eindringlicher zu dem Versuch an, selber eine Sehweise der Frottage und eine Lesart ihres Verhältnisses zum Titel zu formulieren.[53] Gerade auf diese Aktivierung der Imaginationskraft des

51 Hier könnte man ein Zitat der traditionellen trompe-l'œil-Technik sehen. Vgl. in diesem Sinne die Überlegungen von Legge: Zeuxis's Grapes, S. 159-161.

52 Für die im Original französischsprachigen Titel kursieren verschiedene Übersetzungsvorschläge. Die plastischsten deutschen Titel finden sich m. E. in: Katalog: Abbildungen 152-185. In: Die Erfindung der Natur, S. 168-201. Diese Titel werden im Folgenden zugrundegelegt.

53 In diesem Sinne konstatiert schon Pech (Verzeichnis, S. 375), dass, während einige der Titel durchaus das Dargestellte oder zumindest einzelne Partien des Bildes benennen, der »weitaus größere Teil der Bezeichnungen aber irritiert«: Das Gros der Titel »deutet das Sichtbare poetisch aus und erweitert es um ein Unsichtbares«. – Zu Max Ernsts Praxis der Titelvergabe vgl. für das Frühwerk und daher ohne Rekurs auf die *Histoire naturelle* die Überlegungen von Isabel Greschat: Max Ernst. Text-Bild-Kombinationen 1919 bis 1925. Münster u. New York 1995; hilfreich ist der von Greschat entwickelte Fragenkatalog zum Text-Bild-Verhältnis ebd.,

Max Ernst: Histoire Naturelle, 1926
34 Lichtdrucke nach Bleistiftfrottagen, Mappe 50 × 32,5 cm
Sprengel Museum Hannover

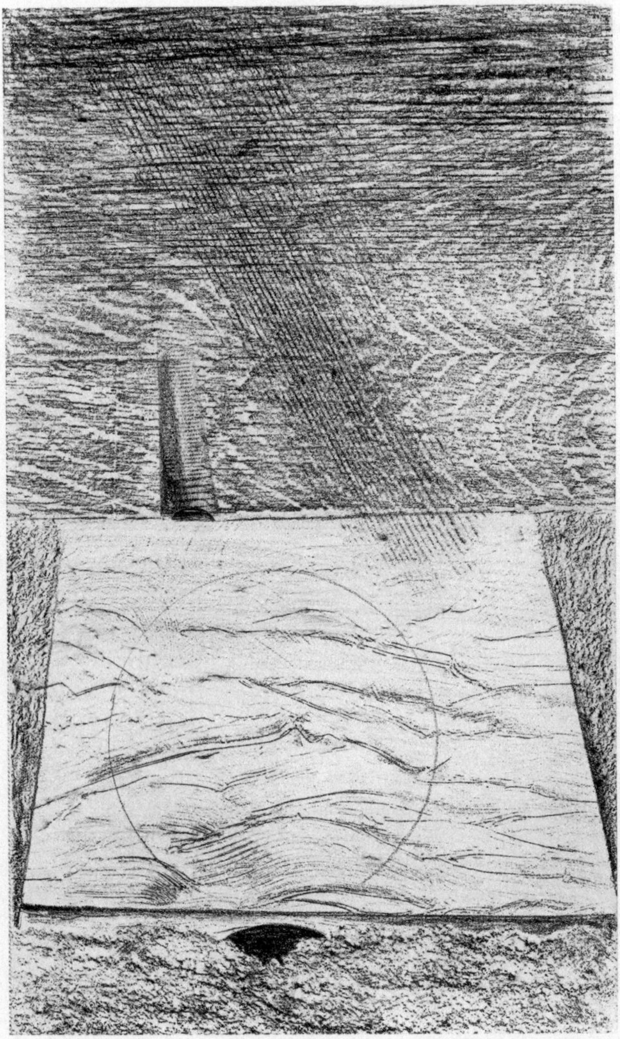

Nr. 1: La mer et la pluie (Das Meer und der Regen)

Nr. 2: Un coup d'œil (Ein kurzer Blick)

Nr. 3: Petites tables autour de la terre (Drei Tischlein umkreisen die Erde)

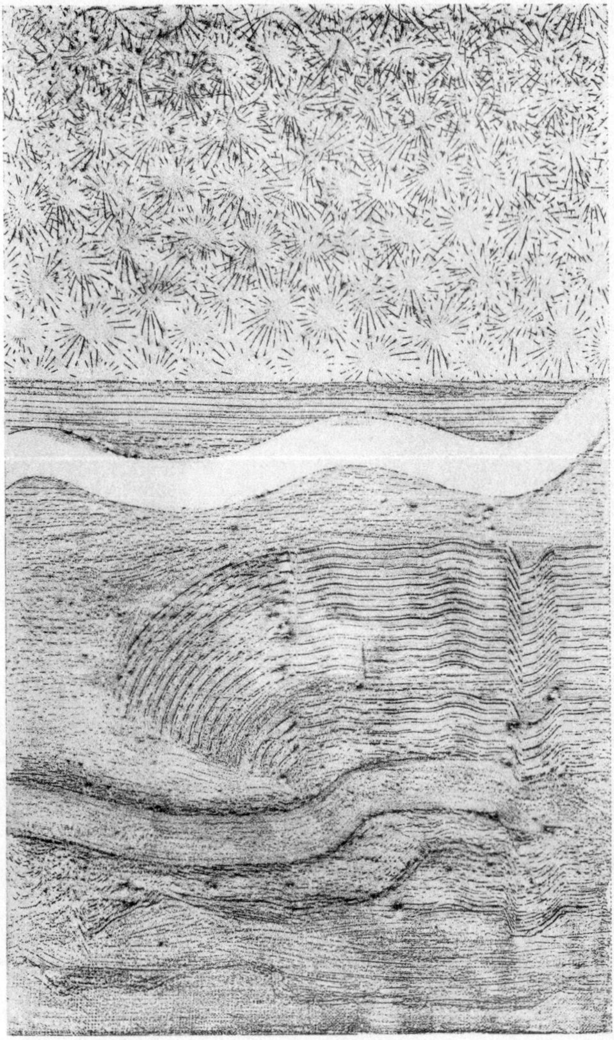

IV

Nr. 4: Le châle à fleurs de givre (Ein Schal aus Eisblumen)

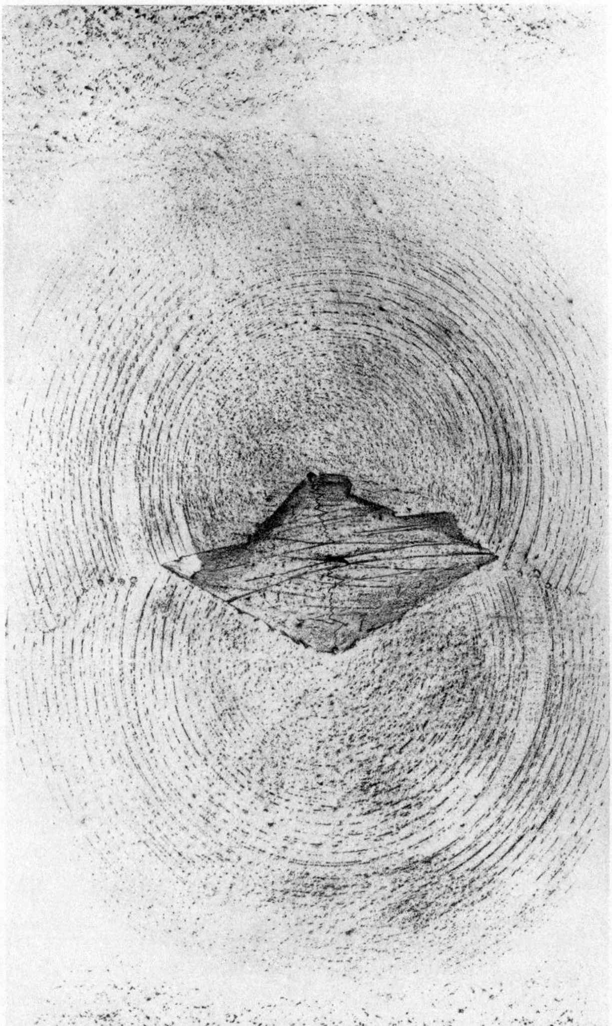

Nr. 5: Le tremblement de terre (Das Erdbeben)

Nr. 6: Les pampas (Die Pampas)

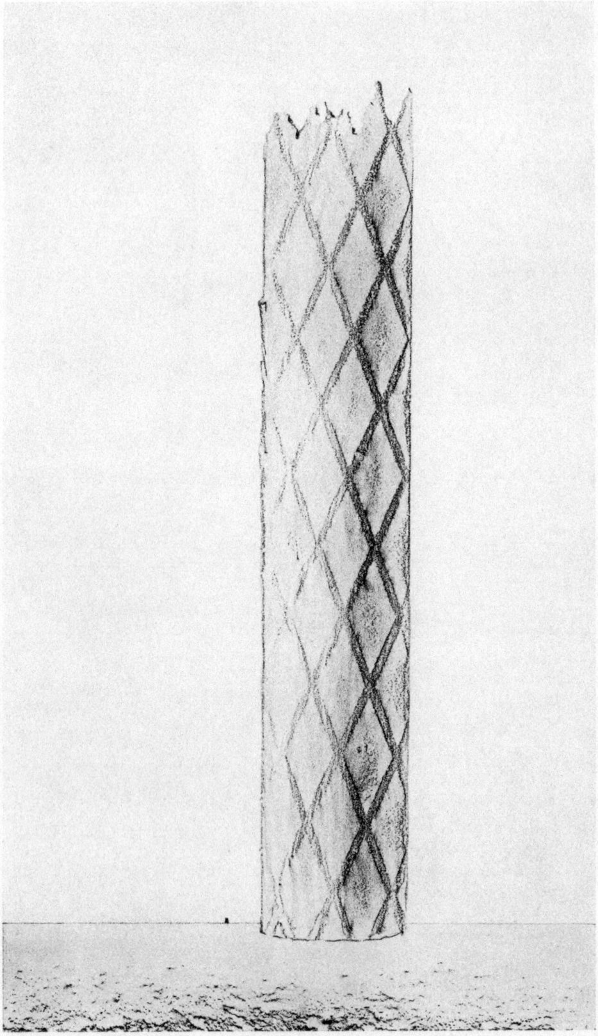

VII

Nr. 7: Il tombera loin d'ici (Er wird weit von hier fallen)

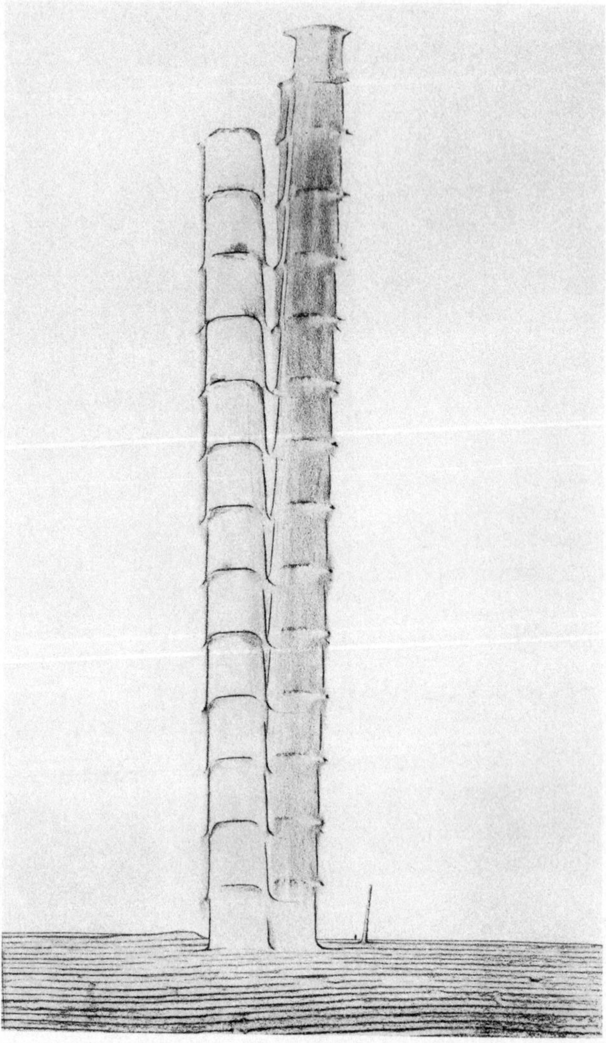

VIII

Nr. 8: Les fausses positions (Falsche Stellungen)

IX

Nr. 9: Le fascinant cyprès (Die faszinierende Zypresse)

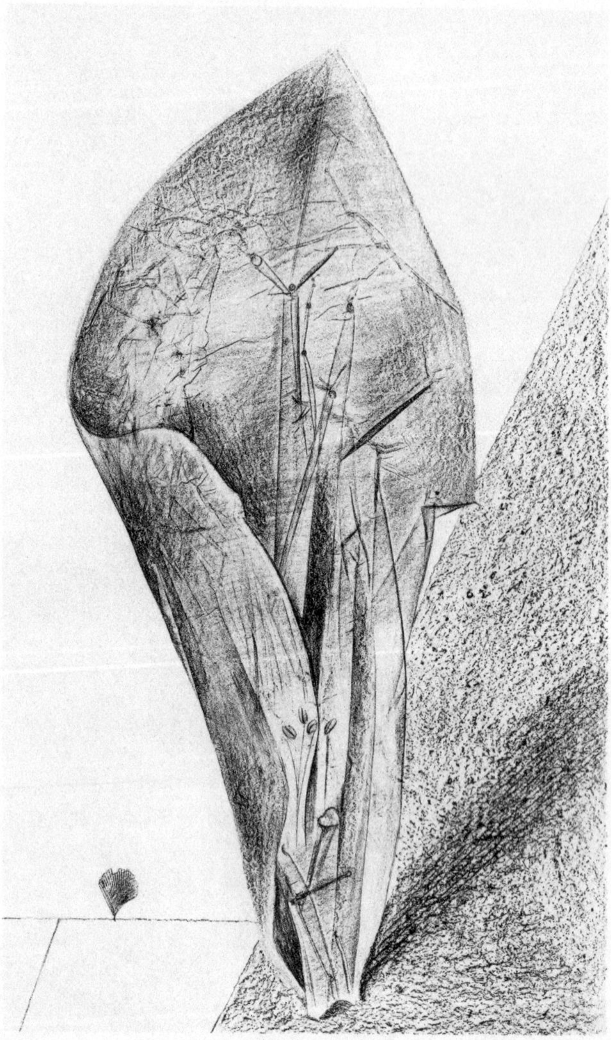

Nr. 10: Elle garde son secret (Sie bewahrt ihr Geheimnis)

Nr. 11: Coups de fouet ou ficelles de lave (Peitschenhiebe und Lavastränge)

Nr. 12: Les champs d'honneur, les inondations, les plantes sismiques
(Felder der Ehre, Überschwemmungen, Erdbebenpflanzen)

Nr. 13: Les épouvantails (Die Vogelscheuchen)

Nr. 14: Le start du châtaignier (Der Start des Kastanienbaums)

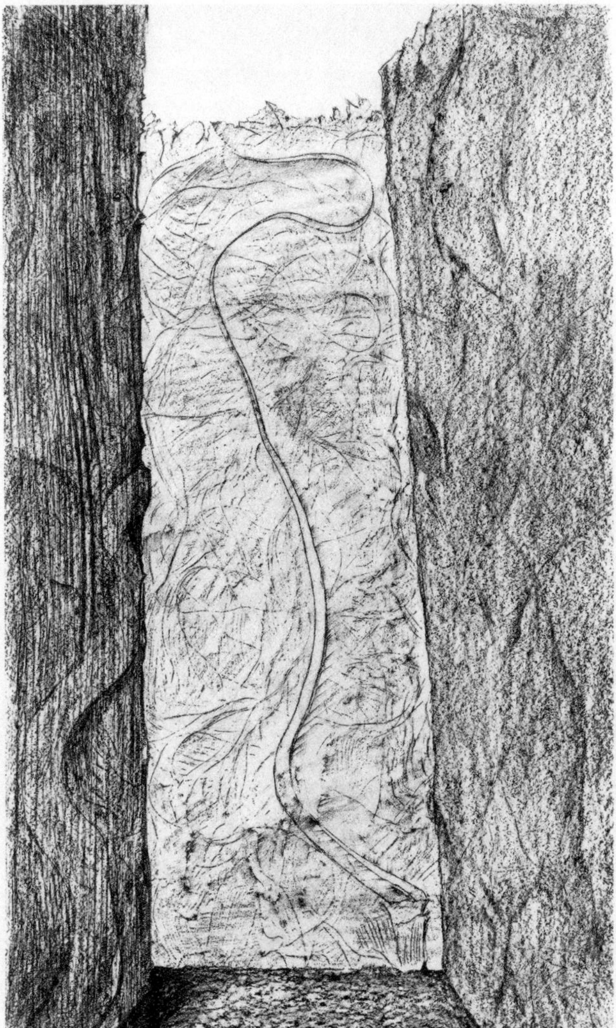

xv

Nr. 15: Les cicatrices (Die Narben)

XVI

Nr. 16: Le tilleul est docile (Die Linde ist gelehrig)

XVII

Nr. 17: Les Confidences (Die Vertraulichkeiten)

XVIII

Nr. 18: Les mœurs des feuilles (Blättersitten)

XIX

Nr. 19: L'idole (Das Idol)

xx

Nr. 20: La palette de César (Cäsars Palette)

xxi

Nr. 21: Rasant les murs (Mauerkratzer)

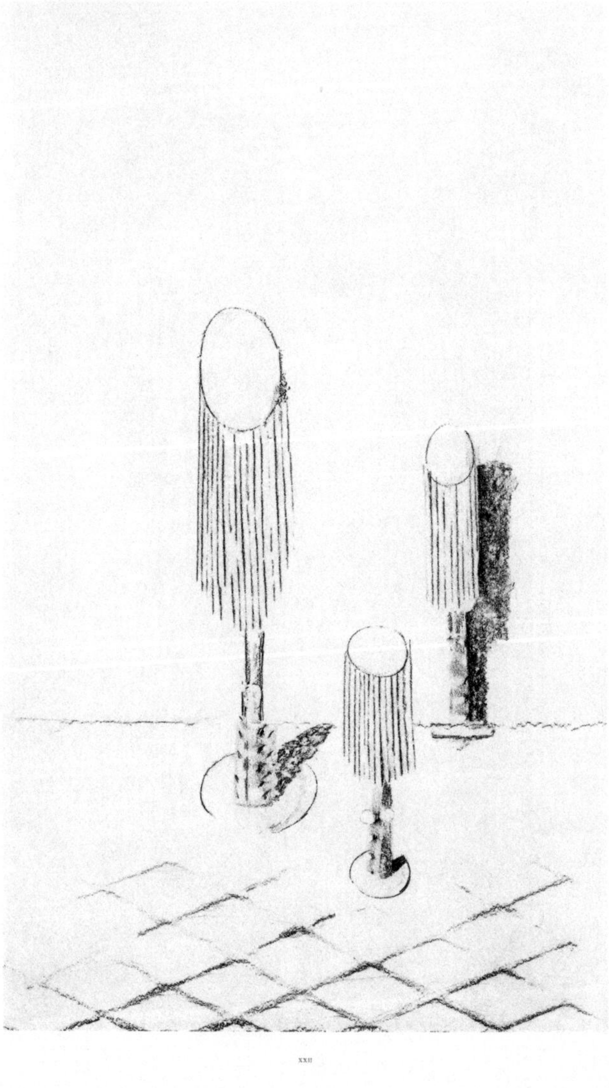

xxII

Nr. 22: Entre dans les continents (Herein in die Kontinente)

XXIII

Nr. 23: Le pain vacciné (Das geimpfte Brot)

XXIV

Nr. 24: Les éclairs au-dessous de quatorze ans (Blitze unter vierzehn Jahren)

xxv

Nr. 25: Les diamants conjugaux (Die vermählten Diamanten)

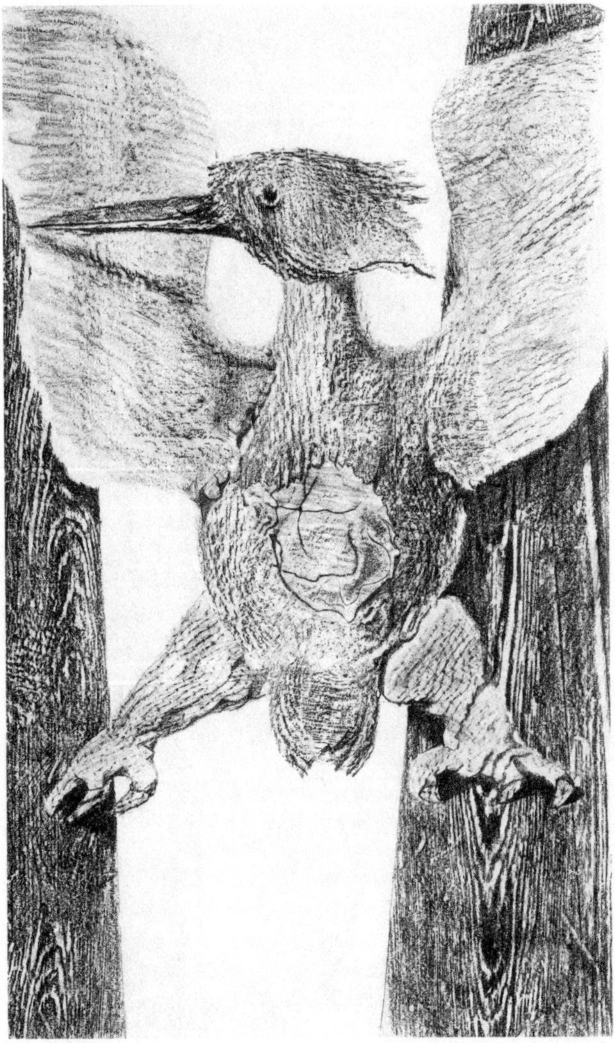

XXVI

Nr. 26: L'origine de la pendule (Die Geburt der Turmuhr)

Nr. 27: Dans l’écurie du sphinx (Im Stall der Sphinx)

Nr. 28: Le repas du mort (Die Mahlzeit des Toten)

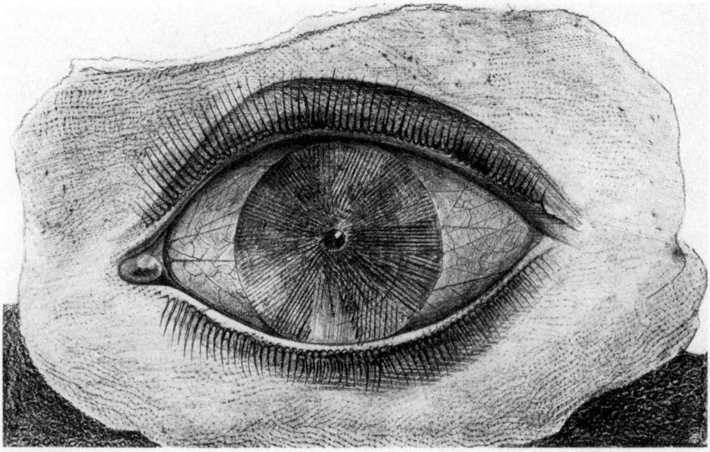

Nr. 29: La roue de la lumière (Das Lichtrad)

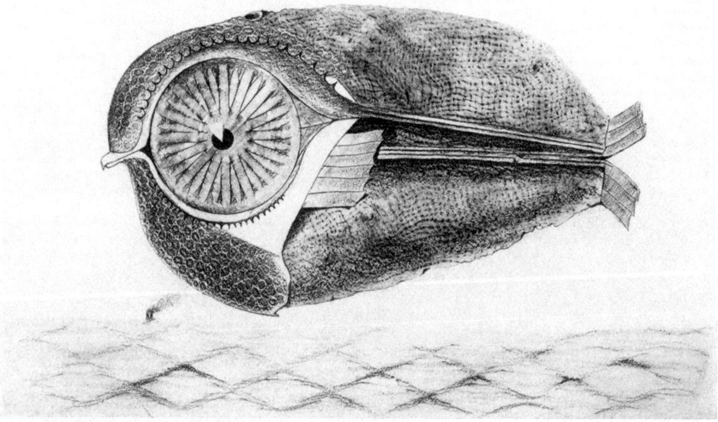

Nr. 30: L'évadé (Der Ausbrecher)

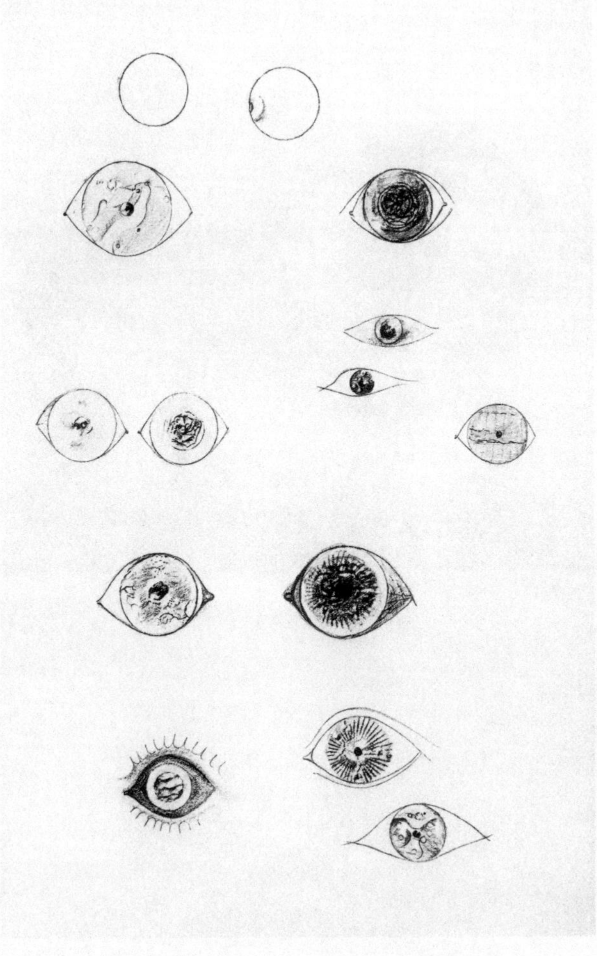

xxxi

Nr. 31: Système de monnaie solaire (System von Sonnengeld)

Nr. 32: A tout oublier (Alles vergessen)

XXXIII

Nr. 33: L'étalon et la fiancée du vent (Der Hengst und die Windbraut)

xxxiv

Nr. 34: Eve, la seule qui nous reste (Eva, die einzige, die uns bleibt)

Betrachters, so die These, zielt Max Ernst mit seinen Frottagen und ihren rätselhaften Titeln. In diesem Sinne wollen auch die vorliegenden Deutungen der Blätter weniger eine sich in der Frottage womöglich ausdrückende, tatsächliche, wie auch immer bewusste Halluzination des Schöpfers Max Ernst rekonstruieren und schlüssig nachvollziehen. Sie versuchen vielmehr, sich auf den von ihm intendierten Akt des neuen, halluzinatorischen Sehens einzulassen und sich darin gleichsam zu üben. Weil sich dies aber nicht nur in der Gestaltung der einzelnen Frottagen, sondern auch in der Komposition des Zyklus, dem Arrangement und der Abfolge der Blätter ausdrückt, soll die Serie hier – was bisher kaum versucht worden ist – in ihrer Gesamtheit und der im Erstdruck gegebenen Reihenfolge Blatt für Blatt betrachtet werden.

Der Zyklus beginnt mit einer ersten Sequenz von fünf hochformatigen Blättern (Blatt 1-5) zur Elementargeschichte des Kosmos und der Erde.[54] Auf diesen Blättern sind keine Lebewesen, weder Pflanzen noch Tiere oder Menschen, zu sehen.

Blatt 1 wirkt wie eine geometrisch-abstrakte Komposition, auf der zwar einige Formen, aber keine oder nur wenige Gegenstände erkennbar sind. Die beiden Hälften des durch eine mittige Querachse geteilten Blattes sind durch Muster strukturiert, die in den folgenden Blättern öfter wiederkehren: In der oberen Hälfte, dem ›Himmel‹, sind es die berühmten Dielenböden bzw. hölzernen Bretter, die hier quer liegen und unterschiedlich gemasert sind. In der unteren Hälfte sind die durchgeriebenen Unterlagen nicht eindeutig identifizierbar. Der Abrieb im Vordergrund zeugt von einer relativ kleinteiligen, körnig-porösen Oberflächenstruktur, die auf dem ersten Blatt wie eine natürliche, unbewachsene und unbebaute Erde wirkt. Auf diese ›Erdoberfläche‹ ist, trapezförmig sich nach vorne erweiternd und so eine perspektivische Raumwirkung erzeugend, ein helles Viereck platziert. Dieses ist deutlich mit einem schwarzen Strich umrandet und von einer unruhigen, eigentümlich zackigen

S. 113-114. – Nach eigener Auskunft maß Max Ernst den Titeln seiner Bilder große Bedeutung bei vgl. Max Ernst: Die Nacktheit der Frau ist weiser als die Lehre des Philosophen. In: John Russell: Max Ernst. Leben und Werk. Übertr. aus dem Engl. v. Susanne B. Milczewsky. Köln 1966, S. 301-310, hier S. 303. Vgl. auch die exemplarische Interpretation des Text-Bild-Verhältnisses bei Max Ernst am Beispiel des Bildes *Refus d'Apollon* von Wix: Max Ernst, S. 55-73.

54 Ob diese Eröffnung des Zyklus mit den Naturkräften tatsächlich mit einer Rezeption des Konzeptes des elan vital von Bergson in Zusammenhang steht, sei dahingestellt, vgl. Juri Steiner: Drei Sehfahrer. In: Arnold Böcklin, Giorgio de Chirico, Max Ernst. Eine Reise ins Ungewisse. Hg. v. Angelika Wesenberg. Berlin 1997, S. 16-39, hier S. 32.

Wellenstruktur erfüllt. Das wie aufgesetzt wirkende, an eine Leinwand erinnernde Viereck ist das Zentrum der geometrischen Bildkomposition: In das Trapez ist wie mit einem Zirkel ein freilich unten nicht durchgezogener Kreis geschlagen, der, ohne eine eigene Binnenstruktur und also quasi durchsichtig, lediglich als Linie, entwurfhaft-konstruktivistisch einen runden Ausschnitt markiert. Diese Kreisform findet sich unmittelbar darunter noch einmal im Ansatz eines diesmal dunkel ausgefüllten, nur angeschnitten sichtbaren ballartigen Gebildes wieder, das in der körnigen Grundstruktur des unteren Bildteils zu versinken bzw. aus ihr aufzusteigen scheint und das in verkleinerter Form noch einmal oberhalb des Trapezes auftaucht. Als Kontrapunkt zu diesen offenen Kreisformen ragt hinter dem oberen Abschluss des Vierecks ein einziges andeutungshaft dreidimensionales, säulenartiges Bildelement auf, das, in sich waagerecht geriffelt, wohl durch den Durchrieb eines Kammes entstanden ist.[55] Über den oberen Himmelhintergrund ist schließlich in einem Band diagonal von links oben nach rechts unten bis in die Trapezfläche hinein eine dichte, aus parallelen Linien bestehende dunkle Schraffur gelegt.

Das erste Blatt der *Histoire naturelle* präsentiert mit anderen Worten eine Kombination von Kreisen und Vierecken, von Flächen und Linien, die sich spontan nicht eindeutig zusammenlesen und deuten lassen. Neben dieser Verweigerung der Identifizierbarkeit ist auch eine Irritation perspektivischer Sehgewohnheiten offensichtlich beabsichtigt – etwa durch den »Wechsel von Draufsicht« (wie bei dem Trapez und dem in es hineingeschlagenen Kreis) und »Seitenansicht« (wie bei der Säule) und die Verweigerung eines eindeutig gestaffelten, logischen Bildaufbaus.[56]

Eine konkrete Deutung der Komposition wird entscheidend erst durch den Kontext – es handelt sich um Blatt 1 einer *Histoire naturelle* – und durch die Bildunterschrift, *La mer et la pluie – Das Meer und der Regen*, angeregt. Kon- und Subtext setzen einen doppelten Identifizierungs- und Zuschreibungsprozess in Gang: Inspiriert durch den Titel wird die Schraffur nun lesbar als ein Regenguss, der auf das im Wellenfeld angedeutete Meer niedergeht. Dahinter wird eine Anknüpfung an die biblische Schöpfungsgeschichte erkennbar, heißt es doch bekanntlich in Genesis I, 2: »[D]ie Erde aber war wüst und wirr, Finsternis lag über der Urflut und Gottes Geist schwebte über dem Wasser.« Blickt man nun noch einmal neu auf das Blatt, so könnte man ausgehend vom biblischen Prätext in dem mit dem Zirkel auf das zackig-wellige ›Meer‹ gesetzten

55 So die Vermutung von Ubl: Prähistorische Zukunft, S. 83.
56 Bischoff: Max Ernst, S. 37.

konstruktivistischen Kreis »Gottes Geist« angedeutet finden, in dem sich zugleich wohl der Künstler ironisch als ›second maker‹ spiegelt. Möglicherweise, so könnte man diesen Gedanken fortspinnen, lässt der über dem Wasser schwebende Schöpfer gerade seinen neuesten Entwurf, eine im nächsten Blatt erscheinende Sonne, umrisshaft aus dem Wasser aufsteigen.

Andere Bildelemente lassen sich schwerer im Sinne der Genesis interpretieren und scheinen ausschließlich innerhalb der Max Ernstschen eigenen Version der Schöpfungsgeschichte ihre Funktion zu erfüllen: So weisen die beiden angeschnittenen, dunklen, ballartigen Bildelemente auf das im zweiten Blatt vollständiger sichtbare, dunkel ausgefüllte sonnen- oder mondartige Gebilde am Horizont. Die aufragende Säule, die in der ansonsten elementarischen, menschenfernen Welt ein Fremdkörper bleibt, könnte, wenn man in ihr das offenbar zugrunde gelegte Durchrieb-Material, den Kamm, erblickt, als eine Vorwegnahme des Schlusses dieser alternativen Schöpfungsgeschichte gelesen werden: Schon im Anfang würde damit ein Requisit zitiert, das nicht nur allgemein eine unwillkürliche Assoziation zum Menschen auslöst, sondern ganz unmittelbar mit dem letzten Blatt korrespondiert, das beinahe ganz von menschlichem Haupthaar eingenommen wird.

Die von Max Ernst entworfene Naturgeschichte erweist sich mithin schon im ersten Blatt als eine vom Menschen durchwirkte, hochartistische. ›Natur‹ wird in ihr zwar in Form der durchgepausten Holzbretter eindeutig zitiert und materialhaft zugrunde gelegt, eine Mimesis derselben aber verweigert. Im Gegenteil wird ein antimimetisches ästhetisches Programm durch die ›Bild im Bild‹-Technik (d. h. die Darstellung des Meeres auf einer Leinwand) exponiert.[57]

57 Zu dieser selbstreflexiven Lesart des Eröffnungsbildes fügt sich, dass in der kunsthistorischen Forschung über eine Bezugnahme Max Ernsts auf bildkünstlerische Vorbilder intensiv diskutiert wird. Gefragt wird, an welche bildnerischen Urflut-Szenerien Max Ernst sich mit diesem ersten Blatt seiner *Histoire naturelle* anlehnt. Ubl (Prähistorische Zukunft, S. 92 f.) geht davon aus, dass »Max Ernst seine Bildfolge auf eine Bildgattung [bezieht], die seiner und seiner Freunde Kindheit entstammt« und zwar auf die paläontologischen Illustrationen popularwissenschaftlicher Naturbücher des 19. Jahrhunderts. Für das erste Bild des Frottagenzyklus möchte Ubl das Vorbild in einer Illustration von Edouard Riou mit dem Titel *Condensation et chute des eaux sur le globe primitif* (1864) erkennen – eine Parallele, die allerdings nur bedingt überzeugt, da Rious Bild neben einer Darstellung von Meer und Regen alle anderen, für Max Ernsts Komposition durchaus wesentlichen Bildelemente nicht enthält. Aus den selben Gründen scheint auch der Hinweis von Pamela Kort (Arnold Böcklin, Max Ernst und die Debatten um

Wie das erste Blatt bleiben auch die folgenden vier Blätter dieser Sequenz mehr oder weniger abstrakt und arrangieren die von verschiedenen Materialien durchfrottierten Muster in eher geometrischen, nicht ohne Weiteres gegenständlich lesbaren Kompositionen. Am wenigsten gilt dies für Blatt 2. Der völlig unbearbeitete Himmel-Hintergrund dieses Hochformats wird im unteren Bildteil durch eine schnurgerade Horizontlinie von einer zart-verschwommen strukturierten Meeresoberfläche abgegrenzt. In der Mitte des Himmel-Hintergrunds scheint eine im Zentrum leere, durch dünne Strahlen-Striche angedeutete Sonne. Sie wird von zwei massiven, metallisch wirkenden, einzelne Kreuze bzw. Löcher aufweisenden, leicht dezentriert angeordneten und nicht geschlossenen dunklen Ringen umgeben. Am Horizont ragt der bereits erwähnte dunkel gefüllte, ballartige Halbkreis hervor, der eine netzartige, möglicherweise von einem Leder stammende Struktur aufweist und von dem kaum eindeutig entschieden werden kann, ob er noch einmal die Sonne oder den Mond, ob auf- oder untergehend, darstellen soll. Jedenfalls findet sich hier erstmalig ein Kompositionsmerkmal, das sich in vielen der folgenden Blätter wiederholen wird, nämlich die Verdopplung des im Vordergrund dargestellten zentralen Objekts in Gestalt einer verkleinerten, variierten, in die Ferne des Horizonts versetzten Pendants. Es liegt nahe, in dieser Technik einen Versuch der Zeitdarstellung zu sehen, den Versuch also, Duratives wie die ewig sich wiederholenden Sonnenaufgänge im Simultanen der bildkünstlerischen Darstellung zu visualisieren.

Der Titel des Blattes, *Un coup d'œil – Ein kurzer Blick* oder *Augenblick*,[58] könnte, weiter im Kontext der Schöpfungsgeschichte gelesen, auf den berühmten Satz aus Genesis I, 3 anspielen: »Gott sprach: Es werde Licht. Und es wurde Licht.«

Zugleich aber ist die auffällig von durchbrochenen Ringen umgebene Sonne ein erstes ikonographisches Zitat aus der (von Max Ernst sehr bewunderten)[59] *Encyclopédie* Diderots: Zitiert ist eine der vielen Darstel-

Ursprünge und Überleben in Deutschland und Frankreich. In: Darwin. Kunst und die Suche nach den Ursprüngen. Hg. v. Pamela Kort u. Max Hollein. Frankfurt a. M. 2009, S. 24-53, hier S. 45), das erste Blatt des Zyklus sei »ikonographisch eher an *Les origines de l'atmosphère* in Flammarions *L'Atmosphère* angelehnt«, nicht wirklich weiterführend, zumal der Duktus und die Gegenstandswahl der Illustrationen in den Werken Flammarions mit denjenigen Max Ernsts keine Ähnlichkeiten aufweisen.

58 Max Ernst selbst übersetzt den Titel mit dem Begriff »Augenblick«, vgl. Max Ernst: Jenseits der Malerei, S. 328.

59 So der Hinweis von Spies (Max Ernst. Collagen, S. 97), der freilich keine konkreten Bezüge zwischen einzelnen Tafeln der *Encyclopédie* und Max Ernsts Frottagen

lungen zur Feuerwerkskunst, die die auffällige Form der Max Ernstschen ›umringten Sonne‹ ziemlich genau vorgibt.[60] Liest man die Sonne in diesem Sinne als Zitat aus der *Encyclopédie*, so erweist sich das vermeintliche Himmelsgestirn als eine menschengemachte, augenblickshaft aufleuchtende Pseudo-Sonne. Das Blatt ist damit sehr genau auf das erste bezogen: Dem ersten Bild, das das Meer als ein Dargestelltes zeigte, folgt ein zweites, das eine (oder, nimmt man die am Horizont untergehende dunkle ›Netzstruktur-Sonne‹ hinzu, sogar zwei) künstliche Sonne(n) präsentiert. Wird in beiden Blättern übereinstimmend Natur als Kunstnatur dargestellt, so sind die Bilder zugleich auch kontrastiv aufeinander bezogen: Der insgesamt dunklen Unwetterdarstellung in *Das Meer und der Regen*, das mit seiner Vielzahl unterschiedlicher Materialabriebe das Haptisch-Taktile betont, folgt als zweites Blatt ein völlig aufgeklartes, lichtdurchflutetes Bild, das die Wiedergabe von Materialstrukturen zugunsten des Visuellen zurücknimmt.[61]

Blatt 3 nimmt das in den beiden ersten Bildern eingeführte Darstellungselement des Kreises auf. Es zeigt drei kleinere Kreise, die um einen größeren Kreis in der Form eines annähernd gleichschenkeligen Dreiecks angeordnet sind. Die vier runden Bildelemente weisen eine je unterschiedliche Struktur auf, d. h., für jeden dieser Kreise hat Max Ernst ganz offensichtlich andere Materialien durchgerieben. Während der Kreis unten links eine wiederum kreisförmig angeordnete, löchrige Punktstruktur wie etwa diejenige eines Küchensiebes aufweist, präsentiert sich der rechte untere Kreis

herstellt und fälschlicherweise behauptet, dass die »Tafeln, die der Enzyklopädie Diderots und d'Alemberts beigegeben sind, [...] unter der Rubrik *Histoire Naturelle* Abbildungen [vorführen], die den Naturbegriff der Enzyklopädie, der auf der kosmologischen und theologischen Ebene verengt worden ist, mit Hilfe von Naturphänomenen wieder ausweiten wollen« (Spies: Max Ernst. Frottagen, S. 15).

60 Die auffälligen Ringe um die Sonne scheinen sich weniger, wie Legge (Zeuxis's Grapes, S. 154 f.) annimmt, aus der barocken Emblematik zu speisen, als vielmehr die Figur 78 aus der *Encyclopédie* in der Abteilung *Artificier*, Feuerwerkskunst, zu zitieren, vgl. Diderots Enzyklopädie. Die Bildtafeln 1762-1777. Lizenzausgabe Augsburg 1995. 4 Bde. u. Registerbd., hier Bd. 1, S. 266.

61 Eine derartige Verknüpfung der beiden Blätter nimmt auch Ubl (Prähistorische Zukunft, S. 80) an, der allerdings das fortschreitende Moment der Naturgeschichte insbesondere durch die auf wenige Ausdrucksmittel beschränkende Frottagetechnik »von Anfang an mit regressiven Momenten verschränkt« sieht – eine Deutung, die doch etwas freudianisch wirkt. Überzeugend hingegen ist Ubls Interpretation der beiden Anfangsblätter als einem »antithetische[n] Paar«, bei dem die Übereinstimmung hinsichtlich der Größe, dem Hochformat, der Kreisform und der kosmischen Thematik durch einen kontrastiven Wechsel »vom Dunkel zur Helligkeit, vom Taktilen zum Optischen« aufgewogen werde (ebd., S. 82).

insgesamt flächiger mit einem kleinen zirkelartigen Fadenmotiv in der Mitte. Der oberste Kreis wiederum wirkt mit seiner kreisartigen Rillenstruktur wie eine Baumscheibe mit Astloch. Alle drei kleinen Kreise stimmen bei aller Verschiedenheit ihrer Struktur darin überein, dass sie die Kreisform flächig aufnehmen. Der große, mittlere Kreis im Bildzentrum hingegen ist in sich eher kantig und eckig strukturiert. Im linken oberen Drittel ist er gleichsam von einer abnehmenden Mondsichel verschattet, an deren Enden, die Diagonale von links unten nach rechts oben betonend, kleine halbrunde Kreise geschwärzt sind, die wie Pole wirken und für das zentrale Objekt eine schräg liegende Mittelachse andeuten. Alle vier Kreise schweben vor einer dunklen Fläche mit einer waagerechten, ziemlich gleichmäßigen Textur, die sieben Achtel des Bildraums einnimmt und die man wieder als Himmel deuten könnte. Entsprechend könnte man das unterhalb der Horizontlinie liegende helle Achtel, das durch ein Brett gerieben sein dürfte, als die Erde verstehen. Eine kleine helle Aufwölbung am Horizont ließe sich dann als ein Berg, die von ihm herabfallende Zickzack-Linie als ein Bach deuten. Folgt man dieser Lesart, ließen sich die vier Kreise am Himmel als im All schwebende Planeten oder Sterne verstehen.[62] Diese Deutung wird in gewisser Weise durch den Titel des Bildes nahegelegt: *Petites tables autour de la terre – Drei Tischlein umkreisen die Erde*. Darin liegt einerseits der Hinweis, dass das Blatt innerhalb der naturgeschichtlichen Bilderfolge vom Wasser über das Licht zu den Planeten und der Erde voranschreitet. Andererseits kann die ›Landschaft‹ am Bildgrund kaum eine irdische sein, oder aber das Bild ist von einer bewusst widersprüchlichen Doppelperspektive bestimmt, die die Erde zweifach, einmal als runden Planeten und einmal als flächige Landschaft abbildet.[63] Vor allem aber hebt der Titel ein solch einsinniges Verständnis dadurch auf, dass er gar nicht von Planeten, Sternen oder Monden spricht, die die Erde umkreisen, sondern von offenbar in der Draufsicht dargestellten runden Tischen. Surrealistisch verfremdend kombiniert der Titel damit ganz unterschiedliche Zeiten und Erfahrungsräume, zitiert in die vormenschliche Urwelt der Schöpfung menschengemachte, künstliche Gebrauchsgegenstände.[64]

62 Schöpfungsgeschichtlich wäre in diesem Blatt möglicherweise die Schaffung des Himmels (Gen 1,8) und der Erde (Gen 1,9) thematisiert.

63 So die Deutung von Ubl: Prähistorische Zukunft, S. 94.

64 Ubl sieht, seiner These folgend, dass es Max Ernst mit seinem Frottagenzyklus generell um die Darstellung und Re-Inszenierung eines »spukhaften Herauswachsens« neuer Bilder gehe (Ubl: Prähistorische Zukunft, S. 68), in der dritten Frottage eine versteckte Figur und die Andeutungen weiterer (ebd., S. 95), die ich freilich nicht erkennen kann.

Das Verfahren einer abstrakten Komposition von flächig gegeneinander abgegrenzten Material-Mustern prägt besonders auffällig auch Blatt 4. Wiederum deutlich in zwei verschieden große Hälften geteilt, besteht es aus einem dunkleren unteren Zweidrittel, das von verschiedenen waagerechten Wellenlinien durchwirkt ist, und einem oberen Bilddrittel, das beinahe wie eine Tapete von einer Art dichtem, stilisierten Blumenmuster bestimmt ist, dessen einzelne ›Blüten‹ graphisch an die zentrale ›Sonne‹ des zweiten Blatts erinnern. Abgesehen von diesen ›Blumen‹ lassen sich keine Gegenstände eindeutig identifizieren. Das Bild verweigert sich wie das erste und dritte Blatt der Zentralperspektive und ordnet die verschiedenen Bildbereiche lediglich schichtweise übereinander an.[65] Der Titel *Le châle à fleurs de givre – Ein Schal aus Eisblumen* ist zunächst verwirrend, weil er die beiden durch die Horizontlinie so klar getrennten Bildbereiche zusammenführt. Lassen sich ausgehend von der Bildunterschrift das Blumenmuster im oberen Bildbereich durchaus als ›Eisblumen‹ identifizieren, und kann man die Wellen im unteren Teil, zumal das auffällig weiß belassene Element, sehr wohl als einen waagerecht ausgebreiteten ›Schal‹ lesen, so verlangt die Zusammenziehung zu einem ›Schal aus Eisblumen‹ vom Betrachter einen halluzinatorischen Akt. Wie im dritten Bild (hier waren es die Tische) durchbricht ein erst durch den Titel aufgerufenes, vom Menschen gemachtes Requisit (der Schal) den im engeren Sinne naturgeschichtlichen Vorstellungsbereich, der bildkünstlerisch durch die Blumen und die Wasserwellen durchaus bedient wird.

Auch Blatt 5 ist eine abstrakt-geometrische Musterkomposition, in der vollends nichts Gegenständliches mehr zu assoziieren ist. Es ist wieder durch eine diesmal allerdings nicht markierte, sondern gedachte Horizontlinie geteilt, die auch nicht Himmel und Erde scheidet, sondern als Spiegelachse zwei gleiche, spiegelverkehrt gerichtete, fast kreisrunde Gebilde trennt. Diese sind im Inneren eher körnig strukturiert, laufen dann wie durch eine Baumscheibe durchgerieben ringartig weit aus.[66] In der Bildmitte, auf der gedachten Spiegelachse, hebt sich eine kräftig konturierte, aus den oberen Rändern unregelmäßig ausbrechende Raute hervor, die im Innern eine stark quer laufende und eine dünne, zickzackartig senkrecht verlaufende Strichelung aufweist. Der Titel des Blattes lautet *Le tremblement de terre – Das Erdbeben*. Demnach wäre vielleicht die

65 Vgl. in diesem Sinne den Hinweis von Spies: Max Ernst. Frottagen, S. 19.

66 Diese Kreise hat Max Ernst wohl von seinem 1924/25 entstandenen Ölgemälde *Paris-Rêve* durchgerieben, vgl. den Hinweis von Derenthal, Pech: L'écriture automatique de Max Ernst, S. 107.

Raute, zumal ihr asymmetrisches Ausbrechen nach oben, als das seismische Zentrum zu lesen, von dem die sich wellenartig ausbreitenden Erschütterungen ihren Ausgang nehmen. Gegenstand der Darstellung wäre damit nicht das Erscheinungsbild der katastrophalen Folgen eines Bebens auf der Erdoberfläche, sondern die messtechnisch-graphische Aufzeichnung der das Erdbeben auslösenden geophysikalischen Kräfte.

Damit endet die erste, den kosmischen Elementarkräften gewidmete, aus eher geometrisch-abstrakten Kompositionen bestehende Sequenz des Zyklus. In der zweiten, umfangreichen Folge (Blatt 6-21) steht nun das Pflanzenreich im Zentrum der Darstellung.[67] Diese Sequenz lässt sich ihrerseits – sieht man einmal von den beiden etwas aus der Reihe fallenden Blätter 11 und 15 ab – klar in drei Untergruppen gliedern: Eine erste Gruppe mit Einzelpflanzen in einer leeren Landschaft (Blatt 6-10), eine damit kontrastierende zweite Gruppe, die ›Doppelporträts‹ zweier verschiedener pflanzlicher Phantasiegewächse zeigt (Blatt 12-14), und eine dritte Gruppe, die durch den Einsatz unterschiedlich strukturierter Baumblätter bildkünstlerisch über den Begriff der Mimesis reflektiert (Blatt 16-21).

Die fünf Frottagen der ersten Untergruppe zeigen »einzeln und hoch aufgerichtet[e] in den Vordergrund weiter Ebenen gestellte« Pflanzen, deren »Umrissformen […] meist nochmals am Horizont in perspektivischer Verkleinerung« auftauchen.[68] Das erste Bild dieser Abteilung, das Blatt 6, ist zugleich das erste Blatt der *Histoire naturelle* im Querformat. Im unteren Bildteil wird es bestimmt durch eine waagerechte Linienstruktur – offensichtlich entstanden durch Abrieb des Dielenbodens –, die man unwillkürlich als Bodenwellen einer kargen, völlig leeren Ackerfläche liest.[69] Aus dieser Bodenfläche ragt knapp unterhalb der Horizontlinie, rechts von der Bildmitte versetzt, ein vom Umriss her baumähnlicher Gegenstand in den völlig leer und strukturlos belassenen ›Himmel‹. Dieser ›Baum‹ irritiert allerdings durch seine flächige, jeder dreidimensionalen Tiefe entbehrende Gestalt. Seine Krone besteht aus fächerförmig sich ausbreitenden Lamellen, die ihr ein stilisiert-künstliches Aussehen geben. Mit diesem Baum korrespondieren zwei weitere, in gestaffelter Raumtiefe erkennbare, immer winziger werdende Bäume, die jedoch einen anderen, fast kronenlosen, eher stammartigen Umriss haben. Durch sie (wie übrigens auch durch die sich nach hinten verdichtende

67 Schöpfungsgeschichtlich entspricht das dem dritten Tag, vgl. Gen. 1,11-13.

68 Pech: Verzeichnis, S. 381.

69 Vgl. den Hinweis von Konersmann: Max Ernst und die Idee der Naturgeschichte, S. 161.

Rillenstruktur des Ackers) gewinnt das Bild die Andeutung einer perspektivischen Tiefe.[70] Überhaupt kann es umstandsloser als die Vorherigen als eine Landschaft gelesen werden, wenn auch als eine bis auf die drei nichtorganisch wirkenden ›Bäume‹ völlig leere, unbelebte, geradezu tote Landschaft, die in einen ebenfalls leeren und unbelebten Himmel hineinragt. Insofern scheint der Titel *Les pampas – Die Pampas* ungewöhnlich leicht nachvollziehbar. In der kompositorischen Folge seiner bildkünstlerischen Naturgeschichte scheint Max Ernst nach dem Erdbeben nun einen Blick auf die verbliebenen Reste der alten bzw. die Anfänge einer neu entstehenden, freilich kaum lebendig wirkenden Natur zu werfen.

Den Eindruck einer nach-katastrophalen Abgestorbenheit der Natur verstärken die folgenden, sich sehr ähnelnden, ausschließlich hochformatigen Blätter. Blatt 7 präsentiert auf einem das untere Achtel einnehmenden, wenig strukturierten Bildgrund ein nicht ganz mittig platziertes, leicht nach rechts versetztes säulenartiges Gebilde. Dieses zentrale Objekt weist eine regelmäßige, ein feines Relief andeutende rautenförmige Netzstruktur auf – ein Muster, das sich in den folgenden Blättern wiederholen wird. Zwar wirkt diese Säule einerseits organisch wie ein Halm, ein Stängel oder ein Stamm (da es keinen Vergleichsmaßstab gibt, bleibt die Größe unklar), doch wächst sie nicht organisch aus dem Boden heraus, sondern ist durch eine durchgezogene schwarze Linie klar von demselben getrennt und wirkt daher wie aufgesetzt. Da dieses Gebilde zudem keinerlei Triebe, Zweige oder Blätter aufweist, oben offensichtlich abgebrochen ist (wobei sich hier auch die durch einen Schatten suggerierte Dreidimensionalität verliert), wirkt der Stamm insgesamt nicht nur wie abgestorben, sondern zugleich tot und künstlich. Dieser Eindruck wiederholt sich auch in dem Pendant am Horizont, das nur mehr die Gestalt eines kleinen schwarzen Rechtecks aufweist. Den Titel *Il tombera loin d'ici – Er wird weit von hier fallen* könnte man als Prognose lesen: Der tote, bereits abgebrochene und leblose, aber noch aufrecht stehende Stamm ist schon dem Ende geweiht, er wird fallen. Warum er jedoch nicht hier, sondern »weit von hier« fallen wird, irritiert: Vielleicht wird er in jener Ferne am Horizont fallen, die durch sein kleines Pendant bereits angedeutet ist? Die sich aufdrängende Frage, wie der doch wohl über

70 Spies (Max Ernst. Frottagen, S. 19) nennt dieses Blatt als Beispiel für die zweite Form der Raumgestaltung im Frottagenzyklus: Neben der vor allem in den kosmologischen Blättern angewandten horizontalen Schichtung bediene sich Max Ernst eines zweiten Systems, wenn er, wie in dem sechsten Blatt, »den Raum durch das Hintereinanderstellen jäher Fixpunkte entstehen« lasse.

keine Eigenbewegungskraft verfügende Stamm in dieser leeren Landschaft überhaupt in die Weite gelangen kann, muss wohl damit beantwortet werden, dass biologische und physikalische Naturgesetze für die Bildkomposition und für die Titelei nicht bestimmend sind. Festhalten kann man jedoch, dass räumliche Tiefe auch hier als eine Markierung für zeitliche Ersteckung eingesetzt wird, ja, eine Geschichte, einen Ablauf von Ereignissen andeutet.

In Bildaufbau und Bildgegenstand ähnelt Blatt 8 dem siebten auffällig, variiert es aber zugleich im Sinne einer Weiterentwicklung. Erneut ragt ein Pflanzenstamm-Gebilde aus einem gleich niedrigen Boden in einen gleich leeren Himmel, und erneut korrespondiert es mit einem Pendant am fernen Horizont. Doch das Blatt macht insgesamt einen vegetativeren, lebendigeren Eindruck. Der Boden, wieder durch Abrieb von Holzbrettern entstanden, ist deutlicher strukturiert und bildet den Untergrund für diesmal zwei zwillingshaft, vermutlich aus einer gleichen Wurzel aufkeimende Stämme. Diese wirken nicht wie auf den Boden aufgesetzt, sondern wachsen erkennbar aus ihm heraus und weisen anstelle des künstlich-netzartigen Musters des in Blatt 7 gezeigten Stammes die Merkmale von Schachtelhalm auf. Seitentriebe fehlen auch hier, und auch die Schachtelhalme brechen ab, allerdings an einer eher natürlich wirkenden Stelle. Das kleine, wiederum nur als schwarzes Rechteck erkennbare Pendant am Horizont wird ergänzt durch einen weiteren, wie die zentralen Objekte als Schachtelhalm erkennbaren Stängel im Mittelgrund. Max Ernst nennt das achte Blatt *Les fausses positions – Falsche Stellungen* und lässt damit vielsagend offen, ob er eine organische, nicht lebensfähige Fehlstellung des dargestellten Objekts bezeichnet oder die rein ästhetische, kompositorische Figuration der Darstellung selbst. Ist also die Natur falsch oder die Darstellung der Natur? Stehen das Organische und das Ästhetische in einem untrennbaren, aber auch notwendig widersprüchlichen, ›falschen‹ Verhältnis?

Einen auffälligen Zuwachs an organischer Konkretion in der Darstellung der Pflanzenobjekte bei gleichzeitig zunehmendem Einsatz abstrakt-konstruktiver Gestaltungselemente bringen die beiden folgenden Blätter. Blatt 9 behält den Bildaufbau mit Boden und Himmel, Vordergrund-Objekt und Hintergrund-Pendant bei, doch bleibt der Horizont unmarkiert und der Boden ist nicht mehr als natürliches ackerähnliches Feld, sondern als künstlich gemustertes (die Rauten- oder Netzstruktur aus Blatt 7 aufnehmendes) Plateau dargestellt. Die dargestellte Pflanze ist, wie in Blatt 7, künstlich auf den Bildgrund aufgesetzt, erscheint aber nicht mehr nur als rumpfartiger Stamm oder Halm, sondern vollständig und unversehrt. Es handelt sich um eine Art Baum, dessen Stamm sich leicht schief nach rechts beugt und in dessen dichter Krone dunkle Abtönungen Raumtiefe erzeugen. Das Pendant am Horizont ist in Blatt 9 kein schlichtes Rechteck, sondern ein nicht identifizierbares Objekt, das am oberen Rand nicht begrenzt ist und dadurch eigentümlich unfertig wirkt. Laut Titel handelt es sich bei dem Baum um eine Zypresse, *Le fascinant cyprès – Die faszinierende Zypresse*, was aufgrund der Silhouette durchaus einleuchtet.[71] Weshalb diese Zypresse freilich faszinierend sein soll, erschließt sich aus dem Bild selbst nicht – in der ikonographischen Forschung zur *Histoire naturelle* wurde vermutet, dass Max Ernst sich für dieses Blatt von der Darstellung der Zypresse in Andreas Alciatus' Emblembuch hat inspirieren lassen.[72] Die Zypresse ist in der barocken Emblematik, wie auch schon in der Antike, ein Sinnbild unfruchtbarer Schönheit[73] – möglicherweise gilt sie auch Max Ernst deshalb als ein Faszinosum. Auffällig ist jedenfalls, dass er der Zypresse überhaupt eine Eigenschaft zuspricht: Dieser anthropomorphisierende und moralisierende Blick auf Pflanzen und Tiere bestimmt auch die Titelei einiger der folgenden Blätter.

In Blatt 10 durchbricht Max Ernst erstmalig den bisherigen Bildaufbau, indem er die ›Horizontlinie‹, die hier als Strich die gleichermaßen leeren und kaum mehr als ›Erde‹ und ›Himmel‹ identifizierbaren Bildteile trennt, in der Bildmitte abbricht. Die übliche Gliederung des Bildraums in oben und unten wird überschnitten durch ein vom unteren Bildrand diagonal in Richtung der oberen rechten Bildecke verlaufendes, dunkles, porös-körnig strukturiertes Feld. Auf dieses flächig wirkende Feld ist das zentrale Objekt wiederum nur aufgesetzt, diesmal nicht als eine ganze Pflanze, sondern als ein, allerdings stark stilisiertes, Blütenblatt, das einen ebenfalls nach schräg oben verlaufenden, sich dunkel schraffiert von dem Diagonalfeld abhebenden Schatten wirft.[74] Diese Diagonalstruktur von dem dreieckigen Feld und Schatten wird zusätzlich durch einen von der ›Horizontlinie‹ schräg in die linke untere Bildecke verlaufenden Strich verstärkt. Insgesamt wird so deutlicher als in allen vorausgehenden Blättern der Eindruck einer perspektivischen Raum-

71 In dem ansonsten sehr schönen und solide gearbeiteten Katalogband *Die Erfindung der Natur* sind verwirrenderweise die Titel der Blätter neun und siebzehn vertauscht.

72 Vgl. Legge: Zeuxis's Grapes, S. 151.

73 Vgl. Emblemata. Handbuch zur Sinnbildkunst des XVI. und XVII. Jahrhunderts. Ergänzte Neuausgabe. Hg. v. Arthur Henkel u. Albrecht Schöne. Stuttgart 1976, Sp. 215 f.

74 Ubl (Prähistorische Zukunft, S. 89) nennt das Blatt ›versteinert‹, was aber nicht einleuchtet.

tiefe, aber auch eine »befremdliche[] Polarisierung von Nah- und Fernsicht« hervorgerufen.[75] Auch das aufrecht stehende Blütenblatt selbst wirkt andeutungsweise dreidimensional, weil es sich von unten nach oben zunehmend entfaltet und öffnet. Von der dunklen, unregelmäßigen Blattstruktur heben sich einige an Staubfäden erinnernde Gebilde ab, deren Lineatur freilich eher konstruktivistisch anmutet. Insgesamt wirkt das ›Blütenblatt‹ relativ konkret und realistisch, der es umgebende Raum hingegen abstrakt. Dieses paradoxe Ineinander von Konkretion und Abstraktion weiter betonend, ist das korrespondierende Pendant zum zentralen Objekt auffällig realistisch als ein Ginkgoblatt identifizierbar. *Elle garde son secret – Sie bewahrt ihr Geheimnis*, heißt das Bild: Mit dem Personalpronomen »elle« kann eigentlich nur die Blattblüte gemeint sein, die ihre Ränder beinahe wie einen Mantelkragen eingeschlagen hat und etwas verschämt dazustehen scheint und die sich ikonographisch möglicherweise wieder an eine Darstellung aus der *Encyclopédie*, das Bild der Vanilleblüte, anlehnt.[76]

Damit endet die Untergruppe der Stamm-, Pflanzen- und Blatt-Solitäre, und Max Ernst montiert, bevor er mit Blatt 12 bis 14 eine wiederum motivisch kohärente Untergruppe von pflanzlichen Doppeldarstellungen folgen lässt, mit Blatt 11 ein in Bildaufbau und Motiv gleichsam aus der Ordnung fallendes Sonderstück ein. Das Querformat ist als Bild im Bild komponiert und greift damit eine bekannte, im ersten Blatt des Zyklus aufgenommene selbstreflexive bildkünstlerische Technik auf. Die im unteren Fünftel verlaufende Horizontlinie, auf der schwach und fern eine Landschaft mit Bergen angedeutet ist, wird in ihrer perspektivischen Erstreckung zum unteren Bildvordergrund eher als leere Platte oder Tafel wahrnehmbar, wirkt also in der Ferne natürlich, in der Nähe künstlich. Im Vordergrund erhebt sich ohne erkennbare mechanische Stütze oder Befestigung vertikal und flächig ein Bild im Bild, das einen aus den bekannten Holzbrettern gewonnenen, schräg schraffierten Schatten auf die dahinter liegende Platte wirft. Das Bild im Bild wirkt völlig künstlich in die aus den vorigen Blättern bekannte Landschafts-Szenerie hineingestellt. Dieser Eindruck wird zusätzlich durch ein am linken Bildrand nach einer Lücke auftauchendes zweites dunkles Feld betont, das möglicherweise als ein weiterer, allerdings anders strukturierter Schatten ge-

75 So die Formulierung von Christa Lichtenstern: Metamorphose in der Kunst des 19. und 20. Jahrhunderts. Bd. 2: Metamorphose. Vom Mythos zum Prozeßdenken. Ovid-Rezeption. Surrealistische Ästhetik. Verwandlungsthematik der Nachkriegskunst. Weinheim 1992, S. 158.

76 Diderots Enzyklopädie, Bd. 2, S. 1352, Fig. 2.

deutet werden kann, der vielleicht von einem zweiten, außerhalb des Darstellungsausschnitts stehenden Bild geworfen wird. Die ›Bild im Bild‹-Konstruktion wird jedenfalls sehr deutlich ausgestellt und damit der »Vorgang des Sichtbarmachens« thematisiert.[77] Das rechteckige, das Blatt-Querformat in etwa aufnehmende Bild im Bild selbst zeigt zwei diffuse, wiederum auf einem angedeuteten, allerdings leicht welligen Boden sich erhebende Figurationen, die wohl aus durchgeriebenen Knäueln von Woll- oder Zwirnfäden hervorgegangen sind. Ihre wirren, kaum deutbaren Linienverläufe scheinen sich um einen Kern herum bald zu floralen Elementen, bald zu koboldhaften Tiergeistern zu verdichten.[78] Damit ist neben der Visualisierbarkeit die »Möglichkeit der Verwandlung […] zum expliziten Bildthema« gemacht.[79] Aber auch die Lesart, die Max Ernst mit seinem Titel *Coups de fouet ou ficelles de lave – Peitschenhiebe oder Lavastränge* anbietet, lässt sich mit einiger Phantasie und gutem Willen nachvollziehen, ohne dass sie freilich zwingend wäre: In der rechten Figuration könnte man einen Kopf und ausholende Peitschstränge, in der linken einen kleinen kreisrunden Vulkankrater ausmachen. Festhalten lässt sich immerhin, dass auch hier ungeschieden Naturgeschichtlich-Katastrophisches mit der Sphäre menschlichen Handelns halluziniert wird.

Mit dem zwölften Blatt beginnt die zweite Untergruppe der Pflanzendarstellungen, in der jeweils zwei unterschiedliche Gewächse räumlich leicht versetzt und ungleich groß auf ein teilweise »geologische[s] Gelände« gesetzt sind.[80] In gewisser Hinsicht wird in diesen Blättern die frühere Pendant-Konstellation aufgenommen und dahingehend variiert,

77 Pech: Verzeichnis, S. 381.

78 Ubl erblickt, seiner ›Mortfikationsthese‹ folgend (d. h. der These, das Frottagenmaterial sei »durch Abtötung gewonnen« [Ubl: Prähistorische Zukunft, S. 74]), in dem Blatt die in einen »Gesteinsblock« eingegrabenen fossilen Spuren »zweier, auf dem Höhepunkt eines wilden Kampfes erstarrter Vögel« (ebd., S. 81); weder kann ich jedoch Vogelgerippe erkennen, noch scheint mir das m. E. ganz flächig wirkende Rechteck überhaupt einen Gesteinsblock darzustellen. Auch sind die Linien eher weich und tänzerisch und weisen über den Bildrand hinaus – ein Arrangement, das zu Fossilien nicht zu passen scheint. Nachvollziehbarer erscheint da die Interpretation von Lichtenstern (Metamorphose, S. 163), die darauf hinweist, dass das, was »noch soeben ein [bloßes] ›Schnur‹-Zitat dünkte, […] sich nun, genauer betrachtet, als Spinnenfüße oder Insektenfühler über die Tafel hinauszutasten« scheint: »Was ›hinter‹ der Tafel als simple Schnur zu denken ist, nimmt ›vorne‹ eine doppeldeutige metamorphe Gestalt an.«

79 Lichtenstern: Metamorphose, S. 163.

80 Pech: Verzeichnis, S. 381.

dass das hintere Objekt nun sehr viel näher gerückt ist, so dass beide annähernd gleich große Gewächse fast den ganzen Bildraum ausfüllen und der Darstellung die für die früheren Blätter charakteristische Leere und Weite nehmen. Blatt 12 gliedert sich in einen weißen Vordergrund, der durch eine Horizontale von einem grau schraffierten ›Himmel‹ deutlich abgesetzt ist. Im linken Vordergrund liegt ein großes, rundes, in sich geripptes, knollenartiges Fruchtgebilde, das entfernt an eine Paprikaschote oder auch an einen Kürbis erinnert. Unterhalb dieser Frucht ist, nach rechts auslaufend, der Grund dunkel schraffiert, was wie ein Schatten, ein Fleck oder eine Lache wirkt. Rechts oberhalb davon befindet sich genau auf der Horizontlinie das zweite Objekt, ein fächerartig um eine leere Kreismitte arrangiertes, dekoratives Ensemble von gleichartigen, aber verschieden großen Baumblättern. Hier scheint das traditionelle Naturselbstdruck-Verfahren auf, indem Elemente aus der Natur nicht nur in ihrer Struktur, sondern auch in ihrer Form erkennbar abgepaust und in das Blatt montiert werden. Durch die frontale Draufsicht auf die Blattadern wirkt der Blätterfächer wie auf das Bild aufgeheftet.[81] Ob und wie Frucht und Blätter, die in Darstellungsweise, Perspektive und Maßstab eher kontrastieren, sich zu einem gemeinsamen, womöglich botanischen Sinn fügen lassen, scheint fraglich. Dass das Blatt zu einem »verlebendigende[n] Hineinsehen« animiert, lässt sich jedenfalls kaum bestreiten – ob jedoch der erwähnte Schatten als »Auge und Schnauze eines Tieres« identifizierbar ist, sei einmal dahingestellt.[82] Was im Einzelnen in die Bilder »hineingeheimnist« werden kann, zu welchem »Ähnlichkeitssehen« sie inspirieren, scheint auch von der individuellen Phantasie des Betrachters abzuhängen.[83] Max Ernst selber gibt dieser vergleichsweise konkreten Darstellung den bisher vielleicht verwirrendsten Titel *Les champs d'honneur, les inondations, les plantes sismiques – Felder der Ehre, Überschwemmungen, Erdbebenpflanzen*. Verwirrend ist schon die Kombination heterogener Wirklichkeitsbereiche im Wortlaut selber. Lassen sich Überschwemmung und Erdbeben (das bereits in Blatt 5 zitiert wurde) immerhin als zwei Naturkatastrophen auf Naturgeschichte beziehen, und mag auch das Kompositum »Erdbebenpflanze«

81 Ubl (Prähistorische Zukunft, S. 135) erblickt in dem Blattfächer einen aus Lorbeerblättern zusammengestellten Orden, der die ›Felder der Ehre‹ symbolisiere.

82 Ubl: Prähistorische Zukunft S. 135. – Dass Max Ernst in seinen Frottagen das visionäre Hineinsehen bildkünstlerisch umsetzt, hat schon Lichtenstern (Metamorphose, S. 158) überzeugend dargestellt. Ubl scheint allerdings manches Mal über das Ziel hinauszustoßen.

83 Ubl: Prähistorische Zukunft S. 54 u. S. 134.

immerhin Geologie und Botanik als zwei Bereich der Natur zusammenzwingen, so klafft doch zu dem aus der menschlichen Geschichte entnommenen Begriff »Felder der Ehre« eine kaum schließbare Verstehenslücke. Denn selbst wenn man, den Titel auf das Bild beziehend, die dort dargestellte Grundfläche als »Feld« bezeichnen wollte, fände man doch in dessen Darstellung nicht den geringsten Hinweis auf ein Schlachtfeld mit dort gefallenen Soldaten (es sei denn, man ginge von einer ›Schlacht‹ zwischen den beiden Pflanzenobjekten aus).[84] Aber auch von einem Erdbeben oder von einer »Überschwemmung« ist auf dem Bild nichts zu sehen, wenn man nicht die erwähnte schattenartige Lache (wenn sie denn eine ist) damit in Beziehung setzen wollte. So scheint hier die halluzinatorische Assoziationsstrecke von dem durch die Frottage hervorgetriebenen und kollationierten Bild zu dem darunter gesetzten Titel so lang, vielschrittig und subjektiv, dass sie intersubjektiv kaum mehr nachvollziehbar ist. Umso deutlicher zeigt sich hier die Funktion des Titels für die ästhetische Provokation nicht nur dieses Blattes, sondern des Zyklus insgesamt. Der Betrachter sieht sich herausgefordert, für sich selber die Kluft zwischen Bild und Text zu schließen. Auf die Ingangsetzung dieser produktiven Imaginationstätigkeit, nicht auf ihr mehr oder weniger schlüssiges und beweisbares Ergebnis, zielt dieses ästhetische Verfahren. Die Möglichkeit, hiervon ausgehend auf das Arbiträre der sprachlichen Bezeichnungs- und Identifikationspraxis, auf die künstliche Setzung eines eindeutigen Verhältnisses von Bezeichnetem und Zeichen kritisch zu reflektieren, ist sicher ein gewollter Nebeneffekt.

Dass Max Ernst das skizzierte ästhetische Verfahren jedoch nicht immer extrem ausreizt, sondern derartig hermetische Blätter eher spielerisch mit leichter verständlichen Bild-Titel-Kompositionen abwechselt, zeigen die folgenden Blätter 13 und 14. Beider Bildprogramm variiert das des zwölften Blattes, nur dass hier der geologische Boden deutlicher markiert wird (in Blatt 13 schwächer, in 14 stärker). Die Querformate kombinieren wieder ein Blätterwesen mit einer anderen, eher durch Akkumulation fruchtartiger Rundungen charakterisierten, kompakteren Gestalt. Dass zumindest das rechte Kugelobjekt in Blatt 13 auch als Vogelscheuche fungieren könnte, wie der Titel *Les épouvantails – Die Vogelscheuchen* vorgibt, scheint durch den rechten, wie ausgeflattert wirkenden Rand der Figur nachvollziehbar. Erstaunen muss es gleichwohl in einer Welt, in der es,

84 Eigentlich auch nur durch eine derartig vom Titel inspirierte Lesart kann man mit Ubl (Prähistorische Zukunft, S. 81) davon ausgehen, dass es sich bei den Gewächsen auf den Bildern zwölf bis vierzehn um »zoomorphe Blätterwesen« handle, die »aggressive Gemeinschaften« bilden.

bleibt man einmal streng innerhalb der Logik der schöpfungsgeschichtlichen Naturgeschichte, noch gar keine Vögel gibt – ein Argument freilich, über das sich die Titelei, die gern menschengemachte Produkte ins Bild hineinassoziiert, immer wieder hinwegsetzt. Einen anderen halluzinatorischen Akt fordert der Titel des Blattes 14: *Le start du châtaignier – Der Start des Kastanienbaums.* Ausgehend von der Bildunterschrift erweist sich das Kugelobjekt als ein aus stachligen runden Früchten bestehender Kastanienbaum, dessen visuell auffällige, durch ein Auge und zurückgestellte Ohren angedeutete Kaninchenhaftigkeit nun allerdings verbal, im Titel, gerade ignoriert wird, obwohl zugleich die naheliegende Bewegung des im Linksprofil gezeigten Kugel-Kastanien-Kaninchenwesen nach links aufgenommen und zur Ankündigung eines »Starts« verdichtet wird.

Das folgende Blatt steht hinsichtlich des dargestellten Inhalts isoliert und eingeschoben zwischen den vorherigen und den folgenden, verbindet sich aber hinsichtlich des Bildaufbaus mit mehreren anderen, im weiteren Verlauf des Zyklus eingestreuten Blättern, die ihr zentrales Objekt entweder in ein dreiseitig geschlossenes, nach oben offenes kastenartiges Gebilde platzieren (Blatt 15, 19, 27) oder im Hochformat zwischen zwei seitliche, massive Bretter förmlich einklemmen (Blatt 18, 25, 26).[85] Die Enge in all diesen Bildern steht in einem offensichtlichen Kontrast zur Weite der Landschaften in den ersten Blättern. In Blatt 15 scheinen die beiden seitlichen, leicht ornamental strukturierten, senkrecht aufragenden Seitenwände, deren linke bis an den oberen Bildrand reicht, während die rechte im hinteren Teil kurz vorher abbricht, auf einem perspektivisch sich verjüngenden, körnig-unruhigen, erdähnlichen Boden zu stehen. In der Mitte geben sie den Blick frei auf eine deutlich heller und leichter wirkende, von angedeuteten Blattstrukturen durchzogene ›Erde‹. Dieser zentrale Bildbereich wirkt dreidimensional durch die bröckelige obere Abbruchkante und durch das zentrale Objekt der Darstellung, eine sich von unten nach oben schlängelnde und dabei verjüngende, verzweigungslose Doppellinie, die an einen bis zur Erdoberfläche emporwachsenden Pflanzentrieb erinnert. Demnach würde das Blatt eine Aufnahme aus dem Wurzelreich der Pflanzen zeigen. Damit aber scheint sich eine spontane Verstehensbrücke zum Titel *Les cicatrices – Die Narben* nicht herzustellen. Zwar ruft der Titel mit der Narbe ein Phänomen in Erinnerung, das für die auf die Oberflächenstruktur konzentrierte Frottagetechnik grundsätzlich interessant ist. Allerdings scheint dies zunächst zu dem vorliegenden, einen Blick in das Erdreich gewährenden Blatt gar

85 Pech: Verzeichnis, S. 381.

nicht zu passen, finden sich Narben doch üblicherweise auf Körpern von Menschen, Tieren, oder aber auch Bäumen, die sämtlich hier nicht dargestellt sind. Lässt sich der übliche Wortsinn also im Blatt nicht identifizieren, so kann man den Titel in einem übertragenden Sinn sehr wohl für eine Lesart des Bildes fruchtbar machen: Die schlängelnde Struktur des Pflanzentriebs scheint sich nämlich in der linken Seitenwand vergrößert wiederzufinden, hier geradezu einen Abdruck hinterlassen zu haben. Man könnte also die Darstellung eines erdgeschichtlichen Prozesses assoziieren, die ein Fossil links, das lebendige Objekt mittig zeigt. Die linke Wand würde demnach narbenartig von einem Wachstum künden, das zentral noch oder wieder in vollem Gange ist: Insofern würde der Titel einmal mehr zu einer Vermischung getrennter Vorstellungsbereiche (Narben und Erdreich, Belebtes und Unbelebtes) und Zeitebenen (Vorgeschichte und Gegenwart) auffordern.

Die nun folgende dritte Untergruppe der Pflanzen-Sequenz wendet sich pflanzlichen Blättern zu (Blatt 16-21). Der Doppelsinn des Wortes ›Blatt‹ als organisches Natur-Objekt und als künstlerisches Produkt im Frottagen-Zyklus hat Max Ernst offenbar zu einer ästhetischen Reflexion über sein künstlerisches Verfahren inspiriert, ja, dieses ist mehr oder weniger deutlich das Thema der folgenden Blätter. Blatt 16, das einzige Querformat der Gruppe, wirkt im Vergleich zu den vorhergehenden eigentümlich schlicht und naiv. Auf einem grauen, einfach strukturierten, körnigen Grund steht nicht in der Bildmitte, sondern deutlich nach rechts versetzt eine schlichte, zylindrische, helle Vase. In der Vase befindet sich ein dichter Strauß einheitlich runder Baumblätter, die von einer Linde stammen könnten und die einen in der Form und Richtung etwas unlogischen eckigen Schatten sowohl nach links als auch nach rechts werfen. Der Titel *Le tilleul est docile – Die Linde ist gelehrig* spricht einmal mehr einer Pflanze eine tierische oder gar menschliche Eigenschaft zu, für die es im Bild selbst kein eindeutiges semantisches Signal gibt. Vielmehr wird der Betrachter aufgefordert, selber die Möglichkeit einer solchen Zuschreibung zu phantasieren. Bezieht man den Titel zunächst einmal konkret auf die im Bild sichtbaren Dinge, so könnte man deuten, dass hier provokant das passive Zusammengestelltwerden der Blätter in einen Strauß als das Ergebnis eines geglückten erzieherischen Aktes, als aktiv-eigenständige Leistung bewertet wird. Vertieft werden könnte diese Lesart über die spezifische Bedeutung der Linde (etwa im Gegensatz zur Eiche oder zur Tanne) in der Volkskultur, der volkstümlichen Lyrik und Malerei, in der dieser Baum traditionell einen Ort heimatlicher, friedlicher und freundschaftlicher Begegnung im ländlich-sozialen Raum markiert. Indem sie nur den Ort und den Anlass menschlicher Kommunikation stiftet, daran aber nicht teilnimmt, zeigt sie sich, so könnte man weiterphantasieren, bereit, sich vom Menschen belehren zu lassen: Sie stellt den Raum, die Bühne für die Gedanken, Gefühle, Phantasien der Menschen, nimmt sich selbst aber ganz zurück. Vielleicht spielt der Titel damit auch auf die von Max Ernst geforderte ›Gelehrigkeit‹ des Betrachters an, dessen Imaginationskraft spielerisch anregt, dessen Fähigkeit, die Realität zu transzendieren und neue Welten zu sehen, geübt werden soll. Damit wäre zugleich das für diese Untergruppe bestimmende Thema der Selbstreflexivität eröffnet.[86]

Nicht nur kognitive, sondern auch moralische Eigenschaften werden den Pflanzenblättern in den Titeln der Blätter 17 und 18 zugeschrieben. Blatt 17 zeigt zwei aufrecht und versetzt hintereinander stehende, durch die starke Markierung ihres Stängels fast baumartig wirkende, spitz zulaufende, aber verschieden strukturierte Blätter, die offenbar durch ein lederartig gegerbtes Material durchgerieben sind. Der Titel *Les confidences – Die Vertraulichkeiten* lässt sich möglicherweise von der partnerähnlichen Zweisamkeit her verstehen, in der die Blätter zueinander gestellt sind, vielleicht aber auch durch die eigenartige Verdopplung des Stängels des vorderen Blatts.[87] Vertraulichkeiten scheinen zudem aber auch etwas, das der Frottage-Künstler herstellt und erzwingt – etwa, indem er ein bestimmtes Material, hier die Lederstruktur, zur Gestaltung einer ihm fremden Gegenständlichkeit, hier den Blättern, verwendet.[88]

Ganz ähnlich geht das Blatt 18 vor. Es zeigt ein zwischen zwei breiten Holzbalken länglich aufgerichtetes, die ganze Bildhöhe einnehmendes, fast wie ein Federkiel wirkendes, an ein Esskastanienblatt erinnerndes Blatt. Wie die vorgehenden ›Lederblätter‹ weist die Gestaltung eine spielerisch-ironische Nuance auf, da zwar ein Blatt dargestellt ist, dies aber offenbar nicht durch das Abpausen eines selben entstanden ist. In diesem Fall wurden wohl einmal mehr die Holzdielen abgerieben, die erst durch die zackige Umrisslinie zu einem Esskastanienblatt umgedeutet wer-

86 Es scheint unbefriedigend, Max Ernsts Praxis der Titelvergabe lediglich als eine bewusste Kopie Freudscher Fehlleistungen zu interpretieren – zumindest die selbstreflexiven autopoetischen Titel werden dadurch m. E. nicht erfasst. Vgl. Ubl: Prähistorische Zukunft, S. 89.

87 Dass derartige anthropomorphisierende Titel im Kontrast zu dem nüchternen, dezidiert unromantischen Schwarzweißduktus der Bilder stehen, betont zu Recht Gudrun Leffin: Bildtitel und Bildlegenden bei Max Ernst. Ein interdisziplinärer Beitrag zur Kunst des 20. Jahrhunderts. Frankfurt a. M., Bern, New York u. Paris 1988, S. 114.

88 Vgl. auch die Bildinterpretation bei Ubl: Prähistorische Zukunft, S. 55.

den.[89] Das zentrale Objekt steht, anders als das vorhergehende Paar, auf einem homogen-grauen Boden vor einem schwach angedeuteten Landschaftsprofil am Horizont. Obwohl es offenbar räumlich hinter den massiven Seitenbrettern aufgestellt ist, die rechts und links jeweils ein knappes Drittel des Blattes füllen, ragt das ›Esskastanienblatt‹ doch zugleich auch über den rechten Balken hervor und wirft auf ihn einen Schatten. Räumlichkeit ist damit sowohl angedeutet als auch irritiert. Graphisch bestimmend ist der Kontrast zwischen der von der Mittelader ausgehenden seitlich-schrägen, streng parallelen Schraffierung des Blattes und der senkrechten Maserung der seitlichen Bretter. Der Titel *Les mœurs des feuilles – Blättersitten* muss erneut wegen der durch keinerlei bildliche Zeichen nahegelegten Zuschreibung menschlicher Verhaltensqualitäten auf Naturdinge, zudem noch im verallgemeinernden Plural, überraschend, ja geradezu arbiträr wirken. Letztlich scheint das Blatt aber gerade diese voluntaristische Freiheit in der semantischen Aufladung des Materials zu thematisieren und so im Titel das künstlerische Verfahren auszudrücken, dem es sich verdankt: Wie der bildende Künstler durch die Frottagetechnik und in einem selbstbewussten Akt der Neuzuschreibung Holzdielen oder Leder zu Blättern macht, so kann er als Sprachkünstler diese Transformation im Akt der Benennung seines Werkes noch einmal fortsetzen. Behauptet, praktiziert und zur Nachahmung empfohlen wird damit nicht nur ein neues Sehen, sondern auch ein neues Benennen, das das übliche Sehen und Denken in Kategorien der Ähnlichkeit, das überall nur Varianten immer gleicher und bekannter Dinge erblickt, außer Kraft setzt.

Besonders deutlich wird dieser hintersinnig angespielte selbstreflexive Bezug auf das anti-mimetische Verfahren sowohl in der bildkünstlerischen Darstellung als auch in der sprachlichen Betitelung von Blatt 19. Der zentrale Bildgegenstand, eine Weintraube mit Stiel und Blatt, ist nicht in einem natürlichen Lebensraum, sondern in einer dreidimensional geschlossenen, nur nach oben offenen, schaukastenartigen Rahmung zu sehen. Während das Weinblatt besonders realistisch, vermutlich auf der Frottage eines tatsächlichen Weinblattes beruhend gestaltet ist, wirkt der Stängel eher flächig und stilisiert, die Traube vollends nur angedeutet, konturlos und zurückgenommen. Ein möglicher Sinn des Titels *L'idole – Das Idol* erschließt sich auch hier womöglich über eine Anspielung auf die kulturgeschichtlich tradierte Ikonologie des abgebildeten Gegenstands: der Weintraube. Gemeint sein dürfte die von Plinius in seiner Naturgeschichte erzählte Anekdote über das Trauben-Bild des

89 Vgl. Pech: Verzeichnis, S. 383.

berühmten antiken griechischen Malers Zeuxis, der es verstand, Trauben so naturgetreu zu malen, dass die Vögel nach ihnen pickten.[90] Das in dieser Geschichte festgehaltene Ideal der Illusionsmalerei verdankt sich einem freilich verengten Verständnis des auf Aristoteles zurückgehenden Kunstprinzips der Nachahmung der Natur, der Mimesis. Es ist also genau jenes Kunstprinzip, gegen das der surrealistische Künstler Max Ernst immer wieder Sturm läuft. Ironisch wird im Frottagezyklus *Histoire naturelle* dieses Prinzip nun gerade desavouiert am Beispiel der Naturdarstellung und der Naturgeschichte. Das im Titel des 19. Blattes benannte Idol, Zeuxis, wird ironisiert, indem just die berühmten Trauben alles andere als illusionistisch, vielmehr soeben erst aus der Imagination aufsteigend, völlig schemenhaft und blass dargestellt werden, so dass gewiss niemals ein Vogel nach ihnen picken würde.[91]

Dieses kunsttheoretisch-selbstreflexive Spiel variiert auch Blatt 20. Vor einem dunklen, kastenartig vertieften und geschlossen wirkenden Hintergrund schwebt eine hellgraue, schwach schraffierte, beinahe quadratische Fläche, die wie ein Stofftaschentuch, eine Leinwand oder ein Blatt Papier wirkt und auf der ein naturalistisch wiedergegebenes, an die Linde erinnerndes Blatt liegt. Dieses Pflanzenblatt wiederholt sich seinerseits auf dem Hintergrund als weiße Fläche, d. h. die Kontur desselben Blattes erscheint hier strahlend weiß als Aussparung: »Negative und positive Fläche, Anwesenheit und Abwesenheit der Struktur« bestimmen die Komposition.[92] Die im Bild thematisierte Frage der Wahrnehmung und Darstellung von Natur wird durch den Titel aufgenommen: *La palette de César – Cäsars Palette*. Eine Palette, das zentrale Requisit eines traditionellen Malers, ist jedoch nicht zu sehen, und zwar deshalb, weil das Frottage-Verfahren sich dergleichen Maler-Utensilien verweigert und das darzustellende Objekt, das Pflanzenblatt, zugleich auch als Material nutzt. Thematisiert wird damit, dass die radikal zu Ende gedachte ›totale‹ Mimesis die Kunst letztlich aufhebt. In diesem Sinne wäre also das einsam auf die ›Blatt-Palette‹ »platzierte, durch penible Durchzeichnung

90 Die Geschichte geht bei Plinius noch weiter: Berichtet wird, dass Zeuxis' Kontrahent Parrhasius ein Gemälde präsentiert, auf dem ein leinener Vorhang zu sehen ist. Diesen hält der ungeduldige Zeuxis jedoch für einen Vorhang, der ein Gemälde verbirgt. Während Zeuxis also die Vögel täuscht, gelingt es Parrhasius, Zeuxis zu täuschen; vgl. C. Plinius Secundus: Naturalis Historiae. Hg. v. Carolus Mayhoff. Vol. 5: Bd. XXXI-XXXVII. Stuttgart 1967, hier Bd. XXXV, Kap. 10.

91 Vgl. Legge: Zeuxis's Grapes, S. 161.

92 Pech: Verzeichnis, S. 381.

und Schattierung als Trompe-l'œil-Effekt inszenierte ›Lindenblatt‹« zu verstehen

> als Anspielung auf die alte ästhetische Doktrin [...], daß Kunst Mimesis der Natur zu sein habe. Das Echo der Negativform oberhalb der Palette verbände auf paradoxe Weise die beiden Pole der Mimesis, könnte aber auch ein ironischer Kommentar zum platonischen Verhältnis von unsichtbarem Urbild und sichtbarem Abbild sein: Diese philosophische Surrealität ist nur noch als ausgesparte Wesensform ›anwesend‹. Jedenfalls zeigt das Blatt, daß nichts im strengeren Sinne Mimesis genannt werden kann als der Anschein einer direkten Durchreibung einer derart bewunderungswürdigen Erfindung der Natur, wie sie das fein geäderte Blatt eines Baumes verkörpert.[93]

Nicht minder ironisch und hintersinnig als der Rekurs auf den Begriff ›Palette‹ erscheint der Hinweis, dass die dargestellte ›Palette‹ diejenige Cäsars sei, der bekanntlich ein Großer war, als Feldherr und Politiker, als Alleinherrscher und Namensgeber der deutschen Kaiser, nur eben nicht als Künstler. Doch mit derselben Radikalität, mit der Max Ernst die Kunst der Palette verweigert, beansprucht er für sein nicht-mimetisches Künstlertum scheinbar die Allmacht eines Cäsars. Zu Recht ist darauf hingewiesen worden, dass das Blatt auf ein Collagen-Selbstporträt von Max Ernst mit dem Titel *The punching ball ou l'immortalité de buonarroti* (1920) verweist, in dem er ebenfalls die Überhöhung des Künstlers als genialen Schöpfer ironisiert hatte.[94]

Als versteckte bildkünstlerische Selbstreflexion lässt sich schließlich auch das die Blätter-Untergruppe und damit die ganze Pflanzen-Sequenz abschließende Blatt 21 deuten. Zu sehen sind beinahe bildfüllend drei aneinandergefügte Bretter, die wie der Ausschnitt aus einem hohen Lattenzaun wirken, der am oberen Bildrand rechts sauber abgesägt, links splitternd abgebrochen ist und den Blick freigibt auf ein kleines Stück Himmel. Davor aber ragt hinter der Bruchstelle des Lattenzauns ein kleiner Strauß fächerartig gebündelter, länglicher Blätter hervor. Sowohl die Bretter als auch die Blätter sind offenbar ohne alle graphische Verfremdung, ohne die künstliche Herstellung von ›Vertraulichkeiten‹, genau

93 Diese Deutung formuliert Jörg Zimmermann: Philosophische Horizonte der *Histoire Naturelle* von Max Ernst. In: Die Erfindung der Natur, S. 15-24, S. 20.

94 Vgl. Zimmermann: Philosophische Horizonte, S. 20. Einen Bezug zu Alfred Jarrys *César Antichrist* sieht Ubl: Prähistorische Zukunft, S. 76.

aus den Materialien abgerieben, die sie auch zeigen.[95] Umso heftiger ist die Deutungsspannung, die der Titel *Rasant les murs – Mauerkratzer* aufreißt, denn weder ist eine Mauer, noch sind Kratzer zu sehen – es sei denn, man ließe sich ein auf eine Material-Übertragung von den Brettern auf die Mauer und von der Abbruchkante auf die Kratzer. Dann nämlich stellt sich hier, am Ende dieser selbstreflexiven Sequenz, ein Zusammenhang her zu der schon erwähnten Inspiration Max Ernsts zu seiner *Histoire naturelle* durch den Blick auf die Kratzer in den Dielenböden und die Erinnerung an die Mauerflecken bei Leonardo da Vinci.[96] Beide Begriffe vermischt Max Ernst in einem Akt der Verdichtung, liest also (Dielen-)Kratzer und Mauer(-Flecken) zusammen. Dass er es aber nicht bloß bei der Assoziation von dem ramponierten Bretterzaun zur zerkratzen Mauer bewenden lässt, sondern dass diese Beschädigung erst den Blick freigibt auf das Naturschöne des Blätterfächers, implantiert diese ästhetische Reflexion überdies in den Kontext der Natur und in das Rahmenthema der Naturgeschichte.

Nach den Blättern zu den Elementarkräften und der großen Sequenz von Pflanzenbildern, die sich, wie gezeigt, in der dritten Untergruppe zu einer komplexen Selbstreflexivität steigern, markieren die beiden folgenden Blätter 22 und 23 einen harten Schnitt. Sie zeigen unvermittelt nicht mehr Objekte der Natur(-Geschichte), sondern offensichtlich von Menschen Hergestelltes wie stehlampenähnliche Gegenstände (Blatt 22) und einen Brotlaib (23). In Blatt 22 fällt neben der Undefinierbarkeit bzw. Rätselhaftigkeit der drei dargestellten Objekte selbst[97] vor allem die zugleich angedeutete und verweigerte Perspektivik auf. Obwohl die drei Gegenstände auf einem gemusterten, schwach angedeuteten und durch eine Horizontlinie begrenzten Boden in schräger Draufsicht räumlich versetzt stehen, ist der vordere am kleinsten und der mittlere am größten.[98]

95 Das betont schon Spies (Max Ernst. Frottagen, S. 16), der auch darauf hinweist, dass Max Ernst diese Frottage als erste anfertigte.

96 Spies (Max Ernst. Frottagen, S. 19) vertritt die Auffassung, dass der »Originaltitel des Blattes, *Rasant les murs*, […] den technischen Vorgang der Frottage [bezeichnet]: Der Stift des Malers ›rase les murs‹, streicht am Holz entlang.« Allerdings übersetzt Spies ›murs‹ hier stillschweigend mit Holz, was doch nicht ganz statthaft scheint.

97 Spies (Max Ernst. Frottagen, S. 21) sieht keine Stehlampen, sondern »glasähnliche Gebilde«.

98 In dem Bild herrscht gewissermaßen eine »doppelte Perspektive«, die den Betrachter quasi in den Bildraum hineinholt und aus der Position der im Mittelgrund stehenden ›Lampe‹ zum einen auf das kleine Objekt im Vordergrund, zum anderen auf den dritten Gegenstand im Hintergrund blicken lässt; vgl. in diesem Sinne den Hinweis bei Spies: Max Ernst. Frottagen, S. 21.

Zudem ist nicht nur der Fuß des hinteren Objektes unperspektivisch gesetzt, auch werfen lediglich zwei der Objekte verschieden gerichtete, unwahrscheinliche Schatten. Der Titel dieses perspektivischen Capriccios erscheint absolut unverständlich: *Entre dans les continents – Herein in die Kontinente.* Die mit geographischen Kontinenten üblicherweise verbundene Vorstellung von Größe kontrastiert eigentümlich mit der Innenraum-Behaglichkeit, auf die die ›Stehlampen‹ andeuten; das durch Letztere assoziierte Heim wird im Titel durch die Aufforderung zum Eintreten aufgenommen. Wieder also werden ganz disparate Vorstellungswelten miteinander kombiniert, erstmalig allerdings in einer direkten, imperativischen Adressierung an den Betrachter. Auf Blatt 23 ist ebenfalls in schräger Draufsicht vor einem allerdings schwarzen Hintergrund auf einer aus Brettern gefugten, am Rande nicht begradigten Holzplatte ein mit der Schnittfläche nach vorne gerichteter Brotlaib zu sehen. Auch hier ist die Perspektivik nicht eindeutig, denn die Platte wirkt fast vertikal und das Brot liegt am hinteren Ende nicht mehr auf, sondern wirft einen Schatten. Der Titel *Le pain vacciné – Das geimpfte Brot* bezeichnet immerhin eindeutig das dargestellte Objekt, gibt jedoch mit der Qualifizierung ›geimpft‹ eher Rätsel auf. Gegen welche Krankheit soll es wodurch und von wem geimpft worden sein? Soll man mit Ubl annehmen, dass das Brot ›fossiliert‹, also versteinert und daher gegen den Einfluss der Zeit immunisiert ist?[99] Aber woran erkennt man, dass das Brot versteinert ist, es sieht doch ganz normal aus? Insgesamt muss man die Blätter 22 und 23 in der Abfolge der *Histoire naturelle* wohl als bewusst rätselhafte Vorausdeutungen auf die erst im letzten Blatt explizit thematisierte Sphäre des Menschen sehen.

Doch zuvor geht die *Histoire naturelle* nun von der Pflanzen- zur Tierwelt über.[100] Die folgende, sieben Blätter umfassende, zwischendurch unterbrochene Sequenz zur Fauna (Blatt 24-28, 32 und 33), die in der Abbildungstradition der Naturgeschichte traditionell besonders beliebt ist, bleibt hier also im Vergleich zur Flora deutlich unterrepräsentiert und deckt in keiner Weise die Breite des Tierreichs ab. Auch sie lässt sich in drei Untergruppen gliedern: Die erste Gruppe besteht nur aus einem Blatt (Nr. 24) und vertritt das Reich der Insekten, die zweite Gruppe (Blatt Nr. 25-27) zeigt Vögel und die dritte Gruppe (Blatt Nr. 28, 32, 33) Säugetiere. Blatt 24 eröffnet die Darstellung der Tiere mit einem Bild, das auf der Ebene der Bildsprache insbesondere durch die Verwendung von Baumblättern noch einmal die Welt der Flora auffällig ins Zentrum

99 Ubl: Prähistorische Zeit, S. 82.
100 Vgl. zur Schöpfung der Tiere Gen 1,20-23.

setzt und dadurch den üblicherweise als qualitativ erachteten Übergang zwischen Pflanzen- und Tierreich bewusst verschleiert. Auch hinsichtlich des Bildaufbaus knüpft es an die frühen Pflanzen-Blätter an, indem es einen netzartig strukturierten, durch einen fernen Landschafts-Horizont begrenzen Untergrund und einen weißen Himmel-Hintergrund unterscheidet. In dessen Zentrum ist ein zunächst kaum identifizierbares Kunstgebilde gesetzt, das aus vier großen wie zwei Doppelflügel ausgebreiteten Blättern besteht, die aus einem stacheligen, kastanienartigen runden Gebilde hervorwachsen. Nach unten rechts bis kurz vor den Boden wachsen aus der ›Kastanie‹ zwei dünne, strahlenartige Striche, nach links oben zwei röhrenartige Auswüchse mit kleinen End-Öffnungen. Da die Kastanie zwei auf den Betrachter gerichtete Augen hat und wie ein Kopf wirkt, liegt es nahe, die Blätter als Insektenflügel und die diagonalen Striche als Fühler, mithin das Gebilde als ein auf den Betrachter zufliegendes, libellenartiges Insekt zu deuten. Allerdings bleiben die am Ende der röhrenartigen, nach oben links zeigenden Auswüchse, die graphisch mit den Augen der Kastanie korrespondieren, ebenso befremdlich und rätselhaft wie das am fernen ›Himmel‹ erkennbare, an die Pendant-Technik der ersten Blätter erinnernde Sternzeichen.[101] Auch der aus dem netzartigen Boden am linken unteren Rand hervortretende Kopf einer Schraube ist irritierend. Diesem Pflanzliches mit Tierischem, Irdisches mit Himmlischem, Organisches mit Künstlichem spielerisch kombinierenden, ästhetisch spontan ansprechenden Blatt gibt Max Ernst den Titel *Les éclairs au-dessous de quatorze ans – Blitze unter vierzehn Jahren*. Er setzt damit das forciert Heterogene und Disparate der Abbildung auch sprachlich fort. Allein die nach unten weisenden strahlenartigen ›Fühler‹ mögen vielleicht die Assoziation eines Blitzschlags auslösen, wobei allerdings der traditionellen Darstellungsweise eines Blitzes als gezackter Linie nicht gefolgt wird. Auch die Qualifizierung unter dem Zeitpunkt eines Lebensalters sprengt offensichtlich provokant die übliche Logik der Wahrnehmung und des Denkens, indem einem Blitz, mithin dem Inbegriff eines augenblickshaften Naturgeschehens, ein in Jahren gemessenes Alter zugesprochen wird. Grundlegende Merkmale der surrealistischen *Histoire naturelle* werden an dieser Frottage noch einmal sehr deutlich: Wir haben es mit einfachen, bekannten Naturmaterialien (wie Blättern) zu tun, die Max Ernst zusammensetzt zu einer artistischen Kunstnatur (wie etwa der phantastischen Libelle), und die er dann in einem zweiten Akt der Verfremdung durch die Titelei in einen irritierenden, scharfen Kontrast zu gewohnten Deutungsgewohnheiten setzt.

101 Vgl. Ubl: Prähistorische Zeit, S. 103.

Nach diesem kurzen Blick auf die Insektenwelt wendet sich Max Ernst den Vögeln zu. Die Blätter 25 und 26 weisen große Ähnlichkeiten auf: Beide sind hochformatig und an den Seiten, ähnlich wie Blatt 18, durch massive dunkle Ränder begrenzt. Diese wirken in Blatt 25 wie aus großen Quadern gefugte Steinmauern, in Blatt 26 sind es Holzbretter. Vor das weiß belassene mittlere Drittel der Blätter sind jeweils groß die zentralen Objekte positioniert. Im Blatt 25 sind es zwei sich aufrecht bäuchlings aneinanderschmiegende taubenähnliche Vögel, deren Köpfe, Schnäbel und Flügeldecken künstlich stilisiert und deren Beine nicht zu erkennen sind. Unklar bleibt, wie sie sich in der Lage halten können, auch wirken die beiden eher wie auf den Hintergrund aufgesetzt, sehen mehr aus wie Vogelbälge denn wie lebendige Tiere. In Blatt 26 dagegen präsentiert sich ein einziger, die Bauchseite dem Betrachter zuwendender, Beine und Flügel weit spreizender Vogel. Das Tier wendet den Kopf nach links und deutet Bewegung und Flug an, wirkt in der ebenfalls aufgesetzten Positionierung vor die Seitenbretter aber eher wie ausgestopft. Dieser Vogel erscheint weniger konstruktivistisch als die beiden vorhergehenden; realistisch wirkt er jedoch auch nicht in seiner Kombination von gedrungenem Rumpf, kurzem, büschelartigem Schwanz, den unproportional großen Flügeln und den wenig zu dem langen eisvogelartigen Schnabel passenden massiven Krallenfüßen. Wenn überhaupt an eine natürliche Art, mag dieses monströse Phantasietier vielleicht am ehesten an einen Gürtelfischer erinnern. Wieder geben die Titel Rätsel auf: Die beiden Tauben sind *Les diamants conjugaux – Die vermählten Diamanten*, werden also in ihrer innigen Verbundenheit mit der bürgerlichen Institution Ehe assoziiert, die im härtesten und edelsten aller Steine symbolisch verdichtet wird. Einmal mehr setzt Max Ernst damit durch den Titel das Dargestellte in den Spannungsraum disparater Erfahrungswelten. Dies trifft auch auf das sechsundzwanzigste Blatt zu, das laut Bildunterschrift *L'origine de la pendule – Die Geburt der Turmuhr*, zeigen soll, den aufgeregten Vogel zwischen den beiden Holzbalken also zu einer Art Kuckuck in einer Kuckucksuhr umdeutet oder aber dazu auffordert, seine weit ausgebreiteten Extremitäten als die mechanischen Zeiger einer großen Turmuhr zu halluzinieren.[102]

102 Ubl (Prähistorische Zukunft, S. 87) deutet den Titel *L'origine de la pendule* als einen der vielen »Lapsus linguae«; diesmal bestehe der Witz darin, dass der naturkundliche Begriff »origine« mit einem technischen Produkt wie einer Uhr kombiniert werde. Spies (Max Ernst. Frottagen, S. 21) hingegen gibt eine eher metaphysische Deutung und geht davon aus, dass das Blatt »die Enge in einem poetischen Bild« thematisiere und dieses Thema der räumlichen Begrenzung mit

Auf dem vierten und letzten Blatt 27 der Vogel-Untergruppe ist das zentrale Objekt in eine nach vorne und oben offene Holzkiste gesperrt.[103] Der nach rückwärts gewendete Kopf mit dem spitzen Schnabel und der Schwanz erinnern an einen Vogel, während der federlose, gepanzert wirkende Rumpf, die massig-plumpen Füße und die Proportionen eher an eine Art Saurier denken lassen. Das in sich Widersprüchliche, Chimärenhafte dieses Tieres wird noch unterstützt durch die Tatsache, dass es offenbar ein Lauftier ist, aber in eine derart kleine Kiste eingesperrt ist, die ihm das Laufen nicht ermöglicht. Das Animalische des Tieres wird in eigenartiger Weise mit dem Pflanzenreich in Verbindung gebracht: Nicht nur ragt über dem oberen Blätterrand ein Bündel sorgfältig und realistisch abgebildeter Blätter hervor, auch liegt auf dem Boden des Verschlags ein derartiges Blatt. Und wie in einer Naturmaterial-Montage besteht schließlich auch der Kopf des Tieres selbst aus einem feinädrig durchfrottierten runden Blatt. Kopierte und umgedeutete Natur, Mimesis und Verfremdung stehen also nebeneinander. Der Titel *Dans l'écurie du sphinx – Im Stall der Sphinx* nimmt diese Paradoxie auf, indem die eingesperrte, monströse Chimäre zu einer majestätischen Sphinx erhöht wird, deren übliches Aussehen (Frauenbrüste, geflügelter Löwenkörper) und traditionelle Funktion (Wachfigur am Eingang eines palastartigen Gebäudes) sich gleichermaßen nicht auf dem Bild erkennen lassen. Im Übrigen leitet diese letztere Darstellung der Vogelwelt nicht nur mit diesem Zwitterwesen, sondern auch im Bildaufbau über zu der folgenden, die Blätter 28, 32 und 33 umfassenden Sequenz der Säugetiere.

In gleicher Größe und Laufrichtung wie die Sphinx von Blatt 27 ist auf Blatt 28 ein Tier zu sehen, das wegen des charakteristischen Horns und der gepanzerten Haut sofort als Nashorn identifiziert werden kann. Zwar ist es nicht, wie die Sphinx, in einen toten Kasten gesperrt, sondern steht auf einem frei schwebenden hölzernen Tableau, an dessen hinterer rechter Ecke ein paar Grashalme Natur andeuten, dennoch aber wirkt es ungleich stärker als die recht agil aussehende Chimäre des vorangehenden Blatts wie präpariert und ausgestellt. Zu diesem Eindruck trägt vor allem bei, dass anstelle einer perspektivischen Andeutung aller vier Beine nur

dem der Zeit kombiniere: »Zwischen zwei Mauern eingesperrt flattert ein Vogel. Der Inbegriff der Freiheit, der Unbegrenztheit stößt sich am amorphen, unbeweglichen Gefängnis der Mauern. Aus der unendlichen Kurve, die der Vogel in den Himmel schreibt, wird ein zuckendes Hin und Her. Die gefangengesetzte Ewigkeit wird zur Zeit, das Hin- und Herflattern artikuliert die Zeitlosigkeit, wird zum Pendelschlag.«

103 Die Kastenform bestimmte bereits die Bilder Nr. 15 und Nr. 19.

ein Vorder- und ein unförmig verdicktes Hinterbein ohne Füße in flächiger Seitenansicht zu sehen sind. So scheint das Nashorn eher wie eine Pflanze aus dem Boden herauszuwachsen, auf dem es buchstäblich wie angewurzelt steht und aus dem wohl kaum zufällig unmittelbar neben den Beinen des Tieres kleine Grasbüschel und Pflanzenblätter hervorsprießen. Erneut wird hier also die Grenze zwischen Tier- und Pflanzenwelt verwischt. Darin unterscheidet sich diese Darstellung grundsätzlich von dem kanonischen Vorbild, das es offensichtlich zitiert, nämlich dem bekannten Holzschnitt von Albrecht Dürer. Dieser Holzschnitt hat seinerseits die hier näherliegende Abbildung in Diderots *Encyclopédie* beeinflusst, auf der das Tier in vergleichbarer Weise präsentiert wird, wenn auch nicht auf einem hölzernen, sondern auf einem felsigen Podest.[104] Allerdings ist dort – wie in den meisten Tier-Darstellungen, etwa des Elefanten, des Dromedars oder des Zebras – im Hintergrund eine Landschaft mit Bergen sowie eine mehr oder weniger landestypische menschliche Siedlungsform angedeutet. Während die *Encyclopédie* die wilden Tiere also zwar auf einer Bühne, jedoch umgeben von einer kulturell erschlossenen Natur präsentiert, übernimmt Max Ernst die Idee der Bühne, lässt aber die Einfassung in eine anskizzierte, vermeintlich authentische Lebenswelt weg. Was in seiner *Histoire naturelle* ebenfalls fehlt, ist der in der *Encyclopédie*, wie in vielen anderen zeitgenössischen naturkundlichen Abbildungen auch aus pragmatischen Gründen meist unmittelbar mit ins Bild gesetzte Maßstab. Dieses sichtbare Zeichen der praktischen Funktion des Bildes wirkt auf den Tafelbildern der Naturgeschichten zwar einerseits illusionsbrechend, ordnet es aber andererseits sofort in den naturkundlichen Funktionszusammenhang ein. Im Unterschied etwa zu dem früheren Werk *Microgramme Arp 1:25000*, das diese naturkundliche Abbildungstradition ironisch zitiert, verzichtet die *Histoire naturelle* konsequent auf einen Les- und Übertragbarkeit suggerierenden Maßstab.[105] Max Ernst gibt dem Blatt den Titel *Le repas du mort – Die Mahlzeit des Toten* und deutet damit möglicherweise an, dass dem wenig vital wirkenden Tier immerhin Blätter zur Nahrung wachsen.

104 Vgl. Diderots Enzyklopädie, 2. Bd., S. 1251, Fig. 2. Diderots Rhinozeros steht selbst wiederum in der Nachfolge von Dürers berühmtem Holzschnitt gleichen Titels, der in der Abbildungstradition quasi als das ›Urbild‹ aller naturgeschichtlichen Nashorn-Bilder anzusehen ist; zu Dürers Vorbildhaftigkeit vgl. Ludwig: Nürnberger naturgeschichtliche Malerei, S. 12 ff.; vgl. auch Ford: Images of Science, S. 70 f.

105 Max Ernst: Microgramme Arp 1:25000. 1921. Collage/Tusche 22,2 × 18,3 cm (S/M 408), verschollen.

Auf einem beinahe gleichen Plateau befindet sich in Blatt 32 ein ebenfalls in Seitenansicht und mit Laufrichtung nach links dargestelltes Pferd.[106] Der Körper ist offenbar aus ähnlichem Material wie das Nashorn in Blatt 28 durchgerieben. Die Gestalt wirkt vor allem durch die Darstellung der vier Beine und Hufe, die eine leichte Gehbewegung anzudeuten scheinen, insgesamt realistischer als das Nashorn. Auch auf diesem Blatt wachsen aus dem tot wirkenden Boden, wenn auch nur am entfernten hinteren Rand, kleine Andeutungen von pflanzlichen Büscheln. Zu sehen ist ferner der aufsteigende Rauch eines kleinen Feuers, wodurch das Ensemble von Tier und Pflanze noch um die Andeutung eines menschlichen Eingriffs in die Natur erweitert wird. Allein dieses letzte Detail könnte eine Brücke zum Verständnis des Titels *A tout oublier – Alles vergessen* bauen, insofern vom Vergessen allein beim Menschen die Rede sein kann, der sich aber aus der Szene offenbar entfernt und nicht nur das von ihm entfachte Feuer unbeaufsichtigt verlassen, sondern auch das Pferd, sein wichtigstes Haustier, vergessen und der Einsamkeit überlassen hat.

In betontem Gegensatz zu der solitären, erdenschweren Statik dieses Pferdes, das auf seiner Bühne wie ein naturkundliches Schauobjekt wirkt, steht die beschwingte Leichtigkeit und Dynamik der beiden Pferde auf Blatt 33. Die Differenz zeigt sich auch in der Frottagetechnik und im Bildaufbau; statt kräftig durchgeriebener Bretter und anderer massiver Texturen hat Max Ernst hier offenbar (wie in Blatt 11) dünne Fäden durchgerieben, um wie in einer zarten Federzeichnung die Kontur der Pferde zu gewinnen. Ihre Körper sind, wie auch der durch eine Horizontlinie getrennte Hintergrund, durch weiche vertikale und horizontale Schraffur ausgefüllt. Mit wehender Mähne springt aus dem Bildhintergrund das rechte Pferd frontal auf das im Vordergrund eher stehende Pferd, wie um es zu küssen. Diese Liebes-Gebärde nimmt der Titel *L'étalon et la fiancée du vent – Der Hengst und die Windbraut* durchaus auf: Das aktive, heranstürmende Pferd ist offensichtlich die Windbraut, die mythisch-sagenhafte Verkörperung des Windes und des Sturms.

Eingefügt in die mit diesem Blatt endende vierte Sequenz der *Histoire naturelle*, der Abteilung der Säugetierdarstellungen, sind als fünfte und vorletzte Sequenz die drei Blätter 29, 30 und 31. Sie widmen sich ganz der isolierten Darstellung von Augen. Damit wird das Sinnesorgan, um dessen halluzinatorisch-visionäre Steigerung und Erweiterung es Max Ernst

106 Zur Darstellungstradition des Pferdes bei Max Ernst vgl. die Hinweise von Pech: Verzeichnis, S. 384, Fußnoten 21 u. 22.

nach seinen eigenen Worten bei der ›Erfindung‹ der Frottage ging,[107] abschließend selber zum Gegenstand der Darstellung gemacht. Die Augen nehmen, worauf Jürgen Pech zu Recht hingewiesen hat, durch »Motivkoppelung und Gestaltung« bestimmte Elemente der vorherigen Blätter auf. Zugleich sind sie, wie zu zeigen sein wird, in den ganzen Zyklus auch dadurch integriert, dass sie auf das Ende der *Histoire naturelle* vorausweisen.[108] Im Mittelpunkt von Blatt 29 ist ein großes, weit geöffnetes, den Betrachter durchdringend anblickendes Auge zu sehen, das durch die geschminkten Wimpern weiblich wirkt.[109] Das Auge ist nicht von der natürlichen Gesichtspartie eines lebendigen Wesens umgeben, sondern tritt hervor aus einem nahezu das ganze Blatt ausfüllenden amorphen, leicht perspektivisch angedeuteten blockartigen Gebilde. Dieses ist zwar von einer ähnlichen noppenartigen Substanz durchgerieben wie die Körperpartien etwa der vorangehenden Sphinx oder des Nashorns, wirkt gleichwohl aber unbelebt wie ein Gesteinsblock oder Fossil und scheint damit anzuknüpfen an die urtümlichen Pflanzen einer untergegangenen, prähistorischen Welt, wie sie in der ersten Sequenz der zweiten Abteilung gezeigt wurden. Leblos erstarrt blickt auch das Auge, da die auf die geäderte Netzhaut aufgesetzte, durch enge sternförmige Schraffur hervorgehobene Pupille eher flächig und in ihrer geometrischen Regelmäßigkeit wie ein kalter, metallischer Fremdkörper wirkt. Diesen Eindruck scheint auch der Titel *La roue de la lumière – Das Lichtrad* aufzunehmen, der das organische Auge zurückversetzt in die ebenfalls von kreisrunden Elementen geprägten Blätter der ersten, kosmologischen Sequenz des Zyklus.[110] Zumal die aus der physikalischen Optik entlehnte Vorstellung des Lichtrades, auf das schon in Blatt 2 mit dem Titel *Un coup d'œil – Ein kurzer Blick* angespielt wurde, deutet eine Ineinssetzung der organischen Sehfähigkeit mit dem kosmischen Licht an. Angespielt ist damit eine Erweiterung des relativen, eingegrenzten menschlichen Sehvermögens in Richtung auf eine andere Optik, wie sie auch durch die Experimente der Frottage selbst (im Sinne eines halluzinatorischen Sehens) angeregt wird.

107 Vgl. die Darstellung in Kap. 3.1.

108 Pech: Verzeichnis, S. 386. – Legge (Zeuxis's Grapes, insbes. S. 152-154) sieht die Augenbilder weniger überzeugend in der Tradition Jacob Böhmes, Kort (Arnold Böcklin, Max Ernst, S. 45) deutet die Augen ebenfalls nicht ganz einleuchtend als Ausdruck von »Ernsts Interesse an Flammarions Vermengung evolutionärer Anschauungen mit der Doktrin der Transmutation«.

109 Ubl (Prähistorische Welt, S. 108) vertritt die Auffassung, dass Max Ernst hier ein weiteres Mal die Augen von Paul Eluards Frau Gala zum Vorbild nahm.

110 Vgl. auch den Hinweis von Ubl: Prähistorische Zukunft, S. 108.

Das folgende Blatt 30 integriert dieses zu einem halluzinatorisch erweiterten Sehen befähigte Auge in ein ganzes, folgerichtig ebenfalls alle biologischen Grenzen und Ordnungen sowohl überschreitendes als auch unterschiedlichste Formen integrierendes Phantasiewesen. Über einem schon aus den Blättern 22 und 24 bekannten Boden und einem ähnlichen horizontalen Rauchzeichen wie in Blatt 32 schwebt vor einem weißen Himmel-Hintergrund eine unförmige, aus Vogelschnabel und Fischflossen sowie einigen unorganisch-konstruktivistischen Elementen zusammengesetzte Chimäre, deren wichtiges, überproportional groß hervorgehobenes Organ das Auge ist. Dieses wirkt noch künstlicher als das des vorangehenden Blattes; gleichwohl erscheint die Chimäre nicht als ein versteinertes Relikt ferner Zeiten, sondern bewegt sich schwebend über dem Grund. Das im Titel des Blattes, *L'évadé – Der Ausbrecher*, benannte Wesen könnte man vielleicht als ein aus dem Gefängnis der biologischen Systematik und der historischen Chronologie gleichermaßen, die Natur selbst transzendierendes, den Status einer Kunstnatur behauptendes und nur Auge sein wollendes Subjekt deuten.

Die dritte und abschließende Augen-Darstellung, Blatt 31, zeigt einen in der gesamten *Histoire naturelle* singulären Bildaufbau. Weder findet sich hier die Aufteilung durch eine Horizontlinie, noch sonst irgendeine räumliche Perspektive, sondern nur ein flächiges unbearbeitetes weißes Blatt. Darauf wird nur ein einziges Organ, das Auge, abgebildet, dieses jedoch in 14 unregelmäßig angeordneten Exemplaren, die sich zum Teil paarweise ähneln, aber in Größe, Form und Detaillierung variieren. Damit zitiert das Blatt offensichtlich eine aus einschlägigen Lehrbüchern der Naturgeschichte, aber auch aus der *Encyclopédie* bekannte Bildtafel, auf der nicht nur aus Kosten- und Platzgründen, sondern auch, um eine bessere Identifizier- und Vergleichbarkeit zu ermöglichen, dasselbe Objekt in verschiedenen Varietäten und/oder in verschiedenen Wachstumsphasen[111] oder Perspektiven[112] dargestellt wird. Gerade in der *Encyclopédie* sind solche dicht gefüllten Bildtafeln eher die Regel als die Ausnahme.[113] Von diesem Muster weicht das Blatt jedoch zugleich ab, indem eine Einbindung in ein Referenzsystem verweigert wird: Die einzelnen Bildelemente werden nicht durchnummeriert oder gar durch eine Abkürzung als Figuren bezeichnet. Während in der *Encyclopédie* die Figuren mit dem dazugehörigen Text durch ein derartiges Verweissystem fest verbunden sind und eine illustrative Funktion erfüllen, stehen die

111 Vgl. z. B. Diderots Enzyklopädie, Bd. 4, S. 3008.
112 Vgl. z. B. Diderots Enzyklopädie, Bd. 4, S. 3004 oben.
113 Vgl. z. B. Diderots Enzyklopädie, Bd. 2, S. 783, 1301.

vielen Augen auf der Bildtafel von Max Ernst ohne erkennbare Ordnung und ohne Leseanleitung nebeneinander. Ebenso also wie Max Ernst bei den Tierstandbildern durch das Weglassen des Maßstabs die funktionale Bedeutung derartiger Abbildungen verschwinden lässt, verwischt er auch bei der Mehrfiguren-Bildtafel den Hinweis auf die Herkunft aus dem Genre der naturkundlichen Gebrauchsillustration. Die wie schon das Augen-Blatt 29 an die frühe, kosmologische Sonnen- und Licht-Metaphorik anknüpfende Darstellung strahlenartiger Augen wird an diesen Assoziationsraum auch mit dem Titel *Système de monnaie solaire – System von Sonnengeld* angeschlossen. Freilich wird das neue Sehen damit nicht nur pathetisch zu einer kosmischen Sonnenhaftigkeit erhöht, es wird zugleich ironisch in den naturgeschichtlichen Horizont einer wohlmöglich Linnéschen Systematik eingeordnet und desillusionierend auf das alles irdische Leben der Menschen bestimmende Geld bezogen.

Die sechste und letzte Sequenz des Frottagenzyklus wird noch einmal besonders exponiert, weil sie nur aus dem einen Blatt 34 besteht und weil dieses nach dem kosmischen, pflanzlichen und tierischen Bereich der Natur zum ersten und einzigen Mal einen Menschen darstellt. Es handelt sich um eine Art bis zu den Schultern reichendes Porträt, provozierenderweise allerdings in der Rückenansicht. Die leicht gewellte, in die Form eines Pagenschnitts gebrachte Frisur des Hinterkopfes, der lange Hals und die unbekleideten, schmalen Schultern lassen auf eine junge Frau schließen.[114] Diese blickt, wie der Betrachter nur vermuten kann, in den weißen, vollständig leeren Hintergrund des hochformatigen Bildes, das allein durch eine mauerartige, porös strukturierte Wand am rechten Rand, auf den der Kopf einen auffällig großen, künstlichen Schatten wirft, wie ihn etwa ein Blitzlicht oder ein Scheinwerfer verursacht,[115] die Andeutung einer räumlichen Tiefe gewinnt. Die Frau selbst bleibt für den Betrachter gesichtslos und damit nicht identifizierbar. Zudem sehen wir nicht, was sie sieht, sehen nicht, ob sie, wenn sie denn sehen kann, die Augen geöffnet hat, sehen nicht, ob es überhaupt etwas zu sehen gibt. Insofern wirkt das Blatt einerseits wie eine indirekt-ironische Wiederaufnahme der Augen-Sequenz der Blätter 29-31. Andererseits markiert es, da auf ihm keinerlei außermenschliche Natur mehr zu sehen ist, die Einzigartigkeit und Unvergleichbarkeit des Menschen als finalen Punkt einer als Schöpfungsgeschichte verstandenen *Histoire naturelle*. Diese sprichwörtliche Redeweise vom Menschen als ›Krone der Schöpfung‹ wird aber

114 Diese Figur hat Max Ernst noch mehrmals wieder gestaltet, vgl. die Hinweise von Bischoff: Max Ernst, S. 38.

115 So die einleuchtende Deutung von Ubl: Prähistorische Zukunft, S. 85.

zugleich auch infrage gestellt durch die Verweigerung einer identifizierbaren Ansicht. Auch der aufgerufene biblische Entschlüsselungsrahmen wird ironisiert, indem, wie der Titel *Eve, la seule qui nous reste – Eva, die einzige, die uns bleibt* nahelegt, Eva abgebildet ist. Dies erscheint als eine doppelte Verkehrung, da gerade nicht Adam genannt wird und zudem die Perspektive des Beginns durch die Rede vom letzten Menschen ersetzt wird. In diesem Titel gibt sich mit dem Personalpronomen »uns« zum ersten Mal ein zuvor lediglich in der imperativischen Formulierung *Tritt ein in die Kontinent* (Blatt 22) indirekt aufleuchtender Sprecher zu erkennen. Wer aber ist dieses ›wir‹? Welcher Gruppe bleibt nur noch Eva? Sind es alle Menschen oder doch nur die Männer oder gar ausschließlich die surrealistischen Künstler?[116] Und was heißt »bleiben«? Ist das Überleben im Reich der Natur gemeint, soll also angedeutet werden, dass allein der Mensch bleibt? Oder ist gemeint, dass für die künstlerische Darstellung am Ende doch nur das krönende Objekt der Naturgeschichte, eben der Mensch, in Frage kommt? Oder geht es um das erotische Begehren als Ursprung künstlerischer Kreativität?

Versucht man ein kurzes Resümee nach diesem Gang durch den Blätterwald von Max Ernsts *Histoire naturelle*, so lässt sich festhalten: Der von Breton verdammten Lust, Unbekanntes auf Bekanntes zurückzuführen, stellt Max Ernst die Lust gegenüber, Bekanntes in Unbekanntes zu überführen. Aus der Durchreibung verschiedener einfacher Oberflächenstrukturen wie Dielenböden, Baumblättern, Lederwaren und Putzfäden gewinnt er seine Ansichten der Natur und der Naturgeschichte, indem er in einem Akt halluzinierenden Sehens aus dem scheinbar Bekannten und Banalen neue Kreaturen aufsteigen lässt. Die Welt wird »durch einen kleinen Handgriff wieder unerklärbar, unbeschreibbar«.[117] Dies wird durch die Titel potenziert, die aus den Blättern häufig geradezu Bildrätsel machen und den Betrachter zu einer eigenen Praxis halluzinierenden Sehens auffordern. Dabei zitiert Max Ernst durchaus etablierte Ordnungs- und Darstellungssysteme wie die biblische Genesis oder die *Encyclopédie*, hebt diese jedoch zugleich auch wieder auf, indem er Klassifikation verweigert, eine komplette, logische Fassung der vermeintlich

116 Kort (Arnold Böcklin, Max Ernst, S. 44) geht davon aus, dass Max Ernst sich gerade auch mit diesem Abschlussbild auf Flammarions Science Fiction-Roman *La Fin du monde* bezieht, indem am Ende nur die beiden Hauptfiguren Omegar und Eva übrig bleiben; gegen diesen Deutungsansatz muss aber das ganz grundsätzliche Bedenken artikuliert werden, dass dem Zyklus insgesamt der futuristische Charakter abgeht.

117 Spies: Max Ernst. Frottagen, S. 9.

bekannten Geschichte gar nicht anstrebt, Rationalität ablehnt, Unwahrscheinlichstes zur Normalität erklärt. Kurz: Es entsteht eine surrealistische Naturgeschichte, die aus der Oberflächenstruktur von Naturmaterialien künstlich-natürliche Gegenstände modelliert und sich unter Rückgriff auf die Naturgeschichte gegen ihre Prinzipien, gegen alles Klassifizieren, Ordnen und Verstehenwollen richtet.

3.4 Die Paratexte

Schon die Erstausgabe der *Histoire naturelle*, die Mappe mit den 34 Frottagen, wurde von einem Text begleitet: Der Künstler und Dichter Hans Arp, ein enger Freund Max Ernsts, schrieb eine *Einführung zur Histoire naturelle*. Von der kunstgeschichtlichen Forschung wurde dieser durchaus programmatische Text bislang jedoch meist ignoriert. Auch ein zweiter unmittelbar auf Max Ernsts Naturgeschichte Bezug nehmender Text aus dem dadaistisch-surrealistischen Umfeld spielt in der Rezeption des Frottagenzyklus kaum eine Rolle: Einige der nicht in die 34blättrige Erstausgabe aufgenommenen Frottagen hatte Paul Eluard, ebenfalls ein enger Mitstreiter Max Ernsts, an sich genommen und so vor der Vernichtung durch den Künstler bewahrt. Er ließ die aussortierten Frottagen binden und schrieb ein Gedicht dazu mit dem Titel *Est-ce le miroir*.[118] Dieses bis dahin unpublizierte Gedicht nahm Max Ernst 1965 in die von ihm noch einmal neu herausgegebene *Histoire naturelle* auf und fügte dem französischen Original eine deutsche Übersetzung bei. Drittens schließlich hat auch Max Ernst selbst Texte zu seiner *Histoire naturelle* verfasst: 1965 begleitet er seine Frottagen durch einen *Leitfaden* und durch *Anmerkungen*, die er beide für diese Ausgabe verfasste und in denen er selbst nach vierzig Jahren ein neues, dichterisches Licht auf seine Naturgeschichte wirft.[119] Jeder dieser Paratexte erhellt auf seine Weise die *Histoire naturelle*.

118 So der Hinweis von Spies: Max Ernst. Frottagen, S. 15 u. S. 23, Endnote 22.

119 Der Dichter Max Ernst ist erst in jüngster Zeit von der Forschung entdeckt worden. Vgl., allerdings mit dem Schwerpunkt einer Interpretation des 1929 publizierten Collageromans *La femme 100 têtes* und ohne Bezugnahme auf die *Histoire naturelle*, Wix: Max Ernst. – Eine Auswahl wichtiger Texte des Künstlers bietet, z. Tl. allerdings in gekürzter Fassung, Max Ernst: Schnabelmax und Nachtigall; die zu Lebzeiten auf Französisch erschienenen Texte versammelt der Band Max Ernst: Ecritures. Paris 1970. – Die beiden im Folgenden vorgestellten deutschsprachigen Texte Max Ernsts zur *Histoire naturelle* finden sich in dieser Ausgabe nicht.

3.4.1 Hans Arps *Einführung* oder das Ende der Naturnachahmung

Blicken wir zunächst auf Arps *Einführung*.[120] Der in radikaler Kleinschreibung präsentierte Text beginnt mit einer ironischen Abgrenzung von der durch den Titelbegriff ›Einführung‹ evozierten Erwartung eines wissenschaftlich seriösen Kommentars:

> Diese einführung enthält die pseudo-einführung, das original, die varianten des originals, das pseudo-original sowie die varianten des pseudo-originals, die arpokryphen [sic] und die verschmelzung aller dieser texte zu einer original-arpokryphe[.][121]

Mit diesem Auftakt führt Arp wesentliche Merkmale seiner dichterischen Textgestaltung ein: Der Duktus ist unübersehbar dadaistisch-sprachspielerisch, geistreich-assoziativ, zugleich gebildet und Bildung verkalauernd.[122] Eine Erklärung, eine einführend-erläuternde Vorbereitung auf die Bilderfolge wird dieser Text, das verraten schon die Eingangszeilen, nicht liefern: Wer den Unterschied zwischen einer Einführung und einer Pseudo-Einführung nivelliert, wer die Frage nach Original und Fälschung für unerheblich erklärt, indem er all dies in einem Atemzug und zusammen zu erledigen ankündigt, der sagt sich von

120 Hier wird die von Max Ernst übersetzte Fassung zugrunde gelegt Hans Arp: Einführung zur Histoire Naturelle. In: Max Ernst: Histoire Naturelle (1965), S. 13-17; der Text ist ebenfalls abgedruckt in: Max Ernst. Illustrierte Bücher und druckgraphische Werke, S. 99. – Eine Vorfassung der Einführung zur *Histoire naturelle* erschien im selben Jahr in der bekannten surrealistischen Zeitschrift: Jean Arp: [La médaille se lève …]. In: La Révolution surréaliste No. 7, 15. Juni 1926, S. 23 (diesen Hinweis gibt: Reinhard Döhl: Das literarische Werk Hans Arps 1903-1930. Zur poetischen Vorstellungswelt des Dadaismus. Stuttgart 1967, S. 78 u. 235). – Erste Überlegungen zur Analyse von Arps *Einführung* liefert Ubl: Prähistorische Zukunft, S. 88-91. Vgl. auch die Darstellung von zur Loye: History of a Natural History, S. 67-69.

121 Arp: Einführung, S. 13.

122 Hinweise auf Arps Partizipation an den unterschiedlichen Avantgarde-Bewegungen und auf das ›konkrete‹ seiner Dichtung gibt in seiner exemplarischen Analyse eines der bekanntesten Gedichte Arps, des *kaspar*, Manfred Engel: »Das stete Fließen und Werden der Dinge«. Zur intendierten Rezeption eines Dada-Gedichts. In: Das Gedichtete behauptet sein Recht. Festschrift für Walter Gebhard zum 65. Geburtstag. Hg. v. Klaus H. Kiefer, Armin Schäfer u. Hans-Walter Schmidt-Hannisa. Frankfurt a. M., Berlin u. a. 2001, S. 17-28. Vgl. auch die weiterhin unentbehrliche, ältere Darstellung von Döhl: Das literarische Werk Hans Arps.

den Grundregeln hermeneutischen Arbeitens los und zielt ganz offensichtlich auf eine andere, eine poetische Wahrheit.[123] Diese Wahrheit steht nicht in den Apokryphen, also den nicht in den Kanon aufgenommenen, im Umfeld der Bibel stehenden urchristlichen Texten, sondern in den »arpokryphen«, also in Arps eigenem Paratext zu seinem eigenen Buch der Bücher. Die »original-arpokryphe« mit dem Titel *Einführung zur Histoire naturelle* ist damit offensichtlich von einer respektlosen Verweigerungshaltung gegenüber etablierten Welterklärungs- und Ordnungsmustern geprägt; ihr Verfasser nimmt erkennbar die Rolle des wortzaubernden[124] Pseudo-Wahrheitsverkünders ein.

Noch in dem ersten, bandwurmartigen Satz geht Arp von den karikierenden Worten zur Textsorte ›Einführung‹ über zur Vorbereitung seiner eigenen poetischen Naturgeschichte. Zwei Wortkombinationen, die sprachwissenschaftliche und chemische Spezialausdrücke mit Gegenständen der Alltagswelt absurd verknüpfen, bilden dabei den Übergang: Die »original-arpokryphe« des folgenden Textes sei nämlich versehen »mit apokopaten bartstoppeln sowohl als fünfzig kalzinierten medaillen«; der Text sei also versehen mit um einen Auslaut gekürzten Bartstoppeln und entwässerten Medaillen. Dies ist nun offensichtlich satirisch-parodistischer, akademisch verklausulierter Nonsens.[125] Textstrategisch hat dieser semantische Unsinn aber durchaus eine Funktion und zwar

123 Engel (»Das stete Fließen […]«, S. 27) hat am Beispiel *kaspar* gezeigt, dass in Arps Dichtungen die »ästhetische Kohärenz« im Zentrum stehe. Der Rezipient sei dazu herausgefordert, die Gedichte mit zwei »Verbots-Regeln« im Kopf zu lesen: Zum einen sei eine »privilegiert referentielle oder eine privilegiert gedanklich-begriffliche Kohärenzbildung […] nicht erlaubt«. Zum anderen müssten alle »Kohärenzbildungen […] punktuell bleiben«. Arps Ziel sei eine Sprengung der tradierten, sprachlich codierten und festgeschriebenen Sinnsysteme und die »Freisetzung imaginativer Aktivität« (ebd., S. 27) beim Leser.

124 Arp ist ein Wortliebhaber und -sammler, immer auf der Suche nach der Vielfalt sprachlicher Varitäten: »Sein ganzes Leben lang pflückte Arp Wort um Wort aus den Wörterbüchern« (Aimée Bleikasten: Jean Hans Arp. Die Stimme des Dichters oder die Urstimme. In: Arp 1886-1966. Konzeption v. Ausstellung u. Katalog: Jane Hancock u. Stefanie Poley. Stuttgart 1986, S. 18-29, hier S. 27).

125 Dass es Arp nicht darum gehe, die Sprache als reinen Unsinn darzustellen, sondern dass er ihren Nicht-Sinn aufspüren wolle, »also ihre prälogische, protomnemische Bedeutung suchte«, hebt sein Mitstreiter Raoul Hausmann (Hans/Jean Arp. Hg. v. Adelheid Koch-Didier. München 2008, S. 19) hervor. Hausmann weist auch darauf hin, dass Arp »gerade in der Unlogik die unerhörtesten phonetischen und zugleich sinnverwirrenden oder sinnverwandelnden Möglichkeiten der Ausdruckskomplexe« sehe (ebd., S. 11). Zur Deutung von Hausmanns Arp-Text vgl. Adelheid Koch-Didier: »Hans Arp spricht«. In: ebd., S. 121-130.

eine doppelte: Eingeführt wird zum einen das bei Max Ernst überhaupt nicht, bei Arp jedoch auffällig häufig wieder auftauchende Motiv des Bartes bzw. allgemeiner der männlichen Körperbehaarung – die Freudianisch einschlägige Frage, wer welche Haare (noch) hat und wem dieselben hingegen ausgefallen sind, zieht sich als ein roter Faden psychoanalytischer Potenzreflexion durch den Text. Zum anderen leiten die ebenfalls in der *Histoire naturelle* nicht sichtbaren ›Medaillen‹ über zu Arps assoziativen, nicht als Bildbeschreibungen zu bezeichnenden Bemerkungen zu Max Ernsts Frottagenzyklus. Hatte unsere Bildanalyse des zweiten Blattes der *Histoire naturelle – Ein kurzer Blick*, ergeben, dass die vermeintliche Sonne, die den ersten Schöpfungstag erleuchtet, ikonographisch das Aufleuchten eines Feuerwerkkörpers aus der *Encyclopédie* zitiert, so wird bei Arp das pathetische »Es werde Licht« zu einem Medaillenaufgang entromantisiert und anthropomorphisierend verfremdet. Mit einer wahren Medaillen-, Sonnen- und Lichtradflut, die sich in läppischen bürgerlichen Zeitspannen und kurzatmigen Wiederholungen schnell erschöpft, eröffnet Arp dadaistisch-theatralisch seine ›Naturgeschichts-Spiele‹:

> denn die medaille geht auf, – die medaille des lichts geht auf, – fünfzig sonnen und fünfzig medaillen gehen auf, – die räder drehen sich, – die räder drehen sich, – fünfzig sonnen und fünfzig medaillen gehen auf, während sich die pseudo-sonne nach fünfzigjähriger dienstzeit in die kalzinierten räder des lichts zurückzieht, – die räder stehen still, – die räder stehen still.[126]

Nach dieser Stillstellung aller Lichträder beginnt Arps Streifzug durch die Welt der *Histoire naturelle*.

Allerdings ist Max Ernsts relativ konsequent der Schöpfungsgeschichte folgende Serie bei Arp nur verfremdet wiederzuerkennen. Arp ändert erstens die Reihenfolge und Gruppenzuordnung, erwähnt zweitens viele der Max Ernstschen Blätter gar nicht[127] und fügt drittens stattdessen neue Bilder hinzu. Die elf Absätze der *Einführung*, zwischen die Max Ernst in der Ausgabe von 1965 jeweils kleine figürliche Tuschezeichnungen gesetzt hat, gliedern sich in insgesamt sechs Teile: Nach dem einführenden Abschnitt zum Thema Einführung präsentiert Arp seine

126 Arp: Einführung, S. 13.

127 Nicht erwähnt werden bei Hans Arp die Blätter Nr. 3 (*Drei Tischlein umkreisen die Erde*), Nr. 7 (*Er wird weit von hier fallen*), Nr. 10 (*Sie bewahrt ihr Geheimnis*), Nr. 17 (*Vertraulichkeiten*), Nr. 18 (*Blättersitten*), Nr. 30 (*Der Ausbrecher*) und Nr. 32 (*Alles vergessen*).

alternative Unterteilung der Schöpfung in vier Naturreiche.[128] Der vom Menschen gestalteten Welt (Abschnitte zwei bis vier) folgen die Pflanzen (fünf bis sieben), die Insekten (acht und neun) und das Kristall (zehnter Absatz). Der elfte Abschnitt verlässt die Ebene der beschreibenden Naturgeschichte und schließt mit einer Reflexion auf die Kunstproduktion an den ersten Abschnitt an.

Hatte Max Ernst in seinen ersten fünf Blättern eine vom Menschen unbeeinflusste Welt der elementaren Naturkräfte dargestellt, dies aber teilweise durch die Titelwahl unterlaufen, so führt Arp die Annahme einer menschenunabhängigen Natur von Beginn an ostentativ ad absurdum. Seine erste Abteilung der Naturgeschichte ist im Gegenteil gerade um den Menschen zentriert, der als ›Chef‹ eines allerdings recht absurden und ihn nicht unbedingt auszeichnenden Pseudonaturgeschehens erscheint.[129] In der Darstellung dieser menschlichen Weltbeherrschung wirbelt Arp die Ernstsche Frottagenfolge wild durcheinander und bezieht sich auf insgesamt vierzehn Blätter aus allen sechs Gruppen der *Histoire naturelle*.[130] Elementare Naturkräfte wie das Erdbeben (vgl. Blatt Nr. 5 der *Histoire naturelle*), werden bei Arp gerade als Effekte menschlichen Handelns behauptet und auf die Ebene bürgerlicher Alltagsrealität heruntergeholt: »Der mensch hat die wecker durch erdbeben ersetzt, die drageeschauer durch hagelschauer.«[131] Auf derartige Weise wird bei Arp die übermächtige Urgewalt der göttlichen Schöpfung zum »möblierten zimmer des universums«, zu einer vom Menschen zugerichteten, verkehrten Welt.[132] Physikalische Grundregeln sind außer Kraft gesetzt, so dass die »begegnung eines menschenschattens mit dem schatten einer fliege« eine Überschwemmung verursachen kann.[133] Der Mensch ist zwar als Gestalter der Schöpfungszusammenhänge an die erste Position ge-

128 Ich folge hier Ubl: Prähistorische Zukunft, S. 88; ob Arps *Einführung* allerdings tatsächlich einen »automatische[n] Charakter« hat (Ubl: Prähistorische Zukunft, S. 90), scheint im Hinblick etwa auf die durchgehend korrekte Syntax doch fraglich.

129 Die Polemik gegenüber der menschlichen und insbesondere der künstlerischen Anmaßung eines Schöpferstatus durchzieht das Werk Arps; vgl. etwa Hans Arp: Das Mass [sic] der Dinge. In: Hans Arp: On my way. Poetry and essays 1912-1947. New York 1948, S. 81, vgl. auch Hans Arp: Trug, Schein, Kunststück. In: ebd., S. 82. Vgl. dazu auch die Einschätzung von C. Giedion-Welcker: Arp. In: ebd., S. 119-124, hier S. 121.

130 Ubl (Prähistorische Zukunft, S. 89) zählt sogar fünfzehn.

131 Arp: Einführung, S. 13.

132 Arp: Einführung, S. 14.

133 Arp: Einführung, S. 13.

rückt, seine Vorzugsstellung wird jedoch ironisiert, etwa durch die Nivellierung der Differenz von Tierdressur und den Ritualen der Macht:

> Der mensch hat die pferde gelehrt, einander wie präsidenten zu küssen, könige und kaiser, sich gegenseitig die bärte zu saugen, sich gegenseitig die schnauzen zu lecken, ihre jungen in patriotische tiefen zu tauchen.[134]

Mit dieser Phantasie nimmt Arp Bezug auf das vorletzte Bild der *Histoire naturelle* (*Der Hengst und die Windbraut*), das er auch als »pferdeküsse« tituliert, wobei er in seiner ausphantasierenden Kommentierung nicht nur Vergleiche hinzufügt, die bei Max Ernst keine Entsprechung finden (Präsidenten, Könige, Kaiser, Bärte sind bekanntlich weder auf diesem Bild noch auf irgendeinem anderen zu sehen und tauchen auch in den Bildtiteln nicht auf), sondern zugleich auch die weibliche Komponente der Bildunterschrift, die »Windbraut« unterschlägt: Ganz offensichtlich interessiert hier nicht das Paar, sondern eine (Staats-)Männerwelt. Diese Umdeutung setzt sich fort, denn die Perspektive nicht nur dieses Satzes, sondern der gesamten *Einführung* ist die eines Mannes, eines Bartträgers, eines männlichen Weltbezwingers. Der Mensch, der sich im ersten Naturreich profiliert, ist ein Mann, ein »jäger«, der auf die »jagd nach fliegenden cyklopenschnurrbärten ohne glieder« geht. Dass die Schnurrbartjagd dieses Mannes stets erfolglos bleibt, steht auf einem anderen Blatt und hat, so die ironische Volte gegen das Realitätsprinzip, seinen Grund darin, dass »diese schnurrbärte wirklich erkennbar sind«.[135] Der verrückte, in Max Ernsts Bilderserie bekanntlich keine Entsprechung findende Zyklopenschnurrbartjäger ist, wie die sich anschließende, wiederum verfremdete Auflistung mehrerer (»zehneinhalb«) Bildtitel klarstellt, als der Betrachter der *Histoire naturelle* konzipiert. Nachdem der Zyklopenschnurrbartjäger mit »hilfe seiner elfeinhalb schwänze« (!) die »zehneinhalb« Elemente der Naturgeschichte von den »vogelscheuchen, mit vulkanen und geysirn im knopfloch« bis zu den »narben von …« im »möblierten zimmer des universums« durchgezählt hat, folgt er der Aufforderung, »in die kontinente, ohne anzuklopfen, doch nicht ohne einen maulkorb aus filigran« einzutreten, und schreitet zur Betrachtung der Pflanzen fort.[136] Arps *Einführung* ist, so kann man schon nach einem Blick in sein erstes Naturreich resümieren, durch eine wilde Vermehrung der bei Max Ernst in den Bildunterschriften angelegten imaginativen

134 Arp: Einführung, S. 13.
135 Arp: Einführung, S. 14.
136 Arp: Einführung, S. 14.

Bilder charakterisiert. Arp löst die Bedeutung der Worte aus den Grenzen des Gewohnten und lässt alogische Absurditäten entstehen, indem er real unverbundene Welten in einer Figur ganz gegenständlich zusammenfügt (»vogelscheuchen, mit vulkanen und geysirn im knopfloch«), pseudogenaue mathematische Angaben macht (»elfeinhalb schwänze«) und die Funktionalität von Gegenständen durch ihre genauere Beschreibung konterkariert (»maulkorb aus filigran«). Arp befreit dadurch die Worte von ihrer konventionell festgezurrten Determination und gewinnt sie für sich zurück als Träger poetischer Wirklichkeit. Eine Destruktion der Kategorie Sinn schlechthin ist damit allerdings nicht verbunden.[137] Auch die *Einführung zur Histoire naturelle* ist nämlich sehr wohl auf eine ›message‹ hin gestaltet, die Arp freilich erst im letzten Absatz verrät.

Das zweite Reich seiner Naturgeschichte eröffnet Arp durch einige strukturelle Beobachtungen zu kompositionstechnischen Merkmalen von Max Ernsts Pflanzenbildern. Dazu greift er sich die von Max Ernst immer wieder durchfrottierten Baumblätter als das auffälligste erkennbare Naturmaterial heraus. Da Arp sprachlich nicht unterscheidet zwischen einer Erörterung der künstlerischen Verfahren Max Ernsts und einer Beschreibung der Wirklichkeit, entstehen komische Effekte, etwa wenn der einleitende Satz dieses Abschnitts apodiktisch behauptet: »Blätter wachsen nie an bäumen.«[138] Diese Feststellung ist bezogen auf Max Ernsts Frottagen ebenso offensichtlich richtig, wie sie bezogen auf die Realität falsch ist. Die gilt auch für die den Abschnitt schließende Bemerkung: »Äste, stämme und wurzeln existieren nicht.«[139] Die Behauptung der Existenz von Ästen, Stämmen und Wurzeln seien, so Arp in erneuter Aufnahme seiner Haarmetaphorik, »lügen eines kahlkopfs«.[140] Im Übrigen hält der Abschnitt dann fest, dass die Flächigkeit der durchgeriebenen Blätter in den Bildern notwendig zu perspektivischen Verzerrungen führt, da die aus der Horizontalen in die Vertikale gewendete Blattstruktur quer zur erwarteten Dreidimensionalität und Zentralperspektive steht: »Vor einem blatt befindet sich der betrachter stets in der falschen stellung.«[141]

137 In diesem Sinne hält Judith Winkelmann (Abstraktion als stilbildendes Prinzip in der Lyrik von Hans Arp und Kurt Schwitters. Frankfurt a. M., Berlin, Bern u. a. 1995, S. 123) fest: »Arps Wortspiele schaffen Mehr-Sinn, keinen Unsinn.«

138 Arp: Einführung, S. 15.

139 Arp: Einführung, S. 15.

140 Arp: Einführung, S. 15.

141 Arp: Einführung, S. 15; vgl. dazu auch Ubl: Prähistorische Zukunft, S. 90.

Die eigentliche Kommentierung der Pflanzenbilder beginnt Arp im folgenden, sechsten Absatz. Hier denkt er sich regelrecht kleine Geschichten aus, deren Protagonisten er zum Teil den Bildtiteln Max Ernsts entnimmt. Ein Prinzip ist dabei die spielerische Zusammenschau unterschiedlicher Bilder, wobei er sich meist von einzelnen Begriffen der Titel und weniger von den Bildern selbst anregen lässt: So kombiniert er Details der Blätter Nr. 12 (*Felder der Ehre, Überschwemmungen, Erdbebenpflanzen*) und Nr. 28 (*Die Mahlzeit des Toten*) zu der Vermutung, dass »die erdbebenpflanze gern einen toten mann verschmausen« möchte.[142] In diesem Fall streicht Arp das auf dem Bild mit dem Titel *Die Mahlzeit des Toten* tatsächlich zu sehende, wie ausgestopft dastehende Nashorn und verdreht die schon bei Max Ernst verquere Logik noch weiter: Tituliert Max Ernst die Pflanzenreste unter den Vorderbeinen des Nashorns als die *Mahlzeit des Toten*, so hat bei Arp nicht der Tote noch eine Mahlzeit in der Reserve, sondern die Pflanzen selber wollen essen, und zwar einen Toten.

In vergleichbarer Weise wird die bei Max Ernst schon angedeutete zoomorphe Agilität der Pflanzenwesen von Arp auch in Bezug auf andere Bilder weiter ausphantasiert. In diesem Sinne konstatiert er in Anspielung auf das Blatt Nr. 14, *Der Start des Kastanienbaums* (großzügig eine Eiche hinzufügend): »eiche und kastanie entschließen sich zum aufbruch unter dem banner d. a. d. a., das da heißt domine anno domine anno«,[143] und erinnert so an die gemeinsamen Kölner Zeiten, in denen dadaistische Experimente den Grundstein legten für die weitere Entwicklung der beiden Künstler.[144] Die Linde, die Max Ernst anthropomorphisierend als ›gelehrig‹ charakterisiert hatte, erscheint bei Arp gleich zweimal als ein »friedlich auf hölzernen hochebenen« sprießendes Gewächs und bildet den Kontrast zu einem von Arp hinzuphantasierten Löwen auf der Jagd nach einem fetten Brautpaar.[145] Ob die Zypresse hingegen nun »die wade der tänzerin im eucharistischen ballett« ist oder gerade nicht, ist offenbar egal, denn der sechste und siebte Absatz schließen mit je einer der beiden

142 Arp: Einführung, S. 15.

143 Arp: Einführung, S. 15.

144 Zur Zusammenarbeit von Max Ernst und Arp in den Dada-Jahren vgl. Stefanie Poley: Max Ernst und Hans Arp 1914-1921. In: Max Ernst in Köln. Die rheinische Kunstszene bis 1922. Hg. v. Wulf Herzogenrath. Köln 1980, S. 179-196; vgl. ebenso Karl Riha: Fatagaga-Dada. Zur künstlerisch-literarischen Kooperation von Hans Arp und Max Ernst. In: Fatagaga-Dada. Max Ernst, Hans Arp, Johannes Theodor Baargeld und der Kölner Dadaismus. Hg. v. Karl Riha u. Jörgen Schäfert. Gießen 1995, S. 230-237.

145 Arp: Einführung, S. 15 u. 16.

offensichtlich ohnehin vollkommen absurden ›Einschätzungen‹.[146] Seine Bemerkungen über Bäume rundet Arp durch neue, eigene absurd-surreale Geschichten ab, wie die vom Wanderer und dem Gebirge, die sich, wenn sie sich im Himmel treffen, unfehlbar streiten und dann »gegenseitig ihre bäume ausreißen«.[147]

Nach dem vom Menschen möblierten Universum und den Bäumen gibt es drittens die kleine Gruppe der Insekten, die bei Arp allerdings etwas umfangreicher ist als bei Max Ernst, denn sie umfasst seiner Auffassung nach »das geimpfte brot, den chor der zellen, die blitze unter vierzehn jahren und ihren untertänigsten diener«.[148] ›Hineingemogelt‹ in die Erläuterungen zur Gruppe der Insekten ist auch Eva, die nun als »weiße helferin der zeitungsdiebe« in einen neuen, ganz diesseitigen Kontext gerückt und der prominenten Schlußstellung enthoben ist.[149] Ebenso wie Max Ernst den Pflanzen den breitesten Raum eingeräumt hatte, sind auch bei Arp Vögel und Säugetiere unterrepräsentiert, ja, er subsumiert sie sogar durchgängig unter fremde Kategorien. So findet sich der so lebendig zwischen zwei Balken flatternde Vogel des Blattes *Die Geburt der Turmuhr* in die Nähe der Insekten gerückt und wird mit dem absurden, die Grenzen zwischen Animalität und Humanität sprengenden Vergleich charakterisiert, dass das »geräusch seiner kiefer [...] dem geräusch eines starken haarausfalls« [sic] ähnle.[150]

Auch die letzte Gruppe bringt (wieder ausgehend von einzelnen Elementen der Max Ernstschen Titel) noch einmal sehr unterschiedliche, von Arp teilweise frei ergänzte Gegenstände zusammen: Die Eisblumen aus dem 4. Blatt treffen auf die vermählten Diamanten aus dem 25. Blatt und bilden zusammen mit neu hinzuerfundenen Spiegelschränken die

146 Arp: Einführung, S. 15 u. 16. Vgl. aber Arps Wiederaufnahme der Abendmahlthematik am Ende der *Einführung*.

147 Arp: Einführung, S. 16.

148 Arp: Einführung, S. 16.

149 Arp: Einführung, S. 16.

150 Arp: Einführung, S. 16. Arps spielerische Vermischung aller Seinsbereiche und sein die klassische Metaphorik hinter sich lassendes systematisches Anarbeiten gegen den ›einen Sinn‹ betont in diesem Sinne, wenngleich unter Bezugnahme auf die Gedichte auch Chris Bezzel: Lyrik vor Tschernobyl. In: Hans/Jean Arp. Hg. v. Heinz Ludwig Arnold. München 1986 (= text + kritik 92), S. 25-37, hier S. 31. – Zur Selbstverortung Arps im Dada vgl. Walburga Krupp: Hans Arps dadaistische Propaganda. In: Hugo-Ball-Almanach. Studien und Texte zu Dada NF 2 (2011), S. 46-67. – Riha (Fatagaga-Dada, S. 233) weist darauf hin, dass es »Arp oft um Doppel- und Dreifachdeutigkeiten, Bedeutungsambivalenzen und gezielte Sinnverhüllungen« geht.

Vertreter aus dem Reich des Kristalls. Freilich dreht sich das Karussell der Stellvertreter und Deckphantasien nun immer schneller, denn die Spiegel sind eigentlich Fußböden, die Schränke Schlösser und zusammen werden sie

> als boxringe an hebammen und störche vermietet für ihre zahllosen runden, – und als schemel für zwei riesengroße rostige füße, welche manchmal ein paar schritte darauf stampfen: pam-pam. Deshalb nennt man die meere pampas, denn schritt heißt auf französisch pas und zwei schritte pas-pas. Das macht dann pam-pam.[151]

Mit der pseudologisch-sprachphilosophischen Erläuterung des Titels des sechsten Blattes, *Die Pampas*, beendet Arp seine Kommentierung einzelner Bilder der *Histoire naturelle*, um schlussendlich zur zentralen Pointe seiner *Einführung* zu kommen. In direkter Ansprache eines höflich gesiezten Gegenübers – des Schöpfers der *Histoire naturelle* sowohl wie auch des Lesers – verrät Arp nun, worum es ihm bei all den neu gestifteten surrealen Begegnungen wirklich zu tun war. Es ging darum, ein Exempel zu statuieren, und zwar ein Exempel für die Art und Weise, wie man die Auseinandersetzung mit der väterlichen Autorität führen müsse:

> So sehen sie also, daß man seinen herrn vater nur scheibe um scheibe verzehren kann. Unmöglich, mit ihm in einem déjeuner-sur-l'herbe fertig zu werden, und selbst die zitrone fällt auf die knie' vor der schönheit der natur.[152]

Durch die Begegnung mit nach Toten lechzenden Erdbebenpflanzen, im Meer schwimmenden Spiegelschränken und unfangbaren Zyklopenschnurrbärten soll man also verstanden haben, dass ein Verzehren des Vaters nur Schritt für Schritt – »pas pas« oder »pam pam« – möglich ist. In seiner *Einführung* vollzieht Arp mit anderen Worten eine schöpferische Relektüre der *Histoire naturelle* als ein scheibchenweise vollzogenes Abendmahl, als eine symbolische Einverleibung des Vaters. Mit dem Vater ist hier wohl nicht der Schöpfergott und auch nicht so sehr der Vater der Freudschen Urhorde oder der persönliche Vater Max Ernsts gemeint,[153] sondern, wie die letzten Worte des Textes verraten, eine väterliche Kunstautorität, das wirkmächtigste Dogma der traditionellen bildenden Kunst: das Naturschöne. Mit diesem ästhetischen Prinzip und dem Gebot, es in der Kunst durch Mimesis zu wiederholen, setzt sich,

151 Arp: Einführung, S. 17.
152 Arp: Einführung, S. 17.
153 Vgl. in diesem Sinne die Deutungsansätze von Legge: Zeuxis's Grapes, S. 168.

wie oben gezeigt, bereits die *Histoire naturelle* auseinander, und auch Arp sagt sich, wie er in seinem letzten Satz expliziert, vom Paradigma der Naturnachahmung los. Denn die Moral von Arps absurder Geschicht' ist: Blatt für Blatt gilt es, Reales in neue surreale Zusammenhänge umzuschreiben und sich so in einem kannibalischen Akt der Einverleibung des väterlichen Prinzips vom Naturschönen zu befreien.[154] Die *Histoire naturelle* und die *Einführung zur Histoire naturelle* erweisen sich so beide gleichermaßen als Naturgeschichten jenseits einer naiven Lobpreisung von ›Mutter Natur‹.[155]

154 Vgl. in diesem Sinne auch die programmatischen Äußerungen Arps zur konkreten Kunst, in denen er sich in Abgrenzung gleichermaßen vom Mimesisprinzip wie vom Rationalismus und dem Geniekult radikal einem neuen Ideal der Bildung von Natur verschreibt: »Wir wollen nicht die Natur nachahmen. Wir wollen nicht abbilden, wir wollen bilden. Wir wollen bilden, wie die Pflanze ihre Frucht bildet, und nicht abbilden. Wir wollen unmittelbar und nicht mittelbar bilden. […] Die konkrete Kunst möchte die Welt verwandeln und sie erträglicher machen. Sie möchte den Menschen vom gefährlichsten Wahnsinn, der Eitelkeit, erlösen und das Leben des Menschen vereinfachen. Sie möchte es in die Natur einfügen. Die Vernunft entwurzelt den Menschen und zwingt ihm eine tragische Existenz auf. Die konkrete Kunst jedoch ist eine elementare, natürliche, gesunde Kunst. […] Wo die konkrete Kunst eintritt, zieht die Schwermut mit ihren grauen Koffern voll schwarzer Seufzer fort.« (Hans Arp: Konkrete Kunst. In: Sophie Taeuber-Arp u. Hans Arp: Zweiklang. Zürich 1960, S. 73-75, hier S. 73 u. 74) – Über die Ausbildung an den Kunstakademien, in der vor allem eine genaue Naturnachahmung verlangt werde, beklagt sich Arp in: Betrachten. In: Zweiklang, S. 84-104, hier S. 97

155 Diese kritische Position zur tradierten Forderung nach Naturnachahmung wird sowohl bei Max Ernst als auch bei Hans Arp durch eine intensive Bezugnahme auf die Natur flankiert. Für Arp etwa ist in Bezug auf seine bildkünstlerischen Werke festgehalten worden, dass er die Natur sogar zum »Leitprinzip« mache und »die Natur als Ideal für die Kunst« einsetze; vgl. Jane Hancock: Natur und Dada. In: Arp 1886-1966, S. 74-75, hier S. 75. Arps Plastiken mit ihren biomorphen Formen legen Zeugnis ab von der Inspiration durch die Natur. Selbst hat Arp darauf hingewiesen, dass die »Kunst […] sich in der Natur verlieren«, »sogar mit Natur verwechselt werden« solle (Hans Arp: Mit gesenkten Lidern. In: Zweiklang, S. 60). – Auch in seinen sogenannten ›Konstellationsgedichten‹ spielt die Natur eine tragende Rolle: Sie bilden eine kosmologische Schöpfungsgeschichte und schreiben sich damit ebenfalls in die Tradition der Naturgeschichte ein; zu den Gedichten vgl. Harriett Watts: Hans Arp und das Prinzip der Konstellationen. In: Arp 1886-1966, S. 112-121.

3.4.2 Paul Eluards *Hat der spiegel …* oder die Spiegel der Liebe

Auch Paul Eluard reflektiert in seinem Gedicht *Hat der spiegel …* über Natur,[156] interpretiert den Terminus ›Naturgeschichte‹ jedoch anders. Bei ihm geht es nicht um die unterschiedlichen Reiche der Natur, sondern um den Wechsel der (Jahres- und Tages-)Zeiten in der Natur. Diese natürliche Zeit erscheint bei Eluard als ein mechanistisches Realitätsprinzip, das den Menschen determiniert, der es nicht versteht, sich ihm durch Imagination zu widersetzen. Eluards aus vier immer knapper werdenden, reimlosen und nicht versifizierten Abschnitten bestehendes Gedicht beginnt mit der Frage, ob »der spiegel seine illusionen verloren« habe.[157] Mit dem Spiegel setzt Eluard an den Anfang eine überaus beliebte Metapher der Surrealisten – Spiegelschränke tauchten ja schon bei Arp auf. Spiegel gelten nicht erst den Surrealisten als ein nützliches optisches Täuschungsmittel, um zu einer anderen Realität vorzustoßen und zu einer anderen Wahrnehmung zu gelangen: So reist ja bekanntlich schon Alice durch einen Spiegel ins Wunderland. In einer Personifizierung spricht Eluard dem Spiegel die Illusionen, für die er das Eingangstor bildet, selber zu, wenngleich im Duktus der bangen Frage, ob der Spiegel sie möglicherweise verloren habe. Dies wäre offenbar bedauerlich, ebenso wie es nicht gut wäre, wenn »die welt [sich] ihrer undurchsichtigkeit entledigt« hätte, so der zweite Teil der einleitenden Doppelfrage.[158] Geheimnisvolle Unklarheit erscheint eingangs also als ein Wert gegen falsche Durchschaubarkeit. Ein erster Blick auf die Natur entlarvt diese allerdings als ein banales selbstregulatives System (»Die erde bestellt sich

156 Paul Eluard: Hat der Spiegel …In: Max Ernst: Histoire naturelle (1965), S. 9. – Zu Eluards Rolle in der Geschichte der Max Ernstschen Naturgeschichte vgl. Max Ernst: Histoire naturelle (1965), S. 165. – Zu den gemeinsamen Sprach- und Bild-Projekten in den Dada-Jahren vgl. Charlotte Stokes: Der expandierende Rahmen. Die Dada-Zusammenarbeit von Max Ernst und Paul Eluard. In: Fatagaga-Dada, S. 238-248. Vgl. die Bücher Paul Eluard u. Max Ernst: Répétitions. Paris 1922 sowie Paul Eluard u. Max Ernst: Les malheurs des immortels. Paris 1922; zu *Les malheurs des immortels* vgl. die Analyse von Renée Riese Hubert: Max Ernst. Die Verdrängung des Visuellen und des Verbalen. In: Bildlichkeit. Internationale Beiträge zur Poetik. Hg. v. Volker Bohn. Frankfurt a. M. 1990, S. 192-228, insbes. S. 195-202. Vgl. auch Spies: Max Ernst. Collagen, S. 109-111. – In dem Band *Répétitions* findet sich auch ein bekanntes Gedicht mit dem Titel *Max Ernst* von Paul Eluard, das in deutscher Übersetzung z. B. abgedruckt ist in Picon: Der Surrealismus, S. 57.

157 Eluard: Hat der spiegel …, S. 9, Z. 1.

158 Eluard: Hat der spiegel …, S. 9, Z. 1-2.

selbst«),[159] das seine Pseudogeheimnisse nur unzureichend verbirgt. So scheint das lyrische Ich, das sich hier selbst mit »du« anspricht, die Verstecke der Naturgeheimnisse alle schon zu kennen: »Im winter brauchst du nur im schnee zu scharren, schon findest du sonne; im sommer haben die früchte einen kern aus eis.«[160] Wenn aber im Winter unter dem Schnee unfehlbar die Sonne wartet und im Sommer in der Mitte der Früchte Eis liegt, so sind die Gegensätze zwischen Winter und Sommer aufgehoben und wirkliche Geheimnisse gibt es nicht.

Der zweite Abschnitt führt diesen Gedanken fort, nun jedoch nicht länger am Beispiel der Jahres-, sondern an demjenigen der Tageszeiten. Vermutlich angeregt durch Max Ernsts Blatt Nr. 26, *Die Geburt der Turmuhr*, bzw. durch eine Alternativfassung desselben Motivs, das den Vogel weniger naturalistisch als eher metallisch zeigt,[161] ist es die Rolle der Vögel, die Stunden anzuzeigen: »mittag, der goldfink brennt; sechs uhr, der star schmettert«.[162] Grell und völlig automatisch, daher folgerichtig im stakkatohaften Telegrammstil vorgetragen, läuft die Zeit nach der Vogeluhr ab. Nur in der Nacht, wenn die Singvögel schlafen, wird sie – allerdings mit noch größerer destruktiver Kraft – nicht von Amsel, Drossel, Fink und Star, sondern von einem »störenfried« verkündet, der »voll wut nachtkugeln in augenhöhlen« schleudert und also weiterhin für krankhafte Helligkeit, Sichtbarkeit, Durchschaubarkeit sorgt.[163]

Gegen dieses ewige zyklisch-mechanische Einerlei der Natur, in dem alles brutal ins Licht gesetzt wird, führt der dritte Abschnitt ein zunächst unidentifizierbares Anderes, nun endlich wahrhaftig Geheimnisvolles ein: »Nur für ein einziges wesen gibt es ein versteck (es entschlüpft dir immer).«[164] Dieses Wesen ist immer dort, wo man es nicht vermutet, es hält sich nicht an den von der Natur vorgegebenen Tag-Nacht-Rhythmus und bleibt ewig ungreifbar: »Suchst du's in der nacht, steht's im licht, suchst du's bei tag, schläft es.«[165] Mit diesem Wesen, das sich in einer so entsetzlich geheimnisvollen Welt als »einziges« ein Versteck bewahrt hat, kann, folgt man dem Frottagenzyklus von Max Ernst, eigentlich nur *Eva, die einzige, die uns bleibt* gemeint sein: Das letzte, das einzige, das wahre Geheimnis für die surrealistischen Künstler ist nach einer radikal ent-

159 Eluard: Hat der spiegel …, S. 9, Z. 2.
160 Eluard: Hat der spiegel …, S. 9, Z. 2-4.
161 Vgl. Max Ernst: Histoire naturelle (1965), S. 67.
162 Eluard: Hat der spiegel …, S. 9, Z. 5-6.
163 Eluard: Hat der spiegel …, S. 9, Z. 6-7.
164 Eluard: Hat der spiegel …, S. 9, Z. 8-9.
165 Eluard: Hat der spiegel …, S. 9, Z. 9-10.

zauberten und letztlich für langweilig gehaltenen Natur die Frau. Ähnlich wie Arp in seiner Einführung einen Zyklopenschnurrbartjäger imaginiert, nimmt auch Eluard die Rolle des jagenden Mannes ein, der auf der Suche nach dem ›dunklen Kontinent‹ Frau, nach der inspirierenden Kraft sexueller Grenzüberschreitung ist. In diesem Sinne schließt er mit einem Aufruf, der von der Selbstansprache des ›du‹ nun zur Imagination einer mit ›wir‹ zusammengefassten Gruppe übergeht, ganz so, wie Max Ernst es in der Bildunterschrift des letzten Blattes seiner *Histoire naturelle* vormacht. Gegen die plane Wirklichkeit fordert Eluard zum Einzug in die Welt der Libido: »Auf! laßt uns die fallen der liebe stellen.«[166]

3.4.3 Max Ernsts *Leitfaden* und *Anmerkungen* oder die Rückkehr von Mutter Natur

Max Ernst selbst stellt seiner *Histoire naturelle* beinahe vier Jahrzehnte nach ihrem Entstehen einen *Leitfaden* zur Seite und folgt damit scheinbar einer guten alten didaktischen Tradition.[167] Ein Leitfaden verspricht üblicherweise einen Überblick, eine Komplexität reduzierende Einführung in ein Fachgebiet. Auch auf dem Gebiet der Naturgeschichte sind Leitfäden gang und gäbe; meist verbirgt sich hinter einem derartigen Titel schlicht ein Lehrbuch. So verfolgt etwa Karl Koppes *Leitfaden für den Unterricht in der Naturgeschichte* explizit das Ziel, Schüler »bei der Wiederholung des im mündlichen Schulunterrichte Erlernten und Geübten zu unterstützen«.[168]

Zu dieser rein funktionalen Textsorte steht Max Ernsts *Leitfaden* in denkbar größtem Kontrast: Es handelt sich nicht um eine systematisierte Rekapitulation harter Fakten, sondern um eine spielerische Szene, nicht um Fachprosa, sondern um Literatur. Max Ernsts *Leitfaden* ist mit anderen Worten nicht etwa eine konzise ›Gebrauchsanweisung‹ für seine Naturgeschichte, sondern ein kleines Drama, in dem ein Nebentext eine Szenerie skizziert und verschiedene Sprecher auftreten.

Der nur sechzehn Textseiten umfassende *Leitfaden* gibt fünfundzwanzig (!) Sprechern zum Teil nur einmal, zum Teil aber auch mehrfach das Wort. Es treten auf: ein schwarzer Kreis, ein Naturforscher, die Mutter aller Lebendigen, der Vogelobre Hornebom, die Stubenfliege, ein Kunsthistoriker, Paul Eluard, der junge Baum, die junge Sphinx, das süße

166 Eluard: Hat der spiegel ..., S. 9.
167 Max Ernst: Leitfaden. In: Histoire naturelle (1965), S. 37-53.
168 Karl Koppe: Leitfaden für den Unterricht in der Naturgeschichte. 8. verbesserte u. vermehrte Aufl. Essen 1891, S. III.

Kind, ein junger Lümmel, Friedrich Gottlieb Klopstock, ein Dichter, ein Denker, der Arp, das Publikum, ein Sprechchor der Dichter und Denker, der Schöpfer von Leben und Tod, ein hoffender Engel, Mutter Natur, der Mönch von Heisterbach, der Tod, die Sonne, die schöne Gärtnerin und ein fröhlicher Wissenschaftler.

Diese hier in der Reihenfolge ihres Auftretens genannten Sprecher lassen sich in folgende Gruppen zusammenfassen: Bildelemente einzelner Frottagen (der schwarze Kreis, der junge Baum, die junge Sphinx), nicht persönlich identifizierte Vertreter bestimmter, für die Beurteilung der *Histoire naturelle* einschlägige Berufsstände (Naturforscher, Kunsthistoriker, ein fröhlicher Wissenschaftler), abstrakte Gestalten aus dem Umkreis eines philosophisch-religiös-mystischen Naturdiskurses (die Mutter aller Lebendigen, der Schöpfer von Leben und Tod, ein hoffender Engel, Mutter Natur, der Tod, die Sonne), Figuren aus der Privatmythologie von Max Ernst (der Vogelobre Hornebom, der Mönch von Heisterbach, die schöne Gärtnerin), Tiere, die in der *Histoire naturelle* fehlen (die Stubenfliege), dadaistisch-surrealistische Künstlerfreunde Max Ernsts, die sich zur *Histoire naturelle* geäußert haben (Paul Eluard, Hans Arp), nicht näher identifizierte typisierte Menschen aus dem Volk (das süße Kind, ein junger Lümmel), ein deutscher Dichter des 18. Jahrhunderts (Friedrich Gottlieb Klopstock), Vertreter des geistigen Deutschlands (Dichter, Denker, Sprechchor der Dichter und Denker) und das Publikum.

Insgesamt ist das Personal damit überaus heterogen und zeigt sich einem realistischen Setting nicht verpflichtet. Vielmehr erhalten abstrakt-geometrische Elemente wie ein Kreis ebenso einen Auftritt wie reale Zeitgenossen Max Ernsts, stehen Kunstfiguren wie *Die schöne Gärtnerin*, so der Titel eines berühmten Gemäldes von Max Ernst,[169] neben historischen Gestalten wie Klopstock. Das Hauptthema der Szene, das freilich von einer bunten Vielzahl ebenso abwegiger wie humorvoller Abschweifungen durchkreuzt wird, ist, passend zur *Histoire naturelle*, die Natur. Inmitten der den Text strukturierenden surrealistischen Freude an der Aufsprengung tradierter Ordnung, am Verrücken der Welt ins Absurde,

169 Bei dem Gemälde *Die schöne Gärtnerin* handelt es sich um ein 1923 entstandenes, von den Nazis zum Inbegriff der »entarteten Kunst« erklärtes und beschlagnahmtes, in *Au-delà de la peinture* (1936) noch einmal abgebildetes, während des Zweiten Weltkrieg jedoch verschollenes Schlüsselwerk Max Ernsts, das der Künstler ein Leben lang immer wieder in seinen bildkünstlerischen und schriftlichen Werken zitiert. So taucht etwa auch in Max Ernsts Collageroman *La femme 100 têtes* eine Figur gleichen Namens auf, vgl. dazu und zur Bedeutung der schönen Gärtnerin insgesamt Wix: Max Ernst, S. 170-172.

wird Natur unter den Gesichtspunkten ihrer wissenschaftlichen Klassifizierbarkeit und ihrer Rolle und Darstellbarkeit in der Kunst verhandelt. Auf diese beiden Aspekte konzentriert sich auch die folgende Analyse des *Leitfadens*, die jedoch zugleich auch einige zentrale Strukturelemente des Textes herausarbeiten will und daher mit einem Blick auf die Eröffnungsszene beginnt.

Im Auftakt geriert sich das kleine Drama ähnlich abstrakt wie der Frottagenzyklus. Symbolisch beginnt die Szene mit einem Läuten, das üblicherweise die Aufmerksamkeit auf ein Geschehen lenkt. Dieses ist allerdings durch die erläuternde Regieanweisung »Ein schwarzer kreis steht auf der schwelle des bewußtseins«[170] kaum genauer vorstellbar gemacht: Sowohl der angekündigte ›Charakter‹, ein schwarzer Kreis, als auch das, was er tut, nämlich auf der Schwelle des Bewusstseins stehen, widersprechen dem, was man von einem Drama erwartet, nämlich den Auftritt fassbarer Figuren, die in einem konkreten Raum zu einer bestimmten Zeit handeln. Im *Leitfaden* hingegen ist die durch den Nebentext skizzierte Eröffnungsszene überhaupt nicht anschaulich, sondern geometrisch und theoretisch; zudem weist die Verbindung zweier an sich unzusammenhängender Welten, der geometrischen Form des Kreises und der Bewusstseinsphilosophie, die Konstellation als humoristisch aus. Diesen humoristischen und antitraditionalistischen Duktus nimmt der vierstrophige Eingangsmonolog auf, eine heiter-ironisch-spielerische Gedichtvariation über das cartesianische cogito ergo sum. In anaphorischer Reihung mit der immer wiederkehrenden Eingangsfloskel »Ich bin« sucht der schwarze Kreis in kurzen, syntaktisch schlichten Versen nach möglichen Bestimmungen seines Selbst und konterkariert dabei in offensichtlicher Lust am Widerspruch seine vom Nebentext konstatierten Grundeigenschaften:

DER SCHWARZE KREIS:
Ich bin die sonne
Ich bin ein weißes quadrat
Ich bin die quadratur des geistes[171]

Wenn ein schwarzer Kreis sich selbst als weißes Quadrat bezeichnet, ist die tradierte Logik ebenso offensiv verabschiedet, wie Paul Eluard dies in der ersten Strophe seines Gedichtes durch die Zusammenführung von nominellem Winter bzw. Sommer mit Eigenschaften der jeweils gegensätzlichen Jahreszeit vorgemacht hatte. Übliche Ordnungsmuster und

170 Max Ernst: Leitfaden, S. 37.
171 Max Ernst: Leitfaden, S. 37.

Denkschablonen werden ad absurdum geführt und zugleich weiterhin als Spielbälle benutzt, aus deren zertrümmerten Formen sich neuer Wortwitz generieren lässt. In diesem Sinne behauptet der Kreis von sich, einige bedeutende Rollen auf der philosophischen Weltbühne innezuhaben. So will er etwa die Quadratur des Kreises sein, also den berühmten unlösbaren logischen Widerspruch verkörpern (der bei ihm allerdings zur »quadratur des geistes« wird). Ebenso sei er nichts weniger als »die unbefleckte erkenntnis« und »die abstrakte empfängnis«.[172] Kurz: dieser sich ungemein aufblähende Kreis wirft zwar alles durcheinander, wähnt sich aber in ganz großer Form.

So sehr dieser schwarze Kreis sich mit dem falsch verwendeten Vokabular der sprichwörtlich gewordenen Philosophie umgibt, so wenig fühlt er sich an zwei andere zentrale Grundsäulen der abendländischen Geistesgeschichte gebunden: Er glaubt »weder an gott noch an goethe«, sieht sich also weder der christlichen Religion und noch der deutschen Dichtertradition, insbesondere nicht dem Goethekult verpflichtet. Beide Traditionen werden im *Leitfaden* als Kontrastfolie im Folgenden noch häufiger ironisierend zitiert.[173]

In erneuter Verkehrung eines Sprichwortes und in offensichtlicher Widersprüchlichkeit zum eigenen Handeln warnt der Kreis zum Abschluss seines Eingangspoems die vertraulich mit »euch« angesprochene Zuhörerschaft generell vor der Poesie, konkret davor, sich niederzulassen, wo man liebt, denn »Verdammte menschen singen immer lieder«.[174] Seine Funktion im Drama hat er damit zunächst erfüllt. Am Ende des Stücks taucht der Kreis dann in verwandelter Gestalt noch einmal auf: Nun spricht er als die Sonne, die er schon im Eingangsmonolog zu sein vorgab. Jetzt hat der Geist der Verneinung von ihm Besitz ergriffen – egozentrisch, größenwahnsinnig und sprichwortverliebt ist er aber nach wie vor:

172 Max Ernst: Leitfaden, S. 37.

173 Besonders auffällig ist die Abgrenzung von den zentralen Gestalten der deutschen Literatur des 18. Jahrhunderts: Goethe, an den der schwarze Kreis nicht glaubt, wird von dem »süßen Kind« später noch einmal ins Spiel gebracht und zwar wieder im selben Atemzug mit Gott und einem nachklappernden Hinweis auf Schiller (Max Ernst: Leitfaden, S. 44). Von diesem wiederum sagt sich »der junge Lümmel« aggressiv los: »Nieder mit der kompakten mehrheit der klassischen schiller!« (ebd., S. 44). Klopstock darf zwar immerhin selbst auftreten, wird aber von einem namenlosen Dichter niedergemacht (ebd., vgl. S. 45).

174 Max Ernst: Leitfaden, S. 37.

DIE SONNE:
Ich bin kein schwarzer kreis
Ich bin kein weißes quadrat
Ich bin kein blauer dunst
Ich bin der himmel
Ich bin die hölle[175]

Insgesamt verdeutlicht schon dieser erste Blick auf den *Leitfaden* die Verwandtschaft des Textes mit der sinnsprengenden, vielsinnigen Sprachspielerei Arps. Allerdings bezieht sich Max Ernst stärker als Arp auf die bildlichen Elemente seiner Frottagen, ja, teilweise scheint der Text ganz konkret einzelne Elemente aus den Blättern zum Sprechen zu bringen: Der schwarze Kreis etwa, mit dem Max Ernst seinen *Leitfaden* eröffnet, ist wohl nichts/niemand anderes als der aus dem Bildgrund auftauchende, angedeutete schwarze Kreis des ersten Blattes. Die Selbstaussage des Kreises, dass er eine Sonne sein möchte, verwiese im Frottagenzyklus auf den ebenfalls im ersten Blatt zu findenden Entwurf des lediglich aus einer Umrandung bestehenden leeren Kreises. Auch die zweite Wunschidentität des Kreises im *Leitfaden*, das »weiße quadrat«, ist mittig auf dem ersten Blatt zu sehen und erscheint hier als eine Leinwand. Die im Text auftauchenden Bildelemente werden aber nicht nur zitiert, sondern auch ironisch kommentiert und so destruiert: Nach dem Eingangsmonolog des schwarzen Kreises hält der Nebentext fest: »Der schwarze kreis fällt unter den tisch«. Nach seinem prominenten Auftritt hat der Kreis also – und hier greift der Nebentext nun seinerseits auf eine (im Unterschied zu den Selbstaussagen des Kreises korrekt verwendete) Redewendung zurück – gleich wieder seinen Abtritt, wird unter den Tisch fallen gelassen (bis er im *Leitfaden* am Ende als Sonne wieder aufgehen darf).

Das Text-Bild-Verhältnis zwischen *Leitfaden* und *Histoire naturelle* ist – auch das kann schon an dieser Stelle festgehalten werden – nicht nur, wie der Titel des Textes vielleicht hätte vermuten lassen können, keines der versprachlichenden Erläuterung, es ist auch keines der Bildbeschreibung. Max Ernst bedient sich vielmehr zweier anderer Strategien, um zwischen Frottagenzyklus und Text eine Verbindung herzustellen: Zum einen erhebt er, wie in der Eingangsszene, einzelne Bildelemente zu Charakteren, lässt sie auftreten und macht sie zu Sprachrohren seiner provokant-irrationalen pseudophilosophischen, theatralischen Inszenierung. Neben dem schwarzen Kreis erhalten diese Gelegenheit jedoch nur noch die Zypresse (Blatt Nr. 9) und die Sphinx (Blatt Nr. 27). Zum anderen

175 Max Ernst: Leitfaden, S. 50.

und über wesentlich weitere Strecken verfährt der *Leitfaden* so, dass er vermeintliche Experten über bestimmte Themen oder Gegenstände, die in den Blättern angedeutet sind, in einem paradoxen pseudogelehrten Diskurs debattieren lässt.

Durch die in Versalien gesetzten Hauptregieanweisungen ist das gesamte kurze Drama in sieben unterschiedlich lange Auftritte gegliedert. Die zentralen Charaktere der Auftritte stehen zu Beginn der Abschnitte häufig wie der schwarze Kreis auf einer »schwelle«.[176] Durchgehend werden die Einschnitte akustisch signalisiert. Nach der kurzen Eröffnungsszene, die mit einem Läuten begonnen hatte, markiert ein erneutes akustisches Signal, diesmal gedämpfter Trommelklang, den Beginn des umfangreichen zweiten Auftritts, der ganz beherrscht ist von der Figur des Naturforschers, also dem Experten schlechthin für Naturgeschichte.[177] Der folgende, mit einem Klopfzeichen einsetzende äußerst kurze dritte Auftritt gehört ganz einem jungen Baum, der ebenso faszinierenden wie rätselhaften Zypresse.[178] Und auch der vierte Auftritt setzt mit einem aus den Frottagen übernommenen Element ein: »WAS HAT GEMECKERT« lautet zunächst die ironische Frage der Regie, bevor dann die im Nebentext ebenso plastisch wie von der Frottage abweichend beschriebene, mit einem »abendkleid aus löwenzahn und hahnenfuß« gewandete Sphinx auftritt. Im Kern allerdings ist dieser Auftritt weniger eine Parade der meckernden Sphinx, als vielmehr ein Streit über Natur in der Dichtung.[179] Mit einem an Zeus gemahnenden Donner setzt der fünfte Auftritt ein, in dem es um den Niedergang der göttlichen Schöpfung geht,[180] bevor, markiert durch die Regieanweisung »ES HAT GESCHNEIT«, der Tod in das Drama Eingang findet.[181] Nach diesem kurzen dunklen Zwischenspiel folgt der siebte, letzte Auftritt, der, ausgehend vom Aufgang des als Sonne wiedergeborenen schwarzen Kreises, vom Inbegriff künstlerischer Naturanverwandlung, von der schönen Gärtnerin dominiert wird.[182]

176 Dem schwarzen Kreis »auf der schwelle des bewußtseins« (Max Ernst: Leitfaden, S. 37) folgen der »junge[] baum [...] auf der schwelle des daseins« (ebd., S. 43) und die Sphinx »auf der schwelle der erkenntnis« (ebd., S. 44). Der Schöpfer von Leben und Tod »zeigt sich als klassischer bummler auf der schwelle der weltbühne« (ebd., S. 47).

177 Max Ernst: Leitfaden, S. 38-43.

178 Max Ernst: Leitfaden, S. 43.

179 Max Ernst: Leitfaden, S. 44-47.

180 Max Ernst: Leitfaden, S. 47-48.

181 Max Ernst: Leitfaden, S. 48-50.

182 Max Ernst: Leitfaden, S. 50-53.

Das im Titel des Frottagenzyklus angeschlagene Thema der Naturgeschichte spielt im traditionellen Sinne vor allem im zweiten Auftritt eine Rolle. In indirekter Anknüpfung an die Formulierung, mit der der schwarze Kreis liebende und singende Menschen abgewertet hatte, warnt der Naturforscher »vor vogelstimmen und firlefanz«.[183] Anstelle der Schönheit der Natur, wie sie etwa in dem Gesang der Vögel Gestalt annimmt, interessiert den als Karikatur eines dem Identifikationswahn verfallenen Naturhistorikers angelegten Forscher allein die Klassifikation der Lebewesen. Diese nimmt er in Anknüpfung an eine alte naturgeschichtliche Tradition aufgrund eines einzigen, quantifizierbaren Merkmals vor; während Linné Staubfäden zählte, um verschiedene Blumenspezies zu Familien zusammenzufassen, unterteilt Max Ernsts Naturforscher die Vielzahl der Lebewesen hinsichtlich der Anzahl ihrer Augen. Er greift damit auf ein offensichtlich völlig ungeeignetes Klassifikationskriterium zurück, das quer zur üblichen Unterteilung der Fauna steht und nach dem man so gut wie alle Säugetiere, Vögel und Fische zur Gruppe der Zweiäugigen zusammenfassen müsste. Zum einen wird so das ja auch schon von Breton so ungeliebte Klassifizieren ironisiert, weil es offensichtlich Verschiedenes gleichmacherisch in Schubladen wegsortiert und einen erweiternden Blick auf Unbekanntes systematisch vermeidet. Zum anderen knüpft Max Ernst, indem er gerade das Klassifikationskriterium der Augen auswählt, an seinen theoretischen und bildkünstlerischen Diskurs über das Sehen an, d. h. an seine ästhetischen Reflexionen über die Frottagetechnik als einem Verfahren, mit dessen Hilfe man sich selbst die Augen öffnen könne, und an seine visionären Augendarstellungen in den Frottagen.

Wer wie viele Augen hat und wozu diese gut sind, wird im ersten naturgeschichtlichen Diskurs des *Leitfadens* von dem Naturforscher kontrastierend am Beispiel unterschiedlicher Spezies erörtert: Die zweiäugigen Menschen verhandelt er in Abgrenzung zu den einäugigen (mythischen) Zyklopen, die Neunaugen (die nach der etablierten Klassifikation zu den aalartigen Fischen gehören) in einem Atemzug mit den Blindschleichen (die üblicherweise zu den Eidechsen gezählt werden), die »stubenfliege« schließlich betrachtet er im Verhältnis zu ihrem ›Wirt‹, dem Menschen.

Insgesamt wird die tradierte Klassifikationslogik vollkommen auf den Kopf gestellt, das naturgeschichtliche Arbeitsprogramm unter die Vorzeichen der Groteske gesetzt. Im ersten Klassifikationsbeispiel wird die vermeintlich eindeutige Realität der Biologie zugunsten des Mythos

183 Max Ernst: Leitfaden, S. 38.

verabschiedet. Menschen, obwohl sie wie alle anderen Säugetiere zwei Augen hätten, würden deshalb nicht gern als »herr oder frau säugetier« angesprochen, weil, so die ebenso absurde wie unmittelbar auf Arps *Einführung* Bezug nehmende Begründung, nämlich doch »nicht alle menschen […] zwo augen« hätten: »manche haben nur eins. Man nennt sie cyklopen.«[184] Zyklopenwesen mit einem riesigen, nach oben schielenden Glotzauge hatte am Ende des 19. Jahrhunderts schon Odilon Redon in seiner Blattfolge über die Entstehung des Lebens, *Les Origines*, einen prominenten Platz eingeräumt.[185] Max Ernst, der die Einäugigen in seine bildkünstlerische Naturgeschichte bekanntlich nicht aufgenommen hatte, relativiert im begleitenden Text mit dem Rückgriff auf die Zyklopen ironisch die angebliche Vorzugsstellung des modernen Menschen, dessen Zweiäugigkeit aus der Perspektive von Polyphem & Co. lediglich als Ausdruck einer gespaltenen Persönlichkeit oder, »im besten falle«, eines doppelten Gesichtes erscheine.

Im zweiten Klassifikationsbeispiel wird das Verhältnis von Etymologie und Anatomie am Exempel von Neunauge und Blindschleiche ironisch thematisiert. Suggeriert der Name bei dem einen Tier Augenvielfalt, bei dem anderen Blindheit, so hält der Naturforscher dagegen apodiktisch an seiner nicht näher begründeten, sich aber wortreich von der Vulgäretymologie lösenden Auffassung fest: Beide Tierarten seien nicht etwa, wie eine »alte legende sagt«, blind, sondern im Gegenteil durchaus sehend (aber mit wie vielen Augen? oder ist das doch nicht wichtig?) und gehörten im Übrigen »wie jedes kind weiß, zur gleichen familie« (aber warum?).[186]

Gern überschreitet der Naturforscher schließlich auch die Grenze zur spekulativen Naturphilosophie, etwa bei der Auseinandersetzung mit den Facettenaugen der Fliege, angesichts derer, so sein dritter Beitrag zum Klassifikationsproblem, er sich fragt, wie das Verhältnis von Anzahl der Augen und Erkenntnisvermögen ist:

> Es ist eine altbekannte tatsache, daß sich das auge der sogenannten stubenfliege aus einer fast unendlichen menge winziger augen zusammensetzt. Kann man mit sicherheit daraus schließen, daß die stubenfliege eine unmenge von dingen kennt, die unseren zwo augen

184 Max Ernst: Leitfaden, S. 38.

185 Vgl. Pamela Kort: Die Dinge wirklich werden lassen: Odilon Redon und Jean Carriès. In: Darwin. Kunst und die Suche nach den Ursprüngen, S. 154-171, Abb. S. 166 u. 167.

186 Max Ernst: Leitfaden, S. 39.

> entgehen? Unsere geheimsten wünsche und gedanken wären ihr kein geheimnis, da sie doch mit uns menschen in striktester intimität lebt?[187]

Die Gesprächspartner des Naturforschers sind zum einen »DIE MUTTER ALLER LEBENDIGEN«, möglicherweise Eva selbst, die nicht zu verwechseln ist mit der später besungenen und kurz auftretenden »MUTTER NATUR«, einer schöpferischen Naturkraft.[188] Zum anderen beteiligt sich an dem naturgeschichtlichen Gespräch der »VOGELOBRE HORNEBOM«, eine Figur, die sich wie ein roter Faden durch das Gesamtwerk Max Ernsts zieht und die er in seinen autobiographischen Schriften selbst als ein imaginäres Alter Ego charakterisiert, das aus einer traumatischen Kindheitssituation mit einem geliebten rosafarbenen Kakadu namens »Hornebom« entstanden sei.[189]

Die Mutter aller Lebendigen interessiert sich für die vom Naturforscher thematisierte Augenfrage und für das Klassifikationsproblem nicht, ihr Thema ist die Liebe. Die Stichworte des Naturforschers nimmt sie dabei allerdings durchaus auf, etwa wenn sie, im Duktus an Arps Charakterisierung des Jägers mit seinen »elfeinhalb baumwollschwänzen« anknüpfend, fragt, ob »unser himmlischer vater das neunauge wegen seiner neun augen viereinhalbmal mehr als uns zweiäugige menschen« liebe?[190] Im Gegensatz zum prosaisch-drögen Forscher spricht sie in Versen über Sehnsüchte, liebt wortspielerische Reihungen, Binnenreime und musikalische Sprachrhythmisierungen:

> DIE MUTTER ALLER LEBENDIGEN:
> Der tintenfisch, der mondfisch, der zwiebelfisch,
> Das kindel, die windel, die spindel!
> Unsere enge enge brust und die weite weite welt.[191]

187 Max Ernst: Leitfaden, S. 40f.

188 Vgl. Max Ernst: Leitfaden, S. 45 u. 48.

189 Zur ›Geburt‹ dieses Vogels vgl. Max Ernst: Biographische Notizen, S. 285. Vgl. dazu auch die Einschätzung von Lothar Fischer: Max Ernst in Selbstzeugnissen und Bilddokumenten. Reinbek bei Hamburg 1979, S. 15. – Bildlich tritt die Figur z. B. in den Collageromanen *La femme 100 têtes* (1929) und im *Rêve d'une petite fille qui voulut entrer au carmel* (1930) häufig auf. Zur Genese des Vogels in Max Ernsts Privatmythologie und zu dem auffällig rätselhaften Namen des Vogels, der sich möglicherweise von dem alten Begriff für Hainbuche ableitet und damit auf die für Max Ernsts Schaffen zentrale Bildlichkeit des Waldes deutet, vgl. die Überlegungen von Wix: Max Ernst, S. 151-157.

190 Max Ernst: Leitfaden, S. 39.

191 Max Ernst: Leitfaden, S. 40.

Nicht den weiblichen Blick auf die Welt zwischen »kindel«, »windel« und »spindel«, wohl aber die angedeutete Sehnsucht nach einer Überwindung individueller Grenzen und einem Aufgehen in der Natur übernimmt der Vogelobre Hornebom von der Mutter aller Lebendigen. Für diese Überschreitungssehnsucht hat er im Unterschied zur eher schwärmerisch-diffusen Mutter auch einen schicken Begriff, er ordnet sie der so genannten Pataphysik zu: »Darum reden und träumen die menschen gern philosophisch-pataphysisch von der liebe in den wesen und dingen«.[192]

Mit der Pataphysik bezieht sich der Vogelobre Hornebom auf ein gewollt absurdes Philosophie- und Wissenschaftskonzept, das der französische Schriftsteller Alfred Jarry in seinem vollständig erst postum, im Jahr 1911, erschienenen Roman *Gestes et opinions du Docteur Faustroll, Pataphysicien* vorstellt. Wie bereits die einleitende Beschreibung der Titelfigur unterstreicht, geriert sich der Roman zwar mathematisch-exakt und wissenschaftlich, zeigt sich zugleich aber überhaupt nicht der üblichen Logik der Wirklichkeit verpflichtet:

> Doktor Faustroll wurde 1898 (das XX. Jahrhundert war [-2] Jahre alt) in Tscherkessien geboren, und zwar im Alter von dreiundsechzig Jahren. In diesem Alter, welches er sein Leben lang beibehielt, war Doktor Faustroll ein Mann von durchschnittlicher Größe, d.h. um ganz wahrheitsgetreu zu sein, von (8 × 10 hoch 10 + 10 hoch 9 + 4 × 10 hoch 8 + 5 × 10 hoch 6) Atomdurchmessern; er hatte goldgelbe Haut, ein unbehaartes Gesicht, abgesehen von einem seegrünen Schnurbart, wie König Saleh ihn trug; das Haar, abwechselnd eines aschblond, eines tiefschwarz, also von kastanienbrauner Zweideutigkeit, changierend je nach Stand de Sonne; die Augen, zwei Kapseln voll einfacher Schreibtinte, wie Danziger Goldwasser angesetzt, mit goldenen Spermatozoen darin.[193]

Doktor Faustroll, eine literarische Gestalt, die gleichermaßen von Rabelais' Pantagruel wie von Goethes Faust inspiriert ist,[194] erfindet[195] mit der

192 Max Ernst: Leitfaden, S. 40.

193 Alfred Jarry: Heldentaten und Ansichten des Doktor Faustroll, Pataphysiker. Neowissenschaftlicher Roman. Übers. v. Klaus Völker. Frankfurt a.M. 1987, S. 12.

194 Vgl. Riewert Ehrich: Individuation und Okkultismus im Romanwerk Alfred Jarrys. München 1988, S. 50; Ehrich weist auch nach, dass sich Jarry bei der Konzeption seines Titelhelden von dem naturgeschichtlichen Klassiker Aldrovandis, der *Monstrorum Historica* (1642) hat inspirieren lassen, vgl. ebd., S. 53 u. 57.

195 Vgl. Jarry: Heldentaten, S. 51.

Pataphysik ein alternatives Wissenschaftsmodell, das vom Allgemeinen absieht und im Gegenteil gerade die Gesetzmäßigkeiten des Partikulären, des Einzelfalls, der Ausnahme, untersuchen will – dem aristotelischen Wissenschaftsverständnis zufolge ein Widerspruch in sich. Definiert wird die Pataphysik im *Faustroll* als die »Wissenschaft von dem, was zur Metaphysik hinzukommt«.[196] Damit nimmt sie wie selbstverständlich eine Sur-Realität an und zugleich eine Perspektive ein, die die »Gesetze des überkommenen Universums« verabschiedet und »das über das unsere hinaus bestehende Universum [zu] erklären« anstrebt.[197] Die Pataphysik erfreute sich bei den Surrealisten so großer Beliebtheit, dass sie 1950 ein *Collège de Pataphysique* gründeten, eine maßgeblich von Raymond Queneau mitverantwortete Vereinigung, der auch Max Ernst beitrat.

Wenn der Vogelobre Hornebom als selbsternannter Kenner der Menschen davon ausgeht, dass diese gern pataphysisch träumen, so unterstellt er folglich, dass sich ihr Verhältnis zur Natur gerade nicht auf Ordnungsprobleme der banalen Sichtbarkeit reduzieren lässt, wie es der Naturforscher mit seiner induktiv-abzählenden Klassifikationslogik vorgemacht hat. Vielmehr lebten die Menschen mit Bildern einer anderen Wirklichkeit, mit Bildern einer von ihnen anthropomorphisierten Natur, wie sie etwa in dem Bild von »rankenden wünschen im pflanzenleib« Gestalt annehme.[198] Diese vom Vogelobren Hornebom zitierten Bilder inszeniert Max Ernst einmal mehr mit Lust an Sprachspielerei und Rhetorik: Die Reihung der imaginativen Naturszenerien schließt mit einem abwärts tänzelnden, mit Alliterationen das Gesagte lautlich intensivierenden Anapäst, der »von der talfahrt der tiere am abend« spricht,[199] einer »talfahrt«, die wiederum der Mutter aller Lebendigen das Stichwort gibt (es sind in diesem Auftritt eigentlich nur der Vogelobre Hornebom und sie, die miteinander reden, der Naturforscher führt zwischendurch schlicht seinen Monolog fort). Angeregt durch die imaginierte »talfahrt der tiere« zählt sie Fahrten menschlicher Wesen in andere, ferne Welten auf:

DIE MUTTER ALLER LEBENDIGEN:
Von evä himmelfahrt
Von faustens höllenfahrt
Von alicens spiegelfahrt
Von den sieben freuden der liebe.[200]

196 Jarry: Heldentaten, S. 35.
197 Jarry: Heldentaten, S. 35.
198 Max Ernst: Leitfaden, S. 40.
199 Max Ernst: Leitfaden, S. 40.
200 Max Ernst: Leitfaden, S. 40.

Eva, Faustus und Alice werden hier, einmal mehr durchaus ketzerisch, zu einer alternativen unheiligen Familie zusammengestellt, deren Mitglieder für die großen Verfehlungen und Sehnsüchte der Menschheit stehen. Die Familie setzt sich zusammen aus der Mutter, Eva, der ersten Frau auf Erden, die durch ihre Verführbarkeit den Sündenfall der Menschheit verursacht haben soll, und deren »himmelfahrt« (anstelle derjenigen Marias) in den Augen der Sprecherin, der Mutter aller Lebendigen, ein beliebter identifikatorischer Traumgegenstand der Menschen ist. Die imaginäre Überfamilie besteht des Weiteren aus dem Vater, Faustus, dem Inbegriff fehlgeleiteten menschlichen (männlichen?!) Erkenntnisstrebens, der für seine Hoffart zur Hölle fährt und der durch den Hinweis auf die Pataphysik bereits indirekt auftauchte. Zu diesen beiden Eltern mit problematischem Wissensdurst gesellt sich drittens das Kind, Alice, das sich ebenfalls nach anderen Welten sehnt, sich der Realität entzieht, dafür aber weder in den Himmel, noch in die Hölle kommt, sondern durch den Spiegel in das Wunderland vordringt. Der ›heilige Geist‹, unter dessen Schutz diese drei Familienmitglieder zusammenfinden, ist, in märchenhaft-mystischer Siebenzahl genannt, dann einmal mehr die Liebe.

Es ist allerdings nicht das Thema der Liebe, das dem Gespräch die weitere Richtung gibt, sondern der Spiegel als optisches Instrument der Wiedergabe von Realität, wie gesagt eine Lieblingsmetapher der Surrealisten. Ausführlich erzählt die Urmutter, die nach der Aufzählung verschiedener Fahrten hier zum zweiten Mal mit einer Liste aufwartet und sich dabei wieder eines die Reihung ausstellenden, wortwörtlich parallelen Satzbaus bedient, welche Wesen von den Vögeln, über »menschen und frauen« bis zu den Mikroben, Löwen und Nymphen sich gern im Spiegel ansähen. All diese Spiegelfreunde aus Wirklichkeit und Mythos versammelt die Mutter aller Lebendigen unter verfremdendem Rekurs auf die Spiegelfrage der bösen Stiefmutter aus dem Märchen *Schneewittchen und die sieben Zwerge* zu einer großen märchenhaften Gruppe.

Gilt die Fähigkeit, sich selbst im Spiegel zu erkennen, üblicherweise als typisch für den Menschen, so wird diese vermeintlich klare Grenze zwischen dem Tierreich und der ›Krone der Schöpfung‹ im *Leitfaden* gerade nicht gezogen; im Gegenteil teilen scheinbar eh alle diese Tiere von der simplen Mikrobe bis zum hochkomplexen Menschen die narzisstische Liebe zum Blick in den Spiegel auf das eigene Antlitz. Die Spiegelbildvernarrtheit wird damit gerade zu dem Merkmal, mit dem die Mutter aller Lebendigen gegen das fiktionsinterne naturhistorische Klassifikationskriterium der Augen antritt. Schützenhilfe erhält sie dabei von niemand anderem als dem Kunsthistoriker: All die spiegelbildliebenden Menschen, Mikroben und Nymphen unterschieden sich nämlich von einer anderen Gruppe, die, so das ironische I-Tüpfelchen zum Thema Klassifikation, sich aus lediglich zwei Spezies zusammensetze, den Affen und den Malern:

> Moderne affen betrachten sich nur ungern im spiegel. Das haben sie mit den modernen malern gemein, denn beide betrachten sich selber als den brennpunkt eines hohlspiegels, in welchem sich das universum, mutter natur und die modernen zeiten widerspiegeln. Nun werfen wir die frage auf: Ist das ein beweis dafür, daß der moderne affe vom modernen künstler abstammt, oder umgekehrt der moderne künstler vom modernen affen? Wir lassen die frage unbeantwortet, doch bestehen wir darauf, daß die gemälde gewisser moderner künstler mit den gemälden gewisser moderner affen eine affenähnlichkeit aufweisen.[201]

Im Unterschied zu den Spezies der Familie von Spiegelnarren aus der Märchenwelt der Mutter aller Lebendigen ist die vom Kunsthistoriker zusammengefasste zweite Gruppe durch ihren Entwicklungsstand charakterisiert, der freilich durch den Kontext und die häufige Wiederholung des Adjektivs gleichermaßen lächerlich gemacht wird: Es seien »moderne affen« und »moderne künstler«, die in den »modernen zeiten«, durch ein anderes Verhältnis zum Spiegel charakterisiert seien.[202] Gerade die Affen, die in der Geschichte immer wieder als vermeintlicher Zerrspiegel des Menschen herhalten mussten und über deren morphologische Ähnlichkeiten zum Menschen seit jeher debattiert wurde, grenzt der Kunsthistoriker von den ›normalen‹ Menschen radikal ab, um sie dann mit den Malern zusammenzufassen: Was beide ›Arten‹ eint, ist ihre Lust an der Nachahmung, eine Eigenschaft, die sie quasi selbst immer wieder zu lebenden Spiegeln werden lässt, weshalb ihnen hier offenbar im Umkehrschluss eine Abneigung gegen die üblichen Glasspiegel zugesprochen wird. In ironischer Volte gegen einen falsch verstandenen Darwinismus läßt Max Ernst nun gerade den Kunsthistoriker, nicht den Naturforscher, die Abstammungsfrage stellen, wenngleich nicht beantworten: Sowohl die ›Klassifikationssucht‹ der alten naturgeschichtlichen Schule, als auch das neue evolutionstheoretische Paradigma werden im *Leitfaden*

201 Max Ernst: Leitfaden, S. 42.

202 Freilich möchte wohl die Stubenfliege auch zu dieser Gruppe gezählt werden, denn sie betont (nach einem völlig durcheinandergeratenen Sprichwortkauderwelsch), dass sich die »moderne stubenfliege« ebenfalls nie im Spiegel ansehe, vgl. Max Ernst: Leitfaden, S. 41.

zur *Histoire naturelle* der Lächerlichkeit preisgegeben.[203] Die tatsächlich provokanten Ausführungen des Kunsthistorikers über die Nähen zwischen Affen und Malern werden von den anderen Gesprächsteilnehmern auffälligerweise ignoriert: Der Vogelobre Hornebom schweigt vielsagend, Paul Eluard spricht statt von Affen und Malern von Kindern und Greisen und der Naturforscher setzt seine Reflexionen über die Augen fort und schweift ab ins Mystisch-Antagonistische, indem er die zwei Augen dem Wachen und Schlafen, dem Himmel und der Hölle, der Vergangenheit und der Zukunft zuordnet. Ein wirkliches Gespräch findet mit anderen Worten nicht statt, und auch die Betrachtungen des vermeintlich nüchternen Naturforschers verlieren sich im Sprichwörtlichen, Abwegigen und Grotesken:

> Erblickt das auge in vergangenheit und gegenwart zugleich einen jungfräulich-nackten kugelblitz, so traut es seinem auge nicht. Es rauft sein haar, drückt sein kind an die brust, setzt seine blaue brille auf und weint.[204]

So wird Naturgeschichte in diesem langen zweiten Auftritt gründlich ad absurdum geführt: Die vermeintlich so ehrwürdigen, rationalen naturwissenschaftlichen Modelle, sei es der klassischen historia naturalis, sei es der Evolutionstheorie, werden in der Szenerie des *Leitfadens* zu bloßen Lachnummern. Rudimente ihres Denkens werden vorgeführt als Beispiele einer unfreiwillig komischen Beschränktheit, die sich der Natur mit einer banalisierenden induktiven Methode oder einem kurzschlüssigen Kausaldenken nähert.

Aber auch das schwärmerische Besingen der Schöpfung, die pathetische, dichterische Bewunderung der Natur wird im *Leitfaden* abgekanzelt. Um die Natur und ihre Rolle in der Kunst geht es im vierten Auftritt. Zunächst nähert sich die Sphinx dichtend der Natur. Sie tut dies in einer äußerst lächerlichen, mit Pseudoetymologien und sinnzersetzenden Neologismen gespickten Rätselfrage:

203 Es scheint daher nicht sinnvoll, allein Max Ernsts Rezeption des Darwinismus zur Grundlage einer Relektüre seines Werkes zu erheben: Die evolutionstheoretischen Debatten werden von Max Ernst neben anderen Materialien heranzitiert, nicht, um sich in diese Debatte inhaltlich einzumischen, sondern um sie zu ironisieren. Vgl. aber den Ansatz von Kort: Arnold Böcklin, Max Ernst und die Debatten.

204 Max Ernst: Leitfaden, S. 43.

DIE JUNGE SPHINX:
Es kegelt wie ein kegelblitz
Es klingelt wie ein klingelpütz
Es rappelt wie ein räppelin
Es zappelt wie ein zeppelin
Es tappt wie ein etappenschwein
Was – junger lümmel – mag das sein?[205]

Obwohl das Gedicht darauf überhaupt keinen Hinweis gibt, weiß der »junge lümmel« seltsamerweise sofort, dass mit all den widersprüchlichen, disparaten und unverständlichen Pseudobeschreibungen nur »mutter natur« gemeint sein kann, die hier freilich, so der Einwand des ›Lümmels‹, von der Sphinx in einem »zerrbild« gezeigt werde.[206] Gegen dieses den Gegenstand ridikülisierende Bild setzt der *Leitfaden* kontrastiv den Inbegriff einer hymnischen Eloge auf die Natur: Zitiert wird Friedrich Gottlieb Klopstocks *Der Zürchersee*. Den Anfang seiner berühmten Ode darf der Verfasser im *Leitfaden* selbst aufsagen:

FRIEDRICH GOTTLIEB KLOPSTOCK (skandiert):
Schön ist mutter natur
Deiner Erfindung pracht
Auf die fluren verstreut
Schöner ein froh gesicht
Das den großen gedanken
Deiner schöpfung noch einmal denkt.[207]

Zitiert ist damit der Wortlaut der ersten Strophe des *Zürchersees*, wobei Max Ernst allerdings die Schreibweise in die von ihm durchgängig verwendete radikale Kleinschreibung ändert und die Interpunktion minimalisiert, indem er alle Kommata streicht. Zudem weicht die Versaufteilung vom Original ab:

Schön ist, Mutter Natur, deiner Erfindung Pracht
Auf die Fluren verstreut, schöner ein froh Gesicht,
Das den großen Gedanken
Deiner Schöpfung noch einmal denkt.[208]

205 Max Ernst: Leitfaden, S. 44.
206 Max Ernst: Leitfaden, S. 45.
207 Max Ernst: Leitfaden, S. 45.
208 Friedrich Gottlieb Klopstock: Der Zürchersee. In: Ausgewählte Werke. Hg. v. Karl August Schleiden. Wiesbaden o. J., S. 53-55, hier S. 53.

Aus Klopstocks asklepiadeischer Ode mit den zwei einleitenden langen Versen und den beiden folgenden kürzeren werden im *Leitfaden* durch Trennung der beiden Langverse sechs etwa gleichlange Verse. Durch diese Änderungen in Versaufteilung und Orthographie wird der hohe Klopstocksche Ton schon rein optisch profanisiert und an einfachere, volksliedhaftere Formen angenähert.

Klopstock besingt die mit ›Du‹ direkt angesprochene »Mutter Natur« und lobt ihre in die Landschaft, »auf die Fluren«, verstreute Schönheit. Mit einem Komparativ wird dann jedoch gleich im zweiten Vers diese Schönheit der Mutter Natur insofern relativiert, als der schöpferische Nachvollzug des Naturschönen durch den Menschen für noch schöner erachtet wird. Eben in diesem die Schönheit der Natur erkennenden und sie besingenden Menschen kommt die Großartigkeit der göttlichen Schöpfung dann nämlich in Wahrheit erst zu sich selbst. Und das allerschönste ist dann – ein Gedanke, auf den die Ode hin organisiert ist, der im hier zitierten Beginn jedoch noch keine Rolle spielt – die Begegnung mehrerer derart empfindsam gestimmter Menschen in der Freundschaft. Soweit die Logik Klopstocks.

Dessen pathetisches Konzept eines durch die Natur inspirierten dichterischen Loblieds der Schöpfung kann sich im *Leitfaden* jedoch ebenso wenig wie die humoristische Rätselfrage der Sphinx durchsetzen. Im Gegenteil wird auch Klopstocks Versuch, sich künstlerisch auf Natur zu beziehen, brutal, ja, man könnte sagen: mit Pauken und Trompeten verabschiedet. Abrupt sieht sich der große Dichter des 18. Jahrhunderts von einem schriftstellerischen no-name mit daktylischen, gereimten, sprechchorartig vorgetragenen Gegenversen abgewürgt:

EIN DICHTER:
Lügengewebe! Gemeiner betrug!
Wir haben des klassischen klopstock genug![209]

Nichts als Lug und Trug[210] sei Klopstocks Hymne auf die Schöpfung also, eine Auffassung, der ein zweiter Kritiker, »EIN DENKER«, der sich »johannes der säufer« nennt, spontan zustimmt. Er betont gegen die personifizierende, vergöttlichende Darstellung der Natur bei Klopstock in seinem Nonsense-Gegengedicht ihre plane Banalität, denn die Natur sei

209 Max Ernst: Leitfaden, S. 45.

210 Mit dem Terminus »Lügengewebe« greift der Dichter einen Begriff auf, den Max Ernst im Untertitel seiner *Biographischen Notizen* verwandte: *Wahrheitsgewebe und Lügengewebe.*

»jeden sinnes bar«.[211] Natur meint für ihn nicht das Naturschöne, Natur ist für den Denker, wie er in volksliedhaften, zweihebigen Jamben reimt, das Geistlose schlechthin:

> Der eine scheißt
> Der andere brunzt
> Wo ist das geist'
> ge in der kunst?[212]

Eine derart aufs äußerste konkretisierte Mutter Natur, die auf Verdauungstätigkeiten reduziert ist, eignet sich ganz offensichtlich nicht für die Gewinnung eines ästhetischen Mehrwerts. Andeutungshaft weist der Denker der Kunst einen Ausweg, indem er auf Wassily Kandinskys ästhetische Schrift *Über das Geistige in der Kunst* anspielt. Dieser Text, der 1911 erschien und in dem Kandinsky die von ihm kurz darauf auch in einem Aquarell praktisch umgesetzte abstrakte Malerei theoretisch formuliert, enthält durchaus programmatisches Potential gegen eine das Naturschöne preisende Kunst à la Klopstock – allerdings gelingt es dem ›Denker‹ nicht, den Weg vom positivistischen Konkretismus in die geometrische Abstraktion, d. h. den Weg in die Moderne zu formulieren, denn er rutscht schlicht ins Vulgäre ab.

Daher gebietet der Vogelobre Hornebom, der sich nun als eine Art Spielleiter erweist, dem Diskurs über das Naturschöne Einhalt und ruft den nächsten Sprecher auf: »Der arp hat das wort.«[213] Mit Arp aber kehrt, wenngleich ironisch gebrochen, die poetische Natur zurück, ja, mehr noch, Arp wird im *Leitfaden* zum dichterischen Vater, der der Mutter Natur zu ihrer Wiedergeburt verhilft. Er lässt die von Sphinx, Klopstock und dem Denker in so unterschiedlicher Weise Besungene in einer imaginären Regieanweisung nun jedenfalls theoretisch auf der Bühne erscheinen. Dabei treibt er die Verhöhnung von Mutter Natur insofern auf die Spitze, als sie eher wie ein sich mit viel Theaterdonner in den Vordergrund drängender Teil einer spießigen Weihnachts-Inszenierung wirkt:

> DER ARP (moderato):
> Mutter natur rollt mit vernehmlichem donnern aus dem tannenbaum.[214]

211 Max Ernst: Leitfaden, S. 45.
212 Max Ernst: Leitfaden, S. 45.
213 Max Ernst: Leitfaden, S. 45.
214 Max Ernst: Leitfaden, S. 46.

Dieses von Arp skizzierte Spiel im Spiel führt im Publikum zu Begeisterungsstürmen und inspiriert einen ebenso wie das Publikum nur dieses eine Mal auftretenden Sprechchor der Dichter und Denker zu einem poetischen Gemälde der Mutter Natur als einer in Frühling, Sommer und Herbst sich von der Blüte zur Frucht entwickelnden und dann dem Schöpfer in den Schoß fallenden Naturerscheinung:[215] Mutter Natur ist Dank der Imaginationskraft des Arp zurück, neue Naturdichtung möglich und die Beschworene tatsächlich auf die Bühne gezaubert. Mutter Natur darf nun nämlich nicht nur das im fünften Auftritt stattfindende Gespräch zwischen dem »SCHÖPFER VON LEBEN UND TOD« und einem »HOFFENDE[N] ENGEL« summend mit einer Vorausdeutung auf die schöne Gärtnerin beschließen,[216] sondern ihr gehört auch das letzte Wort des Dramas. Max Ernst schließt seinen *Leitfaden*, indem er die schöne Gärtnerin Mutter Natur fragen lässt »Was für ein vogel« sie, die »ironische [...] elektronische fledermaus« denn sei. Darauf antwortet diese im Duktus eines Abzählreims:

DIE MUTTER NATUR:
Liebe, kuß und einigkeit
Verhehlen eine kleinigkeit
Eine kleine ewigkeit
Meine kleine wenigkeit.[217]

So darf sich die Natur zwar nur in der ihr Gewicht deutlich schmälernden Form eines kindlichen Merkspruchs, jedoch immerhin als das neben der Liebe nicht zu Vergessende, Essentielle präsentieren. In absurden Debatten hatten weder der Naturforscher noch der Kunsthistoriker, weder der Dichter noch der Denker die Natur in den Griff gekriegt. Da musste erst »Der arp« kommen und Mutter Natur aus dem Tannenbaum locken: Das gibt den Stoff für eine surrealistische Naturgeschichte.

Diese verzichtet, wie Max Ernst in seinen *Anmerkungen* festhält, »auf jede Art von Naturbeobachtung«, handelt so, als wären alle Naturphänomene abgeschafft und proklamiert eine »Gleichwertigkeit aller Wesen, Dinge, Vorstellungen und Begriffe«.[218] Das so entstehende produktive Durcheinander wird potenziert dadurch, dass die per se für irrelevant erklärte Natur als ein auf Flaschen gezogener Wein begriffen wird, den der surrealistische Künstler verbotenerweise schlürft: Solcherart von der

215 Vgl. Max Ernst: Leitfaden, S. 46.
216 Vgl. Max Ernst: Leitfaden, S. 48.
217 Max Ernst: Leitfaden, S. 53.
218 Max Ernst: Anmerkungen, S. 166.

Natur besoffen, präsentiert der Surrealist dann schlicht den »Kollaps der alten Schulweisheit«, die an eine sinnhaft geordnete Schöpfung glaubt, und zeigt stattdessen die »unverwüstliche[] Gleichgültigkeit der uns umgebenden Welt«, eine Welt »Kafkeuropas und Kafkasiens«.[219]

3.5 Erstes Zwischenresümee

Max Ernst nimmt in seiner surrealistischen Naturgeschichte den Begriff Naturbeschreibung beim Wort, indem er die klassische historia naturalis mit seiner Frottagetechnik zum künstlerischen Verfahren umdeutet. Natur wird einfach nur ›beschrieben‹, sie wird abgerieben, kopiert. Gleichzeitig wird sie so im übertragenden Sinne aber auch ›abgeschrieben‹, d.h. symbolisch ad acta gelegt. Denn die Durchreibe-Technik der Naturbeschreibung stellt eine ironische Distanzierung gegenüber dem klassischen Mimesis-Konzept dar. Diese in der Form angelegte ästhetische Auseinandersetzung mit dem Nachahmungsparadigma wird in den Frottagen inhaltlich fortgeführt. Die verschiedenen Ebenen der Frottage – die scheinbar direkte Herkunft aus der Natur, die neue inhaltliche Bedeutungszuweisung durch das künstlerische Arrangement, die Anregung zur Interpretation durch die Bildunterschriften – greifen irritierend ineinander: die Materialität wird durch die Funktionszuweisung im Bild irritiert und durch die sprachliche Bezeichnung ein weiteres Mal gebrochen. Natur bleibt im Material erhalten und wird doch zu etwas anderem umgedeutet: Das Vertraute wird unheimlich, das Banale hält die Substanz für Illusionsbildungen bereit, aus der scheinbar so unzweifelhaften Materialität mit klarem Wiedererkennungseffekt steigen unvermittelt fremde, surreale Welten auf.

Max Ernsts künstlerische Naturgeschichte ist radikal antiklassifikatorisch, ausschnitthaft und antirational – und kann all dies offenbar besonders gut im Gewand der aufklärerischen Naturgeschichte sein, für die mit den Tafeln der *Encyclopédie* ein konkretes Vor-Bild und mit dem Namen Buffon ein Prätext identifizierbar sind. Im Unterschied zu seinen Collagen, die meist auf didaktische, populär-naturwissenschaftliche Illustrationen ab dem späten 18. Jahrhundert zurückgreifen und damit historisches Bildmaterial integrieren, das aus dem engeren Bereich der Kunst traditionell ausgeschlossen wurde, bewegen sich die Frottagen in einem zeitlosen, ungeschichtlichen Raum. In seiner *Histoire naturelle* ruft Max Ernst weder die große Weltgeschichte noch technische Revolutio-

219 Max Ernst: Anmerkungen, S. 167.

nen, weder die bürgerliche Welt noch naturkundliche Gebrauchsillustrationen der populärwissenschaftlichen Zeitschriften auf. Im Gegenteil: Wir befinden uns zwar in einer Schöpfungsgeschichte, aber dennoch gewissermaßen außerhalb der Historie: Naturgeschichte hat keine Geschichte, sie ist visionäres Jetzt.

In den Begleittexten wird, allerdings aus unterschiedlicher Perspektive, die Auseinandersetzung mit Naturgeschichte fortgeschrieben. Hans Arps *Einführung* ist ein spielerischer Prosatext voller Sprachwitz, der experimentell vor allem aus den Bildunterschriften Max Ernsts neue Sprachbilder generiert. Arps Text ist offen alogisch und absurd: Naturfragmente tauchen nur noch völlig verfremdet in fingierten Illusionswelten auf, die Dinge erscheinen in noch abwegigeren Kombinationen und Kontexten als bei Max Ernst. Die Naturgeschichte scheint am Ende: Im Abschlussbild wird das Naturschöne scheibchenweise verzehrt, das Naturnachahmungsparadigma verschlungen – wenn das nicht Liebe ist … Um diese Letztere geht es auch in Paul Eluards Gedicht. ›Naturgeschichte‹ kommt hier implizit vor als der mechanische Wechsel der Zeiten in der Natur. Diesem Realitätsprinzip muss, so die von Eluard artikulierte Sehnsucht, die Imagination entgegengestellt werden – nichts anderes tut Max Ernst in seinen Frottagen.

Aber auch Max Ernst selbst ergänzt seine Frottagen durch einen Begleittext. In Gestalt eines kleinen Dramas lässt er in seinem *Leitfaden* ein äußerst heterogenes Figurenensemble aufziehen. Traditionelle Ordnungsmuster der Größe und Kausalität werden verrückt, Unwahrscheinlichstes von Anfang an als Wirklichkeit behauptet: Ein schwarzer Kreis hält sich für ein weißes Quadrat und spricht, die »Abendstund hat plapperschlangen im mund«[220] und Klopstock nimmt auch keiner mehr ernst. Inmitten all dieser Unordnung wird inhaltlich die Natur in zweifacher Hinsicht verhandelt: als Objekt der Wissenschaft und der Kunst. Die naturgeschichtliche Frage nach der Klassifizierbarkeit und die ästhetische nach der Mimesis finden so nicht nur in den Frottagen, sondern auch diskursiv im begleitenden Dramolett zusammen. Die ironisierte Naturgeschichte erweist sich als das hassgeliebte Gegenüber, das Max Ernst nutzt, um sich in die Imagination zu katapultieren.

220 Max Ernst: Leitfaden, S. 41.

4. Magische Naturgeschichte: Ernst Jünger

4.1 Botanisieren *Auf den Marmorklippen*

Seit seinem Erscheinen zu Beginn des Zweiten Weltkrieges ist Ernst Jüngers Roman *Auf den Marmorklippen*[1] Gegenstand kontroverser Diskussionen.[2] Im Zentrum der Debatten steht die Frage, ob es sich bei dem gut einhundert Seiten umfassenden Kurzroman um ein Widerstandsbuch handelt, das aus der ›inneren Emigration‹ heraus das faschistische Regime kritisiert[3] oder ob sich der nationalkonservative Verfasser im Gegenteil in eine selbst tendenziell faschistoide, ästhetizistische Allegorie zurückzieht.[4] Eine dritte, vermittelnde Position deutet sich an, wenn der Roman als ein historisches Dokument gelesen wird, das sich gerade durch eine andauernde Pendelbewegung zwischen Ästhetizismus und Engagement auszeichne.[5]

1 Hier wird die überarbeitete Fassung letzter Hand aus der von Jünger selbst besorgten Werkausgabe zugrunde gelegt, für die der Verfasser einige Manierismen der Erstausgabe, insbesondere die exzessive Verwendung von Bindestrichen bei Komposita (wie im Titel »Marmor-Klippen«) entfernt, substantiell jedoch keine Veränderungen gegenüber der Erstausgabe vorgenommen hat. Ernst Jünger: Auf den Marmorklippen. In: Sämtliche Werke. 3. Abteilung: Erzählende Schriften. Bd. 15: Erzählende Schriften I. Stuttgart 1978, S. 247-351. Zitatnachweise im Folgenden mit dem Kürzel »MK« und der Angabe der Seitenzahl im Fließtext.

2 Die bis 2002 erschienene Sekundärliteratur zu Ernst Jünger erfasst Nicolai Riedel: Ernst Jünger Bibliographie 1928-2002. Stuttgart 2003. – Einen guten Überblick zur Forschungslage gibt Steffen Martus: Ernst Jünger. Stuttgart u. Weimar 2001.

3 Als ein von der Germanistik systematisch verkanntes Widerstandsbuch liest den Roman Günter Scholdt: »Gescheitert an den Marmorklippen«. Zur Kritik an Ernst Jüngers Widerstandsroman. In: Zeitschrift für deutsche Philologie 89 (1979), S. 543-577.

4 Vgl. in diesem Zusammenhang etwa die These von Hansjörg Schelle (Ernst Jüngers *Marmor-Klippen*. Eine kritische Interpretation. Leiden 1970), Jünger lege mit seinen *Marmorklippen* weniger einen Roman mit zeitgeschichtlich-kritischem Anspruch als vielmehr ein innerlich ebenso zerrissenes wie ästhetisch gescheitertes, tagebuchartiges Splitterwerk vor; Wolfgang Kaempfer (Ernst Jünger. Stuttgart 1981, S. 37) vertritt die Auffassung, die *Marmorklippen* seien schon in der Anlage zutiefst ahistorisch und schneiderten in einer archaischen Fiktion »dem Bösen einen ästhetischen Maßanzug«.

5 Vgl. insbes. im Anschluss an Karl Heinz Bohrer (Die Ästhetik des Schreckens. Die pessimistische Romantik und Ernst Jüngers Frühwerk. München 1978) die Darstellung von Helmuth Kiesel: Ernst Jüngers *Marmor-Klippen*. »Renommier«- und Problem»buch der 12 Jahre«. In: Internationales Archiv für Sozialgeschichte der

Die Versuche einer politisch-ideologischen Verortung der *Marmorklippen*, so sehr sie inhaltlich, biographisch und historisch naheliegend und notwendig waren, haben eine einseitige Lesart des Buches begünstigt, in der bestimmte Schlüsselszenen (wie etwa die Entdeckung der Schinderstätte Köppelsbleek und der Untergang der Großen Marina in einem Weltenbrand) immer wieder neu interpretiert, andere Handlungsstränge und Motive hingegen weniger beachtet oder gar marginalisiert wurden. Dies gilt insbesondere für die Naturgeschichte, die sich als praktische Naturkunde in der Gestalt botanischer Studien wie ein roter Faden durch den Roman zieht. Es handelt sich um einen Bereich, der bekanntlich auch im Leben des Verfassers eine zentrale Rolle spielte. Ernst Jünger war durch seinen Vater seit Kindertagen mit der heimischen Tier- und Pflanzenwelt vertraut, studierte in Heidelberg und Leipzig einige Semester Naturwissenschaften und entwickelte sich im Laufe seines langen Lebens zu einem in internationalen Fachkreisen anerkannten Entomologen.[6] Dass sein Wissen über Fauna und Flora als Gestaltungselement in seine Prosa Eingang findet, ist kaum überraschend und wurde von der Forschung schon gelegentlich angemerkt; eine systematische Untersuchung des Zusammenhangs von Naturkunde und Dichtung bei Jünger allerdings ist bis heute ein Desiderat.[7]

deutschen Literatur 14 (1989), H. 1, S. 125-164. Kiesel hat in den *Marmorklippen* zudem drei Sinn-Dimensionen unterschieden: »eine zeitgeschichtlich-analytische und zugleich politisch-aktuelle mit polemischem Charakter; eine geschichtsphilosophisch-typologische mit mythischen Anklängen und kosmischen Perspektiven; eine psychisch-archetypische« (Helmuth Kiesel: Ernst Jünger. Die Biographie. München 2009, S. 462). – Auf die zentralen Ebenen der Zeit (Naturzeit versus Geschichtszeit) sowie des Raumes (Bedeutung der Raumordnung für die narrative Struktur) hat jetzt hingewiesen Matthias Schöning: Auf den Marmorklippen (1939). In: Ernst Jünger-Handbuch. Leben – Werk – Wirkung. Stuttgart u. Weimar 2014, S. 138-151.

6 Erste Hinweise gibt Dieter Zissler: In der Mannigfaltigkeit die Einheit erkennen. Über Natur und Naturwissenschaft im Werk Ernst Jüngers. In: Ernst Jünger. Hg. v. Heinz Ludwig Arnold. München 1990 (= text + kritik 105/106), S. 125-140. Vgl. jetzt auch Benjamin Bühler: Entomologie. In: Ernst Jünger-Handbuch, S. 323-324.

7 Wenig ergiebig ist der Abriss von Inge Reinmüller: Dichtung und Käferkunde. Geschichte als Naturgeschichte bei Goethe und Ernst Jünger. In: Begegnungen mit Goethe. Hg. v. Gerhard Fieguth. Landau 2003, S. 63-78. – Auch ein Sammelband, der »in kompendienhafter Geschlossenheit Analysen zu den wichtigsten Aspekten des Werkes« liefern will, berücksichtigt Natur und Naturkunde nicht, vgl. Ernst Jünger. Politik – Mythos – Kunst. Hg. v. Lutz Hagestedt. Berlin u. New York 2004, Klappentext. – In jüngerer Zeit sind neben naturphilosophischen

Die Forscher, die die naturkundlichen Elemente in den *Marmorklippen* überhaupt etwas einlässiger würdigen, spielen sie im selben Atemzug insofern zugleich wieder herunter, als sie diese ausschließlich als Funktionsträger im Rahmen einer übergreifenden Naturphilosophie interpretieren. So vertritt Volker Katzmann in seiner gleichwohl wegweisenden Interpretation die Auffassung, dass die botanischen Studien des Erzählers der *Marmorklippen* und seines Bruders Otho als ein metaphysisches Ordnungskonzept zu begreifen seien, mit denen sich die Protagonisten gegen das aufziehende Chaos der anarchistischen Tyrannei stellten – eine Auffassung, die fraglos etwas Richtiges trifft, zugleich aber den konkreten Gehalt der Studien wenig beachtet.[8] Gregor Streim geht sogar noch weiter, wenn er die Auffassung vertritt, dass sich hinter den naturgeschichtlichen Motiven tatsächlich eine antivitalistische, »physikalische[] Naturphilosophie« verberge: Es gehe also gerade nicht, wie die botanische Oberfläche vermuten lassen könnte, um die lebendige Natur, sondern um Physik.[9] In vergleichbarer Weise liest auch Roswitha Schieb die häufigen Bezugnahmen auf Linné weniger als Beleg für das Interesse der Protagonisten an Naturkunde, sondern als Hinweis auf eine fälschlicherweise auf Linné zurückgeführte »Geometrisierung« der Welt, hinter der sich eine »Devitalisierungstendenz« verberge.[10]

auch naturkundliche Aspekte im Werk Jüngers untersucht worden in Günter Figal u. Georg Knapp (Hg.): Natur. Tübingen 2011 (= Jünger-Studien 5). Insgesamt zeichnet sich in der Forschung allerdings, wenn es um Naturkundliches geht, ein Interesse weniger an den *Marmorklippen*, sondern eher an der Entomologie und dem Erinnerungsbuch *Subtile Jagden* ab (vgl. dazu Kap. 4). Für Ernst Jüngers Roman *Gläserne Bienen* hingegen sind kürzlich die Bezüge zur Kybernetik herausgearbeitet worden, vgl. Niels Werber: Jüngers Bienen. In: Zeitschrift für deutsche Philologie 130 (2011), S. 245-260.

8 Volker Katzmann: Ernst Jüngers magischer Realismus. Hildesheim u. New York 1975, hier S. 151.

9 Gregor Streim: Das Ende des Anthropozentrismus. Anthropologie und Geschichtskritik in der deutschen Literatur zwischen 1930 und 1950. Berlin u. New York 2008, Kap. III: Ernst Jünger, S. 117-160, hier S. 135. Streim vertritt in Abgrenzung zu Zissler (Zissler: In der Mannigfaltigkeit) die These, dass Jünger sich in den 30er Jahren vom Neovitalismus seines ehemaligen Lehrers Hans Driesch löse und sich zunehmend einem neuen antivitalistischen naturphilosophischen Denken verpflichtet zeige, dessen Wurzeln nicht in der Biologie, sondern in der Physik lägen.

10 Roswitha Schieb: Das teilbare Individuum. Körperbilder bei Ernst Jünger, Hans Henny Jahnn und Peter Weiss. Stuttgart 1997, S. 47 u. S. 50, zur angeblichen »Verbiegung Linnés« ebd., S. 100.

Zwar spielen geometrische Spekulationen etwa über kristalline Figuren in dem Roman fraglos eine Rolle. Aber im Zentrum der naturkundlichen Bemühungen der Brüder stehen eindeutig die Blumen; auch alle metaphysische Erkenntnis in den *Marmorklippen* ruht auf einer soliden pflanzenkundlichen Praxis.[11] Es scheint also, als hätte die Jünger-Forschung bislang immer den zweiten Schritt vor dem ersten gemacht – die naturkundlichen Praktiken, die sich einem Netz gleich durch die *Marmorklippen* ziehen, harren jedenfalls bis heute einer genaueren Sichtung. Dies zu leisten nimmt sich die folgende Interpretation vor. Gezeigt werden soll, wie die botanische Passion der Protagonisten auf den unterschiedlichen Handlungsebenen realisiert wird: Jünger zitiert nicht nur sämtliche tradierte Praktiken der Pflanzenkunde vom Anlegen eines Herbariums über die Gestaltung eines Botanischen Gartens bis zur Durchführung von Exkursionen, er reinstalliert auch das Gelehrtennetzwerk eines Linné und dessen Ringen um sprachliche Distinktion. Bis in Details historisch genau und kenntnisreich errichtet der Roman so ein ›System Linné‹. Erst aus dieser präzisen Gestaltung der klassifizierenden Pflanzenkunde heraus gewinnt die Botanik im Roman dann auch das Rückgrat für eine ideologische Aufladung: Das ›System Linné‹ wird als ein weltumspannend-geheimbündlerisches und kontrollierendes Ordnungssystem zum Schutzschild gegen Dekulturalisierung und Willkürherrschaft. Am Ende erweist sich freilich auch die naturgeschichtliche Taxonomie nur als eine Zwischenstation auf dem Weg zu einer offenbar allein ›durch die Blume‹ zu erreichenden spirituellen Wesensschau. Doch beginnen wir mit einer Bestandsaufnahme der erzählerischen Fakten.

4.1.1 Die erzählerische Konstruktion und die Vorgeschichte

Der Roman ist als Ich-Erzählung eines namenlosen Mannes konzipiert, der sich aus größerer zeitlicher Distanz wehmütig an vergangene »Zeiten des Glückes« (MK, S. 249) erinnert.[12] Bei diesem in der Retrospektive so

11 Auch in anderen Werken betont Jünger immer wieder den erkenntnistheoretischen Nutzen der Pflanzenkunde, die, umgekehrt, sich also gerade nicht mit einem selbstgenügsamen Positivismus begnügen dürfe. Vgl. in diesem Sinne etwa die prominente Aussage in den *Strahlungen*: »Im Pflanzenreich ruht ja die ganze Metaphysik; und es gibt keinen besseren Kursus der unsichtbaren Dinge, die sichtbar werden, als das Gartenjahr.« (Ernst Jünger: Strahlungen II. In: Sämtliche Werke. 1. Abteilung: Tagebücher. Bd. 3: Tagebücher III. Stuttgart 1979, S. 248)

12 Zwischen den erinnerten »Zeiten des Glücks« und der Erzählgegenwart liegen noch mindestens zwei Ereignisse, die am Schluss des Romans aus der Figurenperspektive als ein zukünftiges »Schicksal« (MK, S. 351) angedeutet werden.

positiv eingeschätzten Lebensabschnitt handelt es sich um die magischen sieben Jahre, die der Erzähler gemeinsam mit seinem Bruder Otho in der Rautenklause, einer Eremitage auf den Marmorklippen, verbracht hat. Tatsächlich ist dieser Lebensabschnitt zunehmend durch die Angst vor dem tyrannischen Oberförster und seinen marodierenden Banden geprägt und endet mit Mord und Totschlag, einem Flammeninferno und der Flucht der beiden Brüder: Dieses aufziehende Unglück, und nicht, wie der sentimentalische Stoßseufzer zu Beginn vermuten lassen könnte, das vergangene Glück, dominiert die Erzählung auf der Handlungsebene.

Dessen ungeachtet hebt der Erzähler einleitend den »Zauber« (MK, S. 249) des damaligen Lebens hervor. Damit ist seine Haltung durch eine eigentümliche Unentschiedenheit oder Ambivalenz gekennzeichnet. Einerseits betont er aus dem Abstand heraus gegenüber der desaströsen ›großen‹ Geschichte das Positive, Friedliche, Heimelige der brüderlichen Zweisamkeit. Andererseits widmet er sich dann im weiteren Verlauf doch nicht nur dem privaten Glück, sondern auch und gerade dem Einbruch des »Schrecken[s]« (MK, S. 249) in dasselbe. In diesem Sinne kommentiert der Erzähler zunächst korrigierend den eingeschränkten subjektiven Wahrnehmungswinkel des erlebenden Ich, dessen Lebensgefühl ganz von der Bedrohung durch den Oberförster dominiert war, und stellt dann dieser Perspektive aus der Erzählgegenwart heraus die Einschätzung des erzählenden Ich gegenüber, welches erkennt, wie sehr seinerzeit tatsächlich »das Füllhorn reich für uns geöffnet war« (MK, S. 249). Im erzählerischen Akt selbst verhilft der Erzähler schließlich beiden Perspektiven zu ihrem Recht, wobei er über weite Strecken – der einleitenden Richtigstellung zum Trotz – dem erlebenden Ich folgt, indem er den Anzeichen für den dramatischen Untergang mehr Raum gibt als den »Zeiten des Glücks«.[13]

Dennoch wäre es falsch, das einleitend installierte Janusgesicht der Erzählung zu ignorieren. In Ergänzung zu den bisherigen Forschungen begibt sich die folgende Analyse auf die Spuren der in der Eröffnung angekündigten glücklichen ›Rückseite der Medaille‹, die – das überrascht wohl kaum – die Geschichte der Brüder als Blumenfreunde ist.

13 Zur erzählerischen Präsentation vgl. auch die Analyse von Peter Uwe Hohendahl: Nach dem Untergang. Erinnerung und Gedächtnis in Ernst Jüngers *Auf den Marmorklippen*. In: Das Gedächtnis der Literatur. Konstitutionsformen des Vergangenen in der Literatur des 20. Jahrhunderts. Hg. v. Alo Allkemper u. Norbert Otto Eke. Berlin 2006, S. 97-116 (= Zeitschrift für deutsche Philologie. Sonderheft zum Bd. 125).

Im Vergleich zu früheren Lebensphasen der beiden Brüder ist die Rautenklausen-Epoche durch eine Konstanz des Wohnortes und einen insgesamt eher ruhigen Lebensrhythmus geprägt. Ursprünglich stammen der Erzähler und Otho aus dem »Norden« (MK, S. 287), sind viel gereist, waren etwa zusammen in Britannien und auf Rhodos (MK, S. 299), bevor sie, um ihre »Lehenspflicht zu leisten« (MK, S. 287), am Krieg gegen die freien Völker des Berglandes Alta Plana teilnahmen und in den Reihen der »Purpurreiter« (MK, S. 259) kämpften.

Irgendwann in dieser Zeit schlossen sie sich aus einer Lebenskrise heraus den Mauretaniern an, einem geheimbundähnlichen Orden, dem auch ihr späterer Gegenspieler, der Oberförster, als »Alter Herr« (MK, S. 265) angehört. Die Mitgliedschaft bei den Mauretaniern erschien den beiden Brüdern damals als eine Erlösung aus der »Langeweile« (MK, S. 266) und versprach ein intensiveres, gewaltigeres Dasein – und in der Tat führten sie fortan ein Leben im »Übermute«, ergaben sich nachts gemeinsam mit dem Oberförster dem Spiel und dem Trunk und saßen »an den Tafeln der Mächtigen der Welt« (MK, S. 265). Besonders fasziniert zeigten sie sich von dem zynisch-distanzierten kühlen Blick, den die Ordensmitglieder auf die Irrungen der Welt zu werfen gewohnt waren: »Bei den Katastrophen herrschte gute Laune« (MK, S. 267). Damals schworen sie sich, lieber mit furchtlosen mauretanischen Führern wie dem erfolgreichen Kriegsherrn »Capitano« unterzugehen, »als mit jenen zu leben, die die Furcht im Staub zu kriechen zwingt« (MK, S. 266 f.). Stolzes Kämpfertum war also die Parole der mauretanischen Zeit.

Das Ende des Krieges von Alta Plana markiert im Leben der Brüder einen Einschnitt: Sie kehren zurück in ihre »Vaterheimat« (MK, S. 287) im Norden, schließen ihre Waffen weg und nehmen sich vor, von nun an ein gewaltfreies Leben zu führen.[14] Dieser Neubeginn knüpft jedoch durchaus an Elemente ihrer bisherigen Biographie an, wenn sie sich »alte[r] Studien« (MK, S. 287) erinnern, die sie nun wieder aufnehmen wollen. Schon in früheren Zeiten haben sie nämlich, wie es an anderer Stelle heißt, »so manches Jahr beim Studium der Pflanzen verbracht und dabei Öl und Mühe nicht gespart« (MK, S. 300), ja, sie haben sogar ihr ganzes väterliches Erbe für ihre botanischen Forschungen verwandt (vgl. ebd.). Im Übrigen gesteht der Ich-Erzähler, er habe das Pflanzenreich seit eh und je »verehrt« und »seinen Wundern in vielen Wanderjahren nachgespürt« (MK, S. 258). Die beiden Brüder mit der soldatischen und geheimbündlerischen Vergangenheit erweisen sich mit anderen Worten als langjährige passionierte Pflanzenforscher, die ihr Wissen über Jahre

14 Vgl. MK, S. 287 u. S. 323.

akkumuliert und auf einer Vielzahl von Reisen immer weiter verfeinert haben.

Wenn der Erzähler und Otho sich »nach Alta Plana« (MK, S. 287), d. h. nach dem dortigen Krieg, gerade auf die zwischen dem fruchtbaren Weinbergland der Großen Marina im Süden und den weiten Wiesen der Campagna im Norden gelegenen Marmorklippen »mit dem Plan« zurückziehen, sich »von Grund auf mit den Pflanzen zu beschäftigen« (MK, S. 262), so tun sie dies vermutlich auch aus klimatisch-geobotanischen Gründen; ihre wohl rauere Heimat im Norden dürfte für das angestrebte zurückgezogene Leben im Dienste der Blumen sowohl weniger ergiebig als auch weniger erfreulich sein. Kommentiert wird die Wahl des (alten) neuen Wohnortes[15] freilich nicht, und ganz leuchtet der Aufwand, zunächst die Waffen im nie näher beschriebenen, quasi »extraterritorialen«[16] Vaterland zu verschließen und dann wieder an die alte Stätte zurückzukehren, nicht ein. Es scheint sich hier um einen symbolischen Akt zu handeln, mit dem die beiden Brüder ihr gewalttätiges soldatisches Leben auch räumlich von der neuen friedlichen Existenz als Blumenfreunde trennen.

Bleibt bezüglich der Vorgeschichte noch festzuhalten, dass die Begeisterung, mit der die Brüder schon in früheren Zeiten die Botanik betrieben haben sollen, letztlich im Status der bloßen Behauptung bleibt. Konkrete Details oder gar kleine Geschichten, die diese Passion zum Leben erwecken würden, fehlen beinahe völlig: Für welche Pflanzengattungen etwa interessierten sich die beiden in der Vergangenheit besonders, wofür haben sie das väterliche Geld genau verwandt (für die Reisen? oder für die Begründung einer wissenschaftlichen Bibliothek? oder für Instrumente und Gerätschaften?), bei wem haben sie die Botanik erlernt und wie und wo haben sie sie im Einzelnen praktiziert? Über all dies erfährt man nichts oder fast nichts. Der Erzähler geizt mit Informationen und behauptet die Leidenschaft der beiden mehr, als dass er sie veranschaulicht. Diese erzählerische Haltung bestimmt auch die Schilderung der Rautenklausenzeit. Ihre Strategie besteht darin, dem Leser einige wenige konkrete ›Brocken‹ hinzuwerfen, vieles jedoch im Vagen und Allgemeinen zu belassen, so dass insgesamt die epische Welt weniger plastisch

15 Der Text betont, dass die beiden »friedlich« an die Marina zurückkehren, d. h. sie befanden sich dort offenbar schon früher, vgl. MK, S. 288.

16 So der Begriff von Dörthe Schilken: Die teleologische Reise. Von der christlichen Pilgerallegorie zu den Gegenwelten der Fantasyliteratur. Würzburg 2002, Kap. 14: Paradies gegen Utopie: Ernst Jünger, *Auf den Marmorklippen* (1939), S. 224-238, hier S. 224.

errichtet und ›auserzählt‹ als vielmehr schablonen- und modellhaft skizziert wird.[17] Eine genaue Lektüre kann jedoch auch aus den verstreuten Angaben ein erstaunlich genaues Bild von dem Blumenleben der Brüder rekonstruieren.

4.1.2 Die Rautenklause als botanische Forschungsstation

Wie sehr es den Brüdern auf den Marmorklippen darum geht, ihre bisherigen Studien nun systematischer zu betreiben, schlägt sich schon in der Sorgfalt nieder, mit der sie die Rautenklause für ihre Bedürfnisse umbauen und einrichten lassen: Sie wird zur botanischen Forschungsstation.

Das Obergeschoss wird ganz von dem Herzstück des pflanzenkundlichen Zentrums bestimmt. Hier befindet sich ein professionell ausgestattetes »Herbarium« (MK, S. 258), für das extra der »Boden gut mit Holz« verschalt wurde, um »lange Reihen von Schränken« einbauen lassen zu können. In den Fächern dieser speziellen Sammlerschränke finden »sich zu Tausenden die Bündel der Herbarienblätter« (MK, S. 258). Die beiden Schrankreihen rechts und links lassen nur noch einen »schmalen Mittelgang[]« (MK, S. 258) frei, in dem der Erzähler nachts auf und ab geht, den Duft der getrockneten Pflanzen einatmet, sich dabei offenbar an vergangene botanische Reisen erinnert[18] und zugleich aus dem »längst

17 Zu diesem nicht realistischen, sondern idealtypischen und modellhaften Schreibkonzept vgl. Katzmann: Ernst Jüngers magischer Realismus, S. 110 ff. u. ö. Zu Recht hebt Katzmann etwa hinsichtlich der Benennung der Schauplätze (der Wald, die Sümpfe) Jüngers Verharren im Allgemeinen hervor: Die Gegenden werden nicht als individuelle, identifizierbare entfaltet, sondern sind bloße Funktionsträger, denen die Aufgabe einer »Repräsentation des Typischen« (ebd., S. 114) zukommt. Im Übrigen seien die Schilderungen meist »eher andeutend als explizierend« (ebd., S. 160). – Auch Peter Uwe Hohendahl konstatiert: »It is easy to prove that we are not dealing with a realistic novel in the traditional sense«; vielmehr seien Zeit und Raum wie ein »Byzantine mosaic« aus widersprüchlichen Elementen zusammengesetzt und sowohl die Charaktere als auch die Handlungsführung nicht von den Gesetzen der psychologischen Wahrscheinlichkeit bestimmt (Peter Uwe Hohendahl: The text as cipher: Ernst Jünger's Novel, On the Marble Cliffs. In: Yearbook of comparative criticism 1 (1968), S. 128-169, hier S. 132 u. 133.

18 Die Erinnerungen des Ich sind zugleich sinnlich-konkret und für den Leser dennoch schwer fassbar: Zwar riecht und schaut und schmeckt das Ich in der Erinnerung intensiv und schwelgt in diesen Sinnengenüssen, gibt aber kaum genauere Informationen über die ›harten Fakten‹ der damaligen Reisen. Wann (ja, teilweise muss man sogar sagen: ob) diese stattgefunden haben und was genau ihre Ziele

verwelkte[m] Grün« die »Pracht des Wachstums« (MK, S. 258) visionsartig schaut. Häufig erst im Morgengrauen, nach durchwanderter Nacht, begibt sich der Erzähler dann in seinem Herbarium auf einem »schmale[n] Feldbett« (MK, S. 259) zur Ruhe, das also offenbar doch auch noch in irgendeiner Ecke des ausgebauten Dachbodens Platz findet.

Unter dem Herbarium, in dem der Ich-Erzähler nahezu rund um die Uhr arbeitet, befindet sich im Erdgeschoss die Bibliothek. Sie zieht sich von diesem eigentlichen Bibliotheksraum aus über die sogenannte »kleine Halle« (MK, S. 257), in der sich der Erzähler und Otho abends zum geselligen Beisammensein treffen, die Treppe hinauf bis unmittelbar vor das Herbarium. Hier, vor der ›Blumenforschungsstelle‹, stehen seltsamerweise nicht etwa botanische Bestimmungsbücher, sondern »die Kirchenväter, die Denker und die klassischen Autoren der alten und neuen Zeit«, sowie – das leuchtet für die Arbeiten der beiden schon etwas eher ein – »eine Sammlung von Wörterbüchern und Enzyklopädien aller Art« (MK, S. 257). Dennoch: Wirklich arbeitsökonomisch erscheint diese Verteilung der Buchbestände nicht, und auch die Zusammenstellung der Bücher zeugt eher von dem allgemeinen Wunsch nach Gelehrsamkeit und klassisch-humanistischer Bildung als von der präzisen Auswahl pflanzenkundlich arbeitender Fachwissenschaftler.

Der eigentliche Bibliotheksraum, Othos Reich, ist wiederum mit einem eigens auf Maß angefertigten, kompliziert ineinander verschachtelten Regalsystem ausgestattet. Hier befinden sich zuunterst, im großen Regal, alte, wertvolle »Folianten« und »mit der Hand illuminierte Werke, wie man sie nicht mehr druckt« (MK, S. 257). Um was für prächtige illustrierte Bände es sich im Einzelnen handelt, wird freilich nicht ver-

waren, bleibt letztlich dunkel und vage. Oder muss man die folgenden Bemerkungen des Ich so verstehen, dass es tatsächlich weltumspannend gereist ist und sowohl in der arabischen Wüste als auch in Südamerika, der Heimat der königlichen Riesenseerose Victoria regia, und in karibischen Gefilden mit Palmen war? »Auch spürte ich von fern den Duft der weißbesternten Dornentäler, den ich im Winterfrühling von Arabia deserta trank, und den Vanillehauch, der in der schattenlosen Glut der Kandelaberwälder den Wanderer erquickt. Dann wieder schlugen sich wie Seiten eines alten Buches Erinnerungen an Stunden des wilden Überflusses auf – an heiße Sümpfe, in denen die Victoria regia blüht, und Meereshaine, wie man sie auf bleichen Stelzen weit vor den Palmenküsten im Mittag schwelen sieht.« (MK, S. 259) Übrigens ähnelt die Art und Weise, wie diese Erinnerungsbilder plastisch vor dem inneren Auge (und mehr beinahe noch vor der ›inneren Nase‹) aufsteigen und dieser Sinnlichkeit ungeachtet letztlich doch völlig intern bleiben, auffällig den ungeordneten Tagträumereien des Protagonisten in Gottfried Benns beinahe zeitgleich entstandener Erzählung *Weinhaus Wolf*.

raten. Nur eines dieser bibliophilen Schmuckstücke aus vergangenen Zeiten wird (als einziger Buchtitel im gesamten Roman) namentlich identifiziert und so besonders hervorgehoben: Das hohe Fach habe nämlich auch Raum »für den großen ›Hortus Plantarum Mundi‹« (MK, S. 257). Durch die Bezeichnung des Buches mit dem bestimmten Artikel wird der Eindruck erweckt, es handle sich um ein allgemein bekanntes Standardwerk. In diesem Sinne vertritt auch Katzmann die Auffassung, bei dem »›Hortus Plantarum Mundi‹« handle es sich um eine der wenigen »Realien« in einem ansonsten von bewusst antirealistischen, idealisierenden Schilderungen geprägten, modellhaften Buch.[19] Freilich sitzt er damit einem Bluff Jüngers auf, denn das vermeintlich so einschlägige Gartenbuch erweist sich als Fake.[20] Da die beiden Brüder in den großen »Hortus« nie hineinsehen, bleibt das Werk zudem auch fiktionsintern eher Staffage. Mit der Nennung des Titels werden jedoch zwei Akzente gesetzt: Er verweist zum einen auf die lange Tradition der botanischen Gärten, an der auch die Brüder teilhaben, und lässt zum anderen durch die lateinische Sprache den botanischen Fachdiskurs vergangener Zeiten anklingen. Denn so viel verrät schon ein erster schweifender Blick auf die Rautenklause: In diesem Wissensraum regieren nicht Chromosomen und Labor, sondern seit Jahrhunderten tradierte naturkundliche Praktiken.

Obwohl der Besitz des vermeintlichen Standardwerks auf ein altes Fachwissen schließen ließe, muss man konstatieren, dass die beiden Brüder zwar angeblich professionelle Pflanzenkundler sind, dass es aber dunkel und nicht nachvollziehbar bleibt, aus welchen Werken sie ihr Wissen beziehen. Ja, es wird sogar ausdrücklich gesagt, dass sich in den oberen Regalen der Bibliothek lediglich ein »nicht sehr ausgedehnter botanischer Bestand« befinde (MK, S. 257). Das gilt allerdings nur mit einer, wenngleich wiederum eigenartigen Einschränkung: »[L]ückenlos« sei die Bibliothek nämlich mit allen Werken bestückt, die »je über Lilien erschien[en]« sind (MK, S. 257). Diese ›Lilienbibliothek‹ differenziere sich noch einmal in drei große Gruppen: »in Werke, die sich mit der Gestalt, der Farbe und dem Duft beschäftigten« (MK, S. 257). Auch der botanische Teil der Bibliothek erweist sich damit, soweit man aus diesen allgemeinen Bemerkungen überhaupt etwas schließen kann, als bemerkenswert kapriziös und etwas sonderbar: Bücher über den Duft der Lilien etwa sprengen eindeutig den üblichen Rahmen einer wissenschaft-

19 Vgl. Katzmann: Ernst Jüngers Magischer Realismus, S. 153.

20 Jedenfalls lässt sich ein Buch mit dem Titel »Hortus Plantarum Mundi« im *Karlsruher Virtuellen Katalog* nicht nachweisen.

lichen Beschäftigung mit Pflanzen, sie verweisen vielmehr ebenso wie die Frage nach Gestalt und Farbe auf ein etwas schwül aufgeladenes, eher mystizistisches,[21] sinnlich-ästhetisches Interesse an Blumen.[22]

Abgesehen von Büchern enthält die Bibliothek auch »eine Staffelei«, auf der sich »das große Zeichenbrett« befindet (MK, S. 257), an dem offenbar Otho von Zeit zu Zeit arbeitet. Zudem liegen in den Regalen weitere »vergilbte[] Herbarienblätter[]« sowie »eine Sammlung von in Stein gepreßten Pflanzen« und »mancherlei Kristalle« (MK, S. 257). Insgesamt gleicht die Rautenklause damit nicht nur dem gelehrten Büchermagazin zweier bibliophiler Humanisten, sondern auch einem Naturalienkabinett mit klarem botanischen Schwerpunkt (die üblichen Kuriosa und Prachtstücke eines Flora und Fauna umfassenden Kabinetts wie eingeweckte Missgeburten oder ausgestopfte Krokodile sucht man hier nämlich ver-

21 Die Passion der Brüder für Lilien imitiert offenbar eine Vorliebe Jüngers. Dessen Begeisterung für diese Pflanzen wiederum steht, wie auch Jüngers Anspielungen auf die Signaturenlehre nahelegen (s. u.), in der Tradition Jacob Böhmes, der die Lilie zum Zeichen einer neuen Zeit erkor; vgl. den Hinweis von Gerhard Wehr: Vorwort. In: Jacob Böhme: Im Zeichen der Lilie. Aus den Werken des christlichen Mystikers. Ausgewählt u. kommentiert v. Gerhard Wehr. München 1991, S. 7-17, hier S. 9; Böhmes Hauptwerk *De signatura rerum* endet mit dem Satz: »Dann eine Lilie blühet über Berg und Thal, in allen Enden der Erden: Wer da suchet, der findet, Amen.« (Jacob Böhme: Sämtliche Schriften. Faksimile-Neudruck der Ausgabe 1730 in elf Bänden. Neu hg. v. Will-Erich Peuckert. 6. Bd.: XIV. De signatura rerum, oder Von der Geburt und Bezeichnung aller Wesen (1622). XV. De electione gratiae, oder Von der Gnaden-Wahl (1623). XVI. De testamentis Christi, oder Von der Christi Testamenten (1623). Stuttgart 1957, hier XIV, S. 244).

22 Allgemein zur Symbolik der Lilie vgl. Marina Heilmeyer: Die Sprache der Blumen. Von Akelei bis Zitrus. München, London u. New York 2000, S. 50. In Jüngers Werk erhält diese stark duftende Blume einige prominente Auftritte, vgl. insbes. Ernst Jünger: Die Tigerlilie. In: Das Abenteuerliche Herz. Zweite Fassung. Figuren und Capriccios, S. 179. (= Ernst Jünger: Sämtliche Werke. 2. Abteilung: Essays. Bd. 9: Essays III: Das abenteuerliche Herz. Stuttgart 1979). – Lothar Bluhm deutet die Eröffnungssequenz der zweiten Fassung des *Abenteuerlichen Herzens* als die schon im Begriff (Tiger-Lilie) betonte typische Faszination Jüngers für das Ineinander von Schönheit und Gefahr (vgl. Lothar Bluhm: Natur in Ernst Jüngers Tagebüchern aus dem Zweiten Weltkrieg. In: Wirkendes Wort 37 [1987], S. 24-32, hier S. 28); die symbolische Aufladung der Tigerlilie als zwitterhaftes Wesen zwischen Fauna und Flora, das zugleich ins Zentrum der Blumenmetaphysik Jüngers verweise, ist bereits vor einem halben Jahrhundert nachgezeichnet worden von Gerhard Loose: Die Tigerlilie. Ein Beitrag zur Symbolik in Ernst Jüngers Buch vom *Abenteuerlichen Herzen*. In: Euphorion 46 (1952), H. 2, S. 202-216.

geblich). Auffälligerweise überhaupt nicht erwähnt werden Instrumente und Gerätschaften, die für die Heimarbeiten des Botanisierens üblicherweise genutzt werden: Von einem Mikroskop etwa ist ebenso wenig die Rede wie von einem Arbeitstisch, an dem Lupe und Pinzette bereitlägen oder eine Blumenpresse. Diese ganz praktisch-instrumentelle Seite der professionellen Blumenliebe, die auf die Arbeit mit gesammelten Pflanzen, das Bestimmen, Präparieren und Hältern hinwiesen, findet im literarischen Text keinen Raum: Blumen gibt es in der Rautenklause, so scheint es, nur auf dem Papier. Naturkunde ist eine gelehrte Buchstabenwissenschaft.

4.1.3 Der botanische Garten

Materialisiert sich die botanische Leidenschaft der Brüder im Haus also weniger in einer wie auch immer gearteten Ausrüstung, sondern eher in einer Archiv- und Bibliotheksstruktur, so sichern die Brüder ihr Gelehrtendasein doch auch praktisch ab, insofern sie unmittelbar nach dem Einzug in die Rautenklause mit der Anlage eines botanischen Gartens beginnen. Der Bereich für den Garten ist dem Felsgestein der Marmorklippen geradezu abgetrotzt und lediglich »in schmalen Bänken aus dem Gestein gespart« (MK, S. 254). Der Erzähler und Otho legen die Rabatten in einigen Teilen komplett neu an. Sie streben dabei ganz offensichtlich nach einem botanischen Lehrgarten, in dem sie zu Studienzwecken nach genauem Plan einzelne Arten setzen. Sie pflanzen also »streng nach der Regel« in Beeten, die sie dann – reichlich pedantisch und von der mit einem grünen Daumen gesegneten, erdverbundenen Köchin Lampusa spöttisch belächelt – »mit ovalen Täfelchen aus Porzellan« (MK, S. 261) penibel beschriften. Auf diesen altmodischen Porzellanschildchen notiert Bruder Otho »in feiner Etikettenschrift« »Art und Gattung« (MK, S. 261) der Pflanzen.

Welche Blumen die Brüder in ihrem systematisch angelegten und sorgfältig beschrifteten Garten aber im Einzelnen züchten, wie sie die Beete bestücken, bleibt erstaunlich unklar. Für den Garten steht der Wunsch nach Ordnung derart im Vordergrund, dass der Erzähler seinen Inhalt darüber beinahe vollständig vernachlässigt. Ja, mehr noch: auffälligerweise wird die gemäßigte Wildnis, die sich an den »Rändern« des Gartens auf den Steinmauern ansiedelt, sehr viel präziser benannt als das kunstvolle Arrangement der Zuchtpflanzen. Auf den Mauern haben sich nämlich genau »die wilden Kräuter angesiedelt, wie sie [auch] im fetten Weinbergland« (MK, S. 254) der Umgebung gedeihen: Hier blüht im Frühjahr »die blaue Perlentraube der Muskathyazinthe« und im Herbst

»die Judenkirsche mit ihrer gleich roten Lampionen leuchtenden Frucht« (MK, S. 254). Neben Traubenhyazinthe und Physalis, die beide als jahreszeittypische Pflanzen erscheinen, sind Haus und Gartengelände von mehreren dem Haus den Namen gebenden »silbergrünen Rautenbüschen« (MK, S. 254) umgeben, einem stark riechenden immergrünen Kraut, das man im Mittelalter zur Abschreckung von Ratten und Fliegen pflanzte und dem eine Abwehr des bösen Blicks nachgesagt wurde. Damit ist der Garten botanisch eingefasst. Sein Inneres aber wird nur äußerst vage gefüllt – zunächst durch die Erwähnung der bei Schmetterlingen wie dem Segelfalter beliebten »wilden Möhre« (MK, S. 254), einem weit verbreiteten Wildkraut, dessen Vorkommen in einem so überaus gewissenhaft angelegten botanischen Garten erstaunt. Neben dieser Staude, die sich wohl selbst angesiedelt hat, stehen in dem Garten Gehölze wie Hasel und Holunder (vgl. S. 255), die gleichfalls zumindest halbwild wirken, jedenfalls nicht notwendig gesetzt wurden.

Die eigentliche Gartenpraxis der Brüder hingegen verbirgt sich, abgesehen von dem Hinweis auf ein »Marmorbecken«, in dem sie »Wasserrosen aus Zipangu« (MK, S. 261) züchten,[23] ausschließlich hinter dem Begriff der »Lilienbeete« (MK, S. 255 u. S. 343), der freilich auch mehr Fragen aufwirft als er beantwortet. Gerade bei ausgesprochenen Lilienfreunden wie den Brüdern, deren Bibliothek, wie gesehen, Bücher allein über die Gestalt, die Farbe und den Duft dieser Pflanzen enthält, erwartet man eine genauere Beschreibung der von ihnen gezüchteten Lilien. Welche Arten befinden sich in dem Garten?[24] Wie sind die unterschiedlichen Sorten gesetzt, von welchen Begleitpflanzen werden sie gesäumt? Folgt das Arrangement der Lilien eher dem Kriterium der Gestalt oder dem der Farben? Doch so bestimmt die Wildblumen am Gartenrand benannt werden, so unbestimmt bleiben die angeblich so genau geordneten und beschrifteten Rabatten: Der botanische Teil des Gartens bleibt letztlich nahezu unsichtbar.

So kann es auch nicht überraschen, dass der Erzähler zwar gelegentlich sinnend in die Landschaft blickend auf die Terrasse heraustritt, niemals jedoch bei der täglich notwenigen Gartenarbeit gezeigt wird, beim Herauszupfen unerwünschter Beikräuter, beim besorgten Blick auf junge Setzlinge, beim Kampf gegen Schädlinge oder beim Lockern und Verbes-

23 Zipangu ist der im Mittelalter übliche Name für Japan.

24 Namentlich identifiziert wird erst spät eine einzige der Lilienarten, die Goldbandlilie (s. u.); hingegen wird gleich eingangs eine auf Lilien spezialisierte Käferart erwähnt, die roten Lilienhähnchen, Lilioceris lilii, im Volk »Friggahähnchen« (MK, S. 262) genannt.

sern der Erde.[25] Als Gärtner im praktischen Sinne mit Spaten und Stiefeln treten die Brüder nicht in Erscheinung, sondern eher theoretisch als Freunde der Ordnung und ästhetisch als Genießer der Blumenpracht.[26]

Ein Sinnengenuß ist es denn auch, der einer einzigen Gartenblume, natürlich einer Lilie, ein Heraustreten aus der anonymen Masse und einen förmlichen Auftritt ermöglicht. Es handelt sich um die in Japan[27] endemische Goldbandlilie, Lilium auratum, deren Erblühen der Erzähler am Tage nach der dramatisch endenden Exkursion nach Köppelsbleek (dazu s. u.) erlebt. Er setzt sich, ausdrücklich um den Duft der Blumen zu genießen, bei einbrechender Dunkelheit auf die Terrasse und schnuppert den verschiedenen Aromen nach, die in der Luft liegen. Neben dem »Geruch des Staubes« nimmt der Erzähler den »Hauch der Mondviolen und der hellen Nachtkerzen« (MK, S. 313) wahr, zweier Wildpflanzen, die oben auf den Marmorklippen wachsen und deren Duft »kaskadisch« in den Garten der Rautenklause hinunterfällt. Dazu gesellt sich dann mit einem Mal »ein leichteres und feineres Arom« (MK, S. 313), das die Aufmerksamkeit des Erzählers auf sich zieht und ihn dazu bewegt, seinen Terrassenplatz zu verlassen und in die Lilienbeete zu gehen: Dort sieht er, »daß in der Dämmerung die große Goldbandlilie aus Zipangu aufgesprungen war.« (MK, S. 313) Im letzten Büchsenlicht kann der Erzähler die Zeichnung der Lilie erkennen: »den goldenen Flammenstrich« und »die Tigerung, durch die der weiße Kelch gar prächtig gezeichnet war.« (MK, S. 313) Und er blickt in das Innere der Blüte, auf die noch völlig jungfräulichen, d. h. von keinem Insekt beflogenen Staubgefäße. Ihre Unbeflecktheit führe dazu, so der Erzähler in einer überraschend deutlichen Übertragung, dass »die zarte Scheide in ihrer Mitte noch leuchtete« (MK, S. 313). Nachdem kurz darauf zunächst das Auto der Widerständler Braquemart und des Fürsten von Sunmyra »wie ein Insekt« den Berg heraufgeschwirrt ist, die Brüder mit den beiden Attentätern dann fruchtlos die ganze Nacht diskutiert und sie schließlich im Morgengrauen verabschiedet haben, ist die Lilie ›entjungfert‹: »Die feinen Staubgefäße waren schon beflogen, und die grüngoldene Tiefe des Kelches war

25 Vgl. dagegen ganz anders Jüngers Selbstinszenierung in den *Strahlungen*, wo der tägliche Gang in den Garten geradezu gebetsmühlenartig erwähnt wird und der Hinweis darauf, wie Mangold & Co. stehen, nicht fehlen darf, vgl. z. B. Ernst Jünger: Strahlungen I. In: Sämtliche Werke. 1. Abteilung: Tagebücher: Bd. 2: Tagebücher II. Stuttgart 1979, S. 27, S. 29, S. 35 u. ö.

26 In dieser ästhetischen Beziehung zu Blumen folgt ihnen frühzeitig der kleine Sohn des Erzählers, Erio; vgl. MK, S. 261.

27 Im Roman auch hier altertümelnd »Zipangu« genannt (MK, S. 313).

mit Purpurstaub bedeckt. Ihn hatten wohl die großen Nachtpapillonen beim Hochzeitsschmaus verstreut.« (MK, S. 320)

Es fällt auf, dass der in der Rautenklausenzeit offenbar weitgehend in sexueller Enthaltsamkeit und geistiger Askese lebende Erzähler[28] hier eine Geschichte von Blume und Biene (bzw. Nachtfalter) erzählt, die ganz offensichtlich die Rolle einer Deckphantasie übernimmt. Generell kann man für die Pflanzenkunde in den *Marmorklippen* festhalten, dass sie zwar nicht nur, aber auch eine sublimierende Funktion erfüllt: Blumen sind für die Brüder ästhetische Sehnsuchtsobjekte, die alle Sinne an- und sogar noch mehr versprechen. Ihr verführerischer »frische[r] Blumenduft«, der insbesondere aus dem Liliengarten in die Rautenklause weht, erscheint ihnen manchmal sogar als »zu feurig« (MK, S. 299), so dass sie die Fenster schließen und die betäubende »muskatische Essenz« aussperren, die von ihrer »starke[n] Liebeskraft« (MK, S. 299) zeugt.

Blumen erweisen sich somit als eine durchaus zweischneidige Angelegenheit: In ihnen nimmt eine sinnliche Lebensfreude Gestalt an, die die Brüder anspricht, ihnen zugleich aber auch bedrohlich erscheint und deren Kraft sie beschneiden zu müssen meinen. Die Botanik hat daher auch die Funktion einer Rationalisierung, die es ermöglicht, sich mit wachen Sinnen (insbesondere mit Auge und Nase) unter einem wissenschaftlichen Vorwand mit den tabuisierten Themen der Sexualität und Fortpflanzung zu beschäftigen und die duftende, betörende Blume als Projektionsfläche der eigenen Sinnlichkeit zu nutzen.[29] Sich dem ›Sex der Blumen‹ hinzugeben ist erlaubt, weil die Botanik zugleich das intellektuelle Werkzeug bereitstellt, die Blumen zu beherrschen, zu kontrollieren und zu ordnen, d. h. das Verführerische und Leidenschaftliche durch Systematisieren auf Distanz und d. h. insbesondere auch: aufs Papier zu bringen. In diesem Sinne ist die Botanik in *Auf den Marmorklippen* ausdrücklich eine Praxis, um »den heißen Lebensmächten standzuhalten und sie zu bändigen« (MK, S. 259). Sie ist eine Praxis, Freude an Schönheit und Sinnlichkeit kontrolliert zu leben: Naturkunde ist geregelte und gebändigte Sinnlichkeit.

28 Während des Kriegszugs hatte er eine Affäre mit Lampusas Tochter Silvia, die wiederum die Mutter von Erio ist; vgl. MK, S. 259. Irgendwann zu Beginn der Rautenklausenzeit in einem Frühling gab es noch eine kurze Affäre mit Lauretta, die der Roman dann aber schnell aus den Augen verliert; vgl. MK, S. 253 u. S. 261.

29 Auf die sexuell konnotierte Blumenliebe, die Jünger in seinen Tagebüchern pflegt, weist unter dem Schlagwort »Blumenküsser« kurz hin Wolfgang Brandes: Der »Neue Stil« in Ernst Jüngers *Strahlungen*. Genese, Funktion und Realitätsproduktion des literarischen Ich in seinen Tagebüchern. Bonn 1990, S. 248-251.

4.1.4 Botanisieren als ›Zettelkunst‹

Das Botanisieren der Brüder ist auch über die penibel beschrifteten Etiketten im botanischen Garten hinaus durch eine exzessive und differenzierte Verschriftlichungs-, Kommunikations- und Archivierungspraxis charakterisiert. Mit dem Herzstück ihrer Sammlung, den Herbarienblättern, partizipieren die Brüder an der Raum und Zeit überwindenden scientific community der Botaniker: Die Blätter sind »nur zum kleinsten Teil von uns gesammelt« (MK, S. 258), stammen zumeist vielmehr von Pflanzenkundlern längst vergangener Zeiten. Die archivierten Pflanzenbögen werden also offenbar von Hand zu Hand weitergegeben, überdauern mühelos die kurze Lebensspanne, die den einzelnen Sammlern gegeben ist und fügen sich zu einer Kette überzeitlicher Dokumente im Dienste der Erfassung der botanischen Vielfalt der Welt. Als Oberhaupt dieser großen Gemeinschaft der Blumenforscher – wenn man so will: des Ordens der Botaniker – sieht der Erzähler den »Meister Linnaeus« (MK, S. 258) an, also Carl von Linné, von dessen eigener Hand angeblich sogar einige der alten Herbarienblätter stammen (vgl. MK, S. 258).

Wie man sich die Herbarienblätter genau vorzustellen hat, welches Format sie haben, wie sie beschriftet sind, welche Pflanzenarten die Sammlung enthält – all das verrät der Roman nicht. Üblicherweise versteht man unter einem Herbarienblatt, wie es noch heute Teil naturkundlicher Sammlungen ist, einen Bogen Papier, auf den in pflanzenkundlicher Absicht das gepresste, getrocknete Exemplar einer Art aufgeklebt wird.[30] Die präparierte Pflanze wird nach einem mehr oder weniger einheitlichen Prinzip beschriftet: Meist am unteren Blattrand wird ein kleiner Katalogisierungszettel aufgeklebt, auf dem der Sammler die Pflanze in seine Sammlung integriert, indem er das Blatt mit einer fortlaufend vergebenen Inventarnummer versieht. Dann wird die Pflanze gegebenenfalls mit dem deutschen, vor allem aber mit dem wissenschaftlichen, d. h. lateinischen Namen identifiziert. Auf dem Etikett wird zudem das Datum des Fundes, der Name des Finders und der Fundort des Exemplars verzeichnet.

Im Roman jedoch bleiben die Blätter mit den Blumen eigentümlich unsichtbar, wir wissen von ihnen eigentlich nur, dass es sie gibt und dass

30 Eine aktuelle Anleitung zur Erstellung eines Herbariums liefert etwa Sven Linnartz: Die botanische Exkursion. Schritt für Schritt zum Herbarium. Eschborn 2004. – Abbildungen alter Herbarienblätter (sowie einiger Gegenstände aus Linnés Herbarium) finden sich z. B. in dem aufwändig bebilderten Band von Charlie Jarvis: Order out of Chaos. Linnean Plant Names and their Types. London 2007.

der Zahn der Zeit an ihnen nagt, so dass sie nach und nach vergilben (vgl. MK, S. 298) und braun werden (vgl. MK, S. 258) – Eigenschaften, die sie freilich mit allen Papieren dieser Welt teilen und die ihre botanische Funktion in keiner Weise beeinträchtigen, weswegen die alten Blätter eines Linné neben den soeben angefertigten der beiden Brüder mühelos bestehen können. Der Roman kennt diese die Zeit überdauernden Blätter nur in der anonymen Mehrzahl und belässt sie farb- und gestalt-, ja, regelrecht gesichtslos: Nie hebt der Erzähler ein einzelnes Blatt hervor, um es zu beschreiben oder einen Einblick in seine Erstellung zu gewähren. Im Widerspruch zu der üblichen Funktion der Herbarienblätter, künstlich isolierte und klar identifizierte typische Einzelexemplare zu fixieren, gewinnen diese Papiere in *Auf den Marmorklippen* keinerlei Identität. Sie haben die Funktion kommunikativer Röhren, durch die die Botaniker aller Zeiten und aller Länder miteinander verbunden sind: Relevant ist nicht, was sie im Einzelnen kommunizieren, sondern dass sie Träger der Kommunikation sind. Die flukturierenden Herbarienblätter ähneln damit einem Geheimsystem. Sie bilden ein nur Eingeweihten zugängliches Netz; wichtig ist, ob man innerhalb oder außerhalb steht, ob man die ›Währung Herbarienblätter‹ besitzt oder nicht.

Als Informationsträger nutzen die Brüder ihre umfangreiche, mehrere Tausend Blätter umfassende Sammlung zum einen, wenn sie ganz gezielt nach einem bestimmten Pflanzenblatt suchen (vgl. MK, S. 258), vielleicht, um es mit einem soeben gefundenen neuen Exemplar zu vergleichen. Vor allem aber arbeiten sie daran, aus ihrer Rautenklause ein professionell geführtes Naturalienkabinett zu machen, und das heißt: Ein Kabinett, dessen Datenträger systematisch nutzbar, dessen Objekte komplett inventarisiert, in Listen geführt, sorgfältig sortiert und dadurch jederzeit verfügbar sind. Eine der Aufgaben, denen der Erzähler in den »Nacht- und Morgenstunden« (MK, S. 258) nachgeht, ist folglich die Erstellung eines Namenskataloges der Sammlung, denn das in der Rautenklause versammelte Material harrt ganz offenbar noch der Ordnung und wird vom Ich in mühevoller nächtlicher Arbeit ›verzettelt‹. Dazu überführt der Erzähler die Herbarienblätter gewissermaßen in ein verschriftlichtes Netz zweiter Ordnung. Er vervollständigt nämlich »auf vielen Zetteln die Register« (MK, S. 258), d. h. er erfasst die Objekte wohl auf karteikartenähnlichen, losen Papieren, eben »Zetteln«, die vermutlich später in einen Karteikasten eingeordnet werden sollen.

Neben den im ›Botanikerorden‹ zirkulierenden Herbarienblättern gibt es also noch einen zweiten Typus von Papieren, die Registrierkärtchen, deren der Leser jedoch ebenfalls nicht ansichtig wird und denen ebenfalls eine Ordnungsfunktion zugesprochen wird. Auch sie behandelt der Erzähler weniger als Zeugnisse seiner Blumenliebe denn als Dokumente eines Ordnungsbestrebens.

Die beiden Brüder verbringen ihre Zeit in der Rautenklause aber nicht nur damit, ihre Herbarienblätter zu ordnen. Sie haben auch ein neues Projekt. Gemeinsam arbeiten sie an der sogenannten »›Kleine[n] Flora‹«, in der sie »alle Funde im Gebiete der Marina« (MK, S. 258) verzeichnen. Auch das Register für dieses in Arbeit befindliche regionale Pflanzenverzeichnis erstellt der Erzähler in seinen nächtlichen Arbeitssitzungen. So entsteht (neben den Herbarienblättern und den Registrierkärtchen für die große Sammlung) ein dritter Typus von »Zetteln«, von denen erneut unklar bleibt, wie sie im Detail aussehen. Klar ist nur, dass die vom Erzähler angefertigten Papiere am folgenden Tag von Otho gegenkontrolliert werden. In der brüderlichen Arbeitsgemeinschaft fällt Otho nämlich die Aufgabe zu, die neu angefertigten Papiere anhand »der Bücher« (MK, S. 258 – aber welcher? botanische Bücher aus den eigenen Bibliotheksbeständen?) abzugleichen, gegebenenfalls noch die Beschriftung zu ergänzen und die offenbar auch auf den Papieren befindlichen Zeichnungen zu kolorieren. Botanisieren ist, so viel dürfte schon bis hierher deutlich geworden sein, im Kern eine hoch ausdifferenzierte Zettelkunst. Auf den pflanzenkundlichen Papieren werden Blumen und Blumenwissen systematisiert und kommunizierbar gemacht, auf dass sie eingehen können ins weltumspannende botanische Netzwerk.

Für diese kommunikative Seite der Botanik steht insbesondere ein Freund der Brüder, Pater Lampros. Dieser Mönch, der schon »seit vielen Jahren an der Marina sammelte«, ist als Materiallieferant an der »›Florula‹« (MK, S. 294) der Brüder beteiligt. Er gibt ihnen, wenn sie von einem Besuch in seinem Kloster zurück zur Rautenklause aufbrechen, immer »einen Stoß Herbarienblätter« mit, »die er mit eigener Hand beschriftet hatte und deren jedes ein kleines Kunstwerk war« (MK, S. 294). Individualität und Originalität werden bei der Erwähnung dieser Blätter zwar betont (»mit eigener Hand«, »Kunstwerk«), aber nicht näher mit Inhalt gefüllt: Art und Aussehen der magischen Pflanzenblätter bleiben unbeschrieben zugunsten ihrer bloßen Zirkulation in der botanischen Gemeinschaft.

Aus dieser Kommunikationsgemeinschaft heraus ist der Kontakt zu Pater Lampros überhaupt erst möglich geworden, denn die Brüder haben (vermutlich wiederum auf dem Postwege) »zunächst aus Upsala [sic]«, »und zwar von Ehrhardt, der dort als Kustos am Herbarium wirkte« (MK, S. 291) erfahren, dass der pflanzengelehrte Pater in ihrer Gegend wohnt. Uppsala, die langjährige Wirkungsstätte Linnés, kann man getrost als das Mekka der Botaniker bezeichnen, und »Erhardt«, der hier nicht näher eingeführt, aber wie selbstverständlich vertraulich mit dem Vornamen genannt wird und im weiteren Verlauf des Textes nie wieder auftaucht, ist ganz offenbar einer der Blumen-Agenten, der an dieser wichtigen ›Herbarienblätter-Schaltstelle‹ sitzt »und uns mit Material für unsere Arbeiten versah« (MK, S. 291).

In seiner Rolle als Blumenfreund nennt Pater Lampros sich »Phyllobius«, d. h. »der in den Blättern lebt‹« (MK, S. 293). Dieser Name macht (neben einer zweiten, von ihm selbst angegebenen Bedeutung, vgl. Kap. 4.1.6) auch deshalb Sinn, weil der Pater die schriftliche Kommunikation über Blumen äußerst intensiv pflegt. So beginnt der Kontakt der Brüder zu dem Mönch, »nachdem wir ihm ein Zettelchen geschrieben hatten« (MK, S. 291). Mit diesem kleinen Billet setzt ein reger Postverkehr ein. Der Pater schickt häufig »Zettel«, die er immer »als Phyllobius unterschrieb« (MK, S. 296) und in denen es sich durchweg um (freilich gewohnt vage skizzierte) botanische Dinge handelt. So dienen die Nachrichten häufig dazu, die Brüder – vermutlich, weil er sie vor schlimmen Begegnungen mit den herumstreichenden Banden des Oberförsters schützen will – gezielt auf Exkursionen zu nicht näher bezeichneten »seltenen Blumen« zu schicken (MK, S. 296). Seine Zettel lässt der Pater durch »Boten« zur Rautenklause bringen und, falls die Bewohner nicht im Hause sind, dem Sohn des Ich-Erzählers, Erio, nicht aber der mit ihrem einen Zahn etwas hexenartigen Großmutter Lampusa aushändigen (MK, S. 296).

Nur im ›Showdown‹, unmittelbar vor dem missglückten Attentat, das der Mauretanier Braquemart und der Fürst von Sunmyra auf den Oberförster verüben, kommt in der Rautenklause eine aus dem Kloster stammende, offenbar schon lange vorbereitete »Botschaft« anderen Typus an, die nämlich »zum ersten Male mit Lampros unterzeichnet war« und in der ebenfalls zum ersten Mal »nicht von Pflanzen […] die Rede« war (MK, S. 322). Diese Nachricht erreicht die Brüder im Übrigen auch erstmalig zu spät und zwar ganz offensichtlich deshalb, weil, ebenfalls erstmalig, Lampusa diesmal doch die Botschaft entgegengenommen, jedoch »die Bestellung unheilvoll versäumt« hatte (MK, S. 321). Dieser letzten verunglückten schriftlichen Kommunikation zum Trotz erweist sich der Pater grundsätzlich als ein Meister der botanischen Botschaften, dessen Kommunikationsgewalt erst verebbt, als es nicht mehr um Pflanzen geht und er die Rolle des Blumenfreundes aufgeben muss.

Generell kann man festhalten, dass für die Botaniker in *Auf den Marmorklippen* das Fixieren und Beschriften von Blumen, das Schreiben über sie, beinahe wichtiger zu sein scheint als die Beschäftigung mit ihnen selbst. Die Blumenfreunde installieren ein komplexes Kommunikationsnetz aus unterschiedlich gearteten »Zetteln«, mit deren Hilfe sie unabhängig von Raum und Zeit mit Lebenden und Toten über Pflanzen im Gespräch bleiben können. Was sie reden, wissen wir nicht, aber dass sie es tun, davon zeugen all die Herbarienblätter, Registrierkärtchen und Blumenbillets. Naturkunde ist schriftliche Kommunikation über Natur.

4.1.5 Wissenschaftshistorischer Kontext: Übervater Linné

Unübersehbar stehen die Studien der pflanzenbegeisterten Brüder in mehrfacher Hinsicht in der Tradition des im Roman geradezu die Rolle eines geistigen Übervaters einnehmenden Botanikers Carl von Linné.[31] Für alle bislang dargestellten praktischen Bereiche der Pflanzenkunde – die Einrichtung der Rautenklause, die Gestaltung des Gartens, das affektgeladene Verhältnis der Brüder zu ihren Blumen, die durch Herbarienblätter und andere Zettel aufrechterhaltene Kommunikationsstruktur – steht die Pflanzenkunde des 18. Jahrhunderts und insbesondere Linné Pate.

Dies beginnt bei dem Herbarschrank, dessen Spezialanfertigung in den *Marmorklippen* eigens betont wird. Auch Linné besaß einen derartigen Schrank, den er nach eigenen Konstruktionsideen hatte bauen lassen. Die Bedeutung, die Linné selbst diesem Möbel zumaß, wird erkennbar an der Tatsache, dass er in einem seiner Hauptwerke, der *Philosophia botanica*, in der er (anders als der Titel vermuten lassen könnte) ganz praktisch zu einer professionellen Pflanzenkunde anleitet, auf seinen Herbarschrank explizit verweist und die Beschreibung desselben durch eine Skizze veranschaulicht.[32]

Die Besonderheit von Linnés Sammelschrank besteht aus epistemologischer Perspektive darin, dass mit ihm ein neuartiges Aufbewahrungs-

31 Linné wird in den *Marmorklippen* mehrfach explizit namentlich erwähnt, vgl. MK, S. 258, S. 264, S. 294, S. 303, S. 306. – Zu Linnés Leistungen auf dem Gebiet der Botanik liegt eine Vielzahl von Publikationen vor. Vgl. überblickshaft etwa die Darstellungen von C. A. M. Lindman: Carl von Linné als botanischer Forscher und Schriftsteller. In: Carl von Linné's [sic] Bedeutung als Naturforscher und Arzt. Schilderungen hg. v. Königl. schwed. Akademie der Wiss. Wiesbaden 1968, S. 1-188 [Einzelpaginierung, Nachweis Erstdruck fehlt], sowie Ilse Jahn u. Konrad Senglaub: Carl von Linné. Leipzig 1978, und Gunnar Eriksson: Linnaeus the Botanist. In: Linnaeus. The Man and His Work. Hg. v. Tore Frängsmyr. Canton 1994, S. 63-109; vertiefende und neuere Forschungen werden im Verlauf der weiteren Darstellung herangezogen und in den Fußnoten nachgewiesen.

32 Carl von Linné: Philosophia botanica. Reprint der Ausgabe Stockholm und Amsterdam 1751. Lehre 1966, S. 293 u. 309.

möbel an die Stelle einer traditionellen Ordnung tritt: Der Herbarschrank bietet einen gegliederten Raum für die Herbarblätter, die niemand anders als Linné selbst zuvor aus ihrer althergebrachten Ordnung, nämlich der Zusammenbindung in ein Buch, gelöst hat. Wurden die Blätter also üblicherweise in Konvoluten fixiert, so plädierte Linné dafür, sie als Einzelstücke zu behandeln und zu erhalten, um sie austauschen zu können und bald in diesen, bald in jenen Zusammenhang stellen zu können.[33] Dies allerdings macht eine neue Aufbewahrungstechnik notwendig – die Geburtsstunde des Linnéschen Herbarschranks, der die jetzt frei flottierenden Blätter in einer immer nur vorläufigen und jederzeit veränderbaren Ordnung aufbewahrt und sie so zugleich einer weiteren Zirkulation des Wissens zugänglich macht.[34] Es ist nicht nur der Schrank selbst, sondern gerade auch seine Doppelfunktion als zugleich fixiertes und flexibles Ordnungssystem, die in den *Marmorklippen* imitiert wird.

Überhaupt erweist sich Linnés *Philosophia botanica* bei näherem Hinsehen als der fundamentale botanische Prätext der *Marmorklippen*: Die Brüder sind erkennbar in dem Sinne der *Philosophia botanica* als ›wahrhafte Botaniker‹ (nicht nur als Pflanzenliebhaber) konzipiert: Sie züchten die Blumen nicht nur und zerlegen sie anatomisch, sondern sie beschäftigen sich systematisch mit dem Pflanzenreich, d. h. es geht ihnen um

33 Vgl. den Hinweis von Stearn: »The older herbaria consisted of specimens on sheets bound into volumes. Linnaeus never adopted this inelastic and expensive procedure but mounted his specimens on loose sheets stored horizontally which could be easily re-arranged and to which other specimens could be added when necessary. Propably due to Linnaeus's example and teaching this method became general during the second half of the 18th century.« (William Thomas Stearn: An Introduction to the *Species Plantarum* and cognate botanical works of Carl Linnaeus. In: Carl Linneaus: Species Plantarum. A Facsimile of the first edition 1753. Hg. v. W. T. Stearn. London 1957, Bd. 1, S. 1-146, hier S. 103).

34 Die Naturgeschichte erweist sich hier – symbolisiert im Linnéschen Herbarschrank – als beweglich und offen. Dies hat in Ergänzung zu Foucault und Lepenies aufgezeigt Staffan Müller-Wille: Carl von Linnés Herbarschrank. Zur epistemischen Funktion eines Sammlungsmöbels. In: Sammeln als Wissen. Das Sammeln und seine wissenschaftsgeschichtliche Bedeutung. Hg. v. Anke te Heesen u. E. C. Spary. Göttingen 2001, S. 22-38. Die Praktiken aufklärerischer Naturgeschichte wie das Tauschen von Sammlungsobjekten sind in diesem Sinne auch als Elemente einer dynamischen, international vernetzten »grassroots-Gelehrsamkeit« gedeutet worden: Bettina Dietz: Aufklärung als Praxis. Naturgeschichte im 18. Jahrhundert. In: Zeitschrift für Historische Forschung 36 (2009), 235-257.

dessen Klassifizierung.[35] Wenn der Erzähler und sein Bruder Otho sich der graphischen und schriftlichen Fixierung ihres Wissens widmen, ein Herbarium anlegen und Bestandslisten mit dem Ziel einer umfassenden Katalogisierung führen, so beachten sie minutiös, was Linné von den ›wahrhaften Botanikern‹ forderte.[36] Eine genaue Kenntnis der *Philosophia botanica* kann bei Ernst Jünger, der zeitlebens ein bekennender ›Linné-Fan‹ war, vorausgesetzt werden.[37]

Neben den neuen Techniken des Sammelns und Ordnens steht Linné auch für einen Neubeginn auf dem Feld wissenschaftlich genutzter Gärten. Linné war Leiter des botanischen Gartens und Herbariums in Uppsala (wo zu *Marmorklippen*-Zeiten nun Erhardt wirkt), organisierte seinen Garten nach einer neuen, von ihm selbst entwickelten Pflanzordnung.[38] Diese folgte nicht länger kosmologischen oder naturmagischen Regeln, wie sie etwa für den um 1545 begründeten, runden, ornamental ausgefüllten Garten in Padua, dem ersten botanischen Garten überhaupt, vermutet werden. Linné ließ den Garten vielmehr nach systematischen, d. h. seinen taxonomischen Kriterien anlegen[39] – eine Konzeption, die man hinter dem Hinweis auf eine genaue Anordnung der Pflanzen »nach der Regel« und auf die Porzellanschildchen im Rautenklausen-Garten immerhin vermuten kann (auch wenn die Aufmerksamkeit des Erzählers, wie gesagt, kaum dem eigentlichen Lehrgarten gilt).

Zudem aber ist die Schilderung sexuell aufgeladener Blumenbegegnungen für Linné mehr als einschlägig: Linnés Klassifikationssystem basiert auf der Konzentration auf wenige als wesentlich erachtete Merkmale, bei denen es sich bekanntlich gerade um die Fortpflanzungsorgane der Pflanzen handelt.[40] Die scheinbar so keuschen Blumen sind also spä-

35 Linne unterscheidet in der Gruppe der »phytologi« die »veri botanici« von den »botanophili« (Linné: Philosophia botanica, S. 2, S. 4 u. 15).

36 Zu Linnés *Philosophia botanica* vgl. Müller-Wille: Botanik und weltweiter Handel; zu den ›wahrhaften Botanikern‹ vgl. hier insbes. Kap. 6, S. 157-191.

37 In der Bibliothek Ernst Jüngers in Wilflingen sind die Werke Linnés zahlreich vertreten.

38 Vgl. die Beschreibung dieses Gartens sowie der Umgebung Uppsalas in Carl von Linné: Hortus Upsaliensis. Stockholm 1748.

39 Vgl. dazu Müller-Wille: Ein Anfang ohne Ende.

40 Anschaulich präsentiert Linnés Sexualsystem ein prächtiger Band, der fotographische Aufnahmen strotzender, viel versprechender Blüten in der Abfolge der Linnéschen Klassifikation präsentiert und diese kenntnisreich erläutert; vgl. Helene Schmitz [Konzeption u. Fotos], Nils Uddenberg [Text] u. Pia Östensson [botanische Informationen]: A passion for systems. Linnaeus and the Dream of Order in Nature. Värnamo 2007.

testens seit Linné sexuelle Wesen, und die Pflanzenkunde, vermeintlich eine unschuldige und für Damen geeignete Passion, erweist sich als durchaus heikle Angelegenheit.[41]

Vor allem aber ist es in den *Marmorklippen* die komplexe Verzettelungs- und Verschriftlichungskunst, die botanikgeschichtlich einschlägig ist: Die Herbarblätter der *Marmorklippen* sind, ganz wie Linné es einführte, auch im Roman äußerst beweglich, und die fiktiven Botaniker bilden ein gelehrtes Netzwerk, das über den Austausch dieser Blätter und anderer schriftlicher und naturaler Materialien eng miteinander kommuniziert, ganz wie es sich für Pflanzenkundler der Aufklärung gehört.[42] Linné selbst nannte die von ihm mit botanischen Ordern versehenen Forschungsreisenden seine ›Apostel‹ und unterstrich damit auch den über die Naturkunde hinausgehenden, beinahe missionarischen Charakter seiner neuen Botanik.[43]

Schließlich sind auch die Publikationsprojekte der *Mamorklippen*-Brüder typisch für Linné und die Botaniker seines Zeitalters. Das Erstellen von stichwortartigen botanischen Katalogen lässt sich bereits für das 17. Jahrhundert nachweisen,[44] und häufig münden diese Kataloge in

41 Zu diesem Feld sind in den vergangenen Jahren einige Studien erschienen, vgl. etwa Patricia Fara: Sex, Botany & Empire. The story of Carl Linnaeus and Joseph Banks. New York 2003; Sam George: Botany, sexuality and women's writing 1760-1830. From modest shoot to forward plant. Nachester u. New York 2007.

42 Zu den traditionellen Netzwerken der Botaniker vgl. die Beiträge in dem Sammelband: Wissen im Netz. Botanik und Pflanzentransfer in europäischen Korrespondenznetzen des 18. Jahrhunderts. Hg. v. Regina Dauser, Stefan Hächler, Michael Kempe, Franz Mauelshagen, Martin Stuber. Berlin 2008. – In den *Marmorklippen* spielt im Unterschied zu den historischen Botaniker-Netzwerken der Austausch von Pflanzen und Pflanzenteilen eine eher untergeordnete Rolle; die Betonung liegt in Jüngers Roman eher auf den Praktiken der Verschriftlichung. Zum traditionellen Austausch zwischen botanischen Gärten vgl. D. O. Wijnands: Hortus auriaci. The gardens of Orange and their place in late 17th-century botany and horticulture. In: Journal of garden history 8 (1988), H. 2/3, S. 61-88. Zum Austausch unter den Botanikern über Pflanzenlisten vgl. J. Heniger: Some botanical activities of Herman Boerhaave, professor of botany and director of the botanic garden at Leiden. In: Janus 58 (1971), S. 1-78. Vgl. auch Emma Spary: Utopia's Garden. French natural history from old regime to revolution. Chicago 2000, S. 61-78. Zum Netzwerk Linnés und seiner ›Jünger‹ vgl. Frans A. Stafleu: Linnaeus and the Linnaens. The spreading of their ideas in systematic botany, 1735-1789. Utrecht 1971.

43 Vgl. Heinz Goerke: Carl von Linné. Arzt – Naturforscher – Systematiker. 2., erw. Aufl. Stuttgart 1989, S. 175-183. In vergleichbarer Weise haben auch die *Marmorklippen*-Brüder mit dem alten Belovar einen ›Pflanzen-Agenten‹, der ihnen bei der Beschaffung bestimmter seltener Arten behilflich ist.

44 Vgl. Müller-Wille: Botanik und weltweiter Handel, S. 165.

ebenfalls eher aufzählende, lokale Garten- und Pflanzenbücher.[45] Auch Synoymenlisten sind bis zu der mit Linné einsetzenden Standardisierung der Namen von zentraler Bedeutung für die Verständigung unter Botanikern.[46] Kurz: die Charakteristika der entstehenden botanischen Wissenschaft der Aufklärung, wie sie insbesondere mit dem Namen Linnés verbunden sind, die naturgeschichtlichen Praktiken des Sammelns und Erfassens, des Kommunizierens und Publizierens, erweisen sich als das Vorbild, nach dem Jünger die *Marmorklippen*-Brüder als wahre Botaniker gezeichnet hat.

4.1.6 Anders sehen: Pflanzenkunde als Wesensschau

Zwar ist die Botanisierleidenschaft der beiden Brüder einerseits präzise und bis in winzige Details nach dem Vorbild Linnés arrangiert, doch geht sie andererseits nicht darin auf. Vielmehr erhält sie in dem Roman zugleich einen mystizistischen Charakter. Dieser gründet darin, dass Jüngers Botaniker nicht nur Kommunizierende, sondern auch Sehende sind – Sehende, die letztlich hinter die Oberfläche der Erscheinungswelt auf einen vermuteten ›Urgrund‹ schauen wollen. Die Blumenliebe der Brüder überschreitet damit das pragmatische Konzept der Pflanzenkunde Linnés und speist sich neben der klassischen aufklärerischen Naturbeschreibung auch aus einer esoterisch-hermetischen Tradition, der Linné selbst skeptisch gegenüberstand.

In diesem Sinne weist Erhardt, der Kustos aus Uppsala, die Brüder auch deshalb auf Pater Lampros hin, weil dessen Botanisieren ebenfalls über eine positivistische Sammelleidenschaft und Systematisierungslust hinausgeht und auf eine Erkenntnis der Ordnung der Schöpfung zielt.

45 Vgl. etwa : Carl von Linné: Hortus Cliffortianus. Reprint der Ausgabe Amsterdam 1737. Lehre 1968; ders.: Flora Lapponica. Amsterdam 1737; auch Linnés Zeitgenosse und Konkurrent Albrecht von Haller verfasste derartige katalogisierende Werke, etwa *Enumeratio plantarum horti regii et agri Gottingensis* (Göttingen 1753), in dem eine »Aufzählung der Gartenpflanzen und eine Flora der Umgebung von Göttingen« miteinander verbunden werden; vgl. den Hinweis von Gerhard Wagenitz: Im Dienste der Flora. Albrecht von Haller und sein Gegenspieler Carl von Linné. In: Albrecht von Haller im Göttingen der Aufklärung. Hg. v. Norbert Elsner u. Nicolaas A. Rupke. Göttingen 2009, S. 207-244, hier S. 218.

46 Die Auflistung von Synonymen konnte Gegenstand eigener Werke sein oder aber ein zentraler Bestandteil der systematischen Erfassung einer speziellen Flora. In letzterem Sinne etwa lobt Linné Hallers sogenannte ›Schweizer Flora‹, die »stark in den Synonymen« sei, vgl. Wagenitz: Im Dienste der Flora, S. 228.

So sind die Brüder »mit der Art beschäftigt, in der die Pflanzen den Kreis aufteilen, mit der Achsenstellung, die den organischen Figuren zugrunde liegt« (MK, S. 291). Dieses Projekt basiert auf der These, dass alle Pflanzen nach ein und demselben, immergleichen Gesetz eines so genannten »Kristallismus« strukturiert seien. Dieser walte in der gesamten Natur und erteile »unveränderlich dem Wachstum Sinn«, sei also das Bau- und Kohärenz-Prinzip, von dem aus die Dinge sich organisierten und erklären ließen, »so wie dem Zeiger« erst »das Zifferblatt der Uhr« eine Funktion erteilt (MK, S. 291). Der Kristallismus aber treibe nicht nur das Wachstum der Pflanzen an, sondern sei das physikalische Prinzip, das den Aufbau aller Mikrostrukturen steuere. Insofern erweisen sich die Brüder als Vertreter eines Monismus, also der Auffassung, dass ein und dieselbe Kraft in organischen und anorganischen Strukturen wirke.[47]

Entsprechend hat die auf solche kristallinen Bauprinzipien der Natur zielende »Arbeit über die Achsenstellung« (MK, S. 294) keinen im modernen Sinne naturwissenschaftlichen, sondern eher spekulativ-kosmogonischen Charakter. Sie ist damit Lampros' Werk »über die Symmetrie der Früchte« (MK, S. 291) vergleichbar, einem angeblich berühmten Buch, dessen Inhalt zwar in gewohnter Weise dunkel bleibt, für das aber schon der Begriff der »Symmetrie« eine der »Achsenstellung« verwandte Fragestellung verrät. Beide Werke zielen auf die Struktur der Naturdinge und gehen von einer Harmonie und zyklischen Ausgewogenheit hinter der verwirrenden phänomenologischen Vielfalt aus. Unterstellt wird eine der Mannigfaltigkeit zugrunde liegende Einheit, eine hinter der Vergänglichkeit ruhende Konstanz.

Für das Studium dieses Verhältnisses von phänomenologischer Flüchtigkeit und essentialistischem Tiefengrund wählen die Brüder ebenso wie der Pater die Blumen, weil in ihren »flüchtig bunten Zeichen«, vergleichbar einer »geheime[n] Bilderschrift«, das »Unveränderliche« (MK, S. 288) ruhe. Gerade in ihrer Vergänglichkeit glichen die Blumen Uhren, »auf denen stets die rechte Stunde zu lesen ist.« (MK, S. 288)

Blumen haben demnach ein doppeltes Verhältnis zur Zeit. Einerseits sind sie, wie in Carl von Linnés berühmter ›Blumenuhr‹, auf die hier angespielt ist, zuverlässige Chronometer: Da bestimmte Pflanzenarten sogar unabhängig von den Licht- und Witterungsverhältnissen immer zu denselben Tageszeiten ihre Blüten öffnen bzw. schließen, konzipierte Linné für seinen botanischen Garten zu Uppsala ein kreisförmiges Beet, in dem sich die Blumen im Uhrzeigersinn öffneten und schlossen. Mit

47 Vgl. hierzu die Hinweise von Streim: Das Ende des Anthropozentrismus, S. 134-138.

Hilfe dieser ›Uhr‹ konnte der Schwede, so will es jedenfalls die Legende, die Uhrzeit auf fünf Minuten genau sagen.[48]

Blumen sind aber nicht nur Uhren, die die Zeit angeben, sie sind zugleich ein Schlüssel, die Zeitlichkeit zu überwinden. In diesem Sinne spielt Pater Lampros mit seinem Künstlernamen ›Phyllobius‹ auf das in der Pflanzennatur ständig beobachtbare Werden und Vergehen an: Er ist der, der ›in den Blättern lebt‹, weil er sich am Beispiel des Pflanzenblatts auf Schritt und Tritt des schnellen Wachstums und des ebenso baldigen Verwelkens bewusst ist. Sein Name ist also ein memento mori. Dieses Vergänglichkeitsbewusstsein verdichtet Lampros zu der Überzeugung, »daß *jede* Theorie in der Naturgeschichte einen Beitrag zur Genesis bedeute, weil der Menschengeist in jedem Alter die Schöpfung von neuem konzipiere« (MK, S. 293). Alle menschlichen Erklärungsversuche betrachtet der Pater also als grundsätzlich revidierbar. Zugleich seien sie ein notwendiger Teil der göttlichen Schöpfungsgeschichte: Das individuelle Phänomen, sei es eine Blume, sei es eine Theorie über die Natur, habe einen momenthaften, vergänglichen Sinn und liege zugleich sicher aufbewahrt im großen ewigen kosmischen Zusammenhang.

Dieses spirituelle, ja gleichsam gnostische[49] Wissen über den konstanten Schöpfungsurgrund, in dem individuelle Existenz aufgehoben und transzendiert ist, lässt Phyllobius die Brüder eines Tages in einem Sinnbild, in einer Art »Mandalafigur« schauen.[50] Als botanischer Oberpriester[51] zelebriert er einen Auftritt, der die Brüder am Beispiel einer Pflanze in das Mysterium der wohlgeordneten Schöpfung blicken lässt:

48 Zum Thema Zeit und Blumen äußert sich Linné in seiner *Philosophia botanica* im Kapitel »Horologium Florae« (Linne: Philosophia Botanica, S. 274-276). Die Blumenuhr wird in wissenschaftsgeschichtlichen Darstellungen meist nur knapp erwähnt, vgl. etwa Karl Mägdefrau: Geschichte der Botanik. Leben und Leistungen großer Forscher. Stuttgart 1973, S. 59 u. 89. Es ist auch weniger die Botanik (auf wenige Ausnahmen weist hin Jörg Albrecht: Mach's nicht wie die Blumenuhr. In: FASZ Nr. 32, 14. Aug. 2011, S. 49), als vielmehr die Pädagogik, die die Idee der Blumenuhr aufgenommen hat; vgl. etwa aus der Perspektive der Waldorfpädagogik: Hermann Schultka [Redaktion]: Die Blumenuhr von Carl von Linné: Praxisbeispiel. Cottbus 2007.

49 Eine derartige Verbindung deutet an Rotraut Fischer: Don Quijote oder das Abenteuerliche Herz. Eine Annäherung an die Kunst Ernst Jüngers. In: Ernst Jünger. Politik – Mythos – Kunst, S. 87-99, hier S. 88.

50 So Helmut J. Gutmann: Politische Parabel und mythisches Modell: Ernst Jüngers *Auf den Marmorklippen*. In: Colloquia Germanica 20 (1987), S. 53-72, hier S. 58.

51 Vgl. hier jetzt auch, ausgehend von der Figur des Lampros, die Lesart von Uwe Wolff: Ernst Jüngers Glaube – Eine theologische Deutung der *Marmorklippen*.

> Der Pater führte uns eines Morgens an einem Blumenhange, an dem die Klostergärtner in der Frühe gejätet hatten, zu einer Stelle, über die ein rotes Tuch gebreitet war. Er meinte, daß er dort der Unkrauthacke ein Gewächs entzogen hätte, um unser Auge zu erfreuen – doch als er dann das Tuch entfernte, erschien nichts anderes als eine junge Staude von jener Wegerichsorte, der Linnaeus den Namen major gab und wie man sie auf allen Pfaden findet, die je ein Menschenfuß betrat. (MK, S. 294)

Die in einem feierlichen Akt enthüllte botanische ›Sehenswürdigkeit‹ erweist sich also als ein Allerweltskraut namens Plantago major, das, wie der Erzähler korrekt anmerkt, besonders gern auf Wegen und Pfaden, aber auch auf Weiden und Ruderalflächen wächst. Der Große Wegerich ist im Gegensatz etwa zu der rot leuchtenden und betörend schönen Lilienblüte des Siegwurz, mit der die Brüder den Pater bei der ersten Begegnung antreffen,[52] von vollkommen unauffälliger Gestalt: Es handelt sich um eine kleine, 10-40 cm hohe Staude, an der vor allem die breiten elliptischen Blätter auffallen. Die gelblich-weißen, an einer grünlichen langen Ähre befindlichen Blüten hingegen sind unscheinbar. Die Pflanze ist mit anderen Worten der Inbegriff eines sogenannten Unkrauts, das weder schön noch selten, sondern im Gegenteil äußerst gewöhnlich ist.

Nach der ersten Verblüffung überwinden die Brüder das klassifikatorische, auf Raritäten fixierte Denken und schauen sich das individuelle Einzelexemplar an, das vor ihnen steht:

> Indessen, als wir uns auf sie [d. i. die Staude] herniederbeugten und sie aufmerksam musterten, erschien es uns, als ob sie ungewöhnlich groß und regelmäßig gewachsen sei; ihr Rund war als ein grüner Kreis gebildet, den die ovalen Blätter unterteilten und zackig ränderten, in deren Mitte sich leuchtend der Wachstumspunkt erhob. (MK, S. 294)

In: Ernst Jünger – eine Bilanz. Hg. v. Natalia Zarska, Gerald Diesener, Wojciech Kunicki. Leipzig 2010, S. 132-145.

52 Vgl. MK, S. 292. Es handelt sich um den Blütenstand einer Schwertlilienart, die der Pater offenbar in seinem Klostergarten züchtet und dort unmittelbar vor der Ankunft der Brüder aus nicht genannten Gründen (vielleicht weiß er um ihre Lilienleidenschaft? das bleibt bloße Spekulation) abgepflückt hat. Bedeutungsschwanger erscheint nicht nur die Art und Weise, wie der Mönch einem Ausrufungszeichen gleich mit der Blütenrispe in der Stille seiner Bibliothek steht. Auch die leuchtende Farbe der Blume wirkt symbolträchtig, weist sie doch auf den Weltenbrand am Ende voraus. Schließlich scheint der Name ›Siegwurz‹ eine Siegesgewissheit allem drohenden Unbill zum Trotz zu behaupten.

Dieser Wegerich, so kann man in Anknüpfung an die oben skizzierten Forschungsinteressen der Brüder festhalten, teilt also den Kreis auf besonders vollendete Weise auf. In ihm begegnet sich zudem die Frage der Brüder nach der Achsenstellung mit der Arbeit des Phyllobius, denn die »Bildung [des Wegerichs] schien zugleich so frisch und zart im Fleische wie unzerstörbar im Geistesglanze der Symmetrie.« (MK, S. 294) Als sie in dem unscheinbaren Kraut auf diese Weise die wunderbare Ordnung der Schöpfung erkennen, da »fasste uns ein Schauer an« (MK, S. 294), und dieser Schauer verdichtet sich zu einer Überwindung des Todes, zu einem momenthaften Eingehen in die Ewigkeit: »wir fühlten, wie die Lust zu leben und die Lust zu sterben sich in uns einten« (MK, S. 294).

Dieses Mysterium inszeniert zwar Pater Lampros für die Brüder – unvorbereitet sind sie darauf aber nicht. Im Gegenteil haben auch sie selbst ihre pflanzenkundlichen Studien von vornherein nicht zuletzt auf derartige Erfahrungen angelegt. Wenn sich der Erzähler und Otho in der Rautenklause »von Grund auf mit den Pflanzen« (MK, S. 262) beschäftigen wollen, so ist mit dieser Gründlichkeit nämlich nicht nur das systematische Studium von Pflanzenarten gemeint. Wonach die Brüder streben, ist vielmehr ein Blick auf die hinter der Oberfläche der Naturerscheinungen liegende Essenz, auf den ›Grund‹ der Schöpfung: Sie wollen mehr sehen als das, was jeder sehen kann, der zwei Augen im Kopf hat, ihr Naturstudium zielt auf Wesensschau.

Um dorthin gelangen zu können, verordnen sich die Brüder gleich beim Einzug in die Rautenklause ein ganzheitliches und leicht esoterisches Lebens- und Studierprogramm zur mentalen Entschlackung. Sie beginnen mit ihren Blumenstudien also gewissermaßen bei sich selbst, indem sie sich zunächst »mit der altbewährten Ordnung des Geistes durch Atmung und Ernährung« (MK, S. 262) bereit machen für eine tiefere Wahrnehmung der Natur. Diese Selbstordnung ist ihrer Auffassung nach die Voraussetzung dafür, dass sie die Sprache der Natur (die Natur spricht also!) eines Tages werden vernehmen können, denn es bedürfe eines »klaren Sinnes, um ihre Sprache zu verstehen.« (MK, S. 262) Diese Idee einer ›Natursprache‹ verweist wiederum in den Kontext der Philosophie Jacob Böhmes.[53]

53 Zur Natursprache bei Böhme vgl. zum Einstieg die Bemerkungen von Will Erich Peuckert: Einleitung. In: Jacob Böhme: Sämtliche Schriften. 6. Bd., S. 7-22, hier insbes. S. 16 f. Eine umfassende Darstellung bietet Günther Bonheim: Zeichendeutung und Natursprache. Ein Versuch über Jacob Böhme. Würzburg 1993.

Der »klare[] Sinn[]« ermöglicht aber nicht nur einen Zugang zur Sprache der Natur, er ist auch der Schlüssel zur Überwindung des principium individuationis und damit der Todesangst: Ebenso wie Phyllobius sich nach den schnell verwelkenden Blättern benennt und im Wegerich-Mysterium den Brüdern die Beständigkeit und Harmonie der Schöpfung jenseits des individuellen Werdens und Vergehens gezeigt hat, so ist es explizit das Ziel der Rautenklausenbewohner, hinter die Flüchtigkeit der Phänomene zu blicken:

> Wenngleich in ihrem [d.s. die Pflanzen] Keimen, Blühen und Vergehen ein Trug sich birgt, dem kein Erschaffener entrinnt, ist doch sehr wohl zu ahnen, was unveränderlich im Schreine der Erscheinung eingeschlossen ist. (MK, S. 262)

Das Unveränderliche liege also im Veränderlichen verborgen, man müsse nur richtig hinsehen, um es zu schauen; dazu aber muss man das tun, was »Bruder Otho ›die Zeit absaugen‹« (MK, S. 262) nennt: eine Schärfung des Blicks vornehmen, der sich nicht mehr von der dem Einfluss der Vergänglichkeit ausgesetzten Oberfläche, d.h. dem, was nach herkömmlicher Ansicht das einzig Sichtbare ist, ablenken lässt, sondern sozusagen ›hinter die Zeit‹ in die Ewigkeit schaut.

Auch für diese Auffassung wird letztlich doch wieder Carl von Linné als Vorbild genannt, der davon ausgehe, dass »in den Elementen [...] Ordnung walte« (MK, S. 264). Dies ist freilich eine bewusste Zuspitzung Jüngers, denn zwar hat Linné seine Wissenschaft bekanntlich immer in den Dienst Gottes gestellt,[54] ein Anhänger der hier angedeuteten Signaturenlehre aber war er tatsächlich nie[55] – ganz im Unterschied zu Ernst Jünger, dessen Werk vielfältige Spuren eines naturmagischen Denkens aufweist und der auch in seinen späteren Tage- und Reisebüchern die sichtbare Oberfläche der Dinge als Ausdruck ihres inneren Wesens liest.[56]

54 Vgl. z.B. die Darstellung von Goerke: Carl von Linné, S. 93-97; Linné verstand die Naturgeschichte ausdrücklich als eine »göttliche Wissenschaft«, vgl. Jahn u. Senglaub: Carl von Linné, S. 80.

55 Vgl. K. Rob. v. Wikman: Lachesis and Nemesis. Four chapters on the human condition in the writings of Carl Linnaeus. Stockholm 1970, S. 39.

56 So der Hinweis von Friedrich Ohly: Zur Signaturenlehre der Frühen Neuzeit. Bemerkungen zur mittelalterlichen Vorgeschichte und zur Eigenart einer epochalen Denkform in Wissenschaft, Literatur und Kunst. Aus dem Nachlaß hg. v. Uwe Ruberg u. Dietmar Peil. Stuttgart u. Leipzig 1999, S. 3. – Die in einen mystizistischen (Jacob Böhme) und romantischen (Novalis) Kontext verweisende Idee einer ›Schrift der Natur‹, die von einer übergeordneten Harmonie des Ganzen verweise, spielt in vielen Werken Jüngers ein Rolle, vgl. dazu erste Hinweise bei

Für die *Marmorklippen* gilt demnach: Die flüchtig auf- und schnell wieder verblühenden Blumen gleichen Uhren, die dem Menschen Tages- und Jahreszeit anzeigen. Wenn man ihnen aber ›die Zeit absaugt‹, erzählen sie von der ewigen Ordnung der Schöpfung. Naturkunde ist Wesensschau.

4.1.7 Anders sprechen: Die Worte und die Dinge

Der Wunsch nach einem visionsartigen Durchstoßen der Erscheinungswelt zum Urgrund der unveränderlichen Urformen ist die eine Seite der kosmogonischen Naturbeschäftigung der Brüder. Die andere ist die Frage danach, wie diese Naturerfahrung sprachlich fixiert werden kann. Je mehr der Erzähler nämlich ›klareren Sinnes‹ wird, desto mehr gerät das zuvor so selbstverständliche stabile Verhältnis zwischen Bezeichnetem und Zeichen ins Wanken:

> Eines Morgens, als ich von der Terrasse aus auf die Marina blickte, erschienen ihre Wasser mir tiefer und leuchtender, als ob ich sie zum ersten Male mit ungetrübtem Sinn betrachtete. Im gleichen Augenblicke fühlte ich, fast schmerzhaft, daß das Wort von den Erscheinungen sich löste, wie die Sehne vom allzu straff gespannten Bogen springt. Ich hatte ein Stück vom Irisschleier dieser Welt gesehen, und von Stund an leistete die Zunge mir nicht mehr den gewohnten Dienst. (MK, S. 263)

Nach dieser fundamentalen Verunsicherung bedeutet das Sprechen für den Erzähler zunächst eine »Qual« (MK, S. 263). Dann beginnt er gemeinsam mit Otho die Sprache neu zu erkunden und zurückzuerobern. Die Brüder gehen nun den Begriffen auf den Grund, versuchen, zwischen den Worten und den Dingen tentativ neue, gültigere Beziehungen aufzuspüren. Diese tastende Rückeroberung der Sprache geschieht in der Rautenklause schriftlich und zirkuliert, was nach dem oben Gesagten kaum noch überrascht, einmal mehr als papierne »Botschaft« (MK, S. 263) zwischen Bibliothek und Herbarium. Hierzu gesellt sich eine zweite Form sprachkritischer »Zettelchen« (MK, S. 263):

> Auch liebten wir, Gebilde zu erzeugen, die wir Modelle nannten – wir schrieben in leichten Metren drei, vier Sätze auf ein Zettelchen. In

Thomas Pekar: Ernst Jünger und der Orient. Mythos, Lektüre, Reise. Würzburg 2000, S. 130-138. – Zu den magischen Traditionslinien in den Naturwissenschaften und der Medizin grundlegend, wenngleich nur mit einem knappen Hinweis auf die Signaturenlehre vgl. Wolf-Dieter Müller-Jahncke: Astrologisch-magische Theorie und Praxis in der Heilkunde der Frühen Neuzeit. Stuttgart 1985.

> ihnen galt es, einen Splitter vom Mosaik der Welt zu fassen, so wie man Steine in Metalle faßt. (MK, S. 263)

Die Losungen, die die Brüder komponieren, sind Versuche, einzelne Elemente der Wirklichkeit in wenigen, poetisch verdichteten Worten zu benennen. Die »Zettelchen«, die sie einander abends zustecken und nach der Lektüre meist sofort verbrennen,[57] beschreiben »die Dinge und die Verwandlungen«, versuchen die Welt »vom Sandkorn bis zur Marmorklippe und von der flüchtigen Sekunde bis zur Jahreszeit« (MK, S. 262) zu erfassen. Als Vorbild für diese Welterfassungsminiaturen der »Modelle« nennt der Erzähler einmal mehr die Pflanzen. Gemeint sind aber wohl nicht so sehr die realen Gebilde, als vielmehr die Techniken, die die Botanik für ihre sprachliche Erfassung entwickelt hat; dies verweist abermals auf Linné und die aphoristischen Kurzformeln, mit denen er die Essenz einer Art zu fixieren versucht – eine sprachliche Präzisionsarbeit, die die Brüder mit ihren »Modellen« leicht esoterisch gewendet imitieren.

Diese ›Naturbeschreibungsbillets‹ sind neben den Herbarienblättern der allgemeinen Sammlung, den Registrierkärtchen, den Blättern für die ›Kleine Flora‹ und den Botschaften von Pater Lampros eine weitere Sorte von Zetteln, aus denen sich das große Netzwerk schriftlicher Kommunikation zusammensetzt, das den Roman durchzieht. Die sprachliche Erfassung der Mannigfaltigkeit, das schriftliche Fixieren von Benennungsversuchen, das Ordnen der Welt durch Bezeichnung – dies erweist sich als das eigentliche Zentrum der brüderlichen Aktivitäten.

Diese Arbeit an und mit der Sprache begreifen die beiden zugleich als geistigen Widerstand gegen die aufziehende Anarchie. Sie glauben, »im Wort die Zauberklinge« zu erkennen, »vor deren Strahle die Tyrannenmacht erblasst« (MK, S. 297), und behaupten gegen die drohende brutale Gewaltherrschaft die Dreieinigkeit von »Wort«, »Freiheit« und »Geist« (MK, S. 297). Die »Modelle« erweisen sich somit als Dokumente eines menschlichen Geistes, der sich nicht im Chaos verlieren will, sondern dessen ordnende Sprachgewalt das Pendant zur Harmonie der göttlichen Schöpfung ist. Diese Ordnungsliebe ist ein Bollwerk gegen den Oberförster, der gegen jegliche Form der menschlichen Kultur kämpft und allein die Wildnis schätzt.[58]

57 Manchmal allerdings legen die Brüder die Zettelchen auch auf den Kamin, vgl. MK, S. 297.

58 Vgl. MK, S. 283.

Dennoch wäre es falsch, dieses Interesse der Brüder an der Ordnung der Welt durch Sprache gegen die Botanik ausspielen zu wollen. Ganz im Gegenteil wird auch hier einmal mehr kein Geringerer als Linné als Vorbild aufgerufen. Gegen den symbolischen Urwald des Oberförsters, die »Zonen des wilden Wachstums« (MK, S. 303), stellen sich die Brüder auf die Seite der schönen Blumen und der verschriftlichten Ordnung der Flora. Sie halten sich dabei nach eigenem Bekunden strikt »an Linnaeus' Wunderwerk«, das nämlich »einen der Säulentürme« darstelle, von denen der »Geist« (MK, S. 303) auf hoher Warte die wohlgeordnete Welt überblicken könne. Dies ist durchaus konsequent, denn als ein Systematisierer der Natur durch stringente Begrifflichkeit, d. h. aufgrund seiner Entwicklung einer widerspruchsfreien Taxonomie und seiner Einführung der binominalen Nomenklatur, ist Linné innerhalb der systematisch-taxonomisch ausgerichteten Biologie in der Tat eine bis heute gültige Ordnungsinstanz.[59] In diesem Sinne gilt der Schwede auch den Brüdern als »hohe[s] Beispiel«, weil er »mit dem Marschallstab des Wortes in das Chaos der Tier- und Pflanzenwelt getreten war.« (MK, S. 264) Unter Rückgriff auf eine etwas martialische militärische Bildlichkeit erscheint Linné als ein Oberfeldmarschall, der der wilden, chaotischen Natur erfolgreich mit entschlossener sprachlicher Ordnungsgewalt zu Leibe gerückt ist und dessen »Herrschaft über Blumenwiesen« (MK, S. 264) deshalb bis in die Gegenwart andauert. Gerade in dieser Funktion als Ordnung stiftender Namensgeber, als sprachlicher Bändiger natürlichen Wildwuchses wird Linné auch im weiteren Bericht von den Geschehnissen an der Marina immer wieder zitiert.[60] Naturkunde ist Ordnung und Beherrschung der Welt durch Sprache.[61]

59 Vgl. dazu etwa John Lewis Heller: The early history of binomial nomenclature. In: Studies in Linnean method and nomenclature. Frankfurt a. M. 1983 (= Marburger Schriften zur Medizingeschichte 7), S. 41-75.

60 Vgl. MK, S. 294 u. S. 306.

61 Wie eng der Zusammenhang von Botanik und Sprachreflexion nicht nur in der Fiktion Jüngers, sondern bis in die Gegenwart auch in der Pflanzenkunde selbst ist, davon legen beispielsweise die linguistischen Ausführungen in der Einleitung eines bekannten Pflanzennamen-Lexikons Zeugnis ab: Rudolf Schubert u. Günther Wagner: Pflanzennamen und botanische Fachwörter. Botanisches Lexikon mit einer »Einführung in die Terminologie und Nomenklatur« einem Verzeichnis der »Autorennamen« und einem Überblick über das »System der Pflanzen«. 6., verbesserte u. erweiterte Aufl. Lizenzausgabe Leipzig 1975.

4.1.8 Begegnungen mit der Wildnis: Auf Exkursion

Die Brüder sind aber nicht nur Sammler (insbesondere von Herbarienblättern), Mystiker (auf der Suche nach der Erfahrung der Einheit in der Mannigfaltigkeit, nach der Ewigkeit hinter der Vergänglichkeit) und Sprachforscher (die in Modellen Signifikat und Signifikant neu zueinander positionieren), gelegentlich tun sie auch einfach das, was Botaniker normalerweise so häufig tun: Sie gehen auf Exkursion. In ihrem eigenen Jargon heißen diese Botanisiertouren in die freie Natur »Pflanzenjagd[en]« (MK, S. 303). Unter diesen darf man sich keine spontanen, ergebnisoffenen Streifzüge vorstellen, auf denen sie gleichsam auf gut Glück Ausschau halten nach irgendwelchen interessanten Pflanzen. Ganz im Gegenteil sind diese Exkursionen von vornherein systematisch angelegt als eine ›Jagd‹ nach einer jeweils zuvor ausgeguckten Art: Immer ist es »ein ganz bestimmtes Kraut, das zu erbeuten wir uns zum Ziele setzten« (MK, S. 303).

Dafür benötigen die Brüder natürlich neben ihrem eigenen Wissen über das Vorkommen rarer Spezies auch konkrete Hinweise aus zuverlässiger Quelle. Hier können sie auf zwei Freunde zurückgreifen: Da ist zum einen Pater Lampros, der, wie bereits erwähnt, die beiden von Zeit zu Zeit auf Exkursionen schickt mit der Aufforderung »hier und dort nach einer seltenen Blume« (MK, S. 296) zu schauen. Aber auch der alte Hirte Belovar, der nicht wie Lampros an der Marina, sondern auf der anderen Seite der Marmorklippen in der Campagna lebt, ist ein ausgewiesener Pflanzenkenner, der bei seinen Besuchen in der Rautenklause seltene Kräuter und Wurzeln mitbringt und zudem »sehr zuverlässig in bezug auf alle Namen, mit denen das Volk die Blumen nennt« ist, so dass die Brüder mit seiner Hilfe ihre Sprachforschungen (vgl. S. 300) mit weiterem Material versehen, d. h. insbesondere ihre »Syonymik« (MK, S. 288) ergänzen können. Vor allem aber ist Belovar für die Brüder interessant, weil er »Standorte rarer Arten« (MK, S. 288), insbesondere wilder Orchideen, d. h. von Knabenkrautgewächsen, weiß. So kennt er Stellen, an denen die »Riemenzunge« (MK, S. 288), Himantoglossum hircinum, wächst, für die auch *Pareys Blumenbuch* den vom Erzähler angemerkten »Bocksgeruch« festhält.[62] Und er weiß Orte, an denen das »Ohnhorn« (MK, S. 288) vorkommt, ein anderes Knabenkrautgewächs, dessen wissenschaftlicher Name auf die vom Erzähler angespielte Menschenähnlichkeit der Blütenformen verweist: Es heißt lateinisch Aceras an-

62 Vgl. Richard Fitter, Alastair Fitter u. Majorie Blamey: Pareys Blumenbuch. Wildblühende Pflanzen Norddeutschlands und Nordwesteuropas. Hamburg u. Berlin 1975, S. 280; vgl. in den *Marmorklippen* S. 288.

thropophorum, und seine Blüten beschreibt auch der *Parey* als »männchenförmig«.[63] Im Gegensatz zu Lampros, der die Brüder unbegleitet zu nicht näher charakterisierten Pflanzen schickt, um sie aus der Rautenklause entfernt zu wissen, gehen die beiden mit Belovar aufgrund seiner guten Ortskenntnis »oft« (MK, S. 288) gemeinsam auf Exkursion. Beschrieben wird eine derartige Tour zu dritt freilich nicht – wie überhaupt im gesamten Roman nur eine einzige ›Pflanzenjagd‹ erzählt wird.

Diese botanische Exkursion dient wie gewöhnlich der ›Jagd‹ nach einer botanischen Rarität, in diesem Fall einer weiteren Spezies aus der Familie der Knabenkrautgewächse, dem »Rote[n] Waldvögelein« (MK, S. 306). Die Orchideenart wächst, so die gewohnt korrekten und kompetenten botanischen Hintergrundinformationen des Erzählers, »vereinzelt in Wäldern und Dickichten«, und niemand Geringerer als »Linnaeus« selbst hat ihr den Artnamen »Rubra« (MK, S. 306) gegeben. Die Brüder suchen diese Pflanze für ihr regionales Blumenverzeichnis, für ihre »Florula Marinae« (MK, S. 311), wie die »Kleine Flora« (MK, S. 258) auch genannt wird. Allzu eng scheinen sie die Grenzen ihres Kartierungsbereiches allerdings nicht zu ziehen, denn ihre Tour führt sie gar nicht in die fruchtbare Weinberglandschaft der Marina, sondern in die entgegengesetzte, nördliche Richtung, durch das Weideland der Campagna und die sich anschließenden Sümpfe unmittelbar ins Zentrum des Feindeslandes, in den Wald des Oberförsters. Aufgrund ihres Wissens über die Standortvorlieben des Roten Waldvögeleins vermuten sie hier ein Vorkommen auf dem alten Kahlschlag der Lichtung Köppelsbleek.

Dabei erweist sich, dass Blumen in den *Marmorklippen* nicht nur Uhren ähneln, da sie die Zeit verraten (s. o.), sondern dass sie auch als »Kompaß« (MK, S. 306) dienen und Orientierung im Raum geben können. Am Exkursionstag herrscht wieder einmal dichter Nebel,[64] und die »Topographie« (MK, S. 305) verschwimmt. Da sich die beiden Brüder in der Gegend hinter der Campagna nicht gut auskennen, sind sie in Gefahr, sich zu verlaufen – wären da nicht die Blumen, die ihnen die »Richtung« (MK, S. 306) wiesen. In diesem Fall ist es der »Sonnentau« (MK, S. 307), an den sie sich halten, denn von dieser niedrigwüchsigen fleischfressenden Pflanze wissen sie (vermutlich von vorherigen Exkursionen), dass sie hier im Übergangsbereich von »Moor und Heide« zum »Wald«

63 Pareys Blumenbuch, S. 280.

64 Der Nebel scheint das Element des Oberförsters zu sein, vgl. MK, S. 269. Je mehr sein Einfluss zunimmt, desto häufiger gibt es »Nebeltage« (MK, S. 302); vgl. auch später ein »Nebeltreiben« (MK, S. 306) und den »Qualm« und »Rauch« (MK, S. 336) während des dramatischen Kampfes.

(MK, S. 307) wächst. Daher folgen sie einfach »dem Muster seiner glänzend grünen und rot behaarten Blätter« (MK, S. 307) und gelangen so sicher zu einem stachligen Heckengürtel aus »Schlehen und Kornellen«, durch den sie sich kämpfen, um endlich in den »Hochwald« (MK, S. 307) eintreten zu können. Hier bilden mächtige Bäume, vor allem wohl Buchen,[65] einen geradezu sakralen Raum. Der Wald gleicht einem fruchtbaren, von keiner Försterhand je gezähmten wilden »Zauberwerk« (MK, S. 307): Der Boden ist »hoch bedeckt mit Mulm und moderndem Geäst, auf dessen Rinde sich Pilze, brennend rote Becherlinge, angesiedelt« (MK, S. 307) haben. Kleinere Lichtungen sind mit Giftpflanzen wie dem »gelbe[n] Fingerhut« und den »Tollkirschensträucher[n]« (MK, S. 307) bewachsen, wobei die Blüten der Letzteren unheimlich »wie Totenglöckchen« (MK, S. 307) schaukeln. Dieser Wald ist ein kulturfreier Raum, der in denkbar größtem Kontrast steht zu dem fruchtbaren Kulturland an der Marina mit den »Gärten und Felder[n]« (MK, S. 250), den »Rebenhügel[n]« (MK, S. 251), den »Kastanien« und »Nüsse[n]« (MK, S. 250), ja, sogar »Feigen und Orangen« (MK, S. 270). Die urwaldähnliche Wildnis ist, den Gift- und Todespflanzen zum Trotz, schon vor dem Zusammentreffen mit den feindlichen Truppen des Oberförsters und ihren Kampfhunden äußerst belebt – wenngleich nicht etwa, wie die Marina, von freundlichen Menschen, sondern von allerlei flüchtigen, unheilschwanger, sei es »[k]ichernd« (MK, S. 307), sei es »gaukelnd« (MK, S. 308) rufenden Vögeln.[66]

Die Brüder pirschen »[b]ehutsam und oft verharrend« gen Köppelsbleek und sehen schließlich das gesuchte Rote Waldvögelein »im Dämmer schimmern« (MK, S. 308). Freude, ja, ein »glückliches Gefühl« (MK, S. 308) stellt sich ein. Hier ist es also, dass einleitend beschworene Glück, wenn auch nicht als längere Phase, als »Zeiten«, sondern nur als Augenblick. Die positiven Gefühle des Erzählers beziehen sich zum einen schlicht auf das ›Jagdglück‹, d. h. auf den Fund an sich: Die Exkursion war erfolgreich. Die Freude gilt zum anderen der Übereinstimmung von Wort und Ding, dem treffenden Namen: Das »Blümlein […] schien [tatsächlich] einem Vögelchen zu gleichen, das heimlich im kupferbrau-

65 Vgl. die Erwähnung des »Buchenlaubes« (MK, S. 308).

66 Auch in der Marina gibt es Vögel, allerdings sind es bis auf den nächtlich auf der Scheune sitzenden »Uhu« (MK, S. 251) eher Kulturfolger wie die in den Weinbergen plündernden »Wachteln«, »Drosseln« und »Feigenfresser« (MK, S. 250). Dazu passt auch, dass an der Rautenklause ein »Hausrotschwänzchen« (MK, S. 252) brütet. Zu Vögeln haben die Menschen in diesem Kulturland eher ein karnevaleskes Verhältnis: Sie verkleiden sich jedes Jahr im Frühling als Federtiere und feiern ausgelassen (vgl. MK, S. 252 f.).

nen Buchenlaube nistete.« (MK, S. 308) Und schließlich gewährt die schöne, zarte Pflanze, ihre »schmalen Blätter« und ihre »Purpurblüte mit der blassen Spitze der Honiglippe« (MK, S. 308), ein ästhetisches Vergnügen. Die Natur scheint den Brüdern ein Geschenk gemacht zu haben.

Aber eben in diesem erfüllten Moment des botanischen Glücks entdeckt Otho die Schädel der auf der Schinderstätte Köppelsbleek ermordeten und geschändeten Menschen: Die schon zuvor leitmotivisch eingewobene Konfrontation von Botanik vs. Tyrannei, von Ordnung vs. Chaos, von Schönheit vs. Schrecken findet sich auf der Lichtung zu einer Schlüsselszene verdichtet. Die Brüder wenden sich unter dem Eindruck des Schreckens zwar zunächst von der Orchidee ab und dem Schauplatz des Grauens zu; bevor sie aber den Wald verlassen, kehren sie doch noch einmal zum Roten Waldvögelein zurück, vordergründig deshalb, weil sie sich nicht um die Früchte ihrer botanischen Exkursion bringen lassen wollen, aber auch, um noch einmal, und diesmal mit aller Macht, die Botanik gegen die Unordnung in die Waagschale zu werfen.

Das Rote Waldvögelein wird, den Skeletten im Hintergrund zum Trotz, in ein »Fundbuch« (MK, S. 311) eingetragen, ein Beobachtungs-Tagebuch, in das die Brüder ihre Funde unmittelbar »im Feld«, »an Ort und Stelle« (MK, S. 311) zu notieren pflegen. Diese Arbeit vollzieht sich sorgfältig in vier Schritten: Zunächst betrachten sie die Blume noch einmal genau in ihrer natürlichen Stellung. Dem Beobachten folgt der Eingriff, das Herauslösen aus der Natur: mit einem »Spatel« (MK, S. 311) heben sie die Pflanze samt Wurzelwerk aus der Erde. Drittens wird das Objekt u. a. mit einem »Zirkel« (MK, S. 311) vermessen, und diese Messdaten werden dann viertens samt Angabe des Fundortes und des Datums in das Fundbuch eingetragen. Hier sind sie also, die zuvor so schmerzlich vermissten Angaben über die botanischen Instrumente und die Verschriftlichungspraxis.[67] Erst »im Felde« wird die Botanik sinnlich konkret – »im Felde«, d. h. zum einen: auf der erfolgreichen botanischen Exkursion und beim Anblick einer Blume, in der Wort und Ding aufs Trefflichste

67 Hier scheint einmal mehr Linné durch, der von seiner eigenen Exkursionspraxis u. a. in seiner Autobiographie berichtet; vgl. den Hinweis bei Gerlinde Hövel: »Qualitates vegetabilium«, »vires medicamentorum« und »oeconomicus usus plantarum« bei Carl von Linné (1707-1778). Erste Versuche einer zielgerichteten Forschung nach Arznei- und Nutzpflanzen auf wissenschaftlicher Grundlage. Stuttgart 1999, S. 41-45. Eine Liste der auf botanische Exkursionen mitzunehmenden Ausrüstungsgegenstände – neben Büchern wie dem *Systema naturae* insbesondere: eine Lupe (»microscopium«), eine Botanisiernadel (»Acus botanica«), ein Seziermesser (»Cultellus botanicus«) und einer Botanisiertrommel (»Vasculum Dillenianum«) findet sich in Linne: Philosophia botanica, S. 293.

zusammenfinden. Zum anderen aber – und das scheint nun die Pointe des Ganzen – spielt das Feld auch auf den geistigen Krieg an, in den die Brüder längst verstrickt sind und für den die Lichtung Köppelsbleek schließlich bei einem zweiten Besuch auch zum realen Schlachtfeld wird. Denn nirgendwo anders als hier wird der abschließende Kampf zwischen den Brüdern und den Vasallen des Oberförsters ausgetragen. Systematisierungslust und Ordnungsglaube kämpfen dann gegen die Feier von Chaos und Vernichtung, das Streben nach kultureller Bändigung der Natur gegen einen Menschen vernichtenden anarchischen Wildwuchs. Die Suche nach einer Blume führt mitten in das Grauen; in ihm wird der Standort des Roten Waldvögeleins für den Erzähler zur rettenden Insel.

In diesem Sinne verdichtet sich das Einzelexemplar noch einmal zu einer Mandalafigur, die einen Blick ›durch die Blume‹ in die Ordnung der Natur ermöglicht. Das »schwache Blümlein« stärkt »in seiner Form und Bildung«, die bekanntlich »unverwelklich« ist, die Brüder mental dergestalt, dass sie »dem Hauch der Verwesung« widerstehen (MK, S. 312), sich geistig gegen die Tyrannei wappnen können.

Diese mystische Wegerich-Wahrheit der Transzendenz des Einzelschicksals durch ein Eingehen in die ewige Wiederkehr leuchtet auch am Schluss des Romans auf. Der so vollendet aufgeteilte grüne Kreis des Wegerichs strahlt, als die Marina schon weitgehend in Flammen steht, noch einmal in dem Glanz der Rosette auf, die sich im Kirchenfenster von Lampros' Kloster befindet. Dann zerspringt die Rosette »in goldenen Funken« (MK, S. 348), und der Pater, von dem Fensterbogen erschlagen, geht ein in die zyklische Weltordnung.[68] Auch die Rautenklause samt des Herbariums und der Bibliothek verbrennt in einem von den Brüdern selbst gelegten mystischen Feuer. Obwohl angedeutet wird, dass die Herrschaft des Oberförsters nur vorübergehend ist, emigrieren Erzähler und Otho auf den »Talhof« nach Alta Plana, das den »Frieden des Vaterhauses« (MK, S. 351) zu atmen scheint. Ob sie auf dieser Hochebene weiter botanisieren, oder ob die Welt dort auch ohne ihr Wirken in Ordnung ist, bleibt offen. Während der aufziehenden Tyrannei jedenfalls erfüllt die Linnésche Pflanzenkunde ganz offensichtlich die Funktion einer kontrastierenden Stillstellung: mit ihr wird Naturgeschichte gegen Geschichte, Ordnung der Natur gegen chaotische Anarchie gesetzt. Ziel ist freilich nicht der Katalog, sondern der Durchbruch zur Wesensschau – die Naturgeschichte jedoch weist genau dazu den Weg.

68 Eine Erneuerung durch Katastrophen wird von den Protagonisten wie vom Autor als notwendig angesehen, ein Attentat erscheint nicht als Ausweg, vgl. Kiesel: Ernst Jünger, S. 476 u. 480.

4.2 Entomologische Erinnerungen: *Subtile Jagden*

In dem Roman *Auf den Marmorklippen* werden die botanischen Studien als ein überzeitliches, geheimbundhaftes ›System Linné‹ installiert, das den beiden Protagonisten einerseits als eine Praktik der Stillstellung die Abwehr von Geschichte ermöglicht und andererseits den Weg zu einer magischen Naturschau eröffnet. Gut dreißig Jahre später wählt Ernst Jünger in seinem Erinnerungsbuch *Subtile Jagden* mit ähnlicher Stoßrichtung und spezifischen Weiterungen seine eigene entomologische Passion zum Gegenstand.[69] Wie die Marmorklippen-Brüder stellt er sich, wenngleich nicht ungebrochen und unter Anerkennung der Bedeutung der darwinistischen Revolution, in die Tradition der positivistisch-sammelnden Naturgeschichte. Und ebenso wie im Roman werden die naturkundlichen Praktiken auch in dem Käferbuch gerade in dem Moment intensiviert, in dem sich die historische Situation zuspitzt: Nach Hitlers Machtergreifung zieht sich Jünger aus Berlin nach Goslar zurück – nicht zuletzt ganz ausdrücklich, um seine entomologischen Kenntnisse in der Abgeschiedenheit des Harzes systematisch und unter Anleitung eines bekannten Insektenkundlers zu vertiefen. Schließlich wird Naturgeschichte in ähnlicher Weise spirituell erweitert, indem sie als Ausgangspunkt für eine Art Wesensschau in der Natur fungiert. In diesem Sinne kann eine Käfer-Jagd auch dann als erfolgreich gelten, wenn sie zwar nicht das erwünschte Naturobjekt, jedoch einen Blick auf die hinter der Mannigfaltigkeit der Erscheinungen sich verbergende Einheit erlaubt.

Abgesehen von diesen Parallelen aber wird in *Subtile Jagden* die Linnésche Klassifikation konsequent zu einem naturphilosophischen Ähnlichkeitsdenken erweitert. In der Darstellung bilden prägende Erstbeobachtungen einzelner Käfer den Ausgangspunkt, welche mit Folgebeobachtungen verknüpft und systematisch auf ein hinter der gesehenen realen Mannigfaltigkeit vermutetes Urbild hin durchleuchtet werden. Dieses Verfahren beruht insofern auf einer vulgärphilosophischen Ausdeutung der naturgeschichtlichen Klassifikation, als es eine Dialektik von besonderem Einzelexemplar und abstraktem Gattungsbegriff, von phänotypischer Variante und Idee thematisiert und gestaltet. Darüber hinaus werden die naturkundlichen Praktiken in *Subtile Jagden* für eine Lebens- und Erinnerungskunst fruchtbar gemacht, die den engen entomologischen Rahmen sprengt. Die in der heimischen Schublade gesammelten Käfer

69 Ernst Jünger: Subtile Jagden. In: Sämtliche Werke. 2. Abteilung: Essays. Bd. 10: Essays IV. Stuttgart 1989, S. 11-277. Im Folgenden werden Zitate aus *Subtile Jagden* im Fließtext mit dem Kürzel »SJ« und der Angabe der Seitenzahl nachgewiesen.

erweisen sich nämlich als Erinnerungsträger an ein Leben, das Käferkunde und Selbsterfahrung verknüpft, diese aber im Streben nach erkenntnishafter Teilhabe am Schöpfungsganzen letztlich hinter sich gelassen hat.

Dies hat auch Konsequenzen für die Ordnung der Darstellung. So werden die tradierten erzählerischen Ordnungskategorien von Zeit und Raum angesichts von ewiger Gattungsidee und essentialistisch-urbildhafter Wahrheit in die Raum- und Zeitlosigkeit eines tableauartigen Erzählraums überführt; die mehr oder weniger erfolgreichen subtilen Jagden des Käferfreundes werden also weder als Reihe einzelner Abenteuergeschichten in ihrer chronologischer Abfolge (etwa: von den frühesten Erlebnissen des Knaben bis zu den Beutezügen des alten Herrn), noch in ihrer topographischer Ordnung (etwa: nach Ländern und Kontinenten), noch entlang der Linnéschen Klassifikation (etwa: zunächst alle Sandlaufkäfer, dann diese, dann jene Gattung mit all ihren Arten und Unterarten) präsentiert. Vielmehr werden einzelne Jagd-Episoden assoziativ heraufbeschworen, und, unterbrochen von immer neuen und anderen Details, peu à peu zu thematisch korrespondierenden, um bestimmte Käfer-Urbilder angelegten Ensembles verdichtet. Poetologisch begründet wird dieses Netz aus Korrespondenzen mit einer Konzeption des Erinnerungserzählens, als dessen Kern sich der Begriff des ›Fixpunktes‹ erweist. Das kreisende Ensemble der Ähnlichkeiten verdichtet sich nämlich in ›Fixpunkten‹, in denen die ewige Wiederkehr sich ereignet und von denen aus der subtile Jäger seine Erinnerung und seine Erzählung, sein Welt- und Selbstbeschreibungsprogramm organisiert.

In diesem Sinne soll im Folgenden Jüngers Käfer-Erinnerungsbuch, das von der Forschung erst in jüngster Zeit wahrgenommen wurde, etwas genauer untersucht werden.[70] Gefragt werden soll: Wie wird das Ent-

70 Lange wurden die *Subtilen Jagden* kaum zur Kenntnis genommen, vgl. jedoch die frühe positive Rezension von Alfred Andersch: Cicindelen und Wörter. In: Merkur 22 (1968), S. 165-167. Vor dem Hintergrund des Gesamtwerks gibt eine erste, allerdings wenig systematische Orientierung Martin Meyer: Ernst Jünger. München u. Wien 1990, S. 551-565; vgl. daran anschließend auch Martus: Ernst Jünger, S. 116-121, hier S. 118; vgl. ferner die Hinweise von Lutz Hagestedt: Subtile Jagden. In: Kindlers Neues Literaturlexikon. Hg. v. Walter Jens. München 1996, Bd. 8, S. 954 f. – Eine frühe, kritische Einschätzung der *Subtilen Jagden* findet sich in [Anon.:] Schriftsteller Jünger. Käfer und Komtessen. In: Der Spiegel 38 (1967), S. 150-151. – Als Jüngers vielleicht »bestes« Buch hingegen bezeichnet *Subtile Jagden* Barbara von Wulffen: Eros und Arten. Friedrich Georg Jüngers »Vollkommene Schöpfung« im Licht von Ernst Jüngers *Subtile Jagden*. In: Mythen. Hg. v. Günter Figal u. Georg Knapp. Tübingen 2007 (= Jünger-Studien 3), S. 123-139,

stehen der Käferliebe erzählt? Welche Rolle wird der Zeit zugewiesen? Welche räumliche Ordnung legt der Erzähler seiner Erzählung zugrunde? Wie präsentiert er seine Käfer? Und schließlich: was hat man sich unter ›Fixpunkten‹ vorzustellen und wie funktionieren sie im Text?

4.2.1 Naturkunde als Passion

Das in der Werkausgabe in die Rubrik ›Essays‹ eingeordnete Buch *Subtile Jagden* ist unverkennbar autobiographischen Charakters. Dies wird an Einzelinformationen zu Lebensstationen und Kontaktpersonen deutlich, die der Erzähler über den ›Helden‹ gibt und die durchweg auch auf den empirischen Autor Ernst Jünger zutreffen.[71] Innerhalb der Gattung Autobiographie lässt sich das Werk am ehesten dem Subgenre der Gelehrtenautobiographie zuordnen, doch nimmt es darin insofern eine Sonderstellung ein, als nicht der Hauptberuf und eigentliche Broterwerb des Autors, Ich-Erzählers und Protagonisten (die Schriftstellerei), sondern eine davon zu unterscheidende, mit großem Engagement und Semiprofessionalität verfolgte Leidenschaft (die Käferkunde) thematisiert

hier S. 134. – Dass Jüngers *Subtile Jagden* im Kontext seines entomologisch-epistemologischen Programms des Jägers und Sammlers gelesen werden müssten, betont jetzt Benjamin Bühler: Subtile Jagden. In: Ernst Jünger-Handbuch, S. 232-235. Der Gedanke des Sammelns ist auch das Movens für die panoramatische Skizze von Gunther Martens: Das Poetische heißt Sammeln. Ernst Jünger im Spiegel der enzyklopädischen Literatur (Kempowski, Litell, Kluge, Müller). In: Ernst Jünger und die Bundesrepublik. Ästhetik – Politik – Zeitgeschichte. Hg. v. Matthias Schöning u. Ingo Stöckmann. Berlin u. Boston 2012, S. 137-160. – Im Zusammenhang mit einem Streben Jüngers nach einem ökologisch verantwortlichen Naturverhältnis, das sich auf die »deskriptive Naturgeschichte« beziehe und sich in einer Orientierung auf die Erde artikuliere, liest das Käferbuch Michael Karlsson Pedersen: »Orte, an denen man sich der Erde näher fühlt«. Ernst Jüngers Käfersammler und die Hinwendung zur Erde. In: Text&Kontext 34 (2012), S. 119-149, das Zitat S. 143.

71 Die biographischen Eckdaten, die der Erzähler der *Subtilen Jagden* über sich selbst verrät, stimmen detailgenau mit den Fakten aus dem Leben des Verfassers überein: Einen wichtigen Teil der Kindheit haben Autor, Erzähler und Held vor dem Ersten Weltkrieg in Rehburg verbracht (vgl. SJ, S. 11-22 u. ö.). Später sind sie viel gereist, wobei sich die in den *Subtilen Jagden* erwähnten Reisen sämtlich auch in den Reisetagebüchern bzw. in den Memoiren *Siebzig verweht* nachweisen lassen. Intime, persönliche Details wie z. B. die Kose-Namen, die Ernst Jünger seinen Ehefrauen gab, tauchen auch in *Subtile Jagden* auf (die erste Frau nannte er ›Perpetua‹, vgl. SJ, S. 165 u. S. 224; seine zweite ›Stierlein‹, vgl. SJ, S. 63 u. S. 227). Schließlich ist der Ort der Erzählgegenwart wie der Schreibort von *Subtile Jagden* Jüngers oberschwäbischer Wohnort Wilflingen (vgl. z. B. SJ, S. 212).

wird.[72] Im Unterschied etwa zu Vladimir Nabokov, der sein Steckenpferd der Schmetterlingsjagd in seine Autobiographie zwar einarbeitet, aber nicht zum Leitfaden macht, erzählt Jünger ausschließlich von sich als Käferfreund: In *Subtile Jagden* sind alle Leitmotive Käfer, und entomologische Erfolgs- oder Misserfolgsgeschichten bilden den roten Faden.[73]

Das Erinnerungsbuch stellt die Suche nach Käfern als eine Form des männlichen Wildbeutertums[74] dar und unterscheidet sich damit auffällig etwa von dem von Jünger selbst zitierten Vorbild des prominentesten französischen Insektenkundlers des 19. Jahrhundert, Jean-Henri Fabre. Anders nämlich als der Autor der *Souvenirs Entomologiques* zielt der Verfasser der *Subtilen Jagden* weniger auf eine Erforschung der Käfer, als vielmehr auf die Jagd nach ihnen und auf ihren Besitz. Seine Streifzüge dienen im Kern nicht der Ethologie, sondern sind Beutezüge. Kurz: Jünger agiert und präsentiert sich nicht als Forscher, sondern als Erlebnis- und Trophäenjäger.[75]

72 Zur Tradition der Gelehrtenautobiographie vgl. Günter Niggl: Geschichte der deutschen Autobiographie im 18. Jahrhundert. Theoretische Grundlegung und literarische Entfaltung. Stuttgart 1977. Autobiographische Texte von Naturwissenschaftlern untersucht Silke Jakobs: »Selbst wenn ich Schiller sein könnte, wäre ich lieber Einstein«. Naturwissenschaftler und ihre Wahrnehmung der »zwei Kulturen«. Frankfurt a.M. 2006. – Als wichtigstes Merkmal einer Autobiographie hat die Identität von Autor, Erzähler und Protagonist bestimmt Philippe Lejeune: Der autobiographische Pakt. Aus dem Französischen v. Wolfram Bayer u. Dieter Hornig. Frankfurt a.M. 1994, hier S. 27.

73 Erwähnt wird Nabokov in SJ, S. 274. – Vgl. auch Vladimir Nabokov: Erinnerung, sprich. Wiedersehen mit einer Autobiographie. Übers. v. Dieter E. Zimmer. Reinbek bei Hamburg 1999, vgl. insbes. das Kap. 5, S. 156-186.

74 SJ, S. 53 u. SJ, S. 82.

75 Die *Subtilen Jagden* enden mit einem Gedenkstättengang Jüngers in das zum Museum umgebaute Haus Fabres in Sérignan-du-Comtat (vgl. SJ, S. 276f.). Der Entomologe Fabre (1823-1915) hat unter dem Titel *Souvenirs Entomologiques* ein vielbändiges insektenkundliches Erinnerungswerk publiziert, das z.Zt. komplett ins Deutsche übersetzt wird; vgl. Jean-Henri Fabre: Erinnerungen eines Insektenforschers. Aus dem Franz. v. Friedrich Koch, bearb. v. Heide Lipecky. Bd. I-VI. Berlin 2010-2015. Fabres *Souvenirs* versammeln Detailstudien zu verschiedenen Insektenarten Südfrankreichs, wobei sein Kerninteresse den Sandwespen gilt. Im Unterschied zu Jünger ist Fabre kein Reisender (sein Revier erstreckt sich lediglich bis zum Mont Ventoux). Im Vergleich der beiden Insektenfreunde scheint ein anderer Unterschied noch bedeutsamer: Fabre beobachtet die lebendigen Tiere und stellt sich verhaltensbiologische Fragen wie etwa die, ob Insekten reine Instinktwesen sind, oder aber, ob auch bei ihnen Ansätze von Lernverhalten zu beobachten sind (vgl. etwa Jean-Henri Fabre: Wunder des Lebendigen. Aus der vielfälti-

Das Buch setzt programmatisch mit dem Entstehen der Käferliebe im Knabenalter ein: »Die Jagd konnte beginnen: der Vater hatte uns zu Weihnachten die Ausrüstung geschenkt.« (SJ, S. 11) Die Formulierung des Titels *Subtile Jagden* aufnehmend, wird die Käferpassion auch im Eröffnungssatz ausdrücklich in den Kontext der »Jagd« gerückt und ihr Anfang zu einem Initiationserlebnis stilisiert, das mit dem Überreichen einer Gabe verbunden ist.[76] Bevor die neue Neigung zu den Käfern

gen Welt der Insekten. Hg. v. Martin Lindauer u. Jost M. Franz. Aus dem Franz. v. Liselotte Ronte. Zürich u. München 1989, S. 129-152). Zur genaueren Klärung führt Fabre systematisch Experimente durch, praktiziert also eine experimentalwissenschaftliche Insektenethologie – etwas, das man bei Jünger vergeblich sucht. Dieser nämlich interessiert sich zwar durchaus auch für die lebenden Käfer, bewundert ihre Verhaltensweisen und die perfekte Anpassung an ihren Lebensraum und den Erfindungsreichtum ihrer Ausstattung (vgl. z. B. über die Scarabäen SJ, S. 73), doch im Gegensatz zu Fabre führt dies bei Jünger jedenfalls in den *Subtilen Jagden* nicht zu systematischen Fragen. Er zielt nicht auf Wissenschaft, sondern auf das Erlebnis der Jagd und auf das Erbeuten von Sammlungsobjekten. Vgl. in diesem Sinne auch Josef H. Reichholf: Souvenirs entomologiques. Jean-Henry Fabre, Ernst Jünger und die Welt der Insekten. In: Scheidewege 40 (2010/11), S. 78-89, hier S. 79. – Dass Fabre aufgrund seines Schreibens »am persönlichen Erlebnis entlang« gleichwohl demjenigen Jüngers eng »verschwistert« ist, zeigt Barbara von Wulffen: Vom Dasein der Dinge. Jean-Henri Fabre – Ernst Jüngers entomologischer Meister. In: Natur (= Jünger-Studien 5), S. 55-70, hier S. 67.

76 Das in den Titel gesetzte Adjektiv »subtil« ist dabei durchaus erläuterungsbedürftig, denn was auf ›subtilen Jagden‹ geschieht, wie sie vor sich gehen und was das Objekt dieser Jagden ist, versteht sich keineswegs von selbst, vielmehr scheint es sich um einen Privatausdruck Jüngers zu handeln. Jedenfalls beschreibt Nabokov seine Schmetterlingsjagden zwar durchaus ebenfalls mit Begriffen aus dem Wortfeld der Jagd, erzählt etwa von seiner »Ausbeute« und den »vielen Fangreisen«, charakterisiert den von ihm praktizierten Jagdtypus aber nicht als ›subtil‹; vgl. Nabokov: Erinnerung, S. 164 f. – Auch Fabre erzählt von seinen Käfer- und Sandwespenstreifzügen als Jagden, nennt diese aber ebenfalls nicht ›subtil‹; vgl. Jean-Henri Fabre: »Ich aber erforsche sie mitten im Leben«. Von der Poesie der Insekten. Übers. v. Peter Repp u. Beate Taudte-Repp. Frankfurt a. M. 2008, S. 15, S. 66. – Zwei Bedeutungen liegen nahe: Subtil sind die (natürlich gemeinten Käfer-)Jagden, weil man auf ihnen mit Behutsamkeit (d. h. auch: mit feinerem Gerät als dem Gewehr) vorgehen muss, und subtil sind diese Jagden, weil sie nach feinen, »subtile[n] Wesen« (SJ, S. 171), eben Käfern, Ausschau halten. – Den Vergleich zwischen der Käferjagd und der üblichen Jagd auf Wild zieht Jünger mehrfach ausdrücklich, vgl. z. B. zum »Waidrecht« des subtilen Jägers SJ, S. 29; zu den Trophäen der »Großwildjäger« im Unterschied zu den Sammlerstücken der subtilen Jäger, hier als »kleine Leute[]« bezeichnet, SJ, S. 58; zur inneren Abneigung des Erzählers gegenüber einer Großwildjagd, an der er nur teilnimmt, weil die Fährte aus dem Kot der Büffel, die Losung, Dungkäfer, Scarabäen, anlockt, SJ,

genauer expliziert wird – etwa, indem die erste winterliche Jagd erzählt,[77] die erwähnte »Ausrüstung« näher beschrieben[78] oder die Frage geklärt wird, wer sich hinter der mit »uns« charakterisierten kindlichen Jägertruppe verbirgt[79] –, präsentiert der Erzähler in zwei Abschweifungen das

S. 64 f., vgl. in ähnlichem Sinne auch SJ, S. 241; die Gemeinsamkeiten aller wie auch immer gearteten Jagden werden betont SJ, S. 126 u. SJ, S. 199. – Zeitweilig dachte Jünger auch daran, das Buch nach dem Jäger Argus zu betiteln, vgl. Ernst Jünger: Siebzig verweht I. 2. Aufl. Stuttgart 1982, S. 369.

77 Die ersten Käferjagden finden unmittelbar im Dezember 1908 und im Januar und Februar 1909 statt und werden im Kapitel »Carabus« skizziert, vgl. SJ, S. 23 f.

78 Auf die Bestandteile der Ausrüstung kommt Jünger am Ende des ersten Kapitels zurück: »Netz, Nadeln, Fangflasche, ein Kasten, dessen Boden mit Torf gefüttert und mit Glanzpapier bezogen war« sowie »ein Buch mit vielen Bildern: Fleischer: ›Der Käferfreund‹.« (SJ, S. 22) Das erwähnte Buch ist ein Klassiker der Käferliteratur: H. Fleischer: Der Käferfreund. Praktische Anleitung zum Sammeln und Bestimmen der Käfer. Mit 12 Tafeln in feinstem Farbendruck. Stuttgart 1896. Vgl. auch die Charakterisierung der Ausrüstung bei der ersten Jagd auf Sandlaufkäfer; hier werden das »Netz aus grüner Gaze« und die »mit Papierschnitzeln gefüllte[] Fangflasche« mit dem »mit Äther betropft[en]« Wattebausch erwähnt, SJ, S. 71. – Vgl. in diesem Zusammenhang ferner die Beschreibung der Ausstattung des Rektors, mit dem der Erzähler im Harz zu subtilen Jagden aufbricht, SJ, S. 165.

79 Indirekt kann man erschließen, dass der Erzähler die Ausrüstung wohl zusammen mit seinem dreieinhalb Jahre jüngeren Bruder Friedrich Georg erhalten hat, denn es wird betont, dass die »Alten« die naturkundlichen Tätigkeiten bei den »Söhnen« (SJ, S. 11) schätzten. Im weiteren Verlauf unternimmt der Erzähler gerade in der Kinderzeit in Rehburg viele seiner subtilen Jagden offenbar mit dem Bruder gemeinsam, jedenfalls ist immer von »wir« die Rede (vgl. z. B. SJ, S. 23, S. 53, S. 68 u. ö.). Die Schwester Hanna, mit der Ernst und Friedrich Georg eine Zeitlang gemeinsam in Wunstorf zur Schule gingen (vgl. Heimo Schwilk: Ernst Jünger. Ein Jahrhundertleben. Die Biographie. München u. Zürich 2007, S. 56), scheint sich an den Käferjagden nicht beteiligt zu haben, sie wird jedenfalls nur im Zusammenhang mit der Phase leidenschaftlichen Schachspiels im Hause Jünger, nicht jedoch in Bezug auf die Streifzüge draußen, erwähnt, vgl. SJ, S. 19. Die anderen vier Geschwister Ernst Jüngers kommen als Begleitpersonen nicht infrage, da sie entweder früh verstarben oder aber zum gegebenen Zeitpunkt noch zu klein waren (vgl. Karl O. Paetel: Ernst Jünger in Selbstzeugnissen und Bilddokumenten. Reinbek bei Hamburg 1962, S. 7). Dass die kindlichen Käferjagden mit dem Bruder Friedrich Georg und nicht mit irgendwem anders stattfinden, kann man textintern letztlich nur aus der Tatsache rückschließen, dass die beiden noch im Erwachsenenalter gemeinsam auf Reisen gehen. Erwähnt werden der Gang mit dem »Bruder« durch ein einsames Tal am sardischen Capo Carbonara (SJ, S. 30) und die Anwesenheit von »Friedrich Georg« (SJ, S. 222) bei dem lebensgefährlichen Badeunfall des Erzählers am 14. April 1957 auf dem sardischen San Pietro.

Fundament seiner Käferpassion. Dieses verortet er in doppelter Hinsicht im väterlichen Erbe.

Erstens nämlich siedelt er sie im Spiegel der Figuren des Großvaters und Vaters im Kontext der traditionellen Naturkunde an. Diese wird aufgerufen als eine im 19. Jahrhundert breit praktizierte »scientia amabilis«,[80] deren boom um die Jahrhundertwende, also zu der Zeit, als das Ich seine »Ausrüstung« bekommt, jedoch eigentlich »schon vorbei« gewesen sei (SJ, S. 11). Der Vater, ein passionierter Botaniker, erscheint als eine Gestalt, die den Paradigmenwechsel von der »eigentliche[n] Naturkunde« mit ihrem liebevollen »Betrachten, Vergleichen, Ordnen und Beschreiben von Objekten« hin zu einer »exakten, gezielten und messenden Beobachtung« (SJ, S. 11) mit vollzogen hat und nicht auf der Stufe einer schlichten »Bezauberung« (SJ, S. 11) durch die Linnéschen Bestimmungsschlüssel stehen geblieben ist: Seine Geschichte ist die einer Abwendung von der empathischen Anschauung des Liebhabers zugunsten einer Hinwendung zu einer mit analytischen Messmethoden arbeitenden, professionellen und experimentellen Wissenschaft, der Chemie.

Wurde das naturkundliche Interesse dem Erzähler also einerseits in die Wiege gelegt (wobei speziell von Käfern in auffälliger Weise nicht die Rede ist), so wird er andererseits der Aufgeschlossenheit des Vaters gegenüber den Methoden der modernen Wissenschaften, dem referierten epistemischen Umbruch von der lebendigen Abschauung zum quantifizierenden Beobachten gerade nicht folgen. Der Erzähler präsentiert sich in der Folge vielmehr als ein konservativer Verfechter eben der Liebhaberwissenschaft, die seinem eigenen Bekunden nach schon um 1900 veraltet war und geriert sich konsequent als einer der letzten Überlebenden des alten Naturkundlertypus im Kampf gegen ein den Objekten entfremdetes, modernes Spezialistentum, das »zur bloßen Meßkunst vergletschert« (SJ, S. 61) sei.[81] Für den Erzähler der *Subtilen Jagden* bleibt daher (allen anerkennenden Worten über Darwin zum Trotz) Linné die unbestrittene Autorität.[82]

80 SJ, S. 11, vgl. ebenso SJ, S. 47 u. S. 108.

81 So ist der Erzähler stolz darauf, dass er noch über die Fähigkeit der wahren Anschauung verfügt und seine Beobachtungsgabe nicht dem »mathematische[n] Kalkül« (SJ, S. 175) unterordnet; vgl. auch die kritische Spitze gegen die »ökonomische Verödung« der Liebhaberei in einer »von Spezialisten kontrollierten Welt« (SJ, S. 116). Auf der anderen Seite ist dem Erzähler aber auch das bloße »Hobby« (SJ, S. 61) zu wenig und gilt ihm als heruntergekommene Form und Degradierung der passionierten Liebhaberwissenschaft.

82 Zu Darwin im Unterschied zu Linné vgl. das Kapitel »Sammler und Systematiker«, insbes. SJ, S. 110-113; auch wenn der Erzähler nach seiner naturwissen-

Neben dem inhaltlichen Interesse an der Natur weist der Erzähler in einer zweiten Abschweifung auf die vom Vater ererbte und für die eigene Käferliebe als zentral eingeschätzte Temperaments-Disposition hin: Die generelle Neigung zur Entwicklung einer Passion. Der Vater, ein Mann von »schnellen, zugreifenden und meist erfolgreichen Bewegungen« (SJ, S. 12), habe sich durch wechselnde, aber immer fanatisch verfolgte Leidenschaften ausgezeichnet – ein Charakterzug, den der Erzähler in einer für ihn typischen Argumentation auf das »Sternzeichen« (SJ, S. 12) zurückführt.[83] Immer habe die »Ankunft von neuen Bücherpaketen« das Aufflammen einer »neuen Manie« (SJ, S. 13) angekündigt, so etwa, in der frühen Rehburger Zeit (und d. h. unmittelbar vor dem Geschenk der »Ausrüstung« Weihnachten 1908), als sich der Vater voller Elan auf das Schachspiel warf: Es folgten nächtliche Partien, neue Bekanntschaften mit schrägen, zwielichtigen Gestalten wie dem berühmten Schachspieler Gersz Rotlevi – Dinge, die aus der Perspektive des damals zwölfeinhalbjährigen Kindes natürlich interessant sind und es prägen.[84]

schaftsgeschichtlichen Skizze behauptet, dass »das Thema [der Cicindelen] nicht [mehr] wie im 18. und 19. Jahrhundert angefasst werden« könne, also »nicht auf den Spuren von Fabricius und Fabre« (SJ, S. 117), so tut er im Folgenden doch genau dies. Freilich spricht der Erzähler durchgehend eher aus der Rolle eines Dilettanten im positiven aufklärerischen Sinne (wenngleich Jünger selbst den Begriff im abwertenden modernen Sinn verwendet, vgl. SJ, S. 160), also eines kenntnisreichen, in bestimmten Fachkreisen durchaus als Kapazität anerkannten Privatmenschen; der Erzähler hat dabei ausdrücklich nicht den Anspruch, die spezialisierten modernen Wissenschaften, denen er deutlich kritisch gegenübersteht (vgl. z. B. SJ, S. 116) mit seinen naturkundlichen Stromereien zu bereichern. – Linné ist vor allem als Begründer einer naturkundlichen Schule (vgl. z. B. SJ, S. 11, S. 33), als Namensgeber (vgl. z. B. SJ, S. 24, S. 54, S. 63, S. 75, S. 173, S. 248, S. 271), als Systematiker (vgl. z. B. SJ, S. 28 f., S. 72, S. 74, S. 109 f., S. 161), aber auch als Ersteller von »Herbariumsblättern« (SJ, S. 275) präsent.

83 Der Vater ist, darauf weist der Erzähler explizit hin (wie Ernst Jünger selbst) Sternzeichen »Widder« (SJ, S. 12). Sternzeichen interessieren den Erzähler auch bei anderen Personen. So verweist dieser bezogen auf seinen sardischen Bekannten Francesco auf die Tatsache, dass dieser als »Stier« (SJ, S. 93) sich besser zum Chef einer Bar eigne als sein Bruder Pietro; vgl. auch den Bezug auf die Astrologie SJ, S. 64.

84 Zu Rotlevi vgl. den Hinweis bei Schwilk: Ernst Jünger, S. 60. – Das vermutliche Alter des Knaben kann man nur unter Rückgriff auf die Biographie Ernst Jüngers erschließen, die *Subtilen Jagden* selber schweigen darüber. – Die Schachleidenschaft wird von der als biedere, etwas langweilige Hausfrau gezeichneten Mutter wenig begeistert aufgenommen. Aufgrund des schlechten Einflusses, den sie von den halbwelthaften Schachspielern auf ihre Kinder befürchtet, »begrüßt[]« sie jedoch ausdrücklich die Idee des Vaters, den Kindern »die Ausrüstung« zu schenken (SJ, S. 22). Auf Jüngers generelle Abwehr des Weiblichen und die auffällig

Prädisponiert durch das allgemeine naturkundliche Interesse und die Passions-Bereitschaft des Vaters wird die Käferleidenschaft des Knaben Ernst Jünger dann konkret ausgelöst durch die »bunten Bilder« aus dem zur »Ausrüstung« gehörenden Bestimmungsbuch *Der Käferfreund.* Diese erweisen sich geradezu als »Köder« (SJ, S. 22), an den der Knabe reflexhaft anbeißt.[85] Die Jagd konnte beginnen. Wie aber soll man von ihr erzählen?

4.2.2 »Entfernung von den Zeitgeschäften«

Dass der Text sich einer klassischen chronologischen Darstellungsweise nicht verpflichtet fühlt, lässt bereits ein Blick auf das Inhaltsverzeichnis vermuten. Dieses führt einunddreißig nicht nummerierte, knapp betitelte Kapitel auf. Die schlagwortartigen Formulierungen der Überschriften – etwa: »Carabus« (Kapitel 1), »Sammler und Systematiker« (Kapitel 10), »Johore« (Kapitel 11) oder »Abgrenzungen« (Kapitel 20) – verraten unterschiedlich viel über den Gehalt der Kapitel, bleiben häufig rätselhaft und vage. Besonders auffällig aber ist, dass das traditionell wichtigste Ordnungsmuster autobiographischen Erzählens, die Temporalität, nicht bedient wird.[86] Die Gliederung präsentiert weder auf die individuelle Biographie bezogene Kapitelüberschriften (à la ›Kindheit und Jugend‹), noch werden Ereignisse aus der ›großen Geschichte‹ (etwa die beiden Weltkriege), geschweige denn konkrete Daten genannt. Das Ensemble der Kapitelüberschriften wirkt vielmehr insgesamt eigentümlich zeitlos. Offenbar, so kann man diese Beobachtung deuten, ist die Chronologie der Ereignisse für ihre Erzählung nicht der entscheidende Gesichtspunkt.[87]

wenigen literarischen Frauengestalten in seinem Œuvre hat früh hingewiesen Bohrer: Die Ästhetik des Schreckens, S. 258; am Beispiel der *Marmorklippen* vgl. Schieb: Das teilbare Individuum, insbes. S. 82-97.

85 Vgl. Fleischer: Der Käferfreund. Das Buch bezaubert in der Tat durch ausgesprochen schöne Farbtafeln. Es ist wohl kein Zufall, dass sich Jüngers Lieblingsgattung der Cicindelien gleich auf der ersten Tafel ganz am Anfang des Buches finden.

86 Allein die »Rehburger Reminiszenzen« (Kapitel 1) und der »Rückblick« (Kapitel 9) künden einen freilich nicht weiter spezifizierten Blick zurück an.

87 Das bedeutet freilich nicht, dass sich nicht doch auch Elemente einer zeitlichen Anordnung des Erzählten ausmachen lassen. So wird das Buch gerahmt durch einen Bogen zwischen dem ersten Kapitel, das mit der ›Geburt‹ der Käferleidenschaft durch das Weihnachtsgeschenk der ersten Ausrüstung im Jahr 1908 beginnt, und den letzten Kapiteln, in denen der offensichtlich gereifte Ich-Erzähler in altherrenhafter Manier die Vögel am Fensterbrett seines Wilflinger Hauses beobachtet und über den Nachlass von Sammlern räsoniert.

Der in der Gliederung hervorgerufene Eindruck einer gegenüber der Zeit gleichgültigen Erzählweise wird im Text bestätigt. Bei der Lektüre des in der Abfolge eher anarchisch und sprunghaft voranschreitenden Buches erweist es sich nicht selten als schwierig, einen Überblick darüber zu erlangen, von welchen Lebensstationen gerade erzählt wird.

Zeitangaben sind insgesamt selten und häufig ungenau: So wird selbst das Jahr des Weihnachtsfestes, in dem der Knabe das käferkundliche Initiationsgeschenk erhält, nicht genannt (und kann nur textextern als das Jahr 1908 identifiziert werden),[88] werden viele Erlebnisse nur mit Hilfe allgemeiner Epochenschwellen wie den Weltkriegen lediglich grob datiert,[89] betont ferner ein zyklisches Zeitmodell weniger das unwiderrufliche Vergehen einer linearen Zeit, als vielmehr das ›Ticken‹ einer sich immer wieder neu aufziehenden ›Jahresuhr‹, die Abfolge wiederkehrender Monate und die ewig sich abwechselnden Jahreszeiten.[90] Oft entpuppen sich selbst scheinbar relativ genaue Zeitangaben vom Typus »vor zehn Jahren« (SJ, S. 79 u. S. 195) bei näherem Hinsehen als unscharf, weil unklar bleibt, von welchem Zeitpunkt aus gesprochen und also die Zeit gemessen wird.[91] Die in mehreren Kapiteln immer wieder aufgenommenen Berichte von den verschiedenen Sardinien-Reisen etwa sind textintern wenig deutlich voneinander abgegrenzt, verdichten sich vielmehr tendenziell zu einem einzigen Aufenthalt.[92]

88 Vgl. Schwilk: Ernst Jünger, S. 61.

89 Erster Weltkrieg z. B. SJ, S. 12, S. 13, S. 17, S. 19, S. 151; Zweiter Weltkrieg SJ, S. 35, S. 60.

90 So werden auch bei der Beschreibung der ersten Käferstreifzüge die Monate, nicht aber das Jahr, geschweige denn das vollständige Datum genannt. Man startet noch im »Dezember« (SJ, S. 23), setzt die Jagden in der »Januarsonne« (SJ, S. 24) fort, benötigt schon im »Februar« (SJ, S. 24) einen neuen Sammlerkasten, freut sich »Anfang April« (SJ, S. 53) an der Wärme der ersten frühsommerlichen Tage und begegnet »wahrscheinlich Anfang Mai« (SJ, S. 67) zum ersten Mal einer Cicindela. Vgl. auch Bemerkungen wie »Der Winter schließt, der Frühling öffnet« (SJ, S. 55) oder »Im Herbst tritt jede Bildung dichter, plastischer hervor. Der Frühling ist Maler, der Herbst Bildhauer.« (SJ, S. 247).

91 Die Schreibgegenwart wird einmal auf den »26. Juni 1965« (SJ, S. 95) datiert; am Ende des Buches wird die Zeit des Manuskriptabschlusses, »Mai 1967«, genannt (SJ, S. 277).

92 Vgl. zu diesen Reisen auch die Reisebilder von Ernst Jünger: Am Sarazenenturm. San Pietro. In: Sämtliche Werke. Erste Abteilung: Tagebücher. Bd. VI: Reisetagebücher. Stuttgart 1982, S. 219-323 [zuerst 1955]; ders.: San Pietro. In: ebd., S. 325-361 [zuerst 1957], sowie ders.: Serpentara. In: ebd., S. 363-385 [ebenfalls zuerst 1957]. Während *Am Sarazenenturm* in der Form eines Tagebuches jeder Eintragung ein komplettes Datum voranstellt (6. Mai-2. Juni 1954), liefert *San Pietro*

Einen charakteristischen Kontrapunkt erhält diese schwebende Zeitlichkeit durch einige wenige vollständige Datierungen, die in dem insgesamt vagen Umfeld umso mehr auffallen: Auf diese Weise hervorgehoben werden der aktuelle Schreibprozess,[93] zwei Tage, an denen das Ich nur knapp dem Tod entronnen ist,[94] sowie das auf einer Etikette für die Käfersammlung festgehaltene Datum einer erfolgreichen Käferjagd.[95]

Im Kern aber sind zeitliche Daten in *Subtile Jagden* von naturgeschichtlicher Provenienz und Bedeutung. So erhalten erbeutete Sammelobjekte auf den ihnen beigefügten Bestimmungszetteln von Jünger offenbar grundsätzlich ein (im Buch dann allerdings bis auf die erwähnte eine Ausnahme nicht genanntes) Datum, ja, mancher Käfer muss gar allein deshalb sein Leben lassen: Auf Sardinien nimmt der subtile Jäger eine schöne »dunkle Cetonide«, die er in den mächtigen Körben einer Artischockenblüte entdeckt, ausdrücklich nur »›des Datums wegen‹ mit«

ein allgemeines Porträt dieser kleinen Insel und hält sich mit Auskünften zur zeitlichen Abfolge der persönlichen Erlebnisse zurück. In *Serpentara* schildert Jünger in Anknüpfung an *Am Sarazenenturm* erneut Illador, das er im Juni 1955 ein zweites Mal besuchte, bedient sich dazu aber nicht länger der Tagebuchform. – Von Sardinien wird in den *Subtilen Jagden* zuerst im Kontext der Reflexionen über das Wesen der Jagd erzählt; der Erzähler wirft in diesem Zusammenhang einen Seitenblick auf eine Begegnung mit einer Eidechsennatter (SJ, S. 30-31). Wann die Reisen nach Sardinien begannen, wird durch die unklare Formulierung »vor zehn Jahren« (SJ, S. 79) und die diffuse Rede von späteren Reisen als einer zeitlich nicht genauer bestimmten »Wiederholung« (SJ, S. 91) nicht ganz deutlich. Die »rapide Veränderung« (SJ, S. 80), d. h. Modernisierung, die der Erzähler auch auf dem scheinbar weltentlegenen, vergessenen sardischen Inselchen San Pietro während all der Reisen beobachtet, spielt bei den Schilderungen von Beginn an eine Rolle; vgl. SJ, S. 79-95, die »neunte Sardinienreise« wird erwähnt: SJ, S. 174, vgl. auch SJ, S. 180 u. S. 187-214, zu lebensbedrohlichen Situationen kommt es auf dem Eiland am 14. April 1957 (vgl. SJ, S. 220-225) und am 13. September 1963 (SJ, S. 226-231). Zu Jüngers Abwehr von Modernisierungstendenzen in seinen Reisetagebüchern der frühen und mittleren Jahre vgl. jetzt Jan Robert Weber: Ästhetik der Entschleunigung. Ernst Jüngers Reisetagebücher (1934-1960). Berlin 2011.

93 Am »26. Juni 1965« (SJ, S. 95) hat der Erzähler angeblich das Kapitel »Strandgänge« abgeschlossen.

94 Am 14. April 1957 (vgl. SJ, S. 220-225) wurde der Erzähler auf San Pietro von einem Rochen angegriffen; an einem Freitag, dem 13., nämlich dem 13. September 1963 (vgl. SJ, S. 226-231), geriet er ebendort in einen Strudel. Bevor der Erzähler an diese beiden Tage erinnert, führt er zwei andere Unglücksfälle an, die tatsächlich tödlich endeten. Die Daten der tödlichen Abstürze nennt er tagesgenau (vgl. SJ, S. 219).

95 »Luanda, 1. Dezember 1966« (SJ, S. 273).

(SJ, S. 187) – eine Handlung, die er durch die Anführungsstriche als (möglicherweise eher persönliche) entomologische Usance kennzeichnet.[96]

Selbst im Zusammenhang mit den eigenen Käferjagden nennt der Erzähler Jahreszahlen aber eher sporadisch.[97] Gelegentlich gibt er eine Kombination aus Monats- bzw. Jahreszeit- und Jahresangabe an.[98] Wichtiger als die individuelle Chronologie seiner eigenen Jagden ist ihm (vor allem im ersten Drittel der *Subtilen Jagden*) offenbar das Sich-Einschreiben in die Geschichte der Naturgeschichte. Intensiv rekurriert er auf Eckdaten aus der zwei Jahrhunderte langen Geschichte der systematischen Entomologie, führt die Erstbenennung von Käferarten,[99] Erscheinungsjahre entomologischer Literatur,[100] erfolgreiche Insektenjag-

96 Zur üblicherweise nicht das genaue Datum umfassenden Etikettierungspraxis entomologischer Funde s. u.; allerdings pflegt auch der coleopterologische Lehrer des Erzählers, der pensionierte Rektor aus Goslar, die Ergebnisse seiner subtilen Jagden »mit Ort und Datum in einen Folianten« (SJ, S. 171) einzutragen.

97 Vgl. aber z. B. die Erzählung von den drei Begegnungen mit dem seltenen Typhoeus oder Dreihornkäfer. Hier werden Zweit- und Drittbegegnung durch die Angabe des Monats und der Jahreszahl relativ genau datiert; die Zweitbegegnung erfolgte in »einem harten Winter«, »nämlich dem von 1939 auf 1940« (SJ, S. 55), die Drittbegegnung im »März des Jahres 1965« (SJ, S. 55).

98 Vgl. »Frühjahr 1938« und »Frühjahr 1965« auf Rhodos (SJ, S. 78 f.); die Erinnerungen an den Ersten Weltkrieg etwa an die Lektüre im Jahr »1917« (SJ, S. 99) und an das entomologische Tagebuch aus dem »Herbst 1915« (SJ, S. 106); »Winter 1933« (SJ, S. 148). Teilweise werden nur Jahreszahlen genannt, vgl. z. B. »1954« (SJ, S. 185) und »1955« (SJ, S. 200), dann Monat und Jahr, nämlich die Käfertouren im »Juni 1932« und im »Juni 1964« (SJ, S. 199); Reisen nach Sylt im »Juni 1934« und zu einem Freund im Jahr »1936« (SJ, S. 232); Pilztouren im Herbst »1961« (SJ, S. 241).

99 So ist die erste Jahreszahl, die in den *Subtilen Jagden* überhaupt genannt wird, die des Jahres 1758, in dem Linné in der wegweisenden 10. Auflage seines Natursystems den Carabus violaceus klar identifizierte und endgültig namentlich fixierte, vgl. SJ, S. 24; vgl. ähnlich SJ, S. 72. Auch andere Namensgeber als Linné werden genannt, vgl. etwa »Staudinger 1893«, SJ, S. 32; »1855 von Hermann Burmeister« (SJ, S. 85); »Erichson […] 1840« (SJ, S. 166), »Bernard […] 1788« (SJ, S. 226) und »Smith […] 1831« (SJ, S. 255).

100 Vgl. z. B. den Prioritätsstreit um den Antaeus SJ, S. 28; vgl. auch die Spekulationen des aufklärerischen Naturforschers de Geer aus dem Jahre 1775 über den Maiwurm, SJ, S. 50; vgl. auch den Publikationszeitraum von Kranchers *Entomologischem Kalender* »von 1892 bis 1939« (SJ, S. 60), die Begründung der Zeitschrift *Isis* »1876« (SJ, S. 60); das Erscheinen von Kants *Kritik der Urteilskraft* »1790« (SJ, S. 112) und des letzten Bandes der *Bibliotheca Entomologica* im Jahr »1863« (SJ, S. 113), vgl. auch die Buchpreise 1912 (SJ, S. 155), den Baedeker von 1906 (SJ, S. 213), Schaeffers Pilzbuch, erschienen »1762 bis 1770« (SJ, S. 233).

den längst verstorbener Naturforscher[101] oder wichtige naturkundliche Expeditionen und Reisen[102] an. Wie in den *Marmorklippen* die Herbarienblätter die Zeiten überdauern und zum Symbol einer überzeitlichen Kommunikation der Botaniker werden, so sieht sich auch das Ich der *Subtilen Jagden* als Teil eines die Historie transzendierenden coleopterologischen »Ordens« (SJ, S. 59 u. S. 161).[103] Hierzu fügt sich die in den *Subtilen Jagden* deutliche Distanz zu Darwin und dessen Blick auf Veränderung in der Natur, der Jünger eine Konzentration auf das Bleibende gegenüberstellt.[104]

Kennzeichnend für die Zeitordnung von *Subtile Jagden* ist also die Verweigerung eines an der Chronologie des Lebens ebenso wie an der ›großen Geschichte‹ orientierten Erzählens, die durch die Atemporalität des Inhaltsverzeichnisses vorbereitet und in einer diskontinuierlichen, ›wild‹ zwischen verschiedenen Lebensphasen hin und her springenden Erzählweise umgesetzt wird.[105] Diese Unordnung wird durch das die Zeiten überdauernde entomologische Netzwerk flankiert; an die Stelle von individueller, historischer und evolutionärer Zeit tritt die Ordnung der Naturgeschichte.

101 Vgl. den Bericht vom Schmetterlingsfang Wallaces im Jahre 1859, SJ, S. 33; den Fang eines »Grünen Jägers« durch Carlo Guiseppe Gené 1836 auf San Pietro, SJ, S. 79; vgl. auch die beiden erfolgreichen Jagden SJ, S. 124.

102 Vgl. etwa die Erwähnung der »portugiesischen Expedition von 1949«, in deren Nachfolge der Erzähler seine eigene Reise verortet, allerdings ohne sie zu datieren (SJ, S. 63); vgl. auch den Hinweis auf »Carl August Dohrn im Jahr 1874« (SJ, S. 78), der einen offenbar nicht gerade naheliegenden Abstecher nach München aus entomologischen Gründen für völlig gerechtfertigt hält.

103 Die entomologische Überwindung der Zeiten thematisiert der Erzähler etwa, indem er hervorhebt, dass viele Objekte der großen Naturkundler des 18. und 19. Jahrhunderts »die Unbilden der Zeit« erstaunlich gut und lange überstehen (SJ, S. 275) oder indem er seine winterlichen Systematisierungsarbeiten als geradezu magische Handlungen und Geisterbeschwörungen und Kontaktaufnahme zu den Großen der Entomologie dämonisiert: »Die Stimmung wird dann besonders friedlich und wie bei einer Beschwörung erwartungsvoll. In großer Entfernung von den Zeitgeschäften werden Bücher, Tabellen, Aufzeichnungen befragt und wird ein Gremium längst verstorbener Beobachter zitiert.« (SJ, S. 132).

104 So auch die Einschätzung von Josef H. Reichholf: Sandläufer und Prachtkäfer. Was »sah« und suchte Ernst Jünger in seinen Lieblingskäfern? In: Natur (= Jünger-Studien 5), S. 71-82. Zu Jünger und Darwin vgl. auch Kap 4.2.1.

105 Gern werden ganz unterschiedliche Zeiten aufgrund vergleichbarer Käferbeobachtungen zueinander in Beziehung gesetzt, vgl. etwa die Käfertouren im Juni 1932 und 1964 (SJ, S. 199).

Bei der Schilderung von Momenten intensiver Naturerfahrung wird dieser Umgang mit der Zeit schließlich in typischer Weise durch eine kosmische Zeitdimension ergänzt, die kürzlich in Bezug auf Jüngers frühe Reisewerke treffend als ein Streben nach »Zeitlosigkeit« beschrieben und in »deiktisch inszenierten Augenblick[en] der Entschleunigung« ausgemacht wurde.[106] Auch *Subtile Jagden* präsentiert derartige Momente einer entschleunigenden Zeiterfahrung, etwa wenn Stunden »jenseits der messbaren Zeit« (SJ, S. 62) verfließen, sich für das Ich die Zeit in Käfern »verdichtet« (SJ, S. 199) oder der Erzähler betont, dass seine Jagden letztlich darauf zielten, »Zeitloses in der Zeit« (SJ, S. 65) wahrzunehmen.[107] Dabei wird die Beschäftigung mit Käfern auch als ein Ausweichen in Ungeschichtlichkeit, als eine Methode, sich historischer Zeitzeugenschaft zu verweigern, dargestellt: Käferbestimmungen im heimischen Studio werden beschrieben als »Entfernung von den Zeitgeschäften« (SJ, S. 132), als etwas, das »die Zeit vergessen« lässt – »nicht nur die unsere, sondern die Zeit als solche, die so viel Widriges birgt« (SJ, S. 86).[108]

4.2.3 »Orte verschwimmen«

Dem Umgang des Erzählers mit der Zeit entspricht sein Verhalten zum Raum und zu den Orten. Auch hier verweigert er mit Fleiß eine klare Orientierung. Zwar enthält die Gliederung ortsbezogene Kapitelüberschriften, doch sind schon diese charakterisiert durch Unvollständigkeit und eine willkürlich erscheinende Auswahl. Während Jüngers niedersächsische Wohnorte in »Rehburger Reminiszenzen« (Überschrift Kapitel 1) und »Goslar am Harz« (Überschrift Kapitel 19) vertreten sind, fehlen Wilflingen, der im Text gelegentlich erwähnte Ort der Schreibgegenwart,[109] und Überlingen, in dem der Autor bekanntlich viele Jahre gelebt und sicher auch Käfer gesammelt hat. Einige individuelle Lieb-

106 Weber: Ästhetik der Entschleunigung, S. 12. *Subtile Jagden* fällt nicht in den von Weber untersuchten Zeitraum und wird daher nur am Rande erwähnt.

107 Insofern erweist sich die Zeit gewissermaßen ex negativo als »zentrales Thema der Schrift«, vgl. Bühler: Subtile Jagden, S. 234.

108 Weber (Ästhetik der Entschleunigung, S. 359) ist zuzustimmen, dass für den Erzähler ebenso wie für den Autor »Entomologie [tatsächlich] kein bloßes Hobby [ist], auch keine naturwissenschaftliche Praxis, sondern als ›subtile Jagd‹ nach ›Vexierbildern‹ und ›Urbildern‹« eine »Methode« darstellt, die aus einer »Verweigerungshaltung gegenüber Staat und Gesellschaft« ebenso wie einer Ablehnung eines mechanistischen, entzaubernden Blicks der Moderne heraus ein System anderen Denkens und Daseins proklamiert.

109 Vgl. z. B. »hier in Wilflingen« (SJ, S. 50).

lingsplätze wie etwa das sardische Riff »Am Isolotto« (Überschrift Kapitel 22) werden hervorgehoben und stehen neben exotischen Orten der südostasiatischen Inselwelt – der Malaysischen Bucht »Johore« (Überschrift Kapitel 11) und den dort überall wachsenden Sumpfwäldern, den »Mangroven« (Überschrift Kapitel 14) – sowie dem sudanesischen »Khartum« (Überschrift Kapitel 13) am Blauen Nil. Zwar handelt es sich dabei sämtlich um Orte, die Jünger tatsächlich besucht hat und von denen er auch in *Subtile Jagden* erzählt – die Dimensionen der enormen Reiselust des Autors, Erzählers und Helden werden durch diese wenigen Akzente in den Kapitelüberschriften gleichwohl nicht annähernd erfasst.

Im Text selber fallen bezogen auf die Nennung von Orten zwei unterschiedliche Techniken auf: Punktualität steht neben Überblendung. Generell organisieren Käfer-»Fundorte« den Raum.[110] Diese markieren die konkreten, punktuellen Orte von Jagderfolgen. Bereits in der »Wildbahn« beginnt der Sammler »mit einigen Notizen über den Ort und seine Eigenart, vor allem über den Bewuchs« (SJ, S. 47). Das Etikett, mit dem das Objekt zu Hause in die Sammlung integriert wird und das die Stammdaten des Tieres festhält, nennt neben dem Artnamen »am Rande« traditionell den »Fundort«.[111] So hält auch die vom Erzähler mehrfach zu Rate gezogene *Fauna Germanica* Reitters fest: »Die präparierten Insekten sollen mit einem kleinen Patria- (Vaterlands-) Zettelchen versehen werden, denn nur solche Sammlungen haben einen wissenschaftlichen Wert, deren Tiere nicht nur richtig determiniert (mit richtigen Namen versehen), sondern auch mit genauen Fundortsangaben ausgestattet sind.«[112] Die »Zettelchen« sollten ferner »Land, Ort u. Namen des Sammlers enthalten«; wolle der Sammler »ein Uebriges tun«, so könne er »den Monat

110 Der Terminus »Fundort« findet sich in den *Subtilen Jagden* häufig, vgl. etwa SJ, S. 32, S. 125, S. 158, S. 163, S. 167, S. 252.

111 So die Angaben in dem käferkundlichen Einführungsbuch, das der Erzähler zu Weihnachten 1908 geschenkt bekam; vgl. Fleischer: Der Käferfreund, S. 9.

112 Edmund Reitter: Fauna Germanica. Die Käfer des Deutschen Reiches. Nach der analytischen Methode bearbeitet. 5 Bde. Stuttgart 1908-1916, hier Bd. I, S. 48. – Vgl. den Hinweis auf die Anfänge der käferkundlichen Enträtselungs-Bemühungen des Erzählers, die, dem Hinweis des Vaters folgend, durch die Benützung der Bestimmungstabellen aus der »Reitterschen ›Fauna Germanica‹« (SJ, S. 72) abgesichert werden. Beim ›Reitter‹ handelt es sich um ein Standardwerk, das der Erzähler dem eigenen Bekunden nach »noch heut« (SJ, S. 72) zu Rate zieht, auf das auch der Rektor in Goslar schwört (SJ, S. 164) – und das auch heute, mehr als hundert Jahre nach seinem Erscheinen, von Entolomogen durchaus noch benutzt wird.

des Fundes beifügen, was gemeiniglich durch eine zugefügte Zahl (I-XII) geschieht«.[113]

Die Etiketten, mit denen der passionierte Käferjäger seine Fundstücke beschriftet, bilden eine große, aus Fundorten bestehende imaginäre entomologische Weltkarte, an deren Vervollständigung er zeit seines Lebens arbeitet. So nimmt das Ich in einem Garten bei Luxor ein paar recht gewöhnliche Käfer »nur ›des Fundorts wegen‹« (SJ, S. 167) mit. Wenn hingegen ein »Patria-Zettel« (SJ, S. 269) verloren gegangen ist, muss aus den Merkmalen des Objektes seine Herkunft rekonstruiert und eine erneute »Ortung« (SJ, S. 269) vorgenommen werden.[114]

Neben der Punktualität individueller Fundorte kennt das Erinnerungsbuch die Überblendung, bei der einzelne Orte entindividualisiert zu einem weltumspannenden Netz korrespondierender Ähnlichkeiten verbunden werden. Wenn das Ich also etwa verschiedene zu einer Gattung gehörende Käferarten an ganz unterschiedlichen Stellen der Welt entdeckt, dann rücken Orte in unmittelbare entomologische Nachbarschaft, die sich kartographisch in großer Distanz zueinander befinden. Problemlos überschreitet der Entomologe damit nicht nur Zeiten, sondern auch Räume. Typisch hierfür ist etwa eine Szene, in der der Erzähler bei der Betrachtung einer umfangreichen Käfersammlung an den »Mumien« (SJ, S. 39), d.h. den präparierten Exemplaren von Mylabriden, hängen bleibt und sich erinnert an seine eigenen Begegnungen mit Tieren dieser Gattung in »der Provence und Dalmatien, auf Rhodos und den Balearen, auch in Nordafrika« (SJ, S. 39). Der vermutlich unterschiedliche Rahmen, die verschiedenen Zeitpunkte der Reisen sowie ihre genauere Lokalität

113 Reitter: Fauna Germanica, Bd. I, S. 48. – Vgl. auch den Hinweis auf den einundreißig Lexikonbände umfassenden »Catalogus Coleopterum«, der »alle bisher bekannten Käferarten, über eine Viertelmillion [!]« enthält und sie mit folgenden Daten fixiert: »die Autoren, die Synonyma, die Quellen, die Fundorte« (SJ, S. 158). Von einer Zeitangabe ist hier nicht die Rede.

114 Vgl. in diesem Sinne die Überlegungen des Erzählers zu einem Käfer, dessen Etikett verloren gegangen ist: »das Tier könnte die afrikanische Westküste bewohnen, vielleicht auch eine der vorgelagerten Inseln, etwa die Cap Verden oder Fernando Po.« (SJ, S. 269) Nach sorgfältigen Überlegungen wird die zwischenzeitlich heimatlos gewordene Art aus der Gattung der Cetonia schließlich (entgegen den Vorgaben Reitters sogar tagesgenau) neu beschriftet und mit einem entschiedenen »Luanda, 1. Dezember 1966« (SJ, S. 273) in die Sammlung reintegriert. Tatsächlich war Ernst Jünger am 1. Dezember 1966 im angolanischen Luanda – von einer erfolgreichen subtilen Jagd auf eine Cetonidenart berichtet er in seinem Tagebuch allerdings gerade nicht. Im Gegenteil erwähnt er nur ganz knapp eine vergebliche Pirsch: »Eine goldbraune Cicindele entkam.« (Ernst Jünger: Siebzig verweht I, S. 365-367, hier S. 366).

spielen in der Erinnerung des Entomologen angesichts ihrer Gemeinsamkeit keine Rolle; unter dem Dach der Gattungseinheit werden die temporalen und topographischen Differenzen mühelos transzendiert.[115]

Auch jenseits der im engeren Sinne käferkundlichen Orte kommt die Überblendung zum Einsatz. Erfahrungen und Beobachtungen, die zu verschiedenen Zeiten an verschiedenen Orten gemacht wurden, werden ineinandergeschoben und finden sich im Erinnerungs- und Erzählprozess zu einer einzigen Erfahrung verdichtet. Dies gilt für Gewohnheiten wie »de[n] tägliche[n] Gang nach dem Bade« (SJ, S. 40), der in der Erinnerung austauschbar wird – »[W]ar es bei Marbella oder am Cap d'Antibes, war es am Strand von Xylokastron oder von Rhodos zwischen der kleinen Moschee und dem Pinienwald?« (SJ, S. 40) – ebenso wie für Momente intensiven, mystischen Naturerlebens. So amalgamieren sich Erinnerungen »an eine Alm im mittleren Norwegen, an einen Saumpfad der inneren Provence, auf dem Ziegen entlanggetrieben wurden, an Waldwiesen im Harz, an verkarstete Hochflächen mit vertrocknetem Bewuchs« mit »sardische[n] Bilder[n]« (SJ, S. 62), verschmelzen Erinnerungen an Momente, »in der Sonne«, »auf den Stufen eines Tempels«, »im heißen Sand der Düne«, »auf einem Findling in der Heide« (SJ, S. 65).

Ob Gattungseinheit, Spaziergewohnheit oder mystische Naturerfahrung: im rekapitulierenden Blick auf die Dinge und das eigene Leben lösen sich die Lokalfärbungen im Gemeinsamen auf, es »verschmelzen Erinnerungen« (SJ, S. 62). Anders gesagt: »Die Orte verschwimmen, doch nur, um sich zum Bild zu festigen.« (SJ, S. 40) Diese Bildgewinnung, diese Verdichtung der Mannigfaltigkeit in einem Urbild, erweist sich als das eigentliche Ziel der Lebensreise des spirituell bedürftigen Individuums: »Wir suchen in ihrem Wechsel [d. i. der Wechsel der Orte] auch nicht die Gärten, sondern allein *den* Garten« (SJ, S. 40).

115 Diese trugen vermutlich überall die je spezifischen Zeichen des Ortes – so jedenfalls die an anderen Stellen immer wieder geäußerte These des Erzählers; vgl. z. B. »Die Arten geben eine Ahnung von der Urkraft fernöstlicher Gebirge« (SJ, S. 27), auch hätten Tiere »ein untrügliches Gefühl für den günstigen Ort« (SJ, S. 63). Vgl. in diesem Sinne auch den Blick des Erzählers auf die ortstypischen Differenzen unter den Sandlaufkäfern: »Warum mag gerade im Sonnenland Ägypten eine Gattung zum nächtlichen Raub zurückgekehrt sein? Dafür kann sie sich den Luxus leisten, weit korpulenter und durchaus metallfarben zu sein. In den Dünen Südafrikas jagt die herkulische Mantichora, die einer schwarzen Riesenspinne ähnlich sieht. In den Bergwäldern oberhalb von Rio überraschte mich der Anblick einer schmalen, langbeinigen Spezies, eines leptosomen Tänzers, der aber, auf Gebüschen sein Wesen treibend, sich leicht ergreifen ließ.« (SJ, S. 77).

4.2.4 Von der Klassifikation zur Wesensschau

In diesem Sinne ist auch das Interesse an den Käfern und das subtile Jagen im Kern eine Urbildsuche. Blicken wir erneut zunächst auf die Gliederung. Hier sind die Käfer, wenig überraschend, quantitativ überwiegend vertreten. Erzählt wird von »Carabus« (Kapitel 2), »Antaeus« (Kapitel 3), »Mylabris« (Kapitel 4), »Typhoeus« (Kapitel 5), »Cicindela« (Kapitel 6), »Abermals Cicindela« (Kapitel 7), »Cicindela und kein Ende« (Kapitel 15), »Collyris« (Kapitel 16) und dem »Moosgrüne[n]« (Kapitel 21). Die Käfer-Kapiteltitelei ist mit wenigen Ausnahmen durch lateinische, ohne Artikel aufgeführte Ein-Wort-Bezeichnungen charakterisiert, die einen mythologisch-fremdartigen Eindruck hinterlassen.[116] Dieser ist nicht, wie man möglicherweise laienhaft annehmen könnte, durch die käferkundliche Sachlage vorgegeben; vielmehr muss man im Gegenteil gerade festhalten, dass wissenschaftliche Artnamen im Sinne der binären Nomenklatur in der Kapitel-Titelei in auffälliger Weise fehlen. Zugleich aber werden auch die (zum Teil durchaus existierenden) populären Bezeichnungen weitgehend gemieden, wird etwa der »Carabus« (Kapitel 2), die zur Familie der Carabidae gehörende Gattung der ›Echten Laufkäfer‹, gerade nicht mit seinem anschaulichen Synonym angekündigt. Während der deutsche Begriff zu Vermutungen über Aussehen, Wesen oder Lebensgewohnheiten Anlass geben oder aber auch weniger an Käfern interessierte Leser abschrecken könnte, fungiert der Begriff ›Carabus‹ eher als eine hermetische Chiffre. Mit dieser Chiffrenartigkeit ist nicht zuletzt deshalb kein harter, spezialwissenschaftlich-klassifikatorischer Fachdiskurs eröffnet, weil die Kapitel-Titelei ganz unterschiedliche Register zieht und sich dabei auch über zentrale Orientierungsmarken der Linnéschen Klassifikation hinwegsetzt. So verbergen sich hinter den Einzelbegriffen bald Gattungsbezeichnungen, bald auf das Epitheton verkürzte Artnamen.

Im Falle des Carabus etwa handelt es sich um eine Gattungsbezeichnung. Das bedeutet, dass es *den* Carabus gar nicht gibt, sondern ›Carabus‹ ein Dachbegriff für verschiedene dieser Gattung zugeordnete Arten ist.[117] Anders gesagt: im Terminus ›Carabus‹ sind Gattungsmerkmale abstrakt zusammengefasst, deren konkrete Realisationen der Käferkundler

116 Die Herkunft der Namen aus der Mythologie wird gelegentlich auch expliziert, vgl. z. B. zum Typhoeus SJ, S. 54.

117 Die verschiedenen Käfergattungen und -arten werden in jedem coleopterologischen Bestimmungbuch aufgeschlüsselt, vgl. zu den Laufkäfern z. B.: Die Käfer Mitteleuropas. Bd. 2. Adephaga 1: Carabidae (Laufkäfer). Hg. v. Gerd Müller-Motzfeld. München 2004.

dann in der Wirklichkeit der verschiedenen Laufkäfer-Spezies erblicken kann. Neben dem Carabus violaceus (Linnaeus, 1758) lernt er also vielleicht den Carabus auratus (Linnaeus, 1761) kennen,[118] oder, mit Jünger zu sprechen, der im Carabus-Kapitel selbst freigiebig die Arten auch bei ihren deutschen Namen nennt: Die »Goldleiste« ist eben nicht zu verwechseln mit dem »Goldschmied« (SJ, S. 24). Wenn es in der Kapitelüberschrift dennoch bei dem abstrakten Ordnungsbegriff Carabus bleibt, so ist damit eine erzählerische Perspektive angedeutet, die sich über Einzelepisoden und -beobachtungen dem Carabus als Idee nähert, also die Mannigfaltigkeit auf der Ebene der Arten vor der Einheit des Gattungsbegriffs betrachtet.[119]

In irritierender, anarchischer Weise leistet sich Jünger aber auch die Inkonsequenz und Freiheit, im dritten Kapitel mit dem Begriff »Antaeus« allein den Beinamen einer Art in den Titel zu setzen.[120] Auf der Ebene der Kapitel-Titelei werden damit Ähnlichkeiten suggeriert, wo tatsächlich Differenzen bestehen: indem »Carabus« und »Antaeus« gleichgeschaltet werden, ist die strukturelle Differenz zwischen Gattungs- und Artnamen verschliffen.

Diese beiläufige Nonchalance, mit der schon in den Kapitelüberschriften entomologisches Expertentum zwar angedeutet, aber gerade nicht konsequent ausgestellt wird, prägt auch den erzählerischen Umgang mit

118 Vgl. Die Käfer Mitteleuropas, S. 35 u. 45. Gemäß der Linnéschen binominalen Nomenklatur tragen die Spezies bekanntlich zweigliedrige wissenschaftliche Namen, deren erster Teil den Käfer in die Gattung (hier eben: Carabus) einordnet, und deren zweiter Teil die Art charakterisiert.

119 Ähnliches gilt für die Cicindela, die in drei Kapitelüberschriften auftaucht und sich leitmotivisch durch das Buch zieht. Auch im Fall der Cicindela entscheidet sich Jünger dagegen, die Überschrift durch die Verwendung des deutschen Begriffs ›Sandlaufkäfer‹ eingängiger, aber auch eindimensionaler zu machen. Und auch hier handelt es sich um den Namen einer Gattung, nicht um denjenigen einer Art. Auf welche Weise Cicindela in den unterschiedlichen Arten variiert: das ist es gerade, was Jünger in seinem Leben als Käferforscher interessiert hat und wovon er (nicht nur) in den Cicindela-Kapiteln erzählen wird. – Die Unterscheidung von Urbild und Realisation, von Gattung und Spezies hat Jünger auch in einem Essay reflektiert, vgl. Ernst Jünger: Typus, Name, Gestalt. In: Sämtliche Werke. 2. Abteilung: Essays. Bd. 13. Essays VII. Stuttgart 1981, S. 83-173; vgl. zu den philosophischen Elementen dieses Ansatzes Julia Draganovic: Figürliche Schrift. Zur darstellerischen Umsetzung von Weltanschauung im erzählerischen Werk Ernst Jüngers. Würzburg 1998, S. 19-45.

120 Der Antaeus heißt korrekt Coptolabrus antaeus; ähnliches gilt für den Stierkäfer »Typhoeus«, der eigentlich Typhoeus typhoeus heißt.

den Käfern im Erinnerungsbuch selbst.[121] Im Zentrum stehen die titelgebenden Jagden und die üblicherweise im heimischen Studio zu lösenden Bestimmungsprobleme.

Letztere sind für den Alltag des Coleopterologen charakteristisch. Den Grundstein aller insektenkundlicher Betätigung bildet aufgrund der ungeheuren Vielfalt von mehreren hunderttausend (!) Insektenarten die Einsicht in die Unmöglichkeit einer umfassenden Orientierung.[122] In diesem Sinne hält auch der Erzähler der *Subtilen Jagden* fest, dass die Gesamtheit der Carabidae mit »fünfundzwanzigtausend Arten, die sich ständig durch neue Beschreibungen« (SJ, S. 25) erweiterten, für einen Menschen letztlich unüberschaubar seien.[123] Er zieht daraus grundsätzlich die Konsequenz, dass die unfassbare Mannigfaltigkeit mit klassifikatorischen Modellen immer nur versuchsweise und vorläufig erfasst und fortlaufend durch die Komplexität und Variabilität der Natur korrigiert wird.

Überhaupt erweist sich die klassifizierende Zuordnung von Ding und Begriff in mindestens dreierlei Hinsicht als heikel: Erstens zeigt die Erfahrung dem subtilen Jäger, dass es innerhalb einer Art erhebliche Varianten geben kann, diese sich aber im Artnamen häufig gar nicht widerspiegeln. An dem bekannten Phänomen der Variabilität der Farbgebung – nämlich, dass der Carabus, den Linné ›violaceus‹, den Violettgerandeten, nannte, tatsächlich auch mit grünem, rosa oder goldenem Rand vorkommt[124] – exemplifiziert der Erzähler, wie eine vermeintlich eindeutige

121 Dass Jüngers Käfersammler eine »paradoxe Figur« sei, die zwischen subjektivem Erleben und objektivem Systematisierungsdrang hin und her pendle, betont auch Pedersen: »Orte«, S. 121.

122 In diesem Sinne hält auch Hans Blumenberg in Bezug auf Jüngers Käferpassion fest: »Daß es eine Systematik der Insekten überhaupt gibt, ist bei etwa 760.000 Arten mit einem großen Dunkelrand eine immer nur am Grenzfall *erlebbare* Gewißheit.« (Hans Blumenberg: Auf der Suche nach der Weltordnung. In: ders.: Der Mann vom Mond. Über Ernst Jünger. Hg. v. Alexander Schmitz u. Marcel Lepper. Frankfurt a. M. 2007, S. 34-39, hier S. 34 [Hervorheb. im Original]).

123 Selbst wenn man sich »auf eine einzige ihrer Gattungen, das Genus Carabus« beschränken würde, würde »zu seiner Erfassung [...] unser Leben, auch wenn wir hundert Jahr alt würden, nicht ausreichen.« (SJ, S. 25).

124 »Wir fingen es [das Tier, gemeint ist die Goldleiste] häufig und hatten an ihm ein erstes Beispiel der Mannigfaltigkeit, die nicht nur die Familien und Geschlechter, sondern auch die Arten auszeichnet. Linné führt es in seinem ›Natursystem‹ von 1758 als ›violaceus‹ auf; er muß also ein Exemplar mit violettem Rand vor Augen gehabt haben. Wir fanden auch grün-, rosa- und goldgerandete. Ähnliche Unterschiede entdeckten wir beim Goldschmied oder Feuerstehler, der Körnerwanze, dem Garten-, dem Hain- und dem Waldläufer. Kopfzerbrechen

klassifikatorische begriffliche Fixierung im Widerspruch stehen kann zur tatsächlichen Vielfalt der Erscheinungen.[125]

Zweitens ist das System aber nicht nur künstlich, es ist zudem ein statischer Raum der Begriffsherrschaft. Denn selbst ein schlecht gewählter Name wie der des Violettgerandeten, der auf das Merkmal einer Variante zielt und dieses als artspezifisch suggeriert, bleibt nach »dem von Linné [selbst] aufgestellten Gesetz [der Priorität]« (SJ, S. 28) bestehen.[126] Die Systematik entpuppt sich damit als eine naturkundliche Verschriftlichungspraktik, in der es weniger um eine angemessene und prinzipiell revidierbare sprachliche Annäherung an die Komplexität der Natur geht, als vielmehr um das Sich-Einschreiben in den entomologischen Orden. Die ›Taufe‹ einer neuen Art wird daher mit leicht ironischem Unterton als Krönung eines jeden Käferkundlerlebens bezeichnet, bei der ein »neuer Name [...] in Linnés großes Jagdbuch eingetragen« und »mit dem eigenen verknüpft« (SJ, S. 29) wird.[127]

Drittens erweist sich die Beherrschung und Anwendung des Klassifikationssystems in konkreten Bestimmungsfragen immer wieder als schwierig. Der Erzähler löst dies, indem er ein für ihn nicht identifizier-

machte auch die Farbe der Beine, die bei derselben Art vom Antimonschwarz bis zum Korallenrot eine Reihe von Übergängen durchlief.« (SJ, S. 24) – Tatsächlich mündete die von Jünger in den *Subtilen Jagden* erwähnte Vielfalt innerhalb der Art Goldleiste in die Beschreibung zahlreicher Formen und Unterarten, »deren Berechtigung und Abgrenzung trotz mehrerer Lösungsansätze nicht endgültig geklärt ist« (Müller-Motzfeld: Die Käfer Mitteleuropas, S. 45). – Vgl. in ähnlichem Sinn auch die Bemerkungen über die wechselnde »Zeichnung« der Käfer, die als »Muster phänotypischer Ähnlichkeiten« durchdrungen werden müssten, d. h. von denen man sich nicht allzu sehr beeindrucken lasse dürfe, wenn man die Art bestimmen wolle (SJ, S. 132).

125 Eine Erfahrung, die den alten »Krieg« (SJ, S. 29) über die Frage berührt, welche Merkmale hinreichend sind, um eine Art zu begründen. Der Erzähler vermutet, dass es die Coleopterologen im Kampf um Artdefinitionen und -grenzen besonders schwer hätten, da ihre Forschungsobjekte häufig derart klein seien, dass nur wenige Merkmale überhaupt deutlich erkennbar seien – was umgekehrt die Gefahr berge, dass man diese identifizierbaren Unterschiede überbewerte, vgl. SJ, S. 28 f.

126 Ebenfalls als »schlecht gewählt« schätzt der Erzähler den Namen Meloe ein, den Linné für den Maiwurm auswählte: dieser sei ein »plumpe[r] Geselle« und durch »den melodischen Namen« kaum zutreffend charakterisiert (SJ, S. 50).

127 Auch nach Ernst Jünger sind einige Arten benannt vgl. Zissler: In der Mannigfaltigkeit, S. 138; vgl. auch die Nachweise bei Horst Mühleisen: Bibliographie der Werke Ernst Jüngers. Begründet von Hans Peter des Coudres. Erweiterte Neuausgabe Stuttgart 1996, S. 164-170.

bares Objekt auf den »Instanzenweg« (SJ, S. 180) schickt, also Klassifikationsspezialisten zusendet.[128] Mit seiner typischen Nonchalance leistet er sich anschließend gegebenenfalls aber auch die Freiheit, den mit einigem Aufwand erfahrenen Namen zwar in seiner »Kartei« (SJ, S. 180) festzuhalten, in den eigenen aktiven Wortschatz jedoch nicht aufzunehmen. Vielmehr gibt er dem fraglichen Tier »für den Hausgebrauch« einen eigenen, das individuelle Jagderlebnis und die Fundortsituation einfangenden Namen. Mit dieser Praxis folgt er ausdrücklich seinem Motto: »Wissenschaft immer nur nach Bedarf.« (SJ, S. 180)

Insgesamt kann man festhalten, dass die Verortung der Käfer im Klassifikationssystem, die Zuordnung von Ding und Begriff, dem Erzähler also zwar nicht gleichgültig ist, er in ihr aber ausdrücklich nicht den eigentlichen »Sinn« seiner Tätigkeit erblickt. Dieser warte vielmehr im »Undefinierbaren«, in »Zonen«, »in denen Namen Schall und Rauch werden« (SJ, S. 176). Während »Ordnung« also immer nur »Anordnung« sei (SJ, S. 176), strebt der subtile Jäger nach einer Erfahrung des hinter den Einzelphänomenen sich verbergenden Ganzen – eine Erfahrung, die nun wiederum dem reinen Systematiker eher suspekt erscheinen dürfte.

Eine derartige Schau findet selbstredend nicht im heimischen Studio, sondern draußen in der Natur statt, wo der Käferkundler als Jäger agiert. Die Beschreibung seiner Exkursions-Erfahrungen organisiert der Erzähler zum einen um die Dialektik von Mannigfaltigkeit und Einheit, um reale Artenvielfalt und abstrakte Gattungsidee. Hier interessiert ihn das Verhältnis von Erstbeobachtung (Entwicklung einer Gattungsidee) und Folgebeobachtung (Präzisierung oder Irritation desselben). Zum anderen wird als Zielpunkt aller käferkundlichen Exkursionstätigkeit neben der visuellen Erkundung der Artvarianten eines Genus die Überschreitung des klassifizierenden Blicks in einem Durchbruch zu einem neuen Sehen behauptet. Hier geht es um eine bestimmte Optik, eine Haltung, die mit Käferkunde kaum noch etwas zu tun hat.

Schauen wir zunächst auf das Verhältnis von Erst- und Folgebeobachtungen. Bei den Erstbeobachtungen können zwei Typen unterschieden werden: diejenigen ohne und diejenigen mit Vorwissen. Eine von keinerlei Vorwissen strukturierte Erstbeobachtung gelingt dem Knaben auf der Exkursion in die Rehburger Sandkuhle, wo er einer Cicindela, einem Sandlaufkäfer, begegnet. Die Beobachtung hinterlässt gerade deshalb einen unauslöschlichen Eindruck und begründet die lebenslange Leidenschaft des Autors, Erzählers und Helden für die Vertreter dieser Gattung, weil sie als ein überraschender Blick auf etwas vollkommen Neues und

128 Vgl. ebenso SJ, S. 176.

Unbekanntes erfahren wird. Staunende Anschauung eines sogar hinsichtlich der Familienzugehörigkeit unklaren, aber faszinierend schönen »Schattenspiel[s]«, eines nicht fassbaren »Augentrug[s]«, mündet nach einigen Mühen endlich in die erfolgreiche Jagd: Der Junge fängt den »Gast aus dem Wunderland« (SJ, S. 70).[129] Im Studio zu Hause folgt noch einmal eine von ästhetischem Erleben bestimmte »gründliche Betrachtung« (SJ, S. 72) des schönen Tiers; dann aber drängt sich mit Macht die Frage nach seiner Identität, seinem Namen auf. Hier folgert der Knabe aus der Tatsache, dass er selbst das Tier nicht kennt, dass es sich um »eine unbekannte Spezies« handle, für die nun aus seiner Feder »eine Beschreibung fällig« (SJ, S. 72) sei. Erst der Hinweis des Vaters auf »die Literatur« und das Lesen im ›Reitter‹ lässt ihn seinen naiven Irrtum und die Tatsache erkennen, dass er »ein wohlbekanntes Tier erbeutet hatte: die bereits in Linnés Natursystem von 1758 aufgeführte Cicindela hybrida.« (SJ, S. 72)

Die Erstbeobachtung der Cicindela erweist sich damit insofern als zwiespältig: Was als »Wunder« (SJ, S. 73) erfahren wurde, entpuppt sich als alter Hut. Dennoch hat sich in dem begriffslosen Staunen Entscheidendes ereignet: Der junge Jäger hat sich in einem Moment reiner Anschauung die Cicindela als wahres »Eigentum« (SJ, S. 73) angeeignet, sich ganz eigenständig und unbelastet ein Urbild erstellt. Gerade die Erstbeobachtung ohne Vorwissen ist also eine Gattungsschau – »und das trifft tiefer als jede noch so prächtige Vertretung durch die Art.« (SJ, S. 67)[130]

Aber es gibt auch den umgekehrten Fall, dass ein bislang theoretisches, rein begriffliches Wissen in einer Erstbeobachtung endlich Gestalt an-

129 Bei seiner ersten Begegnung mit einem Sandlaufkäfer ist der Nachwuchsentomologe im Zweifel, ob »es eine prächtige Fliege«, »eine bunte Wespe oder gar ein Käfer« ist (SJ, S. 69). – Von dieser Fähigkeit zum »Staunen« ist auch die Erstbegegnung mit dem Typhoeus geprägt: Der Knabe entdeckt Tiere, die er zuvor »noch nie beachtet, nie wahrgenommen hatte« (SJ, S. 53). Ganz offensichtlich hat die Ausrüstung ihm die Augen geöffnet und führt zu einem neuen Blick auf die Welt, die ihn in ihrer Mannigfaltigkeit überrascht. Der besondere Zauber dieser ersten Exkursionen liegt in der Vielzahl unmittelbarer, von keinerlei Systematik beschwerter Erstbeobachtungen: Noch verfügt der junge Käferforscher über derart wenig Vorwissen, dass die lebendige Anschauung ganz unmittelbar wirken kann: »jedes [der Tiere] war neu für mich, nicht nur als Einzelwesen, sondern neu in seiner Art« (SJ, S. 53).

130 Zwar scheint die von keinerlei Wissen vorstrukturierte Erstbeobachtung besonders intensiv zu wirken und eine völlig eigenständige Entwicklung eines Urbildes zu ermöglichen; gleichwohl schätzt der Erzähler jede Erstbeobachtung als eine Gattungsschau ein; vgl. SJ, S. 67. – Als Platonismus deutet diesen Jüngerschen Ansatz Blumenberg: Auf der Suche nach der Weltordnung.

nimmt. Dies erfährt der subtile Jäger als ein »Wiederfinden von Namen und Begriffen in der gegenwärtigen Anschauung, ihre Bestätigung durch die plastische Realität.« Bei dieser Form der Erstbeobachtung würden die Dinge in ein bis dato abstraktes »Gerüst« gestellt. Während die Erstbeobachtung ohne Vorwissen eine selbständige Schaffung eines Bildes ermöglicht, gleicht die erstmalige Sichtung einer bislang nur theoretisch bekannten Art dem Wechsel von einer Schwarz-Weiß-Skizze zu einem Gemälde, einer Farbgewinnung, ja Erleuchtung: »es war, als ob die Zeichnung illuminiert würde.« (SJ, S. 134)

Für die weitere käferkundliche Laufbahn stellen in der Erstbeobachtung erfahrene Urbildprägung und Gattungsschau die entscheidenden Weichen; anschließend wiederholt sich immer wieder »kaleidoskopisch die erste Begegnung« (SJ, S. 144). Üblicherweise folgt nach der Urbildprägung seine Präzisierung durch Folgebeobachtungen: Diese werden zu einer »Wiederkehr«, in der das, »was zunächst als Zauberwerk erschien«, immer deutlicher Gestalt annimmt (SJ, S. 144). Hin und wieder aber kommt es auch zu einer »Verwirrung«, wenn Folgebeobachtungen im Widerspruch zu dem in der Erstbeobachtung generierten Gattungsurbild stehen. Dies ist etwa der Fall, wenn einzelne Arten scheinbar den »Typus« (SJ, S. 147) sprengen, indem sie dessen »Muster« (SJ, S. 201) nicht bedienen, wenn also »Formen« auftreten, die zwar »in mein Revier fielen, jedoch phantastisch ausschweiften« (SJ, S. 177) – etwas, das der Erzähler letztlich als eine vom »Demiurgos« absichtlich gestiftete produktive Verwirrung interpretiert, die den Käferkundler zu geistiger Flexibilität und einer undogmatischen Bewegung im klassifikatorischen System ermahnt.[131] Diese dialektische Spannung von Mannigfaltigkeit und Einheit, von Artvarianten und Gattungsidee ahnt der Knabe, als er in der Sandgrube »die Gestalt« erblickt (SJ, S. 78), natürlich noch nicht. Gleichwohl wird hier der Grundstein gelegt für das, was der Erzähler zeitlebens erfahren wird und das er selbst einmal plastisch auf die Formel bringt: »Die Kleider wechseln, der Charakter bleibt.« (SJ, S. 76)

131 So führt es etwa zum »Hadern mit dem Demiurgos«, wenn ein Sandlaufkäfer auftaucht, der entgegen den Grundregeln des Gattungsbildes gar nicht auf sandigem Terrain, sondern im Urwald lebt. Diese Abweichung wird dann als Belehrung gedeutet: »Hier will ein Bild die Grenzen sprengen, durch die der Begriff es umriß und einengte. Der Geist muß wohl oder übel darauf eingehen, wenn er nicht vor der Erscheinung kapitulieren will. Indem er die Grenzen weitet, fängt er das Bild wieder ein. Nicht in der Welt lag der Fehler, sondern in unserem Auge, unserem Inneren. Da ist ein Sprung, der auf den Ursprung verweist.« (SJ, S. 147 f.).

Für diesen Blick auf den Charakter hinter der Kleidung, auf die Einheit hinter Mannigfaltigkeit bedarf es einer bestimmten Wahrnehmungsposition und -fähigkeit. Diese besteht aufgrund der Kleinheit der konkreten Gegenstände zunächst einmal aus einer Technik des Zooms.[132] Zugleich aber, so die Überzeugung des Erzählers, liege das »Geheimnis« der subtilen Jägerei letztlich gar nicht in den »Objekten«, also den Käfern selbst, die vielmehr lediglich »den Vorwand« und tendenziell austauschbaren Anlass bildeten für die Herstellung »einer besonderen Optik« (SJ, S. 82). Diese »Optik« ist die spezifische Haltung, aus der heraus die Schau auf Mannigfaltigkeit und Einheit, die auf »Augenblicke« zielende, also Zeit, Raum und Klassifikation transzendierende »unkopernikanisch[e]« Wahrnehmungsposition nach der Auffassung des Erzählers überhaupt nur möglich ist, eine Haltung, die er als »uralte Lebensform« beschreibt und hinter der sich die Existenzform »des Wildbeuters« verberge (SJ, S. 82). Allein der männliche Jäger, der in der freien Natur ungebunden agierende Wildbeuter könne also in magischen Augenblicken epiphanen Naturerlebens die hinter den Dingen liegende »Harmonie« (SJ, S. 85) erahnen. Wenn er den – von Jünger in anderen Texten als »stereoskopisch« bezeichneten – intensiven Makro- und Tiefenblick einstellt, wird im optimalen Fall »ein Kontakt geschlossen, der ein besonderes Licht erzeugt« (SJ, S. 82).[133] Dann spielen Raum und Zeit, ja selbst

132 Im Feld blickt der subtile Jäger generell so, »als ob ich diesen Weg mit meiner Lupe betrachtete« (SJ, S. 53), da man sich nämlich auf die »Dimension« (SJ, S. 61) einstellen, sich gedanklich auf Augenhöhe der Käfer begeben müsse, um ihre »Mannigfaltigkeit« (SJ, S. 61) zu erfahren. Nur aus dieser bodennahen Optik erkenne man etwa, dass der Typhoeus »wie ein Elefant, oder, besser noch, wie ein Nashorn« (SJ, S. 54) aussieht und die Scarabäen in dieser vergrößerten neuen Welt »die Antilopen, die Büffel, die Nashörner« (SJ, S. 61) vertreten.

133 Zum Konzept des stereoskopischen Sehens vgl. Ernst Jünger: Sizilischer Brief an den Mann im Mond. In: ders.: Sämtliche Werke. 2. Abteilung: Essays. Bd. 9: Essays III. Stuttgart 1979, S. 11-22. Hier wird der »stereoskopische[] Blick« als das eigentliche Ziel menschlichen Strebens bestimmt: Er allein ermögliche es, momenthaft »die Dinge in ihrer geheimen, runderen Körperlichkeit« zu erfassen (ebd., S. 20). Es handelt sich um eine doppelte Optik, in der man einerseits das Ding in seiner oberflächlichen Erscheinung wahrnimmt und zugleich durch diese äußere Hülle in seinen Kern, sein Wesen vordringt: »Im gleichen Augenblick, in dem sie [d. s. die Bilder] in ein einziges Bild zusammenschmolzen, brach auch die neue Dimension der Tiefe in ihnen auf.« (ebd., S. 22) – Vgl. dazu auch die Analyse von Rainer Waßner: »Die Suche nach dem Wunderbaren«. Ernst Jüngers Programmschrift *Sizilischer Brief an den Mann im Mond*. In: Weimarer Beiträge 53 (2007), S. 541-558; vgl. ebenfalls Katzmann: Ernst Jüngers Magischer Realismus, S. 15-23; Christoph Quarch: Die Natur als inneres Erlebnis. In:

die Käfer keine Rolle mehr, werden Beutegesichtspunkte ebenso wie die systematischen Bemühungen à la Linné transzendiert: Subjekt und Objekt verschmelzen. Die »alte Gleichung des Bewußtseins mit der Welt« (SJ, S. 82) geht, wenn »das Auge [...] von allen Einzelheiten, der Geist von jeder Reflexion befreit« (SJ, S. 208) ist, wieder auf. Dieses momenthafte Eintauchen in die kosmische Harmonie sei »das Ziel« (SJ, S. 208). Auch wenn also etwa ›der Moosgrüne‹ sich nicht noch einmal finden lässt, so hat er doch »den Pol gebildet, um den sich der Umschwung drehte« (SJ, S. 208).[134] Anders gesagt: auch wenn der Jäger ohne Objekt nach Hause gehen muss, ist der »Gang [doch] gelungen; er hat kulminiert.« (SJ, S. 208) Der Wildbeuter war erfolgreich.

4.2.5 Fixpunkte

Als Wildbeuter kann der Käferkundler also momenthaft Raum und Zeit überwinden, die Klassifikationslogik hinter sich lassen und in einer spirituellen Erfahrung an der kosmischen Harmonie teilhaben.[135] Zu dieser Verschmelzungserfahrung bildet das Wissen über die Mannigfaltigkeit der Käfer und die Mannigfaltigkeit der Begegnungen mit ihnen gleichwohl den notwendigen und charakteristischen Ausgangspunkt, denn erst das Bewusstsein der Vielfalt schafft das Bedürfnis nach Orientierungsmarken. Die auf einem Tableau der Ähnlichkeiten kreisende Vielfalt seiner Erlebnisse organisiert und strukturiert der Erzähler durch die Setzung dessen, was er »Fixpunkte« nennt (SJ, S. 96). Unterschieden werden können rein entomologische von mnemotechnischen und narratologischen Fixpunkten.

Als entomologische Fixpunkte, erstens, fungieren innerhalb der Käferkunde Sammelobjekte und Käfernamen. So werden erbeutete Käfer als

Magie der Heiterkeit. Ernst Jünger zum Hundertsten. Hg. v. Günter Figal u. Heimo Schwilk. Stuttgart 1995, S. 183-203; Norbert Straub: Wagnis ohne Welt. Ernst Jüngers Schrift *Das abenteuerliche Herz* und ihr Kontext. Würzburg 2000, S. 174; Sandro Gorgone: Naturphilosophie und stereoskopische Sicht bei Ernst Jünger. In: Natur (= Jünger-Studien 5), S. 21-39.

134 Vgl. in diesem Sinne auch die Bemerkung des Erzählers, dass das »Ziel« jeder Reise, jeder Exkursion letztlich »unbedeutend« und »vordergründig« sei: »die Jagd führt durch den Gegenstand hindurch. Wer an ihm haftet, verfällt der Ziffer oder verliert sich im Kuriosen; sein Blick bleibt an den Facetten haften, er dringt nicht in die Tiefe des Steines ein.« (SJ, S. 126).

135 Vgl.: »Nicht nur die Zeit verdichtet sich im Hinblick auf die winzigen Objekte und ihre magischen Charaktere, sondern auch der Raum gewinnt an Ausdehnung.« (SJ, S. 199).

»Fixpunkt[e] für Projektionen« (SJ, S. 26) bezeichnet, da sie dem Entomologen zu weiteren subtilen Jagden nach ähnlichen Arten Anreiz geben. In diesem Sinne werden Vertreter heimischer Spezies zu »Vorposten« (SJ, S. 26) für andere Arten derselben Gattung, Objekte aus fremden Käferkästen zu »Stützpunkte[n] für künftige [eigene] Erfahrungen« (SJ, S. 119). Aufgrund des enormen Artenreichtums der Insekten ist der subtile Jäger im Feld aber auch für einen begrifflichen »Fixpunkt« (SJ, S. 146) dankbar: Der Name selbst hat dann die Funktion einer Markierung. Um eine Gewinnung derartiger persönlicher Orientierungspunkte, nicht um eine sowieso für unmöglich erklärte Überschau über das Gesamtsystem ist es dem subtilen Jäger zu tun.

Zweitens und vor allem markiert der Erzähler mnemotechnische Fixpunkte – Erinnerungspunkte, in denen sich Naturobjekte und individuelle Geschichte verknüpfen. Diese Verknüpfung von Käfererinnerungsträger und Lebensgeschichte kann sich spontan und zufällig ereignen, indem etwa der erneute Anblick einer bestimmten Art in einem Flash eine spontane Verbindung herstellt zur Vergangenheit.[136] Einzelne Käfer in der heimischen Sammlung verfügen aber offenbar auch über eine stabile und immer wieder neu abrufbare Erinnerungsträgerfunktion. So lässt etwa ein Sammlungsobjekt (selbst wenn der Jäger es gar nicht anschaut, sondern nur an es denkt) den Fundort unmittelbar vor dem inneren Auge des Ich wieder aufsteigen, »als ob ein winziger Kontakt ein großes Licht entzündete« (SJ, S. 180). Auch begleitende Naturobjekte wie etwa lokaltypische Pflanzen, die der subtile Jäger am Fundort sammelt, können getrocknet und in ein (also offenbar bestehendes) »Journal« (SJ, S. 47) integriert zu jederzeit aktivierbaren Erinnerungsträgern werden.[137]

Eine zentrale Rolle kommt in diesem Netz aus entomologischen Erinnerungs-Fixpunkten der Verschriftlichung zu. Die coleopterologische Aufschreibepraxis des Ich ist – im Unterschied etwa zu der des Harzer Rektors, der seine Funde am »Mikroskop« (SJ, S. 171) gründlich studiert und die Ergebnisse dann wichtig in einen »Folianten« einträgt – eher flüchtiger und persönlicher Art: Nicht in einem gebundenen Buch, son-

136 Dies gilt für »die blaue Drypta« (SJ, S. 171), die dem subtilen Jäger im Kriegsgeschehen des Zweiten Weltkriegs, als er plötzlich zur Deckung eine Grube aufsuchen muss, begegnet und die unmittelbar einen Erinnerungskontakt zur entomologischen Studienzeit im Harz herstellt: »Ich war nun ganz in Goslar; ein blauer Funke übersprang die Zeit …« (SJ, S. 172).

137 Diese getrockneten Pflanzen funktionieren dann weniger optisch als olfaktorisch, indem ihr Duft als eine »Springwurzel« nach Jahren den Erinnerungsweg, »halbverschüttete Gänge« (SJ, S. 47) wieder eröffnet.

dern auf losen »Karteiblätter[n]« werden neben den käferkundlichen harten Fakten auch »Notizen« fixiert, »die mit der Wissenschaft wenig zu tun hatten«, aber das »Drum und Dran« festhalten (SJ, S. 171).[138] Von vornherein sind die käferkundlichen ›Zettel‹ des Protagonisten damit *auch* – wenn nicht sogar in erster Linie – als autobiographische Erinnerungstexte konzipiert. Ja, es zeigt sich, dass die Entomologie in *Subtile Jagden* im Kern nichts anderes ist als eine Erinnerungskunst, denn insbesondere im Studio, im Archivieren und Verschriftlichen der Sammlungsobjekte agiert der Wildbeuter ganz ausdrücklich und ausschließlich in diesem Sinne.[139] Bei dem Aufbau der eigenen Sammlung gehe es nämlich allein um »Erinnerung«, darum, sich ein auf den individuellen Jagden basierendes »System[]« aufzubauen, »das in Zeit und Raum Beständigkeit gewährt«. Der Jäger hortet in seinem Naturalienkabinett also seine Trophäen, er arrangiert und ordnet sie als individuelle »Fixpunkte[]« (SJ, S. 47), um sich, abgeschirmt von Geschichte und Weltenlauf, erinnern zu können – an seine Käfer, aber auch an sich selbst. Die Naturkunde erweist sich damit als ein Schutzschild vor der Flüchtigkeit der Welt und als ein Ordnungssystem für den Blick auf das eigene Leben und die Momente der wahren wesensschauhaften Naturerkenntnis, die es schenkte.

Für die Verschriftlichung der Käferjägerlebensgeschichte braucht es schließlich drittens narratologische Fixpunkte, um die herum die Erzählung organisiert werden kann. In der nachgeschobenen »Einleitung« (SJ, S. 97) unterbricht der Erzähler (in provozierendem und spielerischem Widerspruch zum Titel des Kapitels »Rückblick«) abrupt die bisherige Retrospektive und versetzt den Leser in die Schreibgegenwart.[140] Das auf

138 Vgl. zur »Kartei« auch SJ, S. 121 f. Hier vertritt der Erzähler die Auffassung, dass »Notizen über Gegenstände« nicht nur der differenzierenden Bestimmung und Aussonderung, sondern auch einer magischen Verdichtung eines intensiv erfahrenen Momentes der Harmonie dienen könnten.

139 Auch das Klassifikationssystem ist vor allem ein Erinnerungssystem: »Zehntausend lateinische Namen, jeder für sich bedeutend, bilden zugleich ein Netz von blitzenden Häkchen für die Erinnerung.« (SJ, S. 171).

140 Diese Schreibgegenwart, genau datiert auf den »26. Juni 1965« (SJ, S. 95) ist eine bis zum »Rückblick« nicht angespielte Zeit- und Handlungsebene, die später durch das Datum des Manuskriptabschlusses, »Mai 1967« (SJ, S. 277), wiederum selbst in die Vergangenheit gerückt wird. Das gelegentlich eingestreute vage »heute« (vgl. z. B. SJ, S. 31) oder das auf die abschließenden redaktionellen Arbeiten des Schriftstellers bezogene »jetzt« (SJ, S. 54) liegen vermutlich auch relativ nah an diesen Zeitpunkten. – Biographisch lässt sich der 26. Juni 1965 mühelos verifizieren: Vom 13. Juni 1965 bis zum 7. Oktober 1965 unternahm Ernst Jünger eine mehrmonatige Schiffsreise nach und durch Südostasien, auf der er tatsächlich u. a. an den *Subtilen Jagden* arbeitete (vgl. Siebzig verweht I, S. 40).

einem Schiff sitzende Ich präsentiert sich als räsonierender Erinnerungskünstler, der zwischen kontemplativem Rückzug in die Schreibarbeit und blickweisem Abschweifen in die Ferne wechselt.[141] Innen- und Außenschau kulminieren in einem Erinnerungsflash: Der Anblick der Felsstraße nach Puerto Pollensa gemahnt das Ich plötzlich an die Zeit vor »fünfunddreißig Jahre[n]«, in der er mit seiner ersten Frau »Perpetua« und dem früh verstorbenen gemeinsamen Sohn »Ernstel« auf Mallorca einen Urlaub verbrachte (SJ, S. 96). Die Erfahrung, dass »jene Tage« mit einem Mal wieder »ganz nah heran« (SJ, S. 96) rücken, in der Erinnerung also eine Überwindung der raum-zeitlichen Parameter mühelos möglich ist, verallgemeinert und erweitert er dann zu einer regelrechten narratologischen Fixpunkt-These. Ebenso wie die Erinnerung selbst basiere ihre Verschriftlichung nämlich darauf, sich gegen die etablierten Koordinaten von Zeit, Raum und Klassifikation zu behaupten und eigenständig einen Ausgangspunkt zu konstruieren, von dem aus man (s)eine Geschichte erzähle. Es gehe also darum, »geistig einen Fixpunkt zu gewinnen«, einen archimedischen Punkt, »an dem wir ruhen, während die Erscheinung defiliert« (SJ, S. 96). Einen derartigen Punkt müsse jeder Erzähler im vollen Bewusstsein darüber imaginieren, dass sich seine Position faktisch

141 Der Erzähler bedient sich immer wieder einer spezifischen Vergegenwärtigungstechnik, die auch so eingesetzt werden kann, dass verschiedene historische Zeitschichten im selben Tempus, nämlich dem Präsens, erzählt werden. Besonders auffällig ist in diesem Zusammenhang die Historie vom verloren gegangenen Patria-Zettel: Der Text setzt im Präsens ein und bezieht sich auf den Sammler in Wilflingen, der »die Gelbgerandete«, den durch den Etikettenverlust heimatlos gewordenen Käfer, seiner Sammlung wieder einverleiben will. Mit einem Mal hat er offenbar einen Gedankenblitz und erinnert sich an die Situation (auf der wie immer per Schiff erfolgten Rückreise von Angola), in der er den Käfer erstmalig identifizierte und beschriftetete. Die Schreibsituation steht ihm völlig plastisch vor Augen und wird daher ebenfalls im Präsens erzählt: »Wir sind jetzt an Bord des ›Principe Perfeito‹, eines portugiesischen Schiffes; ich notiere Fundort und Datum: ›Luanda, 1. Dezember 1966‹« (SJ, S. 273). – Auf den narratologischen Vergegenwärtigungstrick greift der Erzähler aber nicht nur zurück, wenn es ihm um Schreibsituationen (sei es der *Subtilen Jagden*, sei es von Patria-Zetteln) geht; auch besondere entomologische Entdeckungen während der Reisen werden gelegentlich mit der grammatischen Gegenwartsform als Startschuss für das umso intensivere Eintauchen in die Vergangenheit geadelt: »Ich bin immer noch an Bord, augenblicklich im Indischen Ozean auf der Fahrt von Ceylon nach Dschibuti, bei angenehmer, leichter See. […] Wenn ich auch, sowohl an Land wie auf See, in der Hauptsache mit anderen Dingen beschäftigt war, so erspähte ich doch, gewissermaßen mit Seitenblicken, einige neue Cicindelen, teils in ihren Revieren, teils in Sammlungen.« (SJ, S. 117).

(wie auf einem Schiff) ständig ändere. Sein Erzählsystem müsse deshalb »Spielcharakter« haben, dürfe nicht statisch oder dogmatisch sein. Vielmehr komme es gerade darauf an, einen »Punkt im Ausgedehnten zu vermuten« und dann durch die »Bewegung im System« (SJ, S. 122) seine Geschichte tentativ zu generieren.

Die Rolle derartiger subjektiv und willkürlich gesetzter Fixpunkte in einer ständig sich wandelnden Welt übernehmen in *Subtile Jagden* die Käfer. Sie sind der archimedische Punkt, den der Erzähler sich setzt, um zu erzählen. Während also die Geschichte abläuft, ordnet er sein Leben angesichts der Käfer und mit den Methoden der Naturgeschichte. Dies geschieht auf dreierlei Weise. Erstens entfaltet er von den Käfern aus sein um die klassifikatorische Unterscheidung von Gattung und Art kreisendes entomologisches Wissen. Zweitens funktionalisiert er die Käfer als Erinnerungsträger, von denen aus er seine Käferjägerlebensgeschichte erzählen kann. Drittens erweisen sich die Käfer dann auch als »Vorwand« für die Organisation der Lebensweise – die Existenz als Wildbeuter – , die im Kern nicht nach Orientierung im klassifikatorischen System der Käfer, sondern nach kosmischer Harmonie-Erfahrung strebt.

Sandlaufkäfer & Co., die an einem bestimmten Tag an einem bestimmten Ort in einer bestimmten Situation in das Leben des Wildbeuters traten, ordnet der Erzähler in einem Netz von Korrespondenzen jenseits dieser Zeit und jenseits dieses Raumes. In selbst gesetzten Punkten führt der erzählende Käferkundler Erfahrung und Erinnerung, Käfer- und Selbstwissen kreisend zusammen. Sein Ziel ist, seine spezifische Form der Käferkunde und seinen Lebensentwurf sichtbar zu machen als ein Ringen um erkennende Teilhabe am Schöpfungszusammenhang. Die praktische Naturkunde ›im Feld‹ bietet dem subtilen Jäger dabei den Rahmen für seine Lebensform, sie ist das Sprungbrett zu einer im Glücksfall sich ereignenden Erkenntnis (sei es der Gattungsidee, sei es der Weltharmonie). Die praktische Naturkunde im Studio hingegen ist Erinnerungskunst, ist ein Verfahren, Natur- und Selbsterleben durch ›Verzettelung‹ erinnerbar zu machen und so Fixpunkte für die Erzählung herzustellen. Zugespitzt kann man am Ende resümieren: Von der Naturkunde hat Jünger wirklich alles gelernt, nämlich, wie er leben, wie er sich erinnern und wie er erzählen muss.

4.3 Zweites Zwischenresümee

Jüngers Werk legt – wenig überraschend – Zeugnis ab von der Vertrautheit des Autors mit der klassischen Naturgeschichte. In der Form der klassifikatorisch ausgerichteten Botanik Linnés steht die Naturgeschichte im Zentrum der *Marmorklippen*. Dieses Zentrum wird in konkreten Räumen (Herbarium, Bibliothek und Garten) markiert und von den Protagonisten als ein sprachliches Ordnungsverfahren praktiziert. Bis in Nuancen ist das Vorbild Linné dem Roman eingeschrieben: Das Ringen des Schweden um äußerste sprachliche Präzision lebt in der Zettelkunst der Brüder weiter; Linnés Plädoyer für eine Befreiung der Herbarienblätter ist im Roman eine gängige Praxis, mit der Raum und Zeit überwunden werden.

Diese wissenschaftsgeschichtlich sorgfältige, detailkundige Fiktionalisierung der Linnéschen Botanik schlägt sich in den *Marmorklippen* aber auch konzeptionell nieder: In der Versuchsanordnung der *Marmorklippen* übernimmt die klassische Naturgeschichte im Kampf zweier antagonistischer Welten die Rolle eines kontrollierenden statischen Systems, in dem der Mensch qua Sprache und in einem Akt der geistigen Erhebung über die nackte zeitgeschichtliche Notwendigkeit dominiert. Naturgeschichte wird damit – Lepenies avant la lettre – zitiert als eine kulturelle Praktik der Stillstellung. Auf sie wird im Dienste eines Ausweichens vor gesellschaftlicher Wirklichkeit, vor Geschichte zurückgegriffen.

Freilich funktioniert dies auch innerhalb der Romanfiktion nur begrenzt, denn am Ende siegt nicht die Naturgeschichte, sondern es geht im großen Weltenbrand alles, auch das Herbarium, unter. Dass dies allerdings nicht weiter tragisch ist, bereitet der Roman vor, indem er mit der Figur des Lampros einen Pflanzenfreund einführt, der hinter dem positivistischen Zählen und Verzeichnen der Blütenblätter um eine höhere Wahrheit weiß. Jenseits der Linnéschen Naturgeschichte und unabhängig vom Bestehen eines botanischen Archivs wartet auf die eingeweihten Mitglieder des botanischen Geheimbundes die spirituelle Erkenntnis des großen Ganzen, der göttlichen Idee, die den Brüdern in Momenten der Wesensschau aufleuchtet. Erst als magische erweist sich Naturgeschichte als der richtige Weg. Die *Marmorklippen* scheinen damit eine politische Positionierung letztlich zu verweigern. Die Protagonisten jedenfalls ziehen sich über die Naturgeschichte aus der Geschichte zurück und streben nach einer spirituellen Durchbruchserfahrung zum Naturganzen. Die an Jüngers Schreibstil so häufig konstatierten, ja, bemängelten Stilisierungen und Ästhetisierungen lassen sich vor diesem Hintergrund lesen als vom Autor bewusst gesetzte Signaturen einer naturmagisch organisierten epischen Welt.

Die in den *Marmorklippen* auf der inhaltlichen und konzeptionellen Ebene zitierte Linnésche Naturgeschichte wird in *Subtile Jagden* zu einem umfassenden Ähnlichkeitsdenken und zu einer Erinnerungskunst erweitert und vertieft. Wie im Roman zielt auch die naturkundliche Praxis des subtilen Jägers und Sammlers auf eine spirituelle Harmonie-Erfahrung, ist magische Naturgeschichte. Diese wird nun aber systematisch begründet und angetrieben durch einen Diskurs über Gattung und Art, über Typus und Variante, über Einheit und Mannigfaltigkeit. Diese metaphysisch gewendete Naturgeschichte bedingt auch die zeitliche und räumliche ›Unordnung‹ des Textes: Nicht die Chronologie der persönlichen Lebensgeschichte und der ›großen Geschichte‹ ist das stimmige Erzählmuster für ein Leben, das sich um Momente der Erfahrung von Zeitlosigkeit in der Zeit organisiert. Auch der Raum wird anders erfahren, anders erinnert, anders erzählt: Orte sind Fundorte, die sich in Augenblicken von Überblendung auf einer entomologischen Weltkarte kurzschließen. Als Gravitationszentren der Erzählung, als ›Fixpunkte‹, fungieren die erbeuteten und in die Sammlung integrierten Käfer. Sie sind die Erinnerungsträger, in denen sich Geschichten, Orte und Zeiten verdichten. Seine käferkundlichen Praktiken betreibt der Jäger und Sammler, der Wildbeuter, letztlich nicht im Dienste der Käfer, sondern im Dienste der Erinnerung, einer Erinnerung an Momente der Wesenschau jenseits von Klassifikation und Zeitgeschichte. Naturgeschichte wird damit sowohl in den *Marmorklippen* als auch in *Subtile Jagden* als ein transhistorischer Wissensraum aufgerufen, der kenntnisreich durchschritten, als Ordnungsmuster zitiert und als eine Art Vorhalle zum Eintritt in das Allerheiligste des Naturerlebens genutzt wird. Sie dient dazu, der Verweigerung einer unmittelbaren Teilhabe an den Weltläufen eine Form zu geben: Liebhaberwissenschaft und Wildbeutertum als Haltung gegen den Unbill der Historie.

5. Experimentelle Naturgeschichte: Ror Wolfs *Fortsetzung des Berichts*

Von seiner irritierenden Wirkung hat Ror Wolfs Erstling ein halbes Jahrhundert nach seinem Erscheinen nichts verloren: *Fortsetzung des Berichts* (1964) ist und bleibt ein verstörendes Buch, ein Geniestreich, eine Provokation, ein Rätsel.[1] Es handelt sich um ein Debüt, das sich ›Fortsetzung‹ nennt, um einen Roman, der ›Bericht‹ sein will, um eine Prosaerzählung, in der alle gängigen Leseerwartungen an klar umrissene, psychologisch glaubwürdige Charaktere, an einen eindeutig in Zeit und Raum situierten Plot, an eine nachvollziehbare, sei es lineare, sei es kunstvoll verschachtelte Handlungsführung systematisch unterlaufen, ja von Beginn an geradezu ostentativ verweigert werden. Der Roman steht vielmehr, wie auch unmittelbar nach seinem Erscheinen in Rezensionen und ersten Forschungsbeiträgen festgehalten wurde, in der Tradition eines avantgardistischen, sprachspielerischen Erzählens, ist geprägt von der Lust des Autors nicht nur an den Dingen, sondern mehr noch an den Worten: Neben und in den geschilderten Ereignissen wird immer wieder die Sprache selbst zum Gegenstand und zum Handlungsträger.[2] Hel-

1 Ror Wolf: Fortsetzung des Berichts. Frankfurt a.M. 1995. Im Folgenden werden Zitate aus dieser Ausgabe mit dem Kürzel »FB« und der Angabe der Seitenzahl im Fließtext nachgewiesen.

2 Vgl. die Rezensionen von Helmut Heißenbüttel: Bericht aus einer Traumlandschaft. In: Über Ror Wolf. Hg. v. Lothar Baier. Frankfurt a.M. 1972, S. 17-21 [zuerst in: Süddeutsche Zeitung 12./13. Dezember 1964]; Hermann Peter Piwitt: Landschaft des Gedächtnisses und Augenblick. In: ebd., S. 22-27 [zuerst in: Sprache im technischen Zeitalter 14 (1965)]; Rainer Scheunemann: Erzählen im Kreise. In: ebd., S. 28-34 [zuerst in: Frankfurter Hefte, November 1965]; Marianne Kesting: Die Welt eine Wohnküche. In: Anfang & vorläufiges Ende. 91 Ansichten über den Schriftsteller Ror Wolf. Frankfurt a.M. 1992, S. 73-76 [zuerst in: Die Zeit, 5. März 1965]; Gerhard Schmidt-Henkel: Ror Wolf: Fortsetzung des Berichts. In: ebd., S. 77-81 [zuerst in: Deutschlandfunk, 30. Mai 1965]. – Auch für das zweite Werk Wolfs, die ›Abenteuerserie‹ *Pilzer und Pelzer* (1967), ist der Begriff »Sprachspiel« verwandt und die These vertreten worden, dass die Sprache selbst die »[h]andelnde ›Person‹« sei; vgl. Herbert Gamper: Abenteuer der Sprache. In: Über Ror Wolf. Hg. v. Lothar Baier. Frankfurt a.M. 1972, S. 41-44, hier S. 42 u. 43 [zuerst in: Die Weltwoche, 28. Februar 1969]. – Aus linguistischer Perspektive ist Ror Wolfs Erzählverfahren untersucht worden von Chris Bezzel: Warenform und Metafiktion. Zur Erzähltechnik von Ror Wolf. In: Über Ror Wolf. Hg. v. Lothar Baier. Frankfurt a.M. 1972, S. 101-124; eine literaturwissenschaftliche Lesart aus zeittypischer gesellschaftskritischer Blickrichtung bietet Gisela Dischner: Das

mut Heißenbüttel hat dies einen »extremen Nominalismus« genannt.[3] Tatsächlich laboriert Wolfs Erzähler an einem Bezeichnungszwang, der ihn immer wieder von den Ereignissen ab- und in einen reinen Sprachraum umlenkt. Überaus bereitwillig verliert er sich im sprachlichen Material, überlässt sich dem musikalischen Sog und Sound der Worte, schaut zu, wie Begriffe sich verselbständigen, wuchern, verknäulen, lässt sie Netze, Listen, Kataloge bilden. Fraglos also ist Sprache in diesem Roman mehr als ein Mittel, um Inhalte zu präsentieren; oder, anders gesagt: fraglos wird hier experimentell erzählt.[4]

Ende des bürgerlichen Ichs. Anmerkungen zur Prosa Ror Wolfs. In: ebd., S. 71-100. – Die Rolle der Sprache als Handlungsträger untersuchen insbesondere die beiden ersten Dissertationen zu Ror Wolf; vgl. Thomas Bündgen: Sinnlichkeit und Konstruktion. Die Struktur moderner Prosa im Werk von Ror Wolf. Frankfurt a.M., Bern u. New York 1985; Rolf Schütte: Material Konstitution Variabilität. Sprachbewegungen im literarischen Werk von Ror Wolf. Frankfurt a.M., Bern u. New York 1987.

3 Heißenbüttel: Bericht aus einer Traumlandschaft, S. 19.

4 Für ein experimentelles Erzählen gilt üblicherweise das »Sprachproblem« als das »entscheidende Kriterium« (Klaus Hohmann: Experimentelle Prosa. Eine neue Literatur des Sprachexperiments. Texte und Einführung für den Deutschunterricht. Paderborn 1974, S. 65-87; mit Überlegungen zu Ror Wolfs *Fortsetzung des Berichts*, ebd. S. 139-147; das Zitat S. 66). Experimentelles Erzählen wird bestimmt als ein Erzählprogramm, das die Sprache weniger als Bedeutungsübermittler, sondern als (etwa klanglich-musikalisches) Material auffasst und dieses von der (meist als ›bürgerlich‹ betrachteten) Inhaltsseite loszulösen versucht. Ziel ist das Aufbrechen alter, in formelhaften Aussageklischees festgefahrener Sinnzusammenhänge und die Schaffung neuer Aussagestrukturen und Denkhorizonte. Die Destruktion und Neuarrangierung der Sprache kann auf mehreren Ebenen erfolgen. Unterschieden werden können die Ebene des Wortmaterials, der Semantik und der Syntax; vgl. dazu Sabine Kyora: »Reduzierte Sprache«: Heißenbüttels Poetik nach den historischen Avantgarden. In: »Reden über die Schwierigkeiten der Rede«. Das Werk Helmut Heißenbüttels. Hg. v. Hans-Edwin Friedrich u. Sven Hanuschek. München 2011, S. 33-47. – Vgl. auch die älteren, nach wie vor grundlegenden Beiträge von: Edigna Schrembs: Experimentelle Prosa der letzten Jahre und ihr Verhältnis zur gesellschaftlichen Wirklichkeit – am Beispiel [von] Thomas Bernhard, Ror Wolf, Jürgen Becker, Gert Friedrich Jonke. In: Der Deutschunterricht 25 (1973), S. 68-82; Bodo Heimann: Vorbemerkung. In: ders.: Experimentelle Prosa der Gegenwart. München 1978, S. 7-19; Siegfried J. Schmidt: Was heißt »Experiment in der Kunst« / »Kunst als Experiment«? Einige Diskussionsthesen. In: Das Experiment in Literatur und Kunst. Hg. v. Siegfried J. Schmidt. München 1978, S. 8-12. – Wenig Neues hingegen bringt Raul Calzoni: Das ›Experiment‹ in der Literatur. Eine Einleitung. In: »Ein in der Phantasie durchgeführtes Experiment«. Literatur und Wissenschaft nach Neunzehnhundert. Hg. v. Raul Calzoni u. Massimo Salgaro. Göttingen 2010, S. 11-28, dessen Vorwort kaum mehr als eine nicht immer

Und dennoch hat natürlich auch *Fortsetzung des Berichts* einen Inhalt, mit dessen Aufarbeitung spät, dann jedoch umso detaillierter begonnen wurde.[5] Der Roman entfaltet in 102 titellosen und unnummerierten, in der Länge äußerst unterschiedlichen, zwischen einem einzigen Satz und seitenlangen Passagen schwankenden, jeweils durch eine Leerzeile deutlich voneinander abgesetzten Abschnitten zwei Geschichten, die in strengem Wechsel erzählt werden: Im Handlungsstrang A ist ein Ich-Erzähler zu Gast bei einem Koch namens Krogge, der in seiner Privatwohnung zu einer abendlichen Tischgesellschaft geladen hat, wobei sich die Mahlzeit schnell als ein wenig kultiviertes ›großes Fressen‹ entpuppt – ein Eindruck, der auch durch bürgerliche Rituale wie ein Tischkonzert und popularwissenschaftliche Vorträge des Gastgebers nicht wirklich korrigiert wird.[6] Im Handlungsstrang B bricht ein Ich-Erzähler im Lichte fortwährender Sonnenuntergänge zu einer Wanderung durch eine Acker- und Vorstadtlandschaft auf, sieht, hört, beobachtet und erlebt verschiedene mehr oder weniger abstruse Dinge und wird dabei von Herrn Wobser, einem penetranten Geschichtenerzähler und Zigarrenraucher,

ganz redlich gekennzeichnete Zitatcollage darstellt (vgl. »Es wurde oft versucht, den Begriff des ›Experimentellen‹ aus den Naturwissenschaften in den Kunstbereich zu übertragen. Übertragungen dieser Art stellen sich bei näherem Zusehen als metaphorische Operationen heraus, bei denen man bestimmte Konnotationen des Begriffs ›Experiment‹ als Kennzeichen für die eigene Produktion übernimmt; ebd., S. 14, es handelt sich um eine beinahe wörtliche Übernahme aus Schmidt: Was heißt »Experiment in der Kunst«, S. 9). – Einen programmatisch neuen Blick auf die Kultur des Experiments und die wissenschafts- und kulturgeschichtlichen Entwicklungen seit der Renaissance bieten die Sammelbände, die unter der Herausgeberschaft von Michael Gamper in den letzten Jahren publiziert wurden. Die epistemologischen und poetologischen Dimensionen experimenteller Verfahren werden theoretisch beleuchtet insbes. im dem Band: Experiment und Literatur. Themen, Methoden, Theorien. Hg. v. Michael Gamper. Göttingen 2010. Den Experimentbegriff erweitert Gamper über die enge sprachexperimentelle Bedeutung hinaus und definiert das Experiment als »ein Verfahren, das in einer Verschmelzung von performativen und repräsentativen Verfahren Kenntnisse hervorbringt – und zwar Kenntnisse, die sich einer bestimmten provozierten Erfahrung verdanken.« (Michael Gamper: Einleitung. In: Experiment und Literatur, S. 9-14, hier S. 11).

5 Vgl. Kai U. Jürgens: Zwischen Suppe und Mund. Realitätskonzeption in Ror Wolfs *Fortsetzung des Berichts*. Kiel 2000.

6 *Fortsetzung des Berichts* ist daher auch als »Küchenphantasie« bezeichnet und mit Levi-Strauss als ein »Mythen-Palimpsest« gedeutet worden; vgl. Lars Jacob: Ror Wolf – Der Verschlingungskünstler der epischen Form. In: Zeitschrift für Germanistik NF 5 (1995), S. 554-571, die Zitate S. 555 u. 567.

begleitet oder eher verfolgt.[7] Das Geschehen beider Stränge bleibt zeitlich unbestimmt, auch eine indirekte Datierung über die Erwähnung historischer Realien erfolgt nur ansatzweise. Die Szenerie sowohl bei Krogge zu Hause als auch unterwegs mit Wobser wirkt eigentümlich zeitlos und diffus: bald erscheint alles äußerst behäbig, beinahe gründerzeitlich (man trägt einen Binder), bald ist man augenscheinlich doch in der Moderne angekommen (es rauscht der Autoverkehr, Werbeplakate prangen an Bretterzäunen).[8]

Ob und wenn ja wie die beiden Handlungsstränge zusammenhängen, lässt sich, auch wenn Figuren wie Krogge und Wobser in beiden Geschichten auftauchen, nicht mit Sicherheit sagen. Zwar scheint das Ich bei Krogge aus dem Fenster auf eine ähnliche Landschaft zu blicken wie die, durch die es mit Wobser wandert, eine Übereinstimmung der beiden wird aber weder behauptet noch bestritten. Ebenso ist nicht ganz klar, ob die Ich-Erzähler der Handlungsstränge A und B überhaupt miteinander identisch sind.[9]

Sprachlich jedoch werden die Stränge häufig eng miteinander verzahnt, etwa indem ein Abschnitt der Essensbeschreibung eine Formulierung aus der unmittelbar vorangehenden Wander-Sequenz aufnimmt und dadurch auf der begrifflichen Ebene ein Zusammenhang suggeriert wird, der inhaltlich tatsächlich nicht gegeben ist.[10] Der auf diese Weise vorgetäuschte kontinuierliche Erzählfluss steht vielmehr gerade in scharfem Kontrast zur Differenz der beiden Parallelwelten.

Zusätzlich erschwert schließlich wird das Verständnis des Romans dadurch, dass beide Geschichten auch in sich zu Uneindeutigkeit neigen: Einige Ereignisse, wie etwa die Begegnung des Ich mit der Frau des

7 Die beiden Handlungsstränge werden genau identifiziert und in einer Tabelle übersichtlich aufgelistet von Jürgens: Zwischen Suppe und Mund, S. 153-156.

8 Vgl. FB, S. 95 bzw. S. 276.

9 Aus einer Szene am Ende des Buches, in der das Ich aus dem Handlungsstrang A den Erzähler aus dem Handlungsstrang B beobachtet, leitet Jürgens vermutlich angeregt von Hohmann (Experimentelle Prosa, S. 140) eine Nichtidentität der beiden Erzähler ab (vgl. Jürgens: Zwischen Suppe und Mund, S. 36 f.); andere Anzeichen wie etwa die verschmutzten Schuhe, die das Ich bei Krogge trägt (vgl. FB, S. 57) und die auf die zuvor absolvierte Wanderung verweisen könnten (FB, S. 73), sprechen jedoch eher dafür, von ein und demselben Erzähler auszugehen. Die kurzfristige Aufspaltung in zwei Erzählinstanzen wäre dann als ein metafiktionales Spiel zur (weiteren bzw. endgültigen) Verwirrung des Lesers zu deuten. Vorgeführt wird, dass Chronologie in der Fiktion eine Fiktion ist, die der Autor durchbrechen kann.

10 Vgl. z. B. FB, S. 89, S. 107, S. 236, S. 238.

Kochs, werden mehrfach und in widersprüchlichen Varianten erzählt. Wolfs Verweigerung einer konsistenten Geschichte ist bei derartigen Fiktionsbrüchen, in denen sich das erzählerische Interesse selbstreferentiell allein auf narratologische Fragen konzentriert, besonders augenscheinlich. Ganz offensichtlich, so mag man all diese Befunde vorläufig zusammenfassen, ist »Verrätselung« eine der »Primärstrategien« von *Fortsetzung des Berichts* und damit eine äußerste Strapazierung und nachhaltige Verwirrung des Lesers intendiert.[11]

Umrisse seiner Poetologie hat Ror Wolf in einem frühen Text unter dem programmatischen Titel *Meine Voraussetzungen* skizziert.[12] Auf den ersten Blick scheint der Autor hier vor allem die Deutungsansätze zu stützen, die den Roman als Sprachexperiment lesen. Aus dem »ganze[n] Wortschwall der Gesellschaft« entnehme er »kleine und kleinste Stoff- und Sprachpartikel« und komponiere auf der Grundlage dieser »Satzstümpfe und Wortbrocken« seine eigenen Texte.[13] Die Verknüpfung dieses vorgefundenen Materials folge eher musikalischen als semantischen Regeln: »Wortreihen und Satzperioden sind auf Rhythmus und Klangwirkung aus; Motive verabreden sich miteinander und werden kaleidoskopisch abgewandelt«.[14] Sein offenbar an das Prinzip der Montage angelehntes Arbeitsverfahren ziele, so Wolf, darauf, Wirklichkeits- und Kunstpartikel in »neuen sprachlichen und formalen Anordnungen« ihre Wirkung entfalten zu lassen. Auffällig ist, dass hier zunächst von Inhalten nicht die Rede ist. Im Gegenteil: explizit grenzt sich der Autor von »raunenden Botschaften«, »Ideologien«, »dampfenden Bedeutungen« und »Moral« ab und konfrontiert eine derartige gegenstandsbetonte, belehrungswillige Literatur mit seinem Gegenentwurf, dem es um »Spiel, Heckmeck, Hokuspokus, Burleske, Wortakrobatik, Spaß« zu tun sei.[15]

Folgt Wolf also einem Programm der Artistik, des Klangspiels, der fröhlichen, zirkushaft-bunten Lautmalerei? Ganz so ist es nicht, denn nach der viel zitierten ›Spiel-und-Spaß-Liste‹ betont Wolf ergänzend, »daß alle Stoffpartikel, die ich verwende, alle Sachverhalte, die ich darstelle, aus der Realität stammen und auf die Realität gerichtet sind.«[16] Keineswegs also haben wir es mit einem wirklichkeitsfernen, keineswegs

11 Jürgens: Zwischen Suppe und Mund, S. 37.

12 Ror Wolf: Meine Voraussetzungen. In: Über Ror Wolf. Hg. v. Lothar Baier. Frankfurt a. M. 1972, S. 7-14.

13 Wolf: Meine Voraussetzungen, S. 9 f.

14 Wolf: Meine Voraussetzungen, S. 10.

15 Wolf: Meine Voraussetzungen, S. 12 f.

16 Wolf: Meine Voraussetzungen, S. 13.

mit einem rein formalistischen Kunstkonzept zu tun. Diese Literatur hat vielmehr ausdrücklich den Anspruch, in dem Sinne realistisch zu sein, dass sie konkrete gesellschaftliche Erfahrungen verarbeiten und sich auf diese Wirklichkeit zurückbeziehen will.[17] Was er in diesem Zusammenhang unter ›Realität‹ versteht, in welchen Feldern er also sein Material sucht, benennt Wolf ziemlich genau: Er bediene sich aus dem »jargon und Tonfall der Bürokratie«, dem »Müll der Redensarten« und dem »flaue[n] Gemurmel der Politik« und kombiniere Elemente dieser gesellschaftlichen Floskelsprache mit Funden aus »Prospekten, Journalen, Katalogen«, aus »Kolportageheften und Groschenblättern; Gebrauchsanweisungen auf Suppenbeuteln, Schlagzeilen, Werbesprüche[n]«.[18]

Glaubt man dem Autor, so bilden also Fragmente der gesellschaftlichen und politischen Alltags- und Populärkultur die Versatzstücke seiner montageartigen Prosa.[19] Die ›Sprachschnipsel‹ stammten aus pragmatischen Texten (»Gebrauchanweisungen«), Werken der Unterhaltungsliteratur (»Groschenblätter«), Tageszeitungen (»Schlagzeilen«) und Reklamezetteln (»Werbesprüche«).[20] Auch die angeblich der Politik und Verwaltung abgelauschten Worthülsen verweisen auf ähnliche Textsorten.

Diese Selbstaussage suggeriert nicht nur eine Gegenwartsbezüglichkeit, die in eigenartigem Kontrast zur oben konstatierten Zeitlosigkeit von *Fortsetzung des Berichts* steht. Vor allem aber scheint sie den Umkehrschluss nahezulegen, dass das Zitierverfahren sich aus bestimmten Feldern gerade nicht bedient: Komplett ausgespart bleiben in Wolfs Beschreibung seiner ›Materialkisten‹ insbesondere sämtliche Bereiche der Hochkultur, es fehlen literarische Klassiker ebenso wie wissenschaftliche Diskurse. Verspürt Wolf also nicht die bekannte Lust der Dichter, in den Fußstapfen großer Vorgänger zu wandeln oder sich an sei es zeitgenössischen, sei es vergangenen intellektuellen und fachwissenschaftlichen Debatten zu beteiligen? Hält er sich tatsächlich konsequent aus diesen

17 Das betont auch Jürgens und nimmt sich vor, »den ›Realisten‹ Wolf hinter dem ›Sprachspieler‹ zu ermitteln«; vgl. Jürgens: Zwischen Suppe und Mund, S. 15.

18 Wolf: Meine Voraussetzungen, S. 9.

19 Dieser Selbstauskunft ungeachtet hat die Forschung mit der Suche nach möglichen Quellen für Wolfs *Fortsetzung des Berichts* noch gar nicht begonnen. Parallelen zu und Anleihen aus Werken von Peter Weiss, Samuel Beckett, Franz Kafka, Robert Walser und Thomas Bernhard deutet immerhin an Kai U. Jürgens: Nachwort. In: Ror Wolf: Werke. Prosa I: Fortsetzung des Berichts. Hg. v. Kai U. Jürgens. Frankfurt a. M. 2010, S. 277-292.

20 Wolf: Meine Voraussetzungen, S. 9.

hochkulturellen Bildungswelten heraus und sammelt sein Material allein im niedrigschwelligen, allen zugänglichen öffentlichen Sprachraum?[21]

Die Antwort lautet: nein. Denn zumindest für *Fortsetzung des Berichts* erweist sich diese Behauptung wenn nicht als eine Finte, so doch als ein geschicktes Ablenkungsmanöver des Autors, der sich zumindest auch aus ganz anderen als den bekannten Materialkisten der Moderne von Reklame bis Tagespresse bedient. In Wolfs Debüt spielt vielmehr ein Bereich eine zentrale Rolle, den der Verfasser in der Beschreibung seiner Verfahren nicht einmal andeutungsweise streift: die Naturgeschichte. Sie entpuppt sich als ein Schlüssel für das Verständnis nicht nur des Inhalts, sondern auch der Form des Romans. Gerade eine naturgeschichtliche Lektüre von *Fortsetzung des Berichts* kann, so die These, nicht nur zwischen formalistischen und inhaltlichen Deutungsversuchen vermitteln; sie bringt zudem auch ganz andere Quellen als die von Wolf genannten ans Licht. Die drei Zentralfiguren des Romans haben, wie zu zeigen sein wird, alle ihre je eigene naturgeschichtliche Ader.

5.1 Sammeln, Ausstellen, Berichten: Der Ich-Erzähler

Dass die Lektüre des Romans schwierig werden wird, weil wir es mit einem schwierigen Erzähler zu tun haben, deutet sich schon im ersten Satz an. Bei dem Versuch, sich als Erzähler zu installieren und sein Projekt zu skizzieren, gibt das Ich unwillkürlich Eigentümlichkeiten zu erkennen, die seine Eignung als Berichterstatter fragwürdig erscheinen lassen:

> Nun, nachdem ich alles beschrieben habe, diese zurückliegende Zeit, diesen Weg mit den Bewegungen und Erscheinungen, den Bildern und Geräuschen, diese Landschaften, mit den Knollen, Kuppeln und Buckeln, den Rinnen, Wannen und Gruben, nähere ich mich dem Ende des Berichts. (FB, S. 7)

Nicht nur wirbeln Zeit- und Darstellungsebenen durcheinander, indem am Anfang des Berichts der unmittelbar bevorstehende Abschluss behauptet, die Schreibgegenwart mit dem textuellen Endergebnis vermischt wird.[22] Bedenklicher noch erscheint, dass ein Erzähler, der nach

21 Dies schlussfolgert Jürgens: Zwischen Suppe und Mund, S. 33.

22 Auch im weiteren Textverlauf spricht der Erzähler erneut davon, »jetzt« »am Ende des Berichts« angelangt zu sein, vgl. FB, S. 86; dann wieder scheint er nach einem ausführlicheren inneren Masterplan zu erzählen, der noch einiges zu beschreiben

seinen eigenen Angaben ein Projekt der Wirklichkeitserfassung verfolgt, der beschreiben und berichten will, sich einleitend offenbar zu keinerlei präzisen Aussagen über seinen Gegenstand in der Lage sieht: Die Auskunft, dass er nun »alles« beschrieben habe, wirkt ebenso größenwahnsinnig und vermessen wie hilflos und leer.[23] Auch die eingeschobenen Nebensätze, die eine genauere Bestimmung dessen, was »alles« meint, vorzunehmen scheinen, erfüllen diese Erwartung nicht. Wenn der Erzähler betont, er habe »diese zurückliegende Zeit, [...] diesen Weg, [...] diese Landschaften« beschrieben, so ist die wichtigste Information, die er damit gibt, die indirekte Einordnung seines Erzählprojektes in das literarische Genre des Reiseberichts. Klassische Elemente dieser Gattung allerdings fehlen in dem Einleitungssatz konsequent: weder wird ein Reiseanlass noch ein Zeit-, Ausgangs- oder Zielpunkt genannt, auch vermisst man Andeutungen zu Dauer, Verlauf, möglichen besonderen Vorfällen oder Ergebnissen der Reise.[24] Es wurde gereist, und es wird davon erzählt – aber warum und zu welchem Zweck, wo und mit wem und wie lange, all das wird nicht verraten. Im Übrigen ist auch das Bekenntnis zum Reisebericht tatsächlich nur die halbe Wahrheit, denn bekanntlich spielt einer der beiden Erzählstränge, Strang A, ausschließlich in der Wohnung

vorsieht, »bevor ich zum Ende meines Berichtes komme« (FB, S. 150). – Dieses metafiktionale Spiel mit Anfang und Ende, das sich zeitgleich auch bei anderen Autoren wie etwa Jürgen Becker findet, ist von Enzensberger beschrieben worden als eine »Offenheit der Werke gegen ihre Ränder«, welche »kein bloßes Oberflächenmoment«, sondern poetologischer Protest gegen bestimmte Formen traditionellen Erzählens sei (Hans Magnus Enzensberger: Einführung. In: Vorzeichen. Fünf neue deutsche Autoren. Christian Grote, Hans Günter Michelsen, Gisela Elsner, Ror Wolf, Jürgen Becker. Frankfurt a. M. 1962, S. 7-24, hier S. 13; vgl. in diesem Sinne auch Hohmann: Experimentelle Prosa, S. 139).

23 Seinen geradezu pathologischen Vollständigkeitsanspruch verrät der Erzähler auch, wenn er die Auffassung vertritt, dass sein Bericht eine Beschreibung aller Erscheinungen beinhalten müsse und es außerhalb und jenseits seines Textes nichts geben dürfe. Anderenfalls betrachtet er sein Unternehmen als gescheitert: »Ich kann nicht glauben, daß es, neben dem, was ich beschrieben habe, noch etwas gibt, was zu beschreiben wäre, [denn] dann wäre das das Ende meines Berichts.« (FB, S. 52).

24 Vgl. Der Reisebericht. Die Entwicklung einer Gattung in der deutschen Literatur. Hg. v. Peter J. Brenner. Frankfurt a. M. 1989; hier insbes. die gattungstheoretischen Beiträge von Peter J. Brenner: Die Erfahrung der Fremde. Zur Entwicklung einer Wahrnehmungsform in der Geschichte des Reiseberichts (ebd., S. 14-49); Wolfgang Neuber: Zur Gattungspoetik des Reiseberichts. Skizze einer historischen Grundlegung im Horizont von Rhetorik und Topik (ebd., S. 50-67).

Krogges, und es wird, wenn überhaupt, lediglich im Handlungsstrang B, der Wanderung mit Wobser, ›gereist‹.

Bleiben wir noch einen Moment bei dem ersten Satz des Romans. Es fällt auf, dass der Erzähler sprachlich eine Genauigkeit vortäuscht, die er dann doch nicht einlöst. Indem er den Parametern Zeit, Weg und Landschaft jeweils ein Demonstrativpronomen voranstellt, suggeriert er, dass ihm seine Gegenstände vollkommen klar vor Augen stehen und er sie mental und sprachlich präzise aus der Vielfalt ähnlicher Erscheinungen herausgelöst hat. Die zu erzählenden Einzelfälle, auf die er so nachdrücklich mit dem »dies« zeigt, werden dann jedoch gerade nicht inhaltlich konkretisiert. Vielmehr bleiben »diese [...] Zeit«, »diese[r] Weg« und »diese Landschaften« objektiv und subjektiv (FB, S. 7), d.h. in ihrer Bedeutung für den Erzähler, unbestimmt: War es eine schöne, eine dramatische, eine furchtbare Zeit? Für einen uneingeweihten Dritten schließlich sind die Eckpunkte von Raum und Zeit nicht identifizier- oder auch nur vorstellbar (umgekehrt kann man festhalten, dass sich hier gleich im Eröffnungssatz ein gewisser Autismus des Erzählers andeutet, der seinen Bericht überhaupt nicht adressiert und eher mit sich selbst, als einem zu informierenden Gegenüber zu sprechen scheint).[25]

So erfahren wir über »diese [...] Zeit« lediglich, dass sie vergangen ist, wir es also mit dem erzählerischen Normalfall zu tun haben, dass zunächst irgendetwas geschieht und dann davon berichtet wird. Weder wird der zeitliche Abstand zwischen Erzählgegenwart und erzählter Zeit bestimmt, noch eine Datierung des Geschehens vorgenommen. Auch über den »Weg« wird nur die geradezu provozierend ungenaue Banalität

25 Eine Ausrichtung an den Interessen und dem Vorwissen eines bestimmten Publikums ist typisch für die Textsorte des Berichts. Umgekehrt zitiert *Fortsetzung des Berichts* hier wie in anderen Zusammenhängen klassische Elemente des Berichts, um sie dann systematisch zu unterlaufen. So wird etwa die übliche neutrale Sprecherposition eines Berichterstatters zunächst in der Selbstcharakterisierung des Erzählers als Durchschnittsmensch ohne besondere Kennzeichen und ohne eigene Interessen geradezu parodiert (s.u.). Diese scheinbare Übererfüllung einer Grundvoraussetzung des Berichts wird dann jedoch durch die massiven Wahrnehmungs- und Darstellungsprobleme des Erzählers ad absurdum geführt. Aufgrund seiner kausalkombinatorischen Schwäche ist dem Erzähler schließlich auch die übliche Ausrichtung eines Berichtes weniger auf die Details als auf die »Resultate bestimmter prozessualer Abläufe« nicht möglich (Jürgen Lehmann: Bekennen – Erzählen – Berichten. Studien zu Theorie und Geschichte der Autobiographie. Tübingen 1988, S. 61). In Verknüpfung mit der Wahrnehmungs- und Darstellungsschwäche wird dies dann gerade zum Markenzeichen von Ror Wolfs *Fortsetzung des Berichts*.

mitgeteilt, dass es »Bewegungen und Erscheinungen« gab und der Reisende optischen und akustischen Reizen, »Bildern und Geräuschen«, ausgesetzt war (FB, S. 7). Die Welt ist oder war also in Aktion, sinnliche Wahrnehmungen waren möglich – so genau wollten wir es nicht wissen …

Schließlich bleibt auch und gerade der Ort in mehrfacher Weise unbestimmt. Zwar bedient sich der Erzähler eines Verfahrens der sich intensivierenden Pseudopräzision und charakterisiert die »Landschaften« (offenbar in der Mehrzahl, weil verschiedene Gegenden auf dem »Weg« durchschritten wurden) rein quantitativ am ausführlichsten. Jedoch erfährt man nicht, was man gern wüsste, nämlich z. B. wo wir uns eigentlich befinden – die »Landschaften« bleiben namenlos und werden zumindest eingangs nicht topographisch situiert (dass wir uns in Thüringen in der Umgebung von Saalfeld, dem Geburtsorts des Autors, befinden, wird erst später und auch dann nur in Umrissen deutlich).[26]

Zudem vermeidet der Erzähler alle gängigen Paradigmen einer Landschaftsbeschreibung. Dass wir es mit einer hügeligen Flusslandschaft zu tun haben, wird durch mehrfache Bildgebungsversuche eher verdeckt als verdeutlicht: Die Landschaften bestünden aus »Knollen, Kuppeln und Buckeln«, es gebe »Rinnen, Wannen und Gruben«. Die Wortfelder, aus denen diese Nomen stammen, verweisen auf Bereiche der Botanik (»Knollen«), der Architektur (»Kuppeln«) und des menschlichen Körpers (»Buckel[]« – dieser Begriff fällt insofern heraus, als er im übertragenen Sinn für Hügel durchaus üblich ist). Auch die »Rinnen, Wannen und Gruben« sind für die Charakterisierung von Senken in einer Landschaft nur zum Teil einschlägig.

Es handelt sich um eine abstrakte, formale Perspektive, die den Raum gleichsam als Modell im Querschnitt betrachtet und ihn hinsichtlich seiner internen Gliederung beschreibt: Die erste Begriffstrias der »Knollen, Kuppeln und Buckeln« listet drei Varianten des Hereinragens und Ausstülpens von etwas Körperlichem in den Luftraum auf, die zweite Liste der »Rinnen, Wannen und Gruben« nennt umgekehrt drei Arten von Ausschachtungen und Vertiefungen in den Boden. Die Beschreibung verzeichnet also Verschiebungen von Proportionen und Veränderungen der Raumaufteilung und unterstellt dabei eine schlichte Hori-

26 Die Namen einiger Dörfer rund um Saalfeld werden mit offensichtlicher Freude an der lautmalerischen Wirkung mehrfach aufgelistet (vgl. FB, S. 31, S. 223). Als Zielort der beschriebenen und einer vorhergehenden Reise wird »S« genannt (FB, S. 31, S. 60, S. 62, S. 72, S. 259, S. 262, S. 272), hinter dem sich, wie auch die Erwähnung der »Saalfelder Möhre« (FB, S. 285) nahelegt, wohl Saalfeld verbirgt.

zontlinie, die das Bild gerade in ein Oben und Unten gliedert. Das Evozieren eines lebendigen, dreidimensionalen Landschaftsbildes mit Vorder-, Mittel- und Hintergrund hingegen ist ganz offensichtlich nicht intendiert. Im Gegenteil nimmt der Erzähler offensiv eine verfremdende, künstliche Perspektive ein und beschreibt umständlich und abwegig gewöhnliche Phänomene.

Schon in dem Einleitungssatz wird dieses Verfahren der Nichtfestlegung und Verfremdung mit der von der Forschung hervorgehobenen Lust am Sprachspiel verknüpft: Die Beschreibung der Landschaften verweigert zwar inhaltliche Klarheit, zeigt den Erzähler aber als kreativen Lautkomponisten: Die Begriffe sind alle zweisilbig, trochäisch, klanglich ähnlich und reimen sich teilweise. Durch das eingefügte »und« werden jeweils der zweite und dritte Begriff daktylisch-tänzerisch miteinander verbunden. Während die erste Trias einen beinahe zungenbrecherischen Katalog bildet, kommt die zweite Gruppe leichtfüßiger daher und pendelt mit dem langen tiefen »u« der »Gruben« ruhig und leicht morbid aus.

Zusammengefasst kann man festhalten, dass das Verhältnis des Erzählers zur Sprache sich schon im ersten Satz als heikel erweist, indem er sprachskeptisch vor Festlegungen zurückscheut und dazu neigt, wortreich keine Informationen zu geben oder aber Banalitäten sprachlich zu Absonderlichkeiten aufzubauschen. Die aufgebaute epische Welt ist dadurch inhaltlich von flimmernder Vagheit. Zugleich wird hinter der beinahe pathologisch wirkenden Benennungsvorsicht eine große Wortverliebtheit erkennbar: Dieser Erzähler ist zwar vielleicht als Berichterstatter im konventionellen Sinn aufgrund seiner Furcht vor begrifflich fixierter Endgültigkeit nur bedingt geeignet, hat aber die Fähigkeit, sich dichterisch am Klang der Worte zu berauschen und der rhythmischen Musikalität der Sprache Raum zu geben. Bezeichnungsscheu und Sprachlust gehen bei ihm Hand in Hand.

Dabei muss man sich den Erzähler keineswegs als einen weltfremden Kauz vorstellen. Wenn man seinen Angaben trauen darf, ist er männlichen Geschlechts, mittleren Alters, Hutträger, Nichtraucher und nicht besonders gut aussehend (nämlich glatzköpfig und übernächtigt).[27] Seine Lebensweise wirkt unspektakuär-bieder, er ist verheiratet und vermutlich kinderlos, einem Beruf scheint er nicht nachzugehen, liebt allerdings sein »Pult« (FB, S. 13), an dem er sich also möglicherweise häufiger aufhält, vielleicht, um irgendetwas zu schreiben. Einen Namen hat das Ich nicht bzw. nennt ihn nicht: Nur in der Negation, nämlich in der Ablehnung

27 FB, S. 10 f.

des Namens »Schrader«, mit dem Krogge ihn wiederholt anspricht, taucht eine mögliche Bezeichnung auf.[28]

Selbst diagnostiziert es bei sich ausdrücklich eine »gewisse[] Allgemeinheit Unauffälligkeit« [sic] (FB, S. 11). Inhaltlich füllt das Ich diese Selbststilisierung zu einem nicht sonderlich interessanten Otto-Normalverbraucher und no-one mit folgenden Merkmalen: »Ja, ich trage einen Anzug, ich habe eine Zeitung in der Tasche, das Abece ist mir bekannt, ebenfalls die Zahlen eins zwei drei vier fünf sechs undsoweiter, die höchsten Berge, die Flüsse, die Flora, die Fauna, die spezifischen Gewichte.« (FB, S. 11) Seine Durchschnittlichkeit erweist sich als eine bürgerliche, die den Konventionen einer Büro-Kleiderordnung Genüge leistet und sich zumindest den Anschein gibt, das politische Tagesgeschehen zu verfolgen. Dass das Ich allerdings betont, alphabetisiert zu sein und die Grundzahlen zu kennen, überrascht, weil man davon bei einem Erzähler und zumal bei einem Anzugträger wie selbstverständlich ausgegangen war und die Zeitung in seiner Tasche anderenfalls ein reines Accessoire wäre.

Besonders seltsam wirkt schließlich, dass der Erzähler sein Grundwissen aus den Bereichen Geographie, Botanik, Zoologie und Physik hervorhebt, denn offenbar handelt es sich dabei um ein auswendig gelerntes, abfragbares, totes Faktenwissen, das eher an das Guinnessbuch der Rekorde erinnert und sicher für das Lösen von Kreuzworträtseln nützlich ist, in einer Selbstcharakterisierung jedoch entlarvend auf eine defizitäre und klischeehafte Vorstellung vom Menschen als Vernunftwesen verweist: Analytische Fähigkeiten oder gar eigene Interessen spricht sich der Erzähler in auffälliger Weise niemals zu. Insgesamt wirkt seine Selbstbeschreibung mechanisch, seine intellektuelle Natur automatenhaft. Im Nachhinein erscheinen die zunächst unverdächtigen äußeren Merkmale wie der Anzug und die Zeitung in der Tasche dann auch eher als Elemente einer Verkleidung.

Diese betonte profillose Durchschnittlichkeit und intellektuelle Langweiligkeit des Erzählers steht in eigenartigem Kontrast zu den sich in der Art und Weise seines Berichtens von Beginn an abzeichnenden Persön-

28 FB, S. 57, S. 100-102, S. 212. – Das Ich hat sehr wohl einen Namen und kennt ihn auch, nennt ihn aber nicht. Auch andere Personen, die eine Zuweisung des Namens zur Person des Ich versuchen, scheitern letztlich, vgl. ebd., S. 73. Nachdem Krogge es so hartnäckig mit dem Namen Schrader angesprochen hat, hält das Ich es schließlich auch nicht mehr für unmöglich, dass es vielleicht tatsächlich so heißen könnte – auch dies bleibt aber im Status einer bloßen Möglichkeit, vgl. FB, S. 213.

lichkeitsmerkmalen. Zwar kennt er angeblich die Maße der Welt und kann sein Erdkundewissen sicher abspulen – doch der Bericht, den er gibt, zeugt in keiner Weise von der behaupteten pragmatischen Weltkenntnis und damit suggerierten Alltagstauglichkeit. Im Gegenteil: was ihn charakterisiert, ist eine strukturelle Zögerlichkeit und eine allgemeine Unfähigkeit, Ereignisse in ihren Ursache-Wirkungs-Zusammenhang einzuordnen; seine gängigste, den Erzählfluss immer wieder durchbrechende Formulierung ist ein »ich weiß nicht«.[29]

Dessen ungeachtet erweist sich der Hinweis auf den Bereich der Naturkunde (nicht etwa auf den der Politik, der Werbung, des Sports oder der Technik), keineswegs als beliebig. Vielmehr zeugt der Bericht von Aufmerksamkeit für Fauna und Flora, ja, teilweise sogar von einem erstaunlich differenzierten naturgeschichtlichen Faktenwissen. Zwei Beispiele, nämlich die Beschreibung des der Wohnung des Ich vorgelagerten Hausflurs und der Bericht von einem Besuch auf einem Fischmarkt, mögen dies veranschaulichen.

Schon der Korridor vor seiner Wohnung, den das Ich zur Wanderung aufbrechend durchquert, wird in seiner Beschreibung nicht nur zu einer formidablen Müllhalde voller Küchenabfälle und Gerümpel. Er erweist sich zudem als vielfältig belebt, ist durchdrungen von einer Natur, die sich diesen ursprünglich von Wildwuchs und Tierwelt doch vermutlich klar abgegrenzten menschlichen Wohnraum längst zurückerobert hat – jedenfalls in der Phantasie des Erzählers.[30] Durch die Brille seiner offensichtlich stark defizitären, von Phantasien verzerrten Realitätswahrnehmung und zusätzlich eingeschränkt durch partiellen Erinnerungs- und Orientierungsverlust,[31] erscheint der Hausflur als ein dschungelartig zugewuchertes und von Klein- und Kleinstlebewesen bewohntes Biotop: Pflanzen sind in ihrem üppigen Wachstum vollkommen außer Kontrolle geraten (vgl. FB, S. 22), an den Wänden sitzen bei Berührung schnell weghuschende Tiere (vgl. FB, S. 18), die der Erzähler aufgrund ihrer »Rückenformen« vermutungsweise als »Spinnen und Schaben und Schmeißfliegen

29 FB, S. 8, S. 9, S. 10, S. 11, S. 18, S. 19, S. 20 u. ö. – Zu den Beschränkungen, denen das Ich als Figur, aber auch als Erzähler unterliegt vgl. Jürgens: Zwischen Suppe und Mund, S. 44-47 u. S. 58-64.

30 Dass sich in *Fortsetzung des Berichts* die »Sphären von Tier und Mensch durchdringen«, betont auch Jürgens: Zwischen Suppe und Mund, S. 128.

31 Das Ich scheint, darauf weist auch Jürgens hin, durch »einen labyrinthischen Komplex« zu irren; vgl. Jürgens: Zwischen Suppe und Mund, S. 73. Eine Differenz zwischen seiner Erinnerung an den Flur und dem aktuellen Aussehen deutet der Erzähler selbst an FB, S. 19. Später diagnostiziert er bei sich explizit eine Erinnerungsschwäche, nämlich »Löcher im Gedächtnis«, vgl. FB, S. 175.

Schnecken Schwämme Schildwanzen Schröter« bestimmt (FB, S. 25). Fliegen brummen herum (vgl. FB, S. 23), ein scharfer Geruch »von Tieren, die vor Zeiten hier hindurchgezogen sein und ihre Spuren zurückgelassen haben müssen« (FB, S. 20) liegt in der Luft und offenbar gibt es auch Mäuse, denn überall knabbert und kratzt es (vgl. ebd.).

Neben diesen lebendigen Pflanzen und Tieren (er)findet der Erzähler auch unzählige Spuren toter Tiere. Wie in einem Naturkundemuseum stehen in dem Flur angeblich »buntgefiederte ausgestopfte staubbedeckte Vögel« herum und »Hirschgeweihe« (FB, S. 20). Hinter einem »von Drahtnetzen durchzogene[n] Milchglasfenster« erblickt der Erzähler in »Einmachgläsern« die etwas gruseligen Schauobjekte einer alten Wunderkammer, sieht in »Weingeist eingelegt [...] spiralig eingerollte ausgeblichene Schlangen, bärtige glotzäugige Fische« und Chamäleons, deren Vitalität sich seinerzeit in ihrer Farbanpassungsfähigkeit ausdrückte und die nun zu »käsig[en]« Leichen im Glas geworden sind (vgl. FB, S. 28 f.).

Diesen von welchen Sammlern auch immer gehälterten, ausgestopften oder eingelegten Tieren sind lose herumliegende »Tierkörperteile« zugesellt: Auf dem Boden befinden sich kalte, abweisende, teilweise gar Ekel erregende Teile wie »Schnäbel Krallen Pfoten Federn vielleicht haarige Köpfe mit kalten kugeligen Augäpfeln hart verkrustete umgestülpte Bälge kalte weiche Geschlinge verwickelte ineinander verknotete Gedärme vielleicht Füße mit Schwimmhäuten Knochensplitter sägezahnartige Gebisse« (FB, S. 21). So belebt der Flur zunächst erscheint – bei näherem Hinsehen wirkt die Szenerie doch insgesamt ziemlich morbid und unheimlich. Ästhetisch ansprechende lebendige Tiere, wie etwa fröhlich flötende Vögel (und sei es nur im Vogelbauer) oder flatternde bunte Schmetterlinge scheint es hier nicht zu geben – eine Tendenz, die sich auch im weiteren Verlauf von *Fortsetzung des Berichts* beobachten lässt, in dem meist räudige, alte oder gar sterbende Kreaturen und Tierkadaver, krächzende Krähen, als »Ungeziefer« titulierte Insekten und Würmer das Interesse des Erzählers erregen.[32]

Sprachlich hat der Erzähler eine Vorliebe für rhetorisch genau gestaltete Aufzählungen in interpunktionslosen Reihungen; die »Tierkörperteile« etwa werden ebenso wie die versuchsweise aufgrund ihrer Rückenformen bestimmten und in auffälliger Alliteration zusammengestellten ›Wandtiere‹ (von Spinnen bis Schröter) in einer langen Liste präsentiert,

32 Jürgens (Zwischen Suppe und Mund) vertritt die m. E. etwa zu ökokritisch gedachte Auffassung, dass man dies als Kritik des für die Tiere immer verderblichen Kontaktes mit dem Menschen lesen müsse.

die auf Kommata komplett verzichtet.[33] Für die Gestaltgebung entscheidend ist in diesen Passagen ganz offensichtlich allein die Lust an den Worten und an der Vielfalt denkbarer ähnlicher oder verwandter Begriffe – das strenge Regiment einer traditionellen Syntax, die übliche Logik eines der Chronologie, Linearität, Subordination und Übersichtlichkeit verpflichteten Darstellens wird zugunsten einer flächigen Ausstellung des Sprachmaterials zurückgestellt. Die Begriffe scheinen nachbarschaftlich gleichsam in einem Wortregal nebeneinander bereitzuliegen; es ist, als schaue man dem Erzähler bei der Suche nach besonders schönen, ausgefallenen, interessant klingenden Worten und möglichst vielen verschiedenen alternativen Sagbarkeiten zu.

Die so entstehenden Listen bestehen bald aus Adjektiven oder Partizipien, bald aus Substantiven oder substantivierten Handlungen, manchmal auch aus Verben.[34] Der Effekt dieser Kataloge ist ein flächiger, antinarrativer, den Erzählfluss ausbremsender. Der ursprüngliche Erzählanlass gerät in Vergessenheit, die pure Wortlust verdrängt Handlung, Personen, Geschichte. An ihre Stelle treten Kataloge, in denen die Wörter wie eine Ware ausgestellt werden, selbst ins Zentrum rücken und die Konsekution des Erzählens augehoben ist. Der Leser verliert in diesen Wortmateriallagern meist schnell den Überblick – und das soll er wohl auch.

Vorbildhaft für diese Wortkataloge sind Schreibtechniken der historischen Avantgarden, wie sie nach 1945 im Umkreis der Konkreten Poesie und der experimentellen Prosa wieder aufgenommen wurden.[35] Auffällig ist bei Ror Wolf insbesondere die Nähe zu Arno Holz.[36] Schon

33 Noch für Ror Wolfs beinahe 30 Jahre später erschienene Geschichtensammlung *Nachrichten aus der bewohnten Welt* (1991) sind ähnliche sprachliche Verfahren herausgearbeitet worden. Vgl. Eva-Maria Fahmüller: Postmoderne Veränderungen. Zur deutschen Erzählkunst um 1990. Berlin 1999, S. 33-60, insbes. S. 55 ff.

34 Die Pflanzen des Urwalds im Hausflur etwa wachsen an »blassen haarigen Strängen mit riesenhaft aufgeblühten scharfriechenden Dolden« (FB, S. 22 f.); später begegnet das Ich einer Frau »in einem raschelnden spitzenbesetzten schleierartigen Bekleidungsstück (FB, S. 24). – Zudem sieht das Ich im Korridor Pflanzen mit ihren »Stauden Stengeln« (FB, S. 22). – Es nimmt »das Schaukeln Schweben Schwingen der Pflanzen« wahr (FB, S. 22) und hört ein »Klatschen Stampfen Rasseln Schütten Scheppern« (FB, S. 30). – Als ein Kübel umstürzt, bemerkt das Ich, dass dessen Inhalt »davonhuscht davonrollt davonkriecht« (FB, S. 30).

35 Hinweise zu diesem Verhältnis gibt Kyora: »Reduzierte Sprache«.

36 Zum ›Vater‹ der Moderne hat Holz erhoben Helmut Heißenbüttel: Ästhetik der Wortkunst. Arno Holz und seine Phantasus. In: Arno Holz. Hg. v. Heinz Ludwig Arnold. München 1994 (= text + kritik 121), S. 64-75. Freilich konzentriert sich Heißenbüttel im Interesse der Profilierung seines eigenen poetologischen Konzeptes ganz auf die Ebene der Sprache und vernachlässigt Holz' Inhalte.

Holz verhandelt nicht nur inhaltlich Naturdinge, er präsentiert diese auch formal mit Hilfe von Verfahren, die auf die alte historia naturalis verweisen. In den späteren Fassungen seines Langgedichts *Phantasus* kombiniert der Vordenker des Naturalismus einen von Darwin inspirierten abstammungsgeschichtlichen Gehalt mit einer naturgeschichtlichen Form.[37] Die stetig voran (bzw. genauer gesagt: zurück, denn es wird von der Französischen Revolution bis zur Entstehung des Lebens rückwärts erzählt) schreitende Entwicklungsgeschichte wird durchbrochen und immer wieder stillgestellt durch tableauartige, wuchernde Wortanhäufungen. Ausufernde Adjektiv-, Partizip-, Verb- und Nomenreihungen bilden lautmalerische Begriffsberge, die traditionelle Sinnerwartungen unterlaufen und übliche Satzgewichtungen ad absurdum führen. Holz' Sach- und Wortlisten haben dabei nicht den Effekt einer rhetorischen Zuspitzung, es geht also nicht darum, mit verschiedenen Begriffen ein und dieselbe Sache im Dienst größerer Präzision einzukreisen und schließlich mit dem treffendsten Ausdruck zu fixieren. Vielmehr sind es verschiedene Spezies, denkbare Varianten in der Sache oder aber auch in der Bezeichnung, die Holz in den Auffächerungen nebeneinander stellt. Es geht also nicht um Eindeutigkeit und Linearität einer Story, sondern um das Sammeln und Ausstellen verwirrender und teilweise gar widersprüchlicher Vielfalt der Begriffe: Schon im *Phantasus* wird die sprachliche Vielfalt selbst zum Gegenstand der Darstellung.

In *Fortsetzung des Berichts* greift Wolf auf derartige Wortlisten und Kataloge mehrfach zurück. Insbesondere bei der Beschreibung der Warenauslagen eines Fischmarktes bestimmt eine geradezu enzyklopädische Auflistung von Namen die Darstellung, ja der Erzähler scheint sich in seiner Aufzählungslust und seiner positivistischen Sammelleidenschaft komplett zu verlieren: hier wird Naturgeschichte unübersehbar inhaltlich und formal produktiv.[38]

Darauf hat auch hingewiesen Harald Hartung: Experimentelle Literatur und konkrete Poesie. Göttingen 1975, S. 26.

37 Vgl. dazu Tanja van Hoorn: Biogenesis. Arno Holz' *Phantasus* als poetische Transformation zeitgenössischer Entwicklungstheorien (Haeckel, Bölsche). In: Akten des XI. Internationalen Germanistenkongresses Paris 2005 »Germanistik im Konflikt der Kulturen«. Hg. v. Jean-Marie Valentin unter Mitarbeit von Ronald Perlwitz. Bd. 7: Bild, Rede, Schrift – Kleriker, Adel, Stadt und außerchristliche Kulturen in der Vormoderne – Wissenschaften und Literatur seit der Renaissance. Bern, Berlin u. a. 2008, S. 259-268.

38 Dennoch ist diese auffällige Passage von der Forschung bislang weitgehend ignoriert worden. Selbst Jürgens erwähnt die Aufzählung der Fische in seinem der

Wie häufig, bedient sich der Erzähler auch in dieser Passage der Strategie einer anti-narrativen Stillstellung der Dinge in sogenannten »Bildern«.[39] In diesem Fall handelt es sich um

> Bilder mit Fischen zuckend in Körben auf den Tischen in Zubern Weißfische Gichtfische Schleimfische Butterfische Peitschenfische vierfingrige Fingerfische Schnäpperfische Betrügerfische Kahlbäuche Pfeifenfische Hochschauer, mit dicken Wangen den Blick nach oben gerichtet Sternseher oder Hochschauer ruhig im Schlamm liegend, Fahnenfische Schellfische, mit geöffnetem Mund übereinandergekrochen mit aufgerissenem Leib aus dem die Fischblasen kommen mit aufgerissenen Kiemen Schollen und Dorsche, Schratze und Barsche, Welse und Hechte gefräßig mit offenem Maul, Flundern Schuster und Butte, Karpfen gemächlich schnappend und Atem holend, Barben atmend mit geöffnetem Mund und dunklen Augen, Aale in Bewegung langsam übereinander große alte Fische in Windungen stromauf schwimmend mit der Natur alter Fische und der Bewegung alter Fische, Rochen in Wannen und Schüsseln, das Wasser teilend, mit wehenden Flossen die Heringe, den Kopf bedeckt mit großen Schuppen, geöffnetem Mund mit bürstenförmigen Zähnen, Plötzen Pleintzen, die Flossen fächelnd wedelnd schlingernd, Trommler Trommler, die mit Blut gefüllten roten Kiemen, Grundeln Plieten Zopen Schwopen, sich krümmend den Kopf hebend den Mund öffnend, Spitzer Plinken Plinten Rapfen Mülpen Gösen […]. (FB, S. 35 f.)

In diesem sich über mehrere Buchseiten erstreckenden, zwar nicht enden wollenden, grammatisch jedoch korrekten Satz, wird das Überangebot eines Fischgroßmarktes sprachlich nicht nur abgebildet, sondern überboten.[40] Realistisch und stringent ist die Darstellung nicht, vielmehr wechselt die Perspektive sprunghaft zwischen einer Beschreibung von Fischen

Darstellung der Tiere in *Fortsetzung des Berichts* gewidmeten Kapitel nicht bzw. gibt nur einen kurzen Hinweis (vgl. Jürgens: Zwischen Suppe und Mund, S. 127-132 u. S. 85); vgl. auch die knappe Bermerkung von Franz Mon: »Es gibt also Löcher in meinem Gedächtnis«. Bilder und Wörter: Das Prinzip Collage in zwei Büchern Ror Wolfs. In: Ähnliches ist nicht dasselbe. Eine rasante Revue für Ror Wolf. Hg. v. Oliver Jahn u. Kai U. Jürgens. Kiel 2002, S. 278-300, hier S. 288.

39 Vgl. dazu erste Beobachtungen bei Hohmann: Experimentelle Prosa, S. 141, und ausführlich Jürgens: Zwischen Suppe und Mund, S. 56-69; vgl. auch Mon: »Es gibt also Löcher in meinem Gedächtnis«, insbes. S. 289-296.

40 Diese Wolfschen Wortketten hat schon Hans Magnus Enzensberger in Bezug auf die Vorabveröffentlichung einer Passage von *Fortsetzung des Berichts* treffend als »Kaleidoskope oder Irrgärten« bezeichnet und darauf hingewiesen, dass die

als Marktware, die »in Körben auf den Tischen in Zubern« angeboten werden, und von Fischen in ihren natürlichen Lebensräumen, die man sich »ruhig im Schlamm liegend« oder »in Windungen stromauf schwimmend« vorstellen soll. Unwahrscheinlich wirkt das wiederkehrend auftauchende Motiv von nach Luft schnappenden, offenbar langsam krepierenden und erstickenden Fischen – etwas, das auf einem Markt, wo man professionell getötete und ausgenommene Fische auf Eis oder aber sorgfältig in Bassins gehälterte Fische als Lebendware präsentiert, üblicherweise nicht vorkommt. Weiter handelt es sich zwar überwiegend um heimische Fischarten, aber auch einige Exoten werden genannt, Fische, die auf keinem europäischen Markt im Angebot sein dürften, wie die nordamerikanischen »Trommler« bzw. »Trommelfische«, später auch »Ohrenfische« und »Kürbiskernbarsche« (FB, S. 36). Und schließlich handelt es sich bei den aufgezählten Spezies teilweise um grätenreiche Süßwasserfische, wenig geschmackvolle und kleinwüchsige Weißfischarten, die als Speisefische kaum Verwendung finden und jedenfalls keine gängige Marktware darstellen. Umgekehrt sind Meeresfische grundsätzlich unterrepräsentiert, fehlen insbesondere bekannte Delikatessen wie Steinbutt, Kabeljau oder Seezunge, aber auch Meeresfrüchte wie Hummer, Garnelen oder Muscheln.

Es ist, anders gesagt, ganz offensichtlich weniger ein an der Realität eines Fischmarktes orientiertes kulinarisches, als vielmehr ein vokabuläres Interesse, das die Fischlisten bestimmt. Dies ist auch an der wohl komponierten Zusammenstellung der Kataloge ablesbar, etwa wenn die Namen nach Vokalen – »Schollen und Dorsche, Schratze und Barsche, Welse und Hechte« – oder nach einer auffälligen Anfangslautung – »Plötzen Pleintzen« – sortiert oder aber klanglich-perkussiv – »Trommler Trommler« – verdoppelnd gereiht werden.

Neben seiner enormen, geradezu monströsen und sich dadurch einem spontanen Verständnis verweigernden Aufblähung und seiner Vorliebe für lautliche Komposition ist das auffälligste Merkmal dieses Satzes aber sein ungewöhnliches Wortfeld. Hier kommen Begriffe vor, die dem durchschnittlichen Lesepublikum nicht vertraut sein dürften. Oder wer kennt »Spitzer Plinken Plinten Rapfen Mülpen Gösen«? Anders, und zugespitzter gesagt: nach dem harmlosen Anfang mit Scholle, Dorsch und Hecht wirken viele der folgenden Namen wie ausgedacht und zusammenphantasiert. Sie scheinen allein von der ins Absurde gekippten Experimentierfreude und Lautlust des Erzählers zu zeugen, wirken wie das

ungemein aufgeblähten Sätze gleichwohl nicht »die Grammatik außer Kurs […] setzen«; vgl.: Enzensberger: Einführung, S. 18.

Ergebnis eines Wortspiels, bei dem es darum ging, sich nach mehr oder weniger albernen, strukturellen, klanglichen oder rhythmischen Regeln Worte auszudenken und zu Katalogen zusammenzustellen: So könnte eine Aufgabe gelautet haben, Namen aus zwei Hauptworten zusammenzusetzen, wobei der zweite Teil schlicht aus dem Wort »Fische« bestehen sollte. Und schon finden »Weißfische Gichtfische Schleimfische Butterfische Peitschenfische« zusammen, eine Reihe, die fortgesetzt und dabei variierend unterbrochen wird durch »vierfingrige Fingerfische Schnäpperfische Betrügerfische Kahlbäuche Pfeifenfische Hochschauer«. Oder es ging um Zweisilber, deren denkbare ›Artenvielfalt‹ sich ebenfalls als erstaunlich erweist: da sind »Plötzen Pleintzen«, »Grundeln Plieten Zopen Schwopen« und die »Spitzer Plinken Plinten Rapfen Mülpen Gösen«. Allgemein bekannte und klanglich durchaus ebenfalls attraktive Fischnamen wie Moderlieschen oder Bitterling reizen den Erzähler offenbar nicht; er hält es eher mit kaum aussprechbaren, abwegig klingenden, mit Umlauten und komplizierten Konsonantenfolgen verwirrenden Begriffen. Aber handelt es sich wirklich um nur ein phantastisch-halluzinatorisches, realitätsverweigerndes Sprachspiel? Das Gegenteil ist der Fall. Denn auch wenn die orgiastische Wort- und Reihungslust des Erzählers unübersehbar ist, so lassen sich tatsächlich all die absurd wirkenden Namen verifizieren: Schlammbeißer und Fahnenfische sind zoologisch ebenso einschlägig wie Grundeln, Plieten, Zopen und Schwopen.

Bei seinem enzyklopädischen Katalog der Fische greift Wolf nämlich tatsächlich, hier seinem in *Meine Voraussetzungen* behaupteten Montageverfahren folgend, auf reales Material zurück, allerdings auf ein ganz anderes als das von ihm angedeutete. Als seine ›Materialkiste‹ erweist sich der Fische-Band von *Brehms Tierleben*; in ihm finden sich nicht nur so gut wie alle bei Wolf auftauchenden Fischnamen wieder, man stellt zudem erstaunt fest, dass offenbar schon Brehm eine frappierende Wortlust verspürte und seine Artbeschreibungen häufig ebenfalls mit langen Listen von Synonymen eröffnete. Es stammen also nicht nur die Fischnamen aus dem *Brehm*; auch das reihend-enzyklopädische, bei Wolf so verspielt und grotesk wirkende Verfahren hat, wie sich zeigt, ein ganz schlichtes, pragmatisches, völlig unphantastisches und nichtexperimentelles Vorbild. Schlagen wir etwa das Kapitel über die Karpfenartigen auf, die es Wolf besonders angetan haben:

> Wichtiger als alle übrigen Gattungsverwandten ist für uns der Uckelei, auch Ockelei, Weiß-, Dick-, Mund-, Marien-, Zwiebel- und Schuppenfisch, Weiß-, Schneider- und Nestling, Wieting, Wietig, Albe, Albele, Alwe, Almt, Wind-, Donau- und Spitzlaube, Blinke, Bleck,

Schupper, Fliege, Läge, Lauel, Laugeli, Laukele, Plinte, Zungel, Mort, Postknecht usw. genannt, Alburnus lucidus Heck.[41]

Die Synonyme und lokalen Begriffsbildungen werden in Untergruppen geordnet und übersichtlich präsentiert: Zunächst nennt der *Brehm* den fast buchstabengleichen, nur durch eine Vokaländerung sich vom üblichen Namen absetzenden Zweitnamen des Uckelei, den Ockelei; dann folgen die aus zwei Hauptworten zusammengesetzten Bezeichnungen, bei denen der zweite Teil immer schlicht aus dem Substantiv ›Fisch‹ besteht. Die Zusammensetzungen, die auf die Silbe »ling« enden, werden ebenso in einer Dreiergruppe unmittelbar hintereinander genannt, wie offensichtlich verwandte, eher dialektal bzw. regional abgewandelte Begriffe als Varianten erkennbar in einem Atemzug aufgezählt werden (»Wieting, Wietig«; »Albe, Albele«).

Die im *Brehm* entwickelten Namenslisten kopiert, variiert, perfektioniert Wolf und passt sie seinen eigenen, künstlerischen Bedürfnissen an. Dabei setzt er sich im Zweifelsfall locker über naturgeschichtliche Fakten hinweg, verlässt biologische Sinnzusammenhänge und komponiert seine Listen insgesamt weniger nach zoologischen als vielmehr nach ästhetischen Gesichtspunkten.

So tauchen etwa in der Fischmarkt-Passage an verschiedenen Stellen unterschiedliche Namen auf, die tatsächlich ein und dieselbe Art bezeichnen: Hinter »Pleintzen«, »Schwopen« und »Spitzer[n]« verbirgt sich dreimal derselbe Fisch, Abramis ballerus, eine Spezies aus der Familie der Karpfenartigen. Die im *Brehm* zusammen mit anderen Synonymen hintereinander aufgelisteten Namensvarianten[42] ordnet Wolf in ganz unter-

41 Brehms Tierleben. Allgemeine Kunde des Tierreichs. 4., vollständig neu bearbeitete Aufl. Hg. v. Otto zur Strassen. 13 Bde. Leipzig u. Wien 1911-1918, hier Bd. 3: Die Fische. Unter Mitwirkung v. Viktor Franz neu bearbeitet v. Otto Steche. Leipzig u. Wien 1914, S. 190. Auch wenn Brehm selbst an dieser erst lange nach seinem 1886 erfolgten Tode erschienen Auflage nicht mehr beteiligt war, sei es gestattet, im Folgenden von ›dem Brehm‹ zu sprechen, eine Redeweise, die den Institutionscharakter dieses Werkes betont. Im Übrigen ist dies auch dadurch gerechtfertigt, dass Brehm selbst auf die zu Lebzeiten erschienenen Ausgaben nie einen alleinigen Anspruch der Verfasserschaft erhob (vgl. den diesbezüglichen Hinweis auch bei Benninghoff-Lühl: Das Reich der Tiere, S. 38). – Einige wenige Fischnamen, die in *Fortsetzung des Berichts* auftauchen, lassen sich in dieser Ausgabe des *Brehm* nicht finden: So fehlen die vierfingrigen Fingerfische (vielleicht eine verfremdete Variante des vierstrahligen Fadenfischs? vgl. Brehm: Die Fische, S. 378), die Kahlbäuche (ein sehr seltener Fisch Islands) und die Hochschauer (vermutlich bei Brehm unter Himmelsgucker, ebd., S. 496).

42 Vgl. Brehm: Die Fische, S. 188.

schiedliche Listen ein, weil er sie hinsichtlich ihres Sounds, nicht hinsichtlich ihrer Bedeutung registriert und präsentiert: In *Fortsetzung des Berichts* gehören die »Pleintzen« wegen des ploppenden Anfangslautes natürlich mit den »Plötzen« zusammen, wohingegen die »Schwopen« aus Reimgründen den »Zopen« zugesellt werden und die »Spitzer« (FB, S. 36) eine Reihe der Fische mit spitzem I-laut eröffnen.

Großzügig geht Wolf auch mit der aus zoologischer Perspektive fundamentalen Frage um, ob es sich um verschiedene Spezies oder aber nur um verschiedene Namen für ein und dieselbe Sache handelt: Daher kann es durchaus vorkommen, dass in einem Katalog hintereinander bald verschiedene Arten, bald Synonyme genannt werden. So findet sich in der Liste, die »Spitzer Plinken Plinten Rapfen Mülpen Gösen« aufzählt, ein Fisch gleich zweimal, denn Mülpe ist lediglich ein anderer Name für den Rapfen.

Wir haben es auf Wolfs Fischmarkt also mit einem aus fischkundlicher Sicht etwas dilettantisch im Wortsalat herumspazierenden Erzähler zu tun, der sich für Fischnamen als klingendes Sprachmaterial interessiert, nicht als wissenschaftliche Bezeichnungen (die daher im engeren Sinne, nämlich in ihrer lateinischen Variante bei Wolf auch gar nicht vorkommen). Dieser Erzähler ›botanisiert‹[43] im Wildwuchs der Namen und probiert gleichsam neue taxonomische Ordnungen aus.

Allerdings spielen auch die semantischen Implikationen der Namen durchaus eine Rolle. Sie werden jedoch meist eher zur Verwirrung des Lesers eingesetzt: So soll man doch vermutlich glauben, dass der Begriff »Betrügerfische« ein Betrug ist, ein Klamauk (und erst ein Blick etwa in den *Brehm* belehrt einen eines Besseren). Auch wird der Leser zu Fehlinterpretationen verführt, wenn landläufige Begriffe in einer ganz anderen, wenig bekannten Bedeutung verwendet werden: Eine Namensliste beginnt mit einigen seltsamen, ungewöhnlichen Fischnamen wie »Rodden Schnutten«, wird dann auf vertrauterem Gefilde mit »Schmerlen Sprotten Huchen Stinte Zander« fortgeführt, um schließlich überraschend mit dem Terminus »Köche« zu enden (FB, S. 36). Im Kontext einer Fischmarktbeschreibung, die einleitend die mit weißen Kochmützen ausgestatteten Fachmänner für Nahrungszubereitung zitiert, scheint der Fall klar: Jeder Leser wird davon ausgehen, dass die »Köche« in der Fischliste ein untergemogeltes Fremdmaterial sind, Beleg entweder für

43 Das tatsächlich ganz treffende Bild des Botanisierens für die Stellung des Erzählers bei Wolf hat in Bezug auf die *Nachrichten aus der bewohnten Welt* vorgeschlagen Ina Appel: Von Lust und Schrecken im Spiel ästhetischer Subjektivität. Über den Zusammenhang von Subjekt, Sprache und Existenz in [sic] Prosa von Brigitte Kronauer und Ror Wolf. Würzburg 2000, S. 129.

die nun endgültig in einem freien, nicht mehr nachvollziehbaren Assoziationsraum sich verirrende sprunghafte Einbildungskraft des Erzählers oder aber ein Test des Narrators auf die Aufmerksamkeit des Lesers: Merkt der nach all den vielen vielen Worten überhaupt noch, wenn die Regeln einer Liste über Bord geworfen werden? Anzunehmen, dass mit den Köchen die Spezialisten am Küchenherd gemeint sind, liegt umso näher, als eine der Hauptfiguren von *Fortsetzung des Berichts* bekanntlich Koch ist und das Ich bei diesem Koch Krogge ebenso wie schon zu Hause bei seiner Frau nichts anderes als eine offenbar einigermaßen widerlich schmeckende Fischsuppe vorgesetzt bekommt.

So eindeutig es sich also um einen Ausbruch aus der Katalogisierungslogik, um eine Abschweifung zu handeln scheint, so falsch ist diese Deutung. Denn tatsächlich gibt es auch eine Fischart mit dem Namen Koch – und einmal misstrauisch geworden, erkennt der Leser, dass der Roman mit dieser Doppelbedeutung des Begriffs sogar bewusst spielt, wenn er »die Köche oder Lippfische in den Körben der Köche« (FB, S. 39) erwähnt.[44] Einmal mehr ist hier also der Wortwitzbold am Werk und führt noch einmal das eigentlich wohlbekannte Phänomen vor, dass ein und derselbe Name auf ganz Verschiedenes, ja sogar zugleich auf Objekt und Subjekt, auf Opfer und Täter einer einzigen denkbaren Handlung – der Herstellung eines Fischgerichtes – verweisen kann.

Fassen wir zusammen. *Brehms Tierleben* dient erstens als Wortarchiv. Hier findet Wolf Begriffe, deren Reiz gerade in ihrer Fremdheit besteht. Der »Heckmeck«[45] liegt dann darin, dass das phantastisch und unglaubwürdig wirkende Material, das im scharfen Kontrast zum Alltagsvokabular eines jeden Durchschnittslesers steht, in Wahrheit Teil einer völlig pragmatischen Sprachwirklichkeit ist. Im faktualen Text des *Brehm* akzeptiert man genau die Namen sofort als glaubwürdig und seriös, die in Wolfs Fiktion klamaukhaft wirkten: Aus dem Kontext gerissen werden die Textbausteine bunt. Das macht »Spaß«.[46]

Zweitens greift Wolf auch hinsichtlich des Verfahrens auf *Brehms Tierleben* zurück. Die Tiernamen-Listen werden kopiert, zerschnitten und nach neuen Kriterien zusammengestellt. Naturgeschichte, hier die Fischkunde, wird so zum Spielball experimentellen Erzählens. Aber nicht nur der Erzähler, auch Krogge und Wobser stehen mit der Naturgeschichte auf viel vertrauterem Fuß als bislang gesehen.

44 Schlägt man im *Brehm* nach, so zeigt sich, dass eine Art aus der Familie der Lippfische der »Streifenlippfisch oder Koch, Labrus mixtus L.« ist (Brehm: Die Fische, S. 467).

45 Wolf: Meine Voraussetzungen, S. 13.

46 Wolf: Meine Voraussetzungen, S. 13.

5.2 Im Netz der ›Gewährsmänner‹

5.2.1 Der Koch Krogge als Naturfoscher

Krogge ist ein dicker, nein, in diesem Fall muss man wohl wirklich sagen: ein fetter Mann. Als »eine ungeheure [...] weiße Person« sitzt er »kolossal glatzköpfig« da und wirkt mit seinem »sackartigen Leib« und »einem halslos auf dem Leib liegenden Kopf« wie »eine Aufschüttung teigiger grobgekneter Formen« (FB, S. 53). Optisch also wenig ansprechend, beherrscht Krogge allein aufgrund seiner monströsen, kolossartigen Ausmaße jeden Raum und bildet daher auch den natürlichen »Mittelpunkt« (FB, S. 53) der Tafelrunde, die im Handlungsstrang A beschrieben wird. Er ist der Inhaber der Wohnung, der Gastgeber und hat die Mahlzeit, die serviert wird, vermutlich selbst zubereitet.[47] Sein Menu scheint abgesehen von der Fischsuppe in erster Linie aus Klößen zu bestehen,[48] die den Erzähler wiederum an den Koch erinnern, der nämlich selbst wie »ein ungeheuer weißer ausgedehnter ins Zimmer gewölbter Kloß« aussehe (FB, S. 70).

Von Beruf ist Krogge Koch, und seine Frau nimmt ihn offenbar ausschließlich in dieser Rolle wahr.[49] Aber Krogge ist, wie er selbst sagt,

47 Das Mobiliar des Raumes, in dem das Essen stattfindet, wird ausdrücklich als das Eigentum Krogges bezeichnet, vgl. FB, S. 57. Es scheint sich um Krogges Privatwohnung zu handeln (und nicht, wie Hohmann [Experimentelle Prosa, S. 140] meint, um seine »Wirtschaft«. Dafür spricht, dass offenbar nur geladene Gäste anwesend sind und es keinerlei Anzeichen dafür gibt, dass man sich in einem öffentlichen Raum befindet, da der Erzähler etwa durch eine geöffnete Tür u. a. auch Krogges Bett erblickt, das doch wohl nicht an seinem Arbeitsplatz stehen dürfte; vgl. FB, S. 86.) – Dass Krogge der Gastgeber ist, geht z. B. daraus hervor, dass er sich bei »Schrader« dafür bedankt, dass dieser seiner »Einladung« gefolgt sei (FB, S. 89). – Krogge hat offenbar das Essen zubereitet: Jedenfalls wird er vom Ich beim Abschmecken beobachtet (FB, S. 278), trägt eine »Kochausrüstung« (FB, S. 247) und hebt zum Abschluss des Abends die »Symbole der Kochkunst« hoch (FB, S. 284 f.).

48 Zwar artikuliert das Ich »den Wunsch nach Runkeln Rüben Rettichen Kraut und Kohl« (FB, S. 70) und hört Kaugeräusche seines Tischnachbarn, die er den »Rüben« zuspricht (FB, S. 240), zumeist aber ist lediglich von der Suppe und den Klößen die Rede.

49 Die Frau des Kochs erzählt die »Geschichte vom Koch« (FB, S. 94). Dieser sei »mit fünfzig Jahren« als »Chefkoch« gestorben (FB, S. 99). Das über dem Bett angebrachte, schwarz gerahmte Erinnerungsbild zeigt den Koch mit einem Buch in der Hand und dem »Stiel eines Schöpflöffels« in der anderen (FB, S. 99). – Wenn es sich bei der ›Frau des Kochs‹ tatsächlich um Krogges Frau handelt, so haben wir es hier mit dem offenen Widerspruch zu tun, dass eine Figur des Romans

auch »Naturforscher« und zwar ein äußerst passionierter (vgl. FB, S. 90). Schon die Ausstattung seiner Wohnung kündet von diesem naturkundlichen Interesse. Hinter dem Esszimmer schließen sich, anscheinend in Form einer Kette von Durchgangszimmern, erst die Küche und dann ein »Experimentierzimmer« an (FB, S. 86). In diesem meint der Erzähler allerlei zu wissenschaftlichen Zwecken nutzbare Gerätschaften wie »Glaskolben Globusse Fernrohre ausgestopfte Tiere übereinandergeschichtete Folianten Elektrisiermaschinen Photographenapparate« zu erblicken (FB, S. 86). Während mit Glaskolben schon seit vielen Jahrhunderten chemische und physikalische Experimente durchgeführt werden und das Elektrisieren seit dem ausgehenden 18. Jahrhundert eine Leidenschaft nicht nur von Dilettanten und Scharlatanen ist, verweisen die »Photographenapparate« in auffällig veralteter Titulierung auf eine Erfindung des 19. Jahrhunderts.

Insgesamt wirkt Krogges mutmaßliches »Experimentierzimmer« damit wie ein nur zaghaft modernisiertes Faustsches Labor, das mit den vielen »Folianten« auch großformatige gelehrte Werke aus längst vergangenen Zeiten beherbergt. Das an den herumliegenden Geräten und Gegenständen ablesbare Welterkundungsinteresse – der Besitzer scheint Studien in so unterschiedlichen Bereichen wie Chemie, Erdkunde, Astronomie, Naturkunde und Physik zu treiben – ist das eines vormodernen Universalgelehrten; von der Trennung in Fachdisziplinen und von dem neuzeitlichen Spezialisierungszwang zeigt es sich weitgehend unbeeindruckt.

Freilich erleben wir Krogge nie bei seinen Versuchen und Studien. Wir erfahren nicht, ob er überhaupt von Zeit zu Zeit in seinem »Experimentierzimmer« arbeitet, und wenn ja, was er dort treibt. Auch der Blick in dieses Zimmer bleibt singulär. Motivisch allerdings verknüpft sich die kurze Beschreibung der altmodischen Forschungsstube eng mit der Wunderkammer im Hausflur des Erzählers (vgl. FB, S. 28 f.). Und die Fährte eines in die Naturkunde verweisenden Doppellebens des Kochs nimmt der Roman mehrfach auf.

Grundsätzlich tritt Krogge eher als ein Sammler und Multiplikator naturkundlichen Wissens auf und weniger als ein eigenständiger Forscher. Bei ihm laufen Fäden zusammen, ihn erreichen über unbekannte Kanäle

gleichzeitig tot und lebendig ist oder dass sie, wie Jürgens (Zwischen Suppe und Mund, S. 121) dies deutet, als eine übermächtige Instanz jenseits von Zeit und Raum angesiedelt ist. Die Geschichte des Kochs und seines frühen Todes wird auch von Wobser, Gibser und Schlötzer in verschiedenen Varianten beschrieben, vgl. FB, S. 190-193.

Bilder und Berichte, die er aufnimmt und weitergibt.[50] Dabei handelt es sich in der Form um ganz unterschiedliche Materialien, die inhaltlich jedoch durch einen gemeinsamen Gegenstand zusammengehalten werden: Auf den Fotografien, den Gemäldezyklen und in den Forschungsberichten, die Krogge herumzeigt, ausstellt, kommentiert und über die er referiert, geht es immer wieder um Säugetiere einer ganz bestimmten Gattung: Der Koch hat nämlich ein Steckenpferd und das heißt Zebra.

Das erste diesbezügliche Material, das Krogge, in dessen Labor sich bekanntlich auch Fotoapparate befinden, präsentiert, ist »eine photographische Aufnahme« (FB, S. 57). Es handelt sich um ein einzelnes Bild, das der Koch ausschließlich und geradezu verschwörerisch unter Übergehung aller anderen Gäste dem Ich überreicht. Auf dem Foto ist offenbar ein Zebra im Profil abgebildet.

Dass Krogge, der das Ich zu kennen behauptet und es fortlaufend mit ›Schrader‹ anspricht (vgl. FB, S. 89), sich gerade diesen Kommunikationspartner aussucht, erstaunt insofern, als der Erzähler auf das Zebra-Foto einigermaßen begriffsstutzig, ja geradezu bizarr reagiert. Erstens scheint er mit der fotografischen Abbildungstechnik nicht vertraut zu sein, denn seiner Bildbeschreibung nach hat das Zebra den »Leib über die Photographie von links nach rechts gelagert« (FB, S. 57). Der Erzähler trennt also, was im Foto amalgamiert ist, nimmt einerseits das Motiv und andererseits die zweidimensionale Bildfläche wahr. Das reale Objekt ›Zebra‹ und das Verfahren der Reproduktion erscheinen als zwei disparate Dinge. Zugleich wird in seiner Beschreibung das Objekt zum Subjekt: Das Zebra ist nicht passiv stillgestellt und ins Bild gebannt, sondern es schiebt sich vor das Papier, überdeckt es.[51]

Aber nicht nur das Fotografieren ist dem Erzähler nicht geläufig. Zweitens weiß er auch nicht, wie ein Zebra aussieht. Denn offenbar

50 Vgl. in diesem Sinne etwa Krogges wichtigtuerische Formulierung: »Die Nachricht lief ein« (FB, S. 92).

51 Ror Wolf referiert hier offenbar auf die medientheoretischen Überlegungen Kracauers insbes. auf Siegfried Kracauer: Photographie. In: Schriften. Bd. 5.2: Aufsätze 1927-1931. Hg. v. Inka Mülder-Bach. Frankfurt a. M. 1990, S. 682-698; zu Kracauers These des Fotos als einer Leerstelle der modernen Welt, die sich im Unterschied zum ›Gedächtnisbild‹ ohne Gedächtnis und Geschichte als ein gespenstisches, pseudonaturhaftes Bruchstück präsentiere vgl. Gertrud Koch: Kracauer zur Einführung. Hamburg 1996, insbes. S. 128-133; Inka Mülder: Siegfried Kracauer – Grenzgänger zwischen Theorie und Literatur. Seine frühen Schriften 1913-1933. Stuttgart 1985, insbes. S. 72-77; David Frisby: Fragmente der Moderne. Georg Simmel – Siegfried Kracauer – Walter Benjamin. Rheda-Wiedenbrück 1989, insbes. S. 159-164.

kennt er zwar den Begriff ›Zebra‹ und weiß, dass es ein Tier dieses Namens gibt, hat aber eine Abbildung desselben nie zuvor gesehen. Jedenfalls versteht der Erzähler erst in dem Moment, dass das Tier auf dem Foto ein Zebra ist, als er auf der Rückseite des Bildes den Namen liest: Ding und Begriff finden zusammen. Seine vorherigen diffusen Zebra-Vorstellungen mit den soeben neu erworbenen fotografischen Informationen zu verknüpfen, fällt ihm sichtlich schwer. Insbesondere verschwimmen die Größenverhältnisse, konkurrieren das bereits zuvor vorhandene innere Bild, die Fotografie und eine erahnte Realität miteinander: »Auf dem Rücken der Photographie steht mit Handschrift geschrieben: das Zebra. Also das ist das Zebra. Ich habe es mir kleiner vorgestellt, obgleich ich vermute, daß es in Wirklichkeit noch größer sein muß als auf dieser Aufnahme.« (FB, S. 57 f.)

Neben dem Foto eines Zebras besitzt Krogge andere Gegenstände, die seine Leidenschaft für diese Spezies dokumentieren. So ist an der Wand wie eine Jagdtrophäe ein »aus der Wand ragender Tierkopf« (FB, S. 116) angebracht – eines der Tierpräparate aus dem Experimentierzimmer im hinteren Bereich der Wohnung hat also einen Paradeplatz in der guten Stube eingenommen. Dabei handelt es sich nicht etwa um den üblichen Hirschkopf mit Geweih, sondern um »eine Art Pferdeschädel« (FB, S. 116), genauer gesagt um einen ausgestopften Zebrakopf. Der wenig lernfähige Erzähler,[52] der den Begriff ›Zebra‹ trotz Krogges Fotografie offenbar nicht in seinen aktiven Wortschatz aufgenommen hat, umschreibt dies umständlich und spricht von einem pferdeartigen Tier, das »im Unterschied zum Pferd jedoch gestreift« (FB, S. 116) sei – ein indirektes, vergleichendes Bezeichnungsverfahren, dessen er sich in seinem gesamten Bericht bedienen wird.[53]

Während Krogge die Zebrafotografie diskret überreicht und nicht kommentiert, ist der Zebrakopf für alle sichtbar geradezu ausgestellt und wird zum Gegenstand einer ausführlicheren Betrachtung und Erörterung: Der Bruder von Krogges Frau fühlt sich aus nicht explizierten Beweggründen aufgerufen, dem ebenfalls anwesenden Onkel Krogges

52 Auf die kognitiven Defizite des Erzählers, die sich in der misslingenden »Identifikation wiederkehrender Textelemente« offenbaren, hat am Beispiel des ›Zylindermanns‹ hingewiesen Jürgens: Zwischen Suppe und Mund, S. 62.

53 Tatsächlich fällt der Begriff ›Zebra‹ nur im Zusammenhang mit der Fotografie, die Krogge dem Erzähler überreicht (FB, S. 57). In sämtlichen anderen Passagen, in denen es um Zebras geht, fällt der Name nicht, sondern es wird – zumeist mit dem Hinweis auf die Streifenzeichnung – umschrieben, vgl. FB, S. 92, S. 116, S. 178, S. 187, S. 201.

den »aus der Wand ragenden Tierkopf zu erklären« (FB, S. 116). Die »Erklärung«, die der Bruder dann »mißmutig« abbrechen muss, weil Wobser für eine Spielerei um drei Korken bittet, gerät offensichtlich zu einer Art Kurzvortrag (FB, S. 116). Der Inhalt dieses Vortrages bleibt komplett im Dunkeln: Geht es eher allgemein um das Zebra als ein pferdähnliches Tier mit Streifen? Oder konkret um die Geschichte dieses einzelnen Präparats? – Denn die Frage, wie der Koch an dieses ungewöhnliche Objekt gekommen ist, drängt sich natürlich auf. Es liegt die Vermutung nahe, dass es sich um ein Reisemitbringsel handelt, genauer gesagt um ein Belegexemplar von Krogges in diesem Fall in der Rolle eines Großwildjägers ausgelebter exotischer Leidenschaft für Zebras.

Tatsächlich nämlich ist Krogge als Naturforscher zugleich auch ein Reisender. Während des Essens nimmt er unter anderem die Rolle eines Reiseerzählers ein und präsentiert eigene Erlebnisse in Verknüpfung mit Hinweisen auf Erfahrungen anderer Forscher. Seinen mündlichen Reisebericht adressiert er, wie zuvor schon die Übergabe des Zebra-Fotos, weniger an die gesamte Tischrunde, sondern eher exklusiv an den Erzähler, in dem er offenbar nicht nur einen alten Bekannten, sondern, mehr noch, einen Mitstreiter in der Sache, eine Art Kollegen, erblickt.[54] In diesem Sinne richtet Krogge in der Eröffnung seiner Reiseerzählungen an das Ich die Frage, ob es mit seinen »Ausarbeitungen« (FB, S. 89) weitergekommen sei. Der Erzähler bestreitet immerhin nicht, dass es derartige »Ausarbeitungen« gibt oder geben könnte, bestätigt freilich auch deren Vorhandensein nicht. Zudem bleibt nicht zuletzt aufgrund der unklaren Beziehung zwischen dem Koch und dem Erzähler sowie der chronischen Unzuverlässigkeit des Letzteren offen, welcher Art diese Arbeiten sind (wenngleich der Kontext nahelegt, dass es sich um eine Verschriftlichung eigener naturkundlicher Beobachtungen des Erzählers handeln könnte).

Krogge selbst beginnt seine Rede mit der Behauptung, er gehe »seiner Eigenschaft als Naturforscher« gern »möglichst unerkannt« nach (FB, S. 90), eine Formulierung, die in zweifacher Hinsicht irritiert: Erstens zielt der Begriff ›Naturforscher‹ weniger auf eine »Eigenschaft«, sondern auf einen, sei es professionell, sei es passioniert-dilettantisch ausgeübten Beruf. Zweitens wirkt das Bekenntnis zur heimlichen, unerkannten Ausübung der Naturforschungen insofern unglaubwürdig, als Krogge soeben dabei ist, sich vor einer größeren Tischrunde zu inszenieren.

54 Dass Krogge sich in erster Linie an den Erzähler adressiert, wird deutlich, wenn er im letzten Drittel seiner Rede diesen – natürlich, wie üblich, mit dem Namen »Schrader« – als Einzigen der Anwesenden unmittelbar anspricht; vgl. FB, S. 92.

Auch als Erzähler ist Krogge wenig überzeugend: Er berichtet stichwortartig in kaum nachvollziehbaren elliptischen Satzfetzen und bedient sich verkürzter und dadurch lächerlich wirkender Sprachformeln. Typisch für diese inhaltsleere Redeweise ist etwa der unvollständige, am Ende plötzlich abbrechende ›Satz‹: »Wo das staunende Auge die Pracht der.« (FB, S. 90), der keinerlei konkreten Gehalt übermittelt, sondern bloßes Zitat einer pseudoempfindsamen und scheinpoetischen Floskel ist.

Die Reiseimpressionen Krogges werden nach jedem einzelnen Beschreibungsbaustein durch ein stakkatohaftes, stereotyp wiederholtes, isoliertes »Ja« bestätigt, das offenbar vom Zuhörenden stammt, der damit völlig mechanisch seine (vom Vortragenden wiederholt eingeforderte[55]) Aufmerksamkeit dokumentiert. Der Vortrag gewinnt so die Form eines musikalischen Duetts; freilich handelt es sich um einen ungleichen Wechselgesang, einen Pseudodialog, in dem sich einer, Krogge, großspurig inszeniert und ein anderer, der Erzähler, dies in der Rolle des blind ergebenen Knechts scheinbar bedingungslos abnickt.[56] Wenn hier also das unkonzentrierte, platitüdenhafte Gerede des reisenden Hobby-Naturforschers Krogge durch die feige Verlogenheit eines Publikums, das ihn schlicht gewähren lässt, ermöglicht und gespiegelt wird, so handelt es sich um eine satirische Persiflage auf einen bestimmten Typus populärwissenschaftlicher Vortragssituationen.[57]

Inhaltlich bietet Krogge einigermaßen fahrig skizzierte, subjektive Naturwahrnehmungen und ausschnitthaft mitgeteilte Anekdoten: Die entscheidenden objektiven Eckdaten (wann? mit wem? weshalb? wie lange? etc.) aber lässt er vermissen – darin im Übrigen dem Erzähler und dessen Eröffnungssatz zu Beginn von *Fortsetzung des Berichts* ähnelnd, dessen Duktus einer Reisebeschreibung hier von Krogge aufgenommen wird. Der Vortrag handelt von Erlebnissen in der »weit ausgebreiteten strauch-

55 Im Unterschied zu dem eher autistisch wirkenden Erzähler gibt sich Krogge geradezu aggressiv dialogisch, spricht seinen Zuhörer häufig an und bezieht dessen vermutliche Gedanken und Vorstellungen aktiv in seine Darstellung ein: Immer wieder finden sich die Aufforderungen »denken Sie das nicht«, »denken Sie nur« und »denken Sie sich etwas« (FB, S. 90 u. ö.); am Ende heißt es dann sogar: »Ihnen brauche ich nichts zu sagen, Sie wissen das doch« (FB, S. 93).

56 Am Ende freilich meldet der Erzähler innerlich Widerspruch an; vgl. FB, S. 93.

57 Es scheint sich doch eher um eine Satire auf eine bestimmte Ausprägung des populären Pseudo-Wissenschaftsbetriebs zu handeln und weniger um eine »Kritik« an der »empirisch arbeitende[n] Wissenschaft«; für eine derartige positivistische Empirie kann Krogge mit seinen düsteren Impressionen und diffusen Äußerungen nicht überzeugend geltend gemacht werden (vgl. Jürgens: Zwischen Suppe und Mund, S. 133).

losen verdorrten mein Gott Steppe«, in der die Arbeit des Naturforschers »mit manchen Mühen und Strapazen verbunden«, kurz: »kein Spaziergang« sei (FB, S. 90). Offenbar geht es, wie allerdings auch im Folgenden nur schemenhaft deutlich wird, um Reisen nach Afrika, in Savannenlandschaften und angrenzende Urwaldregionen. Im Mittelpunkt von Krogges Darstellung stehen die Anstrengungen und Gefahren derartiger Reisen; ein konkretes inhaltliches oder gar im engeren Sinne wissenschaftliches Interesse, das der Beweggrund für die Reisen gewesen sein könnte, wird zunächst nicht erkennbar. Auch werden keinerlei positive Erfahrungen mitgeteilt, vielmehr geht es ausschließlich um die Schattenseiten derartiger Expeditionen in tropische Länder.

Der Vortrag gliedert sich in drei Teile. Zunächst spricht Krogge über die Konfrontation mit der Wildnis, d. h. über unheimliche und unangenehme Erfahrungen in und mit der Natur. Generell erscheint die Natur als eine feindliche, finstere Macht. Sie ist »trügerisch[]« und »undurchdringlich[]«, Furcht erregend durch abrupte, unüberwindbar scheinende Wechsel des Landschaftsbildes wie »plötzlich aufgähnende[] Schluchten« und niemals idyllisch oder schön, sondern krankhaft wuchernd (»Waldgeschwüre«), alles mit sich reißend (»Schlamm Wildwuchs Wasserfälle«) und haptisch diffus (»Gallerte«, »Gelee«) (FB, S. 90). In diesem düsteren Reich bilden Tierbeobachtungen nicht etwa die lang ersehnten und erfüllenden Höhepunkte einer von Strapazen geprägten Exkursion. Erwähnt werden im Gegenteil nur wiederum sich plötzlich ereignende, zufällige, ungewollte und beängstigende Begegnungen mit gefährlichen Lebewesen, die ästhetisch abgewertet werden und zoologisch unbestimmt bleiben.[58]

Zweitens wendet Krogge sich den Einschränkungen bezüglich des Komforts zu, denen man auf einer Forschungsreise ausgesetzt sein kann. Im Kontrast zur eingangs behandelten ungezähmten Natur spricht er nun also über den vom Menschen gestalteten Lebensbereich, den Bereich der Kultur. Exemplarisch konzentriert Krogge sich auf die Unterkünfte, an denen sich offenbar nichts anderes als die vollständig misslungene Abgrenzung des Menschen von der Wildnis ablesen lässt: In den als zivilisierte Schutzräumen gedachten Hütten wimmele es nur so von »Ungeziefer« (FB, S. 91), eine scheinbar aus »gebuckeltem Nussbaumholz« gefertigte Wand entpuppe sich bei näherem Hinsehen als eine durchgängig von Schaben besetzte lebende Fläche, als »atmende Wand« (FB, S. 90 f.),

58 Vgl. z. B. »Dieses Aufglotzen von Tieren Knurren und Tappen diese Unvorstellbarkeiten Unförmigkeiten beim Hinsehen.« (FB, S. 90).

überall herrsche Ekel erregende Verwesung.[59] Die insektenartigen Tiere, so Krogge weiter, überschritten fortlaufend und von allen Seiten die körperlichen Grenzen des Menschen, fräßen sich in seine Haut, attackierten den Kopf, an dem dann mit einem Mal »etwas Warmes etwas Weiches Haariges Feuchtes« (FB, S. 92) zu spüren sei. Kurz: die zoologisch nicht weiter identifizierten Kleintiere stellen eine andauernde, diffuse und gesundheitsgefährdende Belastung dar und markieren, dass es für den Menschen keinen Rückzugsraum vor der allgegenwärtigen zerstörerischen Natur gibt.

In einer Bewegung der Steigerung zählt Krogge nach seiner Beschreibung der bedrohlichen Wildnis und der entnervenden Insektenplage einige Namen von Forschungsreisenden auf, die angeblich während ihrer Arbeit auf brutale Weise zu Tode gekommen seien. Damit verlässt er den Bereich des eigenen Erlebens und wechselt über zu Berichten über Dritte. Drei Reisende scheinen überfallen, massakriert und Opfer einer geradezu rituellen Hinrichtung geworden zu sein, während zwei andere Reisende durch Attacken von Tieren in lebensbedrohliche Situationen gekommen seien: »Schilling« sei vom eigenen »Haushund« zerfleischt, »Diezel« von einer »Riesenschlange« beinahe erwürgt worden (FB, S. 92 f.). Krogge nennt den Namen von einem »Matschie« und »die Auffindung seines Kopfes, ohne Körper«, einen »Hock-Bern« und »die Auffindung seines Körpers, ohne Kopf«, sowie einen »Bart«, dessen »schöner hellbrauner gewellter Bart« alles gewesen sei, was man nach Monaten schließlich noch von ihm fand.[60] Die Fälle implizieren eine konfrontativ, ja tödlich verlaufene Begegnung mit der indigenen Bevölkerung. Ging es also im ersten Teil des Vortrages vor allem um die fremde Landschaft, die als verstörend erfahren wird, im Zweiten um Insekten, die Körpergrenzen durchbrechen, so deutet der dritte Abschnitt auf die Bewohner des fremden Landes, die aggressiv die Abenteuer beenden. Auffällig ist allerdings, dass Krogge die Aggressoren überhaupt nicht erwähnt (geschweige denn, dass sich auch nur ansatzweise ein ethnologisches Interesse abzeichnen würde). Die mutmaßlichen Täter bleiben vielmehr vollständig unsichtbar, sie sind Leerstellen im Text; ihre Existenz wird nur indirekt, durch die tödlichen Übergriffe auf die europäischen Ein-

59 Nicht nur ist »ein Zug von verwesten Vögeln ausgehend« zu spüren, auch »Schimmel« ist festzustellen und auf dem Boden der Hütte lässt sich das allgemeine Fressen und Gefressen-Werden beobachten: hier werden »die Reste von Fleisch, ein Fleischklumpen« von irgendwas »umwimmelt«; vgl. FB, S. 91.

60 FB, S. 92. – Zwei weitere Kollegen hatten Konflikte mit Tieren, sei es mit dem eigenen Hund, sei es mit einer »Riesenschlange«, vgl. FB, S. 92 f.

dringlinge, markiert. Kontrastiv steht den quasi totgeschwiegenen Tätern die drastische Beschreibung der sterblichen Überreste der Opfer gegenüber: Von Matschie ist nur noch der Kopf da, der bei Hock-Bern gerade fehlt, von Bart bleibt nur sein Bart über – eine offensichtlich unwahrscheinliche und überzogene Darstellung.

Tatsächlich wirkt Krogges mündlicher Bericht wie eine Parodie auf einen Typus der Reisebeschreibung, dem es nicht um eine Darstellung von Forschungsergebnissen, sondern, näher am Abenteuerroman, um eine Inszenierung der Reise als Abenteuer geht.[61] Traditionelle Elemente eines derartigen abenteuerlichen Reiseberichts sind der Kampf des Mannes (Frauen sind in diesem Genre als Protagonistinnen nicht vorgesehen) gegen eine schier undurchdringliche Wildnis und die in ihr lebenden ›Bestien‹, die Klage über Blut saugende, massenhaft vorkommende Insekten, sowie Legenden über sterbende Helden und verschollene Abenteuerreisende.[62] All diese Topoi, die sich gerade in Berichten über das

61 Zur Präsentation von Abenteuern in den klassischen Abenteuerromanen James Fenimore Coopers oder Karl Mays vgl. Harald Eggebrecht: Sinnlichkeit und Abenteuer. Die Entstehung des Abenteuerromans im 19. Jahrhundert. Berlin u. Marburg 1985; Bernd Steinbrink: Abenteuerliteratur des 19. Jahrhunderts in Deutschland. Studien zu einer vernachlässigten Gattung. Tübingen 1983; Volker Klotz: Abenteuer-Romane. Eugène Sue, Alexandre Dumas, Gabriel Ferry, Sir John Retcliffe, Karl May, Jules Verne. Reinbek bei Hamburg 1989.

62 Diese Elemente finden sich insbesondere in den Berichten, die die um 1900 scharenweise in Zentralafrika einfallenden Großwildjäger verfasst haben und die ins Genre der abenteuerlichen Tiergeschichte gehören; vgl. z. B. Wilhelm Hagemann: Durch Steppe und Urwald. Jagderlebnisse im afrikanischen Busch. Melle 1996. Bei Hagemann fällt auf, dass Plötzlichkeit offenbar ein wichtiges Mittel zur literarischen Inszenierung von Abenteuer ist (dessen sich auch Krogge in seinen Landschaftsskizzen bedient). Größere Säugetiere werden durchgehend als unheimliche, zu überwindende »Bestien« dämonisiert; vgl. Hagemann: Durch Steppe und Urwald, S. 7. – Johannes Fabian hat darauf hingewiesen, dass Insektenplagen in der Reiseliteratur über tropische Länder ein zentrales Thema darstellen, das sogar wesentlich präsenter ist als die Berichte über spektakuläre Konfrontationen mit großen Säugetieren; vgl. Johannes Fabian: Im Tropenfieber. Wissenschaft und Wahn in der Erforschung Zentralafrikas. München 2001, S. 126 f. Kaum eine Afrika-Reisebeschreibung lässt das Thema aus; vgl. neben den bei Fabian angeführten Beispielen etwa die Angst vor Wanzen in der Hütte bei Johann Ludwig Krapf: Reisen in Ostafrika ausgeführt in den Jahren 1837-1855. Unveränderter Neudruck der Ausgabe Kornthal 1858. Münster u. Hamburg 1994, S. 106, sowie die Klage über Ungeziefer von Georg Schweinfurth: Im Herzen von Afrika. Reisen und Entdeckungen im zentralen Äquatorial-Afrika während der Jahre 1868-1871. Ein Beitrag zur Entdeckungsgeschichte von Afrika. 3., vom Verfasser verbesserte Aufl. Leipzig 1918, S. 403. – Tatsächlich gingen gerade bei den

unbekannte Landesinnere des afrikanischen Kontinents finden, zitiert und bedient Krogge.[63]

Der Erzähler erklärt nun, gar nicht zu wissen, wovon Krogge rede und die zugegebenermaßen etwas exotisch klingenden Namen »Matschie, Hock-Bern, Bart, Schilling, Diezel« noch »nie gehört« zu haben (FB, S. 93) und erweckt dadurch gezielt den Verdacht, der Koch phantasiere. Im offenen Widerspruch zu dieser Abgrenzungsbewegung des Erzählers beharrt Krogge jedoch nicht nur auf der Bekanntschaft mit »Schrader«, sondern schließt sich mit ihm auch in der ersten Person Plural grammatisch zu einer Gemeinschaft zusammen. Dieses ›wir‹ rechtfertigt Krogge durch den Verweis auf eine dritte Person, auf die er und »Schrader« sich gleichermaßen bezögen: »unser Gewährsmann, Schrader«, »unser Gewährsmann Hock-Bern«, dieser »unermüdliche und entdeckungsfreudige

innerafrikanischen Forschungsreisen einige Reisende verloren, was zu Suchexpeditionen und wilden Spekulationen über den Verbleib der Forscher führte; so wird erzählt, dass der lange vermisste Eduard Vogel gewaltsam zu Tode kam, ob nun »sein Kopf [...] augenblicklich abgeschlagen« wurde (G. Hth.: Eduard Vogel und die Versuche zur Aufhellung seines Schicksals. In: Die Gartenlaube (1863), H. 26, S. 411-412, hier S. 411) oder aber er »mit Keulen erschlagen« (Heinrich Pleticha u. Hermann Schreiber: [Art.] Vogel Eduard. In: Lexikon der Entdeckungsreisen. Stuttgart, Wien u. Bern 1999, 2 Bde., hier Bd. 2, S. 277) wurde, sei dahingestellt. – Berühmt-berüchtigt ist das tragische Ende der zweiten Expedition Mungo Parks. Auf der Suche nach den legendären Quellen des Niger erlagen schon vor dem Erreichen des Flusses drei Viertel der europäischen Expeditionsteilnehmer dem Klima. Die restlichen Mitglieder der Forschergruppe, unter ihnen Mungo Park, kamen in einem Konflikt mit Eingeborenen zu Tode, welche die Europäer zur Flucht in reißendes Gewässer zwangen, in dem sie dann kenterten und ertranken; vgl. Pleticha / Schreiber: [Art.] Park Mungo. In: Lexikon der Entdeckungsreisen, Bd. 2, S. 152-155.

63 Typisch ist etwa die Inszenierung einer Forscherbiographie als aufregender Abenteuergeschichte mit einem Helden und tragischen Ereignissen durch Ernst Keienburg: Der Mann, der Abd el Kerim hieß. Heinrich Barths Forscherleben in Wüste und Wildnis. 3. Aufl. Berlin 1963. Hier wird nicht nur einleitend die Frage diskutiert, ob die Erkundung Afrikas nun ein »Spaziergang« sei oder nicht (vgl. ebd., S. 48; den Begriff ›Spaziergang‹ nimmt Krogge auf). Auch heißt es über den Afrikareisenden Friedrich Konrad Hornemann dramatisch und ganz im Genre eines Abenteuerromans, den das Leben schrieb: »Ein männliches Abenteuer hebt an, ein Roman aus hart gedrängten Wirklichkeiten« (ebd., S. 49). Dieses ›männliche Abenteuer‹ findet natürlich vor bedrohlicher Kulisse statt, die in einem stakkatohaften Stammelton dramatisch evoziert wird: »Sonnengluten, Wüstengewitter, Sand- und Staubstürme.« (ebd., S. 54).

Hock-Bern« (FB, S. 92).[64] Mit dieser Rede von einem »Gewährsmann« behauptet Krogge erstens ein gemeinsames Forschungsinteresse (dessen Existenz aus den bekannten Gründen offenbleiben muss) und bedient sich zweitens eines traditionellen wissenschaftlichen Beglaubigungsverfahrens, das eigene Auffassungen durch den Verweis auf Autoritäten absichert.

Letzteres verdient Beachtung, weil es einmal mehr auf *Brehms Tierleben* verweist, in dem ein derartiges Referenzverfahren ausgiebig genutzt wird.[65] Auch im *Brehm* wird bei der Bezugnahme auf Informationen anderer in der ersten Person Plural gesprochen und dadurch eine Gemeinschaft der Wissensdurstigen suggeriert, als deren väterlicher Vorsitzender Brehm erscheint.[66] Die zahlreichen Zitate aus den Werken Dritter erwecken den Eindruck einer schier unüberschaubar weitläufigen und dennoch eng miteinander verflochtenen scientific community, in der Tiervater Brehm als großer Wissensverwalter mit Überblick herrscht, kenntnisreich im richtigen Moment die einschlägigen Kapazitäten erinnert und die entscheidenden Textpassagen zum Beleg anführt.[67]

So heißt es in einem Abschnitt über die Dressierbarkeit einzelner Spezies aus der Familie der Meerkatzenartigen: »Schon Jardine berichtet von einem Mandrill, der erwachsen und sehr zahm war […]. ›Dieser Mandrill‹, sagt unser Gewährsmann, ›lernte unter anderem Branntwein trinken und Tabak rauchen.‹«[68] Hier, wie meist, wird der »Gewährsmann« von einer imaginären Gruppe, als deren Sprecher sich Brehm geriert, aufgeru-

64 Vgl. auch Krogges Erneuerung dieses ihn und »Schrader« umfassenden ›wir‹ wiederum in Abgrenzung zu den zu Tode gekommenen anderen FB, S. 100.

65 Zur vielfältigen Referenz Brehms auf unterschiedlichste Quellen vgl. Hans-Dietrich Haemmerlein: Brehms Tierleben als Geschichtsquelle. In: Mauritania 15 (1995), H. 2, S. 207-218.

66 Brehm bleibt auch in den wesentlich überarbeiteten Ausgaben, die nach seinem Tode erschienen sind, der Übervater und die sprechende Autorität. Wenn jemand ›Ich‹ sagt, dann ist es Brehm; vgl. etwa der Hinweis auf die Löwin Bachida, die Brehm als zahmes Jungtier geschenkt bekam (Brehms Tierleben. Ausgabe Leipzig u. Wien 1911-1918. Bd. 12: Die Säugetiere. 3. Teilband: Raubtiere, Wale, Rüsseltiere, Sirenen, Klippschliefer, Unpaarhufer. Neu bearb. v. Ludwig Heck u. a. Leipzig 1915, S. 65), eine Geschichte, die auch erzählt wird in Siegfried Schmitz: Tiervater Brehm. Seine Reisen, sein Leben, sein Werk. München 1984, S. 76-89.

67 Zu Recht ist Brehm daher auch als »der große Kompilator« bezeichnet worden; vgl. Benninghoff-Lühl: Das Reich der Tiere, S. 38.

68 Brehms Tierleben. Ausgabe Leipzig u. Wien 1911-1918. Bd. 13: Die Säugetiere. 4. Teilband: Paarhufer, Halbaffen, Affen. Neu bearb. v. Max Hilzheimer u. a. Leipzig 1916, S. 589 f.; einen anderen »Gewährsmann« gibt es schon wenige Seiten später (ebd., S. 595) u. ö.

fen und ohne einleitende Worte der Vorstellung zum Beleg herangezogen. Es entsteht der Eindruck einer verschworenen Gemeinschaft, in der man sich kennt, die Publikationen wechselseitig zur Kenntnis genommen hat und sich mit kleiner Verbeugung zitiert, ohne dies für Außenstehende näher zu erläutern. In diesem Sinne lässt sich beobachten, dass Brehm häufig allein unter Nennung des Nachnamens und also wie selbstverständlich Autoritäten aufruft, dabei nur gelegentlich und ohne erkennbares einheitliches Prinzip Vornamen hinzufügt, genauere Informationen zu Leben und Werk, d. h. insbesondere zu den Umständen der Informationsgewinnung nur sparsam gibt, Zitate nie bibliographisch korrekt nachweist, ja, selbst die Titel der Werke, aus denen er zitiert, häufig nicht oder nur ungenau identifiziert. Eine bevorzugte Quelle Brehms sind neben zoologischen Werken Reiseberichte. Bei seiner Darstellung zur Gefährlichkeit des Flusspferdes etwa bedient sich Brehm in typischer Weise seines Zitationsverfahrens. Er ergänzt seine eigenen Bemerkungen mit dem Hinweis auf zwei ›Gewährsmänner‹, beides Augenzeugen, und referiert den einen, Rüppell, nur zusammenfassend, während er den anderen, Böhm, scheinbar wörtlich zitiert, geographisch verortet (»Ostafrika«) und sogar auf die ausgewertete Textsorte (Briefe) hindeutet:

> Die vier gewaltigen Eckzähne der Kiefer sind, anderen Tieren gegenüber, furchtbare Waffen: Rüppell berichtet, daß ein Nilpferd vier Zugochsen zermalmte, die ruhig an einem Schöpfrade standen. ›Am Kingani‹, erzählt Böhm, ›wurden zwei Frauen, welche abends laut miteinander sprechend nahe bei einigen äsenden Flusspferden vorübergingen, von einem sich plötzlich auf sie stürzenden Tiere mit einigen Bissen so zugerichtet, daß der Tod beider erfolgte.‹ […]. ›Das Wesen der Flußpferde‹, schreibt Böhm aus Ostafrika, ›ist keineswegs immer friedfertig, wie wir es z. B. im Kingani fanden.‹ […][69]

Rüppell und Böhm werden ebenso wie Jardine, der Mandrill-Experte, nicht eigens vorgestellt.[70] Wer sie nicht kennt, hat gleichsam Pech ge-

69 Brehms Tierleben. Ausgabe Leipzig u. Wien 1911-1918. Bd. 13, S. 40.

70 Brehm zitiert den Naturforscher Eduard Rüppell, der ausgiebige Reisen durch Nordafrika unternahm und mehrere Publikationen dazu vorlegte; vgl. z. B. Eduard Rüppell: Reisen in Nubien, Kordosan und dem Petraischen Arabien. Frankfurt a. M. 1829. – Zudem bezieht sich Brehm auf den Zoologen und Afrikareisenden Richard Böhm, dessen Reiseerlebnisse in postum veröffentlichten Briefen niedergelegt sind; vgl. Richard Böhm: Von Sansibar zum Tanganjika. Briefe aus Ostafrika. Mit einem Bildniß Böhm's und einer Übersichtskarte. Nach dem Tode des Reisenden mit einer biographischen Skizze hg. v. Hermann Schalow. Leipzig 1888. – Auch Jardine ist ein seinerzeit bekannter Zoologe und Ornitho-

habt und muss sich dennoch von ihnen belehren lassen, denn schließlich adelt sie allein die Tatsache, dass Brehm sich auf sie beruft. Im Übrigen gilt: Wer sich bei der Nichtkenntnis der Namen ertappen lassen muss, entlarvt sich damit selbst als einer, der zum inneren Kreis der Tierforscher und -kenner nicht gehört.

Es ist genau diese Attitüde einer wie selbstverständlichen, internen Redeweise, die Krogge mit seinem pseudokennerhaften Jonglieren mit allerlei Nachnamen imitiert und der sich der Erzähler verweigert. Krogge ahmt aber nicht nur allgemein den Verweisungsduktus aus *Brehms Tierleben* nach: Auch die seltsamen Namen der angeblich brutal zu Tode gekommenen oder in Lebensgefahr geratenen Forscher – »Matschie, Hock-Bern, Bart, Schilling, Diezel« (FB, S. 93) – verweisen auf das Standardwerk der Zoologie. Schlägt man das Personenregister des Bandes auf, in dem sich auch die Abhandlung über das Zebra findet (und der daher Krogge besonders interessieren muss), so findet man in der üblichen, äußerst verknappten vornamenlosen Form von Matschie bis Diezel alle genannten Personen.[71] Selbst der zunächst nicht verifizierbare »Gewährsmann« Hock-Bern wird nach einem kleinen Umweg sichtbar: Es handelt sich nämlich nicht etwa um einen Doppelnamen, sondern um Herrn Hock aus Bern – eine Redeweise, derer sich Brehm gern bedient.[72]

loge. Die Passage mit dem rauchenden und trinkenden Mandrill findet sich in: Sir William Jardine: The naturalist's library. Mammalia. Vol. I: Monkeys. Edinburgh 1833, S. 160. – Im Personenverzeichnis werden Rüppell und Jardine weiterhin ohne Vornamen aufgeführt, wohingegen Böhm ein nachgestelltes, seinen Vornamen abkürzendes »R.« zugesellt bekommt, vgl. Brehms Tierleben. Ausgabe Leipzig u. Wien 1911-1918. Bd. 13., S. 713, 712 u. 711.

71 Ein ›Schrader‹ taucht in dem Band, der den Abschnitt über die Zebras enthält, nicht auf, wohl jedoch an einer Stelle des folgenden Bandes über die Paarhufer, Affen und Halbaffen. Ob Krogge dem Erzähler dessen Namen zuweist und ihn vielleicht gar dafür nimmt, scheint nicht undenkbar, muss letztlich aber offenbleiben. Es handelt sich um den Assyrologen Eberhard Schrader, dessen Vortrag über die Entstehung der Einhornlegende aus einer Reihe von fehlgedeuteten Tierabbildungen Brehm zitiert; vgl. Eberhard Schrader: Die Vorstellung vom unicorne und ihre Ursprung. Vorgetragen am 17. März. In: Sitzungsberichte der Preußischen Akademie 1892, S. 573-581; vgl. Brehms Tierleben. Ausgabe Leipzig u. Wien 1911-1918. Bd. 13, S. 340. Dass ein Schriftgelehrter, ein Spezialist für assyrische und babylonische Keilschriften, in einem naturgeschichtlichen Gelehrtenstreit als Kronzeuge herangezogen wird, würde, wie im Laufe der weiteren Darstellung des Kroggeschen Netzwerkes deutlich werden wird, durchaus zum Milieu in *Fortsetzung des Berichts* passen.

72 Das Register vgl. Brehms Tierleben. Ausgabe Leipzig u. Wien 1911-1918. Bd. 12, S. 720, S. 719 (Hock), S. 718 (Barth), S. 721 u. S. 719. Das Verfahren der topogra-

Krogges Personentableau setzt sich also aus Brehms ›Gewährsmännern‹ zusammen. Dem Leser muss dies aber zunächst verborgen bleiben, denn der Koch nennt nicht allgemein bekannte Namen wie Oken, Darwin oder Hagenbeck (die bei Brehm durchaus auch vorkommen) und die den naturgeschichtlichen Kontext unmittelbar deutlich machen würden. Vielmehr sind die von Krogge genannten Namen heute wohl selbst in Fachkreisen weitgehend dem Vergessen anheimgefallen. Ganz offensichtlich soll ein schneller Wiedererkennungseffekt vermieden, im Gegenteil ein schillernd-vager, nebulöser, raunender Eindruck erzeugt werden. Ror Wolf bedient sich eines Verfahrens der äußerst verdeckten Intertextualität, die bewirkt, dass der Kontext von Krogges Rede, *Brehms Tierleben*, auf den ersten und zweiten Blick komplett unsichtbar bleibt. Ist man jedoch einmal darauf aufmerksam geworden, erweist sich das Spiel mit den Zoologennamen allerdings als durchaus abgründig.

Auffällig ist, dass Krogge, der sich à la Brehm als Teil einer einschlägigen scientific community geriert, nicht etwa Forschungsergebnisse zitiert, sondern tragische Heldengeschichten erzählt. Diese Geschichten entsprechen den realen Biographien der Forscher nicht. Es entsteht eine eigentümliche Mischung aus Dichtung und Wahrheit: Die Namen verweisen auf reale Personen, denen aber andere, offensichtlich hanebüchene Lebensgeschichten angedichtet werden.

So verbirgt sich hinter Matschie der Zoologe Paul Matschie (1861-1926). Der von Brehm häufig herangezogene Verfasser von Schriften über Tiere aus aller Welt, auch aus der ostafrikanischen Heimat des Zebras, war jedoch selbst kein Forschungsreisender, geschweige denn, dass er kopflos in der Wildnis aufgefunden wurde: Matschie war Direktor der Säugetierabteilung am Zoologischen Museum Berlin, die er zu einer der führenden Sammlungen der Welt ausbaute.[73] Auch Diezel lässt sich leicht identifizieren: Carl Emil Diezel (1779-1860) ist der Autor eines viel gelesenen und bis in die Gegenwart immer wieder neu aufgelegten Buches über die Niederwildjagd und wird von Brehm als Spezialist für Jagdhunde zitiert.[74] Diezel musste allerdings keineswegs von einer »Rie-

phischen Spezifizierung führt auch zu Namensbildungen wie »Schöpf-Dresden«, »Heck-Berlin« und »Heinroth-Berlin« (Brehms Tierleben. Ausgabe Leipzig u. Wien 1911-1918. Bd. 13, S. 628 u. S. 25).

73 Paul Matschie: Bilder aus dem Tierleben. Eine Sammlung aus der Tierwelt aller Erdteile. Stuttgart 1890; Paul Matschie: Die Säugethiere Deutsch-Ost-Afrikas. Berlin 1895; vgl. auch [Art.] Matschie, Paul. In: Deutsche Biographische Enzyklopädie. Hg. v. Walther Killy u. Rudolf Vierhaus. München 2001, Bd. 6, S. 657.

74 Brehms Tierleben. Ausgabe Leipzig u. Wien 1911-1918. Bd. 12, S. 272-274.

senschlange« befreit werden, sondern hat wohl im Gegenteil Deutschland nie verlassen und sein Leben lang an verschiedenen Orten als Revierförster gearbeitet.[75]

Den prominentesten Namen hat Ror Wolf leicht verfremdet: mit Bart muss Heinrich Barth (1821-1865) gemeint sein, der sich 1849 einer britischen Expedition in den Tschad anschloss. Barth ist einer der bedeutendsten deutschen Afrikareisenden und Verfasser eines legendären mehrbändigen Reiseberichts. Diesen schrieb er, nachdem er im Unterschied zu allen anderen Expeditionsteilnehmern, die diese Reise nicht überlebt hatten, 1855 zurück nach Berlin gekommen war. Auch die Geschichte vom Bart Barts ist also tatsächlich nur ein makabrer Scherz.[76]

Hinter Schilling verbirgt sich der Tropenmediziner Claus Schilling (1871-1946), der am Robert-Koch-Institut in Berlin Leiter der tropenmedizinischen Abteilung war und in dieser Funktion von Brehm angeführt wird.[77] Tropenkrankheiten wie Malaria studierte Schilling während mehrerer Aufenthalte in Afrika und präsentierte seine Ergebnisse u. a. in seinem Werk über *Tropenhygiene*.[78] Im Dritten Reich richtete Schilling im KZ Dachau eine Malaria-Versuchsstation ein und wurde für die hier verübten Verbrechen 1946 nach Verurteilung durch ein amerikanisches Militärgericht hingerichtet.[79] Schilling wurde also keineswegs Opfer eines tragischen Unglücks (von den eigenen Hunden zerfleischt), sondern seine Lebensgeschichte verweist auf eine abgründige, menschenverachtende Dimension der vermeintlich so harmlosen Forschergemeinde. Auch über »die verschiedenen Formen der Streifung« (FB, S. 92) beim

75 Carl Emil Diezel: Erfahrungen aus dem Gebiete der Nieder-Jagd. Offenbach 1849; [Art.] Diezel, Carl Emil. In: Deutsche Biographische Enzyklopädie. Hg. v. Walther Killy u. Rudolf Vierhaus. München 2001, Bd. 2, S. 544.

76 Heinrich Barth: Im Sattel durch Nord- und Zentralafrika. Reisen und Entdeckungen in den Jahren 1849-1855. Hg. v. Rolf Italiaander. 2. Aufl. Wiesbaden 1980; vgl. auch Pleticha u. Schreiber: [Art.] Barth Heinrich. In: Lexikon der Entdeckungsreisen, Bd. 1, S. 39 f. Der Scherz über den Bart Barts wird dadurch doppelt absurd, dass Barth Abbildungen zufolge nur Backenbart-, nicht aber Vollbartträger war, vgl. Barth: Im Sattel, Abb. zwischen S. 16 u. 17.

77 Vgl. Brehms Tierleben. Ausgabe Leipzig u. Wien 1911-1918. Bd. 12, S. 653.

78 Claus Schilling: Tropenhygiene. Leipzig 1909; vgl. auch [Art.] Schilling, Claus. In: Deutsche Biographische Enzyklopädie. Hg. v. Walther Killy u. Rudolf Vierhaus. München 2001, Bd. 8, S. 638.

79 Vgl. dazu Marion Hulverscheid: Menschen, Mücken und Malaria. Das wissenschaftliche Umfeld des KZ-Malariaforschers Claus Schilling. In: Medizin im Nationalsozialismus und das System der Konzentrationslager. Beiträge eines interdisziplinären Symposiums. Hg. v. Judith Hahn u. a. Frankfurt a. M. 2005, S. 108-126.

Zebra arbeitete Schilling, der Spezialist für durch Tsetsefliegen übertragene Krankheiten, wohl nicht (wenngleich die Frage nach der möglichen Funktion der Streifenzeichnung der Zebras neben Hinweisen auf die Tarnung vor Fressfeinden immer wieder auch mit der These beantwortet worden ist, dass die Streifung möglicherweise die lästigen Fliegen abhalte).[80]

Der von Krogge so nachdrücklich hervorgehobene »Gewährsmann« Hock-Bern schließlich ist der heute unbekannteste und wohl auch am wenigsten bedeutende der genannten Forscher. Franz Hock aus Bad Kissingen promovierte 1909 vermutlich als Externer, denn die Matrikelverzeichnisse führen ihn nicht,[81] an der Universität Bern mit einer Arbeit über *Die Kastanie der Equiden. Ihre Entwicklung, ihre Struktur, ihr Wert zur Rasse und Exterieurbeurteilung und die wahrscheinliche Ursache ihres Vorhandenseins*, die ein Jahr später in seiner Heimatstadt erschien.[82] Brehm führt diese entlegene Dissertation einmal im Zusammenhang einer Erörterung der Entwicklungsgeschichte des Zebras an: Hock-Bern ist also ein Zebrafachmann, und das macht ihn für Krogge interessant. Dass Hock-Bern jemals nach Afrika reiste oder gar dort kopflos aufgefunden wurde, scheint unwahrscheinlich und konnte jedenfalls nicht verifiziert werden.

Zusammenfassend lässt sich festhalten, dass Krogge zur Krönung seines Abenteuerberichts auf Namen von historischen Personen verweist, die (bis auf den Jagdspezialisten Diezel) beruflich mit Krogges Steckenpferd, dem Zebra, zu tun haben: Matschie publiziert über die Säugetiere Ostafrikas, Barth konnte sie vor Ort beobachten (war aber weniger naturgeschichtlich als historisch und ethnologisch interessiert), für Schil-

80 Die Frage, wie das Zebra zu seinen Streifen kommt, ist nicht etwa nur eine Kinderfrage (wurde aber in diesem Sinne prominent aufgenommen von Rudyard Kipling: Wie der Leopard seine Flecken kriegte. In: Genau-so-Geschichten. Neu übers. v. Gisbert Haefs. Zürich 1990, S. 41-54, hier S. 42, S. 47 u. S. 48). Vielmehr handelt es sich auch um einen beliebten Gegenstand wissenschaftlicher Debatten bis in die Gegenwart; vgl. etwa Jeffrey K. Waage: How the zebra got its stripes – biting flies as selective agents in the evolution of zebra coloration. In: The Journal of the Entomological Society of Southern Africa 44 (1981), H. 2, S. 351-358; vgl. auch Stephen Jay Gould: Wie das Zebra zu seinen Streifen kommt. Essays zur Naturgeschichte. Übers. v. Stephen Cappellari. Frankfurt a. M. 1991.

81 Das Matrikelverzeichnis der Universität Bern ist abrufbar unter http:// www.matrikel.uzh.ch/pages/0.htm [zuletzt besucht am 29.04.2011].

82 Franz Hock: Die Kastanie der Equiden. Ihre Entwicklung, ihre Struktur, ihr Wert zur Rasse und Exterieurbeurteilung und die wahrscheinliche Ursache ihres Vorhandenseins. Bad Kissingen 1910.

ling sind Zebras die Wirte der die Malaria übertragenden Tsetsefliegen und Hock-Bern fragt nach einer möglichen gemeinsamen Abstammung von Pferd und Zebra. Krogge expliziert diese Bezüge jedoch nicht, sondern konzentriert sich ganz auf Biographisches, das sich ausnahmslos als falsch erweist und offenbar dazu dient, eine diffuse Atmosphäre des Fremden und Bedrohlichen zu erzeugen. Inmitten der bürgerlichen Tafelrunde tut sich damit durch die »Ansprache« (FB, S. 240) des Wissenskompilators à la Brehm, der dasitzt wie ein ungeheurer weißer Kloß, ein tiefschwarzer, unheilvoller Abgrund auf. Diesem von einem mächtigen Weißen aufgerufene dunkle Kontinent wird in *Fortsetzung des Berichts* noch häufiger bereist.

5.2.2 Hock-Berns Beobachtung

Der »Gewährsmann« ist die zentrale Figur eines zweiten Kurzvortrages des Kochs, in dem dieser mit großem rhetorischem Pathos eine angebliche abendliche »Beobachtung« (FB, S. 177) Hock-Berns referiert.[83] Krogge hält also nicht nur nachdrücklich an der Fiktion fest, dass sich hinter dem Namen des Bad Kissinger Tierarzts ein Afrikareisender verbirgt, er reicht zur Beglaubigung dieser Behauptung auch eine exemplarische Episode nach und beruft sich dabei auf eine vermeintlich unanfechtbare, authentische Quelle: Grundlage der Darstellung ist nämlich, wie mehrfach betont wird, nichts weniger als »Hock-Berns Bericht«, dieser »später [so] berühmt gewordene[] Bericht« (FB, S. 178 u. 177). Nach Krogges mündlich zusammenfabulierten Reiseimpressionen wird damit der Eindruck eines zweiten Reiseberichts erweckt, der aus der Feder Hock-Berns stamme und in dessen Besitz der Strippenzieher Krogge auf nicht näher dargelegte Weise gekommen ist. Dass es diesen Bericht real nicht gibt, erstens, weil der historische Hock-Bern vermutlich nie in Afrika war, und zweitens, weil er nach seiner Dissertation überhaupt nichts mehr publiziert hat, sei hier nicht verschwiegen. Ror Wolf freilich muss dies nicht beunruhigen, ja, im Gegenteil: der krude Name Hock-Bern, mit dem garantiert niemand etwas anfangen kann, eignete sich hervorragend als Label für eine Staffagefigur in einem Legendenkomplex rund um Afrika, wilde Tiere, echte Männer und dramatische Entscheidungssituationen.

Das Aussehen Hock-Berns – »mit Vollbart, Filzhut, Gamaschen, Kniehosen, Schnürstiefeln, Fernrohr, Umhängetasche, Rucksack, Revolver« (FB, S. 178) – ist folglich nicht individuell, sondern äußerst stereotyp

83 Vgl. FB, S. 177.

gezeichnet. Über die Kleidungsstücke und Ausstattungselemente wird das Bild eines waidmännisch tätigen, vermutlich bereits etwas in die Jahre gekommenen, zünftigen Naturburschen evoziert. Man fühlt sich nicht zuletzt erinnert an Aufnahmen von Alfred Brehm,[84] eine Assoziation, die nicht nur naheliegt, weil, wie gezeigt, *Brehms Tierleben* ein wichtiger Subtext von *Fortsetzung des Berichts* ist, sondern auch, weil umgekehrt das Afrika-Thema selbst auf Brehm verweist: Bekanntlich hat der ›Tiervater‹ ausgiebig den schwarzen Kontinent bereist und seine Erlebnisse in einem mehrbändigen Reisewerk festgehalten.[85]

Krogges Schilderung bleibt wie üblich äußerst vage. Das Geschehen wird weder geographisch klar situiert noch datiert. Hock-Bern sei an »diesem Abend« (welchem?) »aus dem Wald in offenes Gelände« getreten, wo hoch und trocken »Steppengras« stand (FB, S. 177 f.). So wenig harte Fakten genannt werden, so häufig wird betont, dass es heiß war, der Mann erschöpft und die Feldfalsche leer, die Randbedingungen für eine dramatische existentielle Situation also gegeben waren. Aber selbst die mit viel verbalem Aufwand hervorgehobene »Beobachtung« erscheint zunächst nur schemenhaft: Wir erfahren lediglich, dass »in einer bestimmten Entfernung« »eine Reihe von Tierkörpern aus dem Gebüsch getreten« seien (FB, S. 178): Die entscheidenden Fragen, nämlich welche Tiere Hock-Bern eigentlich gesehen hat und inwiefern es sich um ein erwähnenswertes Erlebnis handelt, werden nicht beantwortet. Waren es Zebras? Oder doch eher Löwen, die den Gebrauch des Revolvers, von dem die Rede ist, nahelegen?

Krogge erzählt also eine diffuse afrikanische Großwildjäger-Abenteuerstory ohne präzises Setting und ohne Abenteuer. Schließlich verschwindet sogar die Hauptfigur, und der angebliche Tatsachenbericht wird zu einer bloßen Story ironisiert: In einen Fiktionsraum umgeleitet verlässt der Protagonist Hock-Bern »einige Male« die Geschichte, »um anderen im Äußeren ihm ähnlichen Personen Platz zu machen« (FB, S. 178). Deutlich und spielerisch zugleich wird so markiert, dass es sich bei Krogges Referat des Hock-Bernschen Berichts um das Zitat eines halbauthentischen Genregeschichten-Musters handelt, in dem der Handlungsträger einem bestimmten Typus, dem männlichen Solo-Helden, entsprechen muss und dabei letztlich eine austauschbare Staffagefigur ist: Hinter dem

84 Vgl. z. B. das Bild in Jägerkluft in Schmitz: Tiervater Brehm, S. 155.

85 Alfred E. Brehm: Reiseskizzen aus Nordostafrika, oder den unter egyptischer Herrschaft stehenden Ländern Egypten, Nubien, Sennahr, Rosseeres und Kordofahn. Gesammelt auf seinen in den Jahren 1847 bis 1852 unternommenen Reisen. 3 Bde. Jena 1855.

großen Helden steht ein Heer von Gewährsmännern, die seine Rolle jederzeit übernehmen könnten, ja, sogar rein äußerlich wie geklonte Doubletten des Helden aussehen.[86]

Zu Hock-Berns Reise befinden sich in Krogges Wohnung an den Wänden des Esszimmers erstaunlicherweise sogar Illustrationen.[87] Die dreiteilige Bilderfolge rankt sich offenbar um genau das besondere Erlebnis des Forschers, von dem der Koch eigentlich erzählen wollte.[88] Im Unterschied zu dem eingangs überreichten Zebra-Foto handelt es sich bei diesen Abbildungen um gegenständliche, von einem »Maler« (FB, S. 189) angefertigte Kunstwerke, die der Erzähler in Gestalt klassischer Bildbeschreibungen in seinen Bericht einbaut.[89] Die Gemälde zeigen eine afrikanische Szenerie mit karger und verbrannter »Steppenlandschaft«, in der sich »gestreifte pferdeähnliche Tiere« mit »schwarzweiße[r] Zeichnung« aufhalten, also die wie üblich nicht beim Namen genannten, dafür umso wortreicher umschriebenen Zebras (FB, S. 186 f.). In Form einer Bildergeschichte erzählen die Gemälde eine dramatische Tiergeschichte auf Leben und Tod, deren Zeuge Hock-Bern offenbar wurde und in der mehrere Zebras, ein Löwe und nicht eindeutig bestimmte »große schwarze Vögel« vorkommen (FB, S. 189).

Das erste Gemälde (FB, S. 187) zeigt im rechten Bildteil eine Gruppe von Zebras, die sich bei Sonnenuntergang in einer Landschaft zwischen waldähnlichem Buschland und Steppe zu einer Tränke bewegen. Am linken Bildrand ist ein mit »Tropenhelm« und »Fernrohr« ausgestatteter Mann zu sehen, vermutlich der Tierforscher Hock-Bern.[90] Am Waldrand, hinter dem die Zebras beobachtenden Forscher, sind Eingeborene

86 Derartige Reiseberichte mit literarisierenden Stilisierungen im Genre der Abenteuergeschichte finden sich z. B. in dem Sammelband: Karl Hagenbeck, R. von Werner, O. Verbeek, H. Löns, Hugo Otto, Th. Zell u. Alfred Brehm: Tiergeschichten. Reutlingen 1925; typisch ist etwa die Tigergeschichte von Zell, wo im Übrigen, ganz im Duktus der Zeit, auch ein »Gewährsmann für die Wahrheit dieser Erzählung« angeführt wird (ebd., S. 10).

87 Vgl. FB, S. 186-189.

88 Die »oft zerbrochenen Sätze Krogges handeln von Personen und Vorgängen, wie sie mir an den Wänden dieses Zimmers in naturfarbigen Darstellungen aufgefallen sind«. (FB, S. 186).

89 In seiner Deskription schreitet der Erzähler die Gemälde relativ systematisch ab und betont dabei fortlaufend das Genre der Bildbeschreibung. So verweist er auf die bereits beschriebenen Bilder, betont die Bildaufteilung mit Vorder-, Mittel- und Hintergrund sowie die Positionen, die die Figuren im Kompositionsgefüge einnehmen.

90 Freilich trägt er nun einen »Tropenhelm« (FB, S. 187), nicht, wie auf der zuvor erwähnten Fotografie, einen »Filzhut« (FB, S. 178).

erkennbar, die als Träger an der Expedition beteiligt sind: »Personen mit nackten dunklen Oberkörpern, Lendenschurzen und umschnürten Paketen auf den Köpfen«. Der zentrale Platz des Bildes, der mittlere Vordergrund, ist, wie der Erzähler ausdrücklich bemerkt, frei: Hier finden sich »nur Dürre und Vertrocknetheit, dargestellt in Form von kleinen struppigen Grasbüscheln«. Dieser inszenierte[91] Leerraum entpuppt sich als Bühne für die im zweiten Bild (FB, S. 187 f.) skizzierten dramatischen Ereignisse: wieder leuchtet das Abendrot, wieder sieht man Zebras – »hier aber nicht [...] trinkende, sondern im ganzen Rudel flüchtende gestreckt dahinfliegende sich in mächtigen Sätzen Rücken an Rücken vorwärtswerfende Tiere«. Ein Löwe hat angegriffen und sich in eines der Tiere verbissen, das sich »hoch aufbäumt« und dem bereits »Blut aus den Bißstellen spritzt«. Aus sicherer Entfernung schaut sich der Tropenhelmträger diese erfolgreiche Attacke des Löwen am »Rande, am äußersten Rande dieses Bildes« an. Bei der abendlichen »Beobachtung« (FB, S. 177 [sic]), von der Hock-Berns Bericht angeblich erzählt, handelt es sich also um die Augenzeugenschaft eines ein Zebra reißenden Löwen.

Die Bilderfolge wird durch ein drittes Bild (FB, S. 188 f.) abgeschlossen, das nach der friedlichen Tieridylle auf dem ersten, dem jähen Einbruch von Panik und Gewalt im zweiten zu einer neuen, nun morbiden Stille zurückfindet. Auf dem die Serie abschließenden Gemälde sieht man das »Skelett eines Tieres«, von dessen Knochen schwarze Vögel, Raben oder Geier, »die letzten Fleischstücke [...] abpicken«. Auch Hock-Bern ist auf diesem Gemälde noch einmal erkennbar, nun allerdings »ganz klein in der Ferne«. Der Maler hat ihn ganz an den linken Bildrand gesetzt, von wo aus er und mit ihm der Bildbeschreiber und mit jenem der Leser auf die Überreste des Naturdramas blickt.

Hochgradig vermittelt und durch Medienwechsel verfremdet erscheint die von langer Hand angedeutete abenteuerliche afrikanische Tiergeschichte im Bild. Die Wahrhaftigkeit des Abenteuers und seine schriftliche Fixierung werden zunächst behauptet, aber nicht gezeigt und nur von einem Dritten (Krogge) referiert, wobei der inhaltliche Kernpunkt, die »Beobachtung«, verborgen bleibt. Diese Leerstelle füllt eine ausführliche Bildbetrachtung aus. Der fortlaufende Afrikaforscher-Strang changiert zwischen scheinbar dokumentarischen Materialien (Bericht, Foto) und ästhetisierten, fiktionalisierten Varianten (»Geschichte«, Gemälde). Die präsentierten dramatischen Ereignisse erscheinen sowohl mit Wahr-

91 Die kleinen struppigen Grasbüschel werden nicht etwa als eine Folgeerscheinung der Trockenheit erwähnt und bezeichnet, sondern der Erzähler behauptet, sie ›stellten‹ diese ›dar‹, vgl. FB, S. 187.

haftigkeitsanspruch als auch als Simulation. Uneindeutigkeit und Verwischungstechniken prägen das Erzählverfahren.

Eine Konstante aber gibt es: Immer wieder und immer verdeckt greift Ror Wolf in eine reale populäre Materialkiste, die sich als schier unerschöpflich erweist und die auch den Wechsel zwischen Text- und Bildmedien vormacht: *Brehms Tierleben*. Schlägt man nämlich in der kolorierten Ausgabe der zweiten Auflage des Brehm das Kapitel über Zebras auf, so stößt man auf ein Aquarell, das in einer dramatischen Naturszene genau das zeigt, wovon Wolf erzählt: Wild flüchtende Zebras im vorderen Bildbereich, fünf von rechts nach links stürzend, zwei auf den Bildbetrachter zulaufend und im Mittelgrund ein Löwe, der an einem offenbar soeben erlegten Zebra frisst.[92] Dieses Aquarell dürfte die Vorlage für das imaginäre Bild gewesen sein, das in der Bildbeschreibung des zweiten Kroggeschen Gemäldes vermessen wird und das Wolf lediglich um die Beobachterfigur Hock-Berns ergänzt. Wolf bedient sich also eines intermedialen Verfahrens, das Fremdmaterial variierend in das eigene Werk integriert, dabei aber mit äußerster Konsequenz darauf achtet, dass es als Material nicht erkennbar ist. Offenbar geht es um die Evokation einer in sich homogen wirkenden Szenerie, die zwar tatsächlich aus ganz konkreten Bausteinen zusammengesetzt wird, dies aber im Sinne einer gelungenen Illusionsbildung aufs Sorgfältigste verwischt.

Tatsächlich nämlich stellt ›der Brehm‹ nicht nur in der zweiten Auflage Bildmaterial für die Gemäldebeschreibungen bereit, sondern enthält in der von Wolf bereits bei den Fischlisten herangezogenen vierten Auflage auch zahlreiche Schwarz-Weiß-Fotos, die geradezu wie Illustrationen zum Roman wirken.[93] Im Kapitel über Zebras findet man viele, wiederum zum Teil aus anderen Werken übernommene Fotos von Tieren in Gefangenschaft und aus freier Wildbahn. Am prominentesten sind die für die Entwicklung der Tierfotografie wegweisenden Naturaufnahmen Carl Georg Schillings' (nicht zu verwechseln mit dem Malariaforscher Claus Schilling): Der immer wieder neu aufgelegte Bericht *Mit Blitzlicht und Büchse*, in dem Schillings auf der Grundlage seiner im Dienste der Tierfotografie unternommenen Afrikareisen Tierbeschreibungen gibt, ist

92 Brehms Thierleben. Allgemeine Kunde des Thierreichs. 2., umgearbeitete u. vermehrte Auflage. Kolorirte Ausgabe. [unsignierte Abb. u. Tafeln v. Gustav Mützel, Ludwig Beckmann, W. Camphaus u. Robert Kretschmer.] 10 Bde. Leipzig 1882-1884. 3. Bd.: 1. Abtheilung: Säugethiere. Leipzig 1883, das Zebra-Gemälde zwischen S. 48 u. 49.

93 Brehms Tierleben. Ausgabe Leipzig u. Wien 1911-1918. Bd. 12, Fotos zwischen S. 642 u. 643.

ein wichtiger Prätext für Wolf, denn er bildet, wie schon der Titel verrät, genau den Typus einer männlichen Selbstinszenierung des Forschers in der Fremde vor, für den im Roman Krogge und Hock-Bern stehen.[94] Nicht nur Schillings' Text, auch seine Tierfotografien waren ein eminenter Publikumserfolg, was sich in der Tatsache widerspiegelt, dass die Berliner *Urania* zwei Jahre lang unter ungebrochenem Zulauf einen popularwissenschaftlichen Lichtbildvortrag mit diesen Aufnahmen zeigte.[95]

Schillings' Fotos fangen in ihrer Verschwommenheit eben jene flirrende Faszination an der belebten Wildnis ein, die sich in *Fortsetzung des Berichts* wiederfindet. Neben Fotos von nächtlich an der Tränke stehenden Zebras, sowie Beispielen für die Tarnfunktion der Streifung der Zebras gibt es bei Schillings auch abgelichtete Naturdramen, etwa die Aufnahme von einer Hyäne, die einen Zebrakopf wegschleppt.[96]

Stolz ist Schillings auf die Authentizität seiner Aufnahmen, bei denen es sich um unverfälschte Momentaufnahmen, um tatsächliche, »absolut naturwahre« Ausschnitte aus der Wirklichkeit handle.[97] Der Zoologe Ludwig Heck hat in seinem Vorwort zu Schillings' Werk dessen Fotos daher als »Natururkunden« bezeichnet.[98] Mit diesem Konzept der »Natururkunden« setzt Schillings sich ausdrücklich von arrangierten, betrügerischen Scheindokumenten ab, die mit falschen Angaben zur Entstehung des Fotos die Betrachter bewusst in die Irre jagten – wie er etwa am Beispiel eines in einer Zeitung publizierten Fotos erläutert, das angeblich »ein von einem Löwen überfallenes Zebra« abbilde, tatsächlich aber eine ausgestopfte Tiergruppe zeige mit einer Zebraart, »die in Ostafrika überhaupt nicht vorkommt«.[99] Die Diskussion über Bild und

94 Carl Georg Schillings: Mit Blitzlicht und Büchse. Neue Beobachtungen und Erlebnisse in der Wildnis inmitten der Tierwelt von Äquatorial-Ostafrika. Mit 302 urkundtreu in Autotypie wiedergegebenen photographischen Original-Tag- und Nacht-Aufnahmen des Verfassers. Leipzig 1905.

95 Zu den Bildern Schillings' als Ausdruck einer imperialen Selbstinszenierung vor sorgsam ausgewählter ›wilder‹ Kulisse vgl. Bernhard Gissibl: »Exotische Natururkunden«. Tierfotografie im Kontext des deutschen Kolonialismus. In: Nützlich, süß und museal. Das fotografierte Tier. Hg. v. Ute Eskildsen u. Hans-Jürgen Lechtreck. Göttingen 2005. Textband, S. 60-69.

96 Schillings: Mit Blitzlicht und Büchse, trinkende Zebras zwischen S. 88 u. 89 sowie zwischen S. 240 u. 241 und S. 249 u. 251; Streifung als Tarnung S. 107 u. 246; die Hyäne mit Zebrakopf S. 324.

97 Schillings: Mit Blitzlicht und Büchse, S. 23. – Kritisch hierzu Gissibl: »Exotische Natururkunden«.

98 Ludwig Heck: C. G. Schillings und sein Erstlingswerk. Ein Vorwort. In: Schillings: Mit Blitzlicht und Büchse, S. 1-6, hier S. 4.

99 Schillings: Mit Blitzlicht und Büchse, S. 21 f.

Abbild, wahre Berichte und fingierte Geschichten von Naturdramen, die Wolf lässig in seiner *Fortsetzung des Berichts* anspielt, findet sich also bereits in den Quellen, bei Schillings – aber natürlich auch bei Brehm, der diesen ausführlich zitiert.[100]

Denn der *Brehm* liefert für die Zebrageschichten in Wolfs Roman nicht nur Vor-Bilder, sondern auch konkrete Textbausteine. So wird etwa in der Beschreibung des mittleren Gemäldes in Krogges Esszimmer, das den Löwenangriff zeigt, ein besonderer Effekt der Zebrastreifung erwähnt, der darin bestehe, dass sich »die innere Lage der Beine bis zu den Schulter- und Hüftknochen [...] durch die Körperstreifung äußerlich so zu erkennen« gebe, »als sehe man durch eine durchsichtige Hülle eine Schicht tiefer in das lebende Tier hinein« (FB, S. 188). An den Zebras lasse sich also ein Phänomen der Oberflächentransparenz beobachten, bei dem das üblicherweise Verborgene, Innere, Unsichtbare, die Anatomie, durch die markante äußere Signatur, die Streifen, hindurch sichtbar werde. Inhaltlich kann man diesen Umkehreffekt deuten als eine ironische Thematisierung des mehrfach angespielten Verhältnisses von Zeichen (hier: den Streifen) und Bezeichnetem (hier: dem Inneren des Tieres). Wichtiger noch erscheint, dass mit dem Phänomen der Durchlässigkeit ein zentrales poetologisches Verfahren Ror Wolfs benannt ist: Als durchlässig erweist sich nämlich nicht nur die Streifung des Zebras, sondern auch der Text, in dem mitten im Satz Ideen und Begriffe anderer auftauchen, so dass, wie auf einer gestaffelten Bühne, Durchsicht gewährt wird in die geistigen Welten anderer – ohne dass dies freilich transparent gemacht würde. Vielmehr wird in entschiedener Plagiatsmanier kopiert, d. h. Fremdes einmontiert und als solches nicht ausgewiesen. Konkret: Im *Brehm* lesend stößt man auf eben die Bemerkung zur Durchlässigkeit der Streifen, die in *Fortsetzung des Berichts* auffällt. Niemand Geringerer als Wilhelm Bölsche, der Verfasser erfolgreicher naturwissenschaftlicher Werke und Popularisator der Darwinschen Evolutionstheorie, habe, so der *Brehm*, »sehr geistvoll« auf die »›Durchsichtigkeit‹ der Zebrastreifung« hingewiesen, die einen Effekt ermögliche, »als sähe man durch eine durchsichtige Hülle in das lebende Tier hinein«.[101] Mitten in Wolfs Roman stoßen wir also auf ein ungekennzeichnetes, namentlich nicht zugeordnetes Zitat, das sich als Zitat eines

100 Schillings: Mit Blitzlicht und Büchse, S. 22; vgl. die Auflistung von 29 Textstellen im Personenregister in Brehms Tierleben. Ausgabe Leipzig u. Wien 1911-1918. Bd. 12, S. 721.

101 Brehms Tierleben. Ausgabe Leipzig u. Wien 1911-1918. Bd. 12, S. 638.

Zitats entpuppt.[102] Wir haben es also mit einem komplizierten, mehrfach in sich gestaffelten Verweisungssystem zu tun: In einem Gemälde, das einen Bericht Hock-Berns illustrieren soll, den Krogge referiert hat, wird in der Beschreibung durch den Erzähler der *Brehm* aufgeschlagen, und zwar an einer Stelle, an der Brehm Bölsche zitiert. Das Zitationsverfahren gleicht einem Spiegelkabinett, wo in jedem Spiegel derselbe Gegenstand noch einmal auftaucht und das Original in einem Meer von Abbildern zu verschwinden scheint. Am Ende sieht man vor lauter Zebras überhaupt nichts mehr.

Im Übrigen handelt es sich bei der nachgewiesenen Zitatpassage keineswegs um einen Einzelfall. Auch andere Formulierungen aus dem zoologischen Klassiker kopiert Wolf in seinen Roman. So erweist sich etwa die Beschreibung des Aussehens der Zebras (erstes Bild) als eine Montage: In einem seiner ausschweifend langen Sätze kombiniert Wolf auf den ersten und zweiten Blick unsichtbar Eigenes mit Formulierungen Brehms zu einem neuen Gefüge, indem er aus zwei verschiedenen Sätzen Brehms Teile wortwörtlich übernimmt, einiges nur geringfügig bezüglich der Getrennt- und Zusammenschreibung verändert, anderes lediglich grammatisch an die eigene Syntax anpasst und in einem Fall einen Druckfehler aus dem Brehm stillschweigend korrigiert.[103] Auch andere, indirekte, stärker veränderte Übernahmen gibt es, wobei nur einzelne Begriffe kopiert und einmontiert werden.[104]

102 Aufgrund der vielen anderen Zitate aus dem *Brehm* und der Tatsache, dass sich alle zitierten Elemente von Bölsches Aussage im *Brehm* finden, wird hier davon ausgegangen, dass Ror Wolf sich vermutlich nicht unmittelbar aus den Werken Bölsches, sondern einmal mehr aus *Brehms Tierleben* bedient.

103 In *Fortsetzung des Berichts* wird die »vom Körper bis zu den Hufen hinunterführende Streifung« der Zebras betont, sowie »ihre dicken aufrechtstehenden Mähnen auf dem ganzen Rückgratstreifen von den Ohren bis zum Schwanzbüschel« (FB, S. 187). Brehm beginnt seinen Abschnitt über das »echte oder Bergzebra« und das »Grevy-Zebra« mit dem Hinweis, diese hätten »die über den ganzen Körper bis zu den Hufen herunter durchgeführte Streifung« gemein. Etwas später heißt es dann auf derselben Seite über das Grevy-Zebra, dass es eine »dicke, aufrechtstehende Mähne [auf] dem ganzen Rückgratstreifen entlang von den Ohren bis zum Schwanzbüschel« habe (Brehms Tierleben. Ausgabe Leipzig u. Wien 1911-1918. Bd. 12, S. 639).

104 Vgl. z. B. die Schilderung der aufgescheuchten Zebras: Zu sehen seien »im ganzen *Rudel flüchtende* gestreckt *dahinfliegende* sich in mächtigen Sätzen Rücken an Rücken vorwärtswerfende Tiere«, bei denen »*Muskeln und Sehnen* besonders naturgetreu ausgeprägt« seien (FB, S. 187. [Hervorheb. T. v. H.]). Im *Brehm* liest man: »Solch *flüchtiges Rudel*, wenn es in buntem Durcheinander *dahinfliegt*«, sei ein »entzückendes Bild« der »Lust am Probieren der *Sehnen und Muskeln*«

Wolf bedient sich, so kann man resümierend festhalten, eines verdeckten Intertextualitäts- und Intermedialitätsverfahrens, das die wichtigste naturgeschichtliche Institution der Jahrhundertwende, den *Brehm*, imitiert und in grotesker Überzeichnung parodiert. Im Krogge-Komplex greift Wolf dabei auf vier Strategien zurück: 1. Aufstellung von Staffagefiguren, die Namen aus dem *Brehm* tragen und denen neue Lebensgeschichten angedichtet werden. 2. Kopie des Brehmschen kennerhaften »Gewährsmann«-Duktus als einer Redeweise, die, die eigene Position aufwertend, den Sprecher in das Zentrum eines vermeintlich prominenten Gelehrtennetzwerks positioniert. 3. Entwurf von Landschaftsszenerien und Situationen, die auf Abbildungen aus dem *Brehm* beruhen. 4. Einfügen von Original-Textbausteinen aus dem *Brehm*.

Besonders deutlich wird diese vierfache Anverwandlungsstrategie in der letzten Zebrapassage, in der alle Facetten der durch Krogge symbolisierten Naturgeschichten-Parodie noch einmal aufgerufen und wie in einem abschließenden Standbild eingefroren werden.[105] Visuelle Grundlage des Abschlussbildes ist ein auch im *Brehm* abgedrucktes Foto von Schillings. Es handelt sich um die Aufnahme einer ca. 50 Tiere umfassenden gemischten Gruppe von Zebras, Weißbartgnus und Antilopen, die, gerahmt von buschigerem Gelände auf einem Steppengeviert ruhig äsend beieinander stehen. Diese Fotografie, die Schillings in der Bildunterschrift als »das paradiesische Tierbild friedlichster Symbiose« charakterisiert,[106] hat der wie Schillings in Wolfs Roman explizit nicht genannte, über den *Brehm* aber eingeschmuggelte Bölsche als ein ambivalentes »Paradiesbild« bezeichnet, das, der biblischen Geschichte vom Sündenfall ähnelnd, bei aller idyllischen Einfalt den Keim zur Zerstörung bereits in sich berge.[107]

Diese von Schillings ins Bild gebannte, von Bölsche gedeutete und von Brehm kanonisierte Paradiesszene, die als eines der berühmtesten Afrika-

(Brehms Tierleben. Ausgabe Leipzig u. Wien 1911-1918. Bd. 12, S. 647. [Hervorheb. T. v. H.]); laut Brehm handelt es sich dabei um einen Hinweis von »Wißmann« (ebd., S. 647), den er als ein indirektes Zitat in üblicher Gewährsmann-Manier einbaut.

105 FB, S. 201-205.

106 Schillings: Mit Blitzlicht und Büchse, zwischen S. 352 u. 353.

107 Im Blitzlicht, das das Bild ermöglichte, sieht Bölsche das erste Aufflammen eines menschlichen Eindringens in die Natur, dem weiteres, zerstörerisches folgen werde; das Blitzlicht sei »der alte symbolische Baum der Erkenntnis« (zitiert nach Schillings: Mit Blitzlicht und Büchse, S. XIII); vgl. auch die Abbildung des Paradiesbildes in Brehms Tierleben. Ausgabe Leipzig u. Wien 1911-1918. Bd. 12, die Abb. zwischen S. 642 u. 643.

bilder der Jahrhundertwende angesehen werden muss, verwendet Wolf zur Grundierung seines afrikanischen Abschlusstableaus: »dreißig oder gar vierzig Stück [d. h. Zebras]« tauchten »zugleich plötzlich in einer Lichtung« auf, »schnuppernd und witternd« (FB, S. 201). Diese Kulisse, in der freilich schnell die Tages- und Jahreszeiten wechseln (bald ist es Tag, bald ist es Nacht, bald Regenzeit, bald herrscht Dürre) und die fortlaufend durch »in lang geketteten Reihen hintereinander« herlaufende Zebras in Bewegung gehalten wird, ist zugleich Auslöser für eine Reihe von Kommentaren aus der Zebraforschung. Die Komposition des Textes beruht dabei teilweise auf assoziativen Prinzipien, etwa wenn von dem afrikanischen »Landstrich«, in dem die Szene angesiedelt ist, zu den Strichen auf den Tieren, den Zebrastreifen, geschwenkt wird (FB, S. 201).

Der Rekurs auf »Gewährsmänner« wächst sich jetzt zu einer regelrechten Referenzwut auf. Das Namedropping beschränkt sich nun nicht mehr nur auf die bereits eingeführten und im Abschlussbild sämtlich noch einmal auftauchenden Herren Matschie, Hock-Bern, Bart, Schilling und Diezel, sondern wird durch weitere vermeintliche Zebraforscher ergänzt.[108]

Zum Teil werden diese Zeugen nur mit pseudowissenschaftlichen Leerformeln zitiert, die keinen Hinweis auf den Gegenstand enthalten und in einer ojektivistischen Redeweise auch vom Sprecher absehen: »ja es hat eine gewisse Wahrscheinlichkeit, es hat eine gewisse Folgerichtigkeit, wie Schilling sagt, es gibt Gründe, es ist annehmbar, es leuchtet ein unter diesen Umständen, wie Hock-Bern sie beschrieben hat« (FB, S. 201).[109]

Neben derartigen Floskeln, die an Krogges Reisebericht erinnern, kreist der sich über vier Seiten erstreckende Bandwurmsatz, mit dem die afrikanischen Impressionen ihren Höhepunkt und Abschluss finden, im Kern um die Naturgeschichte des Zebras. Einzelnen Forschern werden dabei ganz konkrete Aussagen über die Anatomie, Physiologie und Zeichnung, über das Paarungsverhalten und die Lebensweise der Tiere zugeschrieben. Diese scheinbar so klar identifizierten Aussagen erweisen

108 Neu hinzu kommen »Jäckel« und »Schwalbe« (FB, S. 203 u. 205), Namen, die sich zwar beide im Personenregister des *Brehm* finden, allerdings in keinem Zusammenhang mit Zebras stehen; Jäckel wird als Gewährsmann in Bezug auf das Verhalten des Fischotters angeführt (vgl. Brehms Tierleben. Ausgabe Leipzig u. Wien 1911-1918. Bd. 12, S. 367), Schwalbe taucht mit seinen morphologischen Arbeiten zum Fellwechsel des Hermelins auf (ebd., S. 321).

109 Auch die vermeintlichen Zitate werden, wie alle wörtliche Rede in *Fortsetzung des Berichts*, nicht in Anführungsstriche gesetzt.

sich zum Teil als Fake, zum Teil als Zitate aus dem *Brehm*, die in *Fortsetzung des Berichts* aber anderen Sprechern in den Mund gelegt werden. Dass also etwa Diezel sich über die Paarungslaute der Zebras verbreitet hat, ist eine reine Fiktion: Weder hat der historische Diezel sich für Zebras interessiert, noch lässt sich die Aussage im *Brehm* als Bemerkung eines anderen nachweisen. Es handelt sich offenbar um ein Scheinzitat.[110] Dass man beim Zebra »zwischen den scharf ausgeprägten Hauptstreifen [...] die undeutlichen Schatten- oder Zwischenstreifen« (FB, S. 201) sehen könne, erweist sich hingegen als wörtliches Zitat aus dem *Brehm*, das Wolf freilich Hock-Bern zuschreibt: ein authentisches, aber neu zugeschriebenes Zitat.[111] Dies ist die Lieblingsstrategie Wolfs.[112] Ganz ähnlich liegt der Fall etwa bei den anatomischen Erläuterungen zu den Läufen des Zebras. In *Fortsetzung des Berichts* wird hierzu hervorgehoben, dass »hinter dem Hufbein als knöcherne Grundlage des Hornstrahls das Strahlenbein liegt, Sesam- oder Sehnenbein liegt« (FB, S. 203); eine Aussage, die Hock-Bern zugeschrieben wird. In seiner Dissertation über die Abstammungsgeschichte der Equiden hatte der historische Franz Hock sich zwar tatsächlich auch über den »Hornstrahl« verbreitet,[113] im Kern aber von der sogenannten Kastanie oder Hornwarze gehandelt, kurz: das angebliche Hock-Bern-Zitat findet sich nicht in der Dissertation des Tierarztes, sondern es stammt aus dem *Brehm*. Hier wird zu Beginn des Abschnitts über das Zebra zunächst die Anatomie der Einhufer beschrieben. Der elastische Gang der Pferdeartigen werde ermöglicht durch »das Strahlbein über dem Hornstrahl am Hufe, eines jener überzähligen Sesam- oder Sehnenbeine, die das Gleiten von Sehnen auf deren

110 Vgl. FB, S. 202.

111 Vgl. Brehms Tierleben. Ausgabe Leipzig u. Wien 1911-1918. Bd. 12, S. 638.

112 Dabei werden auch mikroskopisch kleine Bausteine aus dem *Brehm* verwendet, die sich nur zum Teil noch eindeutig als Zitate nachweisen lassen; klare Zitate sind etwa der Hinweis auf die »Stimme aus schrillen kurz hervorgestoßenen Lauten« (FB, S. 203 f.; Brehms Tierleben. Ausgabe Leipzig u. Wien 1911-1918. Bd. 12, S. 640) und die »Erforschungen einiger Zwischenstreifen auf den Hinterkeulen« (FB, S. 204; Brehms Tierleben. Ausgabe Leipzig u. Wien 1911-1918. Bd. 12, S. 641); problematischer wird es schon bei der Rede vom »Benehmen« der Tiere (FB, S. 204; Brehms Tierleben. Ausgabe Leipzig u. Wien 1911-1918. Bd. 12, S. 647); noch vager ist die Verbindung zwischen dem Hinweis auf »aus der Nasentrompete gestoßene[] Töne« (FB, S. 205) und die Bemerkung, das Zebras »einen schnarchenden Laut aus den Nüstern stoßend« (Brehms Tierleben. Ausgabe Leipzig u. Wien 1911-1918. Bd. 12, S. 647) untereinander kommunizieren.

113 Hock: Die Kastanie, S. 45.

Unterlagen vermitteln«.[114] Dieses Zitat kombiniert Wolf mit dem Namen Hock-Bern, der im *Brehm* tatsächlich erst eine Seite später und in einem anderen Zusammenhang, nämlich dem Verweis auf verschiedene abstammungsgeschichtliche Theorien, fällt.[115]

Die Abschlusspassage ruft also die Forscher mit *Brehm*-Namen noch einmal als schemenhafte, schattenrissartige Pappfiguren auf und lässt sie als Gewährsmänner in komprimierter, verdichteter und zugleich redundanter, floskelhafter Form Zebrawissen verbreiten. Dabei wird fortlaufend die angebliche Augenzeugenschaft der Forscher betont und zugleich ein Rekurs auf ihre seriösen Verschriftlichungen dieser Beobachtungen suggeriert. Die beiden Beglaubigungsstrategien der authentischen Beobachtung und der schriftlichen Fixierung werden drittens – in natürlich hochgradig parodistischer Art und Absicht – in ein Gelehrtennetzwerk eingebunden, in dem der eine Sachverständige das bestätigt, was der andere auch schon lange wusste[116] – eine Netzwerkerei, die bekanntlich einmal mehr auf den *Brehm* zurückweist.[117]

Gekrönt wird die ›Brehm-Bastelei‹ durch eine abschließende, das Personal tableauartig versammelnde Montage, die alle Zebraforscher in einer Schlussaufstellung in das Schillingssche Paradiesbild hineinpflanzt. Mitten in die afrikanische Steppenlandschaft und mitten unter die Zebras werden in einem großartigen Akt der Imagination und unter

114 Brehms Tierleben. Ausgabe Leipzig u. Wien 1911-1918. Bd. 12, S. 635.

115 Brehms Tierleben. Ausgabe Leipzig u. Wien 1911-1918. Bd. 12, S. 636.

116 Die Forscher werden mit einer sich wiederholenden Reihe von Formeln als Urheber bestimmter Aussagen gekennzeichnet. Die Anzahl der Verweisungen nimmt fortlaufend zu, bis die Nennung der Referentennamen zur Hauptsache wird: »wie Hock-Bern festgestellt hat und berichtet hat«, »wie Schilling sagt«, »wie Hock-Bern sie beschrieben hat« (FB, S. 201), »wie Bart in bezug auf die Jahreszeit mit Recht behauptet«, »wie Diezel beobachtet hat«, »wie Diezel schreibt« (FB, S. 202), »sagt Bart und trifft sich dabei mit dem Gesagten von Schilling«, »wie Hock-Bern festgestellt hat«, »wie Hock-Bern sagt, in seinen Schilderungen«, »wie Jäckel bestätigt hat« (FB, S. 203), »wie Diezel meint«, »nach den Beschreibungen von Matschie nach Matschies Beschreibungen«, »übereinstimmend mit den Beschreibungen von Schwalbe, in dessen Aufzeichnungen«, »nach Schilling und der Niederschrift Schillings«, »nach den Beobachtungen Jäckels«, »unter Zuhilfenahme der Niederschrift Diezels«, »von denen Diezel spricht« (FB, S. 204). Nur einmal wird eine Differenz angedeutet: »im Gegensatz zu dem jungverstorbenen Bart« (FB, S. 204).

117 Vgl. etwa: »Fonck erzählt«, »im ›Ostafrikanischen Weidwerk‹ sehr lebendig geschildert«, »[d]as sagt Wißmann«, »nach übereinstimmendem Zeugnis aller Beobachter«, »Das hat Wißmann selber in Deutsch-Südwestafrika erfahren.« (Brehms Tierleben. Ausgabe Leipzig u. Wien 1911-1918. Bd. 12, S. 647).

Überschreitung aller Wahrscheinlichkeitsgrenzen die Forscher zu einem Familienbild aufgerufen. Gestellt und posenhaft steht nun im Hintergrund, neben der Tränke, der »lauernde Diezel«, etwas entfernt der »sein Fernrohr ans Auge hebende Schilling«; nebenan sieht man den »zwischen den raschelnden Büschen heraushängende[n] Bart Barts, in dessen Nähe Jäckel und dessen aufgedunsene aufgetriebene Kahlheit« sichtbar wird. Auch die blank polierten Schädel »Matschies und Schwalbes« erscheinen und, last but not least: »dahinter mit seinem Notizbuch und seinem Revolver der ältere Hock-Bern« (FB, S. 205). Alle sind sie da, die Erforscher der Wildnis; aber die Zebras wittern die Herren, stutzen, schnauben, flüchten »vor Diezel Schilling Bart Jäckel Matschie Schwalbe Hock-Bern«, die sich übrigens in bester Zebragewohnheit »im Halbkreis« aufgestellt haben.[118] Die flirrend-kontrastive Schwarzweiß-Mimikry fällt »in einem einzigen Bild und einem einzigen Ton« zusammen (FB, S. 205).

Mit diesem akustisch-optischen Schlussakkord endet der Ausflug in Brehms Welt. Gestaltet ist diese Reise durch eine vierfach ausdifferenzierte experimentelle Collagetechnik: Ausgeschnitten und imitiert, neu montiert und anders zugeschrieben werden Namen, Duktus, Textteile und Bilder. Konzeptionell erinnert dies an die bildkünstlerischen Collagen Ror Wolfs, die er späteren schriftstellerischen Werken beigefügt hat und die etwa in den Raoul Tranchirer-Lexika eine zentrale Rolle spielen.[119] Von Wolf liegen zudem Hörspiele vor, die ebenfalls mit dem

118 FB, S. 205; vgl. den Hinweis auf die Anordnung in der Form eines »Halbmond[es]« in Brehms Tierleben. Ausgabe Leipzig u. Wien 1911-1918. Bd. 12, S. 649.

119 Vgl. Ror Wolf: Raoul Tranchirers vielseitiger großer Ratschläger für alle Fälle der Welt. Frankfurt a. M. und Gießen 1983; Ror Wolf: Raoul Tranchirers Mitteilungen an Ratlose. Zürich 1988; Ror Wolf: Raoul Tranchirers Welt- und Wirklichkeitslehre aus dem Reich des Fleisches, der Erde, der Luft, des Wassers und der Gefühle. Frankfurt a. M. 1990; Ror Wolf: Raoul Tranchirers letzte Gedanken über die Vermehrung der Lust und des Schreckens. Frankfurt a. M. 1994; Ror Wolf: Raoul Tranchirers Mitteilungen an Ratlose. Erste vollständige Ausgabe mit 33 neuen Stichworten u. 69 bisher unveröffentlichten Collagen. Frankfurt a. M. 1997; Ror Wolf: Raoul Tranchirers Bemerkungen über die Stille. Frankfurt a. M. 2005. Die im Entstehen begriffene Werkausgabe präsentiert *Raoul Tranchirers Mitteilungen an Ratlose* und *Raoul Tranchirers Welt- und Wirklichkeitslehre aus dem Reich des Fleisches, der Erde, der Luft, des Wassers und der Gefühle* in einem gemeinsamen Band; vgl. Ror Wolf: Raoul Tranchirers Enzyklopädie für unerschrockene Leser Bd. II. Hg. v. Thomas Schröder. Frankfurt a. M. 2009. – Zu den Raoul Tranchirer-Enzyklopädien Wolfs vgl. Andreas B. Kilcher: Lexikographische Anatomie der bürgerlichen Welt. Ror Wolfs Enzyklopädie für unerschrockene Leser. In: Am Erker 21 (1998), H. 36, S. 119-127; Monika Schmitz-Emans: Die Rätsel der Welt in Wort und Bild. Über Ror Wolfs Ratgeberbücher.

Collage-Verfahren arbeiten, indem sie teilweise oder auch vollständig auf Fremdmaterial zurückgreifen.[120]

Durchweg erweisen sich dabei die Bezüge zwischen den Teilen als vielfältig, variabel und nicht stabil. Und auch die Regeln der Wahrscheinlichkeit werden selbstredend großzügig ignoriert – ob von Bart nun nur noch der Bart übrig ist und der Mann früh gestorben, oder aber ob er doch in der Abschlussrunde mit dabei ist, das ist eine Frage, die nur den Leser eines traditionellen realistischen Romans interessieren sollte. Bei Ror Wolf, der einem Programm des aus Realitätspartikeln zusammengesetzten und die Realität zugleich transzendierenden, experimentellen Erzählens folgt, läuft diese Frage ins Leere.

5.3 Der Geschichtenerzähler Wobser im Labor

Blicken wir abschließend noch auf Wobser, der sich dem Erzähler auf seiner Reise nach S so hartnäckig zugesellt.[121] Immer mit Hut, immer mit zum Reden geöffnetem Mund, mit wehendem Mantel, Zigarre rauchend, bärtig, kahlköpfig, dem Ich ähnelnd, vermutlich dicker, vielleicht

In: Textprofile intermedial. Hg. v. Dagmar von Hoff u. Bernhard Spies. München 2008, S. 101-126. Die Collagen Ror Wolfs erinnern auf den ersten Blick an diejenigen Max Ernsts, nicht zuletzt, weil Wolf sich aus ähnlichen Materialkisten, insbesondere Stichen und Graphiken aus Journalen des 19. Jahrhunderts, bedient. Schmitz-Emans weist aber darauf hin, dass die scheinbare Nähe insofern täuscht, als der Surrealismus in den Tranchirer-Werken zwar als Zitat eingehe, Zufall und Unbewusstes aber nicht als zentrale Gestaltungsstrategien propagiert würden, sondern, im Gegenteil, mit Raoul Tranchirer gerade ein allmächtiger und das heißt hochbewusst agierender Wissensverwalter eingesetzt werde; vgl. Schmitz-Emans: Die Rätsel der Welt, S. 106. Vgl. zu den Tranchirer-Büchern auch Tanja van Hoorn: Kleine Typologie des Lexikon-Romans (Okopenko, Pavic, Marti, Wolf). In: DVjs 88 (2014), S. 392-413.

120 Die Fußballhörspiele Ror Wolfs sind teilweise reine Collagen aus Originalkommentaren etwa von Zuschauern oder Reportern; vgl. Ror Wolf: Gesammelte Fußballhörspiele. Zehn Radiocollagen aus vergangenen Tagen & Das langsame Erschlaffen der Kräfte. Hg. v. Jürgen Roth. 4 CDs mit Booklets. München 2006; vergleichbar arbeitet Wolf in seiner berühmten ›Radioballade‹ über Bix Beiderbecke, in der er Kommentare von Musikerfreunden und -kollegen in seinen erzählerischen Nachvollzug dieser Lebengeschichte einbaut; vgl. Ror Wolf: Leben und Tod des Kornettisten Bix Beiderbecke aus Nord-Amerika. Mit Christian Brückner, Walter Gontermann, Wolfgang Hess, Olaf Queiser u. v. a. 1 CD mit Booklet. Berlin 2000.

121 Die Reise nach »S« wird erwähnt in FB, S. 60f. u. S. 272.

aber doch im Gegenteil eher klein und mager, so muss man sich den Mann vorstellen, der von sich selbst sagt, er sei früher »Erzähler« gewesen.[122] Während der Wissensverwalter Krogge als Mann der Ansprachen und Vorträge auftritt, das Ich Wahrnehmungen und Erinnerungen in Bildern fixiert, erzählt Wobser Geschichten.[123] Diese tragen zumeist ausdrücklich einen Titel.[124] Dadurch wird erstens ihr Geschichtencharakter betont und der Eindruck einer Geschichtensammlung à la *Tausendundeine Nacht* erweckt, über die Wobser Herr ist. Das mehrfach gestaffelte Fiktionsspiel mit Geschichten in der Geschichte ähnelt den russischen Puppen- oder Spiegeleffekten aus Krogges Gelehrtenkabinett. Zweitens suggeriert die Etikettierung mit einer Überschrift eine Identifizierbarkeit und einen Werkcharakter, den der ›an den Rändern offene‹ Roman, in den die Geschichten eingebunden sind, gerade verweigert – freilich erweisen sich auch Wobsers Stories tatsächlich als unfertig und un-

122 Der Hut wird erwähnt in FB, S. 35, S. 43, S. 237, S. 274; der geöffnete Mund FB, S. 35, S. 43; der wehende Mantel FB, S. 48; die Zigarre FB, S. 48, S. 49, S. 62, S. 67, S. 148, S. 149, S. 217, S. 247, S. 259; der Bart FB, S. 157, S. 178; die Kahlköpfigkeit FB, S. 231, S. 237, S. 238; vgl. auch Krogges Behauptung, dass der kahlköpfige Erzähler mit Hut wie Wobser aussehe, vgl. FB, S. 101; Ähnlichkeit zum Ich FB, S. 160, S. 237; die Körperfülle FB, S. 158, S. 160; die Magerkeit FB, S. 234. – Die ›Schrumpfung‹ Wobsers könnte auch auf die Unvertrautheit des Erzählers mit dem veränderten Aussehen einer Figur bei zunehmender räumlicher Entfernung zusammenhängen. – Als »Erzähler« bezeichnet sich Wobser FB, S. 275.

123 Die Begriffe »Ansprache« und »Vortrag« fallen ausdrücklich im Zusammenhang mit Krogge: Einmal hält er eine »Ansprache« (FB, S. 240). Dass der Koch »seinen Vortrag« halten möge (offenbar handelt es sich um einen einzigen Vortrag, den er immer wieder recycled?), wünscht sich der Erzähler am Ende des Romans (FB, S. 289). – Für den Erzähler hingegen stehen optische, akustische und haptische Eindrücke im Vordergrund, die er explizit in Bildern präsentiert, vgl. etwa FB, S. 8, S. 11, S. 35, S. 44 f., S. 46 f., S. 55 u. ö.; Erinnerungen in Bildern z. B. FB, S. 176. – Der Begriff ›Geschichte‹ wird geradezu exzessiv zur Charakterisierung der Erzählungen Wobsers verwandt, vgl. etwa die fünf- oder gar sechsmalige Verwendung auf einer einzigen Seite (FB, S. 245 u. S. 263); gleichzeitig werden ihm »Redeströme« (FB, S. 44), »Reden« und »Berichte« (FB, S. 137), eine »Erklärung« (FB, S. 237), »Redensarten, Worte[]« (FB, S. 244), »Ausreden« und »Ratschläge[]« (FB, S. 246), sowie »Erzählung[en]« (FB, S. 271) zugeschrieben.

124 Die Titel lauten etwa »Der angenehme Tischnachbar« (Titel erwähnt FB, S. 64, Geschichte erzählt FB, S. 65); »Das Ohr am Gartengitter« (Titelnennung FB, S. 64, Geschichte erzählt FB, S. 82); »Die Zungenkünstlerin« (Titelnennung FB, S. 66, Geschichte erzählt FB, S. 68 f.); »Der ausgelachte Kraftmensch« (Titelnennung ebd., Geschichte erzählt FB, S. 263); »Vom Schallen und Knallen« (Titelnennung FB, S. 66; Geschichte erzählt FB, S. 271 f.).

abgeschlossen.[125] Im Übrigen möchte Wobser seine Geschichten im Sinne des historia-Konzeptes als Fallgeschichten und Wirklichkeitserzählungen verstanden wissen;[126] eine Tatsache, die ihn freilich nicht daran hindert, Geschichten auch in mehreren Varianten zu erzählen.[127]

Meist kreisen seine Historien um einzelne ungewöhnliche Personen, eine »Zungenkünstlerin« (FB, S. 68) etwa oder einen »Kraftmensch« (FB, S. 263). Dann gerieren sie sich aber auch als Erläuterungen von natürlichen Ereignissen. So gibt es etwa eine als »Erklärung« bezeichnete Episode mit dem Titel »Das Entstehen eines Naturschauspiels« (FB, S. 237). Obwohl sie sich angeblich auf ein Abendrot bezieht, kommt etwa die Sonne in dieser Geschichte überhaupt nicht vor. Vielmehr entwickelt Wobser eine komplexe Versuchsanordnung mit »Wasserbläschen, Staubteilchen, einem Gummischlauch, einem Glaskolben, einer Durchbohrung, einem sogenannten Quetschahn« (FB, S. 237), eine Experimentierstation, deren Sinn und Zweck und deren Bezug zum Abendrot völlig dunkel bleiben.

Das in dieser Episode sich gleichwohl diffus andeutende naturgeschichtliche Interesse Wobsers wird in einer anderen Geschichte ungleich deutlicher. Nach einem ausschweifenden Besuch im Wirtshaus »Der rote Hirsch«, in dem die Geschichte mit dem Titel »Die Tötung des Kochs« nicht nur von Wobser, sondern anschließend auch in unterschiedlichen Varianten von den dazustoßenden Herren Gibser und Schlözer erzählt wird (vgl. FB, S. 189-192), setzen Wobser und der Erzähler ihre Wanderung fort.[128]

125 Die Neigung von Wobsers Geschichten zum Fragmentarischen betont der Erzähler, der damit zugleich Wolfs Erzählprogramm zu charakterisieren scheint: »Seine [d. h. Wobsers] Geschichten« zeichneten sich dadurch aus, dass sie »oft an einem Punkt abrissen, zersprangen und in andere Geschichten hineinliefen« (FB, S. 80).

126 Einen »Fall« nennt er etwa die Geschichte der Zungenkünstlerin Selma Rauscher (FB, S. 68); die Betonung der »Wirklichkeit« durch Wobser vgl. z. B. FB, S. 68. – Vgl. dazu auch Jürgens: Zwischen Suppe und Mund, S. 137.

127 Vgl. Die »Geschichte vom Totschießen« (FB, S. 79 f.), die zwar nicht die »Wahrheit« aber doch die »Wirklichkeit« abbilde (FB, S. 80). – Zu den verschiedenen Varianten, in denen Wobser seine Geschichten erzählt, und zu seiner Rolle als »Gegenpart des [erzählverweigernden] Ich-Erzählers« vgl. Monika Pauler: Lauter alte Bekannte, Wobser zum Beispiel. Anmerkungen zum Kunstfigurenarsenal und der erzählkritischen Narration des Ror Wolf. In: Ähnliches ist nicht dasselbe. Eine rasante Revue für Ror Wolf. Hg. v. Oliver Jahn u. Kai U. Jürgens. Kiel 2002, S. 189-208, das Zitat S. 203.

128 FB, S. 186. Das Wirtshaus hat vermutlich ein reales Vorbild, die Ausflugsgaststätte »Zum roten Hirschen im grünen Wald« in der Nähe von Saalfeld in Hoheneiche/Thüringer Wald an der B 281.

Unaufgefordert und in zunächst nicht erkennbarem Zusammenhang mit dem Vorherigen beginnt Wobser eine Geschichte mit dem Titel »Die Werre, ein Tier das sich selbst verzehrt« (FB, S. 210). Es handelt sich um eine naturgeschichtliche Belehrung über die Werre, ein zur Familie der Grillen gehörendes unscheinbares Insekt. Die »auch Rind- Raub- oder Schrotwurm« genannte »Maulwurfsgrille« firmiere, so Wobser, ferner unter den Namen »Werre oder Werbel oder Ackerwerbel Erdkrebs Erdwolf oder Moldwolf« (FB, S. 210). Die aus der Fischpassage bekannte Technik der Wortlisten mit sonderbaren Tiernamen steht also auch Wobser zur Verfügung. Allerdings verliert er sich nicht, wie der Erzähler auf dem Fischmarkt, in der Vielfalt unterschiedlichster Spezies, sondern listet ausschließlich Synonyme auf. Anschließend präsentiert er einen klassischen naturgeschichtlichen Abriss dieser Spezies: Den Katalog der Äquivalente setzt er mit einer genauen Beschreibung des Aussehens sowie einigen Bemerkungen zu Lebensweise und auffälligen Verhaltensmerkmalen der Werre fort. Die Maulwurfsgrille sei »ein Tier mit dickem filzig behaartem Leib, den sie auf der Erde schleift, mit den breiten schaufelförmigen Grabfüßen, dem langen panzerähnlichen Brustschild und dem kleinen Kopf mit winzigen Augen und einer Menge von Anhängseln, Freßspitzen Tastern Fühlern Kinnbacken, Kinnladen, dem Maulwurf ähnlich in der Erde lebend, wo sie vielfach verschlungene hin- und hergewundene Gänge nahe der Oberfläche gräbt« (FB, S. 210).

Zur Veranschaulichung versieht Wobser sein Referat mit Hinweisen auf die die beiden Wandernden umgebende Wirklichkeit: Nach Regenfällen sei die Werre, wie man an aufgeworfenen Erdhäufchen bemerken könne, besonders aktiv: »sehen sie dort« (FB, S. 210). Wobser zeigt aber nicht nur auf die Natur, er bezieht sich unmittelbar auf sie, indem er die Gänge der Werre aufzuspüren versucht (vgl. FB, S. 210). Ungeachtet der verschlossenen Unaufmerksamkeit seines Gegenübers – der Erzähler scheint, gefangen in seinen inneren Bildern und Erinnerungen, gar nicht zuzuhören[129] – führt Wobser nicht nur seinen naturgeschichtlichen Exkurs fort, sondern setzt auch dazu an, seine Behauptungen zum Verhalten der Werre mit Versuchen zu beglaubigen.

Ein erstes Demonstrationsexperiment soll vorführen, wie man eine Maulwurfsgrille fängt: Man müsse »nur den Eingang [des Gangs der Werre] mit dem Finger festzudrücken, und dann mit einem tütenförmig gerollten Blatt, Wobser nahm ein Blatt und rollte es tütenförmig, besser

129 Vgl. »Ich erinnere mich an eine Frauengruppe« (FB, S. 210) und »Ich sah nichts, ich sah einen Karren« (FB, S. 211) und schließlich »Ich sah nichts, ich sah Wobser sich enttäuscht aufrichten« (FB, S. 211 f.).

wäre ein Papiertrichter, Wasser in den Gang zu gießen« (FB, S. 211), dann krieche mit Sicherheit gleich ein Erdwurm heraus. Das, was Wobser als theoretisches Wissen behauptet, setzt er also im selben Atemzug praktisch um (was Wolf sprachlich in der völlig parallel geschalteten, wortgleichen Formulierung ironisiert). Allerdings scheitert das Experiment: Die Werre erscheint nicht.

Deswegen bleibt ein angekündigtes zweites Experiment reine Zukunftsmusik. Eigentlich will Wobser nämlich die »ungemein große Gefräßigkeit dieses Tieres« demonstrieren und kündigt folgende Sensation an: Wenn man mit der »Spatenschmiede« eine Maulwurfsgrille in der Mitte durchstoße, um sie zu töten, dann könne man feststellen, dass sie erstens zwar zerhackt, aber quicklebendig sei und dass zweitens der Vorderleib der Werre »schon nach einer kleinen Weile damit beschäftigt ist unter Ausscheidung schleimiger Bestandteile heißhungrig den weichen Hinterleib zu verzehren« (FB, S. 211). Damit wäre der Titel der Geschichte – »Die Werre, ein Tier das sich selbst verzehrt« – eingelöst. Allerdings bleibt das Ganze im Status der Behauptung, da der Versuch wegen der Abwesenheit des Versuchsobjektes nicht stattfinden kann.

Wobser inszeniert sich also nicht nur in der Abendrot-Geschichte über »Das Entstehen eines Naturschauspiels« als Experimentator, der mit Laborutensilien Umgang pflegt. Er geriert sich zudem als praktischer Naturlehrer, der Wissen über die Natur nicht nur erzählen, sondern auch augenfällig vorführen möchte.

Die Umsetzung abstrakten Wissens in praktische Interaktion und Demonstration ist aber nicht nur eine scheiternde Attitüde Wobsers, sondern ein Verfahren, das ihm auch auf einer Metaebene eingeschrieben ist. Tatsächlich nämlich speisen sich Wobsers Wissen über und seine Aktionen mit der Maulwurfsgrille ganz unmittelbar aus einem wie üblich gänzlich unsichtbar bleibenden Prätext. Als Materialkiste entpuppt sich diesmal allerdings nicht der *Brehm*, sondern, sich zeitlich und atmosphärisch zu dem Mammutwerk des Tiervaters gut fügend, die wohl erfolgreichste und prominenteste Zeitschrift des 19. Jahrhunderts, *Die Gartenlaube*. Hier findet sich im Band aus dem Jahr 1863 unter anderem eine Abhandlung über die Werre. Es handelt sich um einen Ausschnitt aus Carl Vogts *Vorlesungen über nützliche und schädliche, verkannte und verläumdete Thiere*.[130] Die

130 Carl Vogt: Vorlesungen über nützliche und schädliche, verkannte und verläumdete Thiere. In: Die Gartenlaube 1863, S. 446-448. Aus dieser Fassung wird nachfolgend zitiert. Hingewiesen sei aber auch auf die den Text beinahe wörtlich übereinstimmend präsentierende Buchausgabe mit dem gleichen Titel Carl Vogt: Vorlesungen über nützliche und schädliche, verkannte und verläumdete Thiere. Leipzig 1864.

Vorlesungen des Vorkämpfers für eine materialistische Naturgeschichte und Zoologen Vogt sind von einem popularwissenschaftlichen, volksaufklärerischen Anspruch getragen, den Wobser in der Maulwurfsgrillen-Szene, in der er sich als praktischer Naturlehrer aufführt, imitiert.

Zugleich aber werden ihm auch ungekennzeichnete Orginalzitate aus Vogts Text in den Mund gelegt – so entpuppen sich der oben zitierte Namenskatalog und die Beschreibung des Äußeren der Maulwurfsgrille als wortgetreue Kopien aus den *Vorlesungen über nützliche und schädliche, verkannte und verläumdete Thiere.*[131]

Neben dieser Eins-zu-eins-Plagiatstechnik bedient sich Wolf eines zweiten Verfahrens, das darin besteht, Textstellen aus dem *Vogt* in konkrete Handlung zu überführen: Wie man eine Werre hervorlockt, beschreibt Vogt so:

> Man kann leicht in einen solchen Gang den Finger einbringen. Fährt man ihm nun mit dem Finger nach, so dauert es selten lange, bis man den Gang in die Tiefe sich senken sieht und mit dem Finger nicht weitert folgen kann. Dies ist nun der Eingang zu der unterirdischen Wohnung[.][132]

In *Fortsetzung des Berichts* wird daraus: »Sehen Sie, sagte Wobser, er bückte sich und drang mit dem Finger in einen solchen Gang ein, fuhr mit dem Finger nach, bis er sich in die Tiefe senkte, dort bohrte und rüttelte er, das ist, sagte Wobser, der Eingang zur unterirdischen Wohnung der Werre.« (FB, S. 210) Wobser tut also das, von dem Vogt nur sagt, dass man es tun könnte, um dann in den abschließenden Bemerkungen zur unterirdischen Wohnung dessen Formulierungen wieder wortgenau zu übernehmen. Eine ähnliche Kombination von plagiierendem Zitieren und in Handlung überführendem Ausagieren lässt sich auch bei der Darstellung der beiden Experimente nachweisen.

Auch der Fangtrick mit den Papiertüten, den Wobser erwähnt und in die Tat umzusetzen versucht, stammt aus der Werre-Vorlesung in der *Gartenlaube.*[133] Verschleiernder ist das Vorgehen im Fall der Geschichte von der auf den vermeintlich finalen Spatenstich reagierenden Maulwurfsgrille: Dies erweist sich als eine Weiterverarbeitung einer bereits von Vogt selbst auch nur zitierten Geschichte. Ursprünglich stammt diese Geschichte aus der Feder des Forstwirts und Professors für Forstwissenschaft Hermann von Nördlinger, der wiederum von den Erlebnis-

131 FB, S. 210; Vogt: Vorlesungen, S. 447.
132 Vogt: Vorlesungen, S. 447.
133 Vgl. Vogt: Vorlesungen, S. 447; FB, S. 211.

sen seines Vaters berichtet, eines Gärtners, welcher eine Werre per Spaten getötet zu haben glaubte und dann Augenzeuge der ominösen Selbstverzehrung wurde.[134] Das, was der Vater laut Nördlinger und übermittelt von Vogt sah, nämlich, wie der Vorderleib der Werre »heißhungrig den weichen Hinterleib« verzehrte, präsentiert Wobser nicht länger als die Erfahrung eines Anderen, sondern in einem Akt der Selbsterhebung prophetisch als das zu erwartende Ergebnis seines geplantes Experiments. Kurz: Wir befinden uns einmal mehr mitten unter Gewährsmännern und sind umgeben von Zitaten …

5.4 Drittes Zwischenresümee

Ror Wolf montiert in seinen Roman *Fortsetzung des Berichts* äußerst verdeckt ungekennzeichnete Zitate aus Fremdtexten ein. Es scheint beinahe sicher, dass unzählige weitere verborgene Quellen hinter der scheinbar so glatten Textoberfläche auf ihre Entdeckung warten. Mit dem ›Tiervater Brehm‹, Schillings *Blitzlicht* und der *Gartenlaube* stammen die wichtigsten bislang identifizierten Referenztexte aus den popularisierten naturgeschichtlichen Wissensbeständen der zweiten Hälfte des 19. Jahrhunderts und dem Beginn des 20. Jahrhunderts. Die entrückte, zeitlose Atmosphäre des Romans ist mit diesem popularwissenschaftlich-naturgeschichtlichen Inhalt unmittelbar verbunden: Weltgeschichte bleibt außen vor, stattdessen bestimmt Naturgeschichte den Horizont der Figuren, die sich in ihm wie in einem überzeitlichen Zitierzusammenhang bewegen.

Aber nicht nur inhaltlich wird Naturgeschichte produktiv. Denn es ist nichts weniger als das naturgeschichtliche Verfahren der Identifikation, das Ding und Begriff zusammenführt und im taxonomischen System nominalistisch fixiert, das in *Fortsetzung des Berichts* systematisch ad absurdum geführt wird. Bezeichnungen trudeln (etwa in den Fischlisten) als leere Varianten durch den Raum, werden als reines Sprachmaterial aufgerufen, das nicht evoziert wird, um etwas zu bedeuten: Wortarten wuchern, ohne fixe Bindung an Objekte. Der Erzähler als botanisierender Wortsammler geht in der Vielzahl seiner Fundstücke ebenso unter wie die alten positivistischen Naturbeschreiber, denen vor lauter Empirie

134 H. Nördlinger: Die kleinen Feinde der Landwirthschaft. Stuttgart u. Augsburg 1855, S. 453. – Den Hinweis gibt Vogt nicht, er geht in Brehm-Manier davon aus, dass man weiß, welcher Nördlinger gemeint ist, und dass man die zitierte Passage bei Bedarf auch ohne bibliographischen Nachweis findet; vgl. Vogt: Vorlesungen, S. 447.

die Systematik aus dem Ruder lief. Der Erzähler scheitert aber nicht nur im taxonomischen Wortsalat, auch seine Wahrnehmungsschwierigkeiten verhindern, dass er das angestrebte naturbeschreibende Welterfassungsprogramm realisieren kann: Zwar liefert er laufend Deskriptionen, markiert dabei aber immer zugleich deren Vorläufigkeit, Unzuverlässigkeit und Vagheit und destruiert so ihren Informationswert. Seine Entscheidungsschwäche bewirkt dabei eine zusätzliche Destabilisierung: Ob etwas identisch oder nur ähnlich ist, ob es sich also um dasselbe Individuum oder nur um einen Artverwandten handelt, ist eine Frage, die den Erzähler häufig umtreibt, die zu entscheiden er sich aber natürlich nicht in der Lage sieht.[135] Von der Naturgeschichte bleibt im Spiegelkabinett der Ähnlichkeiten nicht mehr als ein zum Scheitern verurteilter Bezeichnungswunsch, es bleiben Wortlisten und Kataloge, Beschreibungsbrocken und Zitierkartelle. Die Naturgeschichte ist zum Labor für experimentelles Erzählen geworden.

135 Das Problem von Ähnlichkeit bzw. Identität / Gleichheit spielt nicht nur bei der Erfassung von Personen eine Rolle (etwa bei der Frage, ob es sich um eine Person handelt oder diese ihr nur ähnlich sieht [zu Wobser, FB, S. 262 f., S. 271], sondern auch bei der Vermutung über den Inhalt einer zu erwartenden Rede [vgl. FB, S. 67] oder der Frage der Berufszugehörigkeit von Personen wie der Begegnung mit einem »Polizistenähnliche[n]« [FB, S. 51] oder dem Koch [FB, S. 86]). Das Ähnlichkeits- / Identitätsproblem wird ebenfalls zitiert in den Zebraschicksal-Bildbeschreibungen, wo etwa für das mittlere Gemälde eine »ähnliche Darstellung des Abendrots dem ersten vergleichbar« diagnostiziert und im dritten Bild »eine ganz ähnliche Gegend« und auch »das Abendrot« konstatiert wird (FB, S. 187 f.). Auch die Frage, ob es sich um die Bildergeschichte eines Einzelschicksals, um die Illustration des Lebensweges eines ganz bestimmten, individuellen Tieres handelt, das vom Löwen zerrissen und am Ende als Gerippe abgebildet ist, diskutiert der Erzähler als Frage von bloßer Ähnlichkeit und tatsächlicher Identität (FB, S. 189). Vgl. auch die Ahnung eines Wiedererkennungseffektes FB, S. 272.

6. Fragmentierte Naturgeschichte: W. G. Sebald

Der Schriftsteller W. G. Sebald hat sich in den letzten Jahren zu einem Lieblingskind der internationalen Germanistik entwickelt. Rein quantitativ ist die Forschungslage mittlerweile nahezu unüberschaubar: Jeder, so scheint es, möchte auch selbst einmal etwas zu Sebald gesagt haben.[1] Zentrale Themen der Sebaldforschung sind von Beginn an und bis in die Gegenwart: Zeugenschaft und Trauma,[2] Geschichte und Erinnerung,[3] das Motiv der Melancholie,[4] das Text-Bild-Ver-

1 Vgl. in diesem Sinne den ebenso differenzierten wie bissigen Forschungsbericht von Richard Sheppard: ›Woods, trees and the spaces in between‹. A report on work published on W. G. Sebald 2005-2008. In: Journal of European Studies 39 (2009), H. 1, S. 79-128. – Der folgende kurze Blick auf die Forschungslage erhebt selbstverständlich keinen Vollständigkeitsanspruch, sondern will lediglich einige wichtige Tendenzen der Sebald-Forschung skizzieren. Die umfangreichste und aktuellste Liste der wissenschaftlichen Publikationen über Sebald bieten: Jo Catling, Richard Hibbitt u. Lynn Wolff: Secondary Bibliography. In: Saturn's Moons. W. G. Sebald – A Handbook. Hg. v. Jo Catling u. Richard Hibbitt. London 2011, S. 497-547.

2 Mark McCulloh: Understanding W. G. Sebald. Columbia 2003; dem Thema ›Vergangenheitsbewältigung‹ ist der gesamte dritte Teil eines Sammelbandes gewidmet: W. G. Sebald. History – Memory – Trauma. Hg. v. Scott Denham u. Mark McCulloh. Berlin u. New York 2006, S. 233-363.

3 Anne Fuchs: Die Schmerzensspuren der Geschichte. Zur Poetik der Erinnerung in W. G. Sebalds Prosa. Köln, Weimar u. Wien 2004; Antje Tennstedt: Annäherungen an die Vergangenheit bei Claude Simon und W. G. Sebald. Am Beispiel von *Le Jardin des Plantes*, *Die Ausgewanderten* und *Austerlitz*. Freiburg i. Br., Berlin u. Wien 2007; Bettina Mosbach: Figurationen der Katastrophe. Ästhetische Verfahren in W. G. Sebalds *Die Ringe des Saturn* und *Austerlitz*. Bielefeld 2008; Jürgen Ritte: Endspiele. Geschichte und Erinnerung bei Dieter Forte, Walter Kempowski und W. G. Sebald. Berlin 2009, zu Sebald S. 140-175; Lynn L. Wolff: W. G. Sebald's Hybrid Poetics. Literature as Historiography. Berlin u. Boston 2014.

4 Peter Morgan: The Sign of Saturn. Melancholy, Homelessness and Apocalypse in W. G. Sebald's Prose Narratives. In: German Life and Letters 58 (2005), H. 1, S. 75-92; The Anatomist of Melancholy. Essays in Memory of W. G. Sebald. Hg. v. Rüdiger Görner. 2. Aufl. München 2005; James P. Martin: Melancholic Wanderings. W. G. Sebald's *Die Ringe des Saturn*. In: Gegenwartsliteratur 6 (2007), S. 118-140; Amelia Scurry: Melancholy and History in W. G. Sebald's *The Rings of Saturn*. In: Remaking literary history. Hg. v. Helen Groth u. Paul Sheehan. Newcastle 2010, S. 14-24; Mary Cosgrove: Born under Auschwitz. Melancholy Traditions in Postwar German Literature. Rochester 2014; Christoph Pflaumbaum: Melancholisches Schreiben nach Auschwitz. Studien zu Wolfgang Hildesheimer, Jean Améry und W. G. Sebald. Würzburg 2014; gegen eine allzu einseitige Profilierung Sebalds als

hältnis,[5] die Intertextualität,[6] das Erzählverfahren,[7] die bricolage.[8] Sebald ist zudem vor dem Hintergrund Foucaults gelesen,[9] als post-

Melancholiker wendet sich Richard T. Gray: Sebald's Segues. Performing Narrative Contingency in *The Rings of Saturn*. In: The Germanic Review 84 (2009), H. 1, S. 26-58, hier S. 54.

5 Searching for Sebald. Photography after W. G. Sebald. Hg. v. Lise Patt u. Christel Dillbohner. Los Angeles 2007; Thomas von Steinaecker: Literarische Foto-Texte. Zur Funktion der Fotografien in den Texten Rolf Dieter Brinkmanns, Alexander Kluges und W. G. Sebalds. Bielefeld 2007; Silke Horstkotte: Nachbilder. Fotografie und Gedächtnis in der deutschen Gegenwartsliteratur. Köln, Weimar u. Wien 2009, zu Sebald S. 43-113 u. S. 215-253; Kentaro Kawashima: Autobiographie und Photographie nach 1900. Proust, Benjamin, Brinkmann, Barthes, Sebald. Bielefeld 2011; Christoph Eggers: Das Dunkel durchdringen, das uns umgibt. Die Fotografie im Werk von W. G. Sebald. Frankfurt a. M. 2011; Christina Hünsche: Textereignisse und Schlachtenbilder. Eine Sebaldsche Poetik des Ereignisses. Bielefeld 2012.

6 Susanne Schedel: »Wer weiß, wie es vor Zeiten wirklich gewesen ist?« Textbeziehungen als Mittel der Geschichtsdarstellung bei W. G. Sebald. Würzburg 2004; Peter Schmucker: Grenzübertretungen. Intertextualität im Werk von W. G. Sebald. Berlin u. Boston 2012.

7 Jan Ceuppens: Vorbildhafte Trauer. W. G. Sebalds *Die Ausgewanderten* und die Rhetorik der Tradition. Eggingen 2009; Philipp Schönthaler: Negative Poetik. Die Figur des Erzählers bei Thomas Bernhard, W. G. Sebald und Imre Kertész. Bielefeld 2011; Ben Zimmermann: Narrative Rhythmen der Erzählstimme. Poetologische Modulierungen bei W. G. Sebald. Würzburg 2012.

8 Erste Hinweise gibt Claudia Öhlschläger: Der Saturnring oder Etwas vom Eisenbau. W. G. Sebalds poetische Zivilisationskritik. In: W. G. Sebald. Politische Archäologie und melancholische Bastelei. Hg. v. Michael Niehaus u. Claudia Öhlschläger. Berlin 2006, S. 189-204; vgl. jetzt auch Stephan Seitz: Geschichte als bricolage – W. G. Sebald und die Poetik des Bastelns. Göttingen 2011.

9 So J. J. Long: W. G. Sebald – Image, Archive, Modernity. Edinburgh u. New York 2007; Long vertritt die These, dass Sebald mit Foucault Geschichten der Unterwerfung des Subjekts erzähle, deren Wurzeln weit zurückreichten (weiter insbesondere als der Holocaust, der in der Forschung fälschlicherweise als für die Konzeption Sebalds alleinig entscheidendes Faktum angesehen werde; vgl. ebd., S. 174 u. ö.); erzählerisch werde diese Foucaultsche Position aber keineswegs im Sinne postmodernen Schreibens umgesetzt. Vielmehr seien die Erzähler sämtlich Moderneverweigerer, ignorierten die technischen Realitäten des ausgehenden 20. Jahrhunderts (vgl. ebd., S. 168), werde Geschichte insgesamt durch das Verfahren der Reminiszenzen und Koinzidenzen homogenisiert (ebd., S. 144). Auch ähnele das anverwandelnde Zitieren eher der Praxis klassischer Autoren der Moderne wie T. S. Eliot oder Ezra Pound als der Brüche betonenden Praxis der Postmoderne (ebd., S. 172).

moderner Autor gekennzeichnet,[10] zum Poeten des Raums erhoben,[11] als Reiseschriftsteller beleuchtet,[12] als Autor einer umfassenden Zivilisationskritik bemüht[13] und zuletzt kritisch in seiner spezifischen *Inszenierung von Autorschaft* analysiert worden.[14] In den Beiträgen der zahlreichen neueren Sammelbände werden diese Themenfelder aufgenommen und vertieft.[15] Legion ist naturgemäß auch die Zahl verstreut publizierter Beiträge, die Werke Sebalds aus unterschiedlichen

10 So zuerst in Bezug auf den Geschichtsbegriff, der dem Reisebericht *Die Ringe des Saturn* zugrunde liege, Dieter Wrobel: Postmodernes Chaos – Chaotische Postmoderne. Eine Studie zu Analogien zwischen Chaostheorie und deutschsprachiger Prosa der Postmoderne. Bielefeld 1997, zu Sebald S. 304-350, insbes. S. 309; vgl. aber auch Claudia Albes: Die Erkundung der Leere. Anmerkungen zu W. G. Sebalds »englischer Wallfahrt« *Die Ringe des Saturn*. In: Jahrbuch der deutschen Schillergesellschaft 46 (2002), S. 279-305; J. J. Long u. Anne Whitehead: Introduction. In: W. G. Sebald – A critical companion. Hg. v. J. J. Long u. Anne Whitehead. Edinburgh 2004, S. 3-15; als postmodern und moralisch engagiert zugleich charakterisiert Sebald Deane Backler: Reading W. G. Sebald. Adventure and Disobedience. New York 2007, S. 88; kritisch gegenüber einer Einordnung Sebalds in die Postmoderne Long: W. G. Sebald – Image, Archive, Modernity; vgl. aber zuletzt Robin Hauenstein: Historiographische Metafiktionen. Ransmayr, Sebald, Beyer, Kracht. Würzburg 2014.

11 Anja K. Johannsen: Kisten, Krypten, Labyrinthe. Raumfigurationen in der Gegenwartsliteratur: W. G. Sebald, Anne Duden, Herta Müller. Bielefeld 2008.

12 The Undiscover'd Country. W. G. Sebald and the Poetics of Travel. Hg. v. Markus Zisselsberger. New York 2010.

13 Christian Hein: Traumatologie des Daseins. Zur panoptischen Darstellung der Desintegration des Lebens im Werk W. G. Sebalds. Würzburg 2014.

14 Fridolin Schley: Kataloge der Wahrheit. Zur Inszenierung von Autorschaft bei W. G. Sebald. Göttingen 2012. – Sebalds literaturkritische Schriften untersucht jetzt auch umfassend Uwe Schütte: Interventionen. Literaturkritik als Widerspruch bei W. G. Sebald. München 2014.

15 Wichtige Impulse geben insbes. der bereits erwähnte Sammelband History – Memory – Trauma, sowie W. G. Sebald. Politische Archäologie und melancholische Bastelei. Hg. v. Michael Niehaus u. Claudia Öhlschläger. Berlin 2006; W. G. Sebald. Schreiben ex patria / Expatriate Writing. Hg. v. Gerhard Fischer. Amsterdam u. New York 2009; vgl. auch: Sebald. Lektüren. Hg. v. Marcel Atze u. Franz Loquai. Eggingen 2005; Mémoire. Transferts. Images. / Erinnerung. Übertragungen. Bilder. W. G. Sebald. Hg. v. Ruth Vogel-Klein. Sonderband Recherches Germaniques 2005; Verschiebebahnhöfe der Erinnerung. Zum Werk W. G. Sebalds. Hg. v. Sigurd Martin u. Ingo Wintermeyer. Würzburg 2007; Figuren der Erinnerung. Studien zum Werk W. G. Sebalds. Hg. v. Christian Schulte u. Winfried Siebers. Wien 2013. – Eine Zusammenstellung zuvor an verschiedenen Orten erschienener zentraler Aufsätze bietet W. G. Sebald. Neue Wege der Forschung. Hg. v. Yahya Elsaghe, Luca Liechti u. Oliver Lubrich. Darmstadt 2012.

Forschungsperspektiven wie der Intermedialität[16] oder dem Ökokritizismus[17] analysieren.

6.1 Die Konzeption einer ›Naturgeschichte der Zerstörung‹

In jüngerer Zeit kristallisiert sich ein verstärktes Interesse an einem Komplex heraus, den Sebald selbst auf die Formel einer ›Naturgeschichte der Zerstörung‹ gebracht hat und der die Fragestellung der vorliegenden Arbeit unmittelbar berührt. In zwei literaturkritischen Aufsätzen aus den Jahren 1982 und 1999 zum Thema Luftkrieg in der Literatur greift Sebald auf den Terminus Naturgeschichte in unterschiedlichen Kontexten zurück.

6.1.1 *Zwischen Geschichte und Naturgeschichte* (1982)

1982 legt Sebald einen zunächst kaum beachteten Essay mit dem Titel *Zwischen Geschichte und Naturgeschichte* vor.[18] Ausgangspunkt seiner Überlegungen ist die Frage, weshalb die durch den Luftkrieg verursachte ›totale‹ Zerstörung deutscher Städte, und zwar insbesondere die ganz »realen Aspekte« dieser »kollektiven Katastrophe«, kaum, und wenn, dann qualitativ nur wenig überzeugende Spuren in der deutschsprachigen Literatur hinterlassen habe.[19] Einzig Alexander Kluges freilich erst 1977 erschienene *Neue Geschichten* fänden eine der Katastrophe (d.h. in

16 Bernhard Malkmus: »All of them Signs and Characters from Type-Case of Forgotten Things«. Intermedia Configurations of History in W.G. Sebald. In: Memory Traces. 1989 and the Question of German Cultural Identity. Hg. v. Silke Arnold-de Simine. Oxford, Bern u.a. 2005, S. 211-244; Torsten Hoffmann u. Uwe Rose: »Quasi jenseits der Zeit«. Zur Poetik der Fotografie bei W.G. Sebald. In: Zeitschrift für deutsche Philologie 125 (2006), S. 580-608.

17 Axel Goodbody: *Die Ringe des Saturn* und *Solar*. Sinnbilder und Schreibstrategien in literarischen Stellungnahmen zur ökologischen Krise von W.G. Sebald und Ian McEwan. In: Ökologische Transformationen und literarische Repräsentationen. Hg. v. Maren Ermisch, Ulrike Kruse u. Urte Stobbe. Göttingen 2010, S. 131-148.

18 W.G. Sebald: Zwischen Geschichte und Naturgeschichte. Versuch über die literarische Beschreibung totaler Zerstörung mit Anmerkungen zu Kasack, Nossack und Kluge. In: Orbis litterarum 37 (1982), H. 4, S. 345-366; Wiederabdruck unter leicht verändertem Titel: W.G. Sebald: Zwischen Geschichte und Naturgeschichte. Über die literarische Beschreibung totaler Zerstörung. In: ders.: Campo Santo. Hg. v. Sven Meyer. München 2003, S. 69-100.

19 Sebald: Zwischen Geschichte und Naturgeschichte, S. 76.

diesem Fall: der nahezu kompletten Zerstörung Halberstadts durch den alliierten Luftangriff vom 8. April 1945) angemessene literarische Form: Kluge präsentiere im dokumentarischen Verfahren ein tableauartiges Nebeneinander scheinbar völlig heterogener, gleichwohl sehr genau ausgewählter und sorgfältig arrangierter historischer und fiktiver Text- und Bildmaterialien. Auf diese Weise gelinge es ihm, »den großen Zug der fatalen Tendenz bisheriger Geschichte *im Detail* kenntlich« zu machen und dies zugleich in belehrender Absicht auf die Gegenwart zu beziehen.[20]

Der Begriff der Naturgeschichte taucht in diesem frühen Essay an verschiedenen Stellen und in verschiedener Verwendung auf. Grundsätzlich ist der Terminus 1982 weniger ein von Sebald selbst offensiv vorgeschlagener, sondern ein Beschreibungs- und Deutungsmuster, das er bei den Autoren der deutschsprachigen Nachkriegsliteratur, die sich der ›totalen Zerstörung‹ zugewandt haben, in Geltung sieht. Allerdings verwendet Sebald den Terminus selbst bald affirmativ, bald kritisch, so dass seine Argumentation insgesamt etwas uneindeutig gerät.

Gleichwohl können zwei Seiten unterschieden werden: Erstens versteht Sebald Naturgeschichte in einem geschichtsphilosophischen Sinne als gescheiterte Geschichte der Emanzipation. So diagnostiziert er geradezu im ›Adorno-Ton‹ ein Zurückfallen von »Geschichte in Naturgeschichte«.[21] Allerdings klingt der dialektische Benjamin-Adornosche Naturgeschichtsbegriff 1982 nur vermittelt an und wird nicht konsequent zugrunde gelegt. Die Bemerkung über das Zurückfallen von »Geschichte in Naturgeschichte« zielt darauf, dass die Idee einer vom Menschen als dem vermeintlich autonomen Subjekt der Geschichte gemachten Fortschrittsgeschichte obsolet wirkt in einer Trümmerlandschaft, in der ein paar verlorene Gestalten ums nackte Überlegen kämpfen. An ihre Stelle tritt im Zeichen der Katastrophe die Vorstellung einer den menschlichen Handlungsmöglichkeiten entzogenen, naturgesetzhaft sich vollziehenden Zerstörungsgeschichte. Diese fatalistische Einschätzung der Geschichte als blinder Naturgeschichte erscheint einerseits angesichts der ›totalen Zerstörung‹ als naheliegend, wird von Sebald andererseits aber – und hier bewegt sich die Argumentation nicht mehr innerhalb der Benjamin-Adornoschen Diktion – auch kritisch als eine »Verlockung«

20 Sebald: Zwischen Geschichte und Naturgeschichte, S. 99 [Hervorheb. Sebald]. – Der Bezug zur Gegenwart geschieht durch das Einziehen nicht näher charakterisierter »Vektoren« in das dokumentarische Material (ebd.). Zu Sebalds Bezugnahme auf Kluge vgl. Schütte: Interventionen, insbes. S. 493-498.

21 Sebald: Zwischen Geschichte und Naturgeschichte, S. 85.

bewertet.[22] Alexander Kluge etwa gebe dieser »Verlockung« im Dienste seiner selbst gestellten »didaktischen« Aufgabe gerade nicht nach: Seine »Lehrstücke« basierten auf einem letzten utopischen Funken »Hoffnung«, auf einem geradezu trotzigen Festhalten am Glauben an die prinzipielle Lern- und Verantwortungsfähigkeit des Menschen. Er widerstehe damit »einer rein naturhistorischen Interpretation jüngster historischer Entwicklungen«.[23] Eben diese »rein naturhistorische[]« Lesart scheint Sebald nicht wünschenswert. Anders gesagt: Naturgeschichte im Sinne eines rein historiographischen Begriffs sei gerade nicht der richtige Weg zur Beschreibung katastrophaler Geschichtsverläufe, sondern eine Versuchung, der es im Dienste des Projekts Aufklärung zu widerstehen gelte. Unter einer naturgeschichtlichen Deutung von Geschichte versteht Sebald 1982 also eine naturalisierende Lesart von Geschichte, mit der der Mensch sich einer ›Natur‹ genannten Übermacht unterwirft, sich somit billig aus der Verantwortung stiehlt und seinen Status als ein autonom handelndes, Geschichte machendes Subjekt aufgibt.[24]

In enger Verbindung mit diesem kritisierten naturgeschichtlichen Geschichtsbegriff formuliert Sebald zweitens ein evolutionsbiologisches Verständnis von Naturgeschichte, das im Text wesentlich präsenter ist. Am Beispiel etwa Hans Erich Nossacks zeigt Sebald, wie in literarischen Werken die Zerstörung durch den Bombenkrieg als eine »regressive[] Phase der Evolution« gedeutet wird.[25] Der Mensch erscheint dann als Vertreter einer biologischen Art, deren evolutionäres Potential gegenüber anderen, durch die Situation begünstigten Arten (genannt werden »Ratten und Fliegen«) als gering einschätzt wird.[26] Menschliches Verhalten wird in diesem Kontext evolutionsbiologisch ›erklärt‹: So sei etwa die »Gattung« Mensch an »stets nach vorn führende[] Fluchtwege« gewöhnt und reagiere daher mit »Verstörung« auf die weg- und ausweglose Situa-

22 Sebald: Zwischen Geschichte und Naturgeschichte, S. 100.

23 Sebald: Zwischen Geschichte und Naturgeschichte, S. 98, 99, 96, 100 u. 96.

24 Auf die sich hier abzeichnenden Differenzen zwischen dem frühen Essay, der das Interpretationsmuster eines naturgeschichtlichen Ablaufs der Historie durchaus kritisch einschätzt, und einer affirmativen Verwendung dieses Begriffs als der vermeintlich einzig angemessenen Kennzeichnung eines evidenten Geschichtsverlaufs im Luftkrieg-Essay hat hingewiesen Mosbach: Figurationen der Katastrophe, S. 100-109.

25 So nehme Nossack in seinem *Bericht eines fremden Wesens über die Menschen* »eine naturgeschichtliche Perspektive« ein und lasse die Lebensbedingungen im Zeichen der Katastrophe wie »biologische Experimente« wirken (Sebald: Zwischen Geschichte und Naturgeschichte, S. 82).

26 Vgl. Sebald: Zwischen Geschichte und Naturgeschichte, S. 85.

tion in den völlig zerstörten Städten.[27] Zwar leuchten derartige Deutungsmuster auch bei Sebald selbst auf,[28] doch beurteilt er die biologistische Lesart von Entwicklung abschließend doch kritisch. Ausdrücklich kritisiert er in diesem Sinne Stanislaw Lems Science-fictions als naturalisierte Endzeitvisionen, die eine allein »auf evolutionären Fehlentscheidungen basierende[] Anthropogenese« nachzeichneten und aufgrund dieser deterministischen Argumentation für einen wie auch immer gearteten Hoffnungsschimmer oder gar Widerstand keinen Raum ließen.[29]

Der Begriff der Naturgeschichte bezeichnet in *Zwischen Geschichte und Naturgeschichte* also erstens die dem Menschen als vermeintlich historisch Agierenden entglittene Geschichte. Naturgeschichte heißt dann: naturgesetzhaft sich vollziehende, nicht vom Menschen gemachte Geschichte. Zweitens wird der Mensch als Angehöriger einer biologischen Art im Zustand der Degeneration in den Blick genommen. Naturgeschichte meint dann Evolution. Beide Betrachtungsweisen sprechen dem Menschen den Subjektstatus ab und betrachten ihn als Spielball einer übermächtigen Natur. Die bedenklichen Implikationen einer derartigen Argumentation werden von Sebald unter Hinweis auf das positive Gegenbeispiel Kluges kritisch notiert. Von einer traditionellen Naturgeschichte im Sinne Buffons oder Linnés hingegen ist nicht die Rede. Darauf wird zurückzukommen sein.

6.1.2 *Luftkrieg und Literatur* (1997/99)

Fünfzehn Jahre nach diesem ersten Beitrag zum Thema *Geschichte und Naturgeschichte* präsentiert der mittlerweile prominente Autor im Herbst 1997 seine Thesen in veränderter und zugespitzter Form noch einmal im Rahmen einer Poetik-Dozentur an der Universität Zürich. Nun löst Sebald einige Aufregung, ja, man kann sagen: eine Welle der Empörung

27 Sebald: Zwischen Geschichte und Naturgeschichte, S. 84.

28 Vgl. auch die Bemerkung, dass das »ziellos panische[] Verhalten der Bevölkerung« nur verständlich sei »als der biologische Reflex der Verstörung« (Sebald: Zwischen Geschichte und Naturgeschichte, S. 83); vgl. ferner unter Rekurs auf Brechts These, der Mensch lerne »durch Katastrophen soviel [...] wie das Versuchskaninchen über Biologie« (ebd., S. 94), die Verabschiedung der Autonomie des Menschen; vgl. schließlich den Hinweis auf die »gesellschaftlich und naturgeschichtlich determinierte[] menschliche[] Kapazität zur Verarbeitung von Erfahrung« und auch in diesem Zusammenhang Sebalds eigene Rede von der »Spezies« Mensch (ebd., S. 94 f.).

29 Sebald: Zwischen Geschichte und Naturgeschichte, S. 100.

aus.[30] Dies gilt mehr noch für sein aus den Vorlesungen hervorgegangenes, 1999 erschienenes Buch *Luftkrieg und Literatur*, das nicht nur, aber auch wegen der scharfen Polemik gegen Alfred Andersch sofort Gegenstand kontroverser Diskussionen wird.[31]

Inhaltlich ähnlich wie in *Zwischen Geschichte und Naturgeschichte*, terminologisch nun aber noch stärker an die sozialpsychologischen Thesen der Mitscherlichs angelehnt,[32] diagnostiziert Sebald in *Luftkrieg und Literatur* in der deutschen Nachkriegsgesellschaft ein »Tabu«, ein »Familiengeheimniß«: Die Erinnerung an die durch die alliierten Bombardements ausgelösten Feuerstürme scheine nahezu ausgelöscht, plastische Augenzeugenberichte, private Memoiren, in denen das Erlebte frei von die Erinnerung letztlich nur abblockenden, wie eingefroren wirkenden stereotypen Formeln erzählt werde, gebe es kaum.[33] Vor allem aber herrsche auch in der Literatur offensichtlich eine individuelle und kollektive Amnesie, gebe es nur wenige, meist völlig missglückte Darstellungsversuche des Luftkriegs. Bei seiner gegenüber dem frühen Essay deutlich ausgeweiteten Literaturrecherche sei er, so Sebald, auf beinahe nichts als auf »Pein-

30 Vgl. zusammenfassend Volker Hage: Zeugen der Zerstörung. Die Literaten und der Luftkrieg. Essays und Gespräche. Frankfurt a. M. 2003, insbes. das Kapitel »Erzähltabu? Die Sebald-Debatte: ein Resümee«, S. 113-131; vgl. auch die knappe Skizze einiger konträrer Positionen bei Mosbach: Figurationen der Katastrophe, S. 37 f. [Fußnote], sowie ausführlich zuletzt Schütte: Interventionen, S. 476-533.

31 W. G. Sebald: Luftkrieg und Literatur. Mit einem Essay zu Alfred Andersch. München u. Wien 1999. – In *Luftkrieg und Literatur* kopiert Sebald einerseits große Teile aus *Zwischen Geschichte und Naturgeschichte* wörtlich (vgl. etwa über Kluges Halberstadt-Text Sebald: Zwischen Geschichte und Naturgeschichte, S. 92-94; Sebald: Luftkrieg und Literatur S. 67-69), nimmt zugleich aber auch signifikante Streichungen vor; so entfällt der Hinweis auf das »Diktum Brechts« im späteren Text (vgl. Sebald: Zwischen Geschichte und Naturgeschichte. S. 94; Sebald: Luftkrieg und Literatur S. 69). Andererseits enthält der *Luftkrieg*-Essay wesentlich mehr Material, präsentiert nun im typischen Sebaldschen intermedialen Verfahren auch Abbildungen und ergänzt die Argumentation um völlig neue thematische Blöcke (etwa die Perspektive der Alliierten im ersten Teil). – Die Polemik über Andersch wurde zuvor zwar schon in der Zeitschrift *Lettre* publiziert, erhielt aber in der Kombination mit Sebalds provokanten Thesen zum allgemeinen ›Versagen‹ der deutschen Nachkriegsliteratur noch einmal neuen Zündstoff.

32 Alexander und Margarete Mitscherlich werden freilich auch schon 1982 zitiert; vgl. Sebald: Zwischen Geschichte und Naturgeschichte, S. 80.

33 Sebald: Luftkrieg und Literatur, S. 17.

lichkeiten« und »linguistische[] Laubsägearbeiten« gestoßen.[34] Wieder ist es Kluge, der eine der wenigen rühmlichen Ausnahmen bildet.[35]

Erst in diesem zweiten Aufsatz zum Luftkrieg-Thema bedient sich Sebald der Formel von einer »Naturgeschichte der Zerstörung«, die in dem frühen Essay so nicht auftaucht.[36] Er übernimmt sie von Solly Zuckerman, einem in Südafrika geborenen, bekannten britischen Zoologen. Zuckerman habe im Anschluss an die Besichtigung der nach den Luftangriffen beinahe völlig zerstörten Stadt Köln mit der Zeitschrift *Horizon* einen Bericht »Über die Naturgeschichte der Zerstörung« verabredet – diesen dann freilich nie verfasst. Auch habe er sich an dessen geplanten Inhalt auf Sebalds Rückfrage angeblich gar nicht mehr erinnern können.[37]

34 Gemeint sind Peter de Mendelssohn einerseits und Arno Schmidt andererseits, vgl. Sebald: Luftkrieg und Literatur, S. 59 u. 64.

35 Ergänzt jetzt um Hubert Fichte, vgl. Sebald: Luftkrieg und Literatur, S. 65-67.

36 Vgl. hierzu Patrick Baumgärtel: Mythos und Utopie. Zum Begriff der »Naturgeschichte der Zerstörung« im Werk W. G. Sebalds. Frankfurt a. M. 2010. Das Verfahren, die literaturkritischen und essayistischen Arbeiten Sebald synoptisch zusammenzulesen, um herauszubekommen, was die Naturgeschichte der Zerstörung bei Sebald meint, ist insofern nicht unproblematisch, als es letztlich notwendig ein in sich schlüssiges, einheitliches Verständnis des Terminus unterstellt. Die unterschiedlichen Verwendungsweisen des Terminus Naturgeschichte jedenfalls werden von Baumgärtel eher verwischt als geklärt. So konstatiert er bei Sebald eine »mythologische Ausformung« von Naturgeschichte aus dem Geiste der »enttäuschten konkreten sozialpolitischen Hoffnungen nach 1968« und verweist im selben Atemzug auf die begriffsgeschichtliche Tradition des Terminus Naturgeschichte, »der bis ins 19. Jahrhundert die Gesamtheit der Wissensgebiete rund um die Entstehung und Entwicklung der Erde, des Pflanzen- und Tierreichs […] umfasste«. (ebd., S. 9) Ob diese Traditionslinie der Naturgeschichte etwas mit Sebald zu tun hat, bleibt offen. Zumindest unglücklich wirkt es auch, wenn eine Textpassage aus *Zwischen Geschichte und Naturgeschichte*, die sich tatsächlich auf das Schreibprogramm Lems bezieht, so zitiert wird, dass der Eindruck entsteht, es handle sich um eine Bestimmung von Sebalds eigener Konzeption (vgl. ebd., S. 8).

37 Vgl. Sebald: Luftkrieg und Literatur, S. 38 f. – Erschienen ist hingegen Solly Zuckerman: From Apes to Warlords. The autobiography (1904-1946). London 1978; Zuckerman teilt hier allerdings mit, dass es die Zerstörung Aachens gewesen sei, die ihn derart erschüttert habe, dass er, als er nach seiner Rückkehr in London Cyril Connolly dass Gesehene beschrieben habe, mit diesem »a piece to the titel ›A Natural History of Destruction‹« verabredet habe; diese Idee habe er angesichts eines späteren nochmaligen Deutschlandaufenthalts, bei dem er den zerbombten Kölner Dom gesehen habe, aufgegeben, da dieser »a more eloquent piece than I could ever have written« erfordert hätte (ebd., S. 322). Sebald verweist auf diese Textstelle, referiert sie aber unsauber, indem er die beiden Eindrücke zu einem amalgamiert; vgl. Sebald: Luftkrieg und Literatur, S. 38, Endnote S. 150.

Der Name Zuckermans markiert damit zunächst einmal die Leerstelle des unrealisiert gebliebenen, noch zu entwerfenden Projektes einer Naturgeschichte der Zerstörung. Zuckerman ist darüber hinaus für Sebald in mindestens dreierlei Hinsicht einschlägig: erstens aufgrund einer der von Sebald so geliebten autobiographischen Koinzidenzen; arbeitete Zuckerman doch für fünf Jahre als Zoologie-Professor an ›Sebalds‹ Universität in Norwich. Wichtiger ist zweitens das Interesse an den sozialpsychologischen Folgen des Luftkriegs, die zu erforschen nämlich ein Auftrag des im Zweiten Weltkrieg als britischer Regierungsberater arbeitenden Zuckerman war. Drittens musste Sebald neugierig darauf sein, wie der Fachmann für natural history, der auf die Erforschung des Verhaltens von Affen und Primaten spezialisierte Biologe, wohl Geschichte erzählen, wie er die Auswirkungen des Flächenbombardements beschreiben würde.[38] Wie könnte sie aussehen, die Naturgeschichte eines Zoologen über ein historisches Ereignis?

An die von Zuckerman angedachte Naturgeschichte der Zerstörung tastet Sebald sich in einem ersten Schritt in Frageform heran: »Womit hätte eine Naturgeschichte der Zerstörung einsetzen müssen? Mit einer Übersicht über die technischen, organisatorischen und politischen Voraussetzungen für die Durchführung von Großangriffen aus der Luft, mit einer wissenschaftlichen Beschreibung des bis dahin unbekannten Phänomens der Feuerstürme, mit einem pathographischen Register der charakteristischen Todesarten oder mit verhaltenspsychologischen Studien über den Flucht- und Heimkehrinstinkt?«[39]

Dass diese Mischung aus militärischen, physikalischen, medizinischen und sozialpsychologischen Sachinformationen, die in (pseudo-?)wissenschaftlicher Form (»Übersicht«, »Beschreibung«, »Register«, »Studien«) das Unfassbare zu fixieren versuchen, in Sebalds Augen tatsächlich eine geeignete Eröffnung für seine Naturgeschichte der Zerstörung bildet, scheint eher unwahrscheinlich.[40] Derartige, das Grauen verobjektivie-

38 Bereits 1941 verfasste Zuckerman gemeinsam mit Martin Bernal einen Bericht über die Folgen der deutschen Luftangriffe auf Ziele in England mit dem Titel *The Field Study of Air Raid Casualities*; dazu und zu Leben und Werk Zuckermans vgl. John Peyton: Solly Zuckerman. A Scientist out of the Ordinary. London 2001, hier insbes. S. 33-37. Zuckerman nahm zeit seines Lebens streitbar am öffentlichen Leben teil und hat noch in den achtziger Jahren durch kritische Beiträge zur Atomkraft auf sich aufmerksam gemacht; vgl. Solly Zuckerman: Nuclear Illusion and Reality. New York 1982.

39 Sebald: Luftkrieg und Literatur, S. 40.

40 Eine explizite Positionierung Sebalds zu diesem Katalog fehlt. Mosbach (Figurationen der Katastrophe, S. 95) geht davon aus, dass es sich um die Eckpunkte der

rende Statistiken und Abhandlungen, wie sie Zuckerman möglicherweise in seinem Bericht durchaus einleitend präsentiert hätte, werden von Sebald im weiteren Textverlauf jedenfalls nicht dargeboten. Er privilegiert im Gegenteil ein ganz anderes Verfahren, das wiederum offensichtlich an das dokumentarische Schreibprogramm Kluges angelehnt ist und ausdrücklich als »zweifellos« zu einer Naturgeschichte der Zerstörung gehörig bewertet wird.[41]

Es handelt sich um ein geradezu emblematisch verdichtetes Sichtbarmachen des Allgemeinen im Besonderen, das die Katastrophengeschichte in einem einzigen Moment sinnbildhaft stillstellt und verdichtet: Die katastrophalen Ereignisse und die Folgen, die sie zeitigen, sollen also nicht als Chronologie erzählt, sondern »in sehr konkreter Form« in intensiven Bildern des Schreckens individualisiert anschaulich gemacht werden.[42] Beispielhaft für dieses Programm einer quasi aus der Zeit genommenen, authentischen Plastizität im Konkreten erscheint eine Serie von Bildern der abgewetzten Schuhe der Deutschen, wie sie der englische Reporter Victor Gollancz seinen Berichten beifügte.[43] Das im *Luftkrieg*-Essay in der zitierten Eingangsfrage des zweiten Kapitels imaginierte Sammeln möglichst vieler Fakten und ihre Beleuchtung aus unterschiedlicher theoretischer Perspektive wird also zugunsten einer Poetik der »Nebensächlichkeiten« verabschiedet: In den kaputten Schuhen, nicht in Listen der Todesarten, scheint das Leid bewegend auf.[44]

Naturgeschichte der Zerstörung handelt; demgegenüber vertritt Öhlschläger (Der Saturnring, S. 197 f.) die einleuchtendere These, dass dieser Einstieg der ironischen Abgrenzung dient und die Skizzierung eines anderen, auf Evidenzerzeugung ausgerichteten Schreibprogramms der konkreten Sinnbilder des Leids vorbereitet.

41 Vgl. Sebald: Luftkrieg und Literatur, S. 46.

42 Sebald: Luftkrieg und Literatur, S. 46; offensichtlich spricht Sebald hier genau das Schreibprogramm, das er im frühen Aufsatz als dasjenige Kluges beschrieben hatte, nun Victor Gollancz zu, nämlich »den großen Zug der fatalen Tendenz bisheriger Geschichte *im Detail* kenntlich« zu machen (Sebald, Zwischen Geschichte und Naturgeschichte, S. 99) [Hervorheb. im Original].

43 Sebald: Luftkrieg und Literatur, S. 46.

44 Vgl. in diesem Sinne Öhlschläger: Der Saturnring, S. 197 f. Vgl. auch die Einschätzung von Baumgärtel: Mythos und Utopie, S. 153 f. – Künstlerische Darstellungsverfahren für Zerstörungsgeschichte reflektiert Christa-Maria Lerm Hyes: Post-War Germany and ›Objective Chance‹: W. G. Sebald, Joseph Beuys and Tacita Dean / Nachkriegsdeutschland und ›Objektiver Zufall‹: W. G. Sebald, Joseph Beuys und Tacita Dean. Göttingen 2008. Tacita Dean hat zudem einen Erinnerungs-Text verfasst, in dem sie ganz in Sebaldscher Manier persönliche Erinnerungen an ihren Vater und Reise-Eindrücke mit Textrecherchen verbindet.

Dies bedeutet auch, dass man jedenfalls nicht ausgehend von dem einleitenden Fragenkatalog, der vielmehr abgrenzend gemeint ist, die avisierte Naturgeschichte der Zerstörung als eine charakterisieren kann, der ein »museales Repräsentationsmodell« zugrunde liege und die die Darstellungstechniken der traditionellen Naturgeschichte des 18. Jahrhunderts imitiere.[45] Dies gilt umso mehr, als Sebald in seinem *Luftkrieg*-Essay (wie auch zuvor schon in *Zwischen Geschichte und Naturgeschichte*) keinen expliziten Bezug herstellt zur Klassifikation Linnés oder zur Naturbeschreibung Buffons.[46] Ungeachtet dessen leuchtet aber ein, dass Sebald mit dem dokumentarischen Schreibprogramm Kluges grundsätzlich ein Verfahren unterstützt, das sich offensichtlich gegen ein lineares oder gar teleologisches Erzählen von Historie richtet.[47] Gegen eine derartige Chrono-Logik einer einsträngigen, in sich schlüssigen Geschichtsnarration wird mit Kluge vielmehr eine Konzeption aufgerufen, die Dokumentarisches und Fingiertes montageartig nebeneinander ausbreitet und damit weniger erzählt, als vielmehr ausstellt – ein Verfahren, das man durchaus in die Linie der klassischen Naturgeschichte stellen kann, die einen erklärenden Nachvollzug aktueller Naturerscheinungen im Ver-

Tacita Dean schickt ein Ich, das dem Sebaldschen Erzähler ähnelt, auf Spurensuche, lässt es Verbindungen des Vaters zum Luftkrieg und zur Geschichte Roger Casements aus *Die Ringe des Saturn* aufspüren. Begleitet wird der Text wie bei Sebald von Fotos, Postkarten, Zeichnungen; vgl. Tacita Dean: W. G. Sebald. Göttingen 2003.

45 Einen derartigen Bezug stellt her Mosbach: Figurationen der Katastrophe, S. 95. Diese Interpretation beruht jedoch erstens auf der keineswegs unumstrittenen und hier nicht verfolgten Lesart, dass Sebald die einleitend in Frageform skizzierten Verfahren der »Übersicht«, »Beschreibung«, »Register« und »Studien« tatsächlich als angemessene Eröffnung einer Naturgeschichte der Zerstörung ansieht. Davon einmal abgesehen, dass dies hier als ein Missverständnis angesehen wird, scheinen die genannten Verfahren aber zweitens mit den Darstellungstechniken Buffons auch wenig zu tun zu haben, denn inhaltlich und stilistisch stehen die ausgefeilten, »romanhaften« Tierbeschreibungen des Franzosen in offensichtlichem Kontrast zu der von Sebald entworfenen, aus verschiedenen Fachwissenschaften sich speisenden Dokumentation.

46 Diese Auffassung hat jedoch vertreten Nicolas Pethes: Naturgeschichte der Zerstörung. Evolution als Narrativ für die ›Stunde Null‹ bei W. G. Sebald und Christoph Ransmayr. In: Finis. Paradoxien des Endens. Hg. v. Peter Brandes u. Burkhardt Lindner. Würzburg 2009, S. 169-187, S. 176. – Die traditionelle historia naturalis spielt allerdings, wie zu zeigen sein wird, in anderen, zumal literarischen Arbeiten Sebalds durchaus eine Rolle.

47 Und insofern soll die Anregung von Mosbach (Figurationen der Katastrophe, S. 95) doch aufgenommen werden.

hältnis zu zeitlich vorangehenden zwar in den Beiträgen zur Erdgeschichte, nicht aber im Hauptteil, in der Betrachtung biologischer Arten, betreibt.

Inhaltlich werden in *Luftkrieg und Literatur* die durch den ersten Essay vorgegebenen Bedeutungsnuancen des Begriffs Naturgeschichte sowohl aufgenommen als auch verändert. Ähnlich wie schon in *Zwischen Geschichte und Naturgeschichte* verweist Sebald auch im zweiten Essay zum Luftkrieg-Thema auf Darstellungen der sich angesichts der totalen Zerstörung geradezu zynisch einer ungebremsten Produktivität erfreuenden Natur.[48] Allerdings ist die Rede vom Menschen als einer im Rückwärtsgang befindlichen Spezies gegenüber dem frühen Essay auffällig zurückgenommen.[49] So taucht der Begriff der Evolution nur noch einmal ausdrücklich und dann eher metaphorisch auf, indem er keinen natürlichen Prozess, sondern die Genese des Dritten Reichs bezeichnet.[50] Auch die zuvor gegebene evolutionsbiologische Deutung der verstörten Fluchtbewegungen der Heimatlosen wird nun mit dem auf den Menschen gemünzten verhaltensbiologischen Begriff als »behavioristisch« bezeichnet.[51] Die erzwungene Rückkehr der Menschen zu primitiven Lebensformen gilt nicht mehr naturgeschichtlich als Teil einer »regressiven Phase der Evolution«, sondern wird kulturgeschichtlich bestimmt als ein Zurückgeworfensein auf die »Entwicklungsstufe unbehauster Sammler«.[52] Geschichte und Evolution werden also nicht mehr so eng miteinander verzahnt, wie dies in der frühen Fassung der Fall war – auch

48 Sebald: Luftkrieg und Literatur, S. 41-47.

49 Insofern fügt sich die Argumentation von Nicolas Pethes, der eine »Konstellation aus Geschichte und Biologie« im »Narrativ« der Naturgeschichte der Zerstörung konstatiert, eigentlich besser zum frühen Essay; vgl. Pethes: Naturgeschichte der Zerstörung, S. 175. Pethes vertritt die Auffassung, dass Sebald nach der historischen Katastrophe eine destruktive Natur am Werk sehe, die »zum letzten Agenten der von der menschlichen Zivilisation begonnen Zerstörung ihrer selbst« (ebd.) werde. Tatsächlich nimmt Sebald das Phänomen einer quasi monströsen, da moralisch völlig indifferenten und enorme Überschüsse produzierenden Natur in den Blick, deren »Regenerationsfähigkeit [...] durch die Feuerstürme anscheinend nicht beeinträchtigt worden« ist und die sich in Ekel erregender »Trümmerfauna« (d. h. Ratten, Fliegen etc.) unkontrolliert vermehrt, fast als gälte es, die Vernichtung des Menschen biologisch abzuschließen (Sebald: Luftkrieg und Literatur, S. 46 u. S. 42).

50 Sebald: Luftkrieg und Literatur, S. 49.

51 Sebald: Zwischen Geschichte und Naturgeschichte, S. 83 f.; Sebald: Luftkrieg und Literatur S. 41.

52 Sebald: Zwischen Geschichte und Naturgeschichte, S. 85; Sebald: Luftkrieg und Literatur, S. 43.

als Sammler ist der Mensch schon ein Kulturwesen, nicht nur dumpfe Natur.

Dies bedeutet nun aber gerade nicht, dass die aufklärerischen, optimistischen Impulse gestärkt würden. Zwar betrachtet Sebald den Menschen weniger als biologische Art im Evolutionsprozess, gleichzeitig aber betont er eine pessimistische Beurteilung des Geschichtsverlaufs im Sinne einer den menschlichen Handlungsspielräumen entzogenen zerstörerischen Naturgeschichte. Dies geschieht im Zuge einer Umwertung des Begriffs der Naturgeschichte, dessen im ersten Aufsatz lediglich angespielte geschichtsphilosophische Bedeutung nun vereindeutigt wird. Die 1982 als düstere Vision angelegte Formulierung, »daß die kollektive Katastrophe den Punkt markiert, auf dem Geschichte in Naturgeschichte zurückzufallen droht«, wird 1999 zu der Feststellung, dass die Katastrophe in einer Art »Experiment« tatsächlich den Punkt vorwegnehme, »an dem wir, aus unserer, wie wir so lange meinten, autonomen Geschichte zurücksinken in die Geschichte der Natur«.[53] Naturgeschichte bzw. »Geschichte der Natur« erscheint also nicht länger als eine drohende Gefahr, sondern als ein Faktum. Die Idee einer autonomen Geschichte erweist sich mit anderen Worten als eine Ideologie, die durch die Katastrophe entzaubert wird: Geschichte ist nichts anderes als Naturgeschichte.

Im Übrigen wird, und das ist die entscheidende Neuerung gegenüber dem ersten Essay, das naturgeschichtliche Deutungsmuster jetzt ausdrücklich affirmiert: Kluge, dessen Widerstehen gegenüber einer »rein naturhistorischen Interpretation« von Geschichte 1982 Sebald noch gelobt hatte, wird nun doch zum Naturhistoriker erklärt – und zwar im positiven Sinne. Grundlage dieser Wandlung ist die in Anlehnung an die Frankfurter Schule vorgenommene theoretische Aufladung des Begriffs der Naturgeschichte. Kluges Blick auf die »Trümmerwelt« setzt Sebald im *Luftkrieg*-Essay nämlich ausdrücklich dem Blick von Benjamins Engel der Geschichte gleich, der ohnmächtig auf die Ruinen blickt, die von der Zerstörungsgeschichte künden.[54] In dieser Parallelschaltung Kluges mit dem Geschichtsengel Benjamins stellt Naturgeschichte in fundamentaler

53 Sebald: Luftkrieg und Literatur, S. 72 f. Zwar präsentiert Sebald dies in Form einer Frage, diese ist aber eindeutig rhetorischer Art.

54 Sebald: Luftkrieg und Literatur, S. 73; dies konstatiert auch Ingo Wintermeyer: »… kaum eine Schmerzensspur hinterlassen …«? Luftkrieg, Literatur und der »cordon sanitaire«. In: Verschiebebahnhöfe, S. 137-161, hier S. 159 f. Der Name Benjamins, der in *Luftkrieg und Literatur* einem Paukenschlag gleich an den Schlusspunkt der Argumentation gesetzt wird, tauchte im frühen Essay nur einmal relativ versteckt auf; vgl. Sebald: Zwischen Geschichte und Naturgeschichte, S. 85.

Umkehrung zu *Zwischen Geschichte und Naturgeschichte* nicht länger eine Versuchung dar, der der aufgeklärte Erzähler widerstehen, sondern die er im Gegenteil als Perspektive einnehmen muss.[55]

So lernt man am Ende der *Luftkrieg*-Lektüre mindestens zweierlei: Erstens versteht Sebald Geschichte nun im Benjamin/Adornoschen Sinne als Naturgeschichte. Der Terminus zielt 1999 also als ein geschichtsphilosophischer im Kern nicht auf Evolution (wie noch 1982) und auch nicht auf Naturbeschreibung (wie in *Die Ringe des Saturn*, dazu unten), sondern auf den Mechanismus, nach dem Geschichte sich vollzieht und dialektisch gegen die vermeintlichen ›Macher‹ zurückschlägt. Zweitens formuliert Sebald in poetologischer Hinsicht die Überzeugung, dass diese Zerstörungsgeschichte zu notieren die Aufgabe des Erzählers sei, der, dem Engel der Geschichte gleich, als ohnmächtiger Zeuge die Ruinen zusammenzulesen habe. Das poetische Programm einer Naturgeschichte der Zerstörung privilegiert dabei ein diskontinuierliches, dokumentarisches Erzählen, das emblematisch verdichtete Schicksalsbilder in einem Nebeneinander zeigt.

6.1.3 Metaphysik oder Dialektik? Die Forschungsdiskussion

Sowohl Sebalds Rekurs auf den geschichtsphilosophischen Begriff von Naturgeschichte als auch seine Skizze einer ›naturgeschichtlichen‹ Erzählhaltung sind in der Forschung intensiv und kontrovers diskutiert worden. Zwei Grundsatzpositionen lassen sich unterscheiden.

Einerseits ist das Konzept einer ›Naturgeschichte der Zerstörung‹ im Lichte der Geschichtsphilosophie Benjamins und Adornos und unter Bezugnahme auf verschiedene literarische und literaturkritische Schriften Sebalds untersucht worden. Dabei hat man Sebald vorgeworfen, dass er vor allem, aber nicht nur in seinem *Luftkrieg*-Essay in eine »Metaphysik der Geschichte« verfalle, indem er den Geschichtsprozess naturalisiere. Der bei Sebald durchscheinende Fatalismus stehe ferner im Widerspruch zur »messianische[n] Restutopie«, die gerade für Benjamins Geschichtsthesen

55 Dass Benjamin die Auffassung vertreten habe, der »wahre Erzähler« sei »nicht der Geschichte, sondern der Naturgeschichte tributpflichtig«, behauptet Sebald ausdrücklich in W.G. Sebald: Ein Kaddisch für Österreich – Über Joseph Roth. In: ders.: Unheimliche Heimat. Essays zur österreichischen Literatur. 2. Aufl. Frankfurt a.M. 2003, S. 104-117, hier S. 115. – Im *Luftkrieg*-Essay wird dies zwar nicht expliziert, da der Begriff der Naturgeschichte mit dem Geschichtsengel nicht ausdrücklich verbunden wird, implizit wird dies aber gleichwohl deutlich.

jedoch zentral sei.[56] Werkgeschichtlich lasse sich für Sebald eine Wandlung »vom kritischen Aufklärer zum pessimistischen Kulturkritiker« feststellen: Der Autor verschreibe sich schließlich selbst dem zuvor noch an Alfred Döblin ausdrücklich kritisierten »Mythos der Apokalypse«.[57] Zu dieser Beobachtung einer tendenziell mythisierenden Geschichtsdarstellung Sebalds fügt sich der Hinweis, dass der Autor bei seinen theoretischen Reflexionen über traumatische Geschichtserfahrung und in seinen literarischen Arbeiten, die dieses Thema gestalten, zwar konsequent den Spuren der Frankfurter Schule folge, neuere theoretische Ansätze, insbesondere aus der Traumaforschung der 90er Jahre, aber nicht aufnehme. Möglicherweise deshalb werde Sebald unwillkürlich zu einem Schriftsteller des »secondary trauma«, der eher eine »reinscription«, nicht aber eine Analyse des Traumas liefere.[58]

56 Fuchs: Die Schmerzensspuren der Geschichte, S. 160; vgl. hier insbes. auch die Fußnoten 138 und 139; Fuchs vertritt zudem die Auffassung, dass das Umkippen von Geschichte in eine »Metaphysik der Naturgeschichte« auch in den literarischen Werken Sebalds, insbesondere in *Die Ringe des Saturn* zu bemerken sei; vgl. ebd., S. 167. Mit ihren Thesen grenzt sich die Verfasserin ausdrücklich ab von Christian Schulte: Die Naturgeschichte der Zerstörung. W. G. Sebalds Thesen zu Luftkrieg und Literatur. In: W. G. Sebald. Hg. v. Heinz Ludwig Arnold. München 2003 (= text + kritik 158), S. 82-94, und von Simon Ward: Ruins and Poetics in the Works of W. G. Sebald. In: A Critical Companion, S. 58-71; vgl. Fuchs: Die Schmerzensspuren der Geschichte, S. 160. – Die Formel einer »Metaphysik der Geschichte« nutzt auch der Erzähler in *Austerlitz* zur Charakterisierung seiner Erzählweise, vgl. W. G. Sebald: Austerlitz. Frankfurt a. M. 2003, S. 23.

57 Baumgärtel: Mythos und Utopie, S. 10 u. 8.

58 Andreas Huyssen: On Rewritings and New Beginnings. W. G. Sebald and the Literatur about Luftkrieg. In: Zeitschrift für Literaturwissenschaft und Linguistik 124 (2001), S. 72-90, hier S. 82 u. 89. Huyssen konstatiert, Sebald verfalle im Luftkrieg-Essay genau der Verlockung, die er im ersten Aufsatz noch bezogen auf Kluge als Gefahr dargestellt habe (ebd., S. 89). Dem ist mit dem einschränkenden Hinweis darauf zuzustimmen, dass der Terminus Naturgeschichte in den beiden Aufsätzen unterschiedlich verwandt wird. Vgl. auch Andreas Huyssen: Present Pasts. Urban Palimpsests and the Politics of Memory. Stanford 2003; kritisch positioniert sich zu Huyssens Sebald-Kritik Adrian Daub: ›Donner à Voir‹: The Logics of the Caption in W. G. Sebald's *Rings of Saturn* and Alexander Kluge's *Devil's Blind Spot*. In: Searching for Sebald, S. 306-329. Daub vertritt die Auffassung, Sebald generiere »a new mode of remembrance«: »Far from reveling in a false immediacy of catastrophe, Sebald refracts the catastrophe not by dialectizing it, but by withdrawing from it completely.« (ebd., S. 326). – Zu Sebalds Sichtung der Abwehrstrategien und der Möglichkeit eines Zeugnisses von traumatischer Erfahrung vgl. Csongor Lörincz: Die Latenz der Naturgeschichte. Sprache und Zeugenschaft in W. G. Sebalds *Luftkrieg und Literatur*. In: Signaturen des Geschehens. Ereignisse zwischen Öffentlichkeit und Latenz. Hg. v. Zoltán Kulcsár-Szabó u. Csongor Lörincz. Bielefeld 2014, S. 429-462.

Gegen diese kritischen Stimmen zu Sebalds Geschichtsdarstellung ist insbesondere mit dem Hinweis auf die sprachliche Gestaltung der Prosa Sebalds Einspruch erhoben worden. Unter Bezugnahme auf Sebalds Handbibliothek im Deutschen Literaturarchiv Marbach wurde gezeigt, dass Sebald, wie durch seine Anstreichungen in den Werken Benjamins und Adorno/Horkheimers unmittelbar deutlich wird, ein genauer Kenner dieser Texte war.[59] Auf der Grundlage dieser unbestrittenen Tatsache ist die These formuliert worden, dass Sebald die »Erzählstruktur« seiner literarischen Text so konzipiere, dass sie, wie von Adorno gefordert, »die übliche Antithesis von Natur und Geschichte« aufhöben.[60] Zudem sei Benjamins Perspektive auf Geschichte als Zerstörungsgeschichte nicht nur theoretisch für den *Luftkrieg*-Essay einschlägig, sondern werde auch in den literarischen Texten als »Erzählprogramm« umgesetzt: Sebalds Prosa müsse mithin verstanden werden als »eine ästhetische Antwort auf einen philosophischen Begriff«.[61] Dies gelte besonders für die Sprache: Die berühmten endlosen Sebaldschen Sätze müssten als eine Technik des »Einschachtelns« verstanden werden, die kleinste und entlegenste Dinge sammelnd, bewahrend einfange. Damit und durch das montageartige Erzählen realisierten die Texte auf der sprachlich-formalen Ebene genau die Haltung zur Geschichte, die Benjamin fordere.[62]

Ist Sebald also doch ein Musterschüler der Frankfurter Schule und Benjamins?[63] Oder bestehen zwischen beiden neben den offensichtli-

59 Ben Hutchinson: W.G. Sebald – Die dialektische Imagination. Berlin u. New York 2009. Den Bestand der Bibliothek hat bibliographisch erfasst Jo Catling: A Catalogue of W.G. Sebald's Library. In: Saturn's Moons, S. 377-441. Schütte (Interventionen, S. 510) weist darauf hin, dass Sebalds Kenntnis des Adornoschen Naturgeschichte-Textes (anders als eine Vertrautheit mit den Texten Benjamins) nicht belegt sei.

60 Hutchinson: W.G. Sebald, S. 40. Insbesondere im Kontext von Adornos Idee der Naturgeschichte situieren Sebald ebenfalls Anja K. Maier: »Der panische Halsknick«. Organisches und Anorganisches in W.G. Sebalds Prosa. In: Politische Archäologie, S. 111-126, hier S. 119, sowie Johannsen: Kisten, Krypten, Labyrinthe, S. 57.

61 Hutchinson: W.G. Sebald, S. 30.

62 Hutchinson: W.G. Sebald, S. 36-56.

63 Dies legt neben Hutchinson ebenfalls nahe Eric L. Santner: On Creaturely Life. Rilke, Benjamin, Sebald. Chicago u. London 2006, vgl. z.B. S. 106ff. u. S. 114; vgl. in diesem Zusammenhang auch die These, dass *Die Ringe des Saturn* ohne das Vorbild der Benjaminschen allegorischen Ruinen »konzeptuell kaum denkbar wäre« (Schönthaler: Negative Poetik, S. 116); kritisch zu Santner positioniert sich J.J. Long: W.G. Sebald: The Ambulatory Narrative and the Poetics of Digression. In: Schreiben ex patria, S. 61-71, hier S. 67. Vgl. in diesem Sinne auch

chen Ähnlichkeiten auch wesentliche Differenzen?[64] Bleibt Sebald nicht nur im *Luftkrieg*-Essay, sondern auch in seinen literarischen Texten und hier gerade mit seiner Lust an geheimen Korrespondenzen in einer ästhetisierenden Mythisierung gefangen und fällt damit hinter die Konzeption einer allegorischen Geschichtsschreibung bei Benjamin zurück?[65] Verleiht er mit seinem Erzähler weniger einem Benjaminschen Allegoriker als vielmehr einem Nostalgiker die Stimme?[66] Ist der Flaneur bei Sebald gegenüber seinem Vorgänger bei Benjamin entpolitisiert?[67]

Diese Diskussionslinien sollen hier für den Moment nur angedeutet und mit dem Zwischenresümee versehen werden, dass die Relevanz des geschichtsphilosophischen Konzeptes von Naturgeschichte im Sinne Benjamins und Adornos für Sebald in der Forschung bei allen Differen-

Richard T. Gray: Writing at the Roche Limit: Order and Entropy in W. G. Sebald's *Die Ringe des Saturn.* In: The German Quarterly 83 (2010), H. 1, S. 38-57, hier S. 47.

64 Vgl. Max Pensky: Three Kinds of Ruin: Heidegger, Benjamin, and Sebald. In: Poligrafi (2011), S. 65-89. – Sebald ist auch als »less open to the generative possibilities of decay and change than Benjamin, less able to imagine a new materialism« eingeschätzt worden von Gay Hawkins: History in Things – Sebald and Benjamin on Transience and Detritus. In: Schreiben ex patria, S. 161-175, das Zitat S. 161. Eine andere Differenz und zwar hinsichtlich des Zeitkonzeptes ist kürzlich betont worden: Sebald greife im Unterschied zu Benjamin auf den Begriff der Entropie zurück, Schmucker: Grenzübertretungen, S. 301-305, vgl. hier auch in Auseinandersetzung mit den Positionen von Julia Hell (The angel's enigmatic eyes, or the gothiv beauty of catastrophic history in W. G. Sebalds *Air War and Literature.* In: Criticism 46 [2004], S. 361-392) Schmucker: Grenzübertretungen, S. 242-244.

65 Diese Auffassung vertritt in einem luziden Aufsatz Anja Lemke: Figurationen der Melancholie. Spuren Walter Benjamins in W. G. Sebalds *Die Ringe des Saturn.* In: Zeitschrift für deutsche Philologie 127 (2008), S. 239-267, insbes. S. 265-267.

66 Johannsen: Kisten, Krypten, Labyrinthe, S. 96.

67 Vgl. die ebenso kenntnisreiche wie genaue und ausführliche vergleichende Analyse von Irving Wohlfahrt: Anachronie. Interferenzen zwischen Walter Benjamin und W. G. Sebald. In: IASL 22 (2008), H. 2, S. 184-242. Wohlfahrt artikuliert nicht nur gegen den Versuch Santners, Benjamin geradezu als Sebalds »Schutzheiligen« auszumachen und seine Schreibweise als Benjaminsche Poetik zu charakterisieren, einleuchtende Vorbehalte (vgl. ebd., S. 186), er vermerkt auch bissig, wie bei Sebald etwa in *Austerlitz* »die Umrisse mehrerer Großtheorien« sich zu einer »verkürzte[n] Urgeschichte der Moderne« verbinden (ebd., S. 214). Vgl. zu Benjamin und Sebald jetzt ausführlich Schmucker: Grenzübertretungen, S. 240-354.

zen im Detail doch weitgehend unbestritten ist.[68] Dies leuchtet nicht nur deshalb unmittelbar ein, weil Sebald selbst in seinen literaturkritischen Schriften ausdrücklich darauf rekurriert, sondern auch, weil er in seinen literarischen Werken einen Erzähler durch die Geschichte streifen lässt, der zumindest auf den ersten Blick eindeutig in der Attitüde des melancholischen Benjaminschen Flaneurs damit beschäftigt ist, Ruinen und Reste der Historie aufzulesen. Ob er diese Rolle tatsächlich einnimmt bzw. wenn ja, ob er ihr gerecht wird oder nicht, ist eine andere Frage, die im weiteren Verlauf der Darstellung wieder aufgenommen wird.

6.2 Naturgeschichte in *Die Ringe des Saturn*

Die Benjaminsche Perspektive auf Geschichte als Trümmergeschichte ist insbesondere für die Erzählhaltung in *Die Ringe des Saturn* (1995) maßgeblich.[69] Auch die in diesem Werk besonders ausgiebig praktizierte Zitierlust gemahnt, darauf wurde hingewiesen, an Benjamins allegorisches Zitatverfahren, das das Zitat als »Bruchstück« und »nichtintegrierbares Fremdes« präsentiert.[70] Dass sich der Erzähler in der ›englischen Wall-

68 Eine andere Auffassung vertritt Ignasi Ribó, der zu zeigen versucht, dass sich Sebald entgegen dem expliziten Rekurs gar nicht so sehr auf Benjamin, sondern tatsächlich eher auf eine kosmologisch-ontologische Tradition beziehe; vgl. Ignasi Ribó: The One-Winged Angel. History and Memory in the Literary Discourse of W. G. Sebald. In: Orbis Litterarum 64 (2009), H. 3, S. 222-262, hier S. 225.

69 W. G. Sebald: Die Ringe des Saturn. Eine englische Wallfahrt. 5. Aufl. Frankfurt a. M. 2002. Zitatnachweise im Folgenden mit dem Kürzel »RS« und der Angabe der Seitenzahl im Fließtext. – Auf die Benjaminsche Perspektive haben früh hingewiesen Öhlschläger: Der Saturnring, S. 203, und Fuchs: Die Schmerzensspuren, S. 167; vgl. auch Russell J. A. Kilbourn: »Catastrophe with Spectator«. Subjectivity, Intertextuality and the Representation of History in *Die Ringe des Saturn*. In: W. G. Sebald and the Writing of History. Hg. v. Anne Fuchs u. J. J. Long. Würzburg 2007, S. 139-162; vgl. ferner Lemke: Figurationen der Melancholie und Santner: On Creaturely Life; vgl. auch Tanja van Hoorn: Der ›Engel der Geschichte‹ erzählt W. G. Sebalds *Die Ringe des Saturn*. In: Weltliche Wallfahrten. Auf der Spur des Realen. Hg. v. Stefan Börnchen u. Georg Mein. München 2010, S. 221-234. – Die Naturgeschichte der Zerstörung spielt auch in anderen literarischen Werken Sebalds eine Rolle, etwa in *Nach der Natur* (vgl. dazu Baumgärtel: Mythos und Utopie), aber auch in *Austerlitz*.

70 Lemke: Figurationen der Melancholie, S. 253. Lemke kommt zu dem Ergebnis, dass Sebald in *Die Ringe des Saturn* der allegorischen Zitattechnik Benjamins zwar in gewisser Weise folge, diese aber in problematischer und dem Benjaminschen Anliegen letztlich entgegenstehender Weise mythisierend einsetze; vgl. ebd., S. 253 u. S. 266 f.

fahrt‹ dieses Verfahrens gleichwohl gerade nicht bedient, wird nachfolgend an einigen Exempeln gezeigt. Zugleich soll dabei deutlich werden, dass Naturgeschichte in *Die Ringe des Saturn* in einem noch viel weiteren Sinne als bereits konstatiert eine konzeptionelle Bedeutung hat.[71]

Erstens nämlich ist Naturgeschichte in der Form einer Verbindung von Natur- und Kulturgeschichte für das Anliegen des Erzählers grundlegend.[72] Sein historiographisch-literarisierendes Interesse muss als eine weiterentwickelnde Aufnahme des Herderschen Ansatzes verstanden werden, wie sie sich auch in Sebalds unvollendet gebliebenen Entwürfen zu einem Porträt der Insel Korsika findet. Hier charakterisiert der Autor sein Vorhaben einschlägig als eine »Natur- & Menschenkunde«.[73] Er stellt es damit schon terminologisch in die Tradition von Herders *Ideen*, die bekanntlich von der Natur- zur Menschengeschichte fortschreitet. Sebald nimmt den umfassenden Herderschen Blick auf Geschichte auf und schreibt ihn zugleich durch gezielte Eingriffe und Fiktionalisierungen zu einem poetischen Werk fort, zu »geschichtsschreibende[r] Kunst«.[74] Diese Haltung einer die Naturgeschichte integrierenden ›geschichtsschreibenden Kunst‹ bestimmt auch *Die Ringe des Saturn*. So lässt Sebald seinen Erzähler Natur beschreiben, Kultur aufzeichnen, baut historische natur- und kulturgeschichtliche Entwürfe zitierend ein, schickt ihn in Archive und Bibliotheken, lässt ihn fingierte und doku-

71 Die Bedeutung der naturgeschichtlichen Exkurse ist in der Forschung schon gelegentlich betont worden. So hat Mosbach darauf hingewiesen, dass die ›Naturgeschichte des Herings‹ im dritten Kapitel zwei Funktionen habe: Sie fungiere zum einen als ein »verkleinertes ›Binnenmodell‹ der enzyklopädischen Faktur des Textes« und zum anderen als »›emblematische‹ Miniatur der Zerstörungsgeschichte« (Mosbach: Figurationen der Katastrophe, S. 204).

72 Eine »Verschleifung von Natur- und Kulturgeschichte« bei Sebald betont auch Bernhard Malkmus: Das Naturtheater des W. G. Sebald: Die ökologischen Aporien eines *poeta doctus*. In: Gegenwartsliteratur 10 (2011), S. 210-233, hier S. 226. Malkmus bemängelt, Sebald gelinge es nicht, »seinen kulturfixierten Begriff der ›Naturgeschichte‹ […] zu öffnen […] auf einen modernen Begriff der Umweltgeschichte, wie ihn etwa David Blackbourne und Joachim Radkau vorschlagen.« (ebd., S. 228) Ob Sebalds Modernekritik durch eine derartige Öffnung allerdings tatsächlich schlagkräftiger würde, sei dahingestellt.

73 Vgl. W. G. Sebald: Aufzeichnungen aus Korsika. Zur Natur- & Menschenkunde. Aus dem Nachlass hg. v. Ulrich von Bülow. In: Wandernde Schatten. W. G. Sebalds Unterwelt. Hg. v. Ulrich von Bülow, Heike Gfrereis u. Ellen Strittmatter. Marbach 2008 (= Marbacher Kataloge 62), S. 129-209; vgl. dazu auch Ulrich von Bülow: Sebalds Korsika-Projekt. In: Wandernde Schatten, S. 211-224.

74 Wohlfahrt: Anachronie, S. 217.

mentarische Elemente ineinander montieren, so dass »die Grenzen zwischen Literatur und Historiographie« systematisch in einer natur-kulturgeschichtlichen Gesamterzählung verwischen.[75]

Nicht minder grundlegend für das Anliegen des Erzählers ist zweitens auch die Naturgeschichte im Sinne einer Naturgeschichte der Zerstörung, und zwar nicht nur als die mit inhaltlichen Details einschlägig untermauerte historiographische Perspektive des Erzählers. Sie erweist sich auch und in einem ganz anderen, überraschenden Sinne als Matrix eines poetischen Verfahrens, das darin besteht, die mit der großen Passion eines Sammlers aufgespürten Zitatruinen gegen das Ethos Benjamins auf der Textebene aktiv weiterzutreiben.[76] Die Art und Weise, wie gerade auf naturgeschichtliche Werke zurückgegriffen wird, ist – und darauf zielt die folgende Darstellung – geeignet, die Position Sebalds zur Trümmergeschichte als Benjamin/Adornoscher Naturgeschichte in neuem Licht erscheinen zu lassen: Sebalds Erzähler erweist sich keineswegs als ein ungebrochener Benjamin-Adept, ein Sammler, der Erinnerungs- und Geschichtsbruchstücke aufliest und in ihrer Fremdheit bewahrt. Vielmehr scheint er vorzuexerzieren, wie man aus Naturgeschichte durch Zerstörung Fiction macht. Naturgeschichte der Zerstörung ist also, so die These, in *Die Ringe des Saturn* nicht nur (wenngleich fraglos auch) die trauernde Haltung des Erzählers zum Erzählten, d. h. die Perspektive des Benjaminischen geschichtsphilosophischen Engels auf die Trümmerlandschaft der Geschichte. Naturgeschichte der Zerstörung wird vielmehr zugleich und durchaus in produktivem Widerspruch dazu installiert als eine Ideologie, die der Erzähler gegen den Strich bürstet, indem er Naturgeschichten durch ein fragmentierendes Zitierverfahren zerstört. Damit aber wird die ›Naturhaftigkeit‹ dieser Zerstörungsgeschichte dekonstruiert, wird sie doch zu einer poetisch hergestellten, gemachten: Der Erzähler entpuppt sich selbst als Zerstörer.

75 So auch die Beobachtung von Wohlfahrt: Anachronie, S. 230.

76 Den Typus eines Erzählers als Sammler, insbesondere in der Gestalt des Schmetterlings- und Käferjägers, thematisiert Sebald immer wieder selbst; vgl. das Interviewzitat bei Jo Catling: Bibliotheca abscondita. On W. G. Sebald's Library. In: Saturn's Moons, S. 265-297, hier S. 282.

6.2.1 Sebalds »Zitatruinen«

Dass Sebald gerade in *Die Ringe des Saturn* ein intertextuelles Feuerwerk entzündet, ist bekannt.[77] Die Menge und Vielfalt der Anspielungen, sei es auf kanonische Werke der Weltliteratur, sei es auf mehr oder weniger entlegene wissenschaftliche Abhandlungen, ist enorm und wirkt nicht nur auf den ersten Blick beinahe erschlagend.[78] Tatsächlich scheint der Reisebericht den Leser in »a kind of museum« zu versetzen, »in which the narrator acts as a curator of cultural and personal history«.[79]

Generell ist als wichtiges Strukturmerkmal eine Technik der Kombination fiktionaler und faktualer Text- und Bildelemente, sowie, damit zusammenhängend, eine in sich gebrochene Dokumentarfiktion festgehalten worden.[80] Charakteristisch scheint, dass dabei Authentizität einerseits häufig behauptet, zugleich aber auch immer wieder infrage gestellt wird (etwa, indem von nichtextistenten Büchern oder der Künstlichkeit

77 Vgl. dazu auch den kurzen Forschungsüberblick von J.J. Long: W.G. Sebald: A Bibliographical Essay on Current Research. In: W.G. Sebald and the Writing of History, S. 11-29, hier S. 24-26.

78 Treffend ist das Sebaldsche Verfahren eines fortlaufenden Rekurses auf Fremdtexte auf die Formel gebracht worden, der Erzähler »always seems to travel in the company of ghosts, be it the literary ghosts of Stendhal, Kafka, Conrad, Chateaubriand, and Nabokov, or the ghosts of an individual and historical past« (Bianca Theisen: Prose of the World: W.G. Sebald's Literary Travels. In: The Germanic Review 79 [2004], H. 3, S. 163-179, hier S. 165). Den Duktus des Streifzuges in der Begleitung literarischer und historischer Geister bestimmt Theisen als typisch für die Gattung Reiseliteratur, an deren postmoderner Variante Sebald teilhabe (vgl. ebd., S. 167).

79 Simon Cooke: Cultural Memory on the Move in Contemporary Travel Writing: W.G. Sebald's *The Rings of Saturn.* In: Mediation, Remediation, and the Dynamics of Cultural Memory. Hg. v. Astrid Erll u. Ann Rigney. Berlin u. New York 2009, S. 15-30, hier S. 23.

80 »Sebald's texts are a hybrid, fusing fact and fiction, visual documentation and literary imagination, as well as mixing different media and heterogenous genres« (Theisen: Prose of the World, S. 165); von einer »coexistence of documentary and highly literary modes« spricht Martin Swales: Intertextuality, Authenticity, Metonymy? On Reading W.G. Sebald. In: The Anatomist of Melancholy, S. 81-87, hier S. 83; die Hybridität der Sebaldschen Texte ist auch als »fugally polyphonic« (Arthur Williams: The Elusive First Person Plural. Real Absences in Rainer Kunze, Bernd-Dieter Hüge, and W.G. Sebald. In: Whose Story? Continuities in Contemporary German-Language Literature. Hg. v. Arthur Williams. Bern u.a. 1998, S. 85-114, hier S. 106) und als »faction« bezeichnet worden (Peter Craven: W.G. Sebald: Anatomy of Faction. In: Heat 13 (1999), S. 212-224, hier S. 220).

jeder nachträglichen Perspektive auf historische Ereignisse die Rede ist).[81] Eine Verunsicherung des Lesers ist damit offensichtlich intendiert – aber auch ein Ansporn für eigene Recherchen gegeben.[82]

Auf der Basis eines vierfach gestaffelten Modells der Markierungsdeutlichkeit wurde zudem herausgearbeitet, dass bei Sebald ein intertextuelles Verfahren des Verschwimmens, d. h. der »stete Wechsel von Verdunklung und Erhellung der Zitathaftigkeit textkonstituierend« ist. Insbesondere die häufige Anwendung der Paraphrase diene dazu, die Grenzen zwischen eigenem und fremdem Text systematisch unscharf werden zu lassen.[83]

Neben dieser gewollten Unschärfe ist der »Bruchstückcharakter« des Sebaldschen Zitierverfahrens hervorgehoben worden: Das exzessive Zitieren diene dazu, die Hergestelltheit der Kommunikation zwischen Gegenwart und Vergangenheit als ein Arrangement von Fundstücken durch einen melancholischen Bastler zu unterstreichen. Intendiert sei dabei weder »ein postmodernes Spiel«, noch »ein positivistisch-archivierendes Verfahren«, sondern eine »praktizierte Form des Eingedenkens«. Intertextualität erfahre bei Sebald so geradezu eine »ethische Vertiefung«.[84]

81 Auf die Gleichzeitigkeit von dokumentarischem Duktus und bewusster Irritation des Lesers hat hingewiesen Schedel: Textbeziehungen, S. 64 f.

82 Das »Angesporntwerden« des Lesers zum Aufspüren möglicher weiterer Koinzidenzen betont Marcel Atze: Koinzidenz und Intertextualität. Der Einsatz von Prätexten in W. G. Sebalds Erzählung *All'estero.* In: W. G. Sebald. Hg. v. Franz Loquai. Eggingen 1997, S. 151-175. Atze hat aufbauend auf die Konzeption von Renate Lachmann bei Sebald vier Funktionen der Intertextualität nachgewiesen: Sinnkonstitution, Sinnstützung, Sinnerweiterung und Sinnkontrast.

83 Schedel: Textbeziehungen, S. 46. – Schedel unterscheidet also, das hat Ceuppens (Vorbildhafte Trauer, S. 16) klarer formuliert als die Verfasserin selbst, zwischen verschiedenen »*Formen*« der intertextuellen Referenz (wie der Anspielung, der Paraphrase und dem wörtlichen Zitat) einerseits und verschiedenen »*Grade[n]*« der Intertextualitätsmarkierung andererseits (Nullstufe – eine bloße Anspielung, die nur für Eingeweihte erkennbar ist; Reduktionsstufe: nicht direkt markierte Intertextualität; Vollstufe: explizite Intertextualität; Potenzierungsstufe: explizite Intertextualität mit Quellenangabe und ggf. sogar Kommentar). – Als »poetische Paraphrase« ist Sebalds Anverwandlung der Positionen Benjamins gefasst worden von Schmucker: Grenzübertretungen, insbes. ab S. 229.

84 Fuchs: Die Schmerzensspuren, S. 105 f. – Mit Konzentration insbesondere auf den Einbau von Bildern und mit einem eher allgemeinen, theoretischen, nicht am Nachweis konkreter Quellen interessierten Ansatz beleuchtet das Zitierverfahren Sebalds Horstkotte: Nachbilder, S. 43-113 (zu *Die Ringe des Saturn* und *Die Ausgewanderten*), S. 170-183 (zu *Max Aurach*), S. 223-253 (zu *Austerlitz*).

Die hier behauptete ethische Dimension der Intertextualität ist fraglos *ein* von Sebald beabsichtigter Effekt, dem allerdings, wie zu zeigen sein wird, bestimmte Tendenzen seines Zitierverfahrens zuwiderlaufen. Dies gilt insbesondere für die Frage nach der Authentizität der Quellen, der philologischen Korrektheit der Nachweise und der Genauigkeit des Zitierens.

So wurde schon verschiedentlich darauf aufmerksam gemacht, dass Sebald keineswegs nur Zitate, sondern vielfach »Zitatruinen« präsentiert, indem er »verwischend, verstellend, zerstörend« in Zitate eingreife.[85] Ließen sich etwa einige der Thomas Browne zugewiesenen Passagen tatsächlich dort auffinden, wo der Erzähler sie verortet, so seien andere falsch zugeordnet, dritte gar nicht nachweisbar und möglicherweise schlicht erfunden.[86] Vor dem Hintergrund der Thesen Jacques Derridas zum Verhältnis von Gedächtnis und Ruine ist dieses Verfahren als eine Referenz auf »die Beständigkeit der Schrift« gelesen worden, »deren generell ruinöser Zustand es gerade [sei], der die Voraussetzung für die Möglichkeit von Gedächtnis stiftet, weil er erst Lesbarkeit garantiert«.[87] Diese Deutung wirkt nun freilich nicht nur etwas übertheoretisiert, sondern vor allem auch in der Allgemeinheit, mit der dann letztlich jeder zerstörerische Eingriff in und aneignende Zugriff auf fremde Texte zu einem hochkomplexen Akt der Ruinen-Gedächtniskunst stilisiert werden kann, unbefriedigend. Insbesondere aber wird einem nicht von der Hand zu weisenden strukturellen Problem, das sich gerade bezüglich Sebalds stellt, damit letztlich nur ausgewichen: Denn natürlich fragt sich, was ein Erzählprogramm, das sich dem Gedächtnis bzw. dem »Eingedenken« verschrieben haben soll, eigentlich ästhetisch, erkenntnistheoretisch und moralisch gewinnt, wenn es an die Stelle der suggerierten ruinösen Geschichtssplitter tatsächlich Erfindungen, Fakes oder Fälschungen setzt.

85 Holger Steinmann: Zitatruinen unterm Hundsstern. W.G. Sebalds Ansichten von der Nachtseite der Philologie. In: Politische Archäologie, S. 145-156, S. 151. – Ferner ist allgemein darauf hingewiesen worden, dass Sebald in der Tradition von Borges »das Nichtautorisierte« mit dem vebinde, »was geschrieben steht«, d.h. reale und verifizierbare Referenzen mit Fiktionen anreichere; vgl. Jan-Hendrik Witthaus: Fehlleistung und Fiktion. Sebaldsche Gedächtnismodelle zwischen Freud und Borges. In: Politische Archäologie, S. 157-172, hier S. 171. Zu Sebalds Bezugnahmen auf Borges vgl. auch Gabriele Eckart: Against »Cartesian Rigidity«: W.G. Sebald's Reception of Borges. In: Schreiben ex patria, S. 509-521.

86 Steinmann: Zitatruinen, S. 151.

87 Steinmann: Zitatruinen, S. 154.

Im Falle der offensichtlich geschönten biographischen Porträts in *Die Ringe des Saturn* ist dies noch relativ einleuchtend mit dem Hinweis beantwortet worden, dass es Sebald mit der Romantisierung und hagiographischen Verklärung einzelner Lebensabrisse darum zu tun sei, einen »affektiv aufgeladenen Gedächtnisort[]« zu kreieren. Im Dienste dieses poetischen Effekts sei die »glättende[] Edierung der komplexen Widersprüchlichkeit« der historischen Figuren notwendig gewesen.[88]

Vermeintliche, aber wohl von Sebald selbst ausgedachte Zitate sind zudem als Teil einer Anverwandlung gelesen worden, die etwa Thomas Browne im Sinne einer »distinctly modern epistemology« für eine an Foucault orientierte Geschichte der Unterwerfung funktionalisiere.[89] Exemplarisch sind einige kleinere konkrete Eingriffe in Zitate (wie etwa die Ersetzung von Weidenbäumen durch Pappeln) nachgewiesen und als genau gesetzte Varianten gedeutet worden: Sie eröffneten neue Anspielungsdimensionen und/oder dienten der Verstärkung einer bereits im Original angelegten Darstellungsperspektive.[90] Einige ›gefälschte‹ Fotos sind identifiziert und als Beleg für den »ironische[n] Umgang mit der Beweiskraft von Fotografien« und als »verstecktes Fiktionalitätssignal« gelesen worden.[91]

Generell kann man resümieren, dass in der Forschung nur gelegentlich von Sebalds ›Fälschungen‹ die Rede ist. Wo sie in den Blick rücken, werden sie als sinnvolle Eingriffe im Dienste eines poetischen Effekts interpretiert. Dass die ›Fälschungen‹ bislang keine größere Beunruhigung ausgelöst haben, liegt aber sicher auch daran, dass das Ausmaß der Zer-

88 Fuchs: Die Schmerzensspuren, S. 200. Vgl. aber kritisch zu dieser Deutung Hutchinson: W. G. Sebald, S. 141 f.

89 Long: Image, Archive, Modernity, S. 38.

90 Jo Catling: Europäische Flânerien: W. G. Sebalds intertextuelle Wanderungen zwischen Melancholie und Ironie. In: Gedächtnis und Widerstand. Festschrift für Irene Heidelberger-Leonard. Hg. v. Mireille Tabah in Zusammenarbeit mit Sylvia Weiler u. Christian Poetini. Tübingen 2007, S. 139-154, hier S. 151. Zur Unterstützung seiner durch präzisen Quellenvergleich bestechenden Darstellung hat Catling dabei nicht nur die Bücher aus dem Bestand Sebalds, sondern auch Exemplare der Universitätsbibliothek Norwich herangezogen.

91 Hoffmann, Rose: »Quasi jenseits der Zeit«, S. 591. – Eine komplexe Bild-, Geschichts- und Quellen-›Fälschung‹ an zentraler Stelle von *Die Ringe des Saturn*, nämlich in der Geschichte über den Major Le Strange, hat nachgewiesen Daub: ›Donner à Voir‹, S. 318-325. – Eine falsche textliche Zuordnung des auf einem in *Die Ringe des Saturn* abgebildeten Foto dargestellten Kirchturms, der in Dunwich verortet, tatsächlich aber den Turm von Eccles in Norfolk zeigt, erwähnt Jo Catling: Gratwanderungen bis an den Rand der Natur: W. G. Sebald's Landscapes of Memory. In: The Anatomist of Melancholy, S. 19-50, hier S. 21.

trümmerungs- und Umschreibungsarbeit Sebalds noch nicht erkannt wurde.[92]

Blicken wir nun also auf *Die Ringe des Saturn*, blicken wir darauf, wie Sebald mit dem historischen Material, den Bild- und Textbausteinen aus den alten Naturgeschichten umgeht. Welchen historischen Raum ruft er auf, was, wen und wie zitiert er? Wo richtet der Erzähler welche ›Naturgeschichten der Zerstörung‹ an?

6.2.2 Zerstörungsgeschichten aus Kultur und Natur

In W. G. Sebalds zuerst 1995 (und das heißt werkgeschichtlich: vor dem *Luftkrieg*-Essay) erschienenem Reisebericht *Die Ringe des Saturn* begibt sich ein dem Autor zum Verwechseln ähnlicher Ich-Erzähler[93] allein auf eine mehrtägige Wanderung[94] durch die ostenglische Provinz Suffolk.[95]

92 Zum umschreibenden, neu zuweisenden Zitierverfahren Sebalds im Mittelteil des ›Elementargedichts‹ *Nach der Natur* vgl. Tanja van Hoorn: Auch eine Dialektik der Aufklärung. Wie W. G. Sebald Georg Wilhelm Steller zwischen Kabbala und magischer Medizin verortet (*Nach der Natur*). In: Zeitschrift für Germanistik NF 19 (2009), H. 1, S. 108-120. Hier wird gezeigt, dass die vermeintlichen Aussagen des aufklärerischen Naturforschers Georg Wilhelm Steller tatsächlich aus den Werken des frühneuzeitlichen hermetistischen Arztes Paracelsus entnommen sind.

93 Zur ästhetischen Selbstinszenierung Sebalds in seinen Ich-Erzählerfiguren und zur genauen Vorbereitung, mit der der Autor Sebald seinen Nachlass zusammengestellt und von persönlichen Unterlagen frei gehalten hat vgl. Ulrich von Bülow: The Disappearance of the Author in the Work. Some Reflections on W. G. Sebald's *Nachlass* in the Deutsches Literaturarchiv Marbach. In: Saturn's Moons, S. 247-263. – Zu Sebalds genauer Formung der eigenen Autoridentität nicht nur über seine polemischen Portäts anderer Schriftsteller, sondern auch über seine ihm selbst ähnlichen Erzähler vgl. Schley: Kataloge der Wahrheit.

94 Nicht zuletzt aufgrund dieser Betonung des Wanderns bietet das Werk Anknüpfungspunkte für Analysen im Kontext des ›spatial turns‹. Eine Landkarte zu den *Ringen des Saturn* hat Barbara Hui verfasst: http://barbarahui.net/litmap/ [zuletzt besucht am 13.09.2015]. – Zu Sebalds »Raumpoesie« vgl. jetzt Anna Seidl: Karten und Kartenbilder im Werk von W. G. Sebald. In: Gegenwartsliteratur 12 (2013), S. 293-319; sowie in Auseinandersetzung mit Hui: Mandana Covindassamy in Zus. mit Géraldine Djament-Tran: Der Literatur in die Karten schauen. Überlegungen zu Kartographie und Literatur am Beispiel von W. G. Sebalds *Die Ringe des Saturn*. In: Die Zukunft der Kartographie. Neue und nicht so neue epistemologische Krisen. Hg. v. Marion Picker, Véronique Maleval u. Florent Gabaude. Bielefeld 2013, S. 93-106.

95 Die Forschung hat den Untertitel *Eine englische Wallfahrt* verschiedentlich zum Anlass genommen, das Buch als Reisebericht und zwar als Bericht von einer Wall-

Sein Blick fällt dabei auffällig häufig auf verfallene Landhäuser, militärische Ruinen, leere Städte, alte Brücken, Ruderalflächen, sterbende Wälder, verseuchte Meere, kurz: auf Zeugen ehemaliger Blütezeiten, auf Gedächtnisorte gescheiterter Eroberungsbemühungen und untergegangener Geschichtsepochen, auf Nichtorte aufgegebener Kulturalisierungsbemühungen und auf Mahnmale menschlicher Umweltzerstörung. Die englische Ostküste erscheint als ein maroder Landstrich, in dem Geschichte nur noch in Ruinen lesbar, eine positive Gegenwart nicht zu erkennen ist. Die Rolle eines von seinen Eindrücken erschütterten Ruinensammlers, eines Benjaminschen Geschichtsengels, nimmt der Erzähler gleich auf der ersten Seite seines Reiseberichtes ein.[96]

Im Text materialisiert sich die allgegenwärtige Zerstörung in mikroskopisch kleinen Abfallprodukten wie Dunst, Staub und Asche, die für Sebalds Werk als »the very emblems of natural history« charakterisiert worden sind.[97] Diese verfalls- bzw. im Benjamin/Adornoschen Sinne naturgeschichtliche Perspektive verdichtet sich in *Die Ringe des Saturn* allegorisch in der Vorliebe des Erzählers für Leichen, Gebeine und Totenköpfe – der wandernde Schädel Thomas Brownes erweist sich als das zentrale, den Reisebericht rahmende Leitmotiv, das nicht nur im Sinne des traditionellen memento mori auf die individuelle Vergänglichkeit, sondern auch mit Benjamin und Adorno auf die Geschichte als Schädelstätte verweist.[98]

fahrt oder Pilgerreise zu lesen. Zu den Stationen und dem Ziel dieser Pilgerreise in vgl. Tanja van Hoorn: Der ›Engel der Geschichte‹; als den Bericht von einer Pilgerreise, die eher jüdischer als christlicher Tradition folge, liest den Text Thomas Kastura: Geheimnisvolle Fähigkeit zur Transmigration. W. G. Sebalds interkulturelle Wallfahrten ins Leere. In: Arcadia 31 (1996), H. 1/2, S. 197-216; als Reise eines melancholischen Archäologen, der ohne Ziel in eine große Leere pilgert, deutet *Die Ringe des Saturn* Thomas Neuner: Der Leser als Wanderer. W. G. Sebald, *Die Ringe des Saturn. Eine englische Wallfahrt*. In: Medienobservationen. http://www.medienobservationen.uni-muenchen.de/artikel/literatur/neuner_sebald.html [zuletzt besucht am 25.07.2011].

96 So spekuliert der Erzähler, dass die von ihm beobachteten, »weit in die Vergangenheit zurückgehenden Spuren der Zerstörung« möglicherweise seine Melancholie verstärkt hätten (RS, S. 11).

97 Santner: On Creaturely Life, S. 106. In *Die Ringe des Saturn* wird die Asche insbesondere in Zusammenhang mit dem Urnen-Buch Brownes thematisiert (RS, S. 38 f.).

98 So der Hinweis von Santner: On Creaturely Life, S. 106; zur Schädelstätte bei Benjamin und Adorno und der Rezeption derselben bei Sebald vgl. auch Johannsen: Kisten, Krypten, Labyrinthe, S. 71-73.

Die Ruinen am Wegesrand vertieft der Erzähler in seinem Bericht systematisch durch breite, sich immer wieder geradezu verselbständigende historische Exkurse[99] und erweist sich darin als ein äußerst gelehrter Bibliotheksgänger und Archivfuchs, der unzählige Texte vergangener Zeiten in seine Darstellung integriert: Das Werk Thomas Brownes, faktuale und fingierte Enzyklopädien, die Lebensgeschichten von Joseph Conrad und Roger Casement, Schriften über die Geschichte des Seidenbaus – die historische und inhaltliche Breite der vom Erzähler herangezogenen Werke ist beeindruckend. Sie stehen nebeneinander nicht »on a temporial axis but on a ›synchronic plane‹« und sind einleuchtend als Ausdruck einer »Poetik des Sammelns« gedeutet worden.[100]

Zugleich aber wütet Sebald geradezu in seinen Quellen. Insbesondere die naturgeschichtlichen Exkurse in *Die Ringe des Saturn* erweisen sich als Basteleien, die zwar, wie suggeriert, authentisches Material verwenden, dies aber weitreichend verändern.[101] Dabei steht der erhebliche Re-

99 Wie diese Exkurstechnik einen nicht nur historischen, sondern auch geographisch weltumspannenden Anspielungshorizont aufbaut, zeigt Barbara Hui: Mapping Historical Networks in *Die Ringe des Saturn*. In: The Undiscover'd Country, S. 277-298.

100 Dass Sebalds Zusammenstellung derart verschiedener Partikel keineswegs einer postmodernen Diskontinuität, sondern eher der Logik der barocken Wunderkammer verpflichtet ist, zeigt jetzt in einem sich zu den in der vorliegenden Arbeit entwickelten Überlegungen gut fügenden Aufsatz Monika Kaup: The Neobaroque in W. G. Sebald's *The Rings of Saturn*: The Recovery of Open Totality Countering Poststructuralism. In: Contemporary Literature 54 (2013), S. 683-719, das Zitat S. 713. Auch Kaup rekurriert auf die Überlegungen zu Sebalds Sammelkonzept von Dominik Finkelde: Wunderkammer und Apokalypse. Zu W. G. Sebalds Poetik des Sammelns zwischen Barock und Moderne. In: German Life and Letters 60 (2007), S. 554-568.

101 Für die scheinbar exakten bibliographischen Angaben zur Geschichte des Seidenbaus in *Die Ringe des Saturn* hat dies nachgewiesen: Marcel Atze: Bibliotheca Sebaldiana. W. G. Sebald – ein Bibliophile? Eine Spekulation. In: W. G. Sebald. [Hg. Loquai], S. 228-243, hier S. 238. – Zur Funktion der falschen Angaben äußert sich Atze nicht bzw. lässt sogar im Gegenteil offen, ob es sich möglicherweise schlicht um Irrtümer Sebalds handelt (ebd.). Atze bleibt hier etwas unentschieden; dies gilt auch für die Bemerkung, dass Sebald Angaben zwar »gelegentlich« verfälsche, »jedoch erfindet er sie nie völlig frei, obgleich er sich über die Möglichkeit fingierter Quellen, gleichsam über eine Art postmoderner Kopfbibliothek, Gedanken zu machen scheint« (ebd., S. 239). – Dass der Autor Sebald keineswegs, wie Atze spekuliert, ein bibliophiler Büchersammler war, sondern nach Abschluss seiner Projekte die nicht mehr benötigten Bücher wohl nicht zuletzt aus Platzgründen und im Dienste der Wiederherstellung der alten Ordnung verkaufte, darauf verweist Catling: Bibliotheca abscondita, hier insbes. S. 272 f.

chercheaufwand, den der Autor betrieben haben muss, um sein Material zu finden, in einem auffälligen Missverhältnis zu der Zerstörung, die er seinen Erzähler in dem Aufgespürten anrichten lässt. Sebalds Erzähler erweist sich nämlich als ein hochgradig unzuverlässiger ›Kurator‹, der aus den Dachbodenkisten der alten Naturgeschichten zwar zunächst entlegenste Quellen ans Licht zerrt, diese anschließend aber im Schummer seiner Fiktion dann so fundamental umgearbeitet präsentiert, dass er sie letztlich unsichtbar macht und wieder dem Vergessen anheimstellt.

Sebald realisiert hier, so die These, ein Programm einer literarisierenden Archivierung, das wissenschaftliche Beiträge aus der Tradition der Naturgeschichte unkenntlich in eine dokumentarfiktive Geschichtsschreibung integriert und dabei die Naturgeschichte der Zerstörung ad absurdum führt.[102] Fühlen wir den Konkreta auf den Zahn. Wie arbeitet der Archivar einer Naturgeschichte der Zerstörung in seinen Dokumentarfiktionen im Einzelnen? Wie funktioniert seine fragmentierte Naturgeschichte?

Die Ringe des Saturn, drittes Kapitel. Wir befinden uns in der Gegend von Lowestoft, dem ehemals wichtigsten Zentrum der englischen Heringsfischerei, das völlig heruntergekommenen wirkt. Am Strand haben einzelne Fischer ihre Zelte aufgeschlagen. Sie wirken psychisch, intellektuell und sozial ebenso verwahrlost wie ihre Stadt: Autistisch und gewissermaßen ›stumm wie Fische‹ hocken sie tagein, tagaus in ihren primitiven Unterständen und starren auf das Meer hinaus, ein Meer, das dann im zweiten einleitenden Passus als ein massiv gestörtes Ökosystem beschrieben wird. Sind also einerseits die echten Heringsfischer »ausgestorben« (RS, S. 69), da dieser Wirtschaftszweig zum Erliegen gekommen ist, und gibt es somit nur noch verzweifelte nomadenhafte Gestalten, die am Strand vergeblich und ohne Hoffnung auf Beute warten und herumsitzen, so ist andererseits auch die Natur nicht länger ein vitales Element. Vielmehr ist selbst das Meer im Niedergang begriffen, einem Niedergang freilich, der vom Menschen verursacht wurde: So ist etwa die berühmte »Doggerbank«, das Laichgewässer der Heringe, von »schweren Metalle[n]«

102 Lediglich Finkelde (Wunderkammer, S. 565) hat Sebalds »Poetik des Sammelns« in Bezug gesehen zur klassischen Naturgeschichte. Finkeldes allgemein gehaltene These, die auf die Darstellungsweise Bezug nimmt, wird durch die Rekonstruktionen der vorliegenden Studie für die inhaltliche Seite nachdrücklich bestätigt. – Schmucker verfolgt bei seiner intertextuellen Spurensuche Sebalds Rekurs auf naturgeschichtliche Quellen vermutlich auch aufgrund der Annahme einer strikten Differenz des Benjaminschen Naturgeschichtsbegriffs zur traditionellen historia naturalis nicht, vgl. Schmucker: Grenzübertretungen, S. 321.

und »anderen toxischen Substanzen«, wie »Quecksilber, Kadmium und Blei, Berge von Düngemitteln und Pestiziden«, verseucht (RS, S. 69). Die Meereslebewesen fühlen sich in dieser vergifteten Brühe selbstverständlich nicht mehr wie Fische in Wasser, sondern kommen im Gegenteil »bereits mit seltsamen Auswüchsen und Gebresten zur Welt« (RS, S. 69).[103] Zerstörte Menschen, zerstörte Natur: Das Kapitel beginnt mit einer kombinierten Kultur- und Naturgeschichte der Zerstörung des Meeres.

Zerstörung herrscht aber auch auf den Ebenen der Erinnerung und der Archivalien. Dies wird deutlich, wenn man dem Erzähler genauer in seinen Exkurs über den Hering folgt. Überleitend kontrastiert er die aktuelle Situation, den großen »Todestanz« in den Weltmeeren, mit dem Bild, das er sich in seiner Kindheit von der Natur gemacht habe, der »Vorstellung von der staunenswerten Selbstvermehrung und Vervielfältigung des organischen Lebens« (RS, S. 70). Innerhalb dieser alten Ideologie einer unbeirrbar produktiven Natur habe der Hering traditionell eine Schlüsselrolle eingenommen und sei geradezu zum »Hauptemblem [...] für die grundsätzliche Ausrottbarkeit der Natur« stilisiert worden (RS, S. 70). So habe der Hering als exemplarischer Lehrgegenstand gedient, was sich nicht zuletzt in der Tatsache niedergeschlagen habe, dass er Gegenstand eines Unterrichtsfilms war, den auch der Erzähler in seiner Schulzeit zu sehen bekam.

103 Mit dem Hinweis auf die missgebildeten Fische nimmt Sebald ein Thema der entstehenden Umweltbewegung der 80er Jahre auf, wie es auch und gerade in Deutschland prominent und breit diskutiert wurde. Vgl. [Anon.:] »Erst stirbt der Seehund, dann der Mensch«. Nordsee in Not: Ölpest, Chemiemüll, Überfischung, Wattzerstörung. In: Der Spiegel 33 (1980), S. 58-72; Horst Güntherroth: Die Nordsee. Portrait eines bedrohten Meeres. 4. Aufl. Hamburg 1988; Konrad Buchwald: Nordsee. Ein Lebensraum ohne Zukunft? Mit einem Exkurs v. Walter Feldt u. Theo Schröder. Göttingen 1990; Malcolm MacGarvin: Das Greenpeace-Buch der Nordsee. Aus dem Engl. übers. u. bearb. v. Klaus Janke unter Mitarbeit v. Iris Kick. Stuttgart 1991. – Sebald hat sich allerdings offenbar nicht auf diese deutschen Beiträge, sondern auf einen englischen Artikel gestützt, aus dem er einige Passagen beinahe wörtlich ins Deutsche übersetzt und ungekennzeichnet in *Die Ringe des Saturn* übernimmt; vgl. Geoffrey Lean: Pollution killed seals, say scientists. In: Independent on Sunday (24. April 1994), S. Britain 5. – Eine Kopie dieses Artikels findet sich im Sebald-Nachlass im Literaturarchiv Marbach (W. G. Sebald: Prosa. *Die Ringe des Saturn*. Nachlass. Mappe 3 von 9).

6.2.3 Der Film über die Heringsfischerei: Entstellte Quellen

Bei seiner Beschreibung dieses Films über den Heringsfang bedient sich der Erzähler eines selbstbewussten Erinnerungsduktus, der Präzision und Zuverlässigkeit behauptet, tatsächlich aber voller Irrtümer und Fehler steckt.[104] Die sachliche Angemessenheit seiner Erinnerung überprüft er nicht, sondern wertet im Gegenteil die herangezogenen Quellen nur strategisch aus, wobei er die der Erinnerung entgegenstehenden verfügbaren Informationen, die die eigene Version korrigieren könnten bzw. sogar müssten, systematisch ignoriert. Der Erzähler erinnert sich also gewissermaßen hartnäckig unrichtig, betont aber dessen ungeachtet eingangs sogar ausdrücklich noch einmal die Präzision und Zuverlässigkeit seiner Erinnerungen: Er entsinnt sich nämlich ganz »genau« eines »jener von schwarzem Gestrichel durchzitterten Kurzfilme, welche die Schullehrer in den fünfziger Jahren von den Kreisbildstellen ausleihen konnten« und der »einen Kutter aus Wilhelmshaven zeigte, der zwischen dunklen, bis an den oberen Bildrand sich auftürmenden Wellen herumfuhr« (RS, S. 70). Durch die Angabe sehr konkreter Details zur Vorführung (das »schwarze[] Gestrichel«), Beschaffung (»Kreisbildstellen«) und den Inhalten (»Kutter aus Wilhelmshaven«, »sich auftürmende[] Wellen«) unterstreicht der Erzähler die Zuverlässigkeit seiner erzählten Erinnerung.

Sucht man den erwähnten Film allerdings auf, so kommt bezüglich der Informationen, die der Erzähler gibt, eine interessante Gemengelage von Tatsachen, Halb- und Unwahrheiten ans Licht. Der Film lässt sich eindeutig identifizieren als ein 16mm-Kurzfilm mit dem Titel *Heringsfischerei*.[105] Es handelt sich um einen so genannten RWU-Film, also einen

104 Die Unzuverlässigkeit des Erzählers betont auch und in Abgrenzung zu einem Aufsatz von Mark Jackson, der eine »ethisch reflexive Historiographie« konstatiert habe, Horstkotte: Nachbilder, S. 70.

105 Dietrich W. Dreyer [Herstellung]: Heringsfischerei. Unter Mitarbeit v. Rolf Erichson. Berlin 1937 (= RWU-Film 184). 1 Rolle: 129 m, 14 min; 16mm Film. Dass dieser Film gemeint ist, wird aus der Erwähnung des Beiheftes deutlich, das man wiederum durch Hinzuziehung der Abbildung eines anderen Heftes aus derselben Reihe (vgl. RS, S. 346) eindeutig identifizieren kann. – Die Sebald-Forschung hat sich diesem Film wie auch den ebenfalls in *Die Ringe des Saturn* erwähnten Seidenbau-Filmen noch nicht näher zugewandt. Insbesondere hat sich offenbar noch niemand diese Filme angesehen. Einzig Schedel (Textbeziehungen, S. 96) ist immerhin nach Immenstadt gereist, um hier (nach eigener Auskunft allerdings vergeblich) das Beiheft zum Seidenbau-Film zu suchen. Insgesamt lässt sich beobachten, dass die Forschung nach wie vor erstens dazu tendiert, Sebalds Erzähler mit dem Autor Sebald gleichzusetzen und die Hand-

Film der 1934 gegründeten »Reichsstelle für den Unterrichtsfilm« (RfdU), die 1940 in »Reichsanstalt für Film und Bild in Wissenschaft und Unterricht« (RWU) umbenannt wurde.[106] Die im Auftrag des Reichsministers für Wissenschaft, Erziehung und Volksbildung produzierten Kurzfilme wenden sich vor allem naturwissenschaftlichen, insbesondere biologischen, geographischen, kultur- und gewerbegeschichtlichen sowie landeskundlichen Themen zu.[107] Sämtlich handelt es sich um Stummfilme. Wohl auch aus diesem Grund waren die Filme dieser Reihe für das Propagandaministerium relativ uninteressant. Zudem gab sich die Leitung der Reichsstelle gegenüber dem nationalsozialistischen Regime von Beginn an reserviert.[108] Im Ergebnis jedenfalls kann man festhalten, dass es sich bei den RWU-Filmen keineswegs um Propagandafilme handelt; auch von den Alliierten wurde 1945 nur ein Bruchteil der produzierten Streifen als »tendenziös« bewertet.[109] Die zu den Filmen erschienenen Beihefte hingegen referieren teilweise ausdrücklich auf Elemente der nationalsozialistischen Propaganda.[110] Dabei erscheint manche Bezug-

lungen und Einsichten des Ich in *Die Ringe des Saturn* als diejenigen des Verfassers zu lesen. Zweitens wird dabei zugleich leichtfertig den Informationen des Erzählers Glauben geschenkt und werden seine Berichte als Sachinformationen gelesen, unkritisch weitererzählt und interpretierend ausformuliert. So wird etwa der Hinweis auf einen gewaschenen und gekämmten Seemann aus der Filmbeschreibung in *Die Ringe des Saturn* nicht nur nacherzählend übernommen, sondern durch eine typographische Hervorhebung noch zugespitzt, indem betont wird, dass es an Bord also »zumindest *einen* gewaschenen und gekämmten Seemann« gebe (Sara Friedrichsmeyer: Sebalds Heringe und Seidenwürmer. In: Verschiebebahnhöfe, S. 11-26, hier S. 18); tatsächlich aber zeigt der Film in einer heiteren Szene, wie nach der Heringsfischerei und der Verarbeitung der Fische die gesamte Mannschaft sich reinigt und dann gesellig beisammensitzt.

106 Zur Geschichte der RWU vgl. die Untersuchung von Malte Ewert: Die Reichsanstalt für Film und Bild in Wissenschaft und Unterricht (1934-1945). Hamburg 1998.

107 Eine Liste mit den Titeln und Erscheinungsdaten von 317 RWU-Filme bietet Michael Kühn: Unterrichtsfilm im Nationalsozialismus. Die Arbeit der Reichsstelle für den Unterrichtsfilm / Reichsanstalt für Film und Bild in Wissenschaft und Unterricht. Memmendorf 1998, S. 267-286.

108 Zu diesem Ergebnis kommt auch Ewert: Die Reichsanstalt, S. 257.

109 Zu dieser Einschätzung kamen die Mitglieder einer alliierten UNESCO-Kommission, die das Material 1945 sichteten und bewerteten. Von den 171 begutachteten RWU-Filmen wurden lediglich 21 als »tendenziös« eingestuft; vgl. Ewert: Die Reichsanstalt, S. 379-382.

110 Dies gilt etwa für die Beihefte zu den Filmen über den deutschen Seidenbau, vgl. Friedrich Lange: Deutscher Seidenbau I: Seidenspinnerbrut. Stuttgart u. Berlin 1939 (= Beihefte der Reichsstelle für den Unterrichtsfilm F 212/1939) u. Friedrich

nahme allerdings eher wie ein pflichtschuldiger, taktischer Diener vor der zeitgenössischen Ideologie; andere Beihefte sind vom faschistischen Vokabular völlig frei.[111]

Dieser Sachlage ungeachtet ist es jedoch kein Zufall, dass in der Sebald-Forschung jüngst behauptet wurde, es handle sich um einen »Nazi-Dokumentar- bzw. Propagandafilm«.[112] Diesen Eindruck erweckt Sebald in der Tat ganz bewusst. Im Falle des Heringsfilms ist dies insbesondere darauf zurückzuführen, dass man als Leser ein explizites (und nahezu wortwörtlich verifizierbares) Zitat aus dem Filmbeiheft mit der zuvor gegebenen Information zum Jahr der Filmproduktion (1936) assoziativ verknüpft.[113] Das, was am Ende des Produktionsprozesses mit den verpackten Heringen geschieht – die »Güterwagen der Eisenbahn« nehmen den »ruhelosen Wanderer des Meeres« auf, »um ihn an die Stätten

Lange: Deutscher Seidenbau II: Aufzucht der Raupen. Verarbeitung der Trockenkokons. Stuttgart u. Berlin 1939 (= Beihefte der Reichsstelle für den Unterrichtsfilm F 213/1939). – Auf das Heft F 213/1939 rekurriert Sebald. Er fügt eine Abbildung des Deckblattes ein (vgl. RS, S. 346) und zitiert zudem ausschnitthaft und paraphrasierend aus diesem Heft (vgl. RS, S. 345-348; Paraphrase von Seidenbau II, S. 4, S. 6, S. 5, S. 35, S. 36). Neben einigen einschlägigen Begrifflichkeiten wie der »rassischen Entartung« (Lange: Seidenbau II, S. 36, RS, S. 348) referiert dieses Beiheft auch ausdrücklich auf den »Führer«, was Sebald jedoch ebenso wenig übernimmt wie den ideologisch für diesen Kontext einschlägigen Terminus der ›Erzeugungsschlacht‹; vgl. Lange: Seidenbau II, S. 4; vgl. auch die Präsentation einiger Bilder aus dem RWU-Film in: Der Seidenbau in der Erzeugungsschlacht. Hg. v. Reichsverband Deutscher Kleintierzüchter e. V., 2., verbesserte Aufl. Berlin 1940. – In der Forschung zur Geschichte der RWU ist darauf hingewiesen worden, dass die »uns aus heutiger Sicht als nationalsozialistisch erscheinende Sprache der meisten Publikationen […] nicht nur und nicht immer ein (notwendiges) Zugeständnis an die Mächtigen, sondern […] Ausdruck einer zeittypischen Denkungsart« war (Ewert: Die Reichsanstalt, S. 261). Über ›rassische Entartung‹ etwa wird bekanntlich schon seit dem 19. Jahrhundert in problematischer Weise räsoniert. Im Übrigen ist die Referenz auf nationalsozialistisches Gedankengut immer auch taktisches Manöver, um eine zügige Publikation zu erreichen. Jedenfalls ist auch das Heft über den Seidenbau, dem einschlägigen Vokabular zum Trotz, keineswegs ein reines Propagandamachwerk.

111 So gerade das Beiheft zu dem Heringsfilm: Rolf Erichson: Heringsfischerei. Stuttgart u. Berlin 1938 (= Beihefte der Reichsstelle für den Unterrichtsfilm F 184/1938).

112 Dies behauptet Gerhard Fischer: Schreiben ex patria: W. G. Sebald und die Konstruktion einer literarischen Identität. In: Schreiben ex patria, S. 27-44, hier S. 36.

113 RS, S. 71; Erichson: Heringsfischerei, S. 37.

zu bringen, wo sich sein Schicksal auf dieser Erde endgültig erfüllen wird«[114] –, erhält mit dem Vorwissen um die Jahreszahl einen doppelten Boden und verliert seine Unschuld. Unwillkürlich eröffnet sich ein freilich völlig diffuser Anspielungsraum auf den Holocaust: Eisenbahntransporte, der ewige Jude Ahasver, Endlösung. Keineswegs wird behauptet, dass die groß angelegte Heringsfischerei zu Beginn des 20. Jahrhunderts und das Dritte Reich tatsächlich irgendetwas miteinander zu tun zu hätten.[115] Dennoch scheint die Jagd auf den vermeintlich unausrottbaren Hering wie vermittelt und verdeckt auch immer auf die systematische Vernichtung der Juden vorauszuweisen – eine Assoziation, die durch zwei miteinander korrespondierende, in den Text einmontierte Abbildungen nachdrücklich gefördert wird; sie zeigen eine alte Postkarte aus Lowestoft, auf der Männer vor Bergen toter Heringe posieren und ein Foto von in einem Wald liegenden, mit Tüchern abgedeckten Leichen.[116]

114 RS, S. 71; Erichson: Heringsfischerei, S. 37.

115 Das Nebeneinander dieser beiden äußerst verschiedenen Tatbestände hat daher als »baffling« charakterisiert McCulloh: Understanding, S. 65; an McCullohs von Freud ausgehende Lesart schließt an Eluned Summers-Bremner: Reading, Walking, Mourning. W. G. Sebald's Peripatetic Fictions. In: Journal of Narrative Theory 34 (2004), H. 3, S. 304-334, hier S. 312.

116 Die Bedeutung des Fotos mit den Leichen für die Anregung zu einer assoziativen Verknüpfung zwischen Heringsfischerei und Holocaust hat herausgestellt und als typisch für das Bricolage-Verfahren gedeutet Öhlschläger: Der Saturnring, S. 200. Öhlschläger charakterisiert Sebalds Verfahren als eine »nichtkausale Kombinatorik« (ebd.). Anders liest dies Long, der die Tatsache, dass der Text selbst keinerlei Kriterien für eine Differenzierung und Bewertung des Tötens der Heringe einerseits und des Massenmords an den Juden (repräsentiert durch das angeblich bei der Befreiung Bergen-Belsens aufgenommene Foto) andererseits gibt, als Ausdruck der zentralen narrativen Technik Sebalds deutet. Diese Technik ist nach Long die des Archivs: das Ausstellen unkommentierter gleichberechtigter Fakten. Dahinter verberge sich ein zutiefst pessimistischer Blick auf Geschichte, der zeige, dass »history can be understood only in terms of repeating patterns of folly, greed and destruction« (Long: Image, Archive, Modernity, S. 144). – Auf die Korrespondenz des Leichenbildes mit der Postkarte weist hin Eggers: Das Dunkel, S. 57 f. Eine Viererserie, die sich von der Postkarte aus Lowestoft über die Abbildung des vermeintlichen Herings und das Dokument einer neuartigen künstlichen Beleuchtung bis hin zu den Leichen im Wald erstreckt, sieht Lise Patt: Introduction. Searching for Sebald: What I Know for Sure. In: Searching for Sebald, S. 16-95, hier S. 57-59. Patt vertritt die These, dass Sebald mit dieser Serie »the incomprehensible workings of trauma« veranschauliche und den Leser dabei zum Zeugen einer komplexen traumatischen partiellen Aufdeckungs- und massiven Verdeckungs- und Verschleierungsarbeit des Erzählers mache: »In this sequence of four images surrounded by accompanying

Naturgeschichte (des Herings) und Katastrophengeschichte (des Holocaust) werden montageartig benachbart und als Puzzelsteine einer Naturgeschichte der Zerstörung präsentiert, die nicht expliziert wird, sondern sich assoziativ im Kopf des Lesers als eine düstere Ahnung zusammenfügt.

Die Einbindung des Heringsfilms lässt sich also als ein kleines, zweifach gestaffeltes Lehrstück zur Technik der Rezipientenlenkung lesen: Erstens legt der Erzähler durch seine Erzählökonomie eine Deutung der RWU-Unterrichtsfilme als Propagandamaterialien nahe, die sie tatsächlich nicht sind. Zweitens wird suggeriert, dass diese vermeintlich indoktrinierenden Filme nach dem Ende des Dritten Reichs ungebrochen weiterverwendet wurden, um auch den nachfolgenden Generationen die düstere Logik von Kampf und Ausrottung einzuimpfen.[117] Hier führt sich der Erzähler gewissermaßen selbst als Beleg an, indem er verdeutlicht, wie die Vorgaben des Lehrers nicht nur seinerzeit den Blick des Schülers auf den Film, sondern noch die Erinnerung des Erwachsenen lenken: Den Film über die Heringsfischerei sieht der Erzähler auch in der Erzählgegenwart als einen Film, der exemplarisch den »Kampf des Menschen mit der Übermacht der Natur« (RS, S. 70) darstellt – eine Deutung, die der Zielsetzung des Filmes nicht gerecht wird.

Tatsächlich erweist sich die angeblich so genaue Erinnerung des Erzählers in mehrfacher Hinsicht als falsch. Ganz objektiv zeigt der Film andere Dinge als der Erzähler subjektiv gesehen hat oder zu sehen gehabt

textual narrative, we witness the work of an accomplished conceptual gymnast who uses words to hide form and images to hide stories. These photographs are tattoos in the first meaning of the word.« (ebd., S. 59) Die Funktionalisierung des vermeintlichen Bergen-Belsen-Bildes analysiert im Hinblick auf die Darstellungsverfahren bei Sebald und Kluge Daub: Er weist in diesem Zusammenhang auch darauf hin, dass die Geschichte über den Major Le Strange offenbar eine komplette Erfindung Sebalds ist, die er im Gewand der Dokumentation präsentiert. Auch bei dem abgebildeten angeblichen Zeitungsausschnitt handle es sich vermutlich schlicht um eine Fälschung Sebalds; vgl. Daub: ›Donner à Voir‹, S. 322. Als Beispiel für Sebalds historiographisch-metafiktionales Verfahren liest die Kombination der Bilder Hauenstein: Historiographische Metafiktionen, S. 99.

117 Zwar wurden viele der RWU-Filme tatsächlich nach 1945 weiterverwendet, aber nicht, wie vom Erzähler Sebalds suggeriert, aus Gründen eines ungebrochenen Ideologisierungsbestrebens seitens der Lehrer, sondern weil es sich um sachlich solides und didaktisch brauchbares Unterrichtsmaterial handelte und es neue Materialien nicht gab. Die RWU-Filme sind in den Bestand des FWU (Institut für Film und Bild in Wissenschaft und Unterricht, gegründet 1950) übergegangen und wurden teilweise nachträglich vertont.

haben behauptet: Das fängt schon damit an, dass der Film *Heringsfischerei* keineswegs »von schwarzem Gestrichel durchzittert[]»ist.[118] Auch wirkt er durchaus nicht, wie der Erzähler mehrfach betont, dunkel.[119] Zudem zeigt er nicht durchweg dramatische Szenen auf einem aufgewühlten Meer, wie der Erzähler suggeriert, indem er von den »heldenhaft« arbeitenden Heringsfischern spricht, die der »einmal ums andere über sie einbrechenden Sturzsee« trotzten und den »dunklen, bis an den oberen Bildrand sich auftürmenden Wellen« ausgesetzt seien (RS, S. 70). Vielmehr legt der Logger im Film bei ruhiger See ab, fährt lange Zeit auf einem spiegelglatten, hell leuchtenden Meer und wird dann lediglich in einer kontrastierenden Zuspitzung kurzfristig von Wellen geschüttelt, die über die Bordkante hineinschwappen.[120] Auch ist die Reihenfolge der Szenen eine andere als in der Darstellung von Sebalds Erzähler.[121]

Während der Film von der offensichtlichen Faszination des Regisseurs Dietrich Dreyer an der ausdifferenzierten Technik der Heringsfischerei lebt und heute ein kulturgeschichtliches Dokument ersten Ranges über eine untergegangene Tradition darstellt, konzentriert sich Sebald auf das im Film lediglich angespielte allgemeine Motiv des Kampfes von Mensch und Natur. Für den Heringsfang jedenfalls interessiert sich Sebalds Erzähler eindeutig nicht, denn nicht nur fehlen sämtliche gewerketypi-

118 Von »Gestrichel durchzittert[]« war jedenfalls weder die Kopie des Films, die ich im Hannoverschen Kulturarchiv angesehen habe, noch diejenige aus dem Besitz des Schulmedienzentrums Oberallgäu, ehemals Kreisbildstelle Sonthofen, die Sebald vermutlich gesehen hat. Ich danke Peter Stettner vom Hannoverschen Kulturarchiv und Doris Sippel von Schulmedienzentrum Oberallgäu für ihre freundliche Hilfsbereitschaft.

119 »Bei Nacht, schien es, wurden die Netze ausgebracht, und bei Nacht wurden sie wieder eingeholt. Alles spielte sich ab in wüster Finsternis.« (RS, S. 70) Am Ende seiner Reisebeschreibung, im Abschnitt über den deutschen Seidenbau, kontrastiert der Erzähler die vermeintliche Dunkelheit des Heringsfilms dann noch einmal mit der gleißenden Helligkeit des Seidenbau-Films; vgl. RS, S. 345.

120 Vgl. dazu die Beschreibung im Beiheft: »Zeitweise erschwert stärker werdender Seegang die ohnehin harte Arbeit« (Erichson: Heringsfischerei, S. 3).

121 Die betrifft insbesondere die Einstellung mit dem Kapitän; dieser wird im Film keineswegs als der Anführer einer Kampftruppe gegen die Elemente inszeniert, der, nachdem die dramatischen Aktionen auf dem wilden Meer beendet sind, »verantwortungsbewusst« (RS, S. 71) seine Leute wieder ans sichere Land fährt. Im Film ist der Kapitän derjenige, der über das Gespür und das Wissen darüber verfügt, wo sich die Fischschwärme befinden, und der daher gezeigt wird unmittelbar bevor er das Kommando für den Einsatz gibt; vgl. in diesem Sinne auch die Darstellung in Erichson: Heringsfischerei, S. 23.

schen Vokabeln wie ›Logger‹ (zur Bezeichnung der Fahrzeuge der Heringsfischerei) oder ›Kantjes‹ (zur Benennung der Fässer, in denen die Heringe gehältert werden). Auch behauptet der Erzähler, dass der im Film gezeigte »Kutter«, der auf Heringsfang in See steche, aus Wilhelmshaven stamme, was erstens historisch offensichtlicher Unsinn ist, da von Wilhelmshaven aus zu keinem Zeitpunkt Heringsfischerei betrieben wurde. Die Hauptorte der Heringsfischerei waren vielmehr Emden, Leer und Bremen-Vegesack, während Wilhelmshaven bekanntermaßen seit jeher ein Militärhafen war.[122] Abgesehen von diesem historischen ›Fehler‹, der selbst einem interessierten Laien auffallen könnte, sicher jedoch jeden lokalgeschichtlich gebildeten norddeutschen Küstenbewohner irritieren dürfte, setzt sich der Erzähler damit zweitens auch über das von ihm ja ausdrücklich zu Rate gezogene Beiheft hinweg. In diesem Heft nämlich wird gleich auf der ersten Seite darauf hingewiesen, dass der Film einen »Emder Logger« zeigt.[123]

Intendiert ist also sicherlich keine Information über historische Fakten,[124] über die sich der Erzähler im Gegenteil mit einiger Dreistigkeit hinwegsetzt. Offenbar geht es darum, ein Netz aus Koinzidenzen zu konstruieren und einzelne Aspekte dabei in konkreten Begriffen zu verdichten. Der Ortsname Wilhelmshaven steht in diesem Netz nicht nur als Marinestandort für die militärische, zerstörerische Schiffsfahrt (ein Vorwissen, das beim Leser vorausgesetzt werden kann). Er wird auch umgeschrieben zu einem Synonym für die Zerstörungswut, mit der der Mensch der Natur begegnet und die sich als Ausbeutung der Meere durch die systematische Heringsfischerei konkretisiert.[125] Drittens ist der

122 Der wichtigste Hafen, von dem aus der Heringsfang betrieben wurde, ist Emden. Zur Geschichte der Heringsfischerei und den wichtigsten Orten der sogenannten »Heringsflotte« vgl. W. Schnakenbeck: Die Nordseefischerei. Stuttgart 1928 (= Handbuch der Seefischerei Nordeuropas. Hg. v. H. Lübbert u. E. Ehrenbaum. Bd. V: Die deutsche Seefischerei), vgl. insbes. S. 117-133, zur Bedeutung Emdens S. 120-126, Übersicht über Anzahl und Art der Schiffe der »Heringsflotte« S. 128 f. Die Stadt Wilhelmshaven hingegen wird in dem Standardwerk Schnakenbecks nicht zufällig an keiner Stelle erwähnt.

123 Erichson: Heringsfischerei, S. 3.

124 Diese Auffassung vertritt in Bezug auf das Kapitel über den deutschen Seidenbau Gerhard Fischer: Schreiben *ex patria*. W. G. Sebald und die Konstruktion literarischer Identität. In: Schreiben ex patria, S. 27-44, hier S. 37.

125 Tatsächlich beherbergte Wilhelmshaven schon zu Beginn des 20. Jahrhunderts neben den Marinewerften auch Forschungseinrichtungen wie das Institut zur Erforschung des Nordseeklimas und die Forschungsanstalt für Wattforschung, so dass eine Stilisierung dieser Stadt als Vorreiter eines nachhaltigen Umweltbewusstseins theoretisch ebenso denkbar gewesen wäre.

Name Teil einer Liste der zerbombten Städte: Wilhelmshaven wurde, wie der Gärtner Somerleytons, William Hazel, schon im zweiten Kapitel mitteilt, durch den Luftkrieg zerstört und hat sich daher in sein Gedächtnis eingebrannt.[126]

Der Film, der vermeintlich einen Teil dieser Zerstörungsgeschichte dokumentiert, erweist sich in *Die Ringe des Saturn* also als ein fiktionalisiertes Dokument, das, ursprünglich ein Material zur Kulturgeschichte des Heringsfangs, unter der Hand des Erzählers zu einem Dokument einer staatlich geförderten ideologisierenden Perspektive auf alte Zeiten wird, in denen echte Männer noch ungebrochen den Kampf mit der Natur aufnahmen und damit eine Haltung einübten, die unter den veränderten Vorzeichen des Dritten Reichs mit katastrophalen Folgen neu funktionalisiert werden konnte. Die Dokumentarfiktion spielt dabei für die Darstellungstechnik eine entscheidende Rolle: Der Erzähler geriert sich als Historiker und Archivgänger, scheint genaue Materialrecherchen zu betreiben und auf eine solide Kenntnis der Sachlage zurückgreifen zu können. Diesem Erzähler soll man guten Gewissens Glauben schenken können. Die Historiker-Attitüde des Erzählers wird von Sebald derart suggestiv inszeniert, dass vereinzelt solche vermeintlich historische ›Fakten‹ aus *Die Ringe des Saturn* eins zu eins als Realien weiterverwendet wurden.[127] Tatsächlich scheint es, dass der Zugriff des Erzählers auf

126 RS, S. 53. Allerdings scheint dies – so Hazel im Anschluss an die Sebald'sche Luftkrieg-These – in den Köpfen der Betroffenen ausgelöscht zu sein, vgl. Schütte: Interventionen, S. 491.

127 Dies gilt für die zwei angeblichen Forscher aus dem 19. Jahrhundert, Herrington und Lightbown, von denen in *Die Ringe des Saturn* behauptet wird, dass sie an einem Projekt zur Nutzung der fluoreszierenden Substanzen toter Heringe arbeiteten. In der Sebald-Forschung ist dies gelegentlich als ein Beispiel für Sebalds Verfahren des künstlichen Arrangements angeführt worden, dessen Konstruiertheit sich in den unwahrscheinlich wirkenden, sprechenden Namen gewissermaßen schon selbst ›verrät‹. Sebald erzeuge dadurch bewusst einen »semantische[n] Mehrwert«; vgl. Claudia Öhlschläger: Beschädigtes Leben. Erzählte Risse. W. G. Sebalds poetische Ordnung des Unglücks. Freiburg i. Br., Berlin u. Wien 2006, hier S. 187; ebenso Öhlschläger: Der Saturnring, S. 199. – Dessen ungeachtet referiert die Einleitung zu einem Licht-Installationsprojekt von Michael Aschauer, Nik Thönen, Maia Gusberti und Tilman Küntzel auf die Namen eben dieser Forscher, bedient sich dabei nahezu wörtlich der ins Französische übersetzten Formulierungen aus Sebalds Text, präsentiert dies aber weder als Zitat, geschweige denn als Zitat aus einer Fiktion, sondern als wissenschaftsgeschichtliches Faktum: »Loin des projets excentriques de Herrington et Lightbown qui, en tirant profit de la substance lumineuse exsudée par les harengs à leut mort, pensaient pouvoir éclairer nos villes, la fée électricité et l'ampoule à incandescence

Quellen »je nach Informationsstand des Rezipienten der Beglaubigung oder der Fiktionalisierung des Gesagten dienen kann«.[128] Konkret: Wer mit dem Heringsfang vertraut ist, erkennt in der Beschreibung des Films *Heringsfischerei* ›Fälschungen‹ und sieht einen fiktionalisierenden Erzähler am Werk. Für einen Leser ohne entsprechende Vorbildung hingegen muss die Referenz auf den Film beglaubigend wirken, er muss davon ausgehen, dass hier historische Dokumente referiert werden.

Die Bruchstücke aus dem Film verbindet der Erzähler im Folgenden mit anderen Bausteinen zu einer, wie es im Stichwortverzeichnis von *Die Ringe des Saturn*, heißt, »Naturgeschichte des Herings« (RS, [S. 5]). An seiner Selbstinszenierung als Dokumentarist hält er dabei ebenso konsequent fest, wie er immer wieder tief in sein Material eingreift. Man kann vielleicht sogar so weit gehen zu sagen, dass die Fiktion des Dokumentarischen durchweg auf der Basis von genau gesetzten Fälschungen und Umschriften erzeugt wird. Dabei wird der Wahrheitsanspruch traditioneller Geschichtsschreibung insofern ad absurdum geführt, als der Duktus der Referenz auf Autoritäten in einem Atemzug sowohl lautstark imitiert als auch stillschweigend untergraben wird. Der Erzähler erweist sich als ein schlitzohriger Plagiator, ein Fälscher, ein subversives Element: Er bedient sich aus Fremdtexten, ohne sich um irgendeinen wissenschaftlichen Ehrenkodex auch nur ansatzweise zu scheren. Er schreibt die Materialien um für seine Zwecke, betreibt sein individuelles Projekt der Geschichtsschreibung, indem er die Linien zieht, die ihm einleuchten – und im Zweifelsfall durch gezielte Geschichtsfälschung und Quellenveränderung zur genaueren Profilierung der eigenen Lesart nachhilft.

Für die Erzählungen *Die Ausgewanderten*, in denen sich ein ebenfalls Sebald zum Verwechseln ähnlicher Ich-Erzähler als Rekonstrukteur von Lebensgeschichten inszeniert, ist ein Erzählverfahren der »diskreten Partizipation« festgehalten worden,[129] das vorgibt, auf der Basis vermeintlich

remédièrent aux ténèbres.« (Damien Simon: [Einleitung]. In: http://www.bon-accueil.org/wp-content/download/DOSSIERDEPRESSE_LICHTKLANG.pdf [besucht am 10.08.2011]). – Einer derartigen Leichtgläubigkeit gegenüber der historischen Vertrauenswürdigkeit von Sebalds Erzähler folgt Hans-Walter Schmidt-Hannisa nicht und weist vielmehr darauf hin, dass etwa die Ursache für das Fluoreszieren der Heringe nach ihrem Tod im Gegensatz zur Behauptung des Erzählers sehr wohl bekannt ist; vgl. Hans-Walter Schmidt-Hannisa: Abberration of a Species. On the Relationship between Man and Beast in W. G. Sebald's Work. In: W. G. Sebald and the Writing of History. Hg. v. Anne Fuchs u. J. J. Long. Würzburg 2007, S. 31-43, hier S. 39 f.

128 Hoffmann, Rose: »Quasi jenseits der Zeit«, S. 593.

129 Öhlschläger: Beschädigtes Leben, S. 37.

authentischer individueller Materialspuren einfühlsam die Biographien Traumatisierter und ihrer »pained condition« zu rekonstruieren.[130] Bei näherem Hinsehen entpuppe sich dies als ein »Vexierspiel«, in dem die Erinnerungsmaterialien präsentiert werden als diskontinuierlich zwischen Wirklichkeit und Illusion, zwischen Faktizität und Imagination flottierende Elemente, die vom Erzähler durch nachträglich hinzugefügte Zitate angereichert werden.[131] Das Verfahren ziele darauf, die Konstruiertheit und Künstlichkeit von Erinnerung und Erinnerungserzählen zu betonen, so dass die »eingespielte[n] Dokumentations- und Bildmaterialien, Notizen, Tagebucheinträge und Dinge, in denen Geschichte sich sedimentiert« weniger als »Originale« denn als »Medien« fungierten, die selbstreflexiv die »unendliche Zitatstruktur« der Narration unterstrichen.[132] Auch *Die Ringe des Saturn* kreisen in einer ›unendlichen Zitatstruktur‹. Diskretion ist hier allerdings in einem anderen Sinne und in extremer Weise verwirklicht: Es bedarf schon einer geradezu detektivischen Lust an der Spurensuche, um die Herkunft der Materialien zu identifizieren. Eine derartige philologische Kärrnerarbeit bringt ein mehrfach in sich gestaffeltes, subtiles Spiel mit den Quellen an den Tag: Erst der quellenkundige Leser wird die naturhistorischen Exkurse des Erzählers tatsächlich als Fiktionen lesen, als Fiktionen, in denen programmatische Referenzen versteckt sind und das poetologische Programm einer Naturgeschichte der Zerstörung realisiert ist.

6.2.4 Die Naturgeschichte des Herings: Verborgene Quellen

Neben dem Film und dem Beiheft ruft der Erzähler eine Vielzahl anderer historischer Materialien auf, die er auf ähnliche Weise verfälscht, verfremdet und umschreibt. Einen prominenten Platz unter den Quellen nimmt ein mehrfach paraphrasierend zitiertes Werk ein, bei dem es sich

130 Swales: Intertextuality, S. 86. Ausgehend von Swales' Begriff einer »pained condition« ist für das Erinnerungs-Erzählverfahren Sebalds festgehalten worden, dass es »einerseits den Schmerz der Vergangenheit zutiefst [auslote], andererseits aber die Unaussprechlichkeit eines solchen Schmerzes nicht direkt [antaste]« (Hutchinson: W. G. Sebald, S. 37). Diese Perspektive der »pained condition« sei nicht allein mit dem Holocaust verbunden.

131 Öhlschläger: Beschädigtes Leben, S. 43. Öhlschläger weist auch darauf hin, dass in die »narrativ entfaltete Erinnerungspraxis immer wieder Sonden des Faktischen eingeführt werden« (etwa im Form nachträglicher Zitate), deren Gehalt dann »allerdings verschoben und in andere Kontexte übersetzt« werden (ebd., S. 44).

132 Öhlschläger: Beschädigtes Leben, S. 46.

um eine »1857 in Wien erschienene[] Naturgeschichte der Nordsee« handeln soll (RS, S. 71). Die peniblen Angaben zu Ort und Jahr der Publikation erwecken den Eindruck einer zuverlässigen Quellenangabe.[133] Tatsächlich aber lässt sich ein derartiges Werk bibliographisch nicht ermitteln: Unter den im *Karlsruher Katalog* verzeichneten im Jahr 1857 in Wien erschienenen Büchern findet sich keines, das man als eine Naturgeschichte der Nordsee charakterisieren könnte, geschweige denn, dass es tatsächlich ein Werk genau diesen Titels gäbe, das 1857 in Wien erschienen wäre.[134] Ganz offensichtlich handelt es sich um ein von Sebald fingiertes Buch. Allerdings erweist es sich insofern wiederum auch nur teilweise als Fake, als sich zumindest einige der referierten Passagen sehr wohl in einem Prätext auffinden lassen, der allerdings weder in Wien noch im Jahr 1857 erschienen ist.

Der Erzähler behauptet, in der angeblichen ›Naturgeschichte der Nordsee, Wien 1857‹ zu lesen, »daß der Hering während der Frühlings- und Sommermonate in ungeahnten Millionen aus den dunklen Tiefen steige, um in den Küstengewässern und seichten Meeresgründen schichtenweise übereinandergelagert zu laichen. Und mit einem Ausrufezeichen ist vermerkt, daß ein jedes Heringsweibchen siebzigtausend Eier ablege« (RS, S. 71 f.). Die in manchen Jahren exorbitant hohen Zahlen der Heringspopulation sind ein Topos in der Fischforschung, mit dem der Erzähler an seine vorherige Bemerkung anknüpft, der Hering sei »das Hauptemblem sozusagen für die grundsätzliche Unausrottbarkeit der Natur« (RS, S. 70). Allerdings ist der Hinweis auf die Anzahl der Eier auffällig, da er im Widerspruch zu einer Information steht, die Standardwerke wie etwa der *Brehm* geben, wo nämlich üblicherweise gerade betont wird, dass die scheinbar so unkalkulierbar und massenhaft auftretenden Heringe auf der Ebene des einzelnen Individuums keine ungewöhnlichen Vermehrungszahlen aufweisen.[135] Bemerkenswert ist ferner, dass die Angabe in der ›Naturgeschichte der Nordsee‹ angeblich mit einem Ausrufezeichen versehen sein soll, was auch für einen fachwissen-

133 Die Existenz dieses Buches ist von der Forschung noch nie infrage gestellt worden, vielmehr neigen die Darstellungen dazu, so zu tun, als lege Sebalds Erzähler seine Quelle hier tatsächlich offen; vgl. etwa Öhlschläger: Beschädigtes Leben, S. 185; deutlicher Friedrichsmeyer: Sebalds Heringe, S. 18 f.

134 So das Ergebnis einer kvk-Recherche im Juli 2011.

135 So hält der *Brehm* fest: »Die Zahl der Eier eines großen Weibchens wird auf 30000 angegeben, ist also im Verhältnis zu anderen Fischen nicht bedeutend.« (Brehm: Die Fische, S. 251). Diese Aussage findet sich ohne Rekurs auf Brehm nahezu wörtlich wieder in dem vom Erzähler ja angeblich herangezogenen Film-Beiheft von Erichson: Heringsfischerei S. 7.

schaftlichen Text älterer Provenienz eher etwas ungewöhnlich ist. Hinsichtlich der Zuverlässigkeit der Sachinformationen und der Seriosität der Darstellungsweise regen sich damit aus biologiehistorischer Sicht Zweifel – die sich insofern als fruchtbar erweisen, als sie zu einer breiteren Recherche ermuntern. Tatsächlich rekurriert der Erzähler mit dem Hinweis auf eine ›Naturgeschichte der Nordsee‹ nicht, wie suggeriert, auf das Œuvre eines Naturwissenschaftlers, sondern auf den prominenten naturgeschichtlichen Beitrag eines ebenso prominenten Historikers: *La Mer* von Jules Michelet.[136]

In seinem 1861 erschienenen Werk, für das er 1857 allerdings nicht in Wien, sondern in Paris mit der Materialsammlung begann,[137] erwähnt Michelet den vom Erzähler zitierten Topos der ›Heringsflut‹:

> Und kommt erst die Sankt-Johannes-Nacht, in der die Fischfangsaison beginnt, dann sieht man aus den Tiefen ein weiteres Meer, das Meer der Heringe, heraufsteigen. Die endlose Wasserfläche ist dann nicht weit genug, diese lebende Sintflut zu fassen, eine der triumphalsten Offenbarungen jener schrankenlosen Fruchtbarkeit der Natur.[138]

Michelet spricht zudem auch von der »unsagbar großen Zeugungskraft« der Heringe und betont: »Man bedenke, dass jeder Hering 40.000, 50.000, ja bis zu 70.000 Eier hat!«[139] Hier ist sie also, die ungewöhnlich hohe Zahl und hier ist es, das Ausrufezeichen: Die ›Naturgeschichte der Nordsee‹ ist Michelets *La Mer.*[140] Gut versteckt schmuggelt Sebald damit eine programmatische Referenz ein: Der Erzähler, der in seinem Beschreibungsprogramm Natur- und Menschengeschichte miteinander verknüpft und das Projekt einer »Natur- & Menschenkunde« à la Herder verfolgt, rekurriert tatsächlich ganz unmittelbar auf ein einschlägiges Beispiel aus dieser historiographischen Tradition.

Scheint der Exkurs zum Hering aus heutiger Sicht sicherlich etwas »absurd[]«,[141] so ist er vor dem Hintergrund der Vico-Herder-Michelet-Linie völlig konsequent: In Lowestoft gucken den Erzähler die Ruinen einer untergegangenen Kultur an, die mit einem Teil der Natur, dem

136 Sebalds Luftkriegsessay diskutiert vor dem Hintergrund von Michelets anverwandelnder Historiographie Hell: The angel's, ab S. 372.

137 Michelet: Das Meer; dass Michelet 1857 mit den Entwürfen und Materialsammlungen für *La Mer* begonnen habe, vermerkt die Zeittafel ebd., S. 354.

138 Michelet: Das Meer. S. 31.

139 Michelet: Das Meer, S. 85.

140 Die spätere Paraphrase (RS, S. 73) lässt sich bei Michelet allerdings nicht nachweisen.

141 Lemke: Figurationen der Melancholie, S. 256.

Hering, aufs Engste verbunden sind, weshalb die ›Naturgeschichte des Herings‹ zu erzählen auf der Hand liegt. Im Geiste Michelets wird dann in den Quellen geblättert, schließlich aber vor allem mit eigener Stimme erzählt. Von Michelet kommend, der in *La Mer* das Ausrufezeichen und, wie oben gezeigt, andere Merkmale emotional beteiligten Erzählens ausgiebig benutzt, wirkt Sebalds Erzähler geradezu zurückhaltend und seriös. Auch wenn sich dessen Stimme sprachlich objektiver als diejenige Michelets geriert, ist sie tatsächlich im Umgang mit den Quellen wesentlich dreister. So inszeniert sich Sebalds Erzähler zwar als gelehrter Bücherwurm, der aus einem riesigen Archiv heraus seine Preziosen entnimmt, rekurriert dabei aber auf andere Bestände, als es scheint. Überspitzt könnte man sagen: Die Bücher, die er aufschlägt, nennt er nicht, die, die er nennt, schägt er nicht auf.

Schauen wir uns diese Mischung aus Originalzitat und Variation, Fortschreibung und Fälschung, die der Erzähler bietet, noch etwas genauer an. Prominent und in unmittelbarem Anschluss an die vermeintlichen siebzigtausend Eier des Heringsweibchens rekurriert der Erzähler auf Buffon. Dieser habe nämlich bezüglich der Vermehrungszahlen des Herings ausgerechnet, dass »wenn sie sich alle ungehindert vermehrten« dies »bald eine das zwanzigfache Volumen der Erde ausmachende Menge von Fischen« zum Ergebnis hätte (RS, S. 72). Dies wirkt nun erstens aus heutiger Sicht inhaltlich ziemlich absurd und wenig geeignet, für die wissenschaftliche Seriosität Buffons zu werben. Zweitens aber erscheint die Information insofern unglaubwürdig, als Buffon in seiner *Histoire naturelle* zwar einigen Tierfamilien ganze Bände gewidmet hat (so etwa den Vögeln), für die Fische aber gerade überhaupt nicht einschlägig ist. Vielmehr stammen die Bände seiner Naturgeschichte über Heringe & Co nicht von seiner Hand, sondern von einem Mitarbeiter am Pariser Naturhistorischen Museum, Bernard de La Cépède, und sind erst nach dem Tod Buffons, wenngleich in expliziter Fortsetzung seines Projektes, erschienen.[142] Buffon wird hier also gewissermaßen schlicht als Marke eingesetzt, wird aufgerufen, weil er der unangefochtene König der französischen Naturforschung, eben *die* Autorität in Fragen der Naturgeschichte ist. Tatsächlich aber hat Buffon die angeführte Spekulation sicher nicht

142 Vgl. Bernard Germain Etienne de la Ville sur Illon de La Cépède: Histoire naturelle des poissons. Paris 1798-1803, 11 Textbde., 1 Abb.bd.; vgl. auch die zügig erschienene deutsche Teilausgabe Bernard Germain Etienne de la Ville sur Illon de La Cépède: Naturgeschichte der Fische als eine Fortsetzung von Buffons Naturgeschichte. Nach dem Französischen, mit einigen Anm. begleitet v. Philipp Loos. 2 Bde. mit je 2 Teilbdn. Berlin 1799-1804.

angestellt. Ebenso aber wie man die Zuverlässigkeit der Erinnerung des Erzählers an den Heringsfilm zunächst nicht infrage stellt, so wird jedenfalls der biologiegeschichtlich laienhafte Leser auch der Referenz auf Buffon im ersten Schritt ohne Bedenken folgen und dem scheinbar so kundigen Erzähler Glauben schenken. Dieser praktiziert so mit seinen Referenzen sehr erfolgreich eine Technik der Blendung durch die Errichtung eines Netzes der wechselseitigen Beglaubigung: Allein die Tatsache, dass er die Autorität Buffon ins Feld führt, stärkt rückwirkend wiederum die Autorität des Erzählers. Und dies gilt in gewisser Weise umso mehr, als der große Buffon zwar aufgerufen, aber auch abgewertet wird, indem wir glauben sollen, dass er sich zu den auf den Sebald-Leser vermutlich reichlich abwegig und krude wirkenden Spekulationen über eine drohende apokalyptische Heringsflut hat hinreißen lassen.

Historische Autoritäten stellen für die Dokumentarfiktion also einerseits wichtige Bausteine bereit, werden andererseits aber im selben Atemzug in ihrer Kompetenz degradiert, indem ihnen etwas unseriös wirkende Spekulationen untergeschoben werden, die sich zudem als von der genannten Person nie getätigte Aussagen entpuppen. Dieses dreigliedrige, in sich gebrochene Referenzverfahren (1. Versicherung in historischen Autoritäten, 2. Degradierung derselben, 3. Andichten von Aussagen) wird vom Erzähler durch eine vierte Technik auf die Spitze getrieben: Er schmuggelt authentisches Material in seine Darstellung ein, das er ungekennzeichnet bzw. falsch gekennzeichnet lässt. Konkret heißt das in diesem Fall: Die Buffon zugeschriebene Berechnung wurde weder von Buffon, noch von La Cépède, seinem hinter dem ›Markennamen‹ Buffon zum Verschwinden gebrachten Fortschreiber, angestellt, sondern von einer ungenannten dritten Person. Tatsächlich wird nämlich aus einer 1866 erschienenen Landeskunde mit dem Titel *Great Yarmouth and Lowestoft* von John Greaves Nall zitiert. In diesem Werk ist auch ein knapp zehnseitiges Kapitel zur *Natural History of the Herring* enthalten: Kopien daraus und aus anderen Kapiteln dieses Buches – nicht aber aus anderen, offensichtlich ebenfalls genutzten Quellen wie etwa Michelets *La Mer* – finden sich im Sebald-Nachlass in Marbach.[143]

143 John Greaves Nall: Great Yarmouth and Lowestoft, a handbook for visitors and residents; with chapters on the archaeology, natural history, & of the district; a history, with statistics of the East Coast Herring Fishery, and an etymological and comparative glossary of the dialect of East Anglia. London 1866, das Kap. »Natural History of the Herring«, S. 273-282. – Kopien einzelner Seiten aus dem Heringskapitel sowie aus Nalls Ausführungen zu Lowestoft und dem Landsitz Somerleyton finden sich im Sebald-Nachlass im Literaturarchiv Marbach

Die in *Die Ringe des Saturn* unmarkiert bleibende Referenz auf den mehr als hundert Jahre alten Beitrag birgt im Übrigen ein Lehrstück zur copy- and paste-Praxis im Wissenschaftsbetrieb. Denn schon Nall selbst scheint ein Kompilator gewesen zu sein, der zumindest sein Heringskapitel durch eine Zusammen- und Umschrift unter anderem der berühmten, wenngleich von ihm an dieser Stelle nicht zitierten *Histoire naturelle du hareng* von Achille Valenciennes generiert.[144] Wenn also Nall schreibt: »Buffon has stated that the produce of a male and female herring, if allowed to multiply without check, would in time produce a bulk of fish greater than twenty of our globes«,[145] so ist diese Passage vermutlich angelehnt an Valenciennes Spekulation: »Si pendant vingt ans consécutifs on pouvait réunir la progéniture d'un seul hareng et la rassembler en masse, quel espace immense n'occuperait-elle pas dans l'Ocean!«[146] Während Valenciennes allerdings lediglich auf derselben Buchseite, auf der er über die katastrophalen Folgen einer ungestörten Vermehrung der Heringe räsoniert, auch einen Hinweis auf Buffon gibt, ohne freilich zu behaupten, dass dieser die besagte Spekulation anstellte, wird bei John Greaves Nall Buffon tatsächlich zum Autor der Vermehrungsthese – ob

(W. G. Sebald: Prosa. *Die Ringe des Saturn*. Nachlass. Mappe 3 von 9). – Bei der Beschreibung Somerleytons hat Sebald ebenfalls Passagen aus Nalls Landeskunde bald Wort für Wort, bald mit Streichungen und Varianten übersetzt und eingebaut, vgl. etwa »Nicht einmal Coleridge hätte im Opiumschlummer eine zauberhaftere Szene sich ausmalen können für seinen mongolischen Fürsten Kubla Khan.« (RS, S. 47) Dieser Satz findet sich bei Nall: »Coleridge may have seen it, when in his charmed opium slumbar, he dreamed of the Abyssinian maid and the palace of Kubla Khan.« (Nall: Great Yarmouth, S. 217) Auch die Beschreibung der Grenzauflösung von Natur und Menschenwerk bei der Ausstattung Somerleytons ist nicht Sebalds Idee (RS, S. 46), sondern findet sich zumindest auch bei Nall (Great Yarmouth, S. 219 f.). Indem Sebald die genannten Passagen einem »Berichterstatter« zuweist, kennzeichnet er sie vage als Zitat.

144 M. A. [d. i. Monsieur Achille] Valenciennes: Histoire naturelle du hareng, comprenant la description zoologique et anatomique de cet important poisson, et une histoire détaillée de sa pèche ancienne et moderne. Extrait du tome XX de l'*Histoire naturelle des Poissons*. Avec trois planches coloriées. Paris u. Straßburg 1847. Die *Histoire naturelle des Poissons*, aus deren 20. Band die ›Naturgeschichte des Herings‹ stammt, war ein Gemeinschaftsprojekt mit Georges Cuvier.

145 Nall: Great Yarmouth, S. 275 f.

146 Valenciennes: Histoire naturelle du hareng, S. 73. Valenciennes spricht auch von der »incroyable fécondité du hareng« – ein Hinweis, den wiederum Michelet, der ausdrücklich auf die Naturgeschichte der Fische von Cuvier und Valenciennes referiert, übernommen hat. Vgl. die Anmerkung von Michelet: Das Meer, S. 308.

das nun tatsächlich Nalls eigene Idee war, sei einmal dahingestellt. Sebald jedenfalls übersetzt diese vermeintliche Buffonsche These aus Nalls Landeskunde, markiert den Fremdtext aber nicht und integriert ihn als scheinbar eigenes Wissen des Erzählers in seinen Reiseroman.

Man sieht: Wir haben es in *Die Ringe des Saturn* mit einer komplizierten Gemengelage von Abschreibepraktiken und Zuschreibungen, von Kopier- und Plagiierarbeiten zu tun. Dabei wird ein genauer Rückgriff auf historische Quellen erstens suggeriert und erweist sich in der suggerierten Form dann zweitens als Finte. Drittens aber entpuppt sich der Text dann als eine Zitatcollage aus entlegenen, ungenannten Quellen, die wiederum auf anderen ungenannten Quellen fußen. Bildet also eindeutig penibles Quellenstudium die Basis der Fiktion, und wird dieses als Attitüde des Erzählers auch in die Fiktion integriert, so werden die mit einigem Aufwand recherchierten Materialien doch zugleich weitreichend zerstört. So erweist sich Nalls *Great Yarmouth and Lowestoft* einerseits als *die* zentrale Quelle des Autors, die aber andererseits auf der Ebene der Erzählerinszenierung einer Naturgeschichte des Herings komplett unsichtbar bleibt, ja geradezu ausgelöscht wird, indem der Name Nalls nicht fällt.[147]

Umgekehrt kann man konstatieren, dass der Erzähler zwar die im Inhaltsverzeichnis angekündigte Naturgeschichte liefert, dies aber als Geschichtenerzähler, der in dem von ihm selbst aufgerufenen Archiv des Wissens autoritär herrscht und mit einiger Willkür und Zerstörungslust darüber entscheidet, wessen Namen er in welchem Kontext nennt und wessen Namen er auslöscht und dem Vergessen anheimstellt. Der Geschichtenerzähler im Gewand des Archivgängers verdeutlicht auf diese Weise, dass auch Geschichtserzählung immer ein eingreifender, gewalttätiger Akt ist, der Ruinen nicht nur beschreibt, sondern auch produziert, Gewinner kürt, Verlierer in den Abgrund des Vergessens stürzen lässt und dabei durchaus auch eine Schneise der Zerstörung hinterlässt.

Dieser fragmentierende Rückgriff auf Quellen sei abschließend noch einmal genauer aufgezeigt. An Buffon/Nalls Spekulationen über die Be-

147 Es wäre interessant zu wissen, wie sich die Zusammensetzung des Nachlasses zu *Die Ringe des Saturn* erklärt. Möglicherweise handelt es sich um einen vom Autor inszenierten Nachlass? Hat Sebald gezielt einige Hinweise auf Quellen aufbewahrt, andere Spuren verwischt? Zwar ist Sebald plötzlich und unvorhergesehen gestorben, gleichwohl lag der Abschluss des Manuskriptes dieses Buches Jahre zurück, und in der Forschung ist betont worden, Sebald habe die Materialien zu einem abgeschlossenen Werk üblicherweise zügig gesichtet und ggf. vernichtet; vgl. von Bülow: The Disappearance of the Author in the Work.

drohung, die von ungebändigten Heringspopulationen ausgehen könnte, schließt der Erzähler unter Rekurs auf nicht näher erläuterte angebliche »Chroniken« – hinter denen sich teilweise einmal mehr Nalls *Great Yarmouth and Lowestoft* verbirgt – Bemerkungen über die Wechselfälle der Heringszahlen an.[148] Evoziert wird die Natur als eine Schicksalsmacht, die bewirke, dass Heringe in einem unkalkulierbaren Rhythmus in einem Jahr völlig ausblieben, so dass »ganze Küstenstriche« verarmten, um im nächsten Jahr eine regelrechte »Heringsschwemme« zu bescheren, die nicht mehr zu bewältigen sei (RS, S. 72).[149] Heringsfang tut dann natürlich not. Einigen Ausführungen über die Fangtechniken (die wiederum der ›Naturgeschichte der Nordsee‹ entnommen sein sollen, sich in *La Mer* diesmal aber nicht finden lassen und auch inhaltlich fragwürdig sind[150]) lässt der Erzähler einen Passus über die alte Frage der Empfin-

148 RS, S. 72. Sebalds Text liegt hier einmal mehr das Heringskapitel aus der Great Yarmouth-Landeskunde zugrunde, in der auch das Phänomen der »Herring har'sts [sic]« beschrieben wird (vgl. Nall: Great Yarmouth, S. 279). Sebald hat die Passage nahezu wörtlich übersetzt in seinen Reiseroman integriert.

149 In diesem Zusammenhang werden auch die Wanderungen der Heringe erwähnt, freilich als angebliches Mysterium (»Auf welchen Bahnen der Hering durchs Meer zieht, ist bis heute nicht zuverlässig festgestellt.« [ebd.]), das sie längst nicht mehr sind. Vielmehr lässt sich auch an dieser Stelle einmal mehr die bekannte Lässigkeit des Erzählers konstatieren, der einerseits als Dokumentarist und Quellenkundiger zu sprechen vorgibt, sich aber über die tatsächliche Sachlage hinwegsetzt, wo es ihm passt, selbst wenn er zuvor die Quellen, die ihn eines Besseren belehren könnten, eingesehen zu haben behauptet. So sind die großen Spekulationen über die Wanderungen des Herings epochal beendet worden durch eine Studie, die auch im Beiheft zum Heringsfilm prominent zitiert wird, nämlich Friedrich Heincke: Naturgeschichte des Herings. 2 Bde. Berlin 1898. Die Bedeutung der Rassenforschungen Heinckes für die Entmystifizierung der Heringswanderung betont auch W. Schnakenbeck: Fischereibiologie. In: Die Tierwelt der Nord- und Ostsee. Hg. v. Georg Grimpe. Leipzig 1928, S. 1-48, hier S. 13.

150 RS, S. 73. Dass die Netze »zweihundert Fuß« (ebd.) lang sein sollen, irritiert nicht nur aufgrund des alten Maßes, scheint auch inhaltlich unwahrscheinlich. Verunklarend kommt hinzu, dass der Erzähler offenlässt, ob er über den Heringsfang mit Treibnetzen spricht, wie im Film *Heringsfischerei* gezeigt wird, oder ob er Schleppnetze meint. Sinnvoll kann sich seine Angabe eigentlich nur auf Treibnetze beziehen, die jedoch nach Angabe des Film-Beiheftes eine »Länge von 30 bis 31,5 m« haben und zusammengeknüpft werden zu einer »kilometerlangen Fleet«; vgl. Erichson: Heringsfischerei, S. 29. Die »zweihundert Fuß« lassen sich auch in den wichtigsten Standardwerken zum Heringsfang nicht verifizieren, vgl. W. Schnakenbeck: Schleppnetze. Stuttgart 1942 (= Handbuch der Seefischerei Nordeuropas Bd. IV: Die wichtigsten Fanggeräte Heft 1/2, S. 1-42);

dungsfähigkeit tierischer Lebewesen folgen. Seine anthropomorphisierenden Schilderungen der Fische, die angeblich »verzweiflungsvoll« gegen die Netze anschwämmen und später durch dasselbe »erdrosselt« würden, werden dadurch an einen traditionellen wissenschaftsgeschichtlichen Kontext angebunden, der in der deutschen Geschichte mit so großen Namen wie denen der Dichterärzte Albrecht von Haller (über die Frage der Irritabilität und Sensibilität) und Georg Büchner (Untersuchung über die Nerven der Barben) verknüpft ist – eine Verbindung, die in *Die Ringe des Saturn* aber in auffälliger Weise gerade vermieden wird. Sebalds Erzähler beruft sich vielmehr auf zwei andere Quellengruppen und exerziert dabei zum einen noch einmal die bekannten Strategien der Beglaubigung, Degradierung und des verdeckten Zitierens durch. Zugleich wird dies durch eine weitere Variante dokumentarfiktiven Schreibens ergänzt: Der Erzähler ruft historische Figuren auf, deren Charakterisierung sich als eine durch gezielte Eingriffe in Passagen aus naturgeschichtlichen Werken zustande gekommene, umgedeutete Fiktionalisierung erweist. Bei der Frage nach der Empfindungsfähigkeit und Überlebensfähigkeit der Heringe bezieht er sich zum einen auf Naturforscher vergangener Zeiten und nennt dabei nun den Namen, den er zuvor hinter Buffon zum Verschwinden gebracht hatte: Lacépède bzw. La Cépède. Allerdings erscheint auch La Cépède, wie zuvor schon Buffon, in etwas zwiespältigem Licht, da sein Wissen als veraltetet gekennzeichnet und zudem als subjektiv vage markiert wird, indem es angeblich schon aus La Cépèdes eigener Sicht einen unsicheren Status hatte:

> Frühere Naturhistoriker wie M. de Lacépède neigten daher zu der Annahme, daß Heringe, sowie sie aus dem Wasser gebracht werden, augenblicklich, sei es an einer Art von Infarkt, sei es aus sonst einer Ursache zugrunde gehen. (RS, S. 73)

So genau wusste es auch La Cépède nicht, dennoch wurde seine Infarkt-These den Angaben des Erzählers zufolge »bald von allen maßgeblichen Naturkundigen« geteilt: eine unsichere ›Wahrheit‹, die aus der Erzählgegenwart offenbar als Irrtum erscheint, hat sich zeitgenössisch schnell als Wissen etabliert – hier geht es offenbar auch um eine Ironisierung des Wissenschaftsbetriebes.

Die zweite Quelle sind »Augenzeugenberichte[]« (RS, S. 73), die der Auffassung La Cépèdes entgegenstünden. Damit ist ein Quellentypus aufgerufen, der einerseits in höchstem Maße für Authentizität zu bürgen

W. Schnakenbeck: Treibnetze. Stuttgart 1940 (= Handbuch der Seefischerei Nordeuropas Bd. IV: Die wichtigsten Fanggeräte Heft 3, S. 37-48).

scheint, andererseits historisch fragwürdig ist, da die Informationen natürlich mit der dem Leser unbekannten Zuverlässigkeit und Glaubwürdigkeit des Beobachters stehen und fallen. Auch philologisch sind »Augenzeugenberichte« ein Problem, zumindest dann, wenn sie lediglich mündlich überliefert sind. Welches aber sind die Zeugen, denen angeblich »lange besondere Aufmerksamkeit zugewandt wurde« (RS, S. 73 f.), und wie bezieht sich der Erzähler auf sie?

> So ist es zum Beispiel verbürgt, daß ein kanadischer Missionar namens Pierre Sagard an Deck eines Fischkutters vor der Küste Neufundlands einen Haufen Heringe des längeren zappeln sah und daß ein Herr Neucrantz in Stralsund mit großer Genauigkeit die letzten Zuckungen eines vor einer Stunde und sieben Minuten (zum Zeitpunkt des Todes) aus dem Wasser geholten Herings registrierte. Auch ein gewisser Noel de Marinière, Inspektor des Fischmarkts von Rouen, hat eines Tages staunend wahrgenommen, wie ein paar Heringe, die schon zwei bis drei Stunden auf dem Trockenen lagen, sich rührten und fühlte sich dadurch veranlaßt, die Überlebensfähigkeit dieser Fischer genauer zu erkunden, indem er ihnen die Flossen abschnitt und sie auf andere Weise verstümmelte. (RS, S. 74)

Die Zuverlässigkeit seiner Zeugen unterstreicht der Erzähler, indem er behauptet, ihre Berichte seien »verbürgt«. In der Referenz auf den ersten Augenzeugen, Pierre Sagard, bedient sich er sich des schon bekannten Verfahrens der Distanzierung, indem er den Namen nicht einfach nennt, sondern durch den unbestimmten Artikel und das vorangestellte Wort »namens« als möglicherweise zu Recht vergessene, etwas fragwürdige Gestalt abwertet. Wie bei dem Verweis auf Buffon nimmt der Erzähler damit den Duktus des Quellenkundigen ein, der sei es renommierte, sei es kaum bekannte Quellen aus der Wissenschaftsgeschichte mit kritischer Distanz referiert. Ironisch wirkt an dieser Stelle zudem, dass es sich bei Pierre Sagard um einen Missionar handeln soll, der also offenbar ohne Mitleid, jedenfalls ohne einzuschreiten, den zappelnden Fischen beim langsamen Krepieren zusieht. Der Erzähler bedient sich hier einer Kontrasttechnik, indem er zunächst die Heringe anthropomorphisiert darstellt, um dem dann die ungerührt nüchternen, ja geradezu grausamen Beobachter entgegenzusetzen.[151]

151 Diese Darstellung kulminiert in dem in der Sebald-Forschung schon häufiger zitierten Satz: »Doch in Wahrheit wissen wir nichts von den Gefühlen des Herings.« (RS, S. 75) Wer im Kampf zwischen Mensch und Natur also überhaupt Gefühle hat und wenn ja welche, scheint längst nicht geklärt. Zur Bedeutung

Ebenso wie Pierre Sagard wird auch »ein Herr Neucrantz« nur mit unbestimmtem Artikel, sogar ohne Vornamen und mit einem wiederum Distanz markierenden vorangestellten »Herr« als zweiter Augenzeuge genannt. Die eingangs durch das Verb ›verbürgen‹ als gewichtig inszenierten Zeugen verblassen so zusehends zu No-Ones: Irgendein kanadischer Missionar und irgendein Herr Neucrantz, der angeblich aus Stralsund stammt, haben etwas gesehen. Wieder scheint es auf der erzählerischen Metaebene darum zu gehen, den Aufbau historischer Wahrheiten zu inszenieren, Beglaubigungsstrategien aufzurufen, zu bedienen – und im selben Atemzug zu untergraben. Wie Sagard scheint im Übrigen auch »Herr Neucrantz« offenbar ein ungerührter Beobachter zu sein, der »mit großer Genauigkeit« über eine Stunde lang einem Hering beim Sterben zusieht.

Noch empfindungsloser ist der dritte Augenzeuge, »ein gewisser Noel de Marinière«, der durch das Wörtchen »gewisser« wiederum einleitend in eine etwas unklare Ferne gerückt wird: Ist er nur unbedeutend oder auch etwas zwielichtig? Das bleibt offen. Herr »de Marinière« staunt jedenfalls wie Sagard und Neucrantz über Heringe, die schon länger an der Luft sind und noch oder wieder Zeichen des Lebens von sich geben. Ihn inspiriert diese Beobachtung sogar zu Experimenten, zu Tierversuchen, die angeblich die »Überlebensfähigkeit dieser Fische« testen sollen. Tatsächlich scheint er schlicht auszuprobieren, wie viele und welche Körperteile man bei einem Hering abschneiden kann, ohne dass er sofort stirbt. Experimentalanordnung und Fragestellung wirken aus heutiger Sicht gleichermaßen absurd, die wissenschaftliche Praxis vergangener Zeiten insgesamt fragwürdig, ja lächerlich.

Dennoch kann man nach der Auffassung des Erzählers auch aus den Experimenten »de Marinières« etwas lernen und zwar über das Ineinanderwirken von Mensch und Natur: »Eine solche, von unserem Wissensdrang inspirierte Prozedur ist sozusagen die äußerste Zuspitzung der Leidensgeschichte einer ständig von Katastrophen bedrohten Art.« (RS, S. 74) Die Geschichte des Herings sei also eine Katastrophengeschichte, in die der Mensch nur als quasi letzter Erfüllungsgehilfe eingreife: Menschengeschichte als logische Fortführung des naturgeschichtlichen Plans. Hat also schon die Natur den Hering zu einer brutalen Leidensgeschichte und dem Durchleben einer einzigen Abfolge von Katastrophen verur-

der Tiere in *Die Ringe des Saturn* vgl. auch Bettina Mosbach: Schauer der ungewohnten Berührung. Zur Tieranalogie bei W. G. Sebald. In: Tiere, Texte, Spuren. Hg. v. Norbert Otto Eke u. Eva Geulen. Zeitschrift für deutsche Philologie Sonderheft zu Bd. 126 (2007), S. 82-97.

teilt, so macht sich der Mensch nicht etwa schuldig, wenn er Heringen die Flossen abschneidet, sondern setzt nur konsequent um, was im Schicksalsplan vorgesehen war. Eine naturgesetzhaft sich vollziehende Naturgeschichte der Zerstörung, in der der Mensch nur ein Rädchen im Uhrwerk ist, ist ganz offenbar die Logik, nach der Sebalds Erzähler Geschichte ablaufen sieht.[152]

Diese allgemeine Idee einer Naturgeschichte der Zerstörung setzt der Erzähler aber, und darauf kommt es der vorliegenden Darstellung an, auf der Mirkoebene seiner Darstellung konkret und aktiv um. Die vermeintlich so abwegigen »Augenzeugenberichte« beruhen nämlich tatsächlich sämtlich auf historischem Material, das allerdings unter der Hand des Erzählers einige weitreichende Entstellungen – um nicht zu sagen: Zerstörungen – über sich hat ergehen lassen müssen. Keineswegs also handelt es sich um »erfundene Naturwissenschaftler[]«; allerdings erweisen sich einige Details gleichwohl als Andichtungen.[153] So heißt der kanadische Missionar nicht Pierre sondern Gabriel Sagard und liefert mit seinem Reisebericht eine der frühesten und berühmtesten Schilderungen der Bewohner, Tiere und Pflanzen Neufundlands. In seinem Bericht findet sich auch die erwähnte Beobachtung zur Überlebensfähigkeit der Fische außerhalb des Wassers.[154] Der zweite Augenzeuge ist nicht »ein Herr

152 Vgl. in diesem Sinne auch die Behauptung, dass »ja immer, wenn man gerade die schönste Zukunft sich ausmalt, [es] bereits auf die nächste Katastrophe zugeht« (RS, S. 270); vgl. auch die zustimmende Charakterisierung der Selbstinszenierung Chateaubriands als Chronist einer »von einem Unglück zum nächsten taumelnden Geschichte« (RS, S. 305); vgl. zudem die abschließende Feststellung des Erzählers, dass »unsere« Geschichte »beinahe nur aus Kalamitäten« bestünde (RS, S. 350). Geschichte als Verfallsgeschichte – darin weiß sich der Erzähler nicht nur mit der literarischen Figur des Baldanders aus dem *Simplicissimus* und mit dem diese Figur aufnehmenden Jorge Luis Borges, sondern auch mit Thomas Browne einig: »Ähnlich wie in diesem fortwährenden Prozeß des Fressens und Gefressenwerdens hat auch für Thomas Browne nichts Bestand. Auf jeder neuen Form liegt schon der Schatten der Zerstörung. Es läuft nämlich die Geschichte jedes einzelnen, die jedes Gemeinwesens und die der ganzen Welt nicht auf einem stets weiter und schöner sich aufschwingenden Bogen, sondern auf einer Bahn, die, nachdem der Meridian erreicht ist, hinunterführt in die Dunkelheit.« (RS, S. 35 f.).

153 Dass es sich bei den sogenannten Augenzeugen um fiktive Figuren handle, nimmt an Uwe Schütte: Anmerkungen zu W. G. Sebalds Eigensinn. In: Akzente 58 (2011), S. 546-566, hier S. 559.

154 Gabriel Sagard: Le grand voyage du pays des Hurons. Hg. v. Real Ouellet. Mit einer Einleitung und Anmerkungen v. Real Ouellet u. Jack Warwick. Neue Ausgabe Québec 2007, 2. Tl., 3. Kap : Des poissons et bêtes aquatiques, S. 324-332.

Neucrantz in Stralsund«, sondern der spätere berühmte Stadtphysikus von Lübeck, Paul Neucrantz, der in Rostock geboren wurde und 1654 eine Abhandlung *De harengo exercitatio medica* vorlegte, in der er auch die vom Erzähler angeführten Beobachtungen beschreibt (wobei sich die absurd wirkende Zeitangabe ›eine Stunde, sieben Minuten‹ wenig überraschend als verändernder Eingriff des Erzählers entpuppt).[155]

Auch der »Inspektor des Fischmarkts von Rouen« basiert auf Realien, die jedoch, wie es die Art des Sebaldschen Erzähler ist, verändert und entstellt wurden. In diesem Fall wird das historische Vorbild sogar ridikülisiert, indem der Name Joseph Noel de la Morinière zu »Marinière« geändert wird, was auf eine Schieflage verweisen könnte (indem ›nager à la marinière‹ auf der Seite schwimmen bedeutet), oder aber den Herrn in einer Zwiebeltunke baden lässt (à la marinière). Verdeckt wird so ein weiterer bedeutender französischer Fischforscher, der nicht nur Wesentliches speziell zur Naturgeschichte der Heringe und allgemein zur Geschichte der Naturgeschichte der Fische beigetragen hat,[156] sondern auch als Journalist gewirkt hat, indem er das berühmte *Journal de Rouen* 1792-1799 herausgab. La Morinère war im Übrigen keineswegs irgendein obskurer kleiner Provinzmarktaufseher in der Stadt Rouen, sondern vielmehr gut fünfzehn Jahre lang »Inspecteur général des pêches de France«.[157] Das Verfahren wiederholt sich: Historisches Personal wird aufgerufen, scheinbar als Autorität, zur Beglaubigung. Dann wird es nahezu im selben Atemzug abgewertet, in der Glaubwürdigkeit untergraben. Drittens erweist sich das Ganze bei einer Überprüfung der suggerierten Sachlage dann zumindest teilweise als Halbwahrheit oder Lüge.

155 Paul Neucrantz: De harengo exercitatio medica. Lübeck 1654, S. 21. Vgl. auch [Art.] Neucrantz (Paul). In: Allgemeines Gelehrten-Lexicon: darinne die Gelehrten aller Stände sowohl männ- als weiblichen Geschlechts, welche vom Anfange der Welt bis auf ietzige Zeit gelebt, […] aus den glaubwürdigsten Scribenten in alphabetischer Ordnung beschrieben werden. Hg. v. Christian Gottlieb Jöcher. Leipzig 1751. Reprint Hildesheim 1961, Bd. 3, Sp. 874.

156 Vgl. etwa Joseph Noel de la Morinière: Histoire naturelle de l'éperlan de la seine inférieur. Rouen 1797; ders.: Histoire générale des pêches anciennes et modernes, dans les mers et les fleuves des deux continents. Paris 1815 [= Bd. 1 der auf zwei Bände angelegten, aber nur diesen einen Band umfassenden Geschichte der Naturgeschichte der Fische].

157 Zur Bedeutung Joseph Noel de la Morinières vgl. die gut recherchierte, umfassende Darstellung von Eric Wauters: Noël de La Morinière (1765-1822). Culture, sensibilité et sociabilité entre l'Ancien Régime et la Restauration. Paris 2001, zu La Morinières Arbeiten über den Hering vgl. insbes. ebd., S. 163-172, das Zitat zur Biographie ebd., S. 9.

Viertens wird am Ende deutlich, dass die vermeintlich eigenständige Darstellung des Erzählers bis in den Wortlaut auf ungenannten Quellen, sprich: auf einem Plagiat beruht.

So wurden sowohl der Hinweis auf La Cépèdes These vom unmittelbar bei Verlassen des Wassers eintretenden Tod des Herings, als auch die Beobachtungen Sagards, Neucrantz' und La Morinières einmal mehr dem Heringskapitel aus Nalls *Great Yarmouth* entnommen. Hier heißt es in einer Fußnote:

> Among the array of witnesses he [d. i. M. de Lacépède] quotes, are M. Neucrantz, who watched a herring live for more than an hour after it had been placed without extra care, upon a conveyance with other fish. – Sagard, a Canadian missionary, who noticed herrings leap upon the deck when taken from the nets, and continue doing so for a considerable time. – Noel de la Morinière, Inspector of the Fish Markets of Rouen, writes that he has seen herrings live two or three hours out of the water, and that he has held them in his hands, when they lived for upwards of half an hour. He relates also a variety of experiments he made to demonstrate their tenacity of life – cutting off their fins and otherwise multilating them.[158]

Nall selbst hat sich hier offenbar wieder aus Valenciennes' *Histoire naturelle du hareng* bedient, in der es heißt:

> On prétend que le hareng meurt aussitôt ju'il est sort de l'eau[.] […] M. de Lacépède a même essayé d'expliquer, par de très-longues considérations physiologiques, fondées sur la grandeur de l'ouverture branchiale du hareng, la cause de cette mort prétendue si prompte. […] Neucrantz a vu un hareng vivre encore plus d'une heure après qu'il eût été mis sans précaution et avec d'autres poissons de son espèce sur une voiture qui venait de parcourir un mille d'Allemagne. Sagard, missionnaire en Canada, observe qu'il a vu des harengs sauter sur le tillac lorsqu'on ramenait les filets, et cela pendant assez longtemps avant de mourir. Noel de la Morinière dit qu'il a vu des harengs vivre deux à trois heures hors de l'eau, qu'il en a tenu dans ses mains et qu'il les y a vus vivre pendant plus d'une demi-heure.[159]

Es fällt auf, dass schon Nall die Darstellung Valenciennes ergänzt (z. B. durch den Hinweis darauf, dass La Morinière Inspektor des Fischmarktes in Rouen war), aber auch Sebald in seine Quelle, Nall, wiederum ein-

158 Nall: Great Yarmouth, S. 276 [Fußnote].

159 Valenciennes: Histoire naturelle du hareng, S. 62 f.

greift. So verändert er die Reihenfolge der Namen, fälscht teilweise ihre Schreibweise, kürzt hier Informationen heraus, ergänzt dort andere, die sich dann als Fehlinformationen erweisen.[160] Ungenauigkeiten aus den Heringsgeschichten wie etwa die vornamenslose Bezugnahme auf Neucrantz und Sagard werden in *Die Ringe des Saturn* ausphantasiert. Dabei werden leicht zu recherchierende Wahrheiten ignoriert, wird etwa Neucrantz nach »Stralsund« platziert, erhält Sagard fälschlicherweise den Vornamen »Pierre«. Der Archivgänger erweist sich damit nicht nur als heimlicher Abschreiber, sondern auch als Ausschreiber, der der Historie in Teilwahrheiten sein eigenes Gewand gibt und zwar so tut, als wäre er ein Kenner der Naturgeschichte des Herings, tatsächlich aber einigermaßen unseriös mit seinen Quellen verfährt.

Wie sehr der Erzähler etwa seine ›Naturgeschichte des Herings‹ zusammenfabuliert, gesteht er übrigens indirekt zum Abschluss selbst ein, wenn er, sich der Anatomie und dem Erscheinungsbild des Herings widmend, eine unkommentiert bleibende, scheinbar aus einer alten Naturgeschichte stammende Schwarz-Weiß-Zeichnung eines Fisches einmontiert, von der man wohl denken soll, dass sie einen Hering zeigt.[161] Tatsächlich müsste ein aufmerksamer Rezipient dies bereits textintern infrage stellen, nicht nur, weil man diesem Erzähler so leicht gar nichts glauben sollte, sondern auch, weil zwischen Text und Bild ein offensichtlicher Widerspruch besteht: Während der Text einen »ein wenig vorstehende[n] Unterkiefer« als typisches Erkennungsmerkmal hervorhebt, ist auf der Zeichnung gerade umgekehrt ein Fisch mit Überbiss zu sehen, dessen auffällige Barteln zudem gar nicht kommentiert werden. Text und Bild stehen also offensichtlich nicht in einem unmittelbaren Illustrationsverhältnis zueinander. Auch die Konzentration des Textes auf die Farben, die in der schwarzweißen Abbildung ja nun gerade nicht zu

160 Gekürzt ist vor allem die Beschreibung der Experimente, die La Morinière unternommen hat und die offenbar nicht nur im Abschneiden von Flossen, sondern auch in anderen Manipulationen bestanden; vgl. Valenciennes: Histoire naturelle du hareng, S. 64.

161 Tatsächlich befindet sich in Marbach eine Kopie offenbar aus einem Werk der »Artistischen Anstalt« von Emil Hochdanz (jedenfalls findet sich unten auf der Seite ein kleiner Schriftzug: »Art AvE Hochdanz«), die eine Abbildung mit mehreren Fischen zeigt. Auf dieser Kopie ist als »Nr. 5«, auch der in *Die Ringe des Saturn* abgebildete Fisch zu sehen. Dieser Fisch ist von Sebald unmissverständlich mit einem Pfeil gekennzeichnet und mit dem (offenbar für den Druck bestimmten) Hinweis versehen, dass »only fish Nr. 5« zu übernehmen sei; vgl. aus dem Sebald-Nachlass im Literaturarchiv Marbach: W. G. Sebald: Prosa. *Die Ringe des Saturn*. Nachlass. Mappe 3 von 9.

sehen sind, unterstreicht die Dissonanz. Das offensichtlich gestörte Verhältnis zwischen Text und Bild kulminiert aber in der Feststellung, dass die Abbildung in der Tat keinen Hering zeigt, sondern einen Dorsch, d. h. einen der wichtigsten natürlichen Feinde des Herings.[162] Ob man dies als eine »durch die allegorische Arbitrarität geöffneten Verschiebung von der Opfer- auf die Täterperspektive« deuten kann oder sollte, sei einmal dahingestellt.[163] Vielleicht erlaubt sich der Autor hier doch eher einen Scherz?[164] Eindeutig jedenfalls handelt es sich auch um ein Experiment, das der Erzähler mit dem Leser macht, indem er vorexerziert, wie leichtfertig man eine authentische Information erhalten und verstanden zu haben meint, wo man tatsächlich irregeführt wird. Am Ende ist der Erzähler doch auch ein Lügenbaron …

6.3 Viertes Zwischenresümee

Als zerstörte erweist sich die Naturgeschichte als *die* Grundlage eines dokumentarfiktiven Schreibens in *Die Ringe des Saturn*. Erst der Leser als Archivgänger freilich wird erkennen, dass der scheinbar Geschichte bewahrende Erzähler tatsächlich ein fabulierender Geschichtenerzähler ist.

Inhaltlich wird vom Erzähler in Übereinstimmung mit der später in *Luftkrieg und Literatur* vertretenen Auffassung Sebalds eine naturgesetzhaft voranschreitende Naturgeschichte der Zerstörung als das gültige geschichtsphilosophische Modell beschworen und in der bereisten Natur und Kultur aufgesucht. Zugleich wird dies auf der Ebene der Darstellung jedoch nicht nur um-[165] sondern auch fortgesetzt und dadurch letztlich konterkariert, denn die Naturgeschichte der Zerstörung erweist sich auf der Metaebene als eine überaus künstlich hergestellte und aktiv betriebene. Indem der Erzähler Elemente aus der Naturgeschichte fragmentiert, erweist sich die vom Erzähler präsentierte Naturgeschichte als eine nur über äußerst verborgene Signale erkennbare Fiktion: Der Erzähler stellt das als Naturprozess Annoncierte im Umgang mit seinem Material

162 Diese Information gibt unter Verweis auf einen Vortrag Claudia Öhlschlägers Lemke: Figurationen der Melancholie, S. 257.

163 Lemke: Figurationen der Melancholie, S. 257.

164 In diesem Zusammenhang sei auch bezweifelt, dass die Bemerkung über die dem Menschen unbekannten Gefühle des Herings tatsächlich überhaupt »nicht ironisch gemeint« ist, sondern ausschließlich »resignativ« (Kastura: Geheimnisvolle Fähigkeit, S. 209 f.).

165 So die These von Hutchinson: W. G. Sebald, S. 30.

erst selber her. Dieser ästhetischen Umsetzung der Naturgeschichte der Zerstörung kann es keineswegs ausschließlich darum gehen, sammelnd Historie in literarischer Rekonstruktion zu bewahren und »die Vergangenheit gegen die Gegenwart auszuspielen«.[166] Auch eine »natural history of the present« scheint jedenfalls nicht in *Die Ringe des Saturn* die Pointe der erzählerischen Praxis zu sein.[167] Vielmehr agiert der Erzähler *auch* als ein Zerstörer der Vergangenheit, der die Naturgeschichte der Zerstörung nur scheinbar chronikalisch aufzeichnet, tatsächlich aber auch ästhetisch umsetzt.

Erweisen sich die Fragmente aus allerlei Naturgeschichten des Herings also als nahezu unentzifferbare, disparate, gebrochen zusammenmontierte und historisch verfälschte Splitter, so erhält das Bild vom eingedenkenden Bastler, dies sei abschließend resümiert, doch erhebliche Risse. Der Erzähler, der seinen historiographischen Anspruch immer wieder ausdrücklich betont, indem er sich etwa angeblich vornimmt, eine »unverantwortlicherweise [...] verschlafene Geschichte aus den Quellen einigermaßen zu rekonstruieren« (RS, S. 127), hebt nicht nur hervor, dass sich auch »in der Historiographie die unbestreitbaren Vorteile einer fiktiven Vergangenheit« zeigten,[168] er hält eine »Fälschung der Perspektive« auch für das notwendige Dilemma eines jeden Blicks auf Geschichte.[169] Geschichte erweist sich als eine Naturgeschichte der Zerstörung, die nur künstlich erzählt werden kann. Die Quellen behandelt Sebalds Erzähler dabei weniger, Benjamin folgend und in der Rolle des bewahrenden Sammlers, als nichtintegrierbare Fremdmaterialien. Auch scheint nicht die Tendenz zu einem mythisierenden Umgang charakteristisch.[170] Vielmehr wird das alte Porzellan der Naturgeschichte durch Übergriffe und Umschreibungen unkenntlich gemacht, manches geradezu zerdeppert: Naturgeschichte der Zerstörung ist in *Die Ringe des Saturn* kein Faktum, sondern eine künstlerische Praxis. Indem die ›englische Wallfahrt‹ die Zerstörung, die sie beschreibt, allererst systematisch betreibt, erweist sie sich als ein archivdestruierender, metafiktionaler Text, der mit mehr Selbstironie und Schalkhaftigkeit auf die thema-

166 Hutchinson: W. G. Sebald, S. 40.
167 Santner: On Creaturely Life, S. 167.
168 So in der Kommentierung von Borges' *Tlön*, vgl. RS, S. 91.
169 »Wir, die Überlebenden, sehen alles von oben herunter, sehen alles zugleich und wissen dennoch nicht, wie es war.« (RS, S. 152).
170 Lemke: Figurationen der Melancholie, S. 267.

tisierte Trümmergeschichte schaut als bislang angenommen.[171] Hinter der Maske des Melancholikers schmunzelt, so scheint es, auch ein Spieler, der das hohe Pathos einer Naturgeschichte der Zerstörung subversiv entschwert.

171 Anders die Pointe bei Finkelde, der Sebalds Werk paradigmatisch liest für eine Poetik des Sammelns »*nach* Auschwitz«, die auf Zerstreuung reagiere, indem sie diese »*zum Prinzip* erhebt«; vgl. Finkelde: Wunderkammer, S. 556 u. 563.

7. Zusammenfassung

Naturgeschichte und kein Ende: Die alte historia naturalis erweist sich in der Kunst und Literatur des 20. Jahrhunderts als quicklebendig. Durch die mikrologischen Einzelanalysen verschiedener Werke einer naturgeschichtlichen Linie der Moderne sollte dieses Feld sichtbar geworden sein. Die vorgestellten Artefakte unterscheiden sich zwar hinsichtlich der Ausdrücklichkeit des Rekurses auf den Terminus (einzig Max Ernst betitelt sein Werk auch selbst als Naturgeschichte), der aufgerufenen Traditionslinien (von Buffon über Linné bis zu Brehm und Valenciennes) und der Art und Weise der Verarbeitung dieser Bezugstexte (Ironisierung, echte Referenz, gebrochenes Zitieren). Durchweg jedoch beziehen sich die Künstler und Autoren detailliert auf ganz konkrete Naturgeschichten, d. h. es handelt sich nicht um locker hingetupfte Allgemeinplätze, sondern um kenntnisgesättigte, teilweise nur mit erheblichem Rechercheaufwand überhaupt herstellbare Bezugnahmen: Max Ernst blättert ausführlich in den Bildtafeln der *Encyclopédie* und nutzt sie als Vor-Bilder; Ernst Jünger lässt sich durch Linnés *Philosophia botanica* bis in die Ausstattungsdetails seiner Schauplätze inspirieren; Ror Wolf entpuppt sich nicht nur als ein Liebhaber der *Gartenlaube*, sondern auch als ein eifriger Leser des *Brehm*, der von dem hier aufgerufenen Netz der Gewährsmänner fasziniert ist. Der Bastler W. G. Sebald schließlich ist ein eifriger Bibliotheks- und Archivgänger, der Passagen aus entlegensten Quellen, aber auch aus Michelets *La Mer* ausschneidet, umarbeitet und neu zuschreibt. Auf der Grundlage dieser genauen Recherchen wird Naturgeschichte dann inhaltlich ein- und umgebaut: Mal wird sie in ihrer klassischsten Form als Schöpfungsgeschichte neu erzählt (Max Ernst), dann in den konkreten naturkundlichen Praktiken aufgerufen (Ernst Jünger), als popularwissenschaftliche bürgerliche Vortragskultur inszeniert (Ror Wolf) oder aber in Form gelehrter Exkurse als Teil einer Natur-Kultur-Geschichte eingebaut (W. G. Sebald). Sie wird ästhetisch fruchtbar gemacht, indem sie bald als Naturbeschreibung beim Wort genommen und dadurch ironisiert (Max Ernst), bald inhaltlich und poetologisch als räumliches Ordnungsmodell aufgerufen (Ernst Jünger), bald als Klassifikationssystem zur Wortschatzkiste erklärt (Ror Wolf), bald vor dem Hintergrund eines ästhetisch-geschichtsphilosophischen Konzeptes der Ruine produktiv zerstört wird (W. G. Sebald).

In allen untersuchten Werken aber ist der Bezug auf Naturgeschichte in auffälliger Weise mit einem enthistorisierenden Blick auf Geschichte verbunden: Nicht nur bleibt die aktuelle Zeitgeschichte außen vor, häufig fehlt auch eine klare Einordnung überhaupt in irgendeine konkrete Epoche. Max Ernsts Frottagen wirken geradezu, als wären sie aus der Zeit gefallen: In seinen Bildtafeln findet sich keines der üblichen Elemente der Moderne (Technik, Geschwindigkeit, Naturzerstörung), evoziert wird vielmehr ein geradezu archaisch wirkender, zeitloser Raum. Ernst Jünger eröffnet magische Konstellationen und räumliche Panoramen, vermeidet sowohl in den *Marmorklippen* als auch in *Subtile Jagden* genaue Datierungen oder Rückbindungen an identifizierbare historische Ereignisse. Ror Wolfs *Fortsetzung des Berichts* spielt in einem zeitlich vagen Diskontinuum, in dem nur gelegentlich einzelne realgeschichtliche Elemente aufblitzen. Sebalds Erzähler schließlich springt in seinen Narrationen permanent zwischen verschiedenen Zeitebenen hin und her und ignoriert, der Datierung in der Gegenwart ungeachtet, alles, was die technische Wirklichkeit der zweiten Hälfte des 20. Jahrhunderts tatsächlich ausmacht.

Lineare, teleologische Entwicklungsgeschichten werden in den Werken der naturgeschichtlichen Linie der Moderne also nicht erzählt. Daher ist auch die Präsentationsweise, die Ordnung der Darstellung offensiv antichronologisch: Max Ernst erzählt in losen Blättern, d.h. in prinzipiell veränderbarer Reihenfolge, Ernst Jünger gliedert seine entomologische Autobiographie nicht nach der Chronologie des Lebens, sondern nach der Logik überzeitlicher Käfer-Fixpunkte. Ror Wolf löst alle Elemente eines traditionellen Story-Erzählens (klarer Plot, psychologisch glaubwürdige Figuren, stringente Handlung) systematisch in ein Wirrwarr sprachlicher und inhaltlicher Varianten auf und auch W.G. Sebald entzeitlicht seinen Reiseroman, indem er die ganz unterschiedlichen Ebenen in einem Spiegelkabinett der Koinzidenzen in einem Nebeneinander anordnet: »the process of history is frozen«.[1] Als Dreh- und Angelpunkte der Werke einer naturgeschichtlichen Linie der Moderne erweisen sich mithin Inhalte und Darstellungsverfahren, die nicht auf Genealogie, sondern auf Stillstellung, die nicht auf ein Nach- sondern auf ein Nebeneinander zielen. Künstlerisch-literarische Blicke des 20. Jahrhunderts auf das naturgeschichtliche Tableau generieren aus dem alten Material und seiner nicht-evolutionstheoretischen Präsentation *Natural History and Other Fictions*: Neben der surrealistischen Naturgeschichte Max Ernsts, der magischen Naturgeschichte Ernst Jüngers, der experimentellen Naturgeschichte Ror Wolfs und der fragmentierten Naturgeschichte W.G. Sebalds harren weitere ästhetische Naturgeschichten ihrer Entdeckung.[2]

1 Kaup: The Neobaroque, S. 702.

2 Natural History and Other Fictions. An Exhibition by Mark Dion […]. Including a Lexikon of Relevant Terms by Mark Dion. Hg. v. Ikon Gallery, Birmingham, Kunstverein, Hamburg u. De Appel, Amsterdam. West Bromwich 1997.

Literatur

8.1 Abgekürzt zitierte Literatur

FB Ror Wolf: Fortsetzung des Berichts. Frankfurt a. M. 1995.

MK Ernst Jünger: Auf den Marmorklippen. In: Sämtliche Werke. 3. Abteilung: Erzählende Schriften. Bd. 15: Erzählende Schriften I. Stuttgart 1978, S. 247-351.

RS W. G. Sebald: Die Ringe des Saturn. Eine englische Wallfahrt. 5. Aufl. Frankfurt a. M. 2002.

SJ Ernst Jünger: Subtile Jagden. In: Sämtliche Werke. 2. Abteilung: Essays. Bd. 10: Essays IV. Stuttgart 1989, S. 11-277.

8.2 Quellen

8.2.1 Max Ernst

Microgramme Arp 1:25000. 1921. Collage/Tusche 22,2 × 18,3 cm (S/M 408). [verschollen].

Histoire naturelle. Paris 1926.

Au-delà de la peinture. In: Cahiers d'Art 11 (1937), No. 6-7.

Beyond Painting. Übers. v. Dorothea Tanning. In: Beyond Painting and other Writings by the Artists and his Friends. New York 1948, S. 3-19.

Histoire naturelle. Köln 1965.

Anmerkungen. In: Max Ernst: Histoire naturelle. Köln 1965, S. 163-167.

Leitfaden. In: Max Ernst: Histoire naturelle. Köln 1965, S. 37-53.

Die Nacktheit der Frau ist weiser als die Lehre des Philosophen. In: John Russell: Max Ernst. Leben und Werk. Übertr. aus dem Engl. v. Susanne B. Milczewsky. Köln 1966, S. 301-310.

Au-delà de la peinture. In: Écritures. Paris 1970, S. 237-269.

Œuvre-Katalog. Hg. v. Werner Spies. [Bd. 3:] Max Ernst: Werke 1925-1929. Bearb. v. Werner Spies, Sigrid u. Günter Metken. Köln 1976.

Jenseits der Malerei. In: Als die Surrealisten noch recht hatten. Texte und Dokumente. Hg. u. eingeleitet v. Günter Metken. Stuttgart 1976, S. 326-333.

Illustrierte Bücher und druckgraphische Werke. Hg. v. Katharina Schmidt. Köln 1989.

Biographische Notizen. Wahrheitsgewebe und Lügengewebe. In: Max Ernst. Retrospektive zum 100. Geburtstag. Hg. u. mit einer Einführung v. Werner Spies. München 1991, S. 281-338.

Was ist Surrealismus? In: Max Ernst: Schnabelmax und Nachtigall. Texte und Bilder. Mit einem Vorwort v. Heribert Becker. Hg. v. Pierre Gallissaires. 2., erw. Aufl. Hamburg 2006, S. 77-85.

Halluzination oder Die Entstehung der Frottage. In: Max Ernst: Schnabelmax und Nachtigall. Texte und Bilder. Mit einem Vorwort v. Heribert Becker. Hg. v. Pierre Gallissaires. 2., erw. Aufl. Hamburg 2006, S. 94-100.

Geschichte eine Naturgeschichte. In: Max Ernst: Schnabelmax und Nachtigall. Texte und Bilder. Mit einem Vorwort v. Heribert Becker. Hg. v. Pierre Gallissaires. 2., erw. Aufl. Hamburg 2006, S. 101-105.

8.2.2 Ernst Jünger

Auf den Marmorklippen. In: Sämtliche Werke. 3. Abteilung: Erzählende Schriften. Bd. 15: Erzählende Schriften I. Stuttgart 1978, S. 247-351.

Strahlungen I. In: Sämtliche Werke. 1. Abteilung: Tagebücher. Bd. 2: Tagebücher II. Stuttgart 1979.

Strahlungen II. In: Sämtliche Werke. 1. Abteilung: Tagebücher. Bd. 3: Tagebücher III. Stuttgart 1979.

Sizilischer Brief an den Mann im Mond. In: Sämtliche Werke. 2. Abteilung: Essays. Bd. 9: Essays III. Stuttgart 1979, S. 11-22.

Die Tigerlilie. In: Das Abenteuerliche Herz. Zweite Fassung. Figuren und Capriccios. In: Sämtliche Werke. 2. Abteilung: Essays. Bd. 9: Essays III: Das abenteuerliche Herz. Stuttgart 1979, S. 179.

Typus, Name, Gestalt. In: Sämtliche Werke. 2. Abteilung: Essays. Bd. 13: Essays VII. Stuttgart 1981, S. 83-173.

Am Sarazenenturm. San Pietro. In: Sämtliche Werke. 1. Abteilung: Tagebücher. Bd. VI: Reisetagebücher. Stuttgart 1982, S. 219-323.

San Pietro. In: Sämtliche Werke. 1. Abteilung: Tagebücher. Bd. VI: Reisetagebücher. Stuttgart 1982, S. 325-361.

Serpentara. In: Sämtliche Werke. 1. Abteilung: Tagebücher. Bd. VI: Reisetagebücher. Stuttgart 1982, S. 363-385.

Siebzig verweht I. 2. Aufl. Stuttgart 1982.

Subtile Jagden. In: Sämtliche Werke. 2. Abteilung: Essays. Bd. 10: Essays IV. Stuttgart 1989, S. 11-277.

8.2.3 W. G. Sebald

Zwischen Geschichte und Naturgeschichte. Versuch über die literarische Beschreibung totaler Zerstörung mit Anmerkungen zu Kasack, Nossack und Kluge. In: Orbis Litterarum 37 (1982), H. 4, S. 345-366. [Hier zitiert nach dem Wiederabdruck unter leicht verändertem Titel: W. G. Sebald: Zwischen Geschichte und Naturgeschichte. Über die literarische Beschreibung totaler Zerstörung. In: ders.: Campo Santo. Hg. v. Sven Meyer. München u. Wien 2003, S. 69-100].

Luftkrieg und Literatur. Mit einem Essay zu Alfred Andersch. München u. Wien 1999.

Die Ringe des Saturn. Eine englische Wallfahrt. 5. Aufl. Frankfurt a. M. 2002.

Ein Kaddisch für Österreich – Über Joseph Roth. In: ders.: Unheimliche Heimat. Essays zur österreichischen Literatur. 2. Aufl. Frankfurt a. M. 2003, S. 104-117.
Austerlitz. Frankfurt a. M. 2003.
Campo Santo. Hg. v. Sven Meyer. München u. Wien 2003.
Aufzeichnungen aus Korsika. Zur Natur- & Menschenkunde. Aus dem Nachlass hg. v. Ulrich von Bülow. In: Wandernde Schatten. W. G. Sebalds Unterwelt. Hg. v. Ulrich von Bülow, Heike Gfrereis u. Ellen Strittmatter. Marbach 2008 (= Marbacher Kataloge 62), S. 129-209.

8.2.4 Ror Wolf

Meine Voraussetzungen. In: Über Ror Wolf. Hg. v. Lothar Baier. Frankfurt a. M. 1972, S. 7-14.
Raoul Tranchirers vielseitiger großer Ratschläger für alle Fälle der Welt. Frankfurt a. M. und Gießen 1983.
Raoul Tranchirers Mitteilungen an Ratlose. Zürich 1988.
Raoul Tranchirers Welt- und Wirklichkeitslehre aus dem Reich des Fleisches, der Erde, der Luft, des Wassers und der Gefühle. Frankfurt a. M. 1990.
Raoul Tranchirers letzte Gedanken über die Vermehrung des Lust und des Schreckens. Frankfurt a. M. 1994.
Fortsetzung des Berichts. Frankfurt a. M. 1995.
Raoul Tranchirers Mitteilungen an Ratlose. Erste vollständige Ausgabe mit 33 neuen Stichworten u. 69 bisher unveröffentlichten Collagen. Frankfurt a. M. 1997.
Leben und Tod des Kornettisten Bix Beiderbecke aus Nord-Amerika. Mit Christian Brückner, Walter Gontermann, Wolfgang Hess, Olaf Queiser u. v.a. 1 CD mit Booklet. Berlin 2000. [Produktion: Hessischer Rundfunk, Norddeutscher Rundfunk u. Westdeutscher Rundfunk 1986].
Raoul Tranchirers Bemerkungen über die Stille. Frankfurt a. M. 2005.
Gesammelte Fußballhörspiele. Zehn Radiocollagen aus vergangenen Tagen & Das langsame Erschlaffen der Kräfte. Hg. v. Jürgen Roth. 4 CDs mit Booklets. München 2006.
Raoul Tranchirers Enzyklopädie für unerschrockene Leser. Bd. II. Hg. v. Thomas Schröder. Frankfurt a. M. 2009.
Werke. Prosa I: Fortsetzung des Berichts. Hg. v. Kai U. Jürgens. Frankfurt a. M. 2010.

8.2.5 Weitere Quellen

Adorno, Theodor W.: Negative Dialektik. Frankfurt a. M. 1982.
–: Die Idee der Naturgeschichte. In: Philosophische Frühschriften. Hg. v. Rolf Tiedemann. Frankfurt a. M. 1997, S. 345-365.
Als die Surrealisten noch recht hatten. Texte und Dokumente. Hg. u. eingeleitet v. Günter Metken. Stuttgart 1976.

Aristoteles: Tierkunde. Hg., übertragen u. erläutert v. Paul Gohlke. Paderborn 1949 (= Die Lehrschriften, Bd. VIII, 1).

Arp, Hans: Das Mass [sic] der Dinge. In: Hans Arp: On my way. Poetry and essays 1912-1947. New York 1948, S. 81.

–: Trug, Schein, Kunststück. In: Hans Arp: On my way. Poetry and essays 1912-1947. New York 1948, S. 82.

–: Betrachten. In: Sophie Taeuber-Arp u. Hans Arp: Zweiklang. Zürich 1960, S. 84-104.

–: Konkrete Kunst. In: Sophie Taeuber-Arp u. Hans Arp: Zweiklang. Zürich 1960, S. 73-75.

–: Mit gesenkten Lidern. In: Sophie Taeuber-Arp u. Hans Arp: Zweiklang. Zürich 1960, S. 60.

–: Einführung zur Histoire naturelle. In: Max Ernst: Histoire naturelle. Köln 1965, S. 13-17.

Bacon, Francis: Neues Organon. Lateinisch-deutsch. Hg. v. Wolfgang Krohn. Hamburg 1990.

Barth, Heinrich: Im Sattel durch Nord- und Zentralafrika. Reisen und Entdeckungen in den Jahren 1849-1855. Hg. v. Rolf Italiaander. 2. Aufl. Wiesbaden 1980.

Benjamin, Walter: Ursprung des deutschen Trauerspiels. In: Gesammelte Schriften I.1. Hg. v. Rolf Tiedemann u. Hermann Schweppenhäuser. Frankfurt a. M. 1974, S. 203-409.

–: Über den Begriff der Geschichte. In: Gesammelte Schriften I.2. Hg. v. Rolf Tiedemann u. Hermann Schweppenhäuser. Frankfurt a. M. 1974, S. 691-704.

–: [undatierter Brief vom April 1940 an Gretel Adorno]. In: Gesammelte Schriften I.3. Hg. v. Rolf Tiedemann u. Hermann Schweppenhäuser. Frankfurt a. M. 1974, S. 1226.

–: Der Erzähler. Betrachtungen zum Werk Nikolai Lesskows. In: Gesammelte Schriften. Bd. II/2. Hg. v. Rolf Tiedemann u. Hermann Schweppenhäuser. Frankfurt a. M. 1977, S. 438-465.

–: Aus dem Passagen-Werk. Erkenntnistheoretisches, Theorie des Fortschritts. In: Gesammelte Schriften. Bd. V/1. Hg. v. Rolf Tiedemann. Frankfurt a. M. 1977, S. 570-608.

–: Das Passagen-Werk. Hg. v. Rolf Tiedemann. 2 Bde. Frankfurt a. M. 1982.

Beyer, Marcel: Kaltenburg. Frankfurt a. M. 2008.

Blumenbach, Johann Friedrich: Beyträge zur Naturgeschichte. Mit einer Einleitung hg. v. Mario Marino. Hildesheim, Zürich u. New York 2014. [Nachdruck der Ausgabe Göttingen 1790-1811].

Böhm, Richard: Von Sansibar zum Tanganjika. Briefe aus Ostafrika. Mit einem Bildniß Böhm's und einer Übersichtskarte. Nach dem Tode des Reisenden mit einer biographischen Skizze hg. v. Hermann Schalow. Leipzig 1888.

Böhme, Jacob: Sämtliche Schriften. Faksimile-Neudruck der Ausgabe 1730 in elf Bänden. Neu hg. v. Will-Erich Peuckert. 6. Bd.: XIV. De signatura rerum, oder Von der Geburt und Bezeichnung aller Wesen (1622). XV. De electione

gratiae, oder Von der Gnaden-Wahl (1623). XVI. De testamentis Christi, oder Von der Christi Testamenten (1623). Stuttgart 1957.
Bölsche, Wilhelm: Tierbuch. Eine volkstümliche Naturgeschichte. 3 Bde. Berlin 1908-1911.
–: Das Pferd und seine Geschichte. Berlin 1909 (= Tierbuch. Eine volkstümliche Naturgeschichte. 2. Bd.).
Brehm, Alfred E.: Reiseskizzen aus Nordostafrika, oder den unter egyptischer Herrschaft stehenden Ländern Egypten, Nubien, Sennahr, Rosseeres und Kordofahn. Gesammelt auf seinen in den Jahren 1847 bis 1852 unternommenen Reisen. 3 Bde. Jena 1855.
–: Illustriertes Thierleben. Eine allgemeine Kunde des Thierreichs. Mit Abb., ausgeführt unter der Leitung v. R. Kretschmer bzw. E. Schmidt. Hildburghausen 1864-1869. [Bd. 1: Die Säugethiere. Erste Hälfte: Affen und Halbaffen, Flatterthiere und Raubthiere 1864; Bd. 2: Die Säugethiere. Zweite Hälfte: Beutelthiere und Nager. Zahnarme, Hufthiere u. Seesäugethiere 1865; Bd. 3: Die Vögel. Erste Hälfte: Knacker u. Fänger 1866; Bd. 4: Die Vögel. Zweite Hälfte: Späher, Läufer und Spinner. Bd. 5: Kriechthiere. Die Lurche. Die Fische 1869; Bd. 6: Leben der Insekten, Tausendfüßler und Spinnenthiere v. E. L. Taschenberg. – Leben der Krebse, Würmer u. ungegliederten wirbellosen Thiere v. Oskar Schmidt 1869.]
–: Brehms Thierleben. Allgemeine Kunde des Thierreichs. Große Ausgabe. 2. umgearb. u. verm. Auflage. Kolorirte Ausgabe. 10 Bde. Leipzig 1882-1884.
–: Brehms Tierleben. Allgemeine Kunde des Tierreichs. 4., vollständig neu bearbeitete Aufl. Hg. v. Otto zur Strassen. 13 Bde. Leipzig u. Wien 1911-1918.
–: Brehms Tierleben. In Auswahl hg. u. bearb. v. Carl W. Neumann. 6 Bde. Leipzig 1924.
Breton, André: Genesis und künstlerische Perspektiven des Surrealismus. In: Als die Surrealisten noch recht hatten. Texte und Dokumente. Hg. u. eingeleitet v. Günter Metken. Stuttgart 1976, S. 403-415.
–: Der Surrealismus und die Malerei. In: Als die Surrealisten noch recht hatten. Texte und Dokumente. Hg. u. eingeleitet v. Günter Metken. Stuttgart 1976, S. 273-305.
–: Erstes Manifest des Surrealismus (1924). In: Die Manifeste des Surrealismus. Übers. v. Ruth Henry. 11. Aufl. Reinbek bei Hamburg 2004, S. 11-43.
Breysig, Kurt: Naturgeschichte und Menschheitsgeschichte. Berlin 1933.
–: Die Meister der entwickelnden Geschichtsforschung. Berlin 1936.
–: Geschichte der Menschheit. 5 Bde. 2. Aufl. Berlin 1955. [1. Aufl. ab 1907].
–: Aus meinen Tagen und Träumen. Memoiren, Aufzeichnungen, Briefe, Gespräche. Aus dem Nachlaß hg. v. Gertrud Breysig u. Michael Landmann. Berlin 1962.
[Buffon, Georges-Louis LeClerc, Comte de:] Histoire naturelle, générale et particulière, avec la description du Cabinet du Roy. 37 Bde. Paris 1749-1789.
–: Allgemeine Historie der Natur, nach allen ihren besonderen Theilen abgehandelt; nebst einer Beschreibung der Naturalienkammer Sr. Majestät des Köni-

ges von Frankreich. Mit einer Vorrede Herrn Doktor von Haller[s]. 8 Teile in 16 Bden. Hamburg u. Leipzig 1750-1774.

–: Allgemeine Naturgeschichte. Übers. v. Heinrich Wilhelm Martini u. a. Frankfurt a. M. 2008. [Neuauflage der Ausgabe Berlin 1771-1774].

Chiasson, Dan: Naturgeschichte. Ausgewählte Gedichte. Übersetzt v. Jan Wagner. Wiesbaden 2009.

Condorcet, Marquis de: Éloge de M. le Comte de Buffon. In: http://www.buffon.cnrs.fr/i-corpuspic/tab/extraits/condorcet/condorcet-eloge_buffon.pdf [zuletzt besucht am 14.09.2011].

Dath, Dietmar: Die Abschaffung der Arten. Frankfurt a. M. 2008.

Dean, Tacita: W. G. Sebald. Göttingen 2003.

Dewdney, Christopher: The Natural History. Toronto 2002.

Diderots Enzyklopädie. Die Bildtafeln 1762-1777. Lizenzausgabe. 4 Bde. u. 1 Registerbd. Augsburg 1995.

Diezel, Carl Emil: Erfahrungen aus dem Gebiete der Nieder-Jagd. Offenbach 1849.

[Pedanius] Dioscurides aus Anazarba: Fünf Bücher über die Heilkunde. Aus dem Griechischen übers. v. Max Aufmesser. Hildesheim u. a. 2002.

Dreyer, Dietrich W. [Herstellung]: Heringsfischerei. Unter Mitarbeit v. Rolf Erichson. Berlin 1937 (= RWU-Film 184). 1 Rolle: 129 m, 14 min; 16mm Film.

Eluard, Paul: Hat der Spiegel … In: Max Ernst: Histoire naturelle. Köln 1965, S. 9.

– u. Max Ernst: Répétitions. Paris 1922.

– u. Max Ernst: Les malheurs des immortels. Paris 1922.

Engels, Friedrich: Anteil der Arbeit an der Menschwerdung des Affen. In: Dialektik der Natur. In: MEGA. 1. Abt., Bd. 26. Berlin 1985, S. 540-553.

Fabre, Jean-Henri: Wunder des Lebendigen. Aus der vielfältigen Welt der Insekten. Hg. v. Martin Lindauer u. Jost M. Franz. Aus dem Franz. v. Liselotte Ronte. Zürich u. München 1989.

–: »Ich aber erforsche sie mitten im Leben«. Von der Poesie der Insekten. Übers. v. Peter Repp u. Beate Taudte-Repp. Frankfurt a. M. 2008.

–: Erinnerungen eines Insektenforschers. Aus dem Franz. v. Friedrich Koch, bearb. v. Heide Lipecky. Bd. I-VI. Berlin 2010-2015.

Fuchs, Leonhart: De historia stirpium commentarii insignes, maximis impensis et vigiliis elaborati, adjectis earundem vivis plusquam quingentis imaginibus. Basel 1542.

Gessner, Conrad: Historia plantarum et vires ex Dioscoride, Paulo Aegineta, Theophrasto, Plini, & recentioribus Graecis, iuxta elementorum ordinem. Paris 1541.

–: Historiae animalium liber I, de quadrupedibus viviparis. Opus philosophis, medicis, grammaticis, philologis, poetis, et omnibus rerum linguarumque variarum studiosis, utilissimum simul iucundissimumque futurum. Zürich 1551.

–: Redivivus auctus & emendatus. Oder: Allgemeines Thier-Buch/. Das ist: Eigentliche und lebendige Abbildung aller vierfüssigen / So wohl zahmer als wilder Thieren / welche in allen vier Theilen der Welt / auff dem Erdboden / und in etlichen Wassern / zu finden; sampt einer außführlichen Beschreibung ihrer äusserlichen Gestalt / innerlichen Natur und Eigenschafft / angebohrnen Tugend oder Untugend / zufälligen Kranckheiten und deren Hülffs-Mittel / wie auch ihrer Pfleg- und Wartung / und sonderbaren vielfältigen Nutzbarkeit / Was nämlich davon beydes in der Küche zum Essen/ und dann auch in der Apotheck zur Artzney / wider allerhand unversehene Fälle / alte und frische Schäden und sonst vielfältige menschliche Schwachheiten und schmertzliche Gebrechen / zu gebrauchen. Allen Leibs- und Wund-Aerzten / Barbirern und Feldscherern / auch Waydleuthen / Köchen / Mahlern und Reissern sehr dienst- und zuträglich. Neu übers. u. erweitert durch Georg Horst. Frankfurt a. M. 1669. Reprint Hannover 1983.

Gmelin, Otto: Naturgeschichte des Bürgers. Beobachtungen und Bemühungen. Jena 1929.

Haeckel, Ernst: Die Radiolarien (Rhizipoda Radiavia). Eine Monographie. Zweiter Theil. Grundriss einer allgemeinen Naturgeschichte der Radiolarien. Berlin 1887. [zuerst 1862].

–: Die Welträtsel. Bonn 1899.

–: Alte und neue Naturgeschichte. Festrede zur Übergabe des Phyletischen Museums an die Universität Jena bei Gelegenheit ihres 350jährigen Jubiläums am 30. Juli 1908. Jena 1908.

Hagemann, Wilhelm: Durch Steppe und Urwald. Jagderlebnisse im afrikanischen Busch. Melle 1996.

Hagenbeck, Karl, R. von Werner, O. Verbeek, H. Löns, Hugo Otto, Th. Zell u. Alfred Brehm: Tiergeschichten. Reutlingen 1925.

Haller, Albrecht von: Enumeratio plantarum horti regii et agri Gottingensis. Göttingen 1753.

Hegel, Georg Wilhelm Friedrich: Wissenschaft der Logik I. (= Georg Wilhelm Friedrich Hegel: Werke. Auf der Grundlage der Werke von 1832-1845 neu ed. Ausg. Red. Eva Moldenhauer u. Karl Markus Michel. Frankfurt a. M. 1986, Bd. 5).

–: Enzyklopädie der philosophischen Wissenschaften im Grundrisse 1830. Zweiter Teil: Die Naturphilosophie (= Georg Wilhelm Friedrich Hegel: Werke. Auf der Grundlage der Werke von 1832-1845 neu ed. Ausg. Red. Eva Moldenhauer u. Karl Markus Michel. Frankfurt a. M. 1986, Bd. 9).

–: Vorlesungen über die Philosophie der Geschichte (= Georg Wilhelm Friedrich Hegel: Werke. Auf der Grundlage der Werke von 1832-1845 neu ed. Ausg. Red. Eva Moldenhauer u. Karl Markus Michel. Frankfurt a. M. 1986, Bd. 12).

Hennig, Willi: Grundzüge einer Theorie der phylogenetischen Systematik. Berlin 1950.

Herder, Johann Gottfried: Ideen zur Philosophie der Geschichte der Menschheit. Hg. v. Wolfgang Proß. 2 Bde. München u. Wien 2002.

Jardine, Sir William: The naturalist's library. Mammalia. Vol. I: Monkeys. Edinburgh 1833.

Jarry, Alfred: Heldentaten und Ansichten des Doktor Faustroll, Pataphysiker. Neowissenschaftlicher Roman. Übers. v. Klaus Völker. Frankfurt a. M. 1987.

Jochmann, Carl Gustav: Zur Naturgeschichte des Adels. Faksimile der Erst-

veröffentlichung von 1838. Mit einem Nachwort hg. v. Ulrich Kronauer. Heidelberg 1982.
Kipling, Rudyard: Wie der Leopard seine Flecken kriegte. In: Genau-so-Geschichten. Neu übers. v. Gisbert Haefs. Zürich 1990, S. 41-54.
Kracauer, Siegfried: Photographie. In: Schriften. Bd. 5.2: Aufsätze 1927-1931. Hg. v. Inka Mülder-Bach. Frankfurt a. M. 1990, S. 682-698.
Krapf, Johann Ludwig: Reisen in Ostafrika ausgeführt in den Jahren 1837-1855. Unveränderter Neudruck der Ausgabe Kornthal 1858. Münster u. Hamburg 1994.
Kant, Immanuel: Von den verschiedenen Rassen der Menschen. In: Schriften zur Anthropologie, Geschichtsphilosophie, Politik und Pädagogik 1. Frankfurt a. M. 1977 (= Werke. Hg. v. Wilhelm Weischedel. Bd. XI), S. 11-30.
–: Rezension zu Johann Gottfried Herders Ideen. In: Schriften zur Anthropologie, Geschichtsphilosophie, Politik und Pädagogik 2. Frankfurt a. M. 1977 (= Werke. Hg. v. Wilhelm Weischedel Bd. XII), S. 781-806.
–: Idee zu einer allgemeinen Geschichte in weltbürgerlicher Absicht. In: Schriften zur Anthropologie, Geschichtsphilosophie, Politik und Pädagogik 1. Frankfurt a. M. 1977 (= Werke. Hg. v. Wilhelm Weischedel Bd. XI), S. 33-50.
Kielmeyer, Carl Friedrich: Ueber die Verhältniße der organischen Kräfte unter einander in der Reihe der verschiedenen Organisationen, die Geseze und Folgen diese Verhältniße. Faksimile der Ausgabe Stuttgart 1793. Mit einer Einführung hg. v. Kai Torsten Kanz. Marburg 1993.
Klopstock, Friedrich Gottlieb: Ausgewählte Werke. Hg. v. Karl August Schleiden. Wiesbaden o. J.
Koppe, Karl: Leitfaden für den Unterricht in der Naturgeschichte. 8. verbesserte u. vermehrte Aufl. Essen 1891.
La Cépède, Bernard Germain Etienne de la Ville sur Illon de: Histoire naturelle des poissons. Paris 1798-1803, 11 Textbde. u. 1 Abb.bd.
–: Naturgeschichte der Fische als eine Fortsetzung von Buffons Naturgeschichte. Nach dem Französischen, mit einigen Anm. begleitet v. Philipp Loos. 2 Bde. mit je 2 Teilbdn. Berlin 1799-1804.
Linné, Carl von: Flora Lapponica. Amsterdam 1737.
–: Hortus Upsaliensis. Stockholm 1748.
–: Philosophia Botanica. Reprint der Ausgabe Stockholm u. Amsterdam 1751. Lehre 1966.
–: Hortus Cliffortianus. Reprint der Ausgabe Amsterdam 1737. Lehre 1968.
Lorenz, Konrad: Das sogenannte Böse. Zur Naturgeschichte der Aggression. Wien 1965.
–: Die Rückseite des Spiegels. Versuch einer Naturgeschichte menschlichen Erkennens. München u. Zürich 1975.
–: Vergleichende Verhaltensforschung. Grundlagen der Ethologie. Wien u. New York 1978.
–: Das Jahr der Graugans. München u. Zürich 1979.
Lotze, Hermann: Mikrokosmus. Ideen zur Naturgeschichte und Geschichte der Menschheit. Versuch einer Anthropologie. 3 Bde. 5. Aufl. Leipzig 1896, 1905 u. 1909. [zuerst 1856-1864].

Marx, Karl: Deutsche Ideologie. In: MEW 3. Berlin 1962.
–: Ökonomisch-philosophische Manuskripte. MEGA. 1. Abt., Bd. 2: Werke. Artikel. Entwürfe. März 1843 bis August 1844. Berlin 1982.
–: Das Kapital. Kritik der politischen Ökonomie. Bd. 1. MEGA. 2. Abt., Bd. 10. Berlin 1991.
– u. Friedrich Engels: Briefwechsel. Januar 1860-1864. MEGA. 3. Abt. Bd. 11. Berlin 2005.
Matschie, Paul: Bilder aus dem Tierleben. Eine Sammlung aus der Tierwelt aller Erdteile. Stuttgart 1890.
–: Die Säugethiere Deutsch-Ost-Afrikas. Berlin 1895.
Michelet, Jules: [Vorwort zur] Histoire de France. In: Œuvres complètes. Bd. IV. Hg. v. Paul Viallaneix. Paris 1974.
–: Das Meer. Mit einem Vorwort v. Michael Krüger. Übers., hg. u. mit einem aktuellen Nachwort v. Rolf Wintermeyer. Frankfurt a. M. 2006. [frz. zuerst 1861].
Morinière, Joseph Noel de la: Histoire naturelle de l'éperlan de la seine inférieur. Rouen 1797.
–: Histoire générale des pêches anciennes et modernes, dans les mers et les fleuves des deux continents. Paris 1815 [= Bd. 1 der auf zwei Bände angelegten aber nur diesen einen Band umfassenden Geschichte der Naturgeschichte der Fische].
Moscovici, Serge: Versuch über die menschliche Geschichte der Natur. Frankfurt a. M. 1982.
Nabokov, Vladimir: Erinnerung, sprich. Wiedersehen mit einer Autobiographie. Übers. v. Dieter E. Zimmer. Reinbek bei Hamburg 1999.
Nall, John Greaves: Great Yarmouth and Lowestoft, a handbook for visitors and residents; with chapters on the archaeology, natural history, & of the district; a history, with statistics of the East Coast Herring Fishery, and an etymological and comparative glossary of the dialect of East Anglia. London 1866.
Natural History and Other Fictions. An Exhibition by Mark Dion [...]. Including a Lexikon of Relevant Terms by Mark Dion. Hg. v. Ikon Gallery, Birmingham, Kunstverein, Hamburg u. De Appel, Amsterdam. West Bromwich 1997.
Neucrantz, Paul: De harengo exercitatio medica. Lübeck 1654.
Nördlinger, Hermann: Die kleinen Feinde der Landwirthschaft. Stuttgart u. Augsburg 1855.
Péret, Benjamin: Histoire naturelle. Paris 1958.
–: Naturgeschichte. Aus dem Französischen v. Gisela Steinwachs u. Simon Werle. München 1984.
Der Physiologus. Übers. u. erläutert v. Otto Seel. Zürich u. München 1983.
C. Plinius Secundus: Naturalis Historiae. Hg. v. Carolus Mayhoff. Vol. 5: Bd. XXXI-XXXVII. Stuttgart 1967.
–: Naturkunde. Band III: Anthropologie. Zoologie. Hg. u. übers. v. Roderich König in Zusammenarbeit mit Gerhard Winkler und Joachim Hopp. Textauswahl Gerhard Winkler. Düsseldorf 2008.
Pott, Richard: Die Nordsee. Eine Natur- und Kulturgeschichte. München 2003.

Queneau, Raymond: Taschenkosmogonie. Ein Poem. Übers. v. Ludwig Harig. Mit einem Vorwort v. Max Bense. Wiesbaden 1963. [frz. zuerst 1950].

Ravel, Maurice: Histoires naturelles [Text: Jules Renard]. Paris 1907.

Ray, John: Three Physical-Theological Discourses. Concerning I: The Primitive Chaos, and the Creation of the World. II: The General Deluge, its Causes and Effects. III: The Dissolution of the World, and Future Conflagration; Wherein are largely Discussed the Production and Use of Mountains; the Original of Fountains, of Formed Stones, and Sea-Fishes Bones and Shells found in the Earth [...]. With an Historical Account of those two late Remarkable Ones in Jamaica and England. London 1693.

Reichholf, Josef H.: Eine kurze Naturgeschichte des letzten Jahrtausends. Frankfurt a. M. 2007.

Renard, Jules: Naturgeschichten. Übertragung aus dem Französischen v. Kuno Weber. Nachwort v. Wilhelm Lehmann. Zürich 1960. [frz. zuerst 1896].

Rühmkorf, Peter: agar agar – zaurzaurim. Zur Naturgeschichte des Reims und der menschlichen Anklangsnerven. Frankfurt a. M. 1985.

Rüppell, Eduard: Reisen in Nubien, Kordosan und dem Peträischen Arabien. Frankfurt a. M. 1829.

Sagard, Gabriel: Le grand voyage du pays des Hurons. Hg. v. Real Ouellet. Mit einer Einleitung und Anmerkungen v. Real Ouellet u. Jack Warwick. Neue Ausgabe Québec 2007.

Schalansky, Judith: Der Hals der Giraffe. Bildungsroman. Berlin 2011.

Schelling, Friedrich Wilhelm Joseph: Allgemeine Übersicht der neuesten philosophischen Literatur (1797-1798). Hg. v. Wilhelm G. Jacobs u. Walter Schieche. Unter Mitw. v. Hartmut Buchner. Stuttgart 1988 (= Friedrich Wilhelm Joseph Schelling: Historisch-kritische Ausgabe. Hg. v. Hans-Michael Baumgartner u. a. Reihe 1: Werke, Bd. 4).

–: Von der Weltseele. Eine Hypothese der höhern Physik zur Erklärung des allgemeinen Organismus (1798). Hg. v. Jörg Jantzen. Unter Mitw. v. Thomas Kisser. Stuttgart 2000 (= Friedrich Wilhelm Joseph Schelling: Historisch-kritische Ausgabe. Hg. v. Hans-Michael Baumgartner u. a. Reihe 1: Werke, Bd. 6).

–: Erster Entwurf eines Systems der Naturphilosophie (1799). Hg. v. Wilhelm G. Jacobs u. Paul Ziche. Stuttgart 2001 (= Friedrich Wilhelm Joseph Schelling: Historisch-kritische Ausgabe. Hg. v. Hans-Michael Baumgartner u. a. Reihe 1: Werke, Bd. 7).

Scheuchzer, Johann Jacob: Helvetiae Historia Naturalis oder Natur-Historie des Schweitzerlandes. Zürich 1716. Reprint Zürich 1978.

Schillings, Carl Georg: Mit Blitzlicht und Büchse. Neue Beobachtungen und Erlebnisse in der Wildnis inmitten der Tierwelt von Äquatorial-Ostafrika. Mit 302 urkundtreu in Autotypie wiedergegebenen photographischen Original-Tag- und Nacht-Aufnahmen des Verfassers. Leipzig 1905.

Schweinfurth, Georg: Im Herzen von Afrika. Reisen und Entdeckungen im zentralen Äquatorial-Afrika während der Jahre 1868-1871. Ein Beitrag zur Entdeckungsgeschichte von Afrika. 3., vom Verfasser verbesserte Aufl. Leipzig 1918.

Theophrast: Naturgeschichte der Gewächse. Übers. u. erläutert v. K. Sprengel. Reprint der Ausgabe Altona 1822. Darmstadt 1971.

Valenciennes, M.A. [d.i. Monsieur Achille]: Histoire naturelle du hareng, comprenant la description zoologique et anatomique de cet important poisson, et une histoire détaillée de sa pèche ancienne et moderne. Extrait du tome XX de l'*Histoire naturelle des Poissons*. Avec trois planches coloriées. Paris u. Straßburg 1847.

Vico, Giambattista: Die neue Wissenschaft über die gemeinschaftliche Natur der Völker. Nach der Ausgabe von 1744 übers. u. eingeleitet v. Erich Auerbach. 2. Aufl. mit einem Nachwort v. Wilhelm Schmidt-Biggemann. Berlin u. New York 2000, S. 81 u. S. 139.

Vogt, Carl: Physiologische Briefe für Gebildete aller Stände. Stuttgart u. Tübingen 1847.

–: Vorlesungen über nützliche und schädliche, verkannte und verläumdete Thiere. In: Die Gartenlaube 1863, S. 446-448.

–: Vorlesungen über nützliche und schädliche, verkannte und verläumdete Thiere. Leipzig 1864.

Whiston, William: Nova telluris theoria. Das ist: Neue Betrachtung der Erde, nach ihren Ursprung und Fortgang bis zur Hervorbringung aller Dinge, oder eine gründliche, deutliche und nach beygefügten Abrissen eingerichtete Vorstellung, daß so wohl die sechstägige Schöpffung und darauf erfolgte Sündfluth als auch die annoch zukünfftige Conflagration der Welt wie solche in Heil. Schrift beschrieben werden, mit der gesunden Vernunfft und wahren Philosophie keineswegs streite, sondern von beyden gar wohl begriffen und folglich um so viel mehr als untrügliche Wahrheiten angenommen werden können; nebst einer Vorrede von der eigentlichen Beschaffenheit der Mosaischen Geschichte von der Schöpffung. Frankfurt a. M. 1713. [engl. zuerst 1696].

Woodward, John: An Essay towards a Natural History of the Earth and Terrestrial Bodyes, especialy Minerals: As also of the Sea, Rivers, and Springs. With an Account of the Universal Deluge: and of the Effects that it had upon the Earth. 3. Aufl. London 1723 [zuerst 1695]

Zuckerman, Solly: From Apes to Warlords. The autobiography (1904-1946). London 1978.

–: Nuclear Illusion and Reality. New York 1982.

8.3 Forschungsliteratur

8.3.1 Zu Max Ernst

Bischoff, Ulrich: Max Ernst 1891-1976. Jenseits der Malerei. Köln 1993.

Derenthal, Ludger u. Jürgen Pech: Frottages – L'écriture automatique de Max Ernst. In: dies.: Max Ernst. Aus dem Deutschen übers. v. Wolf Fruhtrunk. Paris 1992, S. 101-112. [Deutsche Fassung nicht erschienen].

Die Erfindung der Natur. Max Ernst, Paul Klee, Wols und das surreale Universum. Hg. v. Karin Orchard u. Jörg Zimmermann. Freiburg i. Br. 1994.

Fischer, Lothar: Max Ernst in Selbstzeugnissen und Bilddokumenten. Reinbek bei Hamburg 1979.

Greschat, Isabel: Max Ernst. Text-Bild-Kombinationen 1919 bis 1925. Münster u. New York 1995.

Holländer, Hans: Ars inveniendi et investigandi. Zur surrealistischen Methode. In: Surrealismus. Hg. v. Peter Bürger. Darmstadt 1982, S. 244-312.

Hubert, Renée Riese: Max Ernst. Die Verdrängung des Visuellen und des Verbalen. In: Bildlichkeit. Internationale Beiträge zur Poetik. Hg. v. Volker Bohn. Frankfurt a.M. 1990, S. 192-228.

Jean, Marcel: Geschichte des Surrealismus. Unter Mitarbeit v. Arped Mezei. Köln 1968.

Kessler, Annerose: Zufall als ›Methode des Lebendigen‹. Décalcomanie, Farbspur und Naturerfindung bei Max Ernst und Gerhard Richter. In: Ästhetik des Zufalls. Ordnungen des Unvorhersehbaren in Literatur und Theorie. Hg. v. Christoph Pflaumbaum, Carolin Rocks, Christian Schmitt u. Stefan Tetzlaff. Heidelberg 2015, S. 309-326.

Koch, Robert: Wenn Bilder die Welt verändern könnten. In: Surrealismus in Paris. Hg. v. Beyeler Museum u. Philippe Büttner. Riehen/Basel 2011, S. 21-28.

Konersmann, Ralf: Max Ernst und die Idee der Naturgeschichte. In: Die Erfindung der Natur. Max Ernst, Paul Klee, Wols und das surreale Universum. Hg. v. Karin Orchard u. Jörg Zimmermann. Freiburg i. Br. 1994, S. 159-167.

Kort, Pamela: Arnold Böcklin, Max Ernst und die Debatten um Ursprünge und Überleben in Deutschland und Frankreich. In: Darwin. Kunst und die Suche nach den Ursprüngen. Hg. v. Pamela Kort u. Max Hollein. Frankfurt a.M. 2009, S. 24-53.

Leffin, Gudrun: Bildtitel und Bildlegenden bei Max Ernst. Ein interdisziplinärer Beitrag zur Kunst des 20. Jahrhunderts. Frankfurt a.M., Bern, New York u. Paris 1988.

Legge, Elizabeth: Zeuxis's Grapes, Novalis's Fossils, Freud's Flowers: Max Ernst's Natural History. In: Art History 16 (1993), No. 1, S. 147-172.

Loye, Tobias Percival zur: History of a Natural History: Max Ernst's Histoire Naturelle, Frottage, and Surrealist Automatism. [Masterarbeit am Department of Art History, Oregon]. In: https://scholarbank.uoregon.edu/xmlui/bistream/handle/1794/10700/ZurLoye_Tobias_Percival_ma2010sp.pdf [zuletzt besucht am 13.09.2011].

Maur, Karin von: Max Ernst und die Romantik. Im Spannungsfeld zwischen Idylle und Schreckensvision. In: Max Ernst. Retrospektive zum 100. Geburtstag. Hg. u. mit einer Einführung v. Werner Spies. München 1991, S. 341-350.

Max Ernst lässt grüßen. Peter Schamoni begegnet Max Ernst. Mit Texten von Max Ernst, Werner Spies und Hilmar Hoffmann und einem Interview von Barbara Hess mit Peter Schamoni. Redaktion des Kataloges: Peter Schamoni u. Erich Franz. Münster 2009.

Metken, Günter: Naturselbstdruck und fossile Spuren. Max Ernsts mögliche Naturgeschichte. In: Die Erfindung der Natur. Max Ernst, Paul Klee, Wols und das surreale Universum. Hg. v. Karin Orchard u. Jörg Zimmermann. Freiburg i. Br. 1994, S. 145-147.

Nobis, Norbert: Histoire naturelle. In: Sprengel macht Ernst. Die Sammlung Max Ernst. Mit Beiträgen v. Ulrich Krempel, Norbert Nobis, Mirka Knauf, Gabriele Sand u. Julienne Franke. Hannover 2006, S. 78 [der Artikel besteht lediglich aus dieser einen Seite].

Orchard, Karin: (Un)Ordnung schaffen. In: Die Erfindung der Natur. Max Ernst, Paul Klee, Wols und das surreale Universum. Hg. v. Karin Orchard u. Jörg Zimmermann. Freiburg i. Br. 1994, S. 9-15.

Pech, Jürgen: Verzeichnis der ausgestellten Werke. In: Max Ernst: »Histoire Naturelle«. Frottagen. Brühl 1983, S. 366-400.

Picon, Gaetan: Der Surrealismus in Wort und Bild. 1919-1939. Paris, Genf u. Brüssel 1979.

Pillau, Helmut: Das Ich als Ursprung und Fessel künstlerischer Produktion. Reflexionen zu André Breton, Max Ernst und Hans/Jean Arp. In: Literatur für Leser 27 (2004), H. 3, S. 142-152.

Poley, Stefanie: Max Ernst und Hans Arp 1914-1921. In: Max Ernst in Köln. Die rheinische Kunstszene bis 1922. Hg. v. Wulf Herzogenrath. Köln 1980, S. 179-196. [gekürzt u. aktualisiert in: Fatagaga-Dada. Max Ernst, Hans Arp, Johannes Theodor Baargeld und der Kölner Dadaismus. Hg. v. Karl Riha u. Jörgen Schäfert. Gießen 1995, S. 215-229].

Riha, Karl: Fatagaga-Dada. Zur künstlerisch-literarischen Kooperation von Hans Arp und Max Ernst. In: Fatagaga-Dada. Max Ernst, Hans Arp, Johannes Theodor Baargeld und der Kölner Dadaismus. Hg. v. Karl Riha u. Jörgen Schäfert. Gießen 1995, S. 230-237. [auch in: Karl Riha: Prämoderne. Moderne. Postmoderne. Frankfurt a. M. 1995, S. 209-222].

Russell, John: Max Ernst. Leben und Werk. Übertr. aus dem Engl. v. Susanne B. Milczewsky. Köln 1966.

Spies, Werner: Loplop. Die Selbstdarstellung des Künstlers. München 1982.

–: Max Ernst. Frottagen. 2. veränd. u. erw. Aufl. Stuttgart 1986.

–: Max Ernst. Collagen. Köln 1988.

Steiner, Juri: Drei Sehfahrer. In: Arnold Böcklin, Giorgio de Chirico, Max Ernst. Eine Reise ins Ungewisse. Hg. v. Angelika Wesenberg. Berlin 1997, S. 16-39.

Stokes, Charlotte: Der expandierende Rahmen. Die Dada-Zusammenarbeit von Max Ernst und Paul Eluard. In: Fatagaga-Dada. Max Ernst, Hans Arp, Johannes Theodor Baargeld und der Kölner Dadaismus. Hg. v. Karl Riha u. Jörgen Schäfert. Gießen 1995, S. 238-248.

Teuber, Dirk: Bibliotheca Paedagogica – eine Neuerwerbung im Kunstmuseum Bonn. Zur Quellenfunktion des Kölner Lehrmittelkatalogs für Max Ernst. In: Max Ernst. Illustrierte Bücher und druckgraphische Werke. Die Sammlung Hans Bolliger – eine Neuerwerbung. Hg. v. Katharina Schmidt. Köln 1989, S. 35-49.

Ubl, Ralph: Prähistorische Zukunft. Max Ernst und die Ungleichzeitigkeit des Bildes. München 2004.

Vowinckel, Andreas: *Histoire Naturelle* – eine *Unendliche Naturgeschichte*. Versuch einer Annäherung an Max Ernst und Paul Klee. In: Die Erfindung der

Natur. Max Ernst, Paul Klee, Wols und das surreale Universum. Hg. v. Karin Orchard u. Jörg Zimmermann. Freiburg i. Br. 1994, S. 127-132.
Wix, Gabriele: Max Ernst. Maler. Dichter. Schriftsteller. München 2009.
Zimmermann, Jörg: Philosophische Horizonte der *Histoire Naturelle* von Max Ernst. In: Die Erfindung der Natur. Max Ernst, Paul Klee, Wols und das surreale Universum. Hg. v. Karin Orchard u. Jörg Zimmermann. Freiburg i. Br. 1994, S. 15-24.

8.3.2 Zu Ernst Jünger

Andersch, Alfred: Cicindelen und Wörter. In: Merkur 22 (1968), S. 165-167.
[Anon.:] Schriftsteller Jünger. Käfer und Komtessen. In: Der Spiegel 38 (1967), S. 150-151.
Bluhm, Lothar: Natur in Ernst Jüngers Tagebüchern aus dem Zweiten Weltkrieg. In: Wirkendes Wort 37 (1987), S. 24-32.
Blumenberg, Hans: Auf der Suche nach der Weltordnung. In: ders.: Der Mann vom Mond. Über Ernst Jünger. Hg. v. Alexander Schmitz u. Marcel Lepper. Frankfurt a. M. 2007, S. 34-39.
Bohrer, Karl Heinz: Die Ästhetik des Schreckens. Die pessimistische Romantik und Ernst Jüngers Frühwerk. München 1978.
Brandes, Wolfgang: Der »Neue Stil« in Ernst Jüngers *Strahlungen*. Genese, Funktion und Realitätsproduktion des literarischen Ich in seinen Tagebüchern. Bonn 1990.
Bühler, Benjamin: Entomologie. In: Ernst Jünger-Handbuch. Leben – Werk – Wirkung. Stuttgart u. Weimar 2014, S. 323-324.
–: Subtile Jagden. In: Ernst Jünger-Handbuch. Leben – Werk – Wirkung. Stuttgart u. Weimar 2014, S. 232-235.
Draganovic, Julia: Figürliche Schrift. Zur darstellerischen Umsetzung von Weltanschauung im erzählerischen Werk Ernst Jüngers. Würzburg 1998.
Ernst Jünger. Politik – Mythos – Kunst. Hg. v. Lutz Hagestedt. Berlin u. New York 2004.
Figal, Günter u. Georg Knapp (Hg.): Natur. Tübingen 2011 (= Jünger-Studien 5).
Fischer, Rotraut: Don Quijote oder das Abenteuerliche Herz. Eine Annäherung an die Kunst Ernst Jüngers. In: Ernst Jünger. Politik – Mythos – Kunst. Hg. v. Lutz Hagestedt. Berlin u. New York 2004, S. 87-99.
Gorgone, Sandro: Naturphilosophie und stereoskopische Sicht bei Ernst Jünger. In: Natur. Hg. v. Günter Figal u. Georg Knapp. Tübingen 2011 (= Jünger-Studien 5), S. 21-39.
Gutmann, Helmut J.: Politische Parabel und mythisches Modell: Ernst Jüngers *Auf den Marmorklippen*. In: Colloquia Germanica 20 (1987), S. 53-72.
Hagestedt, Lutz: [Art.] Subtile Jagden. In: Kindlers Neues Literaturlexikon. Hg. v. Walter Jens. München 1996, Bd. 8, S. 954 f.
Hohendahl, Peter Uwe: The text as cipher: Ernst Jünger's Novel, On the Marble Cliffs. In: Yearbook of comparative criticism 1 (1968), S. 128-169.

–: Nach dem Untergang. Erinnerung und Gedächtnis in Ernst Jüngers *Auf den Marmorklippen*. In: Das Gedächtnis der Literatur. Konstitutionsformen des Vergangenen in der Literatur des 20. Jahrhunderts. Hg. v. Alo Allkemper u. Norbert Otto Eke. Berlin 2006, S. 97-116 (= Zeitschrift für deutsche Philologie. Sonderheft zum Bd. 125).

Kaempfer, Wolfgang: Ernst Jünger. Stuttgart 1981.

Katzmann, Volker: Ernst Jüngers magischer Realismus. Hildesheim u. New York 1975.

Kiesel, Helmuth: Ernst Jüngers *Marmor-Klippen*. »Renommier«- und Problem-»buch der 12 Jahre«. In: IASL 14 (1989), H. 1, S. 125-164.

–: Ernst Jünger. Die Biographie. München 2009.

Loose, Gerhard: Die Tigerlilie. Ein Beitrag zur Symbolik in Ernst Jüngers Buch vom *Abenteuerlichen Herzen*. In: Euphorion 46 (1952), H. 2, S. 202-216.

Martens, Gunther: Das Poetische heißt Sammeln. Ernst Jünger im Spiegel der enzyklopädischen Literatur (Kempowski, Litell, Kluge, Müller). In: Ernst Jünger und die Bundesrepublik. Ästhetik – Politik – Zeitgeschichte. Hg. v. Matthias Schöning u. Ingo Stöckmann. Berlin u. Boston 2012, S. 137-160.

Martus, Steffen: Ernst Jünger. Stuttgart u. Weimar 2001.

Meyer, Martin: Ernst Jünger. München u. Wien 1990.

Mühleisen, Horst: Bibliographie der Werke Ernst Jüngers. Begründet von Hans Peter des Coudres. Erweiterte Neuausgabe Stuttgart 1996.

Paetel, Karl O.: Ernst Jünger in Selbstzeugnissen und Bilddokumenten. Reinbek bei Hamburg 1962.

Pedersen, Michael Karlsson: »Orte, an denen man sich der Erde näher fühlt«. Ernst Jüngers Käfersammler und die Hinwendung zur Erde. In: Text&Kontext 34 (2012), S. 119-149.

Pekar, Thomas: Ernst Jünger und der Orient. Mythos, Lektüre, Reise. Würzburg 2000.

Quarch, Christoph: Die Natur als inneres Erlebnis. In: Magie der Heiterkeit. Ernst Jünger zum Hundertsten. Hg. v. Günter Figal u. Heimo Schwilk. Stuttgart 1995, S. 183-203.

Reichholf, Josef H.: Souvenirs entomologiques. Jean-Henri Fabre, Ernst Jünger und die Welt der Insekten. In: Scheidewege 40 (2010/11), S. 78-89.

–: Sandläufer und Prachtkäfer. Was »sah« und suchte Ernst Jünger in seinen Lieblingskäfern? In: Natur. Hg. v. Günter Figal u. Georg Knapp. Tübingen 2011 (= Jünger-Studien 5), S. 71-82.

Reinmüller, Inge: Dichtung und Käferkunde. Geschichte als Naturgeschichte bei Goethe und Ernst Jünger. In: Begegnungen mit Goethe. Hg. v. Gerhard Fieguth. Landau 2003, S. 63-78.

Riedel, Nicolai: Ernst Jünger Bibliographie 1928-2002. Stuttgart 2003.

Schelle, Hansjörg: Ernst Jüngers *Marmor-Klippen*. Eine kritische Interpretation. Leiden 1970.

Schieb, Roswitha: Das teilbare Individuum. Körperbilder bei Ernst Jünger, Hans Henny Jahnn und Peter Weiss. Stuttgart 1997.

Schilken, Dörthe: Die teleologische Reise. Von der christlichen Pilgerallegorie zu den Gegenwelten der Fantasyliteratur. Würzburg 2002.

Scholdt, Günter: »Gescheitert an den Marmorklippen«. Zur Kritik an Ernst Jüngers Widerstandsroman. In: Zeitschrift für deutsche Philologie 89 (1979), S. 543-577.

Schöning, Matthias: Auf den Marmorklippen (1939). In: Ernst Jünger-Handbuch. Leben – Werk – Wirkung. Stuttgart u. Weimar 2014, S. 138-151.

Schwilk, Heimo: Ernst Jünger. Ein Jahrhundertleben. Die Biographie. München u. Zürich 2007.

Straub, Norbert: Wagnis ohne Welt. Ernst Jüngers Schrift *Das abenteuerliche Herz* und ihr Kontext. Würzburg 2000.

Streim, Gregor: Das Ende des Anthropozentrismus. Anthropologie und Geschichtskritik in der deutschen Literatur zwischen 1930 und 1950. Berlin u. New York 2008.

Waßner, Rainer: »Die Suche nach dem Wunderbaren«. Ernst Jüngers Programmschrift *Sizilischer Brief an den Mann im Mond.* In: Weimarer Beiträge 53 (2007), S. 541-558.

Weber, Jan Robert: Ästhetik der Entschleunigung. Ernst Jüngers Reisetagebücher (1934-1960). Berlin 2011.

Werber, Niels: Jüngers Bienen. In: Zeitschrift für deutsche Philologie 130 (2011), S. 245-260.

Wolff, Uwe: Ernst Jüngers Glaube – Eine theologische Deutung der *Marmorklippen.* In: Ernst Jünger – eine Bilanz. Hg. v. Natalia Zarska, Gerald Diesener, Wojciech Kunicki. Leipzig 2010, S. 132-145.

Wulffen, Barbara von: Eros und Arten. Friedrich Georg Jüngers »Vollkommene Schöpfung« im Licht von Ernst Jüngers *Subtile Jagden.* In: Mythen. Hg. v. Günter Figal u. Georg Knapp. Tübingen 2007 (= Jünger-Studien 3), S. 123-139.

–: Vom Dasein der Dinge. Jean-Henri Fabre – Ernst Jüngers entomologischer Meister. In: Natur. Hg. v. Günter Figal u. Georg Knapp. Tübingen 2011 (Jünger-Studien 5), S. 55-70.

Zissler, Dieter: In der Mannigfaltigkeit die Einheit erkennen. Über Natur und Naturwissenschaft im Werk Ernst Jüngers. In: Ernst Jünger. Hg. v. Heinz Ludwig Arnold. München 1990 (= TEXT + KRITIK 105/106), S. 125-140.

8.3.3 Zu W. G. Sebald

Albes, Claudia: Die Erkundung der Leere. Anmerkungen zu W. G. Sebalds »englischer Wallfahrt« *Die Ringe des Saturn.* In: Jahrbuch der deutschen Schillergesellschaft 46 (2002), S. 279-305.

The Anatomist of Melancholy. Essays in Memory of W. G. Sebald. Hg. v. Rüdiger Görner. 2. Aufl. München 2005.

Atze, Marcel: Koinzidenz und Intertextualität. Der Einsatz von Prätexten in W. G. Sebalds Erzählung *All'estero.* In: W. G. Sebald. Hg. v. Franz Loquai. Eggingen 1997, S. 151-175.

–: Bibliotheca Sebaldiana. W. G. Sebald – ein Bibliophile? Eine Spekulation. In: W. G. Sebald. Hg. v. Franz Loquai. Eggingen 1997, S. 228-243.

Backler, Deane: Reading W. G. Sebald. Adventure and Disobedience. New York 2007.

Baumgärtel, Patrick: Mythos und Utopie. Zum Begriff der »Naturgeschichte der Zerstörung« im Werk W. G. Sebalds. Frankfurt a. M. 2010.

Bülow, Ulrich von: Sebalds Korsika-Projekt. In: W. G. Sebalds Unterwelt. Hg. v. Ulrich von Bülow, Heike Gfrereis u. Ellen Strittmatter. Marbach 2008 (= Marbacher Kataloge 62), S. 211-224.

–: The Disappearance of the Author in the Work. Some Reflections on W. G. Sebald's *Nachlass* in the Deutsches Literaturarchiv Marbach. In: Saturn's Moons. W. G. Sebald – A Handbook. Hg. v. Jo Catling u. Richard Hibbitt. London 2011, S. 247-263.

Catling, Jo: Gratwanderungen bis an den Rand der Natur: W. G. Sebald's Landscapes of Memory. In: The Anatomist of Melancholy. Essays in Memory of W. G. Sebald. Hg. v. Rüdiger Görner. 2. Aufl. München 2005, S. 19-50.

–: Europäische Flânerien: W. G. Sebalds intertextuelle Wanderungen zwischen Melancholie und Ironie. In: Gedächtnis und Widerstand. Festschrift für Irene Heidelberger-Leonard. Hg. v. Mireille Tabah in Zusammenarbeit mit Sylvia Weiler u. Christian Poetini. Tübingen 2007, S. 139-154.

–: Richard Hibbitt u. Lynn Wolff: Secondary Bibliography. In: Saturn's Moons. W. G. Sebald – A Handbook. Hg. v. Jo Catling u. Richard Hibbitt. London 2011, S. 497-547.

–: A Catalogue of W. G. Sebald's Library. In: Saturn's Moons. W. G. Sebald – A Handbook. Hg. v. Jo Catling u. Richard Hibbitt. London 2011, S. 377-441.

–: Bibliotheca abscondita. On W. G. Sebald's Library. In: Saturn's Moons. W. G. Sebald – A Handbook. Hg. v. Jo Catling u. Richard Hibbitt. London 2011, S. 265-297.

Ceuppens, Jan: Vorbildhafte Trauer. W. G. Sebalds *Die Ausgewanderten* und die Rhetorik der Tradition. Eggingen 2009.

Cooke, Simon: Cultural Memory on the Move in Contemporary Travel Writing: W. G. Sebald's *The Rings of Saturn*. In: Mediation, Remediation, and the Dynamics of Cultural Memory. Hg. v. Astrid Erll u. Ann Rigney. Berlin u. New York 2009, S. 15-30.

Cosgrove, Mary: Born under Auschwitz. Melancholy Traditions in Postwar German Literature. Rochester 2014.

Covindassamy, Mandana in Zus. mit Géraldine Djament-Tran: Der Literatur in die Karten schauen. Überlegungen zu Kartographie und Literatur am Beispiel von W. G. Sebalds *Die Ringe des Saturn*. In: Die Zukunft der Kartographie. Neue und nicht so neue epistemologische Krisen. Hg. v. Marion Picker, Véronique Maleval u. Florent Gabaude. Bielefeld 2013, S. 93-106.

Craven, Peter: W. G. Sebald: Anatomy of Faction. In: Heat 13 (1999), S. 212-224.

Daub, Adrian: ›Donner à Voir‹: The Logics of the Caption in W. G. Sebald's *Rings of Saturn* and Alexander Kluge's *Devil's Blind Spot*. In: Searching for Sebald. Photography after W. G. Sebald. Hg. v. Lise Patt u. Christel Dillbohner. Los Angeles 2007, S. 306-329.

Eckart, Gabriele: Against »Cartesian Rigidity«. W. G. Sebald's Reception of Borges. In: W. G. Sebald. Schreiben ex patria / Expatriate Writing. Hg. v. Gerhard Fischer. Amsterdam u. New York 2009, S. 509-521.

Eggers, Christoph: Das Dunkel durchdringen, das uns umgibt. Die Fotografie im Werk von W. G. Sebald. Frankfurt a. M. 2011.

Elcott, Noam: Tattered Snapshots and Castaway Tongues. An Essay at Layout and Translation with W. G. Sebald. In: The Germanic Review 79 (2004), H. 3, S. 203-223.

Figuren der Erinnerung. Studien zum Werk W. G. Sebalds. Hg. v. Christian Schulte u. Winfried Siebers. Wien 2013.

Finkelde, Dominik: Wunderkammer und Apokalypse. Zu W. G. Sebalds Poetik des Sammelns zwischen Barock und Moderne. In: German Life and Letters 60 (2007), S. 554-568.

Fischer, Gerhard: Schreiben *ex patria*. W. G. Sebald und die Konstruktion literarischer Identität. In: W. G. Sebald. Schreiben ex patria / Expatriate Writing. Hg. v. Gerhard Fischer. Amsterdam u. New York 2009, S. 27-44.

Friedrichsmeyer, Sara: Sebalds Heringe und Seidenwürmer. In: Verschiebebahnhöfe der Erinnerung. Zum Werk W. G. Sebalds. Hg. v. Sigurd Martin u. Ingo Wintermeyer. Würzburg 2007, S. 11-26.

Fuchs, Anne: Die Schmerzensspuren der Geschichte. Zur Poetik der Erinnerung in W. G. Sebalds Prosa. Köln, Weimar u. Wien 2004.

Goodbody, Axel: *Die Ringe des Saturn* und *Solar*. Sinnbilder und Schreibstrategien in literarischen Stellungnahmen zur ökologischen Krise von W. G. Sebald und Ian McEwan. In: Ökologische Transformationen und literarische Repräsentationen. Hg. v. Maren Ermisch, Ulrike Kruse u. Urte Stobbe. Göttingen 2010, S. 131-148.

Gray, Richard T.: Sebald's Segues. Performing Narrative Contingency in *The Rings of Saturn*. In: The Germanic Review 84 (2009), H. 1, S. 26-58.

–: Writing at the Roche Limit: Order and Entropy in W. G. Sebald's *Die Ringe des Saturn*. In: The German Quarterly 83 (2010), H. 1, S. 38-57.

Gregory, Derek: »Doors into Nowhere«. Dead Cities and the Natural History of Destruction. In: Cultural Memories. The Geographical Point of View. Hg. v. Peter Meusburger, Michael Heffernan u. Edgar Wunder. Heidelberg, London u. New York 2011, S. 249-283.

Hage, Volker: Zeugen der Zerstörung. Die Literaten und der Luftkrieg. Essays und Gespräche. Frankfurt a. M. 2003.

Hauenstein, Robin: Historiographische Metafiktionen. Ransmayr, Sebald, Beyer, Kracht. Würzburg 2014.

Hawkins, Gay: History in Things – Sebald and Benjamin on Transience and Detritus. In: W. G. Sebald. Schreiben ex patria / Expatriate Writing. Hg. v. Gerhard Fischer. Amsterdam u. New York 2009, S. 161-175.

Hein, Christian: Traumatologie des Daseins. Zur panoptischen Darstellung der Desintegration des Lebens im Werk W. G. Sebalds. Würzburg 2014.

Hell, Julia: The angel's enigmatic eyes, or the gothiv beauty of catastrophic history in W. G. Sebalds *Air War and Literature*. In: Criticism 46 (2004), S. 361-392.

Hoorn, Tanja van: Auch eine Dialektik der Aufklärung. Wie W. G. Sebald Georg Wilhelm Steller zwischen Kabbala und magischer Medizin verortet (*Nach der Natur*). In: Zeitschrift für Germanistik NF 19 (2009), H. 1, S. 108-120.

–: Der ›Engel der Geschichte‹ erzählt W. G. Sebalds *Die Ringe des Saturn*. In: Weltliche Wallfahrten. Auf der Spur des Realen. Hg. v. Stefan Börnchen u. Georg Mein. München 2010, S. 221-234.

–: Präparate und Geistermotten. Naturgeschichte in W. G. Sebalds *Austerlitz*. In: Neue Naturverhältnisse in der Gegenwartsliteratur? Hg. v. Sven Kramer u. Martin Schierbaum. Berlin 2015, S. 73-93.

Horstkotte, Silke: Nachbilder. Fotografie und Gedächtnis in der deutschen Gegenwartsliteratur. Köln, Weimar u. Wien 2009.

Hui, Barbara: Mapping Historical Networks in *Die Ringe des Saturn*. In: The Undiscover'd Country. W. G. Sebald and the Poetics of Travel. Hg. v. Markus Zisselsberger. New York 2010, S. 277-298.

Hünsche, Christina: Textereignisse und Schlachtenbilder. Eine Sebaldsche Poetik des Ereignisses. Bielefeld 2012.

Hutchinson, Ben: W. G. Sebald – Die dialektische Imagination. Berlin u. New York 2009.

Huyssen, Andreas: On Rewritings and New Beginnings. W. G. Sebald and the Literatur about Luftkrieg. In: Zeitschrift für Literaturwissenschaft und Linguistik 124 (2001), S. 72-90.

–: Present Pasts. Urban Palimpsests and the Politics of Memory. Stanford 2003.

Johannsen [geb. Maier, s. u.], Anja K.: Kisten, Krypten, Labyrinthe. Raumfigurationen in der Gegenwartsliteratur: W. G. Sebald, Anne Duden, Herta Müller. Bielefeld 2008.

Kastura, Thomas: Geheimnisvolle Fähigkeit zur Transmigration. W. G. Sebalds interkulturelle Wallfahrten ins Leere. In: Arcadia 31 (1996), H. 1/2, S. 197-216.

Kaup, Monika: The Neobaroque in W. G. Sebald's *The Rings of Saturn*: The Recovery of Open Totality Countering Poststructuralism. In: Contemporary Literature 54 (2013), S. 683-719.

Kawashima, Kentaro: Autobiographie und Photographie nach 1900. Proust, Benjamin, Brinkmann, Barthes, Sebald. Bielefeld 2011.

Kilbourn, Russell J. A.: »Catastrophe with Spectator«. Subjectivity, Intertextuality and the Representation of History in *Die Ringe des Saturn*. In: W. G. Sebald and the Writing of History. Hg. v. Anne Fuchs u. J. J. Long. Würzburg 2007, S. 139-162.

Lemke, Anja: Figurationen der Melancholie. Spuren Walter Benjamins in W. G. Sebalds *Die Ringe des Saturn*. In: Zeitschrift für deutsche Philologie 127 (2008), S. 239-267.

Lerm Hyes, Christa-Maria: Post-War Germany and ›Objective Chance‹: W. G. Sebald, Joseph Beuys and Tacita Dean / Nachkriegsdeutschland und ›Objektiver Zufall‹: W. G. Sebald, Joseph Beuys und Tacita Dean. Göttingen 2008.

Long, J.J. u. Anne Whitehead: Introduction. In: W.G. Sebald – A critical companion. Hg. v. J.J. Long u. Anne Whitehead. Edinburgh 2004, S. 3-15.
Long, J.J.: W.G. Sebald – Image, Archive, Modernity. Edinburgh u. New York 2007.
–: W.G. Sebald: A Bibliographical Essay on Current Research. In: W.G. Sebald and the Writing of History. Hg. v. Anne Fuchs u. J.J. Long. Würzburg 2007, S. 11-29.
–: W.G. Sebald: The Ambulatory Narrative and the Poetics of Digression. In: W.G. Sebald. Schreiben ex patria / Expatriate Writing. Hg. v. Gerhard Fischer. Amsterdam u. New York 2009, S. 61-71.
Lörincz, Csongor: Die Latenz der Naturgeschichte. Sprache und Zeugenschaft in W.G. Sebalds *Luftkrieg und Literatur*. In: Signaturen des Geschehens. Ereignisse zwischen Öffentlichkeit und Latenz. Hg. v. Zoltán Kulcsár-Szabó u. Csongor Lörincz. Bielefeld 2014, S. 429-462.
Maier, Anja K.: »Der panische Halsknick«. Organisches und Anorganisches in W.G. Sebalds Prosa. In: W.G. Sebald. Politische Archäologie und melancholische Bastelei. Hg. v. Michael Niehaus u. Claudia Öhlschläger. Berlin 2006, S. 111-126.
Malkmus, Bernhard: »All of them Signs and Characters from Type-Case of Forgotten Things«. Intermedia Configurations of History in W.G. Sebald. In: Memory Traces. 1989 and the Question of German Cultural Identity. Hg. v. Silke Arnold-de Simine. Oxford, Bern u.a. 2005, S. 211-244.
–: Das Naturtheater des W.G. Sebald: Die ökologischen Aporien eines *poeta doctus*. In: Gegenwartsliteratur 10 (2011), S. 210-233.
Martin, James P.: Melancholic Wanderings. W.G. Sebald's *Die Ringe des Saturn*. In: Gegenwartsliteratur 6 (2007), S. 118-140.
McCulloh, Mark: Understanding W.G. Sebald. Columbia 2003.
Mémoire. Transferts. Images. / Erinnerung. Übertragungen. Bilder. W.G. Sebald. Hg. v. Ruth Vogel-Klein. Sonderband Recherches Germaniques 2005.
Morgan, Peter: The Sign of Saturn. Melancholy, Homelessness and Apocalypse in W.G. Sebald's Prose Narratives. In: German Life and Letters 58 (2005), H. 1, S. 75-92.
Mosbach, Bettina: Schauer der ungewohnten Berührung. Zur Tieranalogie bei W.G. Sebald. In: Tiere, Texte, Spuren. Hg. v. Norbert Otto Eke u. Eva Geulen. Zeitschrift für deutsche Philologie. Sonderheft zu Bd. 126 (2007), S. 82-97.
–: Figurationen der Katastrophe. Ästhetische Verfahren in W.G. Sebalds *Die Ringe des Saturn* und *Austerlitz*. Bielefeld 2008.
Neuner, Thomas: Der Leser als Wanderer. W.G. Sebald, *Die Ringe des Saturn. Eine englische Wallfahrt*. In: Medienobservationen. http://www.medienobservationen.uni-muenchen.de/artikel/literatur/neuner_sebald.html [zuletzt besucht am 25.07.2011].
Niehaus, Michael: Sebald's Scouges. In: W.G. Sebald and the Writing of History. Hg. v. Anne Fuchs u. J.J. Long. Würzburg 2007, S. 45-57.
Öhlschläger, Claudia: Der Saturnring oder Etwas vom Eisenbau. W.G. Sebalds poetische Zivilisationskritik. In: W.G. Sebald. Politische Archäologie und

melancholische Bastelei. Hg. v. Michael Niehaus u. Claudia Öhlschläger. Berlin 2006, S. 189-204.
–: Beschädigtes Leben. Erzählte Risse. W. G. Sebalds poetische Ordnung des Unglücks. Freiburg i. Br., Berlin u. Wien 2006.
Patt, Lise: Introduction. Searching for Sebald: What I Know for Sure. In: Searching for Sebald. Photography after W. G. Sebald. Hg. v. Lise Patt u. Christel Dillbohner. Los Angeles 2007, S. 16-95.
Pensky, Max: Three Kinds of Ruin: Heidegger, Benjamin, and Sebald. In: Poligrafi (2011), S. 65-89.
Pethes, Nicolas: Naturgeschichte der Zerstörung. Evolution als Narrativ für die ›Stunde Null‹ bei W. G. Sebald und Christoph Ransmayr. In: Finis. Paradoxien des Endens. Hg. v. Peter Brandes u. Burkhardt Lindner. Würzburg 2009, S. 169-187.
Pflaumbaum, Christoph: Melancholisches Schreiben nach Auschwitz. Studien zu Wolfgang Hildesheimer, Jean Améry und W. G. Sebald. Würzburg 2014.
Polster, Heike: The Aesthetics of Passage: The Imag(in)ed Experience of Time in Thomas Lehr, W. G. Sebald, and Peter Handke. Würzburg 2009.
Ribó, Ignasi: The One-Winged Angel. History and Memory in the Literary Discourse of W. G. Sebald. In: Orbis Litterarum 64 (2009), H. 3, S. 222-262.
Ritte, Jürgen: Endspiele. Geschichte und Erinnerung bei Dieter Forte, Walter Kempowski und W. G. Sebald. Berlin 2009.
Santner, Eric L.: On Creaturely Life. Rilke, Benjamin, Sebald. Chicago u. London 2006.
Saturn's Moons. W. G. Sebald – A Handbook. Hg. v. Jo Catling u. Richard Hibbitt. London 2011.
Schedel, Susanne: »Wer weiß, wie es vor Zeiten wirklich gewesen ist?« Textbeziehungen als Mittel der Geschichtsdarstellung bei W. G. Sebald. Würzburg 2004.
Schley, Fridolin: Kataloge der Wahrheit. Zur Inszenierung von Autorschaft bei W. G. Sebald. Göttingen 2012.
Schmidt-Hannisa, Hans-Walter: Abberration of a Species. On the Relationship between Man and Beast in W. G. Sebald's Work. In: W. G. Sebald and the Writing of History. Hg. v. Anne Fuchs u. J. J. Long. Würzburg 2007, S. 31-43.
Schmucker, Peter: Grenzübertretungen. Intertextualität im Werk von W. G. Sebald. Berlin u. Boston 2012.
Schönthaler, Philipp: Negative Poetik. Die Figur des Erzählers bei Thomas Bernhard, W. G. Sebald und Imre Kertész. Bielefeld 2011.
Schulte, Christian: Die Naturgeschichte der Zerstörung. W. G. Sebalds Thesen zu Luftkrieg und Literatur. In: W. G. Sebald. Hg. v. Heinz Ludwig Arnold. München 2003 (= text + kritik 158), S. 82-94.
Schütte, Uwe: W. G. Sebald. Einführung in Leben und Werk. Göttingen 2011.
–: Anmerkungen zu W. G. Sebalds Eigensinn. In: Akzente 58 (2011), S. 546-566.
–: Interventionen. Literaturkritik als Widerspruch bei W. G. Sebald. München 2014.
Scurry, Amelia: Melancholy and History in W. G. Sebald's *The Rings of Saturn*. In: Remaking literary history. Hg. v. Helen Groth u. Paul Sheehan. Newcastle 2010, S. 14-24.

Searching for Sebald. Photography after W. G. Sebald. Hg. v. Lise Patt u. Christel Dillbohner. Los Angeles 2007.

Sebald. Lektüren. Hg. v. Marcel Atze u. Franz Loquai. Eggingen 2005.

Seidl, Anna: Karten und Kartenbilder im Werk von W. G. Sebald. In: Gegenwartsliteratur 12 (2013), S. 293-319.

Seitz, Stephan: Geschichte als bricolage – W. G. Sebald und die Poetik des Bastelns. Göttingen 2011.

Sheppard, Richard: ›Woods, trees and the spaces in between‹. A report on work published on W. G. Sebald 2005-2008. In: Journal of European Studies 39 (2009), H. 1, S. 79-128.

Steinaecker, Thomas von: Literarische Foto-Texte. Zur Funktion der Fotografien in den Texten Rolf Dieter Brinkmanns, Alexander Kluges und W. G. Sebalds. Bielefeld 2007.

Steinmann, Holger: Zitatruinen unterm Hundsstern. W. G. Sebalds Ansichten von der Nachtseite der Philologie. In: W. G. Sebald. Politische Archäologie und melancholische Bastelei. Hg. v. Michael Niehaus u. Claudia Öhlschläger. Berlin 2006, S. 145-156.

Summers-Bremner, Eluned: Reading, Walking, Mourning. W. G. Sebald's Peripatetic Fictions. In: Journal of Narrative Theory 34 (2004), H. 3, S. 304-334.

Swales, Martin: Intertextuality, Authenticity, Metonymy? On Reading W. G. Sebald. In: The Anatomist of Melancholy. Essays in Memory of W. G. Sebald. Hg. v. Rüdiger Görner. 2. Aufl. München 2005, S. 81-87.

Tennstedt, Antje: Annäherungen an die Vergangenheit bei Claude Simon und W. G. Sebald. Am Beispiel von *Le Jardin des Plantes*, *Die Ausgewanderten* und *Austerlitz*. Freiburg i. Br., Berlin u. Wien 2007.

Theisen, Bianca: Prose of the World: W. G. Sebald's Literary Travels. In: The Germanic Review 79 (2004), H. 3, S. 163-179.

The Undiscover'd Country. W. G. Sebald and the Poetics of Travel. Hg. v. Markus Zisselsberger. New York 2010.

Verschiebebahnhöfe der Erinnerung. Zum Werk W. G. Sebalds. Hg. v. Sigurd Martin u. Ingo Wintermeyer. Würzburg 2007.

Ward, Simon: Ruins and Poetics in the Works of W. G. Sebald. In: W. G. Sebald – A Critical Companion. Hg. v. J. J. Long u. Anne Whitehead. Edinburgh 2004, S. 58-71.

W. G. Sebald – A Critical Companion. Hg. v. J. J. Long u. Anne Whitehead. Edinburgh 2004.

W. G. Sebald. History – Memory – Trauma. Hg. v. Scott Denham u. Mark McCulloh. Berlin u. New York 2006.

W. G. Sebald. Politische Archäologie und melancholische Bastelei. Hg. v. Michael Niehaus u. Claudia Öhlschläger. Berlin 2006.

W. G. Sebald. Schreiben ex patria / Expatriate Writing. Hg. v. Gerhard Fischer. Amsterdam u. New York 2009.

W. G. Sebald. Neue Wege der Forschung. Hg. v. Yahya Elsaghe, Luca Liechti u. Oliver Lubrich. Darmstadt 2012.

W. G. Sebald and the Writing of History. Hg. v. Anne Fuchs u. J. J. Long. Würzburg 2007.
Williams, Arthur: The Elusive First Person Plural. Real Absences in Rainer Kunze, Bernd-Dieter Hüge, and W. G. Sebald. In: Whose Story? Continuities in Contemporary German-Language Literature. Hg. v. Arthur Williams. Bern u. a. 1998, S. 85-114.
Wintermeyer, Ingo: »...kaum eine Schmerzensspur hinterlassen ...«? Luftkrieg, Literatur und der »cordon sanitaire«. In: Verschiebebahnhöfe der Erinnerung. Zum Werk W. G. Sebalds. Hg. v. Sigurd Martin u. Ingo Wintermeyer. Würzburg 2007, S. 137-161.
Witthaus, Jan-Hendrik: Fehlleistung und Fiktion. Sebaldsche Gedächtnismodelle zwischen Freud und Borges. In: W. G. Sebald. Politische Archäologie und melancholische Bastelei. Hg. v. Michael Niehaus u. Claudia Öhlschläger. Berlin 2006, S. 157-172.
Wohlfahrt, Irving: Anachronie. Interferenzen zwischen Walter Benjamin und W. G. Sebald. In: IASL 22 (2008), H. 2, S. 184-242.
Wolff, Lynn L.: W. G. Sebald's Hybrid Poetics. Literature as Historiography. Berlin u. Boston 2014.
Wrobel, Dieter: Postmodernes Chaos – Chaotische Postmoderne. Eine Studie zu Analogien zwischen Chaostheorie und deutschsprachiger Prosa der Postmoderne. Bielefeld 1997.
Zimmermann, Ben: Narrative Rhythmen der Erzählstimme. Poetologische Modulierungen bei W. G. Sebald. Würzburg 2012.

8.3.4 Zu Ror Wolf

Ähnliches ist nicht dasselbe. Eine rasante Revue für Ror Wolf. Hg. v. Oliver Jahn u. Kai U. Jürgens. Kiel 2002.
Anfang & vorläufiges Ende. 91 Ansichten über den Schriftsteller Ror Wolf. [kein Hg.] Frankfurt a. M. 1992.
Appel, Ina: Von Lust und Schrecken im Spiel ästhetischer Subjektivität. Über den Zusammenhang von Subjekt, Sprache und Existenz in Prosa von Brigitte Kronauer und Ror Wolf. Würzburg 2000.
Bezzel, Chris: Warenform und Metafiktion. Zur Erzähltechnik von Ror Wolf. In: Über Ror Wolf. Hg. v. Lothar Baier. Frankfurt a. M. 1972, S. 101-124.
Bündgen, Thomas: Sinnlichkeit und Konstruktion. Die Struktur moderner Prosa im Werk von Ror Wolf. Frankfurt a. M., Bern u. New York 1985.
Dischner, Gisela: Das Ende des bürgerlichen Ichs. Anmerkungen zur Prosa Ror Wolfs. In: Über Ror Wolf. Hg. v. Lothar Baier. Frankfurt a. M. 1972, S. 71-100.
–: »Zwischen Suppe und Mund kann sich vieles ereignen. Zum Beispiel diese Worte ...«. Versuch über Ror Wolf. In: Ähnliches ist nicht dasselbe. Eine rasante Revue für Ror Wolf. Hg. v. Oliver Jahn u. Kai U. Jürgens. Kiel 2002, S. 131-145.
Enzensberger, Hans Magnus: Einführung. In: Vorzeichen. Fünf neue deutsche

Autoren. Christian Grote, Hans Günter Michelsen, Gisela Elsner, Ror Wolf, Jürgen Becker. Frankfurt a. M. 1962, S. 7-24.

Fahmüller, Eva-Maria: Postmoderne Veränderungen. Zur deutschen Erzählkunst um 1990. Berlin 1999.

Gamper, Herbert: Abenteuer der Sprache. In: Über Ror Wolf. Hg. v. Lothar Baier. Frankfurt a. M. 1972, S. 41-44. [zuerst in: Die Weltwoche, 28. Februar 1969].

Heimann, Bodo: Experimentelle Prosa der Gegenwart. München 1978.

Heißenbüttel, Helmut: Bericht aus einer Traumlandschaft. In: Über Ror Wolf. Hg. v. Lothar Baier. Frankfurt a. M. 1972, S. 17-21. [zuerst in: Süddeutsche Zeitung 12./13. Dezember 1964].

Helmstetter, Rudolf: Erzählen, Tranchieren, Ratschlagen. Funktionsübergänge in der Prosa Ror Wolfs. In: Ähnliches ist nicht dasselbe. Eine rasante Revue für Ror Wolf. Hg. v. Oliver Jahn u. Kai U. Jürgens. Kiel 2002, S. 158-174.

Hohmann, Klaus: Experimentelle Prosa. Eine neue Literatur des Sprachexperiments. Texte und Einführung für den Deutschunterricht. Paderborn 1974.

Hoorn, Tanja van: Kleine Typologie des Lexikon-Romans (Okopenko, Pavic, Marti, Wolf). In: DVjs 88 (2014), S. 392-413.

Jacob, Lars: Ror Wolf – Der Verschlingungskünstler der epischen Form. In: Zeitschrift für Germanistik NF 5 (1995), S. 554-571. [geringfügig überarb. wieder in: Ähnliches ist nicht dasselbe. Eine rasante Revue für Ror Wolf. Hg. v. Oliver Jahn u. Kai U. Jürgens. Kiel 2002, S. 87-111].

Jürgens, Kai U.: Zwischen Suppe und Mund. Realitätskonzeption in Ror Wolfs *Fortsetzung des Berichts*. Kiel 2000.

–: Nachwort. In: Ror Wolf: Werke. Prosa I: Fortsetzung des Berichts. Hg. v. Kai U. Jürgens. Frankfurt a. M. 2010, S. 277-292.

Kesting, Marianne: Die Welt eine Wohnküche. In: Anfang & vorläufiges Ende. 91 Ansichten über den Schriftsteller Ror Wolf. Frankfurt a. M. 1992, S. 73-76. [zuerst in: Die Zeit, 5. März 1965].

Kilcher, Andreas B.: Lexikographische Anatomie der bürgerlichen Welt. Ror Wolfs Enzyklopädie für unerschrockene Leser. In: Am Erker 21 (1998), H. 36, S. 119-127.

Mon, Franz: »Es gibt also Löcher in meinem Gedächtnis«. Bilder und Wörter: Das Prinzip Collage in zwei Büchern Ror Wolfs. In: Ähnliches ist nicht dasselbe. Eine rasante Revue für Ror Wolf. Hg. v. Oliver Jahn u. Kai U. Jürgens. Kiel 2002, S. 278-300.

Pauler, Monika: Lauter alte Bekannte, Wobser zum Beispiel. Anmerkungen zum Kunstfigurenarsenal und der erzählkritischen Narration des Ror Wolf. In: Ähnliches ist nicht dasselbe. Eine rasante Revue für Ror Wolf. Hg. v. Oliver Jahn u. Kai U. Jürgens. Kiel 2002, S. 189-208.

Piwitt, Hermann Peter: Landschaft des Gedächtnisses und Augenblick. In: Über Ror Wolf. Hg. v. Lothar Baier. Frankfurt a. M. 1972, S. 22-27. [zuerst in: Sprache im technischen Zeitalter 14 (1965)].

Scheunemann, Rainer: Erzählen im Kreise. In: Über Ror Wolf. Hg. v. Lothar Baier. Frankfurt a. M. 1972, S. 28-34. [zuerst in: Frankfurter Hefte, November 1965].

Schmidt-Henkel, Gerhard: Ror Wolf: Fortsetzung des Berichts. In: Anfang & vorläufiges Ende. 91 Ansichten über den Schriftsteller Ror Wolf. Frankfurt a.M. 1992, S. 77-81. [zuerst in: Deutschlandfunk, 30. Mai 1965].

Schmitz-Emans, Monika: Die Rätsel der Welt in Wort und Bild. Über Ror Wolfs Ratgeberbücher. In: Textprofile intermedial. Hg. v. Dagmar von Hoff u. Bernhard Spies. München 2008, S. 101-126.

Schrembs, Edigna: Experimentelle Prosa der letzten Jahre und ihr Verhältnis zur gesellschaftlichen Wirklichkeit – am Beispiel [von] Thomas Bernhard, Ror Wolf, Jürgen Becker, Gert Friedrich Jonke. In: Der Deutschunterricht 25 (1973), S. 68-82.

Schütte, Rolf: Material Konstitution Variabilität. Sprachbewegungen im literarischen Werk von Ror Wolf. Frankfurt a.M., Bern u. New York 1987.

8.3.5 Weitere Forschungsliteratur

Agamben, Giorgio: Homo sacer. Die souveräne Macht und das nackte Leben. Frankfurt a.M. 2002.

–: Das Offene. Der Mensch und das Tier. Frankfurt a.M. 2003.

Ajouri, Philip: Erzählen nach Darwin. Die Krise der Teleologie im literarischen Realismus: Friedrich Theodor Vischer und Gottfried Keller. Berlin u. New York 2007.

Albrecht, Jörg: Mach's nicht wie die Blumenuhr. In: FASZ Nr. 32 (14. Aug. 2011), S. 49.

Alff, Wilhelm: Michelets Ideen. Genf u. Paris 1966.

Allen, David Elliston: On parallel lines: natural history and biology from the late Victorian period. In: ders.: Naturalists and Society. The Culture of Natural History in Britain, 1700-1900. Aldershot u. Burlington 2001 [= Nachdruck des Erstdrucks in Archives of Natural History 25 (1998)], S. 361-371.

Anderson, John M.: The Natural History of Dative Sentences. In: English Historical Linguistics. Hg. v. N.F. Blake u. Charles Jones. Sheffield 1984, S. 241-278.

[Anon.:] »Erst stirbt der Seehund, dann der Mensch«. Nordsee in Not: Ölpest, Chemiemüll, Überfischung, Wattzerstörung. In: Der Spiegel 33 (1980), S. 58-72.

Anz, Thomas: Literatur des Expressionismus. Stuttgart 2002.

–: Über einige Missverständnisse und andere Fragwürdigkeiten in Anke-Marie Lohmeiers Aufsatz »Was ist eigentlich modern?«. In: IASL 33 (2008), H. 1, S. 227-232.

[Art.] Diezel, Carl Emil. In: Deutsche Biographische Enzyklopädie. Hg. v. Walther Killy u. Rudolf Vierhaus. München 2001, Bd. 2, S. 544.

[Art.] Histoire naturelle. In: Encyclopédie ou Dictionnaire raisonné des sciences, des arts et des métiers. Hg. v. Denis Diderot. Bd. 8. Stuttgart 1967 [= Reprint der Ausgabe Neufchastel 1765], S. 225-230.

[Art.] Matschie, Paul. In: Deutsche Biographische Enzyklopädie. Hg. v. Walther Killy u. Rudolf Vierhaus. München 2001, Bd. 6, S. 657.

[Art.] Neucrantz (Paul). In: Allgemeines Gelehrten-Lexicon: darinne die Gelehrten aller Stände sowohl männ- als weiblichen Geschlechts, welche vom

Anfange der Welt bis auf ietzige Zeit gelebt, [...] aus den glaubwürdigsten Scribenten in alphabetischer Ordnung beschrieben werden. Hg. v. Christian Gottlieb Jöcher. 4 Bde. Leipzig 1751. Reprint Hildesheim 1961, Bd. 3, Sp. 874.

[Art.] Schilling, Claus. In: Deutsche Biographische Enzyklopädie. Hg. v. Walther Killy u. Rudolf Vierhaus. München 2001, Bd. 8, S. 638.

Ashworth, William B. Jr.: Natural history and the emblematic world view. In: Reappraisals of the Scientific Revolution. Hg. v. David C. Lindberg u. Robert S. Westman. Cambridge u. a. 1990, S. 303-332.

Athanasius Kircher. The Last Man Who Knew Everything. Hg. v. Paula Findlen. New York u. London 2004.

Bachmann-Medick, Doris: Cultural Turns. Neuorientierungen in den Kulturwissenschaften. Reinbek bei Hamburg 2006.

Barthes, Roland: Michelet. Übers. v. Peter Geble. Frankfurt a. M. 1984.

Bates, Marston: The Nature of Natural History. 2. Aufl. New York 1961.

Becker, Claudia: »Naturgeschichte der Kunst«. August Wilhelm Schlegels ästhetischer Ansatz im Schnittpunkt zwischen Aufklärung, Klassik und Frühromantik. München 1998, S. 19-27.

Beer, Gillian: Darwin's Plots. Evolutionary Narrative in Darwin, George Eliot and Nineteenth-Century Fiction. 3. Aufl. Cambridge 2009.

Benninghoff-Lühl, Sibylle: Das Reich der Tiere und ihr Interpret. 12. April 1873: Alfred Brehm fordert die Anerkennung der Schimpansen als Menschen. In: Mit Deutschland um die Welt. Eine Kulturgeschichte des Fremden in der Kolonialzeit. Hg. v. Alexander Honold u. Klaus R. Scherpe. Stuttgart u. Weimar 2004, S. 36-40.

Benthien, Claudia u. Brigitte Weingart: Einleitung. In: Handbuch Literatur & Visuelle Kultur. Hg. v. dens. Berlin u. Boston 2014, S. 1-28.

Berger, Ruth: Warum der Mensch spricht. Eine Naturgeschichte der Sprache. Frankfurt a. M. 2008.

Berry, R. J.: Natural history in the twenty-first century. In: Archives of natural history 15 (1988), S. 1-14.

Bezzel, Chris: Lyrik vor Tschernobyl. In: Hans/Jean Arp. Hg. v. Heinz Ludwig Arnold. München 1986 (= text + kritik 92), S. 25-37.

Bies, Michael: Vom Wettstreit der Medien am ›Ende der Naturgeschichte‹: Linné, Buffon, Goethe. In: Vom Wettstreit der Künste zum Kampf der Medien? Medialitätsdiskurs im Wandel der Zeiten. Hg. v. Mario Baumann u. Yvonne Nowak. Marburg 2008, S. 93-112.

–: Im Grunde ein Bild. Die Darstellung der Naturforschung bei Kant, Goethe und Alexander von Humboldt. Göttingen 2012.

Bleikasten, Aimée: Jean Hans Arp. Die Stimme des Dichters oder die Urstimme. In: Arp 1886-1966. Konzeption v. Ausstellung u. Katalog: Jane Hancock u. Stefanie Poley. Stuttgart 1986, S. 18-29.

Bleker, Johanna: Die Naturhistorische Schule 1825-1845. Ein Beitrag zur Geschichte der klinischen Medizin in Deutschland. Stuttgart 1981.

Bodenburg, Julia: Tier und Mensch. Zur Disposition des Humanen und Animalischen in Literatur, Philosophie und Kultur um 2000. Freiburg i. Br. 2012.

Boehm, Laetitia: Der wissenschaftstheoretische Ort der historia im früheren Mittelalter. Die Geschichte auf dem Weg zur »Geschichtswissenschaft«. In: Speculum Historiale. Geschichte im Spiegel von Geschichtsschreibung und Geschichtsdeutung. Hg. v. Clemens Bauer, Laetitia Boehm u. Max Müller. Freiburg i. Br. 1965, S. 663-693.

Böhme, Gernot: Die Natur vor uns. Naturphilosophie in pragmatischer Hinsicht. Zug 2002.

Böhme, Hartmut: »Der Dämon des Zwiewegs«. Kurt Breysigs Kampf um die Universalhistorie. In: Kurt Breysig: Die Geschichte der Menschheit. Bd. 1: Die Anfänge der Menschheit. Neuausgabe der 2. Aufl. Berlin 2001, S. V-XXVII.

Bohrer, Karl Heinz: Nach der Natur. Ansichten einer Moderne jenseits der Utopie. In: Merkur 41 (1987), S. 631-645.

Bolte, Gerhard: Staatsidee und Naturgeschichte. Zur Dialektik der Aufklärung im Hegelschen Staatsbegriff. Lüneburg 1991.

Bonheim, Günther: Zeichendeutung und Natursprache. Ein Versuch über Jacob Böhme. Würzburg 1993.

Borgard, Thomas: Kurd Laßwitz' *Tiermärchen aus der oberen Kreide* (1902). Literatur und Geschichte im Umkreis des Darwinismus. In: ›Natur‹, Naturrecht und Geschichte. Aspekte eines fundamentalen Begründungsdiskurses der Neuzeit (1600-1900). Hg. v. Simone de Angelis, Florian Gelzer u. Lucas Marco Gisi. Heidelberg 2010, S. 481-501.

Borgards, Roland: Wissen *und* Literatur. Eine Replik auf Tilmann Köppe. In: Zeitschrift für Germanistik NF 2 (2007), S. 425-428.

–: Tiere in der Literatur. Eine methodische Standortbestimmung. In: Das Tier an sich. Disziplinenübergreifende Perspektiven für neue Wege im wissenschaftsbasierten Tierschutz. Göttingen 2012, S. 87-118.

–: Zoologie. In: Literatur und Wissen. Ein interdisziplinäres Handbuch. Hg. v. Roland Borgards, Harald Neumeyer, Nicolas Pethes u. Yvonne Wübben. Stuttgart u. Weimar 2013, S. 161-167.

–: Evolution als Experiment. Dietmar Daths *Die Abschaffung der Arten*. In: Tier – Experiment – Literatur. 1880-2010. Hg. v. Roland Borgards u. Nicolas Pethes. Würzburg 2013, S. 219-232.

Borst, Arno: Das Buch der Naturgeschichte. Plinius und seine Leser im Zeitalter des Pergaments. Heidelberg 1994.

Braun, Lucien: Conrad Gessner. Genf 1990.

Braungart, Georg u. Dietmar Till: [Art.] Kontexte: Wissenschaft. In: Handbuch Literaturwissenschaft. Hg. v. Thomas Anz. Bd. 1: Gegenstände und Grundbegriffe. Stuttgart u. Weimar 2007, S. 407-419.

Bredekamp, Horst: Antikensehnsucht und Maschinenglauben. Die Geschichte der Kunstkammer und die Zukunft der Kunstgeschichte. Überarb. Neuausgabe Berlin 2000. [zuerst 1993].

–: Darwins Korallen. Die frühen Evolutionsdiagramme und die Tradition der Naturgeschichte. Berlin 2005.

Breidbach, Olaf: Goethes Metamorphosenlehre. München 2006.

Brenner, Peter J.: Die Erfahrung der Fremde. Zur Entwicklung einer Wahrnehmungsform in der Geschichte des Reiseberichts. In: Der Reisebericht. Die Entwicklung einer Gattung in der deutschen Literatur. Hg. v. Peter J. Brenner. Frankfurt a. M. 1989, S. 14-49.

Breysig, Gertrud: Kurt Breysig. Ein Bild des Menschen. Heidelberg 1967.

Bridson, Gavin: The History of Natural History. An Annotated Bibliography. New York u. London 1994.

Brocke, Bernhard von: Kurt Breysig. Geschichtswissenschaft zwischen Historismus und Soziologie. Lübeck u. Hamburg 1971.

–: Kurt Breysig. In: Deutsche Historiker. Hg. v. Hans-Ulrich Wehler. Göttingen 1973, S. 581-602.

Brundiek, Katharina: Raabes Antworten auf Darwin. Beobachtungen an der Schnittstelle von Diskursen. Göttingen 2005.

Buchwald, Konrad: Nordsee. Ein Lebensraum ohne Zukunft? Mit einem Exkurs v. Walter Feldt u. Theo Schröder. Göttingen 1990.

Bühler, Benjamin u. Stefan Rieger: Vom Übertier. Ein Bestiarium des Wissens. Frankfurt a. M. 2006.

–: Das Wuchern der Pflanzen. Ein Florilegium des Wissens. Frankfurt a. M. 2009.

Bühler-Niederberger, Doris: Naturgeschichte und Soziologie – Parks »natural history« als qualitative Methodologie. In: Zeitschrift für Soziologie 18 (1989), H. 6, S. 457-469.

Bürger, Peter: Prosa der Moderne. Frankfurt a. M. 1988.

Buhr, Manfred: Geschichtliche Vernunft und Naturgeschichte. »Neue« Anmerkungen zur Differenz des Fichteschen und Schellingschen Systems der Philosophie. In: Natur und geschichtlicher Prozeß. Studien zur Naturphilosophie F. W. J. Schellings. Hg. v. Hans Jörg Sandkühler. Frankfurt a. M. 1984, S. 227-240.

Calzoni, Raul: Das ›Experiment‹ in der Literatur. Eine Einleitung. In: »Ein in der Phantasie durchgeführtes Experiment«. Literatur und Wissenschaft nach Neunzehnhundert. Hg. v. Raul Calzoni u. Massimo Salgaro. Göttingen 2010, S. 11-28.

Carroll, Joseph: Reading Human Nature. Literary Darwinism in Theory and Practice. New York 2011.

Chakkalakal, Silvy: Die Welt in Bildern. Erfahrung und Evidenz in Friedrich J. Bertuchs *Bilderbuch für Kinder* (1790-1830). Göttingen 2014.

Dainat, Holger: Literatur. Wissen(schaft). Geschichte. In: IASL 36 (2011), H. 1, S. 177-182.

Darwin. Kunst und die Suche nach den Ursprüngen. Hg. v. Pamela Kort u. Max Hollein. Köln 2009.

Daston, Lorraine u. Katharine Park: Wunder und die Ordnung der Natur 1150-1750. Übers. v. Sebastian Wohlfeil u. Christa Krüger. Berlin 2002. [engl. zuerst 1998].

Daum, Andreas W.: Wissenschaftspopularisierung im 19. Jahrhundert. Bürgerliche Kultur, naturwissenschaftliche Bildung und die deutsche Öffentlichkeit. München 1998.

Deleuze, Gilles u. Félix Guattari: Tausend Plateaus. Kapitalismus und Schizophrenie. Übers. v. Gabriele Ricke u. Ronald Voullié. Berlin 1992.

Dieckmann, Herbert: Naturgeschichte von Bacon bis Diderot. Einige Wegweiser. In: Geschichte – Ereignis und Erzählung. Hg. v. Reinhart Koselleck u. Wolf-Dietrich Stempel. München 1973, S. 95-114.

Dietz, Bettina: Aufklärung als Praxis. Naturgeschichte im 18. Jahrhundert. In: Zeitschrift für Historische Forschung 36 (2009), 235-257.

– u. Thomas Nutz: Naturgeschichte des Menschen als Wissensformation des späten 18. Jahrhunderts. Orte, Objekte, Verfahren. In: Zeitschrift für Historische Forschung. 32 (2005), S. 45-70.

Döhl, Reinhard: Das literarische Werk Hans Arps 1903-1930. Zur poetischen Vorstellungswelt des Dadaismus. Stuttgart 1967.

Dougherty, Frank William Peter: Der Begriff der Naturgeschichte nach Johann Friedrich Blumenbach anhand seiner Korrespondenz mit Jean-André DeLuc. Ein Beitrag zur Wissenschaftsgeschichte bei der Entdeckung der Geschichtlichkeit ihres Gegenstandes. In: ders.: Gesammelte Aufsätze zu Themen der klassischen Periode der Naturgeschichte. Collected Essays on Themes from the Classical Period of Natural History. Göttingen 1996, S. 148-159, Anmerkungen S. 399-402.

Drouin, Jean-Marc u. Bernadette Bensaude-Vincent: Nature for the people. In: Cultures of Natural History. Hg. v. N. Jardine, J. A. Secord u. E. C. Spary. Cambridge 1996, S. 408-425.

Eggebrecht, Harald: Sinnlichkeit und Abenteuer. Die Entstehung des Abenteuerromans im 19. Jahrhundert. Berlin u. Marburg 1985.

Ehrich, Riewert: Individuation und Okkultismus im Romanwerk Alfred Jarrys. München 1988.

Eibl-Eibesfeld, Irenäus: Liebe und Haß. Zur Naturgeschichte elementarer Verhaltensweisen. München 1970.

Ellenius, Allan: Notes on the Function of Early Zoological Imagery. In: The Power of Images in Early Modern Science. Hg. v. Wolfgang Lefèvre, Jürgen Renn u. Urs Schoepflin. Basel, Boston u. Berlin 2003, S. 167-180.

Emblemata. Handbuch zur Sinnbildkunst des XVI. und XVII. Jahrhunderts. Ergänzte Neuausgabe. Hg. v. Arthur Henkel u. Albrecht Schöne. Stuttgart 1976.

Engel, Manfred: »Das stete Fließen und Werden der Dinge«. Zur intendierten Rezeption eines Dada-Gedichts. In: Das Gedichtete behauptet sein Recht. Festschrift für Walter Gebhard zum 65. Geburtstag. Hg. v. Klaus H. Kiefer, Armin Schäfer u. Hans-Walter Schmidt-Hannisa. Frankfurt a. M., Berlin u. a. 2001, S. 17-28.

Engelhardt, Dietrich von: Spiritualisierung der Natur und Naturalisierung des Menschen. Perspektiven der romantischen Naturforschung. In: Naturverständnis und Naturbeherrschung. Philosophiegeschichtliche Entwicklung und gegenwärtiger Kontext. Hg. v. Friedrich Rapp. München 1981, S. 96-110.

–: Naturgeschichte und Geschichte der Kultur in der Naturforschung der Romantik. In: Die Erfindung der Natur. Max Ernst, Paul Klee, Wols und das surreale Universum. Hg. v. Karin Orchard u. Jörg Zimmermann. Freiburg i. Br. 1994, S. 54-59.

Erichson, Rolf: Heringsfischerei. Stuttgart u. Berlin 1938. (= Beihefte der Reichsstelle für den Unterrichtsfilm F 184/1938).

Eriksson, Gunnar: Linnaeus the Botanist. In: Linnaeus. The Man and His Work. Hg. v. Tore Frängsmyr. Canton 1994, S. 63-109.

Ewert, Malte: Die Reichsanstalt für Film und Bild in Wissenschaft und Unterricht (1934-1945). Hamburg 1998.

Fabian, Johannes: Im Tropenfieber. Wissenschaft und Wahn in der Erforschung Zentralafrikas. München 2001.

Fara, Patricia: Sex, Botany & Empire. The story of Carl Linnaeus and Joseph Banks. New York 2003.

Fellmann, Ferdinand: Natur als Grenzbegriff der Geschichte. In: Über Natur. Philosophische Beiträge zum Naturverständnis. Hg. v. Oswald Schlemmer. Frankfurt a. M. 1987, S. 75-94.

Feuerstein-Herz, Petra: »Die große Kette der Wesen«. Ordnungen in der Naturgeschichte der Frühen Neuzeit. Wolfenbüttel 2007.

Findlen, Paula: Possessing Nature. Museums, Collecting, and Scientific Culture in Early Modern Italy. Berkeley, Los Angeles u. London 1994.

–: Courting Nature. In: Cultures of Natural History. Hg. v. N. Jardine, J. A. Secord u. E. C. Spary. Cambridge 1996, S. 57-74.

–: The Formation of a Scientific Community: Natural History in Sixteenth-Century Italy. In: Natural Particulars. Nature and the Disziplines in Renaissance Europe. Hg. v. Anthony Grafton u. Nancy Siraisi. Massachusetts 1999, S. 369-400.

Fitter, Richard, Alastair Fitter u. Majorie Blamey: Pareys Blumenbuch. Wildblühende Pflanzen Norddeutschlands und Nordwesteuropas. Hamburg u. Berlin 1975.

Fleischer, H.: Der Käferfreund. Praktische Anleitung zum Sammeln und Bestimmen der Käfer. Mit 12 Tafeln in feinstem Farbendruck. Stuttgart 1896.

Ford, Brian J.: Images of Science. A History of Scientific Illustration. London 1992.

Foucault, Michel: Die Ordnung der Dinge. Eine Archäologie der Humanwissenschaften. 12. Aufl. Frankfurt a. M. 1993.

Friedrich, Udo: Naturgeschichte zwischen artes liberales und frühneuzeitlicher Wissenschaft. Conrad Gessners »Historia animalium« und ihre volkssprachliche Rezeption. Tübingen 1995.

Frigo, Gian Franco: »Der stete und feste Gang der Natur zur Organisation«. Von der Naturgeschichte zur Naturphilosophie um 1800. In: Naturwissenschaften um 1800. Wissenschaftskultur in Jena-Weimar. Hg. v. Olaf Breidbach u. Paul Ziche. Weimar 2001, S. 27-45.

Frisby, David: Fragmente der Moderne. Georg Simmel – Siegfried Kracauer – Walter Benjamin. Rheda-Wiedenbrück 1989.

Fry, Harold P.: Gleich einem versificierten Buffon. Zu Chronologie und Quelle von Brockes' *Betrachtungen über die drey Reiche der Natur*. In: Natura loquax.

Naturkunde und allegorische Naturdeutung vom Mittelalter bis zur frühen Neuzeit. Hg. v. Wolfgang Harms u. Heimo Reinitzer. Frankfurt a. M. 1981, S. 257-276.

Gamper, Michael: Einleitung. In: Experiment und Literatur. Themen, Methoden, Theorien. Hg. v. Michael Gamper. Göttingen 2010, S. 9-14.

Geisenhanslüke, Achim: Genealogie des Wissens – Archäologie der Literatur. In: IASL 36 (2011), H. 1, S. 173-175.

George, Sam: Botany, sexuality and women's writing 1760-1830. From modest shoot to forward plant. Nachester u. New York 2007.

Geschichte der Biologie. Theorien, Methoden, Institutionen, Kurzbiographien. Hg. v. Ilse Jahn. 3., neubearb. Aufl. Jena 1998.

Geus, Armin: Natur im Druck – Geschichte und Technik des Naturselbstdrucks. In: Natur im Druck. Eine Ausstellung zur Geschichte und Technik des Naturselbstdrucks. Hg. v. Armin Geus. Marburg 1995, S. 9-27.

Giedion-Welcker, C.: Arp. In: Hans/Jean Arp: On my way. Poetry and essays 1912-1947. New York 1948, S. 119-124.

Gissibl, Bernhard: »Exotische Naturkunden«. Tierfotografie im Kontext des deutschen Kolonialismus. In: Nützlich, süß und museal. Das fotografierte Tier. Hg. v. Ute Eskildsen u. Hans-Jürgen Lechtreck. Göttingen 2005. Textband, S. 60-69.

Goerke, Heinz: Carl von Linné. Arzt – Naturforscher – Systematiker. 2., erw. Aufl. Stuttgart 1989.

Gotthelf, Allan: Aristotle on Nature and Living Things: Philosophical and Historical Studies Presented to David M. Balme on his Seventieth Birthday. Pittsburgh 1985.

Gould, Stephen Jay: Wie das Zebra zu seinen Streifen kommt. Essays zur Naturgeschichte. Übers. v. Stephen Cappellari. Frankfurt a. M. 1991.

Graczyk, Annette: Das literarische Tableau zwischen Kunst und Wissenschaft. München 2004.

Grimminger, Rolf: Aufstand der Dinge und der Schreibweisen. Über Literatur und Kultur der Moderne. In: Literarische Moderne. Europäische Literatur im 19. u. 20. Jahrhundert. Hg. v. Rolf Grimminger, Jurij Murasov u. Jörn Stückrath. Reinbek bei Hamburg 1995, S. 12-40.

Groth, Renate: Jules Renard – Maurice Ravel: *Histoires naturelles*. In: Die Erfindung der Natur. Max Ernst, Paul Klee, Wols und das surreale Universum. Hg. v. Karin Orchard u. Jörg Zimmermann. Freiburg i. Br. 1994, S. 98-101.

Grottker, Ute: Auswahlbibliographie der deutschsprachigen Tierleben-Ausgaben 1864-1986. In: Brehm-Blätter 3 (1989), Sp. 58-74.

Güntherroth, Horst: Die Nordsee. Portrait eines bedrohten Meeres. 4. Aufl. Hamburg 1988.

Guest, Harry: [Rez.] Herbarium Verbarium. The Discourse of Flowers, by Claudette Sartiliot. In: Journal of European Studies 24 (1994), S. 165-167.

Hack-Molitor, Gisela: On Tiptoe in Heaven. Mystik und Reform im Werk von Sir Thomas Browne (1605-1682). Heidelberg 2001.

Haemmerlein, Hans-Dietrich: Brehms Tierleben als Geschichtsquelle. In: Mauritania 15 (1995), H. 2, S. 207-218.

Hancock, Jane: Die Philosophie in Arps Formensprache – Versuch einer Deutung. In: Arp 1886-1966. Konzeption v. Ausstellung u. Katalog: Jane Hancock u. Stefanie Poley. Stuttgart 1986, S. 58-73.

–: Natur und Dada. In: Arp 1886-1966. Konzeption v. Ausstellung u. Katalog: Jane Hancock u. Stefanie Poley. Stuttgart 1986, S. 74-75.

Hanssen, Beatrice: Walter Benjamin's Other History. Of Stones, Animals, Human Beeings, and Angels. Berkeley u. a. 1998.

Hartung, Harald: Experimentelle Literatur und konkrete Poesie. Göttingen 1975.

Hausmann, Raoul: Hans/Jean Arp. Hg. v. Adelheid Koch-Didier. München 2008.

Heck, Ludwig: C. G. Schillings und sein Erstlingswerk. Ein Vorwort. In: Carl Georg Schillings: Mit Blitzlicht und Büchse. Neue Beobachtungen und Erlebnisse in der Wildnis inmitten der Tierwelt von Äquatorial-Ostafrika. Mit 302 urkundtreu in Autotypie wiedergegebenen photographischen Original-Tag- und Nacht-Aufnahmen des Verfassers. Leipzig 1905, S. 1-6.

Heilmeyer, Marina: Die Sprache der Blumen. Von Akelei bis Zitrus. München, London u. New York 2000.

Heinz, Jutta: *Ueber die Mittel Naturgeschichte gemeinnütziger zu machen* (1799) – Bertuchs Entwurf eines populärwissenschaftlichen Forschungs- und Verlagsprogramms. In: Friedrich Justin Bertuch (1747-1822) – Verleger, Schriftsteller und Unternehmer im klassischen Weimar. Tübingen 2000, S. 659-671.

Heißenbüttel, Helmut: Ästhetik der Wortkunst. Arno Holz und sein Phantasus. In: Arno Holz. Hg. v. Heinz Ludwig Arnold. München 1994 (= TEXT + KRITIK 121), S. 64-75.

Heincke, Friedrich: Naturgeschichte des Herings. 2 Bde. Berlin 1898.

Heller, John Lewis: The early history of binomial nomenclature. In: Studies in Linnean method and nomenclature. Frankfurt a. M. 1983 (= Marburger Schriften zur Medizingeschichte 7), S. 41-75.

Heniger, J.: Some botanical activities of Herman Boerhaave, professor of botany and director of the botanic garden at Leiden. In: Janus 58 (1971), S. 1-78.

Hess, Volker: Das Ende der »Historia naturalis«? Die naturhistorische Methode und Klassifikation bei Kielmeyer. In: Philosophie des Organischen in der Goethezeit. Studien zu Werk und Wirkung des Naturforschers Carl Friedrich Kielmeyer (1765-1844). Hg. v. Kai Torsten Kanz. Stuttgart 1994, S. 153-173.

Historia. Empiricism and Erudition in Early Modern Europe. Hg. v. Gianna Pomata u. Nancy G. Siraisi. Massachusetts 2005.

Hock, Franz: Die Kastanie der Equiden. Ihre Entwicklung, ihre Struktur, ihr Wert zur Rasse und Exterieurbeurteilung und die wahrscheinliche Ursache ihres Vorhandenseins. Bad Kissingen 1910.

Hövel, Gerlinde: »Qualitates vegetabilium«, »vires medicamentorum« und »oeconomicus usus plantarum« bei Carl von Linné (1707-1778). Erste Versuche einer zielgerichteten Forschung nach Arznei- und Nutzpflanzen auf wissenschaftlicher Grundlage. Stuttgart 1999.

Hoorn, Tanja van: Ordnung in der Wunderkammer. Thomas Browne und die Signatur des Quincunx. In: Cardanus 6 (2006), S. 45-56.

–: Biogenesis. Arno Holz' *Phantasus* als poetische Transformation zeitgenössischer Entwicklungstheorien (Haeckel, Bölsche). In: Akten des XI. Internationalen Germanistenkongresses Paris 2005 »Germanistik im Konflikt der Kulturen«. Hg. v. Jean-Marie Valentin unter Mitarbeit von Ronald Perlwitz. Bd. 7: Bild, Rede, Schrift – Kleriker, Adel, Stadt und außerchristliche Kulturen in der Vormoderne – Wissenschaften und Literatur seit der Renaissance. Bern, Berlin u. a. 2008, S. 259-268.

–: Was heißt und zu welchem Ende studiert man Naturgeschichte? In: Klopffechtereien – Missverständnisse – Widersprüche? Methodische und methodologische Perspektiven auf die Kant-Forster-Kontroverse. Hg. v. Rainer Godel u. Gideon Stiening. München 2012, S. 163-177.

Hoppe, Brigitte: Die biologischen Wissenschaften im Einflussbereich der sich entwickelnden neuzeitlichen Naturwissenschaften. In: Geschichte der Biologie. Theorien, Methoden, Institutionen, Kurzbiographien. Hg. v. Ilse Jahn. 3., neubearb. Aufl. Jena 1998, S. 161-195.

Hth., G.: Eduard Vogel und die Versuche zur Aufhellung seines Schicksals. In: Die Gartenlaube (1863), H. 26, S. 411-412.

Hulverscheid, Marion: Menschen, Mücken und Malaria. Das wissenschaftliche Umfeld des KZ-Malariaforschers Claus Schilling. In: Medizin im Nationalsozialismus und das System der Konzentrationslager. Beiträge eines interdisziplinären Symposiums. Hg. v. Judith Hahn u. a. Frankfurt a. M. 2005, S. 108-126.

Jahn, Ilse: Grundzüge der Biologiegeschichte. Jena 1990.

– u. Konrad Senglaub: Carl von Linné. Leipzig 1978.

Jakobs, Silke: »Selbst wenn ich Schiller sein könnte, wäre ich lieber Einstein«. Naturwissenschaftler und ihre Wahrnehmung der »zwei Kulturen«. Frankfurt a. M. 2006.

Japp, Uwe: Kontroverse Daten der Modernität. In: Kontroversen, alte und neue. Hg. v. Albrecht Schöne. Tübingen 1986, S. 125-134.

Jarvis, Charlie: Order out of Chaos. Linnean Plant Names and their Types. London 2007.

Jauß, Hans Robert: Der literarische Prozeß des Modernismus von Rousseau bis Adorno. In: Epochenschwelle und Epochenbewußtsein. Hg. v. Reinhart Herzog u. Reinhart Koselleck. München 1987, S. 243-268.

–: Ursprünge der Naturfeindschaft in der Ästhetik der Moderne. In: Vom Wandel des neuzeitlichen Naturbegriffs. Hg. v. Heinz-Dieter Weber. Konstanz 1989, S. 207-225.

Die Käfer Mitteleuropas. Bd. 2. Adephaga 1: Carabidae (Laufkäfer). Hg. v. Gerd Müller-Motzfeld. München 2004.

Junker, Thomas: Charles Darwin und die Evolutionstheorien des 19. Jahrhunderts. In: Geschichte der Biologie. Theorien, Methoden, Institutionen, Kurzbiographien. Hg. von Ilse Jahn. 3., neubearb. Aufl. Jena 1998, S. 356-385.

Kaiser, Gerhard: Walter Benjamins *Geschichtsphilosophische Thesen*. In: Materialien zu Benjamins Thesen ›Über den Begriff der Geschichte‹. Beiträge und Interpretationen. Hg. v. Peter Bulthaup. Frankfurt a. M. 1975, S. 43-76.

Kauffmann, Kai: Naturwissenschaft und Weltanschauung um 1900. Essayistische Diskursformen in den populärwissenschaftlichen Schriften Ernst Haeckels. In: Zeitschrift für Germanistik Neue Folge XV (2005), H. 1, S. 61-75.

Keienburg, Ernst: Der Mann, der Abd el Kerim hieß. Heinrich Barths Forscherleben in Wüste und Wildnis. 3. Aufl. Berlin 1963.

Kemper, Dirk: Ästhetische Moderne als Makroepoche: In: Ästhetische Moderne in Europa. Grundzüge und Problemzusammenhänge seit der Romantik. Hg. v. Silvio Vietta u. Dirk Kemper. München 1998, S. 97-126.

Kindt, Tom: Unzuverlässiges Erzählen und literarische Moderne. Eine Untersuchung der Romane von Ernst Weiß. Tübingen 2008.

Kleeberg, Bernhard: Theophysis. Ernst Haeckels Philosophie des Naturganzen. Köln u. a. 2005.

– u. Tilmann Walter: Der mehrdimensionale Mensch. Zum Verhältnis von Biologie und kultureller Entwicklung. In: Die List der Gene. Strategeme eines neuen Menschen. Hg. v. Bernhard Kleeberg u. a. Tübingen 2001, S. 21-72.

Klotz, Volker: Abenteuer-Romane. Eugène Sue, Alexandre Dumas, Gabriel Ferry, Sir John Retcliffe, Karl May, Jules Verne. Reinbek bei Hamburg 1989.

Knape, Joachim: ›Historie‹ in Mittelalter und früher Neuzeit. Begriffs- und gattungsgeschichtliche Untersuchungen im interdisziplinären Kontext. Baden-Baden 1984.

Koch, Gertrud: Kracauer zur Einführung. Hamburg 1996.

Koch-Didier, Adelheid: »Hans Arp spricht«. In: Hans/Jean Arp. Hg. v. Adelheid Koch-Didier. München 2008, S. 121-130.

Köhler, Jochen: Die Revolution ist überall – Zu Jules Michelets Leben, Ideen und Werk. In: Jules Michelet: Geschichte der Französischen Revolution. Aus dem Franz. v. Richard Kühn. 2 Bde. Neue, bearb. Ausgabe Frankfurt a. M. 2009, Bd. I, S. 9-47.

König, Roderich u. Gerhard Winkler: Plinius der Ältere. Leben und Werk eines antiken Naturforschers. München 1979.

Konersmann, Ralf: Kulturgeschichte als Naturgeschichte. Zum Darstellungsverfahren Walter Benjamins. In: Allgemeine Zeitschrift für Philosophie 20 (1995), S. 199-210.

Köppe, Tilmann: Vom Wissen *in* Literatur. In: Zeitschrift für Germanistik NF 2 (2007), S. 398-410.

Kort, Pamela: Die Dinge wirklich werden lassen: Odilon Redon und Jean Carriès. In: Darwin. Kunst und die Suche nach den Ursprüngen. Hg. v. Pamela Kort u. Max Hollein. Köln 2009, S. 154-171.

Koselleck, Reinhart: Historia magistra vitae. Über die Auflösung des Topos im Horizont neuzeitlich bewegter Geschichte. In: Natur und Geschichte. Karl Löwith zum 70. Geburtstag. Red. Manfred Braun u. Manfred Riedel. Stuttgart 1967, S. 196-219. [wieder in: Reinhart Koselleck: Vergangene Zukunft. Zur Semantik geschichtlicher Zeiten. Frankfurt a. M. 1989, S. 38-66].

Krämer, Olav: Intention, Korrelation, Zirkulation. Zu verschiedenen Konzeptionen der Beziehung zwischen Literatur, Wissenschaft und Wissen. In: Literatur und Wissen. Theoretisch-methodische Zugänge. Hg. v. Tilmann Köppe. Berlin u. New York 2011, S. 77-115.

Kretschmann, Carsten: Räume öffnen sich. Naturhistorische Museen des 19. Jahrhunderts. Berlin 2006.

Krupp, Walburga: Hans Arps dadaistische Propaganda. In: Hugo-Ball-Almanach. Studien und Texte zu Dada NF 2 (2011), S. 46-67.

Kugler, Lena: Die Tiefenzeit von Dingen und Menschen. (Falsche) Fossilien und die »Bergwerke zu Falun«. In: Weimarer Beiträge 59 (2013), S. 397-415.

Kuhn, Thomas S.: Die Struktur wissenschaftlicher Revolutionen. 10. Aufl. Frankfurt a. M. 1989.

Kühn, Michael: Unterrichtsfilm im Nationalsozialismus. Die Arbeit der Reichsstelle für den Unterrichtsfilm / Reichsanstalt für Film und Bild in Wissenschaft und Unterricht. Memmendorf 1998.

Kyora, Sabine: »Reduzierte Sprache«: Heißenbüttels Poetik nach den historischen Avantgarden. In: »Reden über die Schwierigkeiten der Rede«. Das Werk Helmut Heißenbüttels. Hg. v. Hans-Edwin Friedrich u. Sven Hanuschek. München 2011, S. 33-47.

Lange, Friedrich: Deutscher Seidenbau I: Seidenspinnerbrut. Stuttgart u. Berlin 1939. (= Beihefte der Reichsstelle für den Unterrichtsfilm F 212/1939).

–: Deutscher Seidenbau II: Aufzucht der Raupen. Verarbeitung der Trockenkokons. Stuttgart u. Berlin 1939. (= Beihefte der Reichsstelle für den Unterrichtsfilm F 213/1939).

Lean, Geoffrey: Pollution killed seals, say scientists. In: Independent on Sunday (24. April 1994), S. Britain 5.

Lefèvre, Wolfgang: Jean Baptiste Lamarck. In: Darwin & Co. Eine Geschichte der Biologie in Portaits. 2 Bde. Hg. v. Ilse Jahn u. Michael Schmitt. München 2001, Bd. I, S. 176-201.

Lejeune, Philippe: Der autobiographische Pakt. Aus dem Französischen v. Wolfram Bayer u. Dieter Hornig. Frankfurt a. M. 1994.

Lehmann, Jürgen: Bekennen – Erzählen – Berichten. Studien zu Theorie und Geschichte der Autobiographie. Tübingen 1988.

Lenneberg, Erich H.: The Natural History of Language. In: The Genesis of Language. A Psycholinguistic Approach. Hg. v. Frank Smith u. George A. Miller. Cambridge 1966, S. 219-252.

Lenoir, Timothy: Kant, Blumenbach, and Vital Materialism in German Biology. In: Isis 71 (1980), S. 77-108.

Lepenies, Wolf: Das Ende der Naturgeschichte. Wandel kultureller Selbstverständlichkeiten in den Wissenschaften des 18. und 19. Jahrhunderts. München u. Wien 1976.

–: Der Wissenschaftler als Autor. Über konservierende Funktionen der Literatur. In: Akzente 25 (1978), S. 129-147.

–: Autoren und Wissenschaftler im 18. Jahrhundert. Linné – Buffon – Winckelmann. Georg Forster – Erasmus Darwin. München u. Wien 1988, S. 78-85.

–: Die drei Kulturen. Soziologie zwischen Literatur und Wissenschaft. 2. Aufl. Frankfurt a. M. 2006.

Levine, George: Darwin and the Novelists. Patterns of Science in Victorian Fiction. Cambridge 1988.

Lichtenstern, Christa: Metamorphose in der Kunst des 19. und 20. Jahrhunderts. Bd. 2: Metamorphose. Vom Mythos zum Prozeßdenken. Ovid-Rezeption. Surrealistische Ästhetik. Verwandlungsthematik der Nachkriegskunst. Weinheim 1992.

Lindman, C. A. M.: Carl von Linné als botanischer Forscher und Schriftsteller. In: Carl von Linné's [sic] Bedeutung als Naturforscher und Arzt. Schilderungen. Hg. v. Königl. schwed. Akademie der Wiss. Wiesbaden 1968, S. 1-188 [Einzelpaginierung, Nachweis Erstdruck fehlt].

Linnartz, Sven: Die botanische Exkursion. Schritt für Schritt zum Herbarium. Eschborn 2004.

Literatur und Wissen. Ein interdisziplinäres Handbuch. Hg. v. Roland Borgards, Harald Neumeyer, Nicolas Pethes u. Yvonne Wübben. Stuttgart u. Weimar 2013.

Literatur und Wissen(schaften) 1890-1935. Hg. v. Christine Maillard u. Michael Titzmann. Stuttgart u. Weimar 2002.

Lohmeier, Anke-Marie: Was ist eigentlich modern? Vorschläge zur Revision literaturwissenschaftlicher Modernebegriffe. In: IASL 32 (2007), H. 1, S. 1-15.

Löwen, Liebstöckel und Lügensteine. Illustrierte Naturbücher seit Konrad von Megenberg. Hg. v. Maria Effinger u. Karin Zimmermann unter Mitarbeit v. Margit Krenn. Heidelberg 2009.

Löwith, Karl: Vom Sinn der Geschichte. In: Der Sinn der Geschichte. Sieben Essays von Golo Mann, Karl Löwith, Rudolf Bultmann, Theodor Litt, Arnold J. Toynbee, Karl R. Popper, Hans Urs von Balthasar. Hg. v. Leonhard Reinisch. München 1961, S. 31-49.

Lübbe, Hermann: Was heißt: Das kann man nur historisch erklären? In: Geschichte – Ereignis und Erzählung. Hg. v. Reinhart Koselleck u. Wolf-Dietrich Stempel. München 1973, S. 542-553.

–: Geschichtsbegriff und Geschichtsinteresse. Analytik und Pragmatik der Historie. Basel u. Stuttgart 1977.

Ludwig, Heidrun: Nürnberger naturgeschichtliche Malerei im 17. und 18. Jahrhundert. Marburg 1998.

Lyon, John u. Phillip R. Sloan: Introduction. In: From Natural History to the History of Nature. Readings from Buffon and His Critics. Hg., übers. und mit Einleitungen versehen v. John Lyon u. Phillip R. Sloan. London 1981, S. 1-32.

MacGarvin, Malcolm: Das Greenpeace-Buch der Nordsee. Aus dem Engl. übers. u. bearb. v. Klaus Janke unter Mitarbeit v. Iris Kick. Stuttgart 1991.

Maclean, Ian: White Cows, Graying Hair, and Eyelashes: Problems of Natural Historians in the Reception of Aristotelian Logic and Biology from Pomponazzi to Bacon. In: Historia. Empiricism and Erudition Empiricism and Erudition in Early Modern Europe. Hg. v. Gianna Pomata u. Nancy G. Siraisi. Massachusetts 2005, S. 147-179.

Mägdefrau, Karl: Geschichte der Botanik. Leben und Leistungen großer Forscher. Stuttgart 1973.

Mahood, Molly Maureen: The Poet as Botanist. Cambridge 2008.

Marino, Mario: Einleitung. In: Johann Friedrich Blumenbach: Beyträge zur Naturgeschichte. Mit einer Einleitung hg. v. Mario Marino. Hildesheim, Zürich u. New York 2014 [Nachdruck der Ausgabe Göttingen 1790-1811], S. V-CXX.

Matrikelverzeichnis der Universität Bern. In: http:// www.matrikel.uzh.ch/pages/0.htm [zuletzt besucht am 29.04.2011].

McMullin, Ernan: Conceptions of science in the Scientific Revolution. In: Reappraisals of the Scientific Revolution. Hg. v. David C. Lindberg u. Robert S. Westman. Cambridge u. a. 1990, S. 27-92.

Mehr, Christian: Kultur als Naturgeschichte. Opposition oder Komplementarität zur politischen Geschichtsschreibung 1850-1890? Berlin 2009.

Meyer, Annette: Das Projekt einer »Natural History of Man« in der schottischen Aufklärung. In: Storia della Storiografia 29 (2001), S. 93-102.

Michler, Werner: Darwinismus und Literatur. Naturwissenschaftliche und literarische Intelligenz in Österreich 1859-1914. Wien u. a. 1999.

Mitchell, W. J. T.: Picture Theory. Essays on Verbal and Visual Representation. Chicago 1994.

Mocek, Reinhard: [Art.] Naturgeschichte. In: Europäische Enzyklopädie zu Philosophie und Wissenschaften. Hg. v. Hans Jörg Sandkühler. Bd. 3. Hamburg 1990, S. 521-524.

Mülder, Inka: Siegfried Kracauer – Grenzgänger zwischen Theorie und Literatur. Seine frühen Schriften 1913-1933. Stuttgart 1985.

Müller-Jahncke, Wolf-Dieter: Astrologisch-magische Theorie und Praxis in der Heilkunde der Frühen Neuzeit. Stuttgart 1985.

Müller-Wille, Staffan: Botanik und weltweiter Handel. Zur Begründung eines Natürlichen Systems der Pflanzen durch Carl von Linné. Berlin 1999.

–: Genealogie, Naturgeschichte und Naturgesetz bei Linné und Buffon. In: Genealogie als Denkform in Mittelalter und Früher Neuzeit. Hg. v. Kilian Heck u. Bernhard Jahn. Tübingen 2000, S. 109-119.

–: Carl von Linnés Herbarschrank. Zur epistemischen Funktion eines Sammlungsmöbels. In: Sammeln als Wissen. Das Sammeln und seine wissenschaftsgeschichtliche Bedeutung. Hg. v. Anke te Heesen u. E. C. Spary. Göttingen 2001, S. 22-38.

–: History Redoubled. The Synthesis of Facts in Linnaean Natural History. In: Lorraine Daston, Staffan Müller-Wille u. H. Otto Sibum: A History of Facts. Berlin 2001 (= Max-Planck-Institut für Wissenschaftsgeschichte Reprint 174), S. 23-36.

–: Ein Anfang ohne Ende. Das Archiv der Naturgeschichte und die Geburt der Biologie. In: Macht des Wissens. Die Entstehung der modernen Wissensgesellschaft. Hg. v. Richard van Dülmen u. Sina Rauschenbach unter Mitwirkung von Meinrad von Engelberg. Köln 2004, S. 587-605.

–: Vom Sexualsystem zur Karteikarte. Carl von Linnés Papiertechnologie. In: Nicht Fisch – nicht Fleisch. Ordnungssysteme und ihre Störfälle. Hg. v. Thomas Bäumler, Benjamin Bühler u. Stefan Rieger. Zürich 2011, S. 33-50.

–: Naturgeschichte. In: Enzyklopädie der Neuzeit. Hg. v. Friedrich Jaeger. Bd. 8. Stuttgart u. Weimar 2008, Sp. 1175-1196.

Natur und Moderne um 1900. Räume, Repräsentationen, Medien. Hg. v. Adam Paulsen u. Anna Sandberg. Bielefeld 2013.

Neuber, Wolfgang: Zur Gattungspoetik des Reiseberichts. Skizze einer historischen Grundlegung im Horizont von Rhetorik und Topik. In: Der Reisebericht. Die Entwicklung einer Gattung in der deutschen Literatur. Hg. v. Peter J. Brenner. Frankfurt a. M. 1989, S. 50-67.

Neumann, Carl W.: Einführung. In: Brehms Tierleben. In Auswahl hg. u. bearb. v. Carl W. Neumann. 6 Bde. Leipzig 1924. 1. Bd.: Säugetiere I, S. 5-16.

Nickelsen, Kärin: Wissenschaftliche Pflanzenzeichnungen – Spiegelbilder der Natur? Botanische Abbildungen aus dem 18. und frühen 19. Jahrhundert. Bern 2000.

Niggl, Günter: Geschichte der deutschen Autobiographie im 18. Jahrhundert. Theoretische Grundlegung und literarische Entfaltung. Stuttgart 1977.

Nyhart, Lynn K.: Natural history and the ›new‹ biology. In: Cultures of Natural History. Hg. v. N. Jardine, J. A. Secord u. E. C. Spary. Cambridge 2000, S. 426-443.

Ogilvie, Brian W.: Image and Text in Natural History, 1500-1700. In: The Power of Images in Early Modern Science. Hg. v. Wolfgang Lefèvre, Jürgen Renn u. Urs Schoepflin. Basel, Boston u. Berlin 2003, S. 141-166.

–: Natural History, Ethics, and Physico-Theology. In: Historia. Empiricism and Erudition in Early Modern Europe. Hg. v. Gianna Pomata u. Nancy G. Siraisi. Massachusetts 2005, S. 75-103.

–: The Science of Describing. Natural History in Renaissance Europe. Chicago 2006.

Ohly, Friedrich: Zur Signaturenlehre der Frühen Neuzeit. Bemerkungen zur mittelalterlichen Vorgeschichte und zur Eigenart einer epochalen Denkform in Wissenschaft, Literatur und Kunst. Aus dem Nachlaß hg. v. Uwe Ruberg u. Dietmar Peil. Stuttgart u. Leipzig 1999.

Olejniczak Lobsien, Verena: Thomas Brownes »uncertain knowledge«: Skeptischer Neuplatonismus in *Religio Medici*. In: Unsicheres Wissen. Skeptizismus und Wahrscheinlichkeit 1550-1850. Hg. v. Carlos Spoerhase, Dirk Werle u. Markus Wild. Berlin u. New York 2009, S. 135-157.

Pensky, Max: Natural History: the Life and Afterlife of a Concept of Adorno. In: Critical Horizons 5 (2004), S. 227-258.

Pester, Reinhardt: Hermann Lotze. Wege seines Denkens und Forschens. Ein Kapitel deutscher Philosophie- und Wissenschaftsgeschichte im 19. Jahrhundert. Würzburg 1997.

Pethes, Nicolas: Literatur- und Wissenschaftsgeschichte. Ein Forschungsbericht. In: IASL 28 (2003), H. 1, S. 181-231.

–: Poetik / Wissen. Konzeptionen eines problematischen Transfers. In: Romantische Wissenspoetik. Die Künste und die Wissenschaften um 1800. Hg. v. Gabriele Brandstetter u. Gerhard Neumann. Würzburg 2004, S. 341-372.

Peuckert, Will-Erich: Einleitung. In: Jacob Böhme: Sämtliche Schriften. Faksimile-Neudruck der Ausgabe 1730 in elf Bänden. Neu hg. v. Will-Erich Peuckert. 6. Bd.: XIV. De signatura rerum, oder Von der Geburt und Bezeichnung aller Wesen (1622). XV. De electione gratiae, oder Von der Gnaden-Wahl (1623). XVI. De testamentis Christi, oder Von der Christi Testamenten (1623). Stuttgart 1957, S. 7-22.

Peyton, John: Solly Zuckerman. A Scientist out of the Ordinary. London 2001.

Pinon, Laurent: Conrad Gessner and the Historical Depth of Renaissance Natural History. In: Historia. Empiricism and Erudition in Early Modern Europe. Hg. v. Gianna Pomata u. Nancy G. Siraisi. Massachusetts 2005, S. 241-267.

Pleticha, Heinrich u. Hermann Schreiber: Lexikon der Entdeckungsreisen. 2 Bde. Stuttgart, Wien u. Bern 1999.

Politische Zoologie. Hg. v. Anne von der Heiden und Joseph Vogl. Zürich u. Berlin 2007.

Pomata, Gianna: Praxis Historialis: The Uses of Historia in Early Modern Medicine. In: Historia. Empiricism and Erudition in Early Modern Europe. Hg. v. Gianna Pomata u. Nancy G. Siraisi. Massachusetts 2005, S. 105-146.

– u. Nancy G. Siraisi: Introduction. In: Historia. Empiricism and Erudition in Early Modern Europe. Hg. v. Gianna Pomata u. Nancy G. Siraisi. Massachusetts 2005, S. 1-38.

Popularisierung in den Naturwissenschaften. Hg. v. Grudrun Wolfschmidt. Berlin 2002.

Potthast, Thomas: Inventing Biodiversity. Genetics, Evolution and Environmental Ethics. In: Biologisches Zentralblatt 115 (1996), S. 177-188.

–: Die Evolution und der Naturschutz. Zum Verhältnis von Evolutionsbiologie, Ökologie und Naturethik. Frankfurt a. M. u. New York 1999. Online abrufbar unter: http://www.researchgate.net/publication/27275593_Die_Evolution_und_der_Naturschutz._Zum_Verhltnis_von_Evolutionsbiologie_kologie_und_Naturethik.

Reetz, Bärbel: Dada war kein Rüpelspiel. Hans Arp, Hugo Ball und Emmy Hennings erfinden eine Gegenwelt. In: Hugo-Ball-Almanach. Studien und Texte zu Dada NF 2 (2011), S. 68-85.

Reill, Peter Hanns: Die Historisierung von Natur und Mensch. Der Zusammenhang von Naturwissenschaften und historischem Denken im Entstehungsprozess der modernen Naturwissenschaften. In: Geschichtsdiskurs. Bd. 2: Anfänge modernen historischen Denkens. Hg. v. Wolfgang Küttler, Jörn Rüsen u. Ernst Schulin. Frankfurt a. M. 1994, S. 48-61.

Der Reisebericht. Die Entwicklung einer Gattung in der deutschen Literatur. Hg. v. Peter J. Brenner. Frankfurt a. M. 1989.

Reitter, Edmund: Fauna Germanica. Die Käfer des Deutschen Reiches. Nach der analytischen Methode bearbeitet. 5 Bde. Stuttgart 1908-1916.

Rheinberger, Hans-Jörg: Buffon. Zeit, Veränderung und Geschichte. In: History and Philosophy of Life Sciences 12 (1990), S. 203-223.

– u. Staffan Müller-Wille: Vererbung. Geschichte und Kultur eines biologischen Konzepts. Frankfurt a. M. 2009.

Richards, Robert J.: The Tragic Sense of Life. Ernst Haeckel and the Struggle over Evolutionary Thought. Chicago u. London 2008.

Richter, Karl, Jörg Schönert u. Michael Titzmann: Literatur – Wissen – Wissenschaft. Überlegungen zu einer komplexen Relation. In: Die Literatur und die

Wissenschaften 1770-1930. Hg. v. Karl Richter, Jörg Schönert u. Michael Titzmann. Stuttgart 1997, S. 9-36.
Richter, Virginia: Literature After Darwin. Human Beasts in Western Fiction, 1859-1939. Basingstoke 2011.
Riechelmann, Cord: Krähen. Berlin 2013 (= Naturkunden 1).
Riedl-Dorn, Christa: Wissenschaft und Fabelwesen. Ein kritischer Versuch über Conrad Gessner und Ulisse Aldovandi. Wien u. Köln 1989.
Riha, Karl: Prämoderne, Moderne, Postmoderne. Frankfurt a. M. 1995.
–: Wann und wo beginnt die Moderne? Oder sind wir mit der Postmoderne längst darüber hinaus? In: ders.: Prämoderne, Moderne, Postmoderne. Frankfurt a. M. 1995.
Rippl, Gabriele: Beschreibungs-Kunst. Zur intermedialen Poetik angloamerikanischer Ikonotexte (1880-2000). München 2005.
–: Intermedialität: Text/Bild-Verhältnisse. In: Handbuch Literatur & Visuelle Kultur. Hg. v. Claudia Benthien u. Brigitte Weingart. Berlin u. Boston 2014, S. 139-158.
Robert, Jörg: Einführung in die Intermedialität. Darmstadt 2014.
Rohbeck, Johannes: Die Fortschrittstheorie der Aufklärung. Französische und englische Geschichtsphilosophie in der zweiten Hälfte des 18. Jahrhunderts. Frankfurt a. M. u. New York 1987.
–: Naturgeschichte und Geschichte der Menschheit. Georg Forsters Geschichtsphilosophie im Kontext der europäischen Aufklärung. In: Natur – Mensch – Kultur. Georg Forster im Wissenschaftsfeld seiner Zeit. Hg. v. Jörn Garber u. Tanja van Hoorn. Hannover 2006, S. 13-28.
Römer, Uwe: Cichliden Atlas. Bd. 1: Naturgeschichte der Zwergbuntbarsche Südamerikas. Melle 1998.
Sammeln als Wissen. Das Sammeln und seine wissenschaftliche Bedeutung. Hg. v. Anke te Heesen u. E. C. Spary. Göttingen 1999.
Sarasin, Philipp: Was ist Wissensgeschichte? In: IASL 36 (2011), H. 1, S. 159-172.
–: Replik. In: IASL 36 (2011), H. 1, S. 183-185.
Sartiliot, Claudette: Herbarium Verbarium. The Discourse of Flowers. Nebraska 1993.
Schiemann, Gregor: Geschichte und Natur zwischen Differenz und Konvergenz. In: Geschichtsdiskurs Bd. 4: Krisenbewußtsein, Katastrophenerfahrungen und Innovationen 1880-1945. Hg. v. Wolfgang Küttler, Jörn Rüsen u. Ernst Schulin. Frankfurt a. M. 1997, S. 153-161.
Schilling, Claus: Tropenhygiene. Leipzig 1909.
Schmidt, Dietmar: Die Physiognomie der Tiere. Von der Poetik der Fauna zur Kenntnis des Menschen. München 2011.
Schmidt, Günter: Die literarische Rezeption des Darwinismus. Das Problem der Vererbung bei Émile Zola und im Drama des Naturalismus. Berlin 1974.
Schmidt, Siegfried J.: Was heißt »Experiment in der Kunst« / »Kunst als Experiment«? Einige Diskussionsthesen. In: Das Experiment in Literatur und Kunst. Hg. v. Siegfried J. Schmidt. München 1978, S. 8-12.
Schmitz, Helene [Konzeption u. Fotos], Nils Uddenberg [Text] u. Pia Östensson

[botanische Informationen]: A Passion for Systems. Linnaeus and the Dream of Order in Nature. Värnamo 2007.

Schmitz, Siegfried: Tiervater Brehm. Seine Reisen, sein Leben, sein Werk. München 1984.

Schnakenbeck, W.: Die Nordseefischerei. Stuttgart 1928. (= Handbuch der Seefischerei Nordeuropas. Hg. v. H. Lübbert u. E. Ehrenbaum. Bd. V: Die deutsche Seefischerei).

–: Fischereibiologie. In: Die Tierwelt der Nord- und Ostsee. Hg. v. Georg Grimpe. Leipzig 1928, S. 1-48.

–: Treibnetze. Stuttgart 1940. (= Handbuch der Seefischerei Nordeuropas Bd. IV: Die wichtigsten Fanggeräte Heft 3, S. 37-48).

–: Schleppnetze. Stuttgart 1942. (= Handbuch der Seefischerei Nordeuropas Bd. IV: Die wichtigsten Fanggeräte Heft 1/2, S. 1-42).

Schrader, Eberhard: Die Vorstellung vom unicorne und ihr Ursprung. Vorgetragen am 17. März. In: Sitzungsberichte der Preußischen Akademie 1892, S. 573-581.

Schubert, Rudolf u. Günther Wagner: Pflanzennamen und botanische Fachwörter. Botanisches Lexikon mit einer »Einführung in die Terminologie und Nomenklatur«[,] einem Verzeichnis der »Autorennamen« und einem Überblick über das »System der Pflanzen«. 6., verbesserte u. erweiterte Aufl. Lizenzausgabe Leipzig 1975.

Schultka, Hermann [Redaktion]: Die Blumenuhr von Carl von Linné: Praxisbeispiel. Cottbus 2007.

Der Seidenbau in der Erzeugungsschlacht. Hg. v. Reichsverband Deutscher Kleintierzüchter e. V. 2., verbesserte Aufl. Berlin 1940.

Seifert, Arno: Cognitio historica. Die Geschichte als Namensgeberin der frühneuzeitlichen Empirie. Berlin 1976.

–: »Verzeitlichung«. Zur Kritik einer neueren Frühneuzeitkategorie. In: Zeitschrift für Historische Forschung 10 (1983), S. 447-477.

Shapin, Steven: Woher stammte das Wissen in der wissenschaftlichen Revolution? In: Ansichten der Wissenschaftsgeschichte Hg. v. Michael Hagner. Frankfurt a. M. 2001, S. 43-103.

– u. Schaffer, Simon: Leviathan and the Air-Pump. Bobbes, Boyle and the experimental life. Princeton 1985.

Simon, Damien: [Einleitung]. In: http://www.bon-accueil.org/wp-content/download/DOSSIERDEPRESSE_LICHTKLANG.pdf [besucht am 10.08.2011]).

Sloan, Phillip R.: Natural History, 1670-1802. In: Companion to the History of Modern Science. Hg. v. R. C. Olby, G. N. Cantor, J. R. R. Christie u. M. J. S. Hodge. London u. New York 1990, S. 295-313.

–: The Gaze of Natural History. In: Inventing Human Science. Eighteenth-Century Domains. Hg. v. Christopher Fox, Roy Porter u. Robert Wokler. Berkeley, Los Angeles u. London 1995, S. 112-151.

Spary, Emma: Utopia's Garden. French natural history from old regime to revolution. Chicago u. London 2000.

Spektakuläre Experimente. Praktiken der Evidenzproduktion im 17. Jahrhundert. Hg. v. Helmar Schramm, Ludger Schwarte u. Jan Lazardzig. Berlin u. New York 2006 (= Theatrum Scientiarum Bd. 3).

Spitta, Silvia: Misplaced Objects. Migrating Collections and Recollections in Europe and the Americas. Austin 2009.

Sprengel, Peter: Darwinismus und Literatur. Germanistische Desiderate. In: Scientia poetica 1 (1997), S. 140-182.

–: Darwin in der Poesie. Spuren der Evolutionslehre in der deutschsprachigen Literatur des 19. und 20. Jahrhunderts. Würzburg 1998.

Stadler, Christian: Vom Infusorium zum Menschen. Wilhelm Raabes Darwinismusrezeption in *Die Leute aus dem Walde*, *Zum wilden Mann* und *Stopfkuchen*. In: ›Natur‹, Naturrecht und Geschichte. Aspekte eines fundamentalen Begründungsdiskurses der Neuzeit (1600-1900). Hg. v. Simone de Angelis, Florian Gelzer u. Lucas Marco Gisi. Heidelberg 2010, S. 465-479.

Stadler, Peter: Geschichtsschreibung und historisches Denken in Frankreich 1789-1871. Zürich 1958.

Stafleu, Frans A.: Linnaeus and the Linnaens. The spreading of their ideas in systematic botany, 1735-1789. Utrecht 1971.

Stearn, William Thomas: An Introduction to the *Species Plantarum* and cognate botanical works of Carl Linnaeus. In: Carl Linnaeus: Specis Plantarum. A Facsimile of the first edition 1753. Hg. v. W. T. Stearn. London 1957, Bd. 1, S. 1-146.

Steinbrink, Bernd: Abenteuerliteratur des 19. Jahrhunderts in Deutschland. Studien zu einer vernachlässigten Gattung. Tübingen 1983.

Stiegler B.: [Art.] Ursprung des deutschen Trauerspiels. In: Lexikon literaturtheoretischer Werke. Hg. v. Rolf Günter Renner u. Engelbert Habekost. Stuttgart 1995, S. 438-439.

Stöckmann, Ingo: Im Allsein der Texte. Zur darwinistisch-monistischen Genese der literarischen Moderne um 1900. In: Scientia poetica 9 (2005), S. 263-291.

The Third Culture. Literature and Science. Hg. v. Elinor S. Shaffer. Berlin u. New York 1998.

Toepfer, Georg: Historisches Wörterbuch der Biologie. Geschichte und Theorie der biologischen Grundbegriffe. Stuttgart u. Weimar 2011.

Vietta, Silvio: Die literarische Moderne. Eine problemgeschichtliche Darstellung der deutschsprachigen Literatur von Hölderlin bis Thomas Bernhard. Stuttgart 1992.

Voltaire: [Art.] Histoire. In: Encyclopédie ou Dictionnaire raisonné des sciences, des arts et des métiers. Hg. v. Denis Diderot. Bd. 8. Stuttgart 1967 [= Reprint der Ausgabe Neufchastel 1765], S. 220-225.

Voss, Julia: Darwins Bilder. Ansichten der Evolutionstheorie 1837-1874. Frankfurt a. M. 2007.

–: Darwins Jim Knopf. Frankfurt a. M. 2009.

–: Die Entdeckung der Unordnung. Charles Darwin und naturkundliches Sammeln im 19. Jahrhundert. In: Nicht Fisch – nicht Fleisch. Ordnungssysteme und ihre Störfälle. Hg. v. Thomas Bäumler, Benjamin Bühler u. Stefan Rieger. Zürich 2011, S. 69-86.

Waage, Jeffrey K.: How the zebra got its stripes – biting flies as selective agents in the evolution of zebra coloration. In: The Journal of the Entomological Society of Southern Africa 44 (1981), H. 2, S. 351-358.

Wagenitz, Gerhard: Im Dienste der Flora. Albrecht von Haller und sein Gegenspieler Carl von Linné. In: Albrecht von Haller im Göttingen der Aufklärung. Hg. v. Norbert Elsner u. Nicolaas A. Rupke. Göttingen 2009, S. 207-244.

Watts, Harriett: Hans Arp und das Prinzip der Konstellationen. In: Arp 1886-1966. Konzeption v. Ausstellung u. Katalog: Jane Hancock u. Stefanie Poley. Stuttgart 1986, S. 112-121.

Wauters, Eric: Noel de La Morinière (1765-1822): culture, sensibilité et sociabilité entre l'Ancien Régime et la Restauration. Paris 2001.

Wehr, Gerhard: Vorwort. In: Jacob Böhme: Im Zeichen der Lilie. Aus den Werken des christlichen Mystikers. Ausgewählt u. kommentiert v. Gerhard Wehr. München 1991, S. 7-17.

Weissberg, Liliane: Vom Naturalienkabinett zur Ästhetik der Moderne: Zu den Marginalien Edgar Allan Poes. In: Die Erfindung der Natur. Max Ernst, Paul Klee, Wols und das surreale Universum. Hg. v. Karin Orchard u. Jörg Zimmermann. Freiburg i. Br. 1994, S. 89-97.

Wijnands, D. O.: Horus auriaci. The gardens of Orange and their place in late 17th-century botany and horticulture. In: Journal of garden history 8 (1988), H. 2/3, S. 61-88.

Wikman, K. Rob. v.: Lachesis and Nemesis. Four chapters on the human condition in the writings of Carl Linnaeus. Stockholm 1970.

Willems, Gottfried: Literaturwissenschaft und Evolutionstheorie. In: Evolutionstheorie und Geisteswissenschaften. Hg. v. Klaus Richter. Erfurt 2001, S. 191-213. (= Acta Academiae Scientiarum 1 [2001]).

Winkelmann, Judith: Abstraktion als stilbildendes Prinzip in der Lyrik von Hans Arp und Kurt Schwitters. Frankfurt a. M., Berlin, Bern u. a. 1995.

Wintermeyer, Rolf: Unter den Röcken der Natur. Jules Michelets Buch: *Das Meer* (1861). Nachwort d. Hg. zur Neuaufl. 2006. In: Jules Michelet: Das Meer. Mit einem Vorwort v. Michael Krüger. Übers., hg. u. mit einem aktuellen Nachwort v. Rolf Wintermeyer. Frankfurt a. M. 2006, S. 315-351.

Wissen im Netz. Botanik und Pflanzentransfer in europäischen Korrespondenznetzen des 18. Jahrhunderts. Hg. v. Regina Dauser, Stefan Hächler, Michael Kempe, Franz Mauelshagen, Martin Stuber. Berlin 2008.

Wissen in Literatur im 19. Jahrhundert. Hg. v. Lutz Danneberg u. Friedrich Vollhardt. Tübingen 2002.

Wolf, Werner: Intermedialiät als neues Paradigma der Literaturwissenschaft? Plädoyer für eine literaturzentrierte Erforschung von Grenzüberschreitungen zwischen Wortkunst und anderen Medien am Beispiel von Virginia Woolfs *The String Quartet*. In: Arbeiten aus Anglistik und Amerikanistik 21 (1996), S. 85-116.

Zelle, Carsten: Die doppelte Ästhetik der Moderne. Revisionen des Schönen von Boileau bis Nietzsche. Stuttgart 1995.

–: »Nous qui sommes si modernes, serons anciens dans quelques siècles«. Zu den

Zeitkonzeptionen in den Epochenwenden der Moderne. In: Konzepte der Moderne. Hg. v. Gerhart von Graevenitz. Stuttgart u. Weimar 1999, S. 497-520.

Zima, Peter V.: Moderne – Postmoderne. Gesellschaft, Philosophie, Literatur. 2. Aufl. Tübingen 2001.

8.3.6 Nachschlagewerke und Wörterbücher

Adelung, Johann Christoph: Grammatisch-Kritisches Wörterbuch der Hochdeutschen Mundart. Elektronische Volltext- und Faksimile-Edition nach der Ausgabe letzter Hand. Leipzig 1793-1801. Berlin 2004 (= Digitale Bibliothek Nr. 40).

Terrell, Peter, Veronika Schnorr, Wendy V. A. Morris, Roland Breitsprecher: Collins Deutsch-Englisch. Englisch-Deutsch. 2. neu bearb. Aufl. Stuttgart 1991.

Bildnachweis

© bpk Berlin – Bildagentur für Kunst, Kultur und Geschichte/Sprengel Museum Hannover/Michael Herling/Aline Gwose

Dank

Ich danke dem Land Sachsen Anhalt, das das Projekt in einer frühen Phase mit einem Forschungsstipendium zur Förderung des weiblichen wissenschaftlichen Nachwuchses gefördert hat und Alexander Košenina, der mir an der Leibniz Universität Hannover großzügig den Freiraum gewährte, der notwendig war, um die Arbeit verfolgen und schreiben zu können. Für die Überarbeitung waren insbesondere die Hinweise von Carsten Zelle und Michael Gamper hilfreich. Die Geschwister Boehringer Ingelheim Stiftung für Geisteswissenschaften hat freundlicher Weise die Publikation durch einen Druckkostenzuschuss ermöglicht. Dieser Dank gebührt auch Bruni Kroeger. Für Unterstützung in allen Belangen des Arbeitens und Lebens über all die Jahre, für tatkräftige Hilfe, fortwährende Ermunterung und unbestechliche Kritik danke ich Martin Rector.

Register

kursiv gesetzte Seitenzahlen beziehen sich auf die Fußnoten